网络
与多媒体技术
及应用研究

WANGLUO YU DUOMEITI JISHU
JI YINGYONG YANJIU

主　编　赵　赳　肖天庆　何新江
副主编　寿晓华　张运波　张晓东　王永强

U0305599

中国水利水电出版社
www.waterpub.com.cn

内 容 提 要

本书全面、系统地介绍了网络与多媒体技术,主要内容包括计算机网络基础、数据通信基本知识、网络协议与体系结构、局域网技术、广域网技术、Internet技术、计算机网络安全、多媒体技术基础、数字音频处理技术、图形与图像处理技术、数字视频与动画处理技术、多媒体应用系统等,可作为相关专业工程技术人员从事开发研究工作的参考书。

图书在版编目(CIP)数据

网络与多媒体技术及应用研究/赵赳,肖天庆,何
新江主编.--北京:中国水利水电出版社,2015.4(2022.10重印)
　　ISBN 978-7-5170-3044-7

　　Ⅰ.①网… Ⅱ.①赵… ②肖… ③何… Ⅲ.①计算机
网络—研究②多媒体技术—研究 Ⅳ.①TP393②TP37

　　中国版本图书馆 CIP 数据核字(2015)第 056860 号

策划编辑:杨庆川　　责任编辑:陈 洁　　封面设计:马静静

书　　名	网络与多媒体技术及应用研究
作　　者	主编 赵赳 肖天庆 何新江
	副主编 寿晓华 张运波 张晓东 王永强
出版发行	中国水利水电出版社
	(北京市海淀区玉渊潭南路 1 号 D 座 100038)
	网址:www.waterpub.com.cn
	E-mail:mchannel@263.net(万水)
	sales@mwr.gov.cn
	电话:(010)68545888(营销中心)、82562819(万水)
经　　售	北京科水图书销售有限公司
	电话:(010)63202643、68545874
	全国各地新华书店和相关出版物销售网点
排　　版	北京厚诚则铭印刷科技有限公司
印　　刷	三河市人民印务有限公司
规　　格	184mm×260mm 16 开本 27.75 印张 710 千字
版　　次	2015年6月第1版 2022年10月第2次印刷
印　　数	3001—4001册
定　　价	92.00 元

前　　言

网络是计算机技术与现代通信技术相结合的产物。在人类社会向信息化发展的过程中,网络正以空前的速度发展着。网络的广泛应用与发展,将会无所不在地影响人类社会的政治、经济、文化、军事和社会生活等各方面。多媒体技术是一门跨学科的综合技术,其研究与发展涉及计算机科学与技术、数字信号处理技术等诸多学科。多媒体技术所显示的广泛应用前景和巨大发展潜力,使它成为当前信息技术中发展最为迅速的研究领域。无论是网络技术还是多媒体技术均为围绕着计算机技术发展而来的,编者就以计算机网络技术为切入点,对网络技术和多媒体技术展开全方位的介绍与探讨。

编者具有多年丰富教学经验,该书是编者在总结多年教学经验,并参考国内外网络与多媒体技术及应用文献资料的基础上完成的。

目前,有关网络与多媒体技术及应用图书市面上有很多,然而,本书也有其独到之处,具体体现在以下几个方面。

(1)内容全面,注重理论技术与应用技术的全面介绍。无论是网络还是多媒体技术,相关的知识点均在本书有所体现,尽可能地做到没有遗漏。

(2)难易结合,覆盖面广,深度适中,注重理论联系实际。在讲述基础理论和基本技术的同时,本书也对相关标准和前沿技术进行了介绍,并结合关键技术对多媒体应用系统进行了分析。

(3)内容先进,重视网络与多媒体领域的新技术、新方法。本书内容除基础知识外,还包括网络与多媒体新技术以及实用先进技术,如信息加密技术、无线局域网安全技术、多媒体视频会议系统、虚拟现实系统等。

(4)注重实际应用。本书在全面介绍理论知识之外,也对 Adobe Premiere Pro、SnagIt 7、Photoshop 等实用软件进行了介绍,通过使用这些软件才能更好地掌握多媒体技术的精髓。

本书比较系统地介绍了网络与多媒体技术的基本概念、基本原理及相关技术。全书共由 12 章构成:第 1 章计算机网络基础,第 2 章数据通信基本知识,第 3 章网络协议与体系结构,第 4 章局域网技术,第 5 章广域网技术,第 6 章 Internet 技术,第 7 章计算机网络安全,第 8 章多媒体技术基础,第 9 章数字音频处理技术,第 10 章图形与图像处理技术,第 11 章数字视频与动画处理技术,第 12 章多媒体应用系统。

在编写过程中,编者参考了很多相关文献及书刊资料,受篇幅所限,在此一并向相关作者表示衷心的感谢。

无论是网络技术还是多媒体信息处理均为一门综合性技术,不仅涉及的知识面广,而且技术发展迅速。限于编者的学识和篇幅,本书内容难以覆盖网络与多媒体技术的整体与全貌,也难免出现疏漏或文字差错,敬请读者批评指正,不胜感激!

编者
2015 年 1 月

目　　录

第 1 章　计算机网络基础

1.1　计算机网络的产生与发展

计算机网络是计算机技术与通信技术高度发展、紧密结合的产物。当代计算机体系结构发展的一个重要方向可通过计算机网络来体现。计算机网络技术包括了硬件、软件、网络体系结构和通信技术。网络技术的进步正在对当前信息产业的发展产生着重要的影响。计算机网络技术的发展与应用的广泛程度是人们有目共睹的。纵观计算机网络的形成与发展历史,大致可以将它划分为 4 个阶段。

1. 面向终端的计算机通信网络

第一阶段的计算机网络始于 20 世纪 50 年代中期至 60 年代末期,那时人们开始将彼此独立发展的计算机技术与通信技术结合起来,这就是计算机网络最初的样子。当时的计算机网络,是指以单台计算机为中心的远程联机系统。美国 IBM 公司在 1963 年投入使用的飞机订票系统 SABRE-1,就是这类系统的典型代表之一。此系统以一台中央计算机为网络的主体,将全美范围内的 2000 多个终端通过电话线连接到中央计算机上,使得订票业务得以实现并完成,如图 1-1 所示。在单计算机的联机网络中,都已经用到了多种通信技术、多种数据传输与交换设备。从计算机技术看,这种系统是多个用户终端分时使用主机上的资源,此时的主机既要承担数据的通信工作,数据处理的任务也是需要它来完成的。因此,主机负荷较重,效率不高。此外,由于每个分时终端都要独占一条通信线路,致使线路的利用率低,系统费用增加。

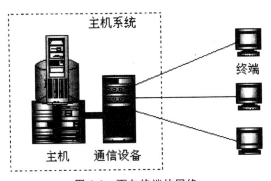

图 1-1　面向终端的网络

2. 初级计算机网络

第二阶段的计算机网络应该从 20 世纪 60 年代末期至 70 年代中后期开始,以美国的 ARPAnet 与分组交换技术为标志,又称计算机-计算机网络。计算机网络在单处理机联机网络互联的基础上,完成了计算机网络体系结构与协议的研究,使初级计算机网络得以形成,这时的计算机网络是以分组交换技术为基础理论的。这一阶段研究的典型代表是美国国防部高级研究计划局(Advanced Research Projects Agency,ARPA)的 ARPAnet(通常称为 ARPA 网)。1969 年美国国防部高级计划局提出将多个大学、公司和研究所的多台计算机互连的课题。在1969年ARPAnet只有4个结点,到1973年ARPAnet发展到40个结点,而到1983年已经达到100多个结点。ARPAnet通过有线、无线和卫星通信线路,使网络覆盖了从美国本土到欧洲的广阔地域。ARPAnet是计算机网络技术发展的一个重要里程碑,以下几个方面体现了它对发展计算机网络技术的主要贡献。

1)完成了对计算机网络定义、分类与子课题研究内容的描述。

2)提出了资源子网、通信子网的两级网络结构的概念。

3)研究了报文分组交换的数据交换方法。

4)采用了层次结构的网络体系结构模型与协议体系。

5)促进了TCP/IP协议的发展。

6)为Internet的形成与发展打下了坚实基础。

ARPAnet网络首先将计算机网络划分为"通信子网"和"资源子网"两大部分,当今的计算机网络仍沿用这种组合方式,如图1-2所示。在计算机网络中,计算机通信子网完成全网的数据传输和转发等通信处理工作,计算机资源子网承担全网的数据处理业务,并向用户提供各种网络资源和网络服务。

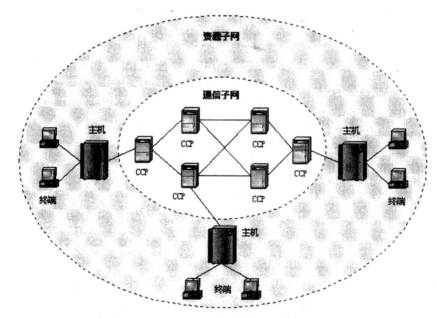

图1-2　计算机网络结构示意图

3. 开放式的标准化计算机网络

第三阶段的计算机网络可以从20世纪70年代中期计起,20世纪70年代中期国际上各种广域网、局域网与公用分组交换网发展十分迅速,各个计算机生产厂商纷纷开发各自的计算机网络系统,但随之而来的是网络体系结构与网络协议的国际标准化问题。国际标准化组织(International Standards Organization,ISO)提出了开放系统的互连参考模型与协议,ISO在推动开放系统参考模型与网络协议的研究方面做了大量的工作,对网络理论体系的形成与网络技术的发展起到了不可忽视的关键作用,促进了符合国际标准化的计算机网络技术的发展,但它同时也面临着 TCP/IP 的严峻挑战。因此,第三代的计算机网络指的是"开放式的计算机网络"。这里的"开放式"是相对于各个计算机厂家按照各自的标准独自开发的封闭的系统而言的。在开放式网络中,所有的计算机网络和通信设备都遵循着共同认可的国际标准,从而可以保证不同厂商的网络产品可以在同一网络中顺利进行通信。

4. 新一代的计算机综合性、智能化、宽带高速网络

第四阶段的计算机网络要从 20 世纪 90 年代开始。计算机网络向全面互连、高速和智能化发展。Internet、高速通信网络技术、接入网、网络与信息安全技术这些都是该阶段最具有挑战性的话题。Internet 作为国际性的网际网和大型信息系统,正在当今经济、文化、科学研究、教育与人类社会生活等方面发挥着越来越重要的作用。更高性能的 Internet2 正在发展之中。宽带网络技术的发展,为社会信息化提供了技术基础,网络与信息安全技术为网络应用提供了重要安全保障。基于光纤通信技术的宽带城域网与接入技术,以及移动计算网络、网络多媒体计算、网络并行计算、网格计算与存储区域网络已经成为了网络应用与研究的热点问题。

由此可见,各种相关的计算机网络技术和产业对 21 世纪的经济、政治、军事、教育和科技的发展产生的影响是不可忽视的。

1.2　计算机网络的定义与分类

1.2.1　计算机网络的定义

对计算机网络还没有一个统一的精确定义,在不同的发展阶段或从不同角度有着不同的定义。计算机网络一种最简单的定义为:一些互相连接的、自治的计算机的集合。

当前比较流行的计算机网络定义为:将地理位置不同且具有独立功能的多个计算机系统通过通信线路和通信设备相互连接在一起,由网络操作系统和协议软件进行管理,实现资源共享的系统。

对以上定义可通过以下 4 个方面来理解。

1)"具有独立功能的"或"自治的"计算机系统是指每个计算机系统都有自己的软、硬件系统,能够独立地运行。

2)"通信线路"是指光纤、双绞线、同轴电缆、微波等传输介质,"通信设备"是指网卡、集线器、交换机、路由器等连接和转换设备。

3)"网络操作系统"是指具有网络软、硬件资源管理功能的系统软件,如 Windows、UNIX、Linux、NetWare 等;"协议"是指每个结点都必须遵循的一些事先约定的通信规则,如 TCP/IP 协议簇、OSI/RM 等。

4)"资源"是指网络中可供共享的所有软件资源、硬件资源和信息资源等。组建计算机网络的根本目的是为了实现"资源共享",就是要让网络中的某个计算机系统共享网络中的其他计算机系统中的资源。

按照上述定义,以单计算机为中心的联机系统由于当时的终端没有"自治功能",所以还不能称为真正的计算机网络。

1.2.2 计算机网络的分类

计算机网络的分类方法是多样的,可以从不同的方面对计算机网络进行分类。

1. 根据网络的地理范围划分

计算机网络按照其覆盖的地理范围进行分类,不同类型网络的技术特征可以得到很好地体现。由于网络覆盖的地理范围不同,它们所采用的传输技术也就不同,因而不同的网络技术特点与网络服务功能得以形成。

按覆盖的地理范围,计算机网络可分为以下三类。

(1)局域网(LAN)

局域网用于将有限范围内(如一个实验室、一栋大楼、一个校园)的各种计算机、终端与外部设备互联成网,如图 1-3 所示。局域网按照采用的技术、应用范围和协议标准的不同,可以分为共享局域网与交换局域网两类。

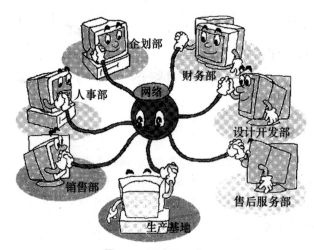

图 1-3 局域网示意图

局域网技术发展迅速,应用日益广泛,是计算机网络中最活跃的领域之一。

(2)城域网(MAN)

城市地区网络简称为城域网,如图 1-4 所示。城域网是介于广域网与局域网之间的一种高速网络。城域网设计的目标是,满足几十千米范围内的大企业、机关和公司的多个局域网互联的需求,以便大量用户之间的数据、语音、图形和视频等多种信息的传输功能得以顺利实现。

(3)广域网(WAN)

广域网也称为远程网,如图 1-5 所示。它所覆盖的地理范围从几十千米到几千千米。广域网覆盖一个国家、地区和横跨几个洲,形成国际性的远程网络。分组交换技术是广域网的通信子网使用的主要技术之一。广域网通信子网可以利用公用分组交换网、卫星通信网和无线分组交换网,将分布在不同地区的计算机系统互联起来,达到资源共享的目的。

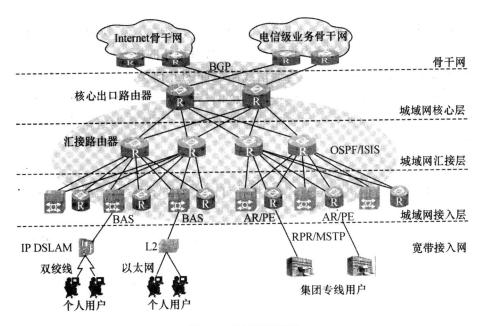

图 1-4　城域网示意图

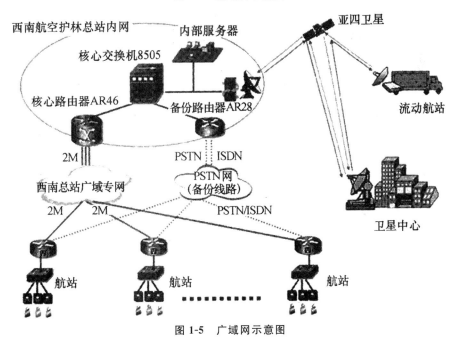

图 1-5　广域网示意图

2. 根据网络采用的交换技术划分

根据网络采用的交换技术,计算机网络可分为电路交换网、报文交换网、报文分组交换网和混合交换网等。

3. 根据网络的使用目的划分

按照网络使用目的不同,常将计算机网络分为公用网和专用网。

（1）公用网

公用网由电信部门或其他提供通信服务的经营部门组建、管理和控制,网络内的传输和转接装置可供任何部门和个人使用。公用网常用于广域网的构造,支持用户的远程通信,如我国的电信网、广电网、联通网等。

（2）专用网

专用网是由用户部门组建经营的网络,其他用户和部门是不允许使用该网络的。由于投资的因素,专用网常称为局域网或租借电信部门的线路而组建的广域网络,如由学校组建的校园网、由企业组建的企业网等。许多部门还直接租用电信部门的通信网络,并配置一台或者多台主机,向社会各界提供网络服务,如中国的教育科研网（CERNET）、全国各大银行的网络等。

4. 根据传输介质划分

根据传输介质划分,可将计算机网络分为双绞线网、光纤网和无线网等。

1.3 计算机网络的功能与组成

1.3.1 计算机网络的功能

随着计算机网络技术的不断发展和网络规模的不断扩大,计算机网络的功能越来越强大而其应用面也越来越广,目前其功能主要体现在以下几个方面。

1. 资源共享

资源共享是计算机网络的基本功能之一。共享的资源包括硬件资源、软件资源和信息资源,如处理器、大容量存储器、打印机、应用软件、数据库中的信息等。

2. 数据通信

数据通信包括网络用户之间、各处理器之间以及用户与处理器之间的数据通信。包括文本、声音、图像和视频等多媒体数据这些均为传输的内容。传输速率随着网络技术和网络基础设施的不断发展越来越快。

3. 分布计算

分布计算是指对于大型任务,当网络中的某个结点的性能跟实际要求有一定差距时,可采用合适的算法将任务分散到网络中的其他计算机上进行分布式处理,进行分工合作来共同完成任务的计算模式。如网格计算,它通过网络连接地理上分布的各类计算机、数据库和各类设备等,建立对用户相对透明的虚拟的高性能计算环境,它被定义为一个广域范围的"无缝的集成和协同计算环境"。

4. 负载平衡

负载平衡是指当网络的某个或某些结点负载过重时,由网络内的其他较为空闲的计算机通过协同操作和并行处理等方式来负担负载。例如,对于一个用户访问量非常大的热点网站,当它的单台服务器不能满足用户的访问需求时,可以用多台服务器构成一个服务器集群来保证负载平衡,从而使用户享有更好、更有效的服务。

5. 安全可靠

建立网络之后,可以提高系统的可靠性,由于可将重要资源分布到不同地方的计算机上,即使某台计算机出现故障,用户还可以访问其他计算机上的资源,用户对同类资源的访问不会受到任何影响,减少了用户对某台计算机的依赖性。正是由于网络可以提供"信息冗余",也就提高了信息的安全系数——1969 年美国国防部研究所建立世界上第一个分组交换网 ARPANET 的初衷就是为了提高安全性,提高战争情况下的指挥和控制能力。

1.3.2 计算机网络的组成

计算机网络是一个非常复杂的系统。网络的组成,根据应用范围、目的、规模、结构以及采用的技术不同而存在一定的差异,但计算机网络都必须包括硬件和软件两大部分。网络硬件提供的是数据处理、数据传输和建立通信通道的物质基础,而网络软件是真正控制数据通信的。软件的各种网络功能是基于硬件的基础上来完成,二者缺一不可。计算机网络的基本组成主要包括如下四部分,常称为计算机网络的四大要素。

1. 计算机系统

建立两台以上具有独立功能的计算机系统是计算机网络的第一个要素,计算机系统是计算机网络的重要组成部分,是计算机网络必须具备的硬件元素。计算机网络连接的计算机可以是巨型机、大型机、小型机、工作站或微机,以及笔记本电脑或其他数据终端设备(如终端服务器)。

计算机系统是网络的基本模块,是被连接的对象。负责数据信息的收集、处理、存储、传播和提供共享资源是计算机系统的主要作用。在网络上可共享的资源包括硬件资源(如巨型计算机、高性能外围设备、大容量磁盘等)、软件资源(如各种软件系统、应用程序、数据库系统等)和信息资源。

2. 通信线路和通信设备

计算机网络的硬件部分除了计算机本身以外,还要有用于连接这些计算机的通信线路和通信设备,即数据通信系统。通信线路分有线通信线路和无线通信线路。有线通信线路指的是传输介质及其介质连接部件,包括光纤、同轴电缆、双绞线等;无线通信线路是指以无线电、微波、红外线和激光等作为通信线路。通信设备指网络连接设备、网络互联设备,包括网卡、集线器(Hub)、中继器(Repeater)、交换机(Switch)、网桥(Bridge)和路由器(Router)以及调制解调器(Modem)等其他的通信设备。使用通信线路和通信设备将计算机互联起来,在计算机之间建立一条物理通道,以传输数据。通信线路和通信设备负责控制数据的发出、传送、接收或转发,包括信号转换、路径选择、编码与解码、差错校验、通信控制管理等,以便信息交换得以顺利完成。通信线路和通信设备是连接计算机系统的桥梁,是数据传输的通道。

3. 网络协议

协议是指通信双方必须共同遵守的约定和通信规则,如 TCP/IP 协议、NetBEUI 协议、IPX/SPX 协议。它是通信双方关于通信如何进行所达成的协议。比如,用什么样的格式表达、组织和传输数据,如何校验和纠正信息传输中的错误,以及传输信息的时序组织与控制机制等。现代网络都是层次结构,协议规定了分层原则、层次间的关系、执行信息传递过程的方向、分解与重组等约定。在网络上通信的双方必须遵守相同的协议,才能正确地交流信息,就像人们谈话要用同一种语言一样,如果谈话时使用不同的语言,就会造成相互间谁都听不懂谁在说什么的问题,这样的话,交流也就无从谈起。因此,协议在计算机网络中的重要程度是不容小觑的。

一般说来,协议的实现是由软件和硬件分别或配合完成的,有的部分由联网设备来承担。

4.网络软件

网络软件是一种在网络环境下使用和运行或者控制和管理网络工作的计算机软件。根据软件的功能,计算机网络软件可分为网络系统软件和网络应用软件两大类型。

(1)网络系统软件

网络系统软件是控制和管理网络运行、提供网络通信、分配和管理共享资源的网络软件,网络操作系统、网络协议软件、通信控制软件和管理软件等这些都包括在内。

网络操作系统(Network Operating System,NOS)是指能够对局域网范围内的资源进行统一调度和管理的程序。它是计算机网络软件的核心程序,是网络软件系统的基础。

网络协议软件(如 TCP/IP 协议软件)是实现各种网络协议的软件。它是网络软件中核心部分,任何网络软件都要在协议软件的基础上才能发生作用。

(2)网络应用软件

网络应用软件是指为某一个应用目的而开发的网络软件(如远程教学软件、电子图书馆软件、Internet 信息服务软件等)。网络应用软件为用户提供访问网络的手段、网络服务、资源共享和信息的传输。

1.4 计算机网络的拓扑结构

网络拓扑结构是计算机网络结点和通信链路所组成的几何形状。计算机网络有很多种拓扑结构,总线型结构、环型结构、星型结构、树型结构、网状结构和混合型结构,这些都是比较常用的网络拓扑结构。

1.4.1 总线型结构

总线型结构采用一条单根的通信线路(总线)作为公共的传输通道,所有的结点都通过相应的接口直接连接到总线上,并通过总线进行数据传输。例如,在一根电缆上连接了组成网络的计算机或其他共享设备(如打印机等),如图 1-6 所示。由于单根电缆仅支持一种信道,因此连接在电缆上的计算机和其他共享设备共享电缆的所有容量。不难想象,连接在总线上的设备越多,网络发送和接收数据的速度也就越慢。

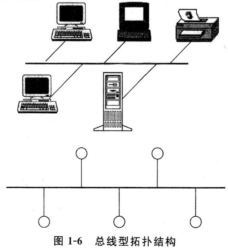

图 1-6 总线型拓扑结构

总线型网络使用广播式传输技术,总线上的所有结点都可以发送数据到总线上,数据沿总线传播。但是,由于所有结点共享同一条公共通道,所以在任何时候发送数据的只能是一个站点。当一个结点发送数据,并在总线上传播时,数据可以被总线上的其他所有结点接收。各站点在接收数据后,在完成了目的物理地址分析的基础上再决定是否接收该数据。粗、细同轴电缆以太网就是这种结构的典型代表。

总线型拓扑结构具有如下特点:

1)结构简单、灵活,扩展起来比较容易;共享能力强,方便广播式传输。

2)易于安装,费用低。

3)网络响应速度快,但负荷重时性能迅速下降;局部站点故障不影响整体,可靠性较高。但是,总线出现故障,则将影响整个网络。

1.4.2 环型结构

环型结构是各个网络结点通过环接口连在一条首尾相接的闭合环型通信线路中,如图1-7所示。每个结点设备只能与它相邻的一个或两个结点设备直接通信。如果要与网络中的其他结点通信,数据需要依次经过两个通信结点之间的每个设备。环型网络既可以是单向的也可以是双向的。单向环型网络的数据绕着环向一个方向发送,数据所到达的环中的每个设备都将数据接收经再生放大后将其转发出去,这种操作持续到数据到达目标结点为止。双向环型网络中的数据能在两个方向上进行传输,因此设备可以和两个邻近结点直接通信。如果一个方向的环中断了,数据还可以在相反的方向在环中传输,最后到达其目标结点。

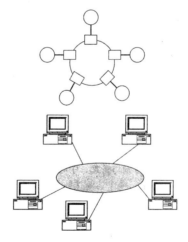

图1-7 环型拓扑结构

环型结构有两种类型,即单环结构和双环结构。令牌环(Token Ring)是单环结构的典型代表,光纤分布式数据接口(FDDI)是双环结构的典型代表。

环型拓扑结构具有如下特点:

1)在环型网络中,各工作站间无主从关系,结构简单;信息流在网络中沿环单向传递,延迟固定,实时性比较理想。

2)两个结点之间仅有唯一的路径,路径选择得到了很好地简化,但可扩充性不是特别理想。

3)可靠性差,任何线路或结点的故障,都有可能引起全网故障,且故障检测困难。

1.4.3 星型结构

星型结构的每个结点都由一条点对点链路与中心结点(公用中心交换设备,如交换机、集线器等)相连,如图 1-8 所示。星型网络中的一个结点如果向另一个结点发送数据,首先将数据发送到中央设备,然后由中央设备将数据转发到目标结点。信息的传输是通过中心结点的存储转发技术实现的,并且与其他结点通信只能通过中心结点来完成。星型网络是局域网中最常用的拓扑结构。

星型拓扑结构具有如下特点:

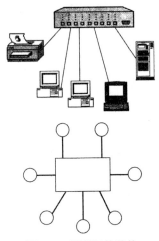

图 1-8 星型拓扑结构

1)结构简单,便于管理和维护;易实现结构化布线;结构易扩充,易升级。

2)通信线路专用,电缆成本高。

3)星型结构的网络由中心结点控制与管理,中心结点的可靠性基本上决定了整个网络的可靠性。

4)中心结点负担重,易成为信息传输的瓶颈,且中心结点一旦出现故障,会导致全网瘫痪。

1.4.4 树型结构

树型结构(也称星型总线拓扑结构)是从总线型和星型结构演变来的。网络中的结点设备都连接到一个中央设备(如集线器)上,但并不是所有的结点都直接连接到中央设备,大多数的结点首先连接到一个次级设备,次级设备再与中央设备建立连接关系。图 1-9 所示的是一个树型总线网络。

树型结构有两种类型,一种是由总线型拓扑结构派生出来的,它由多条总线连接而成,如图 1-10(a)所示;另一种是星型结构的变种,各结点按一定的层次连接起来,形状像一棵倒置的树,故得名树型结构,如图 1-10(b)所示。在树型结构的顶端有一个根结点,它带有分支,每个分支还可以再带子分支。

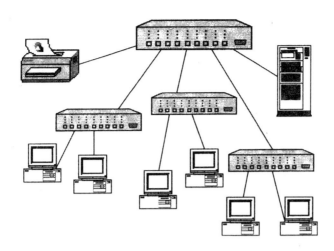

图 1-9　树型结构网络

树型拓扑结构的主要特点如下：

1）易于扩展，故障易隔离，可靠性高；电缆成本高。

2）对根结点的依赖性大，一旦根结点出现故障，将导致全网瘫痪。

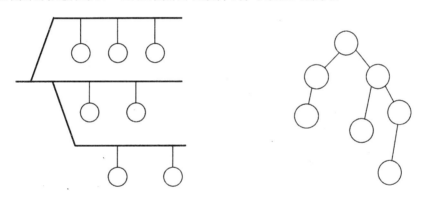

（a）由总线结构派生　　　　　　　　　（b）树型结构

图 1-10　树型拓扑结构

1.4.5　网状结构与混合型结构

网状结构是指将各网络结点与通信线路连接成不规则的形状，每个结点至少与其他两个结点相连，或者说每个结点至少有两条链路与其他结点相连，如图 1-11 所示。大型互联网一般都采用这种结构，如我国的教育科研网 CERNET（图 1-12）、Internet 的主干网都采用网状结构。

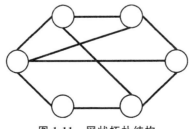

图 1-11　网状拓扑结构

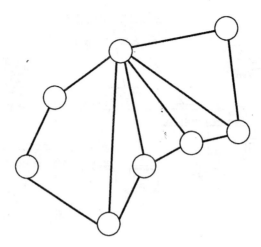

图 1-12　CERNET 主干网拓扑结构

网状拓扑结构有以下主要特点：

1）可靠性高；结构复杂，管理和维护的难度比较大；线路成本高；适用于大型广域网。

2）因为有多条路径，所以可以选择最佳路径，减少时延，改善流量分配，提高网络性能，但路径选择比较复杂。

混合型结构是由以上几种拓扑结构混合而成的，如环星型结构，它是令牌环网和 FDDI 网常用的结构。再如总线型和星型的混合结构等。

第 2 章　数据通信基本知识

2.1　数据通信概述

2.1.1　数据通信的基本概念

1. 信息、数据和信号

数据通信的基本目的是信息的传递和交换,这个过程需要基于信息、数据和信号来完成。

1)信息(Information):在信息论中,对信息的定义有几十种说法,目前尚无统一的定义。一般认为信息是人们对现实世界事物存在方式或运动状态的某种认识,表现信息的具体形式可以是数据、文字、图形、声音、图像和动画等,这些"图文声符号"本身不是信息,它所表达的"意思或意义"才是信息。

2)数据(Data):数据是信息的载体与表示方式,一般可以理解为"信息的数字化形式"。在计算机网络系统中,数据可以是数字、字母、符号、声音、图形和图像等形式,从更高层面上来看为在网络中存储、处理和传输的二进制数字编码。

3)信号(Signal):信号是数据在传输过程中的电磁波表示形式,是指携带信息的传输介质,它是数据的物理表现,具有确定的物理描述。

2. 模拟信息和数字信号

作为数据的电磁波表示形式,信息一般以时间为自变量,以表示数据的某个参量(如电流、电压)作为因变量。按照其因变量对时间的取值连续与否,信号可以分为模拟信号和数字信号。图2-1给出了模拟信号和数字信号的例子。

1)模拟信号:模拟信号是指因变量随时间连续变化的信号,也叫连续信号,如用话筒获取的音频电信号,用温度计获取的某一时间段内温度的变化值。

2)数字信号:数字信号是指因变量不随时间连续变化的信号,通常表现为离散的脉冲形式,也叫离散信号。如计算机、数字电话处理的都是数字信号。

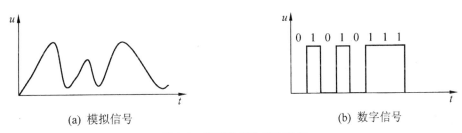

(a) 模拟信号　　　　　　　　　　　　(b) 数字信号

图 2-1　模拟信号和数字信号

3. 模拟通信和数字通信

数据通信是指发送方将要发送的数据转换成信号,并通过物理信道使接收方收到该信息的过程。由于信号可以是模拟信号,也可以是数字信号,因此数据通信被分为模拟数据通信和数字数据通信,简称模拟通信和数字通信。

1)模拟通信:模拟通信是指在模拟信道以模拟信号的形式来传输数据。

2)数字通信:数字通信是指在数字信道以数字信号的形式来传输数据。

4.基带信号与宽带信号

事实上,还有一种方法来对信号进行分类,即为将信号分为基带信号(Baseband)和宽带信号(Broadband)。基带信号是指将计算机发送的数字信号"0"或"1"用两种不同的电压表示后直接送到通信线路上传输的信号。宽带信号是指基带信号经过调制后形成的频分复用模拟信号。

5.信道

传输信息的必经之路称为信道,包括传输介质和通信设备。传输介质可以是有线传输介质,如电缆、光纤等;可以是无线传输介质,如电磁波。

信道可以按不同的方法进行分类,常见的分类方法如下。

1)有线信道和无线信道。使用有线传输介质的信道称为有线信道,主要包括双绞线、同轴电缆和光缆等。以电磁波在空间传播的方式传送信息的信道称为无线信道,主要包括无线电、微波、红外线和卫星通信信道等。

2)物理信道和逻辑信道。物理信道是指用来传送信号或数据的物理通路,网络中两个节点之间的物理通路称为通信链路,物理信道由传输介质及有关设备组成。逻辑信道也是一种通路,但在信号收、发点之间一条物理上的传输介质是根本不存在的,而是在物理信道基础上由节点内部的边来实现。通常把逻辑信道称为"连接"。

3)数字信道和模拟信道。传输离散数字信号的信道称为数字信道,利用数字信道传输数字信号时没有必要进行变换,通常需要进行数字编码;传输模拟信道的信道称为模拟信道,利用模拟信道传送数字信号时需要经过数字与模拟信号之间的变换。

2.1.2 数据通信的特点

数据通信技术是通过计算机技术和通信技术的相互结合与渗透实现信息的传输、交换、存储和处理的。数据通信区别于传统的电话、电报通信,它有以下特点。

1)数据通信的控制过程要求自动化,对传输过程中出现的差错也要求自动纠正。

2)数据通信的实现和发展要基于现有的信息网络,需要利用现有的通信网络。

3)数据通信的方式总是与数据处理相联系的。当数据处理内容和处理方式不同时,其对通信的具体要求也会有一定的差异,主要体现在传输代码、传输方式、传输速率和效率等方面。

4)数据通信的高速度和通信量的突发性强。

5)数据传输的可靠性要求高。

6)数据通信的信息传输效率高。

7)每次呼叫的平均持续时间短。

现代数据通信系统主要由数据传输系统和数据处理系统两部分组成。数据传输系统的主要任务是实现不同数据终端设备之间的数据传输,数据处理系统由许多终端设备组成,这些终端设备作为信息的信源与信宿,其中,数据的收集和处理主要是由计算机来完成的。

一个典型的通信系统可以用图 2-2 所示的模型框来描述。

图 2-2　通信系统基本框架

通信系统必须包括信源、信息传输介质(信道)和信宿这 3 个基本要素。信源是信息产生和出现的发源地,可分为两类:离散信源和连续(模拟)信源。离散信源产生离散消息,连续(模拟)信源产生连续(模拟)消息。由消息变换过来的原始信号叫基带信号。发送设备将消息转换成适合在信道中传输的信号,从而使得消息传输的效率和可靠性得到有效提高。信道是信号传输的通道,在此是指将信号由发送设备传输到接收设备的传输介质。信宿是信息传输的目的地。在通信系统中,噪声来源很多,它分布在通信系统各处,可引起信号的畸变和失真。上述模型是对各种通信系统的简化和概括,它反映通信系统的共性。如果一个通信系统传输的是数据,则称这个系统是数据通信系统。

2.1.3　数据通信的技术指标

通信系统的质量指标是衡量通信系统质量好坏的一个标准,质量指标是综合分析了整个系统后提出来的,它涉及系统的方方面面,如有效性、可靠性、适应性、标准性、经济性等。其中,有效性反映了消息传输的"速率",可靠性反映了系统传输消息的准确性。有效性和可靠性是相互矛盾、此消彼长的,同时又跟经济性成反比。下面简单介绍几个主要的技术指标。

1. 带宽

信号在通信线路上传输时最高频率和最低频率之差叫做信号的频带宽度,简称带宽或通频带。它是物理信道的频带宽度。信道上传输的是电磁波信号,信道所能够传送电磁波的有效频率范围就是信道宽度。数字信号带宽与脉冲宽度成反比。

2. 位速率

位速率又称信号速率,常用 S 表示。位速率是数字信号的传输速率,它用单位时间内传输的二进制代码的有效位数来表示,单位为位每秒(b/s),即数据传输速率。Kb/s,Gb/s 等均为常见单位。

3. 波特率

波特率也称调制速率或码元速率,常用 B 来表示,是指信号调制状态的转换频率,即数字信号经调制后的模拟信号每秒变化的次数。因此,在数据传输过程中,波特率即为线路上每秒传送的波形个数,其单位是波特(baud)。调制速率是信号传输速率的另一种表示方式,其和位速率的关系为:$S = B\log_2 N$。其中,N 是一个脉冲信号所表示的有效状态,在二进制方式中,$N=2$,故 $S=B$,即数据传输速率跟调制速率是相等关系。

4. 数据速率

数据速率是单位时间内所传送二进制代码的有效位数,用符号 C 表示,单位用每秒位数(b/s)或每秒千位数(Kb/s)来表示。

5. 信道容量

信道容量又叫做信道最大传输速率,即单位时间内最大可传输信息的位数,是信道传输信息的最大能力的指标。信道的传输能力是有一定限制的,在给定条件、给定信道上的数据传输速率的上限,叫做信道的最大传输速率。无论采用何种编码技术,传输数据的速率都不能超过这个上限。理论分析表明,信道的最大传输速率与信道带宽相关。

(1)无噪声理想信道容量与信道带宽的关系

奈奎斯特(Nyquist)首先给出了无噪声情况下码元率的极限值 $B_{\max}$ 与信道带宽 H 的关系为 $B_{\max}=2H$,由此表征信道数据传输能力的奈奎斯特公式可被顺利推出:

$$C=2H\log_2 N$$

由此可见,对于特定的信道,其码元速率想要超过信道带宽的两倍是不可能的,但若能提高每个码元可能取的离散值的个数 N,则数据传输速率可以成倍地提高。

(2)有噪声实际信道容量与信道带宽的关系

实际信道总是要受到各种各样噪声的干扰,香农(Shannon)进一步对随机噪声干扰的信道的真实情况进行了相关研究,进而给出了以下的公式:

$$C=2H\log_2\left(1+\frac{S}{N}\right)$$

其中,C 为信道容量,H 为信道带宽,N 为传输一个码元所取的离散值个数,$\frac{S}{N}$ 为接受端的信噪比。

在实际的应用中,可以使用以下公式来表示信噪比:

$$\frac{S}{N}=10\lg\left(\frac{S}{N}\right)\quad(\text{dB})$$

这里要强调的是,上述两个公式计算得到的只是信道数据传输速率的极限值,实际使用时必须留有充分的余地。

6. 信息传输速率

信息传输速率是指数据通信系统在单位时间内能够传输的用户信息量。信息传输速率一般不会比信号传输速率大。

7. 误码率

误码率是指信息传输的错误率,是衡量传输系统在正常工作情况下传输可靠性的指标。其定义为二进制码元在传输系统中被传错的概率。当所传送的数字序列无限长时,它近似等于被传错的二进制码元数与所传码元总数的比值,通常应低于 10^{-6},即平均每传输 1000000 位二进制数据出错的仅可能有一位。

8. 误比特率

误比特率是指错误接收的比特数在传输总比特数中所占的比例。它和误码率是衡量数据传输系统的可靠性指标的两种表述方法。误码率是指码元在传输中被错误接收的概率;而误比特率是指传输每比特信息被错误接收的概率。

9. 网络的负荷量

网络的负荷量是指单位面积中数据在网络中的总的分布量,也就是数据在网络中的分布密度。在计算机网络中,网络负荷量应当保持在一定的水平内。若网络负荷量过小,则网络的吞吐量就会过小,网络利用率就会过低;如果网络负荷量过大,则容易产生阻塞现象,直接导致网络吞吐量的降低。

10. 吞吐量

吞吐量是信道或网络性能的另一个参数,在数值上跟信道或网络在单位时间内输入的总的信息量是相等关系,其单位也是 b/s 或 bps。如果把信道或网络作为一个整体,那么平均数据的流入量应等于平均数据的流出量,这个单位时间的数据平均的流入量或流出量称为吞吐量。如果信道或网络的吞吐量急骤下降,那么就意味着信道或网络中发生了阻塞。

2.2　数据通信方式

设计一个数据通信系统时,首先要确定采用串行通信方式,还是采用并行通信方式。采用串行通信方式只需要在收发双方之间建立一条通信信道;采用并行通信方式时,收发双方之间必须建立多条并行的通信信道。数据通信按照信号传送方向与时间的关系可以分为三种:单工通信、半双工通信和全双工通信。在单工通信方式中,信号只能向一个方向传输;在半双工通信方式中,信号可以双向传送,但是同一时间只能向一个方向传送;在全双工通信方式中,信号可以同时双向传送。

2.2.1　并行传输与串行传输

数据传输有并行与串行两种方式。在计算机中,通常一个字符是用 8 位的二进制代码来表示的。在数据通信中,人们可以按图 2-3(a)所示的方式,将待传送的每个字符的二进制代码按由低位到高位的顺序,依次发送,这种工作方式称为串行传输。

在数据通信中,人们也可以按图 2-3(b)所示的方式,将表示一个字符的 8 位二进制代码通过 8 条并行的通信信道同时发送出去,每次发送一个字符代码,这种工作方式称为并行传输。

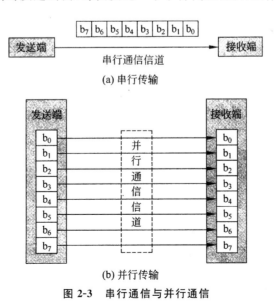

图 2-3　串行通信与并行通信

显然,采用串行传输方式只需要在收发双方之间建立一条通信信道;而采用并行通信方式,收发双方之间必须建立并行的多条通信信道。对于远程通信来说,在同样传输速率的情况下,并行通信在单位时间内所传送的码元数是串行通信的 n 倍(在这个例子中 $n=8$)。由于需要建立多个通信信道,并行通信方式需要投入的成本也就更高。因此,在远程通信中,人们一般采用串行通信方式。

2.2.2 异步传输与同步传输

在计算机网络通信中,计算机产生的并行数字信号先要转变成串行信号,然后送到线路中传输。在数据传输过程中必须做到传输同步,接收端要按照发送端所发送的每个码元起止时刻来接收数据,也就是通信双方在发、收时间上要保持协调一致。发送端以某一速率在一定的起止时间内发送数据,接收端也必须以同一速率在相同的起止时间内接收数据。否则,即使收、发端产生微小的误差,随着时间的增加,该误差也会进一步累计,最终也会造成收、发端之间的失调,使传输出错。实现传输同步有同步传输和异步传输两种方式。

1. 异步传输

异步传输又称起止同步方式,以字符作为数据传输的基本单位。在传送的每个字符首末分别设置 1 位起始位以及 1 位或 2 位停止位,起始位是低电平(编码为"0"),停止位为高电平(编码为"1");字符可以是 5 位或 8 位,当字符为 8 位时停止位是 2 位,8 位字符中包含 1 位校验位。

当没有传输字符时,传输线一直处于停止位,即高电平。一旦接收端检测到传输线状态的变化,即从高电平变为低电平,也就是说发送端已开始发送字符,接收端立即启动定时机构,按发送的速率顺序接收字符。

如图 2-4 所示,各字符之间的间隔是任意的、不同步的,但在一个字符时间之内,收发双方的各数据位必须同步,这就是起止同步方式。

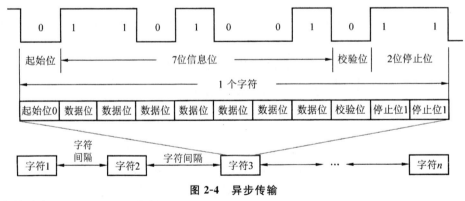

图 2-4 异步传输

异步传输的特点:实现简单,但效率低,因为每一个字符都需补加专用的同步信息(起始位和停止位)。异步传输在低速(10~1500 个字符/秒)的终端设备中使用的比较多。

2. 同步传输

同步传输要求发送方和接收方时钟始终保持同步,即每个比特位必须在收发两端始终保持同步,中间没有间断时间。

同步传输又可分为面向字符的同步和面向位的同步,如图 2-5 所示。

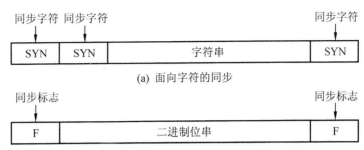

图 2-5 同步传输

1)面向字符的同步在传送一组字符之前加入 1 个(8bit)或 2 个(16bit)同步字符 SYN 使收发双方进入同步。同步字符之后可以连续地发送多个字符,这时就不再需要附加位了。

当接收方接收到同步字符时就开始接收数据,直到又收到同步字符时停止接收。

2)面向位的同步每次发送一个二进制序列,用某个特殊的 8 位二进制串 F(如 01111110)作为同步标志来表示发送的开始和结束。

同步传输不是独立地发送每个字符,而是把它们组合起来发送,一般称这些组合为数据帧,简称帧。

同步传输由于不是每次传输一个字符,而是传输一个数据块,而且随着数据比特的增加,开销比特所占的百分比将相应地减小,因此一般在高速传输数据的系统中使用的较多。

2.2.3 单工通信和双工通信

在通信中,数据的传输是有方向的,根据数据在发送端和接收端之间传输方向的不同可分为单工通信、半双工通信和全双工通信。

1. 单工通信

在单工通信中,两个数据站点之间只能沿一个方向进行数据传输。

2. 半双工通信

在半双工通信中,两个数据站点之间可以在两个方向进行数据传输,但不能同时进行。

3. 全双工通信

在全双工通信中,两个数据站点之间可以同时进行两个方向的数据传输。

2.2.4 基带传输和频带传输

数据信号的传输方法有基带传输和频带传输(又称宽带传输)两种。在计算机网络中,频带传输是指计算机信息的模拟传输,基带传输是指计算机信息的数字传输。

1. 基带传输

在数据通信中,表示计算机中二进制比特序列的数字数据信号是典型的矩形脉冲信号。人们把矩形脉冲信号的固有频带称作基本频带(简称为基带)。这种矩形脉冲信号就叫做基带信号。在数字通信信道上,直接传送基带信号的方法称为基带传输。

在发送端基带传输的信源数据经过编码器变换,变为直接传输的基带信号,在接收端由解码器恢复成与发送端相同的数据。基带传输是一种最基本的数据传输方式。

基带传输在基本不改变数字数据信号波形的情况下直接传输数字信号,具有速率高和误码率低等优点,在计算机网络通信中使用得比较多。

2. 频带传输

电话交换网是用于传输语音信号的模拟通信信道,并且是目前覆盖面最广的一种通信网络。因此,利用模拟通信信道进行数据通信也是最普遍使用的通信方式之一。为了利用模拟语音通信的电话交换网实现计算机的数字数据信号的传输,必须首先将数字信号转换成模拟信号。

我们将利用模拟信道传输数据信号的方法称为频带传输。在频带传输中,最典型的通信设备为调制解调器。调制解调器的作用是:当它作为数据的发送端时,将计算机中的数字信号转换成能够在电话线上传输的模拟信号;当它作为数据的接收端时,将电话线上的模拟信号转换成能够在计算机中识别的数字信号。

频带传输的优点是可以利用现有的大量模拟信道(如模拟电话交换网)通信,投入少,易实现。家庭用户拨号上网就属于这一类通信。它的缺点是速率低,误码率高。

2.3 数据编码技术

2.3.1 数据编码的类型

前面已经讲到,数据是信息的载体,计算机中的数据是以离散的"0"、"1"二进制比特序列方式表示的。为了正确地传输数据,就必须对原始数据进行编码才能送到信道上传输,而数据编码类型是由通信子网的信道所支持的数据通信类型来决定的。

根据数据通信类型的不同,通信信道可分为模拟信道和数字信道两类。相应地,数据编码的方法也分为模拟数据编码和数字数据编码两类。

网络中基本的数据编码方式归纳如下。

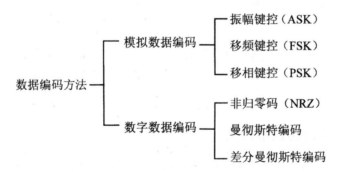

2.3.2 数字数据的模拟信号编码

公共电话线是为了传输模拟信号而设计的,为了利用廉价的公共电话交换网实现计算机之间的远程数据传输,就必须首先将发送端的数字信号调制成能够在公共电话网上传输的模拟信号,经传输后再在接收端将模拟信号解调成对应的数字信号。调制解调器实现了数字信号与模拟信号之间的转换。数据传输过程如图2-6所示。

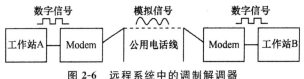

图 2-6 远程系统中的调制解调器

模拟信号传输的基础是载波,载波可以表示为

$$u(t)=V\sin(\omega t+\varphi)$$

由上式可以看出,载波具有 3 大要素:幅度 V、频率 ω 和相位 φ。可以通过变化载波的 3 个要素来进行编码。这样就出现了振幅键控法(ASK)、移频键控法(FSK)和移相键控法(PSK)这 3 种基本的编码方式。

(1)振幅键控法

ASK 方式就是通过改变载波的振幅 V 来表示数字"1"和"0"。例如,保持频率 ω 和相位 φ 不变,V 不等于 0 时表示"1",V 等于 0 时表示"0",如图 2-7(a)所示。

(2)移频键控法

FSK 方式就是通过改变载波的角频率 ω 来表示数字"1"和"0"。例如,保持振幅 V 和相位 φ 不变,ω 等于某值时表示"1",ω 等于另一个值时表示"0",如图 2-7(b)所示。

(3)移相键控法

PSK 方式就是通过改变载波的相位 φ 来将数字"1"和"0"表示出来。如果用相位的绝对值表示数字"1"和"0",则称为绝对调相,如图 2-7(c)所示;如果用相位的相对偏移值表示数字"1"和"0",则称为相对调相,如图 2-7(d)所示。PSK 可以使用多于二相的相移,利用这种技术,可以对传输速率起到加倍的作用。

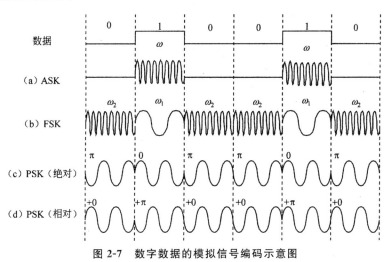

图 2-7 数字数据的模拟信号编码示意图

2.3.3 数字数据的数字信号编码

频带传输的优点是可以利用目前覆盖面最广、普遍应用的模拟语音通信信道。用于语音通信的电话交换网技术成熟且造价较低,但它的缺点是数据传输速率与系统效率不是特别高。基带传输在基本不改变数字数据信号频带(即波形)的情况下直接传输数字信号,可以达到很高的数据传输速率与系统效率。因此,目前迅速发展的数据通信方式即为基带传输。

在基带传输中,数字数据信号的编码方式主要有以下几种。

1. 非归零编码(Non-Return to Zero,NRZ)

如图 2-8(a)所示,非归零编码是用低电平表示逻辑"0",用高电平表示逻辑"1"的编码方式。用于表示逻辑"0"的低电平信号不能是 0 伏电平,否则无法区分信道上是逻辑"0",还是没有信号在传输。

非归零编码的缺点是,为了保持收发双方的时钟同步,额外传输同步时钟信号(外带时钟的位同步传输)是有必要的。它的另一个缺点是当"0"或"1"的个数不等时,会有直流分量,这在数据传输中是不希望出现的。

2. 曼彻斯特编码(Manchester)

如图 2-8(b)所示,每比特的中间有一次跳变,它有两个作用:一是作为位同步方式的内带时钟;二是用于表示二进制数据信号,可以把"0"定义为由低电平到高电平的跳变,"1"定义为由高电平到低电平的跳变。位与位之间有或没有跳变都跟实际意义是没有任何关系的。

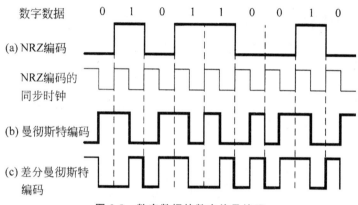

图 2-8 数字数据的数字信号编码

曼彻斯特编码的优点一是"自带时钟信号",不必另发同步时钟信号,二是直流分量不包括在内。

3. 差分曼彻斯特编码(Difference Manchester)

如图 2-8(c)所示,每比特的中间有一次跳变,它只有一个作用,即作为位同步方式的内带时钟,不论由高电平到低电平的跳变,还是由低电平到高电平的跳变都与数据信号无关。

"0"和"1"是根据两比特之间有没有跳变来区分的。如图 2-8(c)所示,如果下一个数据是"0"的话,则在两比特中间有一次电平跳变;如果下一个数据是"1"的话,则在两比特中间没有电平跳变。

曼彻斯特编码和差分曼彻斯特编码的缺点都是效率较低,由于在每个比特中间都有一次跳变,所以时钟频率是信号速率的 2 倍。例如为了达到 10Mb/s 的数据传输速率,要求时钟频率至少为 20MHz。

上述编码技术是在 10Mb/s 局域网中经常采用。近年发展起来的快速以太网使用的是不同的数字数据到数字信号的编码技术,如 100Mb/s 局域网采用 886T 或 485B 等编码技术,在此不再对此进行深入介绍。

2.3.4　脉冲编码调制

脉冲编码调制方法,即模拟数据转换为数字信号的编码的方法。由于数字信号传输失真小、误码率低、数据传输速率高,因此在网络中除计算机直接产生的数字外,语音、图像信息的数字化已成为发展的必然趋势。脉冲编码调制(Pulse Code Modulation,PCM)是模拟数据数字化的主要方法。

语音数字化即为 PCM 技术的典型应用。语音可以用模拟信号的形式通过电话线路传输,但是在网络中将语音与计算机产生的数字、文字、图形和图像同时传输,就必须首先将语音信号数字化。在发送端通过 PCM 编码器将语音信号变换为数字化语音数据,通过通信信道传送到接收端,接收端再通过 PCM 解码器将它还原成语音信号。数字化语音数据的传输速率高、失真小,可以存储在计算机中,并且可进行必要的处理。因此,在网络通信中,首先要利用 PCM 技术将语音数字化。PCM 基本操作由采样、量化和编码这三个部分共同构成。

1. 采样

模拟信号数字化的第一步是采样。模拟信号是电平连续变化的信号。采样是隔一定的时间间隔,将模拟信号的电平幅度值取出来作为样本,让其表示原来的信号。因此,采样频率 f 应为

$$f \geqslant 2B \text{ 或 } f = \frac{1}{T} \geqslant 2f_{max}$$

式中,B 为通信信道带宽;T 为采样周期;f_{max} 为信道允许通过的信号最高频率。

采样的工作原理如图 2-9(a)所示。研究结果表明,如果以大于或等于通信信道带宽 2 倍的速率定时对信号进行采样,足以重构原模拟信号的所有信息都将包含在其样本中。

2. 量化

量化是将采样样本幅度按量化级决定取值的过程。经过量化后的样本幅度为离散的量级值,已不是连续值。

量化之前要规定将信号分为若干量化级,例如可以分为 8 级或 16 级,以及更多的量化级,这要根据精度要求决定。同时,要规定好每一级对应的幅度范围,然后将采样所得样本幅值与上述量化级幅值比较。例如,1.28 要取值为 1.3;1.52 要取值为 1.5,即通过取整来定级。

3. 编码

编码是用相应位数的二进制代码表示量化后的采样样本的量级。如果有 K 个量化级,则二进制的位数为 $\log_2 K$。例如,如果量化级有 16 个,就需要 4 位编码。在目前常用的语音数字化系统中,多采用 128 个量级,需要 7 位编码。经过编码后,每个样本都要用相应的编码脉冲表示。如图 2-9(b)所示,D_5 取样幅度为 1.52,取整后为 1.5,量化级为 15,样本编码为 1111。将二进制编码 1111 发送到接收端,接收端可以将它还原成量化级 15,对应的电平幅度为 1.5。

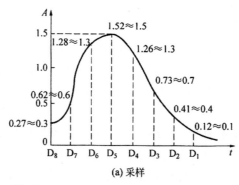

(a) 采样

样本	量化级	二进制编码	编码信号
D₁	1	0001	
D₂	4	0100	
D₃	7	0111	
D₄	13	1101	
D₅	15	1111	
D₆	13	1101	
D₇	6	0110	
D₈	3	0011	

(b) 脉冲编码

图 2-9　PCM 工作原理示意图

当 PCM 用于数字化语音系统时,它将声音分为 128 个量化级,每个量化级采用 7 位二进制编码表示。由于采样速率为 8000 个/秒样本,因此,数据传输速率应达到 $7×8000=56Kb/s$。此外,在计算机中的图形、图像数字化,以及传输处理中都可以看到 PCM 的身影。PCM 采用二进制编码的缺点是使用的二进制位数较多,编码效率较低。

2.4　数据交换技术

各种数据经过编码后要在通信线路上进行传输,用传输介质将两个端点直接连接起来进行数据传输可以说是最简单的形式。但是,每个通信系统都采用把收发两端直接相连的形式是不可能的。一般要通过一个由多个结点组成的中间网络来把数据从源点转发到目的点,以此实现通信。这个中间网络对所传输数据的内容并不关注,而只是为这些数据从一个结点到另一个结点直至到达目的点提供交换的功能。因此,这个中间网络也叫交换网络,组成交换网络的结点叫交换结点,一般的交换网络示意图如图 2-10 所示,虚线内是通信子网。

数据交换是多结点网络中实现数据传输的有效手段。常用的数据交换方式有电路交换、报文交换、分组交换。

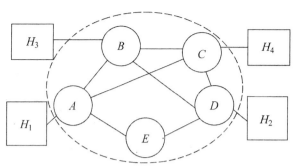

图 2-10　一般的数据交换网络

2.4.1　电路交换

电路交换(Circuit Switching)也叫线路交换,是数据通信领域最早使用的交换方式。通过电路交换进行通信,就是要通过中间交换结点在两个站点之间建立一条专用的通信线路。电话通信系统即为最为常见的电路交换例子。电话交换系统利用交换机,在多个输入线和输出线之间通过不同的拨号和呼号建立直接通话的物理链路。物理链路一旦接通,相连的两站点即可直接通信。在该通信过程中,交换设备对通信双方的通信内容不做任何干预,即不会对信息的代码、符号、格式和传输控制顺序等造成任何影响。利用电路交换进行通信包括建立电路、传输数据和拆除电路三个阶段。

1. 建立电路

传输数据之前,必须建立一条端到端的物理连接,这个连接过程实际上就是一个个站(结)点的接续过程。如图 2-11 所示的网络,若主机 H_1 要与主机 H_2 进行通信,那么主机 H_1 是主呼叫用户,要先发出呼叫请求信号,然后经由结点 A、B、C、D,沿途接通一条物理链路后,再由主机 H_2(被叫用户)发出应答信号给主叫用户主机 H_1,这样,通信线路的接通也就完成了。只有当通信的两个站点之间建立起物理链路之后,才允许进入数据传输阶段。电路交换的这种“接续”过程所需时间(即建立时间)的长短与要接续的中间结点的个数有关。

2. 传输数据

在通信线路建立之后,两站点就可以进行数据传输了。被传输的数据可以是数字数据,也可以是模拟数据。数据既可以从主叫用户发往被叫用户,也可以由被叫用户发往主叫用户。本次建立起的物理链路资源属于主机 H_1 和主机 H_2 两站点,且仅限于本次通信,在该链路释放之前,即便某一时刻线路上没有数据传输,其他站点也无法使用该线路。

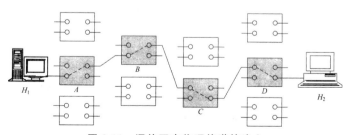

图 2-11　通信双方物理信道的建立

3．拆除电路

数据传输结束后，要释放（拆除）该物理链路。该释放动作可由两站点中任一站点发起并完成。释放信号必须传送到电路所经过的各个结点，以便资源得以重新被分配。

电路交换方式，在传输数据之前要建立连接，电路建立时间延迟较大；电路建立后即为专用电路，即使没有数据传输也要占用电路，线路利用率低。但一旦电路建立，用户就可以固定的速率传输数据，中间结点也不对数据进行其他缓冲和处理，传输实时性、透明性好。因此，电路交换方式在远程批处理信息传输和实时性要求高的场合中使用的比较多，尤其常用于电话通信系统中。

2.4.2 报文交换

1．报文交换的过程

由于在电路交换过程中各种不同类型和特性的用户终端之间不能互通，以及存在呼损等缺点，于是报文交换技术应运而生。

报文交换方式的数据传输单位是报文，报文就是站点一次性要发送的数据块，其长度无限制且可变。一个站要发送报文时，先将一个目的地址附加到报文中，网络结点再根据报文上的目的地址信息，把报文发送到下一个结点，一直逐个结点地转送到目的结点。每个结点在收到整个报文并检查无误后，就暂存这个报文，然后利用路由信息找出下一个结点的地址，再把整个报文传送给下一个结点。因此，端与端之间无需通过呼叫建立连接。

一个报文在每个结点的延迟时间，等于接收报文所需的时间加上向下一个结点转发所需的排队延迟时间之和。

报文交换时交换机要对用户信息（报文）进行存储和处理。电子信箱业务会用到该交换技术。

2．报文交换的特点

1）报文从源点传送到目的地是采用"存储—转发"方式进行的，该方式在传送报文时，一个时刻仅占用一段通道。

2）在交换结点过程中需要缓冲存储，报文需要排队，故报文交换不能满足实时通信的要求。

3．报文交换的优点

1）交换机以"存储—转发"方式传输数据信息，不但可以起到匹配输入/输出传输速率的作用，还能起到防止呼叫阻塞、平滑通信业务量峰值的作用。

2）线路利用率高。由于许多报文可以分时共享两个结点之间的通道，所以对于同样的通信量，该交换技术对线路的传输能力要求较低。

3）报文交换系统可以把一个报文同时发送到多个目的地址。

4）不需要发送、接收两端同时处于激活状态。发送端用户将报文全部发送到交换机存储起来，伺机转发出去，不存在呼损现象，而且也方便了对报文实现多种功能服务，包括优先级处理、差错控制和恢复等。

5）不同类型终端之间的互通也比较容易实现。

4．报文交换的缺点

1）不能满足实时或交互式的通信要求，报文经过网络的延迟时间长且不定。

2)交换机必须具有存储报文的大容量和高速分析处理报文的功能,这样交换机的投资费用的增加也是意料之中的。

2.4.3　分组交换

分组交换也称为包交换(Packet Switching)。分组交换的数据单元是分组,即将一份报文分成若干个分组和一个零头,每个分组长度相同。通常一个分组的最大长度限制在 100 至 1000 字节(B)。由于数据单元小,使得每个交换结点所需要的存储能力降低,结点时延减少,交换速度较高。分组交换属于存储转发交换技术,即结点先接收,再转发和交换是在处理完成之后进行的。

与电路交换相比,以下优点是分组交换所具备的。

1)线路利用率高。分组交换可以使多个分组动态地共享网络中的结点和链路。而在电路交换中,每个连接是专用通路,如果这个连接空闲,或某些结点、链路空闲,则造成线路利用率低。

2)在电路交换中,若网络负载过重会造成呼叫堵塞,即网络拒绝接收连接而使连接无法建立。在分组交换中,网络受负载影响最小,分组总是被接收,只是负载加重时,会增加时延。

3)可以进行数据传输速率的转换。由于分组交换采用存储转发式交换,结点可以缓冲和平滑通信量,使两个不同速率的站点可以交换分组。

4)可以使用优先权。如果结点队列中有多个分组等待发送,结点可以优先发送优先级高的分组。

分组交换分为数据报交换和虚电路交换两种。

1. 数据报交换

数据报交换是一种面向无连接的分组交换技术,即使没有建立连接,也可以直接将分组发往网络,类似发送邮件。分组又称为数据报。发送端发送报文时,先将报文拆成若干个携带地址信息和分组序号的数据报,依次发往网络。数据报在传输过程中,所走的路径有一定的差异。每个结点可根据网络流量、故障等情况为每个数据报选择不同的路由。这样,同一个报文并携带相同地址的各数据报,会选择不同的路径,如图 2-12 所示。

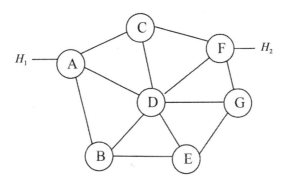

图 2-12　数据报交换工作原理

主机 H_1 向主机 H_2 发送报文,可通过以下步骤来完成。

1)主机 H_1 将报文 M 分为多个数据报 $m_1, m_2, \cdots, m_n$,依次发往网络,即发往结点 A。

2)结点 A 每收到一个数据报先进行差错检测,然后启动路由算法选择下一个结点,由于网络通信状态在不断变化,m_1 选择下一个结点是 C,m_2 选择下一个结点也是 C,m_3 则是 D,m_4 则是 E,……。

3)各后继结点工作原理同结点 A。数据报 m_1 的路径为 $H_1-A-C-F-H_2$；m_2 的路径为 $H_1-A-C-D-F-H_2$；m_3 的路径为 $H_1-A-D-F-H_2$；m_4 的路径为 $H_1-A-B-E-G-F-H_2$；……各数据报所选择的路径是不一样的。

从上述讨论可以看出,以下优点是数据报交换所具备的。

1)发送数据之前可以不用建立连接,如果一个站只发送一个或很少几个分组,数据报传递是较快的。

2)比较灵活,同一报文的不同分组可以由不同的路径通过通信子网,可以根据网络通信状况动态分配网络资源,一旦某个结点失效,分组还能找到其他替代路径。

3)数据报更适合于单向传输。

数据报交换具有以下缺点。

1)同一报文的不同分组到达目的结点时可能出现乱序、重复与丢失现象。

2)每一个分组在传输过程中必须带有目的地址与源地址。

3)就整个报文而言延迟较大,因而数据报传输方式适用于突发性通信,不适用于长报文和会话式通信。

覆盖全球的因特网采用数据报交换技术,其数据分组称为 IP 数据报。

2. 虚电路交换

虚电路交换是一种面向连接的分组交换技术,即在分组发送前,在发送端与接收端预先建立一条逻辑连接,即建立一条虚电路。同一报文的所有分组都沿着同一条虚电路传输,每个结点不必为分组作路由选择。虚电路不是专用通路,其他报文的分组也可以使用该虚电路上的各结点和链路。因此,分组在虚电路上的每个结点上要存储、排队等待发送。

由于虚电路不是专用通路,因而一个结点或链路可以同时支持多条虚电路,网络中可以同时有多条虚电路工作,收、发两端系统之间也可以同时有多条虚电路为不同的进程服务,这些虚电路的实际路径相同与否均可。换句话讲,虚电路具有链路共享的特点。

虚电路可以是临时的,即通信前建立,通信结束拆除;也可以是永久的,即通信双方一开机就自动建立连接,直到一方请求释放才断开连接,这称为永久虚电路。

综上所述,虚电路交换的特点如下。

1)在分组发送之前,必须预先在发送方和接收方之间建立一条逻辑连接,即虚电路。虚电路不是一条专用的通路,分组在每个结点仍然需要存储,并在线路上排队输出。

2)同一报文的所有分组都在一条虚电路上传输。因此,分组不必携带地址信息,但是需要携带虚电路号。结点也不必为每个分组进行路由选择,分组在虚电路各结点上只需做差错检测。分组到达目的结点不会出现乱序、重复与丢失,跟数据报交换比起来,通信质量要高。

3)在交互式通信中虚电路使用得比较多。

2.4.4 高速交换技术

1. 帧中继

帧中继(Frame Relay,FR),是 20 世纪末发展起来的一种通信技术,是由 X.25 分组通信技术演变而来的。在分组技术充分发展、数字与光纤传输线路逐渐替代已有的模拟线路、用户终端日益智能化的条件下,帧中继技术出现了。OSI 物理层和链路层核心层的功能就是帧中继来实现的,而将流量控制、纠错等留给智能终端去完成,这样就使得结点机之间协议得以简化;同时采用虚电路技术,网络资源也得到了充分的利用。帧中继技术具有吞吐量大、时延低、适用于突发性业务等特点,主要应用在广域网中,支持多种数据型业务,包括局域网互联、文件传送、图像查询及监视等。

(1)帧中继的业务类型

帧中继提供的基本业务主要有:交换虚电路(SVC)和永久虚电路(PVC)两种。

1)交换虚电路:在两个帧中继终端用户之间,通过虚呼叫建立虚电路连接实现传送服务,传送结束后清除连接。交换虚电路在 1993 年后期被加到帧中继标准中。这样,帧中继就成为真正的"快速分组"交换网。

2)永久虚电路:在帧中继终端用户之间建立固定的虚电路连接,其端点和业务类别由网络管理定义,用户不可以自行更改。永久虚电路是通过帧中继网连接两端结点的、预先确定的通路。帧中继服务的提供者根据客户的要求,在两个指定的结点间分配永久虚电路。

(2)帧中继的特点

1)通过一种规程,将数据信息转变为帧的形式,使传输得以有效进行。其使用的传输链路为逻辑连接而不是物理连接,这样,便可在一个物理连接上支持多个逻辑连接对信道的动态复用,带宽利用率高;并可实现点到多点的连接,为用户组网提供了方便。

2)帧的长度远比分组的长,可达 1600B/帧,适用于网间传输的数据单元,协议开销大大减少。

3)简化了 X.25 分组级功能,只有两个层次——物理层和数据链路层,使网内结点的处理大为简化,使得帧中继网的处理效率得以提高。

4)允许用户于预定带宽处占用未预定、未使用的带宽,以提高整个网络资源的利用率,在不增加用户通信费用的前提下,满足了用户发送大量数据和突发业务量的要求。

5)在网络结点上简化了 X.25 的部分功能;在链路层只保留了核心子集部分,而省去了帧编号、流量控制、应答监视等机制,最终使得网络速度得以有效提高。

6)提供了一套有效的带宽管理和阻塞控制机制,使用户能合理传送超出约定带宽的突发性数据。

(3)帧中继的用途

1)在通信距离较长时首选帧中继。帧中继的高效性可赋予用户系统的高经济性。

2)当用户需要带宽为 64 Kb/s～2 Mb/s、有两个以上用户参与的数据通信时,帧中继就比较理想了。

3)当数据业务量具有突发性的特点时,由于帧中继具有动态分配带宽的性能,因此,选用帧中继可以有效地处理突发性数据。

2.异步传输模式

在异步传输模式(ATM)中,信息被组成固定长度信元。信元分为两个部分,共 53 个字节。前 5 个字节称为信头,负责寻址;后面的 48 个字节为信息段,来自不同用户、不同业务的信息可通过它来装载。包括语音、数据、图像等在内的所有数字信息都经过切割、封装成为同一格式的信元,以便在网中传递,并在接收端恢复为所需格式。

（1）ATM 的特点

1）简化了交换过程，不必要的数据校验得以消除，采用固定信元格式，交换操作由硬件完成，因此交换速率在很大程度上得到了提高。

2）采用统计时分复用技术，一个物理通道可划分为不同业务特性的多条虚拟电路提供给用户，实现了网络资源的按需分配。

3）可提供多种业务、多种用户接口。可与现有的任何一种业务相连，也可将不同业务在同一网上传输。

4）具有时延小、实时性好的特点，多媒体通信的要求得以满足。

5）可实现任意速率的接入，用户改变速率灵活方便。

6）综合了电路交换、分组交换和帧中继的优点，可传输语音、数据、图像和视频等。

（2）ATM 的用途

根据位传送方式、所需带宽及连接类型等对 ATM 分类如下。

1）面向连接、不变位速率的服务。其同步补偿使之适用于视频图像和声音的传输。

2）面向连接、定时传送、可变位速率的服务。主要适用于声音和视频图像的传输。

3）面向连接、可变位速率的服务。不要求同步，适合于 X.25、帧中继和 TCP/IP 等。

4）非连接、可变位速率的服务，两端点之间不要求同步。

3. 光交换技术

光交换方式主要有微镜阵列、液晶和喷墨气泡等。最为常用的光交换方式为二维微镜阵列，其通过光开关阵列即可实现交换；喷墨气泡通过气泡使光束偏转实现交换功能；液晶交换是通过光的偏振实现交换的。利用全息技术的光交换是在排列成网格状的晶体里构造带状全息图，以使特定的光波偏转而让其他光波不受影响地通过。该特性使其更适合于交换。

（1）光交换技术的特点

传统的光交换在交换过程中存在光变电、电变光的相互转换，但其容量受电子器件工作速度的限制，致使整个光通信系统的带宽受到限制。直接光交换可省去光/电、电/光的转换过程，光通信的宽带特性得到了充分的应用。

全光网络具有以下优点。

1）采用了较多的无源光器件，省去了庞大的光/电、电/光转换工作量及设备，网络整体的交换速度得以提高，降低了成本并有利于提高可靠性。

2）具有协议透明性，即具有对信号形式无限制的特点。允许采用不同的速率和协议，有利于网络应用的灵活性。

3）与无线或铜线相比，全光网的处理速度高且误码率低。

4）可提供巨大的带宽。

（2）光交换的种类

光交换技术按交换方式可分为电路交换和包交换。电路交换又分为空分（SD）、时分（TD）、波分/频分（WD/FD）等光交换方式；包交换有 ATM 光交换方式。

1）空分光交换是由开关矩阵实现的。开关矩阵结点可由光、电或机械进行控制，按要求建立物理通道，使输入端任意一个信道和输出端任意一个信道相连，使得信息的交换得以顺利完成。光、电和各种机械所控制的相关器件均可构成空分光交换。构成光矩阵的开关有铌酸锂定向耦合器、微机电系统（MENS）等。

2)时分光交换采用光器件或光电器件作为时隙交换器,通过光读/写门对光存储器的有序读/写,完成交换动作。因为该系统能与光传输系统很好地配合构成全光网,所以有关该技术的研究开发进展很快,其交换速率每年都有很大的提高。目前,已研制出几种时分光交换系统,如 20 世纪 80 年代中期出现的 256 Mb/s(4 路 64 Mb/s)彩色图像编码信号的时分光交换系统和 20 世纪 90 年代初的 512 Mb/s 试验系统。

3)波分/频分光交换是指信号通过不同的波长,选择不同的网络通路,由波长开关进行的交换。该光交换网络由波长复用器、波长选择空间开关和波长互换器几部分组成。

4)ATM 光交换技术遵循电领域 ATM 交换的基本原理,采用波分复用、光/电缓冲技术,由信元波长进行选路。依照信元的波长,信元被选路到输出端口的光缓冲存储器中,然后再被选路到同一输出端口的信元存储于输入公用的光缓冲存储器内,完成交换。

2.5　调制解调器

最常见的 DCE(Data Circuit-terminating Equipment,数据电路端接设备)就是调制解调器(MOdulator/DEModulator,MODEM)。它用于将计算机发出的二进制信号调制到各种载波信号中,以适合线路传输。

2.5.1　电话调制解调器

将数字信号调制成可以通过电话线传输的模拟信号即为电路调制解调器的主要功能,如图 2-13 所示。当然,电话调制解调器还具有一般电话拨号功能。

在图 2-13 中,计算机是 DTE(Data Terminal Equipment,数据终端设备),电话调制解调器是 DCE。DTE 产生数字数据并通过接口(如 EIA-232)将数据发送到电话调制解调器,然后 DCE 将数字信号调制成模拟信号发送到电话线上。

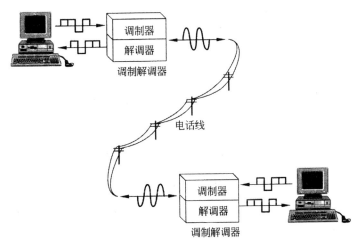

图 2-13　电话调制解调器

在传统的电话线中,限制在 300~3300 Hz 范围的带宽用于传输话音信号。为了使数据传输的正确性得到保证,真正用于传输数据的只是 600~3000 Hz 这部分频带(带宽为 2400 Hz),如图 2-14 所示。

需要注意的是,现在很多电话线的实际带宽比 3000 Hz 大得多(事实上,目前的电话线带宽可以达到 1～2 MHz),但是电话调制解调器的设计是基于电话线只使用 3000 Hz 带宽的情形。

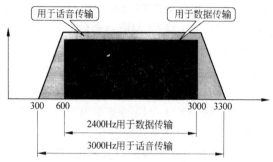

图 2-14　电话线用于语音传输和数据传输的情形

电话调制解调器所要做的工作就是在 2400 Hz 的带宽上面,利用前面介绍的各种调制解调技术,使话音信道的数据率得以提高。目前,电话调制解调器所能达到的最大上载速率是 33.6 kb/s(因为上载时要对模拟信号进行数字化,而量化噪声限制了它的最大数据率),最大下载速率是 56 kb/s(每秒 8000 次采样,每个采样用 7 比特编码),这是因为下载时信号没有受到量化噪声的影响,因而不受香农定理限制。如图 2-15 所示。

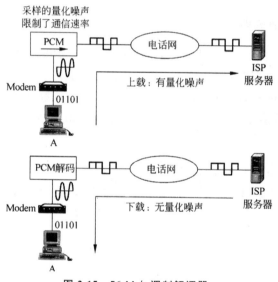

图 2-15　56 kb/s 调制解调器

2.5.2　ADSL 调制解调器

非对称数字用户环线(Asymmetric Digital Subscriber Line,ADSL)是一种利用现有电话线路进行高速数据传输的技术。

ADSL 提供的下行速率(从因特网到用户)比上行速率(从用户到因特网)高。ADSL 对电话线带宽的分配可通过图 2-16 来给出。

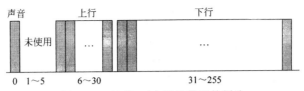

图 2-16　ADSL 对电话线带宽的划分

ADSL 利用现有的电话线中 1 MHz 多的带宽。ADSL 将这 1 MHz 多的带宽划分为 256 个带宽为 4 kHz 的子信道。其中，信道 0 保留用于话音通信。上行数据和控制使用信道 6～30(25 个信道)，其中 24 个信道用于传输数据，控制是由 1 个信道来完成的，最大数据率可达 24×4000 ×15＝1.44 Mb/s(假定每赫兹可以调制 15 比特的二进制数据)。下行数据和控制使用信道 31 ～255(225 个信道)，其中 224 个信道用于传输数据，1 个信道用于控制，最大数据率可达 13.4 Mb/s。但是由于线路存在噪声，实际的数据率如下：上行为 64 kb/s～1.5 Mb/s，下行为 500 kb/s～8 Mb/s。

ADSL2 的最高下行速率可达 12 Mb/s，而 ADSL2＋的最高下行速率可达 25 Mb/s，最长传输距离可达 6 km。

图 2-17 给出了在用户端和电信局端安装 ADSL 调制解调器的情形。电信局端的安装设备叫作数字用户环线接入多路复用器(Digital Subcriber Loop Access Multiplexer,DSLAM)。

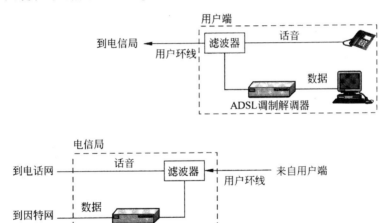

图 2-17　ADSL 接入方式

2.5.3　线缆调制解调器

早期的 CATV 电视使用同轴电缆进行端到端的传输，第二代 CATV 电视使用混合光纤线缆(Hybird Fiber Cable,HFC)网络。电视台的信号在头端(head end)通过光纤到达光纤节点的盒子，然后再通过同轴电缆到达用户住宅。在 HFC 系统中，从光纤节点到用户住宅都是使用同轴电缆，这种同轴电缆的带宽大约是 5～750 MHz。电视台将同轴电缆的带宽划分为 3 个频带：电视信号、上行数据和下行数据，如图 2-18 所示。

电视信号占用 54～550 MHz 频段。由于每一个电视频道占用 6MHz 带宽，所以同轴电缆可以容纳超过 80 个频道。

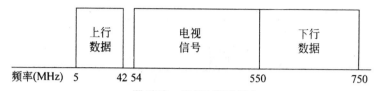

图 2-18 CATV 频谱划分

下行数据占用 550～750 MHz 频段,这个频段再划分为每个 6 MHz 的子信道,每个子信道支持的下行速率达到 30 Mb/s(5 bits/Hz)。但是,一般的线缆调制解调器是通过 10BASE-T 接口连到计算机的,因此下行速率往往被限制为 10 Mb/s。

上行数据占用 5～42 MHz 频段,这个频段再划分为每个 6 MHz 的子信道,每个子信道理论上支持的下行速率是 12 Mb/s(2 bits/Hz)。但是,由于受到噪声和干扰的影响,所以实际的上行数据率通常要比 12 Mb/s 小一些。

采用线缆调制解调器接入因特网存在共享问题。上行数据只有 6 个 6 MHz 的频道可用于上行方向,所以,当用户数目大于 6 的解决办法是分时共享。如果一个用户想发送数据,必须和其他用户竞争使用信道。

下行方向的情况也是类似的,当多于 33 个用户时,竞争问题是避免不了的。但是,由于下行,数据存在组播的情况,所以因特网可以通过组播在一个信道内给多个用户发送数据。

要使用 CATV 电缆传输数据,必须用到两个设备:一个是线缆调制解调器(Cable Modem,CM),另一个是线缆调制解调器传输系统(Cable Modem Transmission System,CMTS)。线缆调制解调器安装在用户端,而线缆调制解调器传输系统安装在分配集线器(distribution hub)里面,如图 2-19 所示。CMTS 从因特网接收数据,并把数据送到组合器,然后再传送到用户。CMTS 还从用户端接收数据,并把数据传送到因特网。

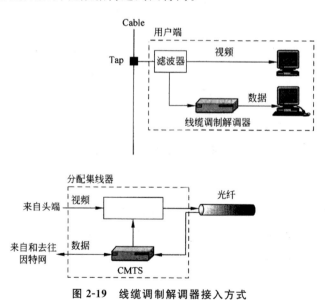

图 2-19 线缆调制解调器接入方式

2.6　多路复用技术

当传输介质的带宽超过了传输单个信号所需的带宽,人们就通过在一条介质上同时携带多个传输信号的方法来提高传输系统的利用率,这就是所谓的多路复用(Multiplexing)。多路复用技术能把多个信号组合在一条物理信道上进行传输,使多个计算机或终端设备共享信道资源,使得信道的利用率得以有效提高。特别是在远距离传输时,电缆的成本以及安装与维护费用可以在很大程度上得以减少。实现多路复用功能的设备叫多路复用器,简称多路器,如图 2-20 所示。多路复用技术通常有频分多路复用、时分多路复用、波分多路复用和码分多路复用等。

图 2-20　多路复用示意图

2.6.1　频分复用技术

频分多路复用(Frequency Division Multiplexing,FDM)就是将具有一定带宽的信道分割为若干个有较小频带的子信道,每个子信道供一个用户使用。这样在信道中就可同时传送多个不同频率的信号。被分开的各子信道的中心频率不相重合,且各信道之间留有一定的空闲频带(也叫保护频带),以保证数据在各子信道上的可靠传输。频分多路复用实现的条件是信道的带宽远远大于每个子信道的带宽,如每个子信道的信号频率在几十、几百或几千 Hz,而共享信道的频率在几百 MHz 或更高。

采用频分多路复用时数据在各子信道上是并行传输的。由于各子信道相互独立,故一个信道发生故障时不会对其他信道造成任何影响。图 2-21 所示是把整个信道分为 5 个子信道的频率分割图。在这 5 个信道上可同时传输被调制到 f_1、f_2、f_3、f_4 和 f_5 频率范围的 5 种不同信号。

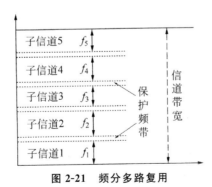

图 2-21　频分多路复用

2.6.2　时分复用技术

时分多路复用(Time Division Multiplexing,TDM)是按传输信号的时间进行分割的,它使不同的信号在不同时间内传送,即将整个传输时间分为许多时间间隔(slot time,又称为时隙),每个时间片被一路信号占用。TDM 就是通过在时间上交叉发送每一路信号的二部分来实现一条电路传送多路信号的。电路上的每一短暂时刻存在的仅有一路信号,而频分多路复用是同时传送若干路不同频率的信号。因为数字信号是有限个离散值组合,所以时分多路复用技术在包括计算机网络在内的数字通信系统使用得比较多,而模拟通信系统的传输使用频分多路复用的比较多。进一步划分的话,TDM 还可分为同步时分复用(Synchronous Time Division Multiplexing,STDM)和异步时分复用(Asynchronous Time Division Multiplexing,ATDM)两类。

1. 同步时分复用

同步时分复用采用固定时间片分配方式,即将传输信号的时间按特定长度连续地划分成特定时间段(一个周期),再将每一时间段划分成等长度的多个时隙,每个时隙以固定的方式分配给各路数字信号,各路数字信号在每一时间段都顺序分配到一个时隙,如图 2-22 所示。其中,一个周期的数据帧是指所有输入设备某个时隙发送数据的总和,比如第一周期;4 个终端分别占用一个时隙发送 A、B、C 和 D,则 ABCD 就是一帧。

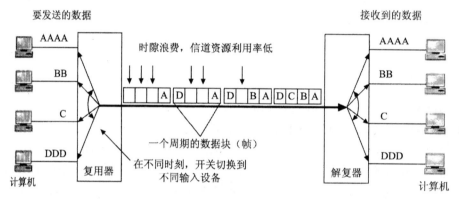

图 2-22 同步时分多路复用的工作原理

由于在同步时分复用方式中,时隙预先分配且不会发生任何变化,无论时隙拥有者是否传输数据都占有一定时隙,这样的话,时隙浪费也是无法避免的,其时隙的利用率处于比较低的水平。为了克服 STDM 的缺点,引入了异步时分复用技术。

2. 异步时分复用

异步时分复用技术又被称为统计时分复用技术,它能动态地按需分配时隙,以避免每个时间段中出现空闲时隙。ATDM 就是只有当某一路用户有数据要发送时才把时隙分配给它;当用户暂停发送数据时,则不给它分配时隙。电路的空闲时隙可用于其他用户的数据传输,如图 2-23 所示。假设一个传输周期为 3 个时隙,一帧有 3 个数据。复用器轮流扫描每一个输入端,先扫描第 1 个终端,将其数据 A1 添加到帧里,然后扫描第 2 个终端、第 3 个终端,并分别添加数据 B2 和 C3,此时,第一个完整的数据帧得以顺利形成。此后,接着扫描第 4 个终端、第 1 个终端和第 2 个终端,将数据 D4、A1 和 B2 形成帧,如此反复地连续工作。

在扫描的过程中,若某个终端没有数据,则接着扫描下一个终端。因此,在所有的数据帧中,除最后一个帧外,其他所有帧不用担心会出现空闲时隙的情况,这就提高了信道资源的利用率,也提高了传输速率。

另外,在 ATDM 中,每个用户可以通过多占用时隙来获得更高的传输速率,而且传输速率可以高于平均速率,最高速率可达到电路总的传输能力,即用户占有所有的时隙。例如,电路总的传输能力为 28.8 kbit/s,3 个用户共用此电路,在同步时分复用方式中,每个用户的最高速率为 9600 bit/s,而在 ATDM 方式中,每个用户的最高速率可达 28.8 kbit/s。

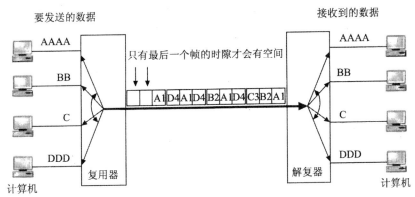

图 2-23　异步时分多路复用的工作原理

2.6.3　码分复用技术

1. 码分复用的概念

码分复用(Code Division Multiplexing,CDM)技术又叫码分多址(Code Division Multiple Access,CDMA)技术,它是在扩频通信技术基础上发展起来的一种崭新的无线通信技术,它是基于 FDM 和 TDM 发展起来的。FDM 的特点是信道不独占,而时间资源共享,每一子信道使用的频带互不重叠;TDM 的特点是独占时隙,而信道资源共享,每一个子信道使用的时隙不重叠;CDMA 的特点是所有子信道在同一时间可以使用整个信道进行数据传输,它在信道与时间资源上均共享,因此,信道的效率高,系统的容量大。

CDMA 的技术原理是基于扩频技术,即将需传送的具有一定信号带宽的信息数据用一个带宽远大于信号带宽的高速伪随机码进行调制,使原数据信号的带宽被扩展,再经载波调制并发送出去;接收端使用完全相同的伪随机码,对接收的带宽信号进行相关处理,把宽带信号转换成原信息数据的窄带信号,即解扩,从而使得信息通信得以顺利实现。

这种技术多用于移动通信,不同的移动台(或手机)可以使用同一个频率,但是每个移动台(或手机)都被分配一个独特的"码序列",该码序列区别于所有别的码序列,所以各个用户相互之间也没有干扰。

在 CDMA 中,每一个比特时间再划分为 m 个短的时间间隔,称为码片(Chip)。通常 m 的值是 64 或 128。为了简单起见,设 m 为 8。使用 CDMA 的每一个站被指派一个唯一的 m bit 码片序列(Chip Sequence)。一个站如果要发送比特 1,则发送它自己的 m bit 码片序列。如果要发送比特 0,则发送该码片序列的二进制反码。例如,指派给 S 站的 8 bit 码片序列是 00011011,当 S 发送比特 1 时,它就发送序列 00011011,而当 S 发送比特 0 时,就发送 11100100。为了方便,我们以后将码片中的 0 写为 -1,将 1 写为 $+1$。因此 S 站的码片序列是(-1 -1 -1 $+1$ $+1$ -1 $+1$ $+1$)。

CDMA 系统的一个重要特点就是系统给每一个站分配的码片序列不仅必须各不相同,并且还要保证是互相正交(Orthogonal)的,即内积(Inner Product)都是 0,但任何一个码片向量的规格化内积都是 1,一个码片向量和该码片反码的向量的规格化内积值是 -1。

2. 码分复用的应用

CDMA 码分多址技术完全适合现代移动通信网所要求的大容量、高质量、综合业务、软切换等，因此，很多运营商和用户都积极采用了该技术。每个用户可在同一时间使用同样的频带进行通信。由于各用户使用经过特殊挑选的不同码型，因此各用户之间不会造成干扰。码分复用最初是用于军事通信的，因为其抗干扰能力非常强，其频谱类似于白噪声，不易被敌人发现。随着技术的进步，CDMA 设备的价格和体积都大幅度下降，因而现在在民用的移动通信中被广泛使用，特别是在无线局域网中。采用 CDMA 可提高通信的语音质量和数据传输的可靠性，减少干扰对通信的影响，增大通信系统的容量，降低手机的平均发射功率。

2.6.4　波分复用技术

1. 波分复用的概念

波分复用就是利用光域上的频分复用技术实现在一根光纤上同时传输多路光信号的光通信技术。人们在传统的载波电话的频分复用的思想的基础上，使用一根光纤来同时传输多个频率很接近的光载波信号来提高光纤的传输能力。由于光载波的频率很高，人们习惯于用波而不是用频率来表示所使用的光载波，这样就得出"波分复用"这个名词。最初，人们只能在一根光纤上复用两路光载波信号，称为波分复用，而随着技术的发展，现在可以在一根光纤上复用多路（可达160 路）光载波信号，于是就使用"密集波分复用（Dense Wavelength Division Multiplexing，DWDM）"这一名词。

波分复用技术利用单模光纤低损耗区带来的巨大带宽资源，根据每一信道光波波长的不同可将光纤的低损耗窗口划分成若干个信道，将光波作为信号的载波，在发送端采用波分复用器（合波器）将不同波长的信号光载波合并起来送入一根光纤进行传输；在接收端，再由波分复用器（分波器）将这些不同波长、承载不同信号的光载波分开，如图 2-24 所示。由于不同波长的光载波信号可以看作是互相独立的，从而在一根光纤中可实现多路光信号的复用传输。

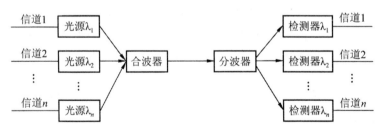

图 2-24　波分复用原理

利用波分复用技术在一根光纤上不只是传送一个载波，而是同时传送多个波长不同的光载波。通过采用波分复用技术，原来在一根光纤上只能传送一个光载波的单一信道变为可传送多个不同波长光载波的信道，从而使得光纤的传输能力成倍增加。

2. 波分复用的应用前景

波分复用技术的实现需要基于如光源技术、光纤技术、光接收滤波技术、分波合波技术、光放大技术及监控技术等技术的基础之上。波分复用到 1995 年以后进入旺盛的发展期，朗讯科技公司（Lucent 是全球领先的通信网络设备提供商）率先推出了 8×2.5 Gb/s 系统，而 Ciena（美国的一家全球性的智能光网络公司）推出了 16×2.5 Gb/s 系统。目前在实验室波分复用的信道传输速率已达到 Tb/s 级别。波分复用以其系统容量大、光纤利用率高、传输距离长、线路传输设备简单、扩容升级方便等优点,已成为提供高速、大容量光纤通信的最佳方案,具有很好的应用前景。

2.7　差错控制与流量控制

2.7.1　差错控制技术概述

1. 差错产生的原因

我们通常将发送的数据与通过通信信道后接收到的数据不一致的现象称为传输差错,简称为差错。

差错的产生是无法避免的。信号在物理信道中传输时,线路本身电器特性造成的随机噪声、信号幅度的衰减、频率和相位的畸变、电器信号在线路上产生反射造成的回音效应、相邻线路间的串扰以及各种外界因素(如大气中的闪电、开关的跳火、外界强电流磁场的变化、电源的波动等)都会造成信号的失真。在数据通信中,将会使接收端收到的二进制数位和发送端实际发送的二进制数位不统一,从而造成由“0”变成“1”或由“1”变成“0”的差错。

差错控制的目的和任务就是面对现实承认传输线路中的出错情况,分析差错产生的原因和差错类型,采取有效的措施,即差错控制方法来发现和纠正差错,使信息的传输质量得到保证。

2. 差错的类型

传输中的差错都是由噪声引起的。噪声有两大类,一类是信道固有的、持续存在的随机热噪声;另一类是由外界特定的短暂原因所造成的冲击噪声。

热噪声由传输介质导体的电子热运动产生,是一种随机噪声,所引起的传输差错为随机差错,这种差错的特点是所引起的某位码元(二进制数字中每一位的通称)的差错是孤立的,与前后码元可以说是没有任何关系。热噪声导致的随机错误通常较少。

冲击噪声是由外界电磁干扰引起的,与热噪声相比,冲击噪声幅度较大,是引起传输错的主要原因。冲击噪声所引起的传输差错为突发差错,这种差错的特点是前面的码元出现了错误,往往会使后面的码元也出现错误,即错误之间有相关性。

3. 差错的控制方法

差错控制编码为最为常见的差错控制方法。数据信息位在向信道发送之前,先按照某种关系附加上一定的冗余位,构成一个码字后再发送,这个过程称为差错控制编码过程。接收端收到该码字后,检查信息位和附加的冗余位之间的关系,以检查传输过程中是否有差错发生,这个过程称为检验过程。

差错控制编码可分为纠错码和检错码。

纠错码是指在发送每一组信息时发送足够的附加位,接收端通过这些附加位在接收译码器的控制下不仅可以发现错误,而且还能自动地纠正错误。如果采用这种编码,传输系统中不需反馈信道就可以实现一个对多个用户的通信,但译码器设备比较复杂,且因所选用的纠错码与信道干扰情况有关。某些情况为了纠正差错,要求附加的冗余码较多,这样会使得传输的效率有所降低。现在比较常见的纠错编码有:海明纠错码、正反纠错码等。

检错码是指在发送每一组信息时发送一些附加位,接收端通过这些附加位可以对所接收的数据进行判断,看其是否正确,如果存在错误,它不能纠正错误而是通过反馈信道传送一个应答帧把这个错误的结果告诉给发送端,让发送端重新发送该信息,该操作持续到接收端收到正确的数据为止。

差错控制方法分两类,一类是自动请求重发 ARQ,另一类是前向纠错 FEC。

在 ARQ 方式中,当接收端发现差错时,就设法通知发送端重发,直到收到正确的码字为止。ARQ 方式只使用检错码。

在 FEC 方式中,接收端不但能发现差错,而且能确定二进制码元发生错误的位置,从而加以纠正。FEC 方式必须使用纠错码。

4. 编码效率

编码效率 R 即为衡量编码性能如何的一个重要参数,它是码字中信息位所占的比例。编码效率越高,即 R 越大,信道中用来传送信息码元的有效利用率就越高。编码效率计算公式为:

$$R = \frac{k}{n} = \frac{k}{(k+r)}$$

式中,k 为码字中的信息位位数,r 为编码时外加冗余位位数,n 为编码后的码字长度。

2.7.2 奇偶校验

奇偶校验码是一种最简单也是最基本的检错码,一维奇偶校验码的编码规则是把信息码元先分组,在每组最后加一位校验码元,使该码中 1 的数目为奇数或偶数,奇数时称为奇校验码,偶数时称为偶校验码。

1. 垂直奇偶校验的特点及编码规则

(1)编码规则

偶校验:

$$r_i = I_{1i} + I_{2i} + \cdots + I_{pi}, (i=1,2,\cdots,q)$$

奇校验:

$$r_i = I_{1i} + I_{2i} + \cdots + I_{pi} + 1, (i=1,2,\cdots,q)$$

式中,p 为码字的定长位数,q 为码字的个数。

垂直奇偶校验的编码效率为 $R = \dfrac{p}{(p+1)}$。

(2)特点

垂直奇偶校验又称纵向奇偶校验,它能检测出每列中所有奇数个错,但偶数个的错却无法被它检测出来。因而对差错的漏检率接近 1/2。

2. 水平奇偶校验的特点及编码规则

(1)编码规则

偶校验:

$$r_i = I_{i1} + I_{i2} + \cdots + I_{iq}, (i=1,2,\cdots,p)$$

奇校验:

$$r_i = I_{i1} + I_{i2} + \cdots + I_{iq} + 1, (i=1,2,\cdots,p)$$

式中，p 为码字的定长位数，q 为码字的个数。

垂直奇偶校验的编码效率为 $R=\dfrac{q}{(q+1)}$。

（2）特点

水平奇偶校验又称横向奇偶校验，它不但能检测出各段同一位上的奇数个错，而且还能检测出突发长度小于等于 p 的所有突发错误。其漏检率要比垂直奇偶校验方法低，但实现水平奇偶校验时，数据缓冲器的使用是肯定的。

3. 水平垂直奇偶校验的特点及编码规则

（1）编码规则

若水平垂直都用偶校验，则：

$$r_{i,q+1}=I_{i1}+I_{i2}+\cdots+I_{iq},(i=1,2,\cdots,p)$$

$$r_{p+1,j}=I_{1j}+I_{2j}+\cdots+I_{pj},(j=1,2,\cdots,q)$$

$$r_{p+1,q+1}=r_{p+1,1}+r_{p+1,2}+\cdots+r_{p+1,q}$$

$$=r_{1,q+1},r_{2,q+2}+\cdots+r_{p,q+1}$$

水平垂直奇偶校验的编码效率为 $R=\dfrac{pq}{[(p+1)(q+1)]}$。

（2）特点

水平垂直奇偶校验又称纵横奇偶校验。它能检测出所有 3 位或 3 位以下的错误、奇数个错、大部分偶数个错以及突发长度小于等于 $p+1$ 的突发错。可使误码率降至原误码率的百分之一到万分之一。还可以用来纠正部分差错。有部分偶数个错不能测出。在中、低速传输系统和反馈重传系统该技术适用的比较多。

2.7.3 循环冗余校验

循环冗余码简称 CRC（Cyclic Redundancy Code），其检错能力和纠错能力都比较强。CRC 有着严密的数学基础，是在多项式运算的基础上建立起来的。

1. 码多项式

如果把一个码字中的各位看作是一个多项式的系数，则一个 n 位码字 $C=(C_{n-1}C_{n-2}\cdots C_1C_0)$ 可以表示为一个多项式：

$$C(x)=C_{n-1}x^{n-1}+C_{n-2}x^{n-2}+\cdots+C_2x^2+C_1x+C_0$$

$C(x)$ 称为码字 C 的码多项式。

例如，码字 1011100 的码多项式为：

$$C(x)=1\cdot x^6+0\cdot x^5+1\cdot x^4+1\cdot x^3+1\cdot x^2+0\cdot x^1+0\cdot x^0=x^6+x^4+x^3+x^2$$

2. 循环冗余码的生成多项式

定理 1　在一个 (n,k) 的循环冗余码集中，存在一个且只有一个 $(n-k)$ 次的码多项式

$$G(x)=x^{n-k}+g_{n-k-1}x^{n-k-1}+\cdots+g_2x^2+g_1x+1 \qquad (2\text{-}1)$$

满足：

1）此循环冗余码集中任一码多项式都是 $G(x)$ 的倍式。

2）任意一个 $(n-1)$ 次或 $(n-1)$ 次以下的，又是 $G(x)$ 倍式的多项式必定是此循环冗余码集的

一个码多项式。

由定理 1 可知,给定 $G(x)$,就给定了一个循环冗余码的码集,同时每个码字的冗余位位数: $r = n - k$ 也得以确定下来;任一循环冗余码多项式 $C(x)$ 都是 $G(x)$ 的倍式,可以写成:

$$C(x) = Q(x)G(x) \tag{2-2}$$

目前国际上推荐使用的循环冗余码有 4 种,它们的生成多项式分别为:

$CRC_{12} = x^{12} + x^{11} + x^3 + x^2 + x + 1$

$CRC_{16} = x^{16} + x^{15} + x^2 + 1$

$CRC_{16} = x^{16} + x^{12} + x^5 + 1$

$CRC_{32} = x^{32} + x^{26} + x^{23} + x^{22} + x^{16} + x^{11} + x^{10} + x^8 + x^7 + x^5 + x^4 + x^2 + x + 1$

3. 循环冗余码的编码

一个 (n,k) 循环冗余码,有 k 位信息位和 $(n-k)$ 位冗余位。设 k 位信息位是 $C_k = (C_{k-1} C_{k-2} \cdots C_1 C_0)$,相应码多项式为 $K(x) = C_{k-1} x^{k-1} + C_{k-2} x^{K-2} + \cdots + C_1 x + C_0$。 $(n-k)$ 位冗余位设为 $R_{n-k} = (r_{n-k-1} r_{n-k-2} \cdots r_1 r_0)$,相应码多项式为 $R(x) = r_{n-k-1} x^{n-k-1} + r_{n-k-2} x^{n-k-2} \cdots r_1 x + r_0$。循环冗余码为: $T_n = (C_{k-1} C_{k-2} \cdots C_1 C_0 r_{n-k-1} r_{n-k-2} \cdots r_1 r_0)$,相应码多项式为:

$$T(x) = x^{n-k} K(x) + R(x) \tag{2-3}$$

由式(2-3)可知,给定信息位求其循环冗余码,实际上是已知信息位的基础上将冗余位求出的过程,也就是已知 $K(x)$ 求 $R(x)$ 的过程。求得 $R(x)$,冗余位就可以确定,附加在信息位后面就可得到所求的循环冗余码。

由式(2-2)和式(2-3)得 $x^{n-k} K(x) + R(x) = G(x)Q(x)$,也可写为:

$$x^{n-k} K(x) = G(x)Q(x) + R(x) \tag{2-4}$$

式(2-4)中,$R(x)$ 可看作是 $x^{n-k} K(x)$ 被生成多项式 $G(x)$ 除所得到的余式,$Q(x)$ 为商式。

由以上讨论可见,给定 $K(x)$ 和 $G(x)$ 求其 (n,k) 循环冗余码的过程可归纳为以下 3 个步骤。

1)用 x^{n-k} 乘以 $K(x)$。

2)用 $G(x)$ 除 $x^{n-k} K(x)$ 得到余式 $R(x)$。

3)将多项式 $R(x)$ 对应的 $(n-k)$ 位冗余位 $r_{n-k-1} r_{n-k-2} \cdots r_1 r_0$ 附加到信息位后面。

【例 2-1】已知信息位为 1011001,对应多项式 $K(x) = x^6 + x^4 + x^3 + 1$,生成多项式 $G(x) = x^4 + x^3 + 1$,求 CRC 码。

解 ① $x^4 K(x) = x^{10} + x^8 + x^7 + x^4$,对应的码字为 10110010000。

② 用 $G(x)$ 除 $x^4 K(x)$ 得余式 $R(x)$。

$$
\begin{array}{r}
x^6 + x^5 + x^3 + x \\
x^4 + x^3 + 1 \overline{\smash{\big)}\ x^{10} + x^8 + x^7 + x^4} \\
\underline{x^{10} + x^9 + x^6} \\
x^9 + x^8 + x^7 + x^6 \\
\underline{x^9 + x^8 + x^5} \\
x^7 + x^6 + x^5 \\
\underline{x^7 + x^6 + x^3} \\
x^5 + x^4 + x^3 \\
\underline{x^5 + x^4 + x} \\
x^3 + x
\end{array}
$$

余式 $R(x)=x^3+x$,对应冗余码为 1010。

4. 循环冗余码的译码

译码的过程就是检错的过程。由编码原理可知,编码器输出的码多项式为 $T(x)=x^{n-k}K(x)+R(x)=G(x)Q(x)$,若传输没有出错的话,则接收方收到的码字 $T(x)'=T(x)$,则:

$$T(x)'=G(x)Q(x)$$

或者说 $T(x)'$ 能被 $G(x)$ 整除。因此,接收端的校验过程就是用 $G(x)$ 除接收到的码多项式 $T(x)'$ 的过程。若 $T(x)'$ 除以 $G(x)$ 余式(余数)为 0,传输无错;若余式(余数)不为 0,则传输有错。有时,出错的码字也有可能被 $G(x)$ 整除,这时就无法检测出错码,这种错误称为不可检错误。

【例 2-2】例 2-1 中码字 10110011010 经传输后受噪声干扰,在接收端变成了 10110011100,则有余数 110。

```
                      1 1 0 1 0 1 0
  1 1 0 0 1 ) 1 0 1 1 0 0 1 1 1 0 0
              1 1 0 0 1
              1 1 1 1 0
              1 1 0 0 1
                1 1 1 1 1
                1 1 0 0 1
                  1 1 0 1 0
                  1 1 0 0 1
                      1 1 0
```

2.7.4　流量控制

1. 流量控制概述

(1)拥塞与死锁

在道路上,人流多到一定程度,速度减慢是肯定的,严重时会出现谁也走不动的现象。计算机网络也是如此。无论是计算机装置还是通信设备,对数据的处理能力总是有限的。当网上传输的数据量增加到一定程度时,网络的容量便开始变小,吞吐量下降,这种现象称为"拥塞"(congestion)。传输数据增加严重时,丢弃的数据帧不断增加,从而引起更多的重发。它们所占用的缓冲区得不到释放,又引起更多的数据帧丢失。这种连锁反应将很快波及全网,使通信无法进行,网络处于"死锁"(deadlock)状态,陷于瘫痪。图 2-25 给出了网络系统吞吐量与输入负载的关系。

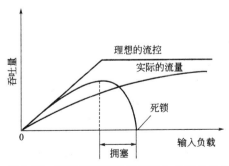

图 2-25　网络系统吞吐量与输入负载的关系

（2）流量控制的基本原理

防止拥塞和死锁的办法是制定网上交通规则，进行流量控制。从原理上说，是由网上可用资源不能满足各用户资源需求造成拥塞和死锁的，即

$$\sum 用户资源需求 \geqslant 可用资源$$

由此，进行流量控制的基本策略包括以下两点：

1）增加用户可用资源。

2）限制用户资源需求。

（3）流量控制的级别

计算机网络是一个复杂的系统，如图 2-26 所示。从网络的组成环节上看，涉及相邻节点间（段级）的流量控制、节点间（入口出口级）的流量控制、主机和节点间（进网级）的流量控制和主机间（运输级）的流量控制。从网络的体系结构上看，涉及物理层、链路层、网络层和运输层，这二者之间的联系体现在以下几个方面：

1）物理层提供了系统最基本的可用资源；

2）入口出口级的流量控制在网络层实现；

3）段级流量控制在链路层实现；

4）进网级的流量控制在网络层和链路层实现；

5）运输级的流量控制在运输层实现。

其中，物理层流控的主要目的是提供网络的基本可用资源，基本策略有：合理选择路径，均衡网上负荷；增加通道带宽、增加信息速率；增加缓冲区等。其他层的流控策略主要是限制用户资源需求。

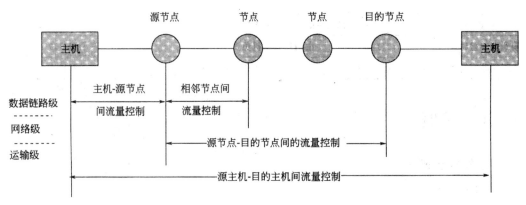

图 2-26　流量控制级别

（4）用户资源需求限制策略

下面介绍几种利用限制用户资源需求来控制流量的策略。

1）等待传输法。当接收节点的缓冲区将占满、死锁之前，向发送节点发送暂停发送信息，当危险解除后，再通知发送节点恢复发送。

2）数据单元丢弃法。当目的主机有缓冲区时就接收数据单元，无缓冲区时就将数据丢弃，被丢弃的数据单元由于源主机得不到确认而重发。

3）预约缓冲区法。源主机在开始传输数据之前，首先了解目的主机的可用缓冲区大小，预约一定大小的缓冲区，根据分配的缓冲区大小控制数据的发送。当缓冲区用完后，等待对方重新分

配缓冲区。

4)许可证法。这是一种全网流量控制策略。其基本方法为:网络初启时,给每个节点分配一定数量的许可证,一个节点上的主机要发送数据,必须从该节点获得一个许可证。将许可证与数据一起发送,这时发送节点将减少一个许可证,没有许可证可用的节点就无法正常发送数据。目标节点收到一个数据的同时,也收到一个许可证,供自己的主机发送数据使用。为了防止某一个节点积累的数据太多,超过限量时,将把多余的许可证单独发送或让数据单元捎带到别的节点上。

2. 滑动窗口协议

滑动窗口协议从发送和接收两方来限制用户资源需求,并通过接收方来控制发送方。其基本思想是:某一时刻,发送方只能发送编号在规定范围内,即落在发送窗口的几个数据单元,接收方也只能接收编号在规定范围内,即落在接收窗口内的几个数据单元。于是,以下两个问题就不得不考虑:

1)数据单元的编号,这与数据单元中用于编号的位数有关;

2)窗口的大小。

下面用数据单元中 3 位进行数据单元的编码(即数据单元采用横向 8 编码),发送窗口的大小为 5,接收窗口的大小为 4,来说明滑动窗口协议的工作原理。

(1)发送器窗口的工作原理

发送器窗口的大小(宽度)规定了发送在未接到应答的情况下,允许发送的数据单元数。也就是说,窗口中的逻辑数据单元就是该窗口的大小。

1)由于窗口大小为 5,说明不需要接到应答,就可以连续发送 5 个数据单元。图 2-27(a)中编号为 0、1、2 的三个数据单元为深色,表明已发送,还可以发送编号为 3、4 两个数据单元(如果有就立即发送,如果没有就空着)。

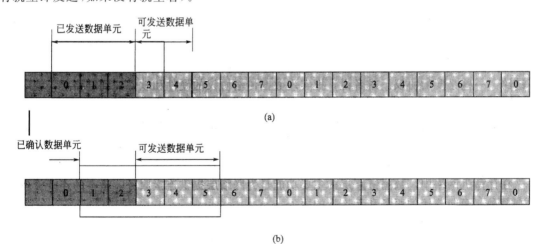

图 2-27　发送器窗口的工作原理

2)当发送方收到位于窗口内左沿处的数据单元已被确认的返回信息时,就将窗口向右移动一个数据单元位置。图 2-27(b)表明,已收到 0 号数据单元的确认帧,若再收到 1 号数据单元的确认帧,窗口还可以向右滑动一个数据单元。

(2)接收器窗口的工作原理

1)窗口大小为 4,因此最多可以连续接收 4 个数据单元。图 2-28(a)中 0、1 号两个单元为深色,表明接收到 0、1 号两个数据单元,还可以接收 2、3 号两个数据单元(这时可能没有收到)。

2)当 0 号数据单元被确认、送往上层时,接收窗口向右滑动一个数据单元位置,如图 2-28(b)所示。若再处理完 1 号数据单元,窗口还可以向右滑动一个数据单元位置。简而言之,每处理完一个接收到位于窗口左沿处的数据单元,窗口的右沿才会向右滑动一个数据单元。

前面介绍了用滑动窗口进行流量控制的基本原理。具体实现时,以下问题是不得不解决的:

1)窗口宽度的控制方法为预先固定,还是可适当调整;

2)窗口位置的移动控制为整体移动,还是顺次移动;

3)接收方的窗口宽度与发送方可以相同,也可以不同。

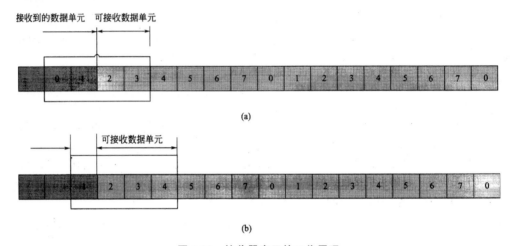

图 2-28 接收器窗口的工作原理

第3章 网络协议与体系结构

3.1 网络体系结构概述

3.1.1 网络协议的概念

计算机网络是由多个互连的结点组成的,结点之间需要不断地交换数据和控制信息,为了使结点之间能正确、自动地传输信息,必须制定一套通信双方都必须遵守的关于信息传输顺序、信息格式和信息内容等的约定。正如人们日常生活中信封的书写需要遵守邮政局的规定,如果要给住在中国国内的朋友寄信,那么信封要按照国内的信封书写规则书写,如果要给住在美国的朋友写信,那么写信封时要用英文按照国际的书写规则书写。国内中文信封的格式与国际英文信封的书写格式是有差异的。这就是一种通信规约。计算机网络也有一些规则、标准或约定,它们被称为网络系统的通信协议。从本质上来看,网络通信协议就是结点间通信时所使用的一种语言。

通信协议有以下3个要素:

1)语法:协议的语法规定数据与控制信息的结构或格式,当若干个协议元素和数据组合在一起时能表达一个完整的内容,语法规定协议元素和数据应遵循的格式。

2)语义:协议的语义是对构成协议的协议元素的含义进行解释,例如,需要发出何种控制信息、控制完成何种动作及得到的响应等。

3)时序:时序详细说明事件的实现顺序,它是指通信中各事件发生的因果关系,规定了某个通信事件及其由它而触发的一系列后续事件的执行顺序。

例如,在传输一份数据报文时,按下述的格式来表达,这种规定的格式就是语法。

SOH	HEAD	STX	TEXT	ETX	BCC

其中,规定协议元素 SOH 的语义表示所传输报文的报头开始,协议元素 ETX 的语义表示正文的结束,BCC 是检验码。

在双方通信时,首先由源站发送一份数据报文,如果目标站收到的是正确的报文,遵循协议规则,利用协议元素 ACK 回答对方,源站收到 ACK 便知道报文已被正确接收,于是源站即可顺利地发送下一份报文;如果目标站收到的是一份错误报文,便按规则用 NAK 做出回答,用以要求源站重发该报文。

协议只确定计算机各种规定的外部特点,对内部具体实现方式不做任何规定。正如人们日常生活中的一些规定一样,例如,要求学生要爱护公共设施,对具体怎么做一般不描述。计算机网络软、硬件的厂商在生产网络产品时,必须遵守协议的规定生产产品,但生产商选择什么样的电子元件或使用什么语言则不受约束。

3.1.2 网络体系结构的分层原理

人们在处理复杂的问题时,为了方便分析,通常将其分解成为若干个较容易处理的小问题。例如,邮政通信系统是一个涉及全国乃至全球信件传送的复杂问题,解决的方法是将总体任务分解成若干个子任务,这些子任务分配在不同的层次中,如图3-1所示,将发信和收信的整个过程分为四层。每层次的服务及服务实现的过程都有明确规定,不同地区的系统分为相同的层次,发信者所在地系统的层次与收信者所在地的系统的层次相同,不同系统中的同等层具有相同的功能,高层使用低层提供的服务。

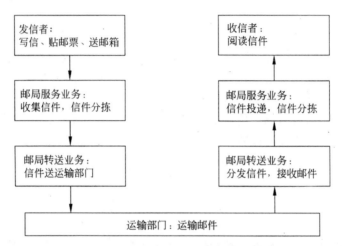

图 3-1 邮政系统信件发送、接收过程示意图

网络系统是个非常复杂的系统,为了使设计上的复杂性得以减少,大多数计算机网络采用了分层的设计思想,这与邮政系统类似。将网络体系结构设计成多层,相似的功能出现在同一层内,每层间有相应的通信协议,相邻层之间通过接口(interface)通信,每层都以它的前一层为基础,使用下层提供的服务,并向上层提供服务,下层对上层提供服务,上层是下层的用户。

在同一结点内相邻层之间交换信息的连接点称为接口,如邮政系统中邮箱是发信人与邮递员之间的接口。

网络体系结构分层技术的优点是:

1)各层之间独立性强。只要接口不发生变化,各层内部的具体实现方法和技术的变化不会对其他各层的工作造成任何影响,也不会影响到整个系统的工作。

2)适应性强,灵活性好。

3)每层的功能相对单一。相似的功能被设计在同一层中。

4)易于实现和维护。一个复杂的系统被分解为若干个易于处理的部分,这使得实现、维护和控制相对简单。

5)有利于促进标准化。

3.2 ISO/OSI 参考模型

3.2.1 开放系统互连基本参考模型

现代计算机网都采用了层次化的结构,但第二代计算机网络中各种不同体系结构划分的层次数却有一定的差异,层与层之间的功能划分也不一样,相互之间不兼容,开放互连也就无法实现。为层次的划分建立了一个标准的框架是 ISO 的开放系统互连(OSI)基本参考模型的主要贡献。除上面的原则外,OSI 模型分层时还考虑了已有网络的经验以及有助于制定各层标准化协议。

开放系统互连基本参考模型是由 ISO 制定的,这是一个标准化开放式的计算机网络层次结构模型,又称 OSI 模型,如图 3-2 所示。图中从下到上分别是物理层(PH)、数据链路层(DL)、网络层(N)、运输层(T)、会话层(S)、表示层(P)和应用层(A)这 7 个层次。由图可见,整个开放系统环境由作为信息源和宿的端开放系统及若干中继开放系统通过物理介质连接构成。这里,端开放系统和中继开放系统都是国际标准 ISO 7498 中使用的术语。若用通俗一点的语言来解释,它们就相当于主机和 IMP(即通信子网中的结点机)。在主机中要有 7 层,但通信子网中的 IMP 却不一定要有 7 层,通常只有下三层,甚至可以只有下两层。

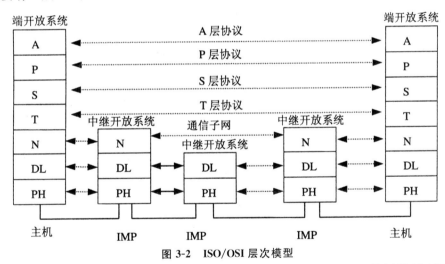

图 3-2 ISO/OSI 层次模型

不同开放系统对等层之间的虚通信必须遵循相应层的协议,如有运输层协议(即图中 T 层协议)、会话层协议(即图中 S 层协议)等。在该模型中仅规定了各层的功能,而对每层的具体协议却没有涉及,每层的协议由 OSI 基本标准集中的其他国际标准给出。在同一开放系统中,相邻层次间的界面称为接口,在接口处由低层向高层提供服务。比如说,在会话层和表示层的接口处由会话层向表示层提供会话服务。具体每层应向高层提供怎样的服务也由 OSI 基本标准集中的其他国际标准给出。在相邻层提供服务过程中以及对等层虚通信过程中都涉及信息的交换。信息的基本单位在 OSI 中统称为数据单元。

3.2.2　ISO/OSI 参考模型各层功能

下面将对 ISO/OSI 层次模型中每层的主要功能进行简单介绍。

1.物理层

物理层的作用是在物理媒体上传输原始的数据比特流。当一方发送二进制比特 1 时,对方应能正确地接收,并识别出来。在物理层,传输的双方应该有一致同意的约定,例如:媒体信道上有多少条线;相应的插头和插座的机械形状和大小;插针的个数和排列;什么电信号(如多少伏电压)代表 1 和什么电信号代表 0;1 比特的持续时间是多长;每个插针或每条线传输的是什么信号(如电源或数据或控制等)和它们之间应按什么顺序升起或落下;最初的连接如何建立;传输完成后连接又如何终止等。这就是物理层的协议。总之,物理层是为在物理介质上建立、维持和终止传输数据比特流的物理连接提供机械、电气、功能和规程的手段。

需要注意,物理层负责在网络上传输数据比特流。这与数据通信的物理或电气特性有很大关系。例如:传输介质是铜质电缆、光纤还是卫星? 数据怎样由 A 点传到 B 点? 物理层以比特流的方式传送来自数据链路层的数据,而数据的含义或格式却不是它关注的重点。

2.数据链路层

由于外界噪声干扰等因素,原始的物理连接在传输比特流时发生差错的可能性是有的。数据链路层的一个主要功能就是通过校验、确认和反馈重发等手段,将原始的物理连接改造成无差错的数据链路。数据链路层负责监督相邻网络结点的信息流动。它使用检错或纠错技术来确保正确的传输。当数据链路检测到错误时,它请求重发或根据情况纠正。

另外,数据链路层还要解决流量控制的问题:要解决发送方的高速数据淹没速度慢的接收方的问题,数据流量太大,网络会出现阻塞;数据流量太小了,又会使发送方和接收方等待时间过长。高级数据链路控制规程就是数据链路层协议的一个例子。

数据链路层还管理数据格式。物理层传送的是比特流,至于比特流的意义和结构并不是物理层关心的重点,在数据链路层将比特组合成数据链路协议数据单元。数据通常被组合成帧加以传输。帧是按某种特定格式组织起来的字节集合。数据链路层用唯一的比特组合对将要发送的每一帧的开始和结束进行标识,对接收进来的每一帧进行判断,然后把无错的帧送往上一层,即网络层。总之,数据链路层解决的是相邻结点之间的数据传输问题。

3.网络层

网络层关心的是通信子网的运行控制,其主要任务是如何把网络协议数据单元(通常称为分组)从源传送到目标。这需要在通信子网中进行路由选择。路由选择算法可以是简单、固定的,也可以是复杂、动态适应性的。如果同时在通信子网中出现过多的分组,则会造成阻塞,因而要对其进行控制。当分组要跨越多个通信子网才能到达目标时,网际互连问题也是需要得到解决的。X.25 分组协议和网际协议 IP 是网络层协议的例子。

需要注意,网络层拥有管理路由策略来处理路由中的一系列问题。例如,在双向的环形网络中,每两个结点间有两条路径。一个更加复杂的拓扑结构可能有很多路由可供选择。哪一条才是最快、最便宜或最安全的呢? 哪些路由才是宽阔、没有阻塞的呢? 是让整个报文采用同一路由,还是把报文分组后分别传送呢?

网络层控制着通信子网,网络层是针对子网的最高层次,计费软件也可能包含在该层。总之,网络层解决的是源结点到目标结点的路由问题。

4. 运输层

如图 3-2 所示可见,运输层是第一个端对端,即主机到主机的层次。有运输层后,高层用户就可利用运输层的服务直接进行端到端的数据传输,从而不必知道通信子网的存在。通过运输层的屏蔽,高层用户看不到通信子网的更替和技术变化。通常,在高层用户请求建立一条运输虚通信连接时,运输层就通过网络层在通信子网中建立一条独立的网络连接。若需要较高的吞吐量,运输层也可以建立多条网络连接来支持一条运输连接,这就是分流(也称之为分用)。另外,为了降低成本,运输层也可以让多个运输通信合用一条网络连接,称为复用。运输层还要处理端到端的差错控制和流量控制问题。概括地说,运输层为上层用户提供端对端的透明优化数据传输服务。

需要注意的是,运输层是处理端对端通信的最低层(更低层处理网络本身)。运输层负责选择通信使用的网络。一台计算机可能连接着好几个网络,其速度、费用和通信类型会有一定的差异。到底选择哪一个是由很多因素决定的。比如,传输的信息是很长的连续数据流,还是分为多次间歇传送。

另一种方法是把数据划分成多个小的分组(数据子集),再分别传送。在这种情况下,两点间不需要稳定的连接。每一分组通过网络被独立地传输。因此,当分组到达目的地时,必须重新进行组装,然后才能送往上层用户。如果各个分组经过不同的路由,那就无法保证分组会按发送顺序到达目的地,甚至无法保证它们都会到达。所以,接收方不仅要对分组重新排序,还需要对所有的分组是否都已收到进行验证。

5. 会话层

会话层允许不同主机上各种进程之间进行会话。运输层是主机到主机的层次,而会话层是进程到进程之间的层次。会话层组织并同步进程间的对话。会话层可管理对话允许双向同时进行或任何时刻只能一个方向进行。在后一种场合下,会话层提供一种数据权标来控制哪一方有权发送数据。另外,会话层还提供同步服务。若两台机器进程间需进行数小时的大型文件传输,而通信子网故障率又较高,那么对运输层来说,每次传输中途失败后,都不得不重新传输这个文件。会话层提供了在数据流中插入同步点的机制,在每次网络出现故障后可以仅重传最近的一个同步点以后的数据,而不必从头开始。

用户层次上的单一事务机制也是由会话层来实现的。一个常见的例子就是从数据库中删去一个记录。尽管在用户看来,这只是一个单一操作,但实际上它可能是由几个步骤共同组成的。首先要找到这个记录,然后修改指针和地址(可能还需修改索引表),最后完成删除动作。如果是通过网络访问数据库,在真正开始删除前,会话层必须确保所有低级操作已经完成。如果这些数据操作只是简单地按照接收顺序依次执行的话,网络一旦发生故障,那么也会影响到数据的完整性。可能只是改变了部分指针,也有可能删去了记录,而没有删去指向它的指针。

6. 表示层

表示层为上层用户提供共同需要的数据或信息语法表示变换。大多数用户间并非仅交换随机的比特数据,而是要交换诸如人名、日期、货币数量和商业凭证之类的信息。它们是通过字符串、整型数、浮点数以及由简单类型组合成的各种数据结构来表示的。不同的机器采用不同的编码方法来表示这些数据类型和数据结构(如 ASCII 或 EBCDIC、反码或补码等)。为了让采用不同的编码方法的计算机能相互理解通信交换后数据的值,可以采用抽象的标准方法来定义数据结构,并采用标准的编码表示形式。管理这些抽象的数据结构,并把计算机内部的表示形式转换成网络通信中采用的标准表示形式是由表示层来完成的。

需要注意的是,表示层以用户可理解的格式为上层用户提供必要的数据。举例来说,有两台计算机使用的数字和字符格式是不同的。表示层负责在这两种不同的数据格式之间进行转换,对这种差别用户是感觉不到的。数据与信息之间的差异是表示层需要解决的问题。毕竟,在网络的支持下,用户可以交换信息,而不是原始的比特流。它们不必理会各种数据格式,只需关心信息的内容和含义。

表示层也提供数据的安全措施。数据压缩和加密是表示层可提供的表示变换功能。数据压缩可减少传输的比特数,从而节省成本。数据加密可防止敌意的窃听和篡改。在把数据交给低层传送前,它可以先对数据进行加密。另一端的表示层负责在收到数据后解密。用户根本不知道数据曾经改变过。对于侵权问题严重的广域网(覆盖面积广)来说,这一技术显得尤为重要。

7. 应用层

应用层是开放系统互连环境的最高层。不同的应用层为特定类型的网络应用提供访问 OSI 环境的手段。网络环境下不同主机间的文件传送、访问和管理 FFAM(File Transfer, Access and Management),网络环境下传送标准电子邮件的文电处理系统 MHS(Message Handling System),方便不同类型终端和不同类型主机间通过网络交互访问的虚拟终端 VT(Virtual Terminal)协议等,都属于应用层的范畴。

应用层直接与用户和应用程序打交道。必须注意的是它区别于一个应用程序。应用层为用户提供电子邮件、文件传输、远程登录和资源定位等服务。比如说,一方的应用层似乎能够直接传送文件给另一方的应用层,而不管低层的网络和计算机体系结构是否相同。

另外,应用层也定义了一些协议集,以支持通过全屏幕文字编辑器方式来模拟各种不同类型的终端。因为对于光标控制,不同的终端使用不同的控制序列。比如,要移动光标,可能只需按方向键,也可能需要按某种组合键。理想情况下,我们希望这些差别对于用户来说是透明的。

综上所述,OSI 协议模型的下 3 层主要处理网络通信的细节问题,它们一起向上层用户提供服务。OSI 协议模型的上 4 层主要针对端对端的通信,它们定义用户间的通信协议,但数据传输的低层实现的细节并不是它们关注的重点。有一些网络方案可能不全包括这 7 个层次,也有可能将不同层次的某些功能结合在一起。OSI 模型只是一个典范,还有许多网络协议不与之兼容。然而,它是一个重要的起点,它帮助我们理解了一个协议中的很多网络功能是分别处于不同的层次的。表 3-1 所示对本书曾经提到过的功能作了一个总结。

表 3-1　OSI 各层功能总结

层　　次	功　　能
7. 应用层	提供电子邮件、文件传输等用户服务
6. 表示层	转换数据格式,数据加密和解密
5. 会话层	通信同步,错误恢复和事务操作
4. 运输层	网络决策,实现分组和重新组装
3. 网络层	路由选择,计费信息管理

层 次	功 能
2.数据链路层	错误检测和校正,组帧
1.物理层	数据的物理传输

需要注意的是,OSI 协议模型的 7 个层次中,每一个层次都定义了各自的计算机网络通信协议,使上层与下层的实现细节隔离。它们一起将用户和数据通信的具体细节隔离开来。如果充分实现的话,它们将允许不兼容的设备互相通信。

OSI 协议模型中较低的 3 个层次主要处理网络通信的具体问题。物理层负责发送和接收比特流,而不管其具体含义。它不知道这些数据代表着什么,甚至不知道它们是否正确。物理层也包含连接策略。电路交换在结点间建立和保持专有线路。报文交换经由网络传送报文,没有专有的线路连接特定的结点。分组交换把报文划分为多个分组,然后分别进行传送。

数据链路层为物理层提供错误检测。错误检测技术包括奇偶校验位和其他检错码或纠错码。有些只能检验出单个比特错;有些就能检验出由于噪音而导致的多个比特错。数据链路层也包括竞争策略。冲突检测让多个同时发起传输的设备能够检测到冲突的存在。于是每个设备都等待一段随机时间后重新进行传输。

底部 3 个层次的最高层就是网络层。它包含路由策略,路由算法负责在两结点间寻找最便宜的路径,路径上的每一个结点都知道它的后继结点。但最便宜的路径可能随网络情况的变化而发生相应地改变,因此可以使用适当的路由策略来检测网络发生的变化,并相应地做出改动。

顶部的 4 个层次为用户服务。其中的最低层是运输层。它提供缓冲、多路复用和连接管理等功能。连接管理确保被延迟的报文不会给正常的连接建立或释放请求带来影响。

会话层负责管理用户间的会话。在半双工通信中,会话层决定谁可以说话,谁必须收听。同时它还允许定义同步点,以应付在高层出现的故障。在主同步点间的数据必须缓存起来,以备恢复。当一系列请求要么不被处理,要么就必须一起处理时,会话层也允许将这些请求加以封装。

表示层解决数据表示中存在的差异问题。它允许两个信息存储方式不同的系统交换信息。表示层也提供数据压缩功能,使传输量得以减少。另外它还实现加密和解密。

最后,也是最高层,即应用层,它包括许多用户服务,比如电子邮件、文件传输和虚拟终端等。它直接与用户或应用程序通信。

3.2.3 OSI 层次中数据的传输

在 OSI 层次结构模型中,数据的实际传送过程如下:发送进程发送给接收进程的数据,经过发送各层自上而下传递到最低层,每一层都要加上该层的控制信息,最底层将"0"或"1"组成的数据比特流转换为电信号在物理媒体上传输,通过物理媒体传输到接收方后,再经过自下而上传递到最高层,最后到达接收进程。接收方在向上传递时要逐层剥去发送方相应层加上的控制信息,过程正好相反,如图 3-3 所示。整个过程类似于邮政系统实际传递信件的过程,发送时要给信件加信封、封装邮袋、邮车运输等进行层层封装,等到达收信人手中后,再将封装层层去掉。

由于接收方的任意一层都不会收到其下层的控制信息,而其高层的控制信息对于它来说也只是透明的数据,所以它只阅读和去除本层的控制信息,并进行相应的协议操作。这样,发送方和接收方的对等实体看到的信息就是相同的,就好像这些信息通过虚通信直接传给对方一样。

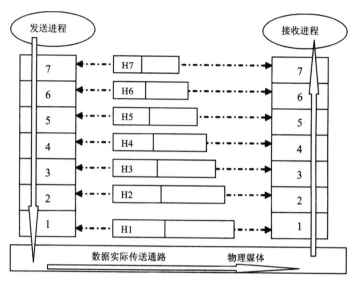

图 3-3　数据的实际传送过程

3.3　TCP/IP 参考模型

3.3.1　TCP/IP 体系结构

TCP/IP 体系结构是 Internet 采用的网络体系结构,也是事实上的国际工业标准。TCP/IP 是指一系列协议组成的协议簇,目前包含了 100 多个协议,TCP 和 IP 是其中两个最基本、最重要的协议。对应于 OSI 参考模型,TCP/IP 体系结构分为 4 个层次,包括网络接口层、网络层、传输层和应用层,如图 3-4 所示。

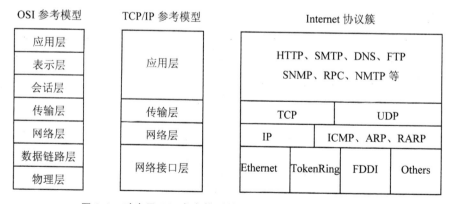

图 3-4　对应于 OSI 参考模型的 TCP/IP 体系结构及协议簇

TCP/IP 体系结构与 Internet 紧密结合,规范了网络层以上的网络互连协议,对于包含数据链路层和物理层的物理网络则没有限制,能够互连多种类型的局域网,也能够构建基于 IP 协议的城域网或广域网,其兼容性和开放性都比较理想。它伴随着 Internet 的快速发展而被广泛应用,成为业界网络互连的事实标准。

在 TCP/IP 体系结构中,网络层下面是空白的,即没有对网络接口层进行定义,网络接口层仅说明主机必须通过某个协议连接到网络上,不同主机、不同网络使用的协议是有差别的,但是该层并没有具体定义这些协议。网络层的重要协议包括 IP 协议、ICMP 协议、ARP 协议、RARP 协议等;传输层的主要协议包括 TCP 协议和 UDP 协议;应用层则包括了一系列 Internet 应用协议,如超文本传输协议 HTTP、文件传输协议 FTP、简单邮件传输协议 SMTP、域名服务协议 DNS、远程登录协议 Telnet 等。

3.3.2 TCP/IP 参考模型各层功能

1. 网络接口层

在 TCP/IP 参考模型中,"网络接口层"是参考模型的最低层,它负责通过网络发送和接收 IP 数据报。TCP/IP 参考模型允许主机连入网络时使用多种流行的协议,例如局域网协议等。

TCP/IP 的"网络接口层"包括各种物理网协议,例如局域网的 Ethernet 协议、Token Ring 协议,分组交换网的 X.25 协议等。当这种物理网被用作传送 IP 数据包的通道时,我们就可以认为它是这一层的内容。这体现了 TCP/IP 协议的兼容性与适应性,它也为 TCP/IP 的成功奠定了基础。说明:在 Internet 上的基本传输单元为"数据报",有时也被称为"IP 数据报"或"IP 报"。

由首部的报头和数据区共同构成数据报。

2. 网络层

在 TCP/IP 参考模型中,网络层是参考模型的第二层,又称为网际层,它类似于 OSI 参考模型网络层的无连接网络服务。网络层负责将源主机的报文分组发送到目的主机,源主机与目的主机可以在一个网上,也可以在不同的网上。

(1)网络层的主要功能

1)处理来自传输层的分组发送请求。在收到分组发送请求之后,将分组装入 IP 数据报,填充报头,选择发送路径,然后将数据报发送到相应的网络输出端。

2)处理接收的数据报。在接收到其他主机发送的数据报之后,检查目的地址,如需要转发,则选择发送路径,转发出去;如目的地址为本结点 IP 地址,则除去报头,将分组交送传输层处理。

3)处理互连的路径、流量控制与拥塞问题。

(2)网络层的 4 个核心协议

1)网际协议(Internet Protocol,IP):其主要任务就是对数据包进行寻址和路由,把数据包从一个网络转发到另一个网络。即为要传输的数据分配地址、打包、确定收发端的路由,并提供端到端的"数据报"传递。IP 协议还对计算机在 Internet 通信时所必须遵守的一些基本规则做了相关规定,以确保路由的正确选择和报文的正确传输。

2)网际控制报文协议(Internet Control Message Protocol,ICMP):为 IP 协议提供差错报告。ICMP 用于处理路由,协助 IP 层实现报文传送的控制机制。

3)地址解析协议(Address Resolution Protocol,ARP):该协议用于完成 IP 地址到网卡物理地址的转换。

4)逆向地址解析协议(Reverse Address Resolution Protocol,RARP):该协议用于完成物理地址向 IP 地址的转换。

(3)网络层传输的 IP 分组格式

IP 分组也称 IP 数据报,它是以无连接方式通过网络传输的,在源发主机和目的主机以及经过的每个路由器中,网络层都使用始终如一的 IP 协议和不变的 IP 分组格式。要注意的是,IP 是基于数据报服务的,而 TCP 是基于虚电路服务的协议。IP 分组作为 Internet 的基本传送单元。类似于典型的其他网络帧,也分为分组头和数据信息,在分组头中包含源站和目的站地址。IP 分组头的长度为 4 个字节的整数倍,如图 3-5 所示。

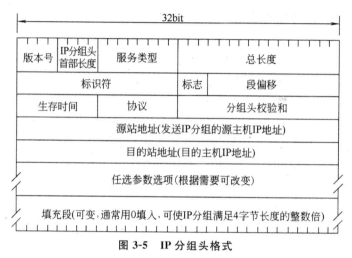

图 3-5　IP 分组头格式

其中,每一个字段的意义分别如下:

1)版本号:该 4 位字段标识当前协议支持的 IP 版本号,在处理 IP 分组之前,所有的 IP 软件都要检查分组的版本号字段。以保证分组格式与软件期待的格式一样。如果标准有差异,机器将拒绝与其协议版式本不同的 IP 分组。本节给出的是对版本为 4 的 IP 的描述,版本 1～3 几乎已经过时不用。

2)IP 分组头首部长度:该 4 位字段表示 IP 分组头的长度,取值的范围是 5～15。由于 IP 分组头格式的长度单位是 4 字节,因此首部长度的最大值是 15×4＝60 字节。当 IP 分组头长度不是 4 字节的整数倍时,必须利用最后一个填充字段加以填充。这样,数据部分永远在 4 字节的整数倍时开始,方便实现。首部长度限制为 60 字节的缺点是有时不够用(如长的源路由),但这样做的用意是要用户尽量减少额外开销。

3)服务类型:该 8 位字段说明分组所希望得到的服务质量,它允许主机制定网络上传输分组的服务种类及高层协议希望处理的当前数据报的方式,并设置数据报的重要性级别,允许选择分组的优先级,以及希望得到的可靠性和资源消耗。

4)总长度:该 16 位字段给出 IP 分组的字节总数,包括分组头和数据的长度,由于总长度字段有 16 位,所以最大 IP 分组允许有 65536 字节,这对某些子网来说是太长了,这时应将其划分成较短的分组报文段,每一段加上首部后构成一个完整的数据报。IP 的总长度跟末分段前的 IP 报文总长度并不是同一个概念,而是指分段后形成的 IP 分组的首部长度与数据长度的总和。

5)标识符:该 16 位字段包含一个整数,用来使源站唯一地标识一个未分段的 IP 分组,该分组的标识符、源站和目的地址都相同,且"协议"字段也相同。该字段可以帮助将数据报再重新组合在一起。IP 分组在传输时,其间可能会通过一些子网,这些子网允许的最大协议数据单元

PDU 的长度可能小于该 IP 分组长度,针对这个情况,IP 为以数据报方式传送的 IP 分组提供了分段和重组的功能。当一个路由器分割一个 IP 分组时,要把 IP 分组头中的大多数段值拷贝到每个分组片段中。这里讨论的标识符段拷贝,它的主要目的是使目的站地址知道到达的哪些分组片段属于哪个 IP 分组。源站点计算机必须为发送的每个 IP 分组分别产生一个唯一的标识符字段值。为此,IP 软件在计算机存储中保持一个全局计数器,每建立一个 IP 分组就加 1。再把结果放到 IP 分组标识字符字段中。

　　6) 标志段:3 位的标志段含有控制标志,如图 3-6 所示。不可分段位 DF(Don't Fragment) 的意思是不许将数据报进行分段处理,因为有时目的站并不具备将收到的各段组装成原来数据报的能力。DF 置"1",禁止分段;DF 置"0",允许分段。当一个分组片到达时,分组头中的总长度是指该分组的长短,而不是原始报文的长短,这样该报文的所有分组是否已收集齐全就无法被准确判断。当"还有分组段位 MF(More Fragment)"置"0"即 MF=0 时,就说明这个分组段的数据为原始报文分组的尾部,置"1"即 MF=1 时,表明后面还有分组段。未定义字段必须是"0"。

图 3-6　标识段的含义

　　7) 段偏移:13 位的段偏移(Fragment Offset)字段表明当前分组段在原始 IP 数据分组报文中数据起点的位置,以便目的站点能够正确地重组原始数据报。

　　下面用一个例子说明数据报分片。

　　一个数据报的数据部分为 3800 字节长(使用 20 字节的固定首部),需要分为长度不超过 1420 字节的数据报片。因为固定首部长度为 20 字节,因此每个数据部分长度不能超过 1400 字节。于是分为 3 个数据报片,其数据部分的长度分别为 1400 字节、1400 字节、1000 字节。原始数据报首部被复制为各个数据报片的首部,但有关字段的值必须对其进行修改。如图 3-7 所示是分片的结果。表 3-2 是各数据报的首部中与分片有关的字段中的数值,其中标识字段的值是任意给定的。具有相同标识的数据报片在目的站就要准确无误地重组成原来的数据报。

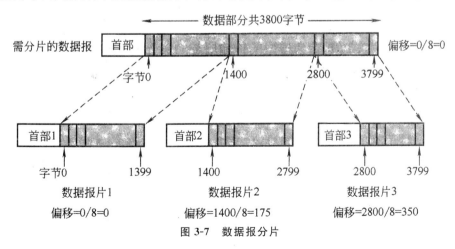

图 3-7　数据报分片

表 3-2   IP 数据报首部中与分片有关的字段中的值

原始数据报	总长度	标识	MF	DF	片偏移
数据报片 1	1420	12345	1	0	0
数据报片 2	1420	12345	1	0	175
数据报片 3	1020	12345	0	0	350

8)生存时间:8 位的生存时间字段指 IP 分组能在 Internet 互联网中停留的最长时间,记为 TTL(Time To Live),计数器单位为秒。当该值降为 0 时,该 IP 分组就被放弃。该段的值在 IP 分组每通过一个路由器时都减去 1。源发 IP 分组在网上存活时间的最大值既由该段来决定,它保证 IP 分组不会在下一个互联网中无休止地循环往返传输,即使在路由表出现混乱,造成路由器为 IP 分组循环选择路由时也不会产生严重的后果。

9)协议:8 位的协议字段表示哪一个高层协议将用于接收 IP 分组中的数据。高层协议的号码由 TCP/IP 中央权威管理机构予以分配,例如,该段值的十进制值表示对应于互联网控制报文协议 ICMP 是 1,对应于传输控制协议 TCP 是 6,对应于外部网关协议 EGP 是 8,对应于用户数据报协议 UDP 是 17,对应于 OSI/RM 等 4 类传输层协议 TP4 是 29。图 3-8 给出了协议与号码的对应图(图 3-8 中,我们将 ICMP 画在传输层的位置,根据 ICMP 协议的功能,我们认为它位于网络层)。

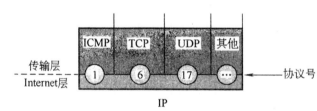

图 3-8   协议与号码对应关系

10)分组头校验和:16 位的分组头校验的字段保证了 IP 分组头的值的完整性,当 IP 分组头通过路由器时,分组头发生变化(例如 TTL 生存时间段值减 1),需要重新计算校验和。校验和的计算非常简单,首先,在计算前将校验和字段的所有 16 位均清零,然后 IP 分组头从头开始每两个字节为一个单位相加,若相加的结果有进位,则将和加 1。如此反复,直至所有分组头的信息都相加完为止,将最后的和值对 1 求补,即得出 16 位的校验和。

3. 传输层

(1)传输层的功能

在 TCP/IP 参考模型中,传输层是参考模型的第 3 层,它负责在应用进程之间的端对端通信。传输层的主要目的是:在互联网中源主机与目的主机的对等实体间建立用于会话的端对端连接。从这一点上讲,TCP/IP 参考模型的传输层与 OSI 参考模型的传输层功能是相似的。

在 TCP/IP 参考模型的传输层,定义了以下两种协议。

• 传输控制协议(Transport Control Protocol,TCP);

• 用户数据报协议(User Datagram Protocol,TCP)。

TCP 协议是一种可靠的面向连接的协议,它允许将一台主机的字节流(Byte Stream)无差错地传送到目的主机。TCP 协议将应用层的字节流分成多个字节段(Byte Segment),然后将一个个的字节段传送到网络层,发送到目的主机。当网络层将接收到的字节段传送给传输层时,传输层再将多个字节段还原成字节流传送到应用层。TCP 协议同时要完成流量控制功能,协调收发双方的发送与接收速度,这样一来,正确传输的目的得以顺利完成。

UDP 协议是一种不可靠的无连接协议,它主要用于不要求分组顺序到达的传输中,分组传输顺序检查与排序由应用层完成。UDP 方式与 TCP 比起来,更加简单,数据传输速率也较高。当通信网可靠性较高时,UDP 方式具有更高的优越性。

(2)TCP 报文段格式

TCP 在两台计算机之间传输的协议数据单元 TPDU 称为报文段(Segment)。由于网络层不能保证数据的正确传送,因此 TCP 不仅承担超时和重传的责任,将收到的数据报按顺序再装配成报文上交用户也是需要由它来完成的。每个报文分为两部分,前面是 TCP 首部,后面是数据。图 3-9 是 TCP 的 TPDU 首部的格式,其首部的最小长度为 5 个 32bit,即 20 个字节。下面介绍各字段的意义。

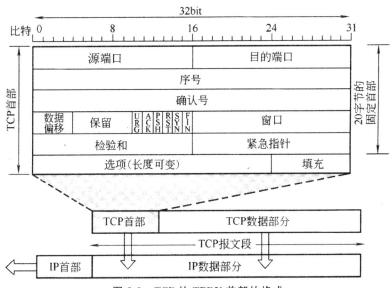

图 3-9　TCP 的 TPDU 首部的格式

1)源端口(Source Port)字段和目的端口字段:都各占 16bit,分别是在源站和在目的站中传输层与高层的服务接口,实际上就是 OSI 的 TSAP 地址。

2)序列号(Sequence Number)字段:占 32bit,它不是为每个 TPDU 编号,而是为所传数据的每个字节编上序号,序号字段就是指该 TPDU 所传数据的最大序号。

3)确认号字段:占 32bit,它捎带在本站发送的 TPDU 中,指出期望收到对方的数据字节中的最小序号,因而隐含地告诉对方,比确认号少一个号的数据字节已经正确收到。

4)数据偏移字段:它是必要的,因为在首部的 20 个字节以后有一个长度不定的选项,用来在连接建立时指出允许的最大报文段长度,指出数据部分从 TPDU 中的多少个 32bit 以后才开始的。偏移字段之后有 6bit 的保留字段,供以后使用。接着是 6bit 的控制字段,下向分别说明其中每一个比特的意义。

• 紧急指针标志 URG(Urgent):当 URG 置"1"时,表明此 TPDU 相当于加速数据,应尽快传送。例如,键盘的中断信号就属于紧急数据,此时要与第 5 个 32 比特字中的后一半"紧急指针"(Urgent Pointer)配合使用。紧急指针指出紧急数据的最后一个字节的序号(因为可能后面接着发送的几个 TPDU 都是紧急数据)。

· 确认号段有效标志 ACK(Acknowledge):当 ACK 置"1"时,确认号段有效,否则无意义。

· 急迫推动标志 PSH(Push):当 PSH"1"时,表明请求将本 TPDU 紧急投递。

· 重置连接 RST(Reset):当 RST 置"1"时,表明要重建传输连接。

· 同步序列号标志 SYN(Synchronization):当 SYN 置"1"而 ACK 置"0"时,表明这是一个连接请求 TPDU。对方若同意建立连接,则应在发回的 TPDU 中将 SYN 和 ACK 均置为"1"。

· 终止标志 FIN(Final):当 FIN 置"1"时,表明发送的数据已经发完,并会发生要求释放传输连接的请求。

5)检验和字段:检验的范围包括 TPDU 的首部和数据部分。TPDU 长度的选择也很不容易。当 TPDU 长度变小时,网络的利用率就下降;但若 TPDU 太长,那么在 IP 层传输时就要分段,到达目的站后再将收到的各个段装成原来的 TPDU,一旦传输出错还要重传出错的数据报,这些都使网络开销增大。

(3)用户数据报协议 UDP

用户数据报协议 UDP 只在 IP 的数据报服务之上增加了很少一点功能,这就是端口的功能。用户数据报协议 UDP 有两个字段,首部字段和数据字段。首部字段很简单,只有 8 个字节(如图 3-10 所示),由 4 个字段组成,每个字段都是两个字节。各字段意义如下。

· 源端口字段:源端口号。

· 目的端口字段:目的端口号。

· 长度字段:UDP 数据报的长度。

· 检验和字段:防止 UDP 数据报在传输中出错。

UDP 数据报首部中检验和的计算方法有些特殊。在计算检验和时在 UDP 数据报之前要增加 12 个字节的伪首部。所谓"伪首部"是因为这种伪首部并不是 UDP 数据报真正的首部。只是在计算检验和时,临时和 UDP 数据报连接在一起,得到一个过渡的 UDP 数据报。检验和就是按照这个过渡的 UDP 数据报来计算的。伪首部既不向下传送,也不向上递交。图 3-10 给出了伪首部各字段的内容。

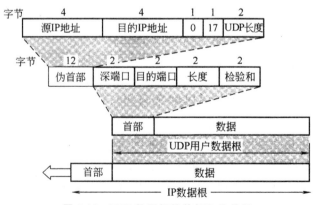

图 3-10　UDP 数据报的首部和伪首部

伪首部的第 3 字段是全零,第 4 字段是 IP 首部中的协议字段的值,对于 UDP,此协议字段值为 17。第 5 字段是 UDP 数据报的长度。

（4）TCP 协议和 UDP 协议的端口号

进程通信的首要问题是解决进程标识方法，TCP/IP 协议族中用端口号来标识进程。TCP 协议和 UDP 协议端口号长度都是 16 位，端口号的取值范围是 0～65535 之间的整数。Internet 赋号管理局（IANA）定义的 UDP 端口号分为熟知端口号、注册端口号和临时端口号 3 类。熟知端口号值的范围是 0～1023，它被统一分配和注册；注册端口号值的范围是 1024～49151，用户根据需要可以在 IANA 注册，以防止重复；临时端口号值的范围是 49152～65535，它们之间可由任何进程来使用。TCP 协议规定：客户进程由本地主机上的 TCP 软件随机选取临时端口。运行在远程计算机上的服务器必须使用熟知端口号，其值的范围是 0～1023。UDP 协议端口号的分配方法与 TCP 基本保持一致。表 3-3 给出了 TCP 使用的一些主要的熟知端口号（见 RFC1700）。

表 3-3　TCP 常用的熟知端口号

端口号	服务进程	说　　明
20	FTP	文件传输协议（数据连接）
21	FTP	文件传输协议（控制连接）
23	Telnet	虚拟终端网络
25	SMTP	简单邮件传输协议
53	DNS	域名服务器
80	HTTP	超文本传输协议
111	RPC	远程过程调用

4. 应用层

（1）应用层的功能

在 TCP/IP 参考模型中，参考模型的最高层即为应用层，应用层包括了所有高层协议，并且总是不断有新的协议加入。目前，应用层的主要协议如表 3-4 所示。

应用层协议可分为三类：一类依赖于面向连接的 TCP 协议；一类依赖于面向无连接的 UDP 协议；而另一类则既可依赖于 TCP 协议，也可依赖于 UDP 协议。

表 3-4　应用层的主要协议

序号	协议名称	英文描述	功能说明
1	网络终端协议	Telnet	用于实现互联网中远程登录功能
2	文件传输协议	FTP（File Transfer Protocol）	用于实现互联网中交互式文件传输功能
3	简单邮件传输协议	SMTP（Simple Mail Transfer Protocol）	用于实现互联网中电子邮件传送功能
4	域名系统	DNS（Domain Name System）	用于实现网络设备名字到 IP 地址映射的网络服务

续表

序号	协议名称	英文描述	功能说明
5	简单网络管理协议	SMMP(Simple Network Management Protocol)	用于管理与监视网络设备
6	路由信息协议	RIP(Routing Information Protocol)	用于在网络设备之间交换路由信息
7	网络文件系统	NFS(Network File System)	用于网络中不同主机之间的文件共享
8	超文本传输	HTTP(Hyper Text Transfer Protocol)	用于 WWW 服务

其中,依赖 TCP 协议的主要有网络终端协议(Telnet)、电子邮件协议(SMTP)、文件传输协议(FTP);依赖 UDP 协议的主要有简单网络管理协议(SNMP)等;既依赖 TCP 协议又依赖 UDP 协议的主要有域名系统(DNS)等。

(2)协议栈的概念

按照层次结构思想对计算机网络模块化进行研究,其结果是形成了一组从上到下单向依赖关系的协议栈(Protocol Stack),也叫做协议族。TCP/IP 参考模型与 TCP/IP 协议栈之间的关系如图 3-11 所示。

地址解析协议 ARP/RARP 介于物理地址与 IP 地址间,起着屏蔽物理地址细节的作用。IP 可以建立在 ARP/RARP 上,也可以直接建立在网络硬件接口协议上。IP 协议横跨整个层次,TCP、UDP 协议都要通过 IP 协议来发送、接收数据。TCP 协议提供可靠的面向连接的服务,而 UDP 协议则提供简单的无连接服务。

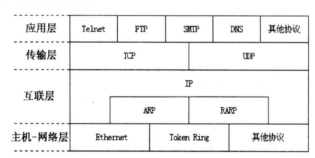

图 3-11   TCP/IP 参考模型与协议栈的关系

3.4   ISO/OSI 与 TCP/IP 两种参考模型的比较

OSI 参考模型与 TCP/IP 参考模型的共同之处是它们都采用了层次结构的概念,在传输层中二者定义的功能也比较相似。但是二者在层次划分、使用的协议上区别非常明显。

无论是 OSI 参考模型与协议,还是 TCP/IP 参考模型与协议,均有待完善之处,对二者的评论都很多。在 20 世纪 80 年代几乎所有专家都认为 OSI 参考模型与协议将风靡世界,但事实却与人们预想的完全不同。

造成 OSI 协议不能流行的原因之一是模型与协议自身的缺陷。大多数人都认为 OSI 参考模型的层次数量与内容可能是最佳的选择,事实并非如此。会话层在大多数应用中用到的很少,表示层几乎是空的。在数据链路层与网络层有很多的子层插入,每个子层都有不同的功能。

OSI 参考模型对"服务"与"协议"的定义结合起来,使得参考模型变得格外复杂,造成它实现起来非常困难。同时,寻址、流控与差错控制在每一层里都有重复出现,降低了系统效率。虚拟终端协议最初安排在表示层,现在安排在应用层。关于数据安全性、加密与网络管理等方面的问题也在参考模型的设计初期被忽略了。有人批评参考模型的设计更多是被通信的思想所支配,很多选择并不适用于计算机与软件的工作方式。很多"原语"在软件的很多高级语言实现起来是容易的,但严格按照层次模型编程的软件效率很低。

TCP/IP 参考模型与协议也有它自身的缺陷主要体现在以下两个方面:

1)TCP/IP 参考模型与协议在服务、接口与协议的区别上就不清楚。一个好的软件工程应该将功能与实现方法区分开来,这点 TCP/IP 并未很好地做到,这就使得 TCP/IP 参考模型对于使用新技术的指导意义是不够的。TCP/IP 参考模型不适合于其他非 TCP/IP 协议族。

2)TCP/IP 的主机-网络本身并不是实际的一层,它定义了网络层与数据链路层的接口。物理层与数据链路层的划分是必要和合理的,一个好的参考模型应该将它们区分开来,而 TCP/IP 参考模型却没有做到这点。

自从 TCP/1P 协议在 20 世纪 70 年代诞生以来,已经经历了 30 多年的实践检验,其成功已赢得了大量的用户和投资。TCP/IP 协议的成功促进了 Internet 的发展,Internet 的发展又进一步扩大了 TCP/IP 协议的影响。TCP/IP 首先在学术界争取了一大批用户,同时也越来越受到计算机产业界的青睐。IBM、DEC 等大公司纷纷宣布支持 TCP/IP 协议,局域网操作系统 NetWare、LAN Manager 竞相将 TCP/IP 纳入自己的体系结构,数据库 Oracle 支持 TCP/IP 协议,UNIX、POSIX 操作系统也一如既往地支持 TCP/IP 协议。相比之下,OSI 参考模型与协议也就显得能力不足。人们普遍希望网络标准化,但 OSI 迟迟没有成熟的产品推出,妨碍了第三方厂家开发相应的硬件和软件。

无论是 OSI 或 TCP/IP 参考模型与协议都有其优劣势。国际标准化组织 ISO 本来计划通过推动 OSI 参考模型与协议的研究来促进网络的标准化,但事实上它的目标没有达到。TCP/IP 利用正确的策略,抓住了有利的时机,伴随着 Internet 的发展而成为目前公认的工业标准。在网络标准化的进程中,我们面对着就是这样一个事实。OSI 参考模型由于要照顾各方面的因素,变得大而全,效率很低。尽管这样,它的很多研究结果、方法,以及提出的概念对今后网络发展还是有很高的指导意义的。TCP/IP 协议应用广泛,但它的参考模型的研究还不是很充分。

第4章　局域网技术

4.1　局域网概述

局域网(Local Area Network,LAN)是计算机网络的一种,它在具有一般计算机网络的特点的同时,还有其独到之处。局域网络技术在计算机网络中是一个至关重要的技术领域,也是应用最为普遍的网络技术。它是国家机关、学校和企事业单位信息化建设的基础。随着局域网技术的不断发展,早期对局域网的定义与分类已发生了很大的变化。

4.1.1　局域网定义

为了完整地给出局域网的定义,通常使用功能性定义和技术性定义这两种方式。前一种将局域网定义为一组台式计算机和其他设备,在地理范围上彼此相隔不远,以允许用户相互通信和共享诸如打印机和存储设备之类的计算资源的方式互连在一起的系统。这种定义适用于办公环境下的局域网、工厂和研究机构中使用的局域网。后一种就局域网的技术性而言进行定义,它定义为由特定类型的传输媒体(如电缆、光缆和无线媒体)和网络适配器(亦称为网卡)互连在一起的计算机,并受网络操作系统监控的网络系统。

1.局域网的特点

不论是功能性定义还是技术性定义,总的来说,和广域网(Wide Area Network,WAN)比起来,以下特点都是局域网所具备的。

1)较小的地域范围,仅用于办公室、机关、工厂、学校等内部联网,其范围没有严格的定义,但一般认为距离为0.1~25 km。而广域网的分布是一个地区,一个国家乃至全球范围。

2)高传输速率和低误码率。局域网传输速率一般为10~1000 Mb/s,截止到目前,万兆位局域网也已推出。而其误码率一般在 $10^{-11} \sim 10^{-8}$ 之间。

3)局域网一般为一个单位所建,在单位或部门内部控制管理和使用,而广域网往往是面向一个行业或全社会服务。局域网一般是采用同轴电缆、双绞线等建立单位内部专用线,而广域网则较多租用公用线路或专用线路,如公用电话线、光纤、卫星等。

4)局域网与广域网侧重点不完全一样,局域网关注的是共享信息的处理,而广域网一般侧重共享位置准确无误及传输的安全性。

2.局域网功能

局域网的主要功能类似于计算机网络的基本功能,但是局域网最主要的功能是实现资源共享和相互的通信交往。局域网通常可以提供以下主要功能。

(1)资源共享(主要包括软件、硬件和数据库等数据资源的共享)

1)软件资源共享。为了避免软件的重复投资和重复劳动,用户可以共享网络上的系统软件和应用软件。

2）硬件资源共享。在局域网上，为了使得重复投资得以减少或避免，通常将激光打印机、绘图仪、大型存储器、扫描仪等贵重的或较少使用的硬件设备共享给其他用户。

3）数据资源共享。一般可以通过分布式数据库的建立来实现集中、处理、分析和共享分布在网络上各计算机用户的数据；同时网络用户也可以共享网络内的大型数据库。

（2）通信交往

1）数据、文件的传输。局域网所具有的最主要功能就是数据和文件的传输，通过它办公自动化得以实现，通常不仅可以传递普通的文本信息，还可以传递语音、图像等多媒体信息。

2）视频会议。使用网络，可以召开在线视频会议。例如召开教学工作会议，所有的会议参加者都可以通过网络面对面地发表看法，讨论会议精神，从而节约人力物力。

3）电子邮件。局域网可以提供局域网内和网外的电子邮件服务，它使得无纸办公成为可能。网络上的各个用户可以接收、转发和处理来自单位内部和世界各地的电子邮件，还可以使用网络邮局收发传真。

4.1.2　局域网的实现技术

以下三方面的技术决定着局域网的特性。

1. 传输介质

多种传输介质在局域网中都可以用得到。双绞线是最常用的一种传输介质，原来只用于低速基带局域网，现在 10 Mb/s 或 100 Mb/s 乃至 1 Gb/s 的局域网也使用双绞线。同轴电缆的速率一般为 10 Mb/s，而 75 欧的同轴电缆可用到几百 Mb/s。光纤具有很好的抗电磁干扰特性和很宽的频带，速率可达 100 Mb/s 甚至 1 Gb/s。

2. 拓扑结构

为了进行计算机网络结构的设计，人们引用了拓扑学中拓扑结构的概念。通常，我们将结点和链路连接而成的几何图形称为该网络的拓扑结构。一个网络的拓扑结构是指它的各个结点互联的方法。如前所述，局域网拓扑结构有星型、环型、总线型及树形结构，如图 4-1 所示。

3. 介质访问控制方法

局域网的信道是广播信道，所有结点都连到一个共享信道上，所用的访问技术称为多路访问技术。多路访问技术还可进一步划分为受控访问和随机访问。

1）受控访问的特点是用户不能随机地发送信息而必须服从一定的控制。受控访问又可分集中式控制和分散式控制。集中式控制主要是多点线路探询（POLL）方式，主站首先发出一个简短的询问消息，次站如果没有数据发送，则以否定应答（NAK）来响应。如果次站在收到询问消息后正好有数据要发送，可立即发送数据。分散式控制主要是令牌环局域网，网络中各结点处于平等地位，但是要通过令牌（Token）的获得来实现数据的发送。

2）随机访问的特点是网络中各结点处于平等地位，所有的用户可随机地发送信息，各结点的通信是由各结点自身控制完成的，如载波监听多路访问和碰撞检测（CSMA/CD）。

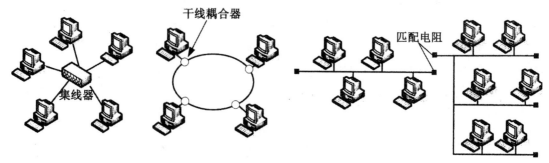

图 4-1 拓扑结构

4.1.3 网络互连设备

目前,局域网技术发展非常迅速,但其覆盖面有限。可以利用远程通信技术和网络互联设备将不同地域的局域网连在一起,拓宽局域网的覆盖范围,丰富局域网的资源,这样就构成所谓的互联网。常用的网络互联设备有网络适配器、调制解调器、中继器、集线器、网桥、路由器、交换机、网关等。本节对网桥做重点介绍,交换机将在 4.4.4 节在做介绍。

1. 网络适配器

网络适配器简称网卡,提供工作站与网络之间的逻辑和物理链路,完成工作站与网络之间的数据传输。计算机想要连接局域网的话,安装一块网卡是其前提条件。

2. 调制解调器

调制解调器是一种数模转换的设备。现在的电话系统大部分是模拟系统,而计算机识别的是数字信号,如果通过电话线路来连接计算机网络,则必须使用调制解调器。调制解调器的功能就是实现数字和模拟信号的相互转换。这样,计算机的远程联网得以顺利实现。

3. 中继器

中继器是最简单的网络连接设备,OSI 参考模型的物理层是它工作的位置。由于信号在传输介质中受到噪音干扰,随着传输距离的增加而衰减。信号衰减到一定程度时将造成失真,导致接收错误。中继器可以把所接收到的弱信号或变坏信号整形、再生放大,重新生成原始的比特模式,从而延长信号的传递距离,扩展局域网的网段长度。

中继器仅仅扩展网络的物理层,不以任何方式改变网络的功能,通过它连接的网段实际上还是一个网络。如果一个站点发送数据给同一个网段的另外一个站点,其他网段的所有站点也都能收到,就像中继器不存在一样。因此,中继器无路径检测和交换功能,不能过滤网络业务量,将所有经过的数据都转发向下一网段,使网络上有过多的无效业务量。

中继器可以连接电缆(双绞线、同轴电缆)、光纤和无线电等多种介质,相应地能够处理电信号、光信号和无线电波信号。目前,支持双绞线介质的交换机已经普及,而交换机具备了中继器的全部功能,所以在双绞线介质的网络中单独的中继器设备也已经无迹可寻,但光信号中继设备和无线信号中继设备仍大量应用于光纤介质传输和无线介质传输。

4. 集线器

多口中继器称为集线器(Hub),用于连接多路传输介质,而且还可以把总线结构网络连接成星形或树形结构网络。集线器按其结构可分为无源集线器(Passive Hub)、有源集线器(Active

Hub)和智能集线器(Intelligent Hub)。无源集线器只是把相近地域的多段传输介质集中到一起,不会对传输信号做任何处理,集中的传输介质只允许扩展到最大有效距离的一半。有源集线器除具有无源集线器的功能之外,还能对每条传输线上的电信号进行补偿、整形、再生、转发,具有扩展传输介质长度的功能。智能集线器除具有有源集线器的功能之外,网络管理、路径选择的功能也是其所具备的。随着微电子技术的发展,又出现了交换集线器(Hub/Switch),即在集线器上增加了线路交换的功能,提高了传输带宽。集线器外形如图 4-2 所示。

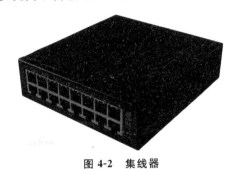

图 4-2　集线器

5. 网桥

网桥(Bridge)也称桥接器,是一种存储转发设备,在数据链路层实现网络互连,即能够互连两个采用不同数据链路层协议、不同传输介质与不同传输速率的网络。也可以支持局域网与广域网的互连。在 20 世纪 90 年代末以前,网桥曾得到广泛的应用,但目前在局域网中已全面被交换机取代。

(1)网桥的互连结构

网桥不仅具有中继器的功能,将信号整形、再生放大,而且具有信号过滤功能,即不转发同网段站点之间的数据传输,如果一个站点发送数据给同一个网段的另外一个站点,网桥不转发数据,而是将该数据丢弃,如果一个站点发送数据给不同网段的一个站点,网桥才转发该数据。网络上无效的业务量可通过网桥得以有效地限制。

网桥不仅可以扩展网络的地理范围,而且可以用于网段划分,将逻辑上单一的网络划分为多个网段,使得单个网段内站点的数量得以有效减少,有效减轻共享局域网的网络负荷,提高网络性能。同时,各个局域网内发出的广播信息,不会扩散到其他网络。这样,单个局域网内站点的故障就不会对其他局域网造成任何影响,有利于故障隔离和检测;同时也可以避免特定网络范围内广播信息进行不必要的扩散,实现故障隔离以增强安全性及可靠性。

网桥可用于互连相同或不同的局域网,使用网桥互连不同局域网时的网络结构如图 4-3 所示。

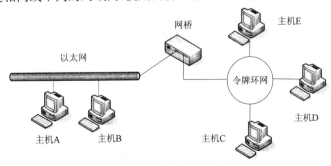

图 4-3　网桥互连结构图

（2）网桥的工作原理

网桥的工作流程是基于 MAC 地址进行接收、存储、检查和转发数据帧。当网桥收到一个 MAC 帧时，首先将该数据帧存储在缓冲区，然后根据差错控制协议检查数据帧的正确性，并读取该帧的源地址和目的地址，如果目的地址和源地址属于同一个网络，该数据帧就不会被转发，否则根据网桥中的路径选择表将数据帧转发到正确网络。

以图 4-4 为例，网桥互连一个以太网和一个令牌环网。当以太网中主机 A 与主机 B 通信时，网桥收到主机 A 发出的数据帧，网桥发现数据帧的源地址和目的地址在同一个网络上，就删除该帧而不转发。当主机 A 与令牌环网中的主机 D 通信时，网桥收到主机 A 发出的数据帧，识别出数据帧的目的地址在令牌环网中，则按照路径选择表向令牌环网转发该数据帧。在用户看来，图 4-4 中的以太网与令牌环网就像是在同一个网络一样，用户无需知道该网桥是否存在。

使用网桥互连不同局域网时，要求这些网络数据链路层以上是相同的。对于互连不同类型局域网的网桥，在设计时不同局域网帧格式的转换、网络速度的匹配、不同帧的最大长度和优先级等问题都是需要考虑进去的。帧格式转换需完成帧格式重排、重新计算校验和等工作；不同网络传输速度的匹配可通过缓冲区实现速度兼容；对于不同帧最大长度不同的问题，则采用丢弃过长帧的方法处理；对于不同网络中数据帧的优先级可采用去掉优先级、简单复制优先级或生成假定优先级等方案处理。网桥互连不同类型局域网时，帧格式转换过程如图 4-4 所示。

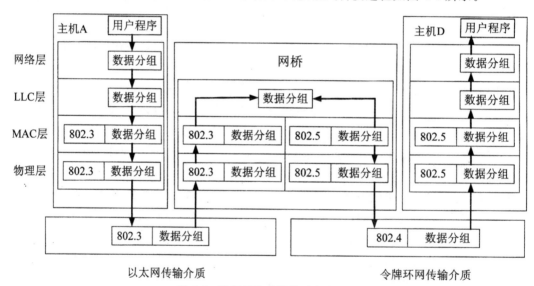

图 4-4　数据帧格式转换过程原理图

（3）透明网桥

透明网桥（Transparent Bridge）又称自适应性网桥，它接收来自各局域网发送的数据帧，并将它们送到目的局域网。

透明网桥选用一种称作"逆向学习"（BackWard Learning）的扩散式路径选择算法，这种算法依赖的仅仅是本地的信息，具有隔离和自适应的特点。

扩散式路径选择是指每个网桥都是独立的结构，具有自己的路径选择表，当网桥需要转发数据帧时，先查找数据帧的目的地址是否与路径选择表中的某一个目的地址相匹配，如匹配，则按指定的通道将该帧向前发送；如果网桥的路径选择表中没有与数据帧的目的地址相匹配的地址，则按扩散法将帧送至除了接收该帧的输入端口之外的所有端口。

逆向学习算法中网桥观察和记录每次到达本网桥的数据帧的源地址、标识及从哪一个局域网输入本网桥,并记录入自己的路径选择表。当网桥刚接入时,所有的路径选择表都是空的,网桥无法选择路径,这时,就按扩散法转发数据帧。经过一段时间,网桥利用上述逆向学习算法制定了路径选择表,就按路径选择表指定的路径转发。

6. 路由器

路由器(Router)用于在网络层实现网络互联。除具有网桥的全部功能之外,还额外增加了路由选择功能,可以用来互联多个及多种类型的网络。当两个以上的网络互联时,必须使用路由器。其主要功能包括以下三个方面。

1)路径选择:提供最佳转发路径选择,均衡网络负载。

2)分割子网:可以根据用户业务范围把一个大网分割成若干个子网。

3)过滤功能:具有判断需要转发的数据分组的功能,可根据 LAN 网络地址、协议类型、网间地址、主机地址、数据类型等判断数据组是否应该转发。会滤除掉不该转发的数据信息。既具有较强的隔离作用,网络的安全保密性又得到了有效提高。

典型的路由器如图 4-5 所示。

图 4-5　路由器

7. 网关

网关(Gateway)又称为协议转换器,可以在 OSI/RM 最高层实现网际互联。一般用于不同类型且差别较大的多个大型广域网之间的互联,也可以用于具有不同协议、不同类型的 LAN 与WAN、LAN 与 LAN 之间的互联。还可以用于同一物理层而在逻辑上不同的网络间互联。

4.2　局域网的模型与标准

随着微机和局域网的普及面越来越大,各个网络厂商所开发的局域网产品也越来越多。为了使不同厂商生产的网络设备之间具有兼容性和互换性,以便用户更灵活地进行网络设备的选择,用很少的投资就能构建一个具有开放性和先进性的局域网,国际标准化组织开展了局域网的标准化工作。1980 年 2 月成立了局域网标准化委员会,即 IEEE 802 委员会(Institute of Electronic and Electronic Engineers,电器与电子工程师协会)。该委员会制定了一系列局域网标准。IEEE 802 委员会不仅为一些传统的局域网技术(如以太网、令牌环网、FDDI 等)制定了标准,近年来还开发了一系列新的局域网标准,如快速以太网、交换式以太网、千兆位以太网等。局域网的标准化在很大程度上促进了局域网技术的飞速发展,并对局域网的进一步推广和应用起到了巨大的推动作用。

4.2.1 局域网参考模型

由于局域网是在广域网的基础上发展起来的，所以局域网在功能和结构上和广域网比起来都要简单得多。IEEE 802 标准所描述的局域网参考模型遵循 OSI 参考模型的原则，解决的仅仅是最低两层——物理层和数据链路层的功能以及与网络层的接口服务。网络层的很多功能(如路由选择等)可以说都是可有可无的，而流量控制、寻址、排序、差错控制等功能可放在数据链路层实现，因此该参考模型中不单独设立网络层。IEEE 802 参考模型与 OSI 参考模型的对应关系如图 4-6 所示。

物理层的功能是：在物理介质上实现位(也称比特流)的传输和接收、同步前序的产生与删除等，该层还规定了所使用的信号、编码和传输介质，还对有关的拓扑结构和传输速率等做了相关规定。有关信号与编码通常采用曼彻斯特编码；传输介质为双绞线、同轴电缆和光缆；网络拓扑结构多为总线型、星型和环型；传输速率为 10 Mbit/s、100 Mbit/s 等。

数据链路层又分为逻辑链路控制(Logic Link Control,LLC)和介质访问控制(Media Access Control,MAC)两个功能子层。这种功能划分主要是为了将数据链路功能中与硬件相关和无关的部分分开，从而使得研制互连不同类型物理传输接口数据设备的费用得以减少。

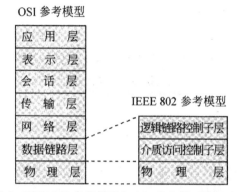

图 4-6 IEEE 802 参考模型与 OSI 参考模型的对应关系

MAC 子层的主要功能是控制对传输介质的访问。IEEE 802 标准制定了多种介质访问控制方法，同一个 LLC 子层能与其中任意一种介质访问控制方法(如 CSMA/CD、Token Ring、Token Bus)接口。

LLC 子层的主要功能是向高层提供一个或多个逻辑接口，具有帧的发送和接收功能。发送时把要发送的数据加上地址和循环冗余校验 CRC 字段等封装成 LLC 帧，接收时把帧拆封，执行地址识别和 CRC 校验功能，并且还有差错控制和流量控制等功能。该子层还包括如数据报、虚电路、多路复用等某些网络层的功能。

4.2.2 局域网标准

IEEE 802 标准是一个系列标准，图 4-7 为这些标准之间的关系。

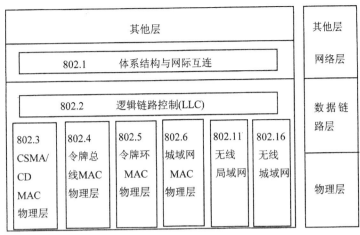

图 4-7　IEEE 802 系列标准关系

该系列标准包括以下 4 类。

(1)IEEE 802.1 标准

IEEE 802.1 标准定义了局域网的体系结构、网际互连、网络管理和性能测试。

(2)IEEE 802.2 标准

IEEE 802.2 标准定义了逻辑链路控制子层 LLC 的功能与服务,即高层与任何一种局域网 MAC 层的接口。

(3)不同介质访问控制的相关标准

此类分别定义了不同介质访问控制的标准,其中,最重要的是 802.3 标准。

IEEE 802.3:CSMA/CD 总线网,即 CSMA/CD 总线网的 MAC 子层和物理层技术规范。

IEEE 802.4:令牌总线网,即令牌总线网的 MAC 子层和物理层技术规范。

IEEE 802.5:令牌环形网,即令牌环形网的 MAC 子层和物理层技术规范。

IEEE 802.6:城域网,即城域网的 MAC 子层和物理层技术规范。

IEEE 802.7:宽带局域网标准。

IEEE 802.8:光纤传输标准。

IEEE 802.9:综合话音数据局域网标准。

IEEE 802.10:可互操作的局域网安全性规范。

(4)无线网标准

IEEE 802.11:无线局域网标准,目前有 801.11、801.11a、801.11b、801.11g、801.11n 等标准,在 100m 范围内的无线数据传输中使用得比较多。

IEEE 802.14:电缆调制解调器(Cable Modem)标准。

IEEE 802.15:无线个域网标准,主要用于 10 m 内的短距离无线通信,主要技术为蓝牙和超宽带(UWB)。

IEEE 802.16:无线城域网标准,也被称为 WiMax 技术,主要用于 10km 范围内的固定及移动无线数据传输。

IEEE 802.20:无线广域网标准,基于 IP 的无线全移动网络技术。

4.3 介质访问控制方法

介质访问控制方式指如何控制信号在介质上传输,常用的有 CSMA/CD、令牌环、令牌总线等。

4.3.1 CSMA/CD 和 IEEE 802.3 标准

在总线型/树型和星型拓扑结构中应用最广的介质访问控制技术是载波监听多路访问和碰撞检测(CSMA/CD),CSMA/CD 是一种总线争用协议,是在 ALOHA 协议和 CSMA 协议的基础上发展而来的。本节为说明 CSMA/CD 的机理,将先介绍 ALOHA 和 CSMA。

1. ALOHA 协议

20 世纪 70 年代,美国夏威夷大学设计了一种巧妙地解决信道分配问题的新算法。这项成果被称为 ALOHA 系统。该系统最初是用于基于地面的无线广播通信,其工作原理如下:

每一个站只要有数据要发送,就可以将数据发送到网上。如果一个站在整个发送过程中,没有其他站发送数据,发送便成功。如果一个站在发送时,正好有其他站在发送数据,或者在发送过程中有另一站发送数据,产生冲突也就是无法避免的。结果,使冲突各站所发的帧出错,必须重发。但重发时,各站在发送时间上应互相错开,即等待一段随机时间再重发。若又发生冲突,则再等待一段随机时间重发,直到重发成功为止。由于这种纯 ALOHA 协议的随意性,各站冲突机会很大,从而使得效率低下。

一种改进的方案称为时隙 ALOHA,其发送方法将信道划分为等长的时间片。时间片的长度跟数据帧到达目的地的最大时延是相等的,要求每一帧只能在时间片开始时传输,所有的站在时间上同步起来。如果两个站发送的信息产生在不同的时隙,则不会产生冲突。这样就减少了因两帧部分重叠引起的冲突。这时如果在一个时间片内有两个以上的帧发送,那就会完全重叠而产生冲突。产生冲突后,分别延迟随机个数的时间片后重发,直至发送成功。这样就减少了冲突机会。

2. 载波监听多路访问协议 CSMA

CSMA 称为载波监听多路访问,是对 ALOHA 协议的一种改进协议。也叫做先听后讲(LBT),其工作原理是:即每个站在发送帧之前首先监听信道上是否有其他站点正在发送数据,如果信道空闲,该站点便可传输数据。否则,该站点将暂不发送数据,而是避让一段时间后再做尝试。这就需要有一种退避算法来决定避让的时间,根据监听后的策略,有以下三种不同的协议。

(1)坚持型算法

坚持型算法(1-坚持算法):当一个站点要传送数据时,它首先监听信道,看是否有其他站点正在传送数据。如果信道正忙则继续监听,直至检测到信道是空闲。如果有冲突,则等待一随机量的时间,然后重新开始。若两个站同时监听到信道空闲,立即发送,必定冲突,即冲突是肯定会发生的。

需要注意的是,坚持型算法的优点是:只要媒体空闲,站点就立即可发送,媒体利用率的损失得以有效避免。缺点是:假若有两个或两个以上的站点有数据要发送,冲突就不可避免。

（2）非坚持型算法

非坚持算法在该协议中，站点比较"理智"，不像第一种协议那样"贪婪"。在发送数据前，站点也会监听信道的状态，如果信道是空闲的，它就开始发送。如果信道正忙，该站点将不再继续监听，则等待一随机的时间，再重复上述过程。

需要注意的是，采用随机的重发延迟时间可以减少冲突发生的可能性。其缺点是很可能在再次监听之前信道已空闲了，这样的话，浪费也就无法避免。

（3）P-坚持算法

P-坚持算法适合于时隙信道，其工作过程是：当一个站点要传送数据时将首先监听信道，如果检测到信道是空闲，则以 P 的概率发送，而以（1－P）的概率推迟到下一个时隙。一个时间单位通常和最大传播时延的 2 倍是相等关系。如果该站检测到信道忙，则等到下一个时隙再重复上述过程。直到发送成功或另外一站开始发送为止。

3. CSMA/CD 介质访问控制

在 CSMA 中，在发送数据之前要进行监听，故冲突的机会得以减少。但由于信道传播时延的存在，即使总线上两个站点没有监听到载波信号而发送帧时，发生冲突的可能性也依然是存在的。例如，其中一个先发送信息，由于传送时延使另一个站点也发现信道是空闲的，于是也发送信息，结果两个站点的信息在途中冲突，但两个站均不知道，一直要将余下的部分发送完，等到有错再重新发送。这样就使得使总线的利用率降低。

CSMA/CD 称为载波监听多路访问/冲突检测，是对 CSMA 的改进方案（增加了称为"冲突检测"的功能）。当帧开始发送后，对有无冲突发生就会进行相关检测，称为"边发边听"。如果检测到冲突发生，则冲突各方就必须停止发送。

发送站点传输过程中仍继续监听信道，以检测是否存在冲突。如果发生冲突，信道上可以检测到超过发送站点本身发送的载波信号的幅度，由此判断出冲突的存在。一旦检测到冲突，就立即停止发送，并向总线上发一串阻塞信号，用以通知总线上其他各有关站点。这样，通道容量就不致因白白传送已受损的帧而浪费，从而使总线的利用率得以提高。这种方案称为载波监听多路访问冲突检测协议（简写为 CSMA/CD）。目前，这种协议已广泛应用于局域网中。

（1）CSMA/CD 的思想

CSMA/CD 是一种采用争用的方法来决定对媒体访问权的协议，这种争用协议只适用于逻辑上属于总线拓扑结构的网络，CSMA/CD 是广播式局域网中最著名的介质访问协议。

1）先听后说：所谓载波监听，就是指通信设备在准备发送信息之前，对通信介质上是否有载波信号进行侦听。若有，表示通信介质当前被其他通信设备占用，应该等待；否则，表示通信介质当前处于空闲状态，可以立即向其发送信息。所谓多路访问，就是说明是总线拓扑结构的网络，许多计算机以多点接入的方式连接于总线上，即多个通信设备共享同一通信介质。由此可知，是通信结点竞争对通信介质的使用。其特点可简单地概括为"先听后说"。

2）边说边听：多个通信设备同时侦听到介质空闲而一起发送信息，这样，通信介质上必然会产生信息冲突（碰撞）。冲突检测（CD）的思想是：通信设备在发送和传输信息的过程中侦听通信介质，如果发现通信介质上出现冲突，则信息的发送就会被立即终止。

3）强化碰撞：为了使每个站都尽可能早地知道是否发生了碰撞，还采取一种强化碰撞措施，就是当发送数据的站一旦发现发生了碰撞，除了立即停止发送数据外，还要发送一阻塞信息以加强冲突，使正在发送信息的其他通信设备都知道现在已经发生了碰撞。

4)延迟一随机时间,重复这一过程,直到某一极限值(一般为16)时,放弃这项信息的发送。

(2)介质忙/闲的载波监听与冲突检测技术

在 CSMA/CD 中,通过检测总线上的信号存在与否来实现载波监听。冲突检测是指计算机边发送数据,收发器同时检测信道上电压的大小,如果发生冲突,总线上的信号电压摆动值将会增大(互相叠加),超过一定的门限值时,就意味着发成了碰撞。在发生碰撞时,总线上传输的信号产生了严重的失真,无法从中恢复出有用的信息来。因此,一个正在发送数据的站,一旦发现总线上出现了碰撞,就要立即停止发送,免得继续浪费网络资源。

(3)CSMA/CD 中的时延

CSMA/CD 的代价是用于检测冲突所花费的时间。对于基带总线而言,最坏情况下用于检测一个冲突的时间等于任意两个站之间传播时延的两倍。从一个站点开始发送数据到另一个站点开始接收数据,也即载波信号从一端传播到另一端所需的时间,称为信号传播时延。信号传播时延(μs)=两站点的距离(m)信号传播速度(200m/μs)。假定 A、B 两个站点位于总线两端,两站点之间的最大传播时延为 tp。当 A 站点发送数据后,经过接近于最大传播时延 tp 时,B 站点正好也发送数据,此时冲突发生。发生冲突后,B 站点立即可检测到该冲突,而 A 站点需再经过最大传播时延 tp 后,冲突才能够被检测出来。在最坏情况下,对于基带 CSMA/CD 来说,检测出一个冲突的时间等于任意两个站之间最大传播时延的两倍(2tp)。如图 4-8 所示。

4.退避算法

在 CSMA/CD 算法中,检测到冲突并发完阻塞信号后,为了使得再次冲突的概率得以降低,需要等待一个随机时间,然后再使用 CSMA 方法试图传输。为了保证这种退避操作维持稳定,延迟时间采用一种称为二进制指数退避算法,其规则如下:

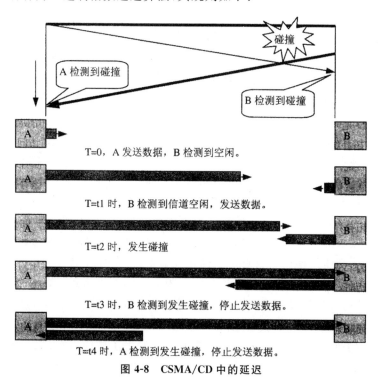

图 4-8　CSMA/CD 中的延迟

1）发生碰撞的站在停止发送数据后，不是立即发送数据，而是推迟一个随机的时间。这样做是为了推迟重传而再次发生冲突的概率减小。

2）定义一个基本的推迟时间，一般为两倍的传输延迟 $2t$。

3）定义一个参数 K，$K=\min[重传次数,10]$。

4）离散的整数集合 $[0,1,2,3,2k^{-1}]$ 中随机取一个数 r，重传需推迟的时间为 $T=r\times 2t$。

5）重传 16 次仍不成功时，丢弃该帧，并向高层报告。

4.3.2　令牌总线访问控制与 IEEE802.4 标准

令牌总线和令牌环在历史上曾起到过重要作用，但这两种网络现在已很少使用。下面将对这部分内容做简单地介绍。

1. 令牌总线结构

最长等待时间可知的一个简单系统是环网，网中各站点依次发送帧。如果共有 N 个站，每站发送一帧需要 T 秒，任一帧获得发送机会的等待时间不会超过 $N\times T$ 秒。这个标准就是802.4 标准，它被称为令牌总线网。

需要注意的是，令牌总线介质访问方法是在综合两种介质访问优点基础上形成的一种介质访问方法，即将令牌访问方法应用在总线型网络中。

令牌总线结构的实现办法是将总线上各站点组成逻辑环。在物理结构上它是一个总线结构局域网，但是在逻辑结构上，又成了一种环形结构的局域网。和令牌环一样，站点只有取得令牌，才能发送帧，而令牌在逻辑环上依次循环传递。

在令牌总线网中，令牌的传递次序区别于右环型网。在环型网上是沿物理上靠近的站点传，在令牌总线上传递的次序与总线上物理位置无关，而是沿逻辑环上的顺序传送，如图 4-9 所示。

关于令牌总线需要说明以下几个问题：

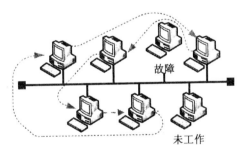

图 4-9　令牌总线结构

1）逻辑环的组成一般是由大的站号到小的站号降序排列，最后由最小号与最大号相连。令牌亦按此顺序传递。每站均有 TS-本站号、NS-后继站号和 PS-上一站号三种标记。每站按顺序表来进行发送。报文包和令牌在逻辑环上传递，但在物理上是在总线上按广播方式传送的。

2）令牌总线网络的正常操作简单易行。令牌总线介质访问方法的基本操作分为数据传送状态和令牌传送状态两个状态。令牌按逻辑环循环传递，站点得到空令牌才有发送权。若取得令牌的站点有报文要发送，则发送报文，之后将令牌送到下一个站点。若取得令牌的站没有报文要发送，则立即把令牌送到下一个站点。

3）令牌总线访问方法还提供了不同的服务级别，即不同的优先级。

2.令牌总线的特点

以下几个特点是令牌总线型网络所具备的。

1)不可能产生冲突:只有收到令牌帧的站点才能将信息帧送到总线上,这区别于 CSMA/CD 访问方式,令牌总线不可能产生冲突。由于不可能产生冲突,令牌总线的信息帧长度只需根据要传送的信息长度来确定,因此没有最短帧的要求。而对于 CSMA/CD 访问控制,为了使最远距离的站点也能检测到冲突,需要在实际的信息长度后添加填充位,以满足最短帧长度的要求。

2)站点有公平的访问权:因为取得令牌的站点有报文要发送则可发送,随后会将令牌传递给下一个站点。如果取得令牌的站点没有报文要发送,则立刻把令牌传递到下一个站点。由于站点接收到令牌的过程是顺序依次进行的,因此对所有站点都有公平的访问权。

3)每个站点传输之前必须等待的时间总量总是确定的:这是因为每个站点发送帧的最大长度可以加以限制。当所有站点都有报文要发送时,最坏的情况下,等待取得令牌和发送报文的时间,等于全部令牌和报文传送时间的总和。如果只有一个站点有报文要发送,则最坏情况下等待时间只是全部令牌传递时间的总和。对于应用于控制过程的局域网,这个等待访问时间是一个很关键的参数。可以根据需求,选定网中的站点数及最大的报文长度,从而保证在限定的时间内,任一站点都可以取得令牌。

3.令牌总线的操作

令牌总线的操作步骤如下。

1)环初始化:环初始化即生成一个顺序访问的次序。

2)令牌传递算法:逻辑环按递减的站地址次序组成,刚发完帧的站点将令牌传递给后继站点,后继站点应立即发送数据或令牌帧,原先释放令牌的站点监听到总线上的信号,便可确认后继站已获得令牌。

3)站插入环算法:必须周期性地给未加入环的站点机会,将它们插入到逻辑环的适当位置中。如果同时有几个站点要加入环,可采用带有响应窗口的争用处理算法。

4)站退出环算法:通过将其前趋站点和后继站点连到一起的办法,使不活动的站点退出逻辑环,并对逻辑环递减的站地址次序进行简单修正。

5)故障处理:网络可能出现错误,这包括令牌丢失引起断环和重复地址等。网络需对这些故障做出相应的处理。

4.令牌总线介质访问方法的优缺点

令牌总线介质访问方法的优缺点体现在以下两个方面。

优点:无冲突、信道利用率高。可以传递很短的帧,并且传递速率快。各站点有公平访问权。各站点取得令牌时间固定,适用于实时过程控制。比令牌环延迟时间短。

缺点:算法复杂。

4.3.3 令牌环访问控制与 IEEE802.5 标准

令牌环是由环接口及一段点到点链路连接而成的环,工作站连接到环接口上。介质是共享的但非广播的。令牌环网的结构示意图如图 4-10 所示。

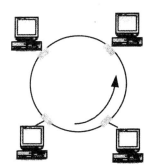

图 4-10　令牌环网结构

在令牌环网中有一个特殊的比特格式——令牌（Token），沿着环形总线在入网节点计算机间单方向逐站传递，令牌控制信道的使用，从而保证了在同一时刻只有一个节点能够独占信道。令牌到达环接口后，在接口的 1 比特缓冲区停留 1 位时间，然后再从环接口送出去。在这 1 位时间内，可以进行检查或修改。当一个站点想发送帧时，必须获取令牌，然后将其中的某一位取反，使它变为忙令牌并随后发送数据帧。由于此时环上已无空令牌，故其他站点均不能发送，冲突也就得以避免。完成发送后要产生新的空令牌给下一个站点。

1. 令牌环的工作原理

令牌环是一种点到点环形局域网介质访问方法，它是利用一个被称为令牌的特殊二进制信息模式在环网各通信设备之间依次传递信息发送权。

环网启动后，由网中的监控工作站（监控环网工作情况的网络连接设备）或一通信设备产生一个令牌。令牌是一个很短的特殊报文，既无目的地址，也无源地址。在网络工作期间，令牌绕环路不断运行，一台通信设备要求发送信息，只有当令牌经过它时将令牌捕获，并将令牌暂时从环路上移去，然后开始发送信息。当信息发送完或允许的最长发送时间已满，该通信设备就将令牌放在数据信息之后向下一站转发。这样，令牌总是处于环路上的信息流后，保证了各站点先接收或转发信息，然后再发送信息。

环网中各站对经过它的信息流中的各个独立信息项进行检测。若信息项的目的地址与本站地址相符，则将信息项复制下来，并将该信息项的接收标志改为已接收，继续向下转发。对于目的地址与本站地址不相符的信息项，则转发工作将被执行，具体操作过程包括以下几个步骤。

1）环初始化（建立逻辑环），然后产生一空令牌，在环上流动。

2）希望发送数据的站等待，直到它检测到下一个空令牌的到来。

3）发送站拿到空令牌后，将其置为忙状态，同时在忙令牌的后面发送数据。

4）当令牌忙时，由于网上无空令牌，需要发送数据的站点必须等待。

5）数据经环传递时，各站点将其目的地址和本站地址比较，相符则接收同时转发；否则只转发。

6）发送数据沿环循环一周再回到发送站，由发送站将该帧从环上移去，同时释放令牌（将其状态改为闲）发往下一站。

2. 环接口

环接口又称转发器，是令牌环型网的主要部件。环接口的主要功能是收发信息，识别和产生令牌、插零删零、识别地址以及进行 CRC 校验等。

环接口有监听方式和发送方式两种工作方式。在监听方式下,环接口一方面将进入的比特流转发出去,同时对帧中地址是否为本站地址进行检测。如果是就将帧复制到接收缓冲区。有数据要发送的站还要监听空令牌的到来。进入发送方式后,该站将空令牌变为忙令牌,将发送缓冲区中准备好的数据送到环上去,当发送的帧回收并产生新的令牌后立即转变为监听方式。如图 4-11 所示。

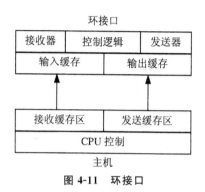

图 4-11　环接口

3. 帧格式

令牌环和 IEEE 802.5 支持两种帧格式:令牌帧和数据/命令帧,对应于图 4-12 中的(a)和(b)。令牌帧为 3 字节,包括开始标记,访问位和结束标记;数据/命令帧因信息域的不同而大小存在一定的差异,数据帧为上层协议传送数据,而命令帧则传送控制命令。

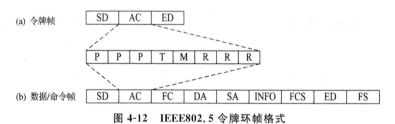

图 4-12　IEEE802.5 令牌环帧格式

帧中各个字段的意义如下。

· SD:起始定界符,表示一个帧的开始。其格式为"JK0JK000"。

· AC:访问控制,表示介质访问控制状态。其中,PPP 为帧优先级变量,指明了当前令牌帧的优先级;RRR 为预约优先级变量,指明了希望得到令牌帧节点的优先级,它们都是用 3 位二进制表示的;M 为监控位,用于监测重复帧,如果采用集中环监控器,则监控位用到的可能性就比较大;T 指明是令牌帧(T=0)还是数据帧(T=1)。在令牌帧的情况下,后随的是 ED 字段。

· FC:帧控制,指明该数据帧是 LLC 层数据帧还是 MAC 层控制帧。

· DA/SA:目的地址/源地址,表示目的节点和源节点的地址,可以选择 16 位或 48 位,但这两个地址长度必须保持一致。DA 可以是单地址,也可以是多播地址或广播地址;而 SA 必须是单地址。当选用 48 位地址时,可用特征位来指示局部地址还是全局地址。

· INFO:信息,要传送的数据,最大数据长度为 5000 个字节。

· FCS:帧校验序列,它采用 32 位 CRC 校验。

· ED:结束定界符,表示一个帧的结束,其格式为"JK1JK1E"。其中,J、K 为非数据符号;E 为错误检测位,任何节点发现错误后都可以将 E 位置位。

· FS:帧状态,接收节点返回的帧状态,其格式为"ACrrACrr"。其中,r 为保留位、A 为地址识别位,C 为帧拷贝位,由目的节点来设置 A 和 C 位。这些位最后由发送节点重新置 0。

4.4　以太网技术

以太网(Ethernet)是一种产生较早、使用普及程度最高的局域网。以太网最早由美国 Xerox(施乐)公司在 1972 年创建,其名称来源于 19 世纪的物理学家假设的电磁辐射媒体——光以太(后来的研究证明光以太并不存在)。1982 年,美国 Xerox、DEC 与 Intel 三家公司组成 DIX 联盟,联合提出了以太网规范,这也是世界上第一个局域网的技术标准。后来,以太网被 IEEE 802.3 委员会标准化,从而成为一个国际标准。以太网从共享型以太网发展到交换型以太网,并出现了全双工以太网技术,致使整个以太网系统的带宽成十倍、百倍地增长,并保持足够的系统覆盖范围。

4.4.1　传统以太网

早期的以太网速率只有 10 Mb/s,人们把这种以太网称为传统以太网。传统以太网主要包括 10Base-5、10Base-2、10Base-T 和 10Base-F 等标准。规范名称里面的 10 是指标准数据传输的比特速率为 10 Mb/s,Base 是指使用基带传输,其最后的参数则是指电缆类型。以太网使用的传输介质有粗同轴电缆、细同轴电缆、双绞线和光缆这四种。这样,以太网就有 4 种不同的物理层标准。常见传统以太网技术的各物理层标准比较如表 4-1 所示。

表 4-1　常见传统以太网物理标准的比较

特性	10Base-5	10Base-2	10Base-T	10Base-F
数据速率(Mb/s)	10	10	10	10
信号传输方式	基带	基带	基带	基带
网段的最大长度	500 m	185 m	100 m	2000 m
网络介质	50Ω 粗同轴电缆	50Ω 细同轴电缆	双绞线	光缆
拓扑结构	总线型	总线型	星型	点对点

1. 10Base-5

10Base-5 标准通常和 Xerox 建立的实验以太网相对应,将其称为经典的以太网标准。在这种基于粗同轴电缆的网络中,所有站点的电缆用做单信道。一个电缆段的最大长度是 500 m(没有中继器),必须在两个端结点之间用 50Ω 的终端器连接。终端器吸收信号通过电缆后的能量使它们不反射到链路上。工作站必须使用收发器连接到电缆。

10Base-5 规定可以使用中继器将几个电缆连接成一个单独的网络,使得网络的总长度得以增加。10Base-5 还规定网络中的中继器不能超过 4 个,因此,电缆不应超过 5 段。以太网 10Base-5 例络中使用中继器遵守的规则又称为"5-4-3"规则:5 个段,4 个中继器,3 个负载段。因为电缆段的最大长度为 500 m,所以 10Base-5 网络的最大长度是 2500 m。

2. 10Base-2

10Base-2 标准使用细同轴电缆作为传输介质,没有中继器的最大段长度是 185m。细同轴电缆比粗同轴电缆便宜,但细同轴电缆更易受噪声干扰,机械强度较低,信号带宽更窄。

连接电缆的工作站使用 BNC-T 型连接器,一个搭线头连接网络适配器,另外两个搭线头连接电缆。10Base-2 还规定按照"5－4－3"规则使用中继器,这样,网络的最大长度为 $5 \times 185 = 925$ m。

10Base-2 标准是最简单的电缆网络解决方案,它仅需要网络适配器、T 型连接器和 50Ω 的终端器把计算机接入网络。但是,细同轴电缆和粗同轴电缆相比,对噪声更加敏感,因此,这种电缆连接类型更加容易受到攻击而使网络发生故障。

3. 10Base-T

10Base-T 的出现对以太网技术的发展具有里程碑式的意义。

10Base-T 使用两对非屏蔽双绞线(UTP)作为传输介质。各站点通过集线器(Hub)相连。网络中任意两个站点间的集线器的最大数量不能超过 4 个,称为四集线器原则。它能确保执行 CSMA/CD 访问控制的工作站之间的同步并确保可靠的冲突检测。由于任意两个工作站之间不能多于 4 个中继器,10Base-T 网络的最大网络直径是 $5 \times 100 = 500$ m。

建立在 10Base-T 基础上的网络比同轴电缆以太网具有的优势更加明显,具体包括以下三点。

1)安装简单、扩展方便,可以根据网络的大小选择不同规格的集线器以形成所需的网络拓扑结构;

2)集线器具有很好的故障隔离作用,当某个站点出现故障时不会影响其他结点的正常运行;

3)网络的可扩展性强,扩充与减少工作站都不会影响或中断整个网络的工作。

4.4.2 快速以太网

10BASE-T 的广泛应用导致了结构化布线技术的出现,使得使用非屏蔽双绞线 UTP、速率为 10 Mb/s 的 Ethernet 遍布全球。但随着网络技术的发展,新的应用领域层出不穷,10BASE-T 已经越来越不能满足人们的需求,网络体系的改变迫在眉睫。由于 Ethernet 的大量存在,为了保护已有的网络资源,并提高网络传输速率,增加带宽,快速以太网(Fast Ethernet)应运而生。

快速以太网是在 10BASE-T 的基础上发展而来的,所以保留着传统的 10BASE 系列 Ethernet 的所有特征,即相同的帧格式、相同的介质访问控制方法 CSMA/CD、相同的组网方法,只是把每个比特发送时间由 100 ns 降至 10 ns。因此,用户只要更换一张网卡,再安装一个 100 Mb/s 的集线器或交换机,就可以很方便地由 10BASE-T 以太网直接升级到 100 Mb/s,而不必改变网络的拓扑结构。所有在 10BASE-T 上的应用软件和网络软件的功能也都可以保持不变。

1995 年 5 月,IEEE 802 委员会正式通过作为新规范的快速以太网 100BASE-T 标准 IEEE 802.3u,它是现行 IEEE 802.3 标准的补充。IEEE 802.3u 标准在 LLC 子层使用 IEEE 802.2 标准,在 MAC 子层使用 CSMA/CD 方法,只是在物理层作了一些调整,定义了新物理层标准 100BASE-T。100BASE-T 标准采用了介质独立接口 MII(Media Independent Interface)。它将 MAC 子层与物理层分割开,使物理层在达到 100Mb/s 的速率时,所使用的传输介质和信号编码方法不会对 MAC 子层造成任何影响。

100BASE-T 标准包括 3 种物理层标准,即 100BASE-TX、100BASE-T4 与 100BASE-FX,如图 4-13 所示。

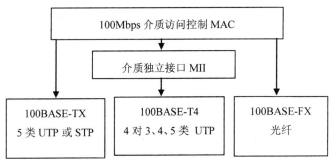

图 4-13　Fast Ethernet 协议结构

1. 100BASE-TX

100BASE-TX 基本上是以 ANSI 开发的铜质 FDDI 物理层相关子层为基础的。100BASE-TX 与 10BASE-T 有许多相似之处,都是使用 2 对(4 根)5 类非屏蔽双绞线或 STP,其中一对用于发送,另一对用于接收,其最大网段长度为 100 m。因此,100BASE-TX 是一个全双工系统,每个站点可以同时以 100 Mb/s 的速度发送和接收数据。

100BASE-TX 使用了比 10BASE-T 更为高级的编码方法——4B/5B,因而,它可以以 125 MHz 的串行数据流传输数据。目前常用的百兆快速以太网即为 100BASE-TX 技术。

2. 100BASE-T4

100BASE-T4 是一个崭新的物理层标准,与 100BASE-TX 一样也是在 ANSI FDDI 技术的基础上发展而来的。100BASE-T4 是为 3 类无屏蔽双绞线的安装需要而设计的。它也支持 4 类或 5 类无屏蔽双绞线,其最大网段长度为 100 m。

100BASE-T4 使用 4 对无屏蔽双绞线,其中 3 对用于传输数据,第 4 对作为冲突检测时的接收信道。由于没有单独专用的发送和接收线,无法进行全双工操作。目前,100BASE-T4 技术在实际中应用较少。

3. 100BASE-FX

100BASE-FX 针对使用光纤或 FDDI 技术的应用领域,如高速主干网、超长距离连接、有电气干扰的环境和有较高保密要求的环境等。100BASE-FX 支持 2 芯的多模光纤和单模光纤,最大网段长度是可以变化的。对于中继器-DTE 型的连接,最大网段长度可达 150m;对于 DTE-DTE 型的连接,最大网段长度可达 412m;对于全双工 DTE-DTE 型连接,最大网段长度可达 2000 m;对于单模全双工 DTE-DTE 型连接,最大网段长度则可高达 1000 m。100BASE-FX 使用与 100BASE-TX 相同的 4B/5B 编码方法。

目前,使用光纤作为传输介质的 100BASE-FX 在原有的部分局域网中仍有应用,但新建网络中光纤的传输速率多为千兆或万兆。

4. 3 种快速以太网的比较

表 4-2 给出以上 3 种快速以太网的性能比较。

表 4-2 3 种快速以太网的性能比较

类型特性	100BASE-TX	100BASE-FX	100BASE-T4
传输介质	5 类 UTP 或 STP	多模或单模光纤	UTP/3/4/5 类
要求线对数	2	2	4
发送线对数	1	1	3
最大固定长度	100 m	150/412/2000 m	100 m
全双工通信能力	有	有	无

4.4.3 高速以太网

基于快速以太网的成功经验,研究人员成功开发了能提供 1000 Mb/s 速率的协议。基于光纤信道的千兆位以太网标准 IEEE 802.3z 在 1998 年获得通过。IEEE 802.3z 千兆位以太网标准定义了以下 3 种介质标准:短波长激光光纤介质系统标准 1000Base-SX、长波 K 激光光纤介质系统标准 1000Base-LX 和短铜线介质系统标准 1000Base-CX,有时也统称为 1000Base-X。1999 年,使用 5 类双绞线运行千兆以太网的 IEEE 802.3ab 标准,即长铜线介质系统标准 1000Base-T 也获得了成功。

千兆以太网标准是对以太网技术的再次扩展,其数据传输速率达到 1000 Mb/s,即 1 Gb/s,因此也被称为吉比特以太网。千兆以太网基本保留了传统以太网的基本功能和主要性质,因此向下与以太网以及快速以太网完全兼容,从而使得原有的 10 Mb/s 以太网或快速以太网可以方便地升级到千兆以太网。

1. 1000Base-SX

使用短波激光作为信号源,收发器上配置了波长为 770~860nm 的激光器,采用 8B/10B 编码方式。1000Base-SX 不支持单模光纤,只能驱动多模光纤。使用的多模光纤具体包括两种:芯径为 62.5μm 的多模光纤和芯径为 50μm 的多模光纤。使用芯径为 62.5μm 的多模光纤工作在全双工模式下的最长有效距离为 275m;使用芯径为 50μm 的多模光纤上作在全双工模式下的最长有效距离为 550m。1000Base-SX 在同一建筑物中的短距离主干网使用得比较多。

2. 1000Base-LX

使用长波激光作为信号源,在收发器上配置了波长为 1270~1355nm 的激光器,也采用 8B/10B 编码方式。1000Base-LX 既可以驱动多模光纤,也可以驱动单模光纤。1000Base-LX 所使用的光纤规格为:芯径为 62.5μm 和 50μm 的多模光纤,芯径为 9μm 的单模光纤。使用多模光纤工作在全双工模式下的最长有效距离可以达到 550m,使用单模光纤工作在全双工模式下的最长有效距离为 5km。使用多模光纤的 1000Base-LX 适合用于大楼网络系统的主干网中,而使用单模光纤的 1000Base-LX 主要用于园区主干网络。

3. 1000Base-CX

使用一种特殊规格的高质最半衡双绞线(STP)作为网络介质,其最长有效传输距离为25m,采用8B/10B编码方式,其传输速率为1.25 Gb/s(有效数据传输速率为1.0 Gb/s),主要适合于千兆主干交换机和主服务器之间的短距离连接。

4. 1000Base-T

使用5类非平衡屏蔽双绞线(UTP),传输距离为100m,主要用于结构化布线中同一层建筑的通信,从而可以利用以太网或快速以太网已铺设的UTP电缆。此外,也可用于大楼内的主干网络中。

和快速以太网比起来,千兆以太网的速度是快速以太网的10倍,但其价格只有快速以太网的2~3倍,即千兆以太网具有性价比更高。原有的传统以太网与快速以太网可以平滑地过渡到千兆以太网,无需掌握新的配置、管理与故障排除技术。

目前,千兆以太网除了被用于园区或大楼网络的主干网外,少量还被用于高性能的桌面环境中。

4.4.4 交换以太网

使用以太网交换机作为中央连接设备的以太网称为交换式以太网,或称为采用了交换技术的以太网。交换式以太网允许多对站点同时通信,每个站点可以独占传输信道和带宽,共享以太网中站点冲突的问题在此处得到了很好地解决。

1. 交换以太网的概念和特点

以太网、快速以太网、令牌环网和FDDI等传统局域网都属于共享介质网络。在共享式以太网中,整个网络系统都处在一个冲突域(Collision Domain)中。所谓冲突域,就是由网络连接起来的这样一组站点的集合,当其中任意两个站点同时发送数据时,发送的数据就会产生冲突。与之相关的另一个概念是广播域(Broadcast Domain),广播域也是一组由网络连接起来的站点的集合,如果组中的某一个站点发送了一个广播帧,那么该广播帧会被组中的其他所有站点接收。目前的很多网络协议都是用广播的方法交换数据。如果在一个广播域中广播帧的数量太多,网络性能就会受到严重干扰,这种现象被称为"广播风暴"。应该注意的是,冲突域属于物理层的概念,而广播域属于链路层的概念。一个冲突域一定是一个广播域,但反之确是不成立的。

在交换式以太网出现以前,以太网均为共享式以太网,例如,10Base-5、10Base-2和采用集线器组网的10Base-T及100Base-T都属于共享式以太网。对共享式以太网而言,整个网络系统都处在一个冲突域中,网络中的每个站点都可能在往共享的传输介质上发送帧,所有的站点都会因为争用共享介质而产生冲突,共享带宽为所有站点所共同分割。同时,这些站点也处在同一个广播域,当站点将数据帧发送到集线器的某个端口上时,它会将该数据帧从其他所有端口转发(或称广播)出去,如图4-14所示。在这种方式下,当网络规模不断扩大时,网络中的冲突也会在很大程度上得以增加,而数据经过多次重发后,延时也相当大,造成网络整体性能下降。在网络站点较多时,以太网的带宽使用效率只有30%~40%。

图 4-14　使用共享式集线器的数据传输

为了解决共享式以太网存在的问题,通常采用"分段"的方法。分段的思想就是把一个大的冲突域划分成若干个较小的冲突域,使得每个冲突域中站点的数量得以减少,从而减少冲突发生的概率。也就是说,可以将一个大型的以太网分割成多个小型的以太网,每个"段"(既分割后的每个以太网)都使用 CSMA/CD 方法维持段内站点的通信。通过分段,以太网站点的数量减少,冲突的概率也变小,网络效率更高。段与段之间通过交换设备进行通信,将一个段接收的数据进行简单的处理后转发给另一段。

交换设备有多种类型,网桥、交换机、路由器等都可以作为交换设备。

路由器工作在网络层,使用路由器进行网络分段会使网络结构和网络管理变得十分复杂且成本较高,然而,网络带宽的问题却未得到根本上的解决。

网桥、交换机都工作在数据链路层,二者的工作原理比较相似,主要作用都是分割冲突域和减少冲突,并且都是通过 MAC 地址表进行转发的。网桥同交换机没有本质的区别,在某些情况下,可以认为网桥就是交换机。但是,交换机的转发延迟要比网桥小得多,并且交换机比网桥具有更高的端口密度;从这个意义上也可以把交换机看成是一种多端口的高速网桥。

在现代网络中,人们主要使用以太网交换机的设备对网络实施分段。使用以太网交换机作为中央连接设备的以太网称为交换式以太网,或称为采用了交换技术的以太网,如图 4-15 所示。交换式以太网主要有以下几个特点。

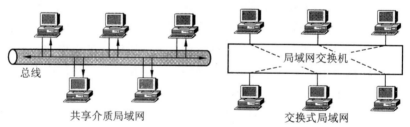

图 4-15　共享式局域网和交换式局域网

1)独占传输信道和带宽:每个站点都能独占一条点到点的信道,独占带宽。网络总带宽通常为各个交换端口带宽之和。

2)允许多对站点同时通信:交换机是一个并行系统,它允许多个站点之间同时建立多条通信链路(虚连接),让多对站点同时通信。

3)灵活的端口速率:用户可以按需选择端口速率,在交换机上配置 10 Mb/s、100 Mb/s、10/100 Mb/s 自适应端口,不同速率的站点通过它得以连接。

4)高度的可扩充性和网络延展性:大容量交换机有很高的网络扩展能力,适用于大规模网络,如企业网、校园网和城域网。

5)可互联不同标准的局域网:交换机具有自动转换帧格式的功能,能互联不同标准的局域网,例如,在一台交换机上可以集成以太网、FDDI 和 ATM。

6)可以与现有网络兼容:交换式以太网与以太网和快速以太网完全兼容。

2. 交换机的工作原理

交换机工作在数据链路层,其外表类似于集线器,并且也可以有多个端口,区别于集线器的是,交换机的每一个端口都是一个单独的冲突域。如果一个端口只连接一个站点,那么这个站点就可以独占整个带宽,这类端口通常被称为专用端口;如果一个端口连接的是一个以太网,那么这个端口将被以太网中的所有结点所共享,这类端口被称为共享端口。

交换机在转发数据帧时,能够判断数据帧的目的 MAC 地址,从而将帧从合适的端口发送出去。例如,一个站点向网络发送数据,集线器将会向所有端口转发,而交换机则会通过对帧的识别,只将帧单点转发到与目的地址对应的端口,而不是向所有端口转发,使得网络的可用带宽得到有效提高。典型的交换机结构与工作过程如图 4-16 所示,图中的交换机有 6 个端口,其中,端口 1、5、6 分别连接了站点 A、站点 D 和站点 E,站点 B 和站点 C 通过共享式以太网连入交换机的端口 4,于是交换机"端口 MAC 地址映射表"就可以根据以上端口与站点 MAC 地址的对应关系建立起来。站点 A 需要向站点 D 发送信息时,站点 A 首先将目的 MAC 地址指向站点 D 的帧发往交换机端口 1,交换机接收该帧,并在检测到其目的 MAC 地址后,在交换机的"端口-MAC 地址映射表"中查找站点 D 所连接的端口号,一旦查到站点 D 所连接的端口号为 5,交换机将在端口 1 与端口 5 之间建立连接,将信息转发到端口 5。

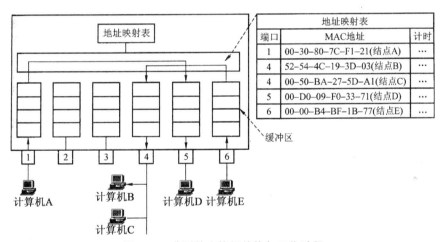

地址映射表		
端口	MAC 地址	计时
1	00-30-80-7C-F1-21(结点A)	…
4	52-54-4C-19-3D-03(结点B)	…
4	00-50-BA-27-5D-A1(结点C)	…
5	00-D0-09-F0-33-71(结点D)	…
6	00-00-B4-BF-1B-77(结点E)	…

图 4-16 典型的交换机结构与工作过程

3. 交换机的帧转发方式

以太网交换机的帧转发方式可以分为 3 种:直通式(Cut-through)、无碎片直通式和存储转发式,如图 4-17 所示。目前,存储转发方式为交换机的主流交换方式。

1)直通式:采用直通交换方式的以太网交换机可以理解为各端口间是纵横交叉的线路矩阵。它在输入端口检测到一个数据包时,检查该包的包头,获取包的目的地址,启动内部的动态查找表转换成相应的输出端口,在输入与输出交叉处接通,把数据包直通到相应的端口,实现交换功能。由于它只检查数据包的包头(通常只检查 14 个字节),不需要存储,所以具有延迟小,交换速度快的优点。它的缺点主要表现在 3 个方面:第一,因为数据包内容并没有被以太网交换机保存下来,所以无法检查所传送的数据包是否有误,不能提供错误检测能力;第二,由于没有缓存,不能将具有不同速率的输入/输出端口直接接通,而且容易丢包;第三,当以太网交换机的端口增加时,交换矩阵的复杂度会越来越高,实现起来难度也就更大,所以直通式交换机比较适合用于小型网络。

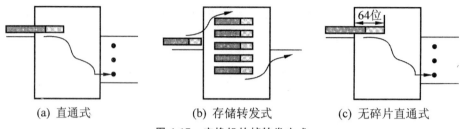

(a) 直通式　　　　　(b) 存储转发式　　　　(c) 无碎片直通式

图 4-17　交换机的帧转发方式

2)存储转发式:存储转发是计算机网络领域应用得最为广泛的技术之一,以太网交换机的控制器先将输入端口传来的数据包缓存起来,先进行 CRC 校验,检查数据包是否正确,并过滤掉冲突包错误。确定包正确后,取出目的地址,通过查找内存中的地址端口对应表找到想要发送的输出端口地址,然后将该包转发到对应的端口。正因如此,存储转发方式在进行数据处理时延时大,这是它的不足,但是它可以对进入交换机的数据包进行错误检测,并且能支持不同速率的输入/输出端口间的交换,使得网络性能得到有效改善。它的另一优点就是这种交换方式支持不同速率端口间的转换,保持高速端口和低速端口间协同工作;实现的办法是将 10 Mb/s 低速包存储起来,再通过 100 Mb/s 速率转发到端口上。为支持不同速率的端口,交换机必须使用存储转发方式,否则,高速端口和低速端口间的正确通信就无法得到保证。存储转发适合于大型网络,有多种传输速率的环境。

3)无碎片直通式:碎片是指在信息发送过程中由于冲突而产生的残缺不全的帧(残帧),是一种无用的信息。无碎片直通式是介于直通式和存储转发式之间的一种解决方案,用于检查数据包的长度是否够 64 B(512 bits)。如果小于 64 B,说明该包是碎片(即在信息发送过程中由于冲突而产生的残缺不全的帧),则丢弃该包,如果大于 64 B,则发送该包。该方式的数据处理速度比存储转发交换方式快,但比直通式慢。由于能够避免残帧的转发,所以此方式在低档交换机中得到了广泛应用。

通常情况下,如果网络对数据的传输速率要求不是太高,可选择存储转发方式;如果网络对数据的传输速率要求较高,可选择直通式。

4.5　FDDI 网络

光纤分布式数据接口(Fiber Distributed Data Interface,FDDI)是一个使用光纤介质传输数据的高性能环型局域网。它的传输速率为 100Mb/s,网络覆盖的最大距离可达 200km,最多可连接 1000 个站点。FDDI 是 ANSI(American National Standards Institute,美国国家标准化协会)X3T9.5 标准委员会在 1980 年提出的标准。FDDI 为连接局域网中的高速工作站提供了一个很好的手段,但由于 FDDI 的站点管理过于复杂以及由此而带来的价格昂贵的问题,使得 FDDI 的实际应用主要是主干网。图 4-18 显示 FDDI 作为主干网互联多个局域网的结构。

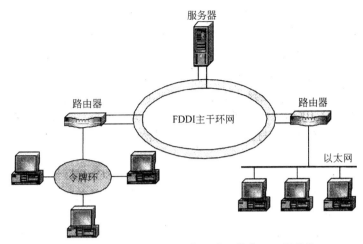

图 4-18　FDDI 作为互联多个局域网的主干环网结构

由于 FDDI 具有高速、技术成熟、双环结构等特点,能提供一个高速、安全、可靠的主干网,所以它是主干网的主流技术之一。但在网络技术日新月异的今天,FDDI 的协议复杂、环型结构造成的升级困难和共享带宽的弊病,给 FDDI 的应用带来了极大的挑战。但是,随着网络技术的发展,FDDI 技术也在发展,如 FDDI-II 和交换 FDDI 技术已投入应用。FDDI-II 是 FDDI 的改进型,实时性业务通过它得到更好地支持。FDDI-II 不仅能传输普通数据,还能处理 ISDN 通信或 PCM 声音数据。

1. FDDI 的双环结构

FDDI 的特别之处在于双环结构,它用 4 束光纤芯组成两个环,一个环顺时针发送,另一个环逆时针发送,如图 4-19(a)所示。当其中一个环发生故障时,由另一个环代替,如果两个环同时在一个点断路则两个环连成一个单环,如图 4-19(b)所示,从而保证通信不断。双环结构的主要优点是可靠性高。

一般情况下,FDDI 的两个环被称为主环(Primary Ring)和副环(Secondary Ring),主环用于传输数据,副环作为备份。

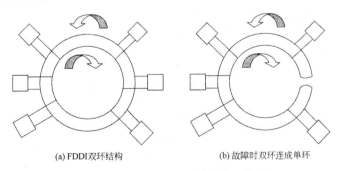

(a) FDDI双环结构　　　　　　　　　　(b) 故障时双环连成单环

图 4-19　交换式以太网的结构示意图

2. FDDI 的技术特点

1)使用基于 IEEE 802.5 的单令牌的环网介质访问控制 MAC 协议。

2)使用 IEEE 802.2 协议,与符合 IEEE 802 标准的局域网兼容。

3)数据传输速率为 100 Mb/s,联网的结点数≤1000,环路长度为 100km。

4)可以使用双环结构,具有容错能力。

5)可以使用多模或单模光纤。

6)具有动态分配带宽的能力,能支持同步和异步数据传输。

3. FDDI 的应用环境

1)计算机机房网,也称为后端网络,用于计算机机房中大型计算机与高速外设之间的连接,以及对可靠性、传输速度与系统容错要求较高的环境。

2)校园网的主干网,用于连接分布在校园中各个建筑物中的小型机、服务器、工作站和个人计算机,以及多个局域网。

3)多校园的主干网,用于连接地理位置相距几千米的多个校园网和企业网,成为一个区域性互联的多个校园网、企业网的主干网。

4)办公室或建筑物群的主干网,也称为前端网络,用于连接大量的小型机、工作站、个人计算机与各种外设。

4.6　虚拟局域网

局域网通常被定义为一个单独的广播域,主要使用 Hub、网桥或交换机等网络设备连接同一网段内的所有结点。同处一个局域网之内的网络结点之间可以不通过网络路由器直接进行通信;而处于不同局域网段内的设备之间的通信则必须经过网络路由器。随着网络的不断扩展,接入设备逐渐增多,网络结构日趋复杂,必须使用更多的路由器才能将不同的用户划分到各自的广播域中,在不同的局域网之间提供网络互联。

这样做的一个缺陷就是随着网络中路由器数量的增多,网络时延逐渐加长,从而导致网络数据传输速度的下降。这主要是因为数据在从一个局域网传递到另一个局域网时,必须经过路由器的路由操作,路由器根据数据包中的相应信息确定数据包的目标地址,然后再选择合适的路径转发出去。那么,我们设想一种技术,既能划分不同的广播域,又能使得传输速度不至于降低。虚拟局域网技术便得到了大力研究、推广和应用。

4.6.1　VLAN 概述

VLAN(Virtual Local Area Network)即虚拟局域网,虽然 VLAN 所连接的设备来自不同的网段,但是相互之间可以进行直接通信,类似于处于同一网段中一样,由此得名虚拟局域网。它是一种通过将局域网内的设备逻辑地而不是物理地划分成一个个网段从而实现虚拟工作组的新兴技术。IEEE 于 1999 年颁布了用以标准化 VLAN 实现方案的 802.1q 协议标准草案。

VLAN 技术允许网络管理者将一个物理的 LAN 逻辑地划分成不同的广播域(或称虚拟LAN,即 VLAN),每一个 VLAN 都包含一组有着相同需求的计算机工作站,与物理上形成的LAN 的属性是一样的。但由于它是逻辑地而不是物理地划分,所以同一个 VLAN 内的各个工作站无须被放置在同一个物理空间里,即这些工作站不一定属于同一个物理 LAN 网段。如图4-20所示,显示了虚拟局域网的物理结构与逻辑结构的对比。一个 VLAN 内部的广播和单播流量都不会转发到其他 VLAN 中,这样对控制流量、减少设备投资、简化网络管理、提高网络的安全性都非常有帮助。

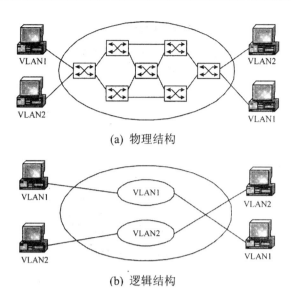

(a) 物理结构

(b) 逻辑结构

图 4-20　虚拟局域网的物理结构与逻辑结构

VLAN 是为解决以太网的广播问题和安全性而提出的一种协议,它在以太网帧的基础上增加了 VLAN 头,用 VLAN ID 把用户划分为更小的工作组,使得不同工作组间的用户二层互访得受到限制,每个工作组就是一个虚拟局域网。虚拟局域网的好处是可以限制广播范围,并能够形成虚拟工作组,动态管理网络。

4.6.2　VLAN 的实现

由于交换技术本身就涉及网络的多个层次,因此,虚拟局域网也可以在网络的不同层次上实现。

1. 基于端口的 VLAN

基于端口的 VLAN 是最常用的划分 VLAN 的方式,也是最广泛、最有效的 VLAN 应用,目前绝大多数 VLAN 协议的交换机都提供这种 VLAN 配置方法。这种 VLAN 是根据以太网交换机的交换端口来划分的,它是将 VLAN 交换机上的物理端口和 VLAN 交换机内部的 PVC (永久虚电路)端口分成若干个组,每个组构成一个虚拟网,类似于一个独立的 VLAN 交换机。通常由网络管理员使用网络管理软件或直接设置交换机,将某些端口直接分配给特定 VLAN,除非网络管理员重新设置,否则,这些端口将一直属于该 VLAN,这种划分方式也称为静态VLAN。

由于不同 VLAN 间的端口是无法直接相互通信的,因此,每个 VLAN 内部都有自己独立的生成树。此外,交换机之间在不同 VLAN 中可以有多个并行链路,使得 VLAN 的内部传输速率得以提高,增加交换机之间的带宽。VLAN 划分的原理如图 4-21 所示。

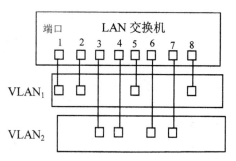

图 4-21　基于端口的 VLAN

设置交换机端口时,可以将同一交换机的不同端口划分为同一 VLAN,而且还可以设置跨越交换机的 VLAN,即将不同交换机的不同端口划分至同一 VLAN,这就完全解决了如何将位于不同物理位置、连接至不同交换机中的用户划分到同一 VLAN 中的问题。

在许多设备中,不仅可以将不同端口划分至同一 VLAN,而且还可以将同一端口划分至多个 VLAN,从而提供更大的灵活性。这种被设置到多个 VLAN 中的端口,称之为公共端口。例如,某企业为安全起见,将财务部门和技术部门划分到两个 VLAN 中,然而打印服务器和文件服务器却只有一个,此时可以将打印机和服务器所连接的端口设置为公共端口,让其属于所有的 VLAN。这样,两个部门间的计算机就无法相互看到,数据的安全性也得到了保证,部门员工又能同时使用打印机和服务器,节省了资金。

基于端口的 VLAN 方法的优点是定义 VLAN 成员较简单、相对比较安全,缺点是网络管理员操作比较麻烦,另外,当用户离开原来的端口更换到一个新的端口时,需要管理员重新定义。

2. 基于 MAC 地址的 VLAN

基于 MAC 地址的 VLAN 是根据每个主机的 MAC 地址来定义 VLAN 的,即对每个 MAC 地址的主机都配置它属于哪个组,它实现的机制就是每一块网卡都对应唯一的 MAC 地址,VLAN 交换机跟踪属于 VLAN 的 MAC 地址。

当某一站点刚连接到交换机时,交换机端口尚未分配,此时,交换机通过读取站点的 MAC 地址,动态地将该端口划分到特定 VLAN 中。一旦网络管理员配置好后,用户的计算机就可以随机改变其连接的交换机端口,而不会由此改变自己的 VLAN。当网络中出现未定义的 MAC 地址时,交换机可以按照预先设定的方式向网络管理员报警,具体如何处理是由网络管理员来操作的。

例如,网络内有几台笔记本电脑,当某笔记本电脑从端口 A 移动到端口 B 时,交换机能自动识别经过端口 B 的源 MAC 地址自动把端口 A 从当前 VLAN 中删除,而把端口 B 定义到当前 VLAN 中。这种方法的优点是当终端在网络中移动时,不必重新定义 VLAN,交换机能够自动识别和定义。因此,基于 MAC 的 VLAN 也称为动态 VLAN。由于 MAC 地址具有世界唯一性,因此,该 VLAN 划分方式的安全性较高。

基于 MAC 地址的 VLAN 划分方法的最大优点就是当用户物理位置移动时,即从一个交换机换到其他的交换机时,VLAN 无需重新配置,因为它是基于用户,而不是基于交换机的端口。这种方法的缺点是要求所有的用户在初始阶段必须配置到一个 VLAN 中,初始配置由人工完成,随后自动跟踪用户。在规模较大的网络中,这显然是一件比较繁重的工作,所以这种划分方法通常在小型局域网中使用的比较多。另外,这种划分方法也导致了交换机执行效率的降低,因为在每一个交换机的端口都可能存在很多个 VLAN 组的成员,保存了许多用户的 MAC 地址,查询起来相当不容易。

3. 基于网络层的 VLAN

基于网络层的 VLAN 就是根据网络层协议划分 VLAN,根据网络层协议可分为 IP、IPX、DECnet、AppleTalk、Banyan 等 VLAN 网络,通常用网络协议地址来对 VLAN 成员进行定义。该方法有助于网络管理员针对具体应用和服务来组织用户,而且,用户可以在网络内部自由移动,其 VLAN 成员身份仍然保持不变。以太网中通常使用的是基于 IP 地址的 VLAN,也就是指根据 IP 地址来划分 VLAN。

交换机属于 OSI 参考模型的第二层,因此,普通交换机无法识别出数据帧中的网络层报文,但随着第三层交换机的出现,交换机也能够识别网络层报文,可以使用报文中的 IP 地址来定义 VLAN。因此,当某一用户设置有多个 IP 地址时,通过基于 IP 的 VLAN,该用户就可以同时访问多个 VLAN,如同在端口 VLAN 方式下设置为公共端口的情况。在该模式下,将一台网络服务器设置多个 IP,使其处于不同 VLAN 中,则企业中的不同部门(每个部门设置成一个 VLAN)均可同时访问这台网络服务器,多个 VLAN 间的连接也只需一个路由端口即可完成。

基于网络层协议的 VLAN 有很多优点。首先,它允许按照协议类型组成 VLAN,这对组成基于业务或应用相同的 VLAN 非常有帮助;其次,用户可随意移动工作站而不比重新配置网络地址,这对于 TCP/IP 协议的用户特别有利。

与基于端口的 VLAN 和基于 MAC 地址的 VLAN 相比,基于网络层的 VLAN 性能要相对差一些,这主要是因为检查数据的网络地址比检查数据的 MAC 地址要消耗更多的处理时间,使其速度低于其他两类 VLAN。

4. 基于 IP 组播的 VLAN

IP 组播 VLAN 是由网络中被称作代理的设备对虚拟网络的各站点进行管理。当有 IP 广播分组要发送时,就动态建立虚拟局域网的代理,并通知各 IP 站点。如果站点响应,可以加入 IP 广播组,成为虚拟局域网中的一员,还可以和虚拟局域网中的其他站点通信。设备代理和各个响应的 IP 站构成 IP 组播 VLAN,所有成员只是特定时间段内的特定 IP 组播 VLAN 的成员。

IP 组播虚拟局域网具有的动态性和灵活性都比较强,而且可以通过路由器扩展到广域网,具有广泛的覆盖范围。但同时由于管理较为复杂,与前几种 VLAN 相比网络传输效率仍有可提高的空间。

5. 基于策略的 VLAN

基于策略的 VLAN 也称基于规则的 VLAN,是最灵活的 VLAN 划分方法。组成的 VLAN 能实现多种分配方法,包括 VLAN 交换机端口、MAC 地址、IP 地址、网络层协议等。网络管理人员可以使用网管软件设定划分 VLAN 的规则,当一个站点加入网络时,网络设备会发现该站点并将其自动加入正确的 VLAN。该方法能够实现自动配置,并且对站点的移动和改变实现自动跟踪。

本部分提到的 5 种 VLAN 划分方法,除基于端口的 VLAN 是静态 VLAN 配置外,其他 4 种都属于动态 VLAN 配置。从 OSI 参考模型的角度看,基于端口的 VLAN 属物理层划分方法,基于 MAC 地址的 VLAN 属数据链路层划分,基于网络层的 VLAN 和基于 IP 组播的 VLAN 属网络层划分,而基于策略的 VLAN 属于前面 4 种的组合。

4.6.3 VLAN 的优点

(1)广播控制

交换机可以隔离碰撞,把连接到交换机上的主机的流量转发到对应的端口,VLAN 进一步提供在不同的 VLAN 间完全隔离,广播和多址流量只能在 VLAN 内部传递。

(2)安全性

VLAN 提供的安全性有两个方面:对于保密要求高的用户,可以分在一个 VLAN 中,尽管其他人在同一个物理网段内,也不能透过虚拟局域网的保护访问保密信息。因为 VLAN 是一个逻辑分组,与物理位置无关,所以 VLAN 间的通信需要经过路由器或网桥,当经过路由器通信时,可以利用传统路由器提供的保密、过滤等 OSI 三层的功能对通信进行控制管理。当经过网桥通信时,利用传统网桥提供的 OSI 二层过滤功能进行包过滤。

(3)网络管理

因为 VLAN 是一个逻辑工作组,与地理位置无关,所以易于网络管理,如果一个用户移动到另一个新的地点,大可不必像之前那样重新布线,只要在网管上把它拖到另一个虚拟网络中即可。这样既节省了时间,又十分便于网络结构的增改、扩展,非常灵活。

(4)性能

VLAN 可以提高网络中各个逻辑组中用户的传输流量,比如在一个组中的用户使用流量很大的 CAD/CAM 工作站,或使用广播信息很大的应用软件,它只影响到本 VLAN 内的用户,不会影响到其他逻辑工作组中的用户,所以提高了使用性能。

4.7 其他局域网技术

4.7.1 共享局域网技术

1.共享介质访问方式

在 20 世纪 90 年代中期交换局域网出现之前,传统局域网多采用共享介质访问方式,这类局域网被称为共享局域网。共享局域网中的各个站点通过多路复用共享公共传输信道资源,均分网络带宽。多个站点对共享信道的访问可分为时分复用和频分复用两大类,分别共享传输介质信道的时间资源和频率资源。基于时间分割的时分复用又可分为同步时分复用和异步时分复用两种。传统以太网采用的 CSMA/CD 协议便属于异步时分复用中的随机访问技术,而令牌环网和令牌总线网则属于异步时分复用下的控制访问技术。共享信道的访问控制方法分类的如图 4-22 所示。

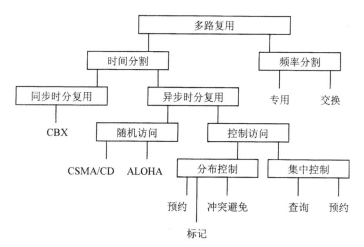

图 4-22　共享信道的访问控制方法的分类

2. 共享局域网存在的问题

在共享局域网中,网络中各站点共享介质的同时也使得网络的传输带宽得以均匀。如局域网内有 N 个站点,传输速率为 10 Mb/s,则每个站点平均能分到的带宽为 10/NMb/s。显然,当局域网的规模不断扩大,站点数 N 不断增加时,每个站点平均能分到的带宽将越来越少。另外,由于采用各类介质访问控制协议对共享信道的访问进行管理控制也要消耗一定的带宽资源,实际网络中各站点的可用带宽会大大小于理论值 10/NMb/s。比如,在采用 CSMA/CD 协议的传统以太网中,当网络站点数 N 增大、网络通信负荷加重时,传输冲突和重发现象将大量发生,网络效率下降的非常明显,网络传输延迟增长,严重时导致网络无法正常使用。而在令牌环和令牌总线网中,当网络站点增加时,网络传输延迟也会相应地增加,极大限制了网络规模的扩展。

随着局域网的普及,在网络规模增大的同时基于局域网的应用也越来越多,对局域网的性能也提出了越来越高的要求,提升共享局域网的性能成为局域网发展过程中需要解决的迫切问题。

3. 共享局域网性能提升的方法

为了克服共享局域网中网络规模和网络性能之间的矛盾,人们提出了多种解决方法,主要有以下 3 种。

(1)划分网段

采用网桥将规模较大的网络拆分为多个网段,这些网段也可被看作单独的子局域网。不同网段之间可通过网桥进行数据传输,各站点只与本网段内的站点共享介质和带宽。这样,通过减少单个共享局域网中的站点数量,单个站点分到的带宽得以有效提高。该方法从一定程度上缓解了网络规模和网络性能之间的矛盾,但没有根本解决该问题。

(2)采用交换技术

改变共享介质的访问方式,采用交换技术,将局域网中的"共享介质方式"改为"交换方式",使局域网中的每个站点由共享公共传输介质信道变为独享专门传输介质,所占用的网络带宽与局域网的整体带宽相同。采用交换技术使局域网的网络传输性能得到了有效提高,并从根本上改变了局域网的结构。同时采用交换技术也推动了"交换局域网"技术的发展,使得交换局域网成为目前局域网的主流。

（3）提高网络带宽

将网络拆分方法从规模上着手，通过减少网络规模缓解了网络规模和网络性能之间的矛盾。另一方面，也可以从网络性能方面入手考虑如何解决该问题。提高网络带宽则是从提升网络性能出发所提出的一种有效方法。提高网络整体带宽可以直接增加每个站点所分到的网络带宽，如整体网络带宽增加为原来的 10 倍，则在网络站点数目不变的情况下，每个站点占有的带宽也增加为原来的 10 倍。以太网的发展正是遵循该方法的思路，从 10 Mb/s 的传统以太网升级为 100 Mb/s 的快速以太网，然后又迅速发展到 1000 Mb/s 的千兆以太网和现在 10 Gb/s 的万兆以太网，使得用户的需求得到了很好地解决，成为网络市场的主流。

4.7.2　扩展局域网技术

扩展局域网有多种方法，本节中主要以 OSI/RM 的分层观点来讨论局域网的互联，由此出发，可将局域网扩展划分为 4 个层次，即物理层、数据链路层、网络层和高层。和 OSI/RM 的不同层次保持对应关系，主要有 4 种网络互联设备：中继器（Repeater）、网桥（Bridge）、路由器（Router）和网关（Gateway），如图 4-23 所示。本节主要讨论物理层、数据链路层、网络层中的局域网扩展。

图 4-23　网络互联的层次

1. 在物理层扩展局域网

（1）用中继器连接

中继器是一种最简单的网络互联设备，主要完成物理层的功能，如图 4-24 所示。它负责在两个结点的物理层上按位传递信息，对信号进行复制、调整和放大，保持与原数据相同，使网络的长度得以延长。

用中继器连接两段电缆，将接收到的电信号进行识别、再生和放大，从而使接收方能够正确接收，延伸了局域网的长度。中继器是一种物理层的设备，只起简单的信号放大作用；严格说来，中继器是网段连接设备而不是网络互联设备。

从理论上讲中继器的使用是无限的，网络也因此可以无限延长，但因为网络标准中都对信号的延迟范围做了具体的规定，中继器只能在此规定范围内进行有效工作，否则会引起网络故障。在以太网标准中就规定了一个 5-4-3 规则。

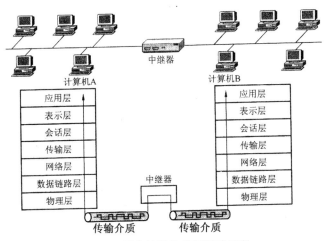

图 4-24　用中继器连接不同的网段

（2）用集线器连接

集线器是中继器的一种形式，区别在于集线器能够提供多端口服务，也称为多口中继器。由于非屏蔽双绞线 UTP 作为网络传输介质的广泛应用，例如在楼宇结构化布线系统中，UTP 是主要的规范性传输介质，UTP 集线器也被大量使用。采用集线器扩展局域网的方式如图 4-25 所示。

图 4-25　用多个集线器扩展局域网

2. 在数据链路层扩展局域网

网桥是一种能在数据链路层实现局域网互联的设备。它在两个局域网段之间对链路层上传输的帧进行接收、存储与转发，能够延伸局域网的距离，扩充结点数，还可以将负荷过重的网络划分为较小的网络，缩小冲突域，改善网络性能并提高网络的安全性。

（1）网桥技术概述

网桥在数据链路层对帧进行存储转发，当网桥接收一个完整的数据帧时，会将它传输到数据链路层进行校验，然后再下传到物理层，转发到另一个不同的网络。它是一个局域网与另一个局域网之间建立连接的桥梁。

在网桥中要维持一个交换表，关于网桥不同接口所连主机的 MAC 地址信息都通过该表一一给出。网桥可以根据 MAC 地址对数据帧进行过滤和存储转发，通过对数据帧进行筛选使网络分段得以顺利实现。当一个数据帧通过网桥时，网桥就会对数据帧的源和目的物理地址进行检查，如果这两个地址属于不同的网段（接口），则网桥将该数据帧转发到另一个网段（接口），否则不转发。所以,网桥能起到隔离网段的作用,对共享式网络而言,网络的隔离意味着缩小了冲突域,提高了网络的有效带宽。

网桥互联网段如图 4-26 所示。图中有两个网桥,它连接 3 个网段,它将原来一个大的冲突域分成了 3 个冲突域,同一时刻 3 个网段中可各有一个结点发送数据帧。网桥进行数据帧的过滤和存储转发,例如,当 A1 发送数据帧给 X1 时,网桥 1 可通过检查数据帧中的源和目的地址,确认 A1 和 X1 属于同一个网段,网桥 1 就不转发该数据帧(过滤掉);而当 A1 发送数据帧给 B3 时,因为 A1 和 B3 属于不同网段,网桥 1 存储转发该数据帧到网段 2,并通过网桥 2 转发到网段 3。

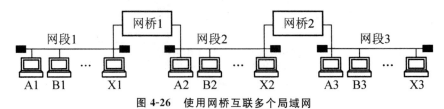

图 4-26　使用网桥互联多个局域网

与中继器相比,网桥具有以下特点。

1)网桥可以实现不同类型的 LAN 互联。网桥能够对帧格式进行转换处理,也就是将一种帧格式转换为另一种帧格式,例如将以太网帧格式转换为令牌环网的帧格式。

2)利用网桥可以实现大范围局域网的互联。由于中继器受 MAC 定时特性的限制,一般只能将 5 段以太网连接起来,且要限定在一定距离之内,但网桥工作在数据链路层,不受 MAC 定时特性的限制,可以连接的网络跨度(距离)几乎是无限制的。

3)利用网桥可以过滤错误帧,提高网络性能。当网桥从某一接口收到数据帧时,可以根据数据帧中的目的地址来判断是否转发该帧。

4)网桥的引入可进一步提高网络的安全性。使用网桥可以将一些重要部门的网络电缆与其他不相关部门的网络隔离开来,有助于加强网络的安全保密性能。

IEEE 802 委员会制定的两种网桥类型为透明网桥(Transparent Bridge)和源路由网桥(Source Routing Bridge)。透明网桥类似于一个黑盒子,对网上的主机完全透明。源路由网桥则要求主机参与选径。透明网桥的安装和管理十分方便,且与现有的 IEEE 802 产品兼容,目前市场上的大多数网桥都为透明网桥。

(2)透明网桥

"透明"是指网桥的存在对于各个网络上的主机是透明的,用户在使用网桥时无需进行任何设置,网桥就可以正常工作。网桥自行对所接收的数据进行分析,决定转发路径。源站点不参与路径的选择。

网桥之所以能够实现自动转发,是因为透明网桥内部具有"自学习机制",可以自动获得网络的拓扑信息。通过学习到的信息,一个网络路径表得以顺利构建。该网络路径表记录着到达某一台目的主机(用 MAC 地址标识)应该向哪个网络接口发送。

在网桥初始启动的时候,网络路径表为空,这时网桥如果接收到一个数据帧,网桥因为不知道目的主机的位置,会使用广播的方式,向除了刚接收到该数据帧的端口以外的其他端口发送;如果接收到该帧的下一个网桥也不能在其路径表中找到相应的目的主机,则也采用广播方式,这样数据帧最终可以到达所连接的网络中的每一台主机,当然也包括目的主机。网桥的自我学习机制以及建立其路径表的过程以下面的操作为例进行说明,如图 4-27 所示。

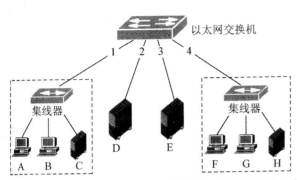

地址映射表		
端口	MAC地址	计时
1	00-30-80-7C-F1-21(A)	…
1	52-54-4C-19-3D-03(B)	…
1	00-50-BA-27-5D-A1(C)	…
2	00-D0-09-F0-33-71(D)	…
4	00-00-B4-BF-1B-77(F)	…
4	00-E0-4C-49-21-25(H)	…

图 4-27　透明网桥的工作原理

当网桥第一次从端口 1 收到主机 A 发送给 B 的包,则表明 A 在从 1 出去的端口上,并且从本网桥到主机 A 的路径应该是从端口 1 出去的。无论网桥对这个包采用何种方式发送,关于 A 的这条信息都可以记录在拓扑表中。之后,网桥将丢弃所有从 1 号端口接收到的到 A 的数据包,而如果网桥从其他网络端口接收到发送给 A 的数据包,则网桥向 1 号端口转发。同时,其他不能在路径表中找到目的地址的数据包仍然采用广播方式,经过一定时间的学习,网桥就可以建立一个比较完善的路径表,需要采用广播方式发送的包也就越来越少了。

整个局域网的拓扑结构不是一成不变的。连接在网络上的主机可能关机,也可能移动位置。为了使路径表能反映出整个网络最新的结构变化,网络路径表中的每一项要记录最近被刷新的时间。如果某一项在很长时间内都没有刷新,则表明该目的端主机很长时间没有发送,可能是出现了故障或关机了。网桥定期扫描表中的每一项,将超时的项清除掉即可。

为了提高扩展局域网的可靠性,可以在 LAN 之间设置并行的两个或多个网桥。但是这样配置可能会在网桥之间形成环路,由于网桥能够转发网络结点发出的广播数据包,使得广播数据在网络中不断循环形成“广播风暴”。所谓广播风暴是指过多的广播数据包占用了网络带宽的所有容量,使得网络的性能变得非常差,直至网桥死机。为了避免出现这种问题,可以在网桥中启用生成树(Spanning Tree)算法。使用这个算法,可以保证在任何两个站点之间只建立一条通路,这些通路就称为整个网络的生成树。

(3)源路由网桥

在 IEEE 802.5 标准中,另一种网桥标准称为源路由网桥,这是 IBM 为它的令牌环网设计的。所谓源路由,就是路径的选择由每个帧的发送者来完成,每个帧的发送者在帧中指定从源到目的所要经过的路径。在发送一个帧到不同的局域网上时,则把目的地址第一个字节的最高位设置为 1,并且在帧头中含有到目的地的确切路径。

在使用源路由网桥时,每个局域网有一个 12 位长的标志符,每个局域网中的网桥也被编号,编号长为 4 位,这样一个局域网上最多可以有 16 个网桥。局域网号和网桥编号唯一地确定一个网桥。

源路由网桥在收到一个源地址最高位为 1 的帧后,就会在帧头的路径表中检查接收到该帧的局域网的编号。如果在该编号后紧跟着该网桥的编号,则网桥把该帧发送到紧跟着的编号的局域网上。如果网桥号不匹配,或者无法找到下一个相应的局域网,则该网桥不进行转发。

那么,源端如何得到目的站点的确切路径呢?源路由网桥也是使用局域网的广播特性来实现这一功能的。一开始源端不知道到目的端的路径,就会广播一个请求帧,询问目的端所在的位置。该帧会被所有的网桥以广播方式转发,到达所有的网络。目的端在收到该请求后,会发送一个响应。在响应返回的过程中,网桥在其中将每个网络标识和自身的编号都一一记录下来。这些响应通过不同的路径,都可以到达请求的发送者。源端在收到该响应后,得到所有可以选择的路径,并选择最优路径进行转发。该路径被源端记录在其路由表中;以后如果再有数据包要发送,则不必再发送广播包了。

虽然这种方式可以保证得到源端和目的端的最优路径,但是如果存在多级并联的网桥则会导致广播包随着网络结点数的增加而成指数增长。另外,源路由网桥需要对网络和网桥进行编号,整个网络管理上的复杂性也不得不增加了,并且源路由要求每个源端主机都运行源路由算法,加大了源端的负担。

(4)多端口网桥

交换机由网桥发展而来,它实际上是一种高性能的多端口网桥。它具备了网桥所拥有的全部功能,如在物理上扩展网络、在逻辑上划分网络等。作为网桥的改进设备,交换机首先可以提供高密度的连接端口(可达几十个),而网桥一般只有少数几个接口(2~4 个);其次,交换机由于采用了基于交换的虚电路连接方式,从而可为每个交换机端口提供更高的专用带宽,而网桥在数据流量大时容易形成瓶颈效应;另外,交换机的数据转发是在硬件的基础上发展而来的,所以较网桥采用软件实现数据的存储转发具有更高的交换性能。正因为如此,在交换机问世后,网桥已逐渐退出了第二层网络互联设备的市场。

3. 在网络层扩展局域网

在网络层上扩展局域网需要使用路由器。路由器是一种典型的网络层设备,它能够处理网络层数据分组,根据网络地址决定数据分组的转发,决定网络中信息的完整路由。由于处理的层次高,路由器具有比中继器和网桥更强的网络互联功能。路由器不仅是局域网互联的重要设备,而且也是局域网和广域网互联时不可或缺的设备。作为网络层的网络互联设备,路由器具有一些物理层或数据链路层网络互联设备所没有的重要功能。

(1)提供异构网络的互联

在物理上,路由器可以提供与多种网络的接口,如以太口、令牌环口、FDDI 口、ATM 口、串行连接口和 ISDN 连接口等多种不同的接口。通过这些接口,路由器可以支持各种异构网络的互联,其典型的互联方式包括 LAN-LAN、LAN-WAN 和 WAN-WAN 等。事实上,正是路由器强大的支持异构网络互联的能力才使其成为因特网中的核心设备。从网络互联设备的基本功能来看,路由器在物理上具有的扩展网络的能力非常强大。

(2)实现网络的逻辑划分

路由器在物理上扩展网络的同时,还提供了在逻辑上划分网络的功能。一般来说,网络互联设备所关联的 OSI 层次越高,其网络互联能力就越强。物理层设备只能简单地提供物理扩展网络的能力;数据链路层设备提供在物理上扩展网络能力的同时,还能进行冲突域的逻辑划分;而工作在网络层上的路由器,除了提供在物理上扩展网络能力之外,同时提供了逻辑划分冲突域和广播域的功能。

(3)实现 VLAN 间的通信

尽管 VLAN 限制了网络之间不必要的通信,但在任何一个网络中,还必须为不同 VLAN 之间的必要通信提供手段,同时也要为 VLAN 访问网络中的其他共享资源提供途径,这些都要在网络层功能的基础上来完成。工作于网络层的路由器设备可以基于第二三层的协议或逻辑地址进行数据包的路由与转发,从而在不同 VLAN 之间以及 VLAN 与传统 LAN 之间实现通信的功能。同时也为 VLAN 访问网络中的共享资源提供途径。

4.7.3　无线局域网技术

随着信息技术的发展,人们对网络通信的需求不断提高,希望不论在何时、何地与何人都能够进行包括数据、语音、图像等任何内容的通信,并希望主机在网络环境中漫游和移动,无线局域网是实现移动网络的关键技术之一。下面首先介绍无线局域网的标准、分类以及无线网络接入设备和无线局域网的配置方式,然后介绍个人局域网的相关技术,最后讲述无线局域网的应用和发展趋势。

1. 无线局域网标准

(1)IEEE802.111 的基本结构模型

1987 年,IEEE802.4 工作组开始在 IEEE802 委员会中进行无线局域网的研究。他们最初的目标是希望开发一个基于工业、科学和医药 ISM(Industrial Scientific and Medicine)频带的无线网令牌总线 MAC 协议。在进行了一段时间的研究后,人们发现令牌总线对无线电信道的控制不再适用。1990 年,IEEE802 委员会决定成立一个新的 IEEE802.11 工作组,专门从事无线局域网的研究,并开发一个介质访问控制 MAC 子层协议和物理介质标准。

图 4-28 给出了 IEEE802.11 工作组开发的基本结构模型。无线局域网的最小构成模块是基本服务集 BSS(basic service set),它包括使用相同 MAC 协议的站点。一个 BSS 可以是独立的,也可以通过一个访问点连接到主干网上,访问点的功能就像一个网桥。MAC 协议可以是完全分布式的,或者由访问点来控制,BSS 一般和一个单元保持对应关系。

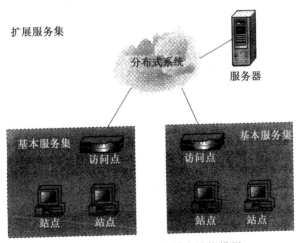

图 4-28　IEEE802.11 基本结构模型

扩展访问集 ESS(extended service set)包括由一个分布式系统连接的多个 BSS 单元。典型的分布式系统是一个有线的主干局域网。ESS 对于逻辑链路控制 LLC 子层来说是一个单独的逻辑网络。IEEE802.11 标准定义了三种移动节点。

1)无跳变节点。无跳变节点是固定的或者只在一个基本服务集的直接通信范围内移动。

2)基本服务集跳变节点。基本服务集跳变节点在同一个扩展访问集中的不同基本服务集之间移动。在这种情况下,节点之间传输数据就需要通过寻址来辨认节点的新位置。

3)扩展访问集跳变节点。扩展访问集跳变节点从一个扩展访问集的基本服务集移动到另一个扩展访问集的基本服务集。只有在节点可以进行扩展访问集跳变移动的情况下,才能进行跨扩展访问集的移动。

(2)IEEE802.11 服务

IEEE802.11 对无线局域网必须提供的服务进行了定义,这些服务主要有 5 种。

1)联系(association)。在一个节点和一个访问点之间建立一个初始的联系。节点在无线局域网上传输或者接收帧之前,对于它的身份和地址是必须要知道的。为了做到这点,节点必须与一个基本服务集的访问点建立联系。该访问点可以将这一信息传输给扩展访问集中的其他访问点,以便进行路由选择和传输带有节点地址的帧。

2)重联系(reassociation)。把一个已经建立联系的节点从一个访问点转移到另一个访问点,从而使节点能够从一个基本服务集转移到另一个基本服务集。

3)终止联系(disassociation)。节点离开一个扩展访问集或关机前需要通知访问点联系终止。

4)认证(authentication)。在无线局域网中,节点之间互相连接是由连接天线来建立的。认证服务用于在互相需要通信的节点之间建立起彼此识别身份的标志。标准并不指定任何方案,认证方案可以是不太安全的简单握手或公开密钥方案。

5)隐私权(privacy)。标准提供的加密选项用于防止信息被窃听者收到,以保护隐私权。

(3)物理介质规范

IEEE802.11 定义了三种物理介质。

1)数据速率为 1 Mb/s 和 2 Mb/s,波长在 850~950 nm 的红外线。

2)运行在 2.4 GHz ISM 频带上的直接序列扩展频谱。它使用的是 7 条信道,每条信道的数据速率为 1 Mb/s 或 2 Mb/s。

3)运行在 2.4GHz ISM 频带上的跳频的扩频通信,数据速率为 1 Mb/s 或 2 Mb/s。

(4)介质访问控制规范

IEEE802.11 工作组考虑了两种介质访问控制 MAC 算法。一种是分布式的访问控制,它类似于以太网,通过载波监听方法来控制每个访问节点;另一种算法是集中式访问控制,它是由一个中心节点来协调多节点的访问控制。分布式访问控制协议在特殊网络中比较适用,而集中式控制适用于几个互连的无线节点和一个与有线主干网连接的基站。IEEE802.11 工作组最后决定采用分布式基础无线网的介质访问控制算法。IEEE802.11 协议的介质访问控制 MAC 层又分为 2 个子层:分布式协调功能子层与点协调功能子层。

分布式协调功能子层使用了一种简单的 CSMA 算法,没有冲突检测功能。按照简单的 CS-MA 的介质访问规则进行如下两项工作。

1)如果一个节点要发送帧,它需要先监听介质。如果介质空闲,节点可以发送帧;如果介质忙,节点就要推迟发送,继续监听,直到介质空闲。

2)节点延迟一个空隙时间,再次监听介质。如果发现介质忙,则节点按照二进制指数退避算法延时,并继续监听介质。如果介质空闲,节点就可以传输。

二进制指数退避算法提供了一种处理重负载的方法。但是,多次发送失败,将会导致越来越长的退避时间。

在分布式访问控制子层之上有一个集中式控制选项。点协调功能是通过在网中设置集中式的轮询主管"点"的方式,使用轮询方法来解决多节点争用公用信道问题,提供无竞争的服务。

2. 无线局域网的主要类型

无线局域网使用的是无线传输介质,按照所采用的技术可以分为三类:红外线局域网、扩频局域网和窄带微波无线局域网。

(1)红外线局域网

红外线是按视距方式传播的,也就是说发送点可以直接看到接收点,中间没有阻挡。红外线相对于微波传输方案来说有一些明显的优点。首先,红外线频谱是非常宽的,所以就有可能提供极高的数据传输率。由于红外线与可见光有一部分特性是一致的,所以它可以被浅色物体漫反射,这样就可以用天花板反射来覆盖整个房间。红外线不会穿过墙壁或其他不透明的物体,因此红外线无线局域网具有以下几个优点。

1)红外线通信比起微波通信不易被入侵,因此也就保证了较高的安全性。

2)安装在大楼中每个房间里的红外线网络可以互不干扰,因此建立一个大的红外线网络是可行的。

3)红外线局域网设备相对便宜又简单。红外线数据基本上是用强度调制,所以红外线接收器只要测量光信号的强度,而大多数的微波接收器则是要测量信号的频谱或相位。

红外线局域网的数据传输有三种基本技术。

1)定向光束红外线可以被用于点—点链路。在这种方式中,传输的范围是由发射的强度与接收装置的性能所决定的。红外线连接可以被用于连接几座大楼的网络,但是每幢大楼的路由器或网桥都必须在视线范围内。

2)全方位红外传输技术一个全方位(omini direction)配置要有一个基站。基站能看到红外线无线局域网中的所有节点。典型的全方位配置结构是将基站安装在天花板上。基站的发射器向所有的方向发送信号,所有的红外线收发器都能接收到信号,所有节点的收发器都用定位光束瞄准天花板上的基站。

3)漫反射红外传输技术。全方位配置需要在天花板安装一个基站,而漫反射配置则不需要在天花板安装一个基站。在漫反射红外线配置中,所有节点的发射器都瞄准天花板上的漫反射区。红外线射到天花板上,被漫反射到房间内的所有接收器上。

红外线局域网也存在一些缺点。例如,室内环境中的阳光或室内照明的强光线,都会成为红外线接收器的噪声部分,因此限制了红外线局域网的应用范围。

(2)扩频无线局域网

扩展频谱技术是指发送信息带宽的一种技术,又称为扩频技术。它是一种信息传输方式,其信号所占有的频带宽度远大于所传信息必须的最小带宽。频带的扩展是通过一个独立的码序列来完成,用编码及调制的方法来实现的,与所传信息数据没有直接关系;在接收端也用同样的码进行相关同步接收、解扩及恢复所传信息数据。

扩展频谱技术第一次是被军方公开介绍,用来进行保密传输。一开始它就被设计成抗噪声、抗干扰、抗阻塞和抗未授权检测。在这种技术中,信号可以跨越很宽的频段,数据基带信号的频谱被扩展至几倍至几十倍,然后才搬移至射频发射出去。这一做法虽然牺牲了频带带宽,但由于其功率密度随频谱扩宽而降低,甚至可以将通信信号淹没在自然背景噪声中。因此,其保密性很强,要截获或窃听、侦察信号难度比较大,除非采用与发送端相同的扩频码与之同步后再进行相关的检测,否则对扩频信号无能为力。目前,最普遍的无线局域网技术是扩展频谱(简称扩频)技术。扩频的第一种方法是跳频(frequency hopping),第二种方法是直接序列(direct sequence)扩频。这两种方法都被无线局域网所采用。

1)跳频通信。在跳频方案中,发送信号频率按固定的间隔从一个频谱跳到另一个频谱。接收器与发送器同步跳动,从而正确地接收信息。而那些可能的入侵者只能得到一些无法理解的标记。发送器以固定的间隔一次变换一个发送频率。IEEE802.11 标准规定每 300ms 的间隔变换一次发送频率。发送频率变换的顺序由一个伪随机码决定,发送器和接收器使用相同变换的顺序序列。数据传输可以选用频移键控(FSK)或二进制相位键控(PSK)方法。

2)直接序列扩频。在直接序列扩频方案中,输入数据信号进入一个通道编码器(channel encoded)并产生一个接近某中央频谱的较窄带宽的模拟信号。这个信号将用一系列看似随机的数字(伪随机序列)来进行调制,调制的结果是要传输信号的带宽得以大大拓宽,因此称为直接序列扩频通信。在接收端,使用同样的数字序列来恢复原信号,信号再进入通道解码器来还原传送的数据。

(3)窄带微波无线局域网

窄带微波(narrowband microwave),是指使用微波无线电频带来进行数据传输,其带宽刚好能容纳信号。以前所有的窄带微波无线网产品都使用申请执照的微波频带,直到最近有一些制造商提供了在工业、科学和医药 ISM(Industrial Scientificand Medicine)频带内的窄带微波无线网产品。

1)申请执照的窄带 RF(Radio Frequency),用于声音、数据和视频传输的微波无线电频率需要申请执照和进行协调,以确保在一个地理环境中的各个系统之间不会相互干扰。在美国,由 FCC 控制执照。每个地理区域的半径为 28km,并可以容纳 5 个执照,每个执照覆盖两个频率。在整个频带中,每个相邻的单元都避免使用互相重叠的频率。为了提供传输的安全性,所有的传输都经过加密。申请执照的窄带无线网的一个优点是,它保证了无干扰通信。和免申请执照的 ISM 频带比起来,申请执照的频带执照拥有者,其无干扰数据通信的权利在法律上得到保护。

2)免申请执照的窄带 RF,1995 年,Radio LAN 成为第一个使用免申请执照 ISM 的窄带无线局域网产品。Radio LAN 的数据传输速率为 10 Mb/s,使用 5.8 GHz 的频率,在半开放的办公室有效范围是 50m,在开放的办公室是 100m。Radio LAN 采用了对等网络的结构方法。传统局域网(例如 Ethernet 网)组网一般需要有集线器,而 Radio LAN 组网不需要有集线器,它可以根据位置、干扰和信号强度等参数来自动地选择一个节点作为动态主管。当连网的节点位置发生变化时,动态主管也会自动变化。这个网络还包括动态中继功能,它允许每个站点像转发器一样工作,以使不在传输范围内的站点之间也能进行数据传输。

3. 无线网络接入设备

(1)无线网卡

提供与有线网卡一样丰富的系统接口,PCMCIA、cardbus、PCI 和 USB 等都包括在内。在有线局域网中,网卡是网络操作系统与网线之间的接口。在无线局域网中,它们是操作系统与天线之间的接口,用来创建透明的网络连接。

(2)接入点

接入点的作用类似于局域网集线器。它在无线局域网和有线网络之间接收、缓冲存储和传输数据,以支持一组无线用户设备。接入点通常是通过标准以太网线连接到有线网络上,并通过天线与无线设备进行通信。在有多个接入点时,用户可以在接入点之间漫游切换。接入点的有效范围是 20～500m。根据技术、配置和使用情况,一个接入点可以支持 15～250 个用户,通过添加更多的接入点,可以比较轻松地扩充无线局域网,从而使网络拥塞并扩大网络的覆盖范围得以减小。

4. 无线局域网的配置方式

(1)对等模式

这种应用包含多个无线终端和一个服务器,均配有无线网卡,但不连接到接入点和有线网络,而是通过无线网卡进行相互通信。它主要用来在没有基础设施的地方快速而轻松地建立无线局域网。

(2)基础结构模式

该模式是目前最常见的一种架构,这种架构包含一个接入点和多个无线终端。接入点通过电缆连线与有线网络连接,通过无线电波与无线终端连接,可以实现无线终端之间的通信以及无线终端与有线网络之间的通信。通过对这种模式进行复制,可以实现多个接入点相互连接的更大的无线网络。

5. 个人局域网

个人局域网 PAN(Personal Area Network)是近年来随着各种短距离无线电技术的发展而提出的一个新概念。PAN 的基本思想是,用无线电或红外线代替传统的有线电缆,实现个人信息终端的智能化互连,组建个人化的信息网络。PAN 定位在家庭与小型办公室的应用场合,其主要应用范围包括话音通信网关、数据通信网关、信息电器互连与信息自动交换等。从信息网络的角度看,PAN 是一个极小的局域网;从电信网的角度看,PAN 是一个接入网,有人将 PAN 称为电信网的"最后 50m"解决方案。目前,PAN 的主要实现技术有 4 种:蓝牙(bluetooth)、红外(IrDA)、HomeRf 和 UWB。其中,蓝牙(bluetooth)技术是一种支持点到点、点到多点的话音、数据业务的短距离无线通信技术,蓝牙技术的发展极大地推动了 PAN 技术的发展。

(1)蓝牙技术

蓝牙是一个开放性的、短距离无线通信技术标准,它可以用于在较小的范围内通过无线连接的方式实现固定设备以及移动设备之间的网络互连,可以在各种数字设备之间实现灵活、安全、低成本、小功耗的话音和数据通信。因为蓝牙技术可以方便地嵌入到单一的 CMOS 芯片中,因此它在小型的移动通信设备中特别适用。

1)体系结构。蓝牙的通信协议也采用分层结构。层次结构使其设备具有最大可能的通用性和灵活性。根据通信协议,各种蓝牙设备无论在任何地方,都可以通过人工或自动查询来发现其他蓝牙设备,从而构成微微网(piconet)或扩大网(scatternet),实现系统提供的各种功能,使用十分方便。

2)蓝牙技术与 PAN。蓝牙系统和 PAN 的概念相辅相成,事实上,蓝牙系统已经是 PAN 的一个雏形。在 1999 年 12 月发布的蓝牙 1.0 版的标准中,定义了包括使用 WAP 协议连接互联网的多种应用软件。它能够使蜂窝电话系统、无绳通信系统、无线局域网和互联网等现有网络增添新功能,使各类计算机、传真机、打印机设备增添无线传输和组网功能。在家庭和办公自动化、家庭娱乐、电子商务、无线公文包应用、各类数字电子设备、工业控制、智能化建筑等场合开辟了广阔的应用。

不难预见,PAN和蓝牙必然会趋于融合。在蓝牙系统真正广泛地投入到商业应用之前,还有许多问题需要解决。例如:尽管蓝牙技术是一种可以随身携带的无线通信连接技术,但是它不支持漫游功能。它可以在微网络或扩大网之间切换,但是每次切换都必须断开与当前PAN的连接。这对于某些应用是可以忍受的,然而对于手提通话、数据同步传输和信息提取等要求自始至终保持稳定的数据连接的应用来说,这样的切换将使传输中断,是不能允许的。要解决这一问题的方法是将移动IP技术与蓝牙技术有效地结合在一起。除此之外,蓝牙技术的安全保密性、蓝牙系统与有线网络的互联等问题也将会影响蓝牙技术的推广应用。

（2）IrDA

IrDA是一种利用红外线进行点对点通信的技术,其相应的软件和硬件技术都已比较成熟。它的主要优点是体积小、功率低、适合设备移动的需要,传输速率高,可达16 Mb/s,成本低、应用普遍。目前有95%的笔记本电脑上安装了IrDA接口,最近市场上还推出了可以通过USB接口与PC相连接的USB-IrDA设备。但是,IrDA还有需要完善的地方。首先,IrDA是一种视距传输技术,也就是说两个具有IrDA端口的设备之间传输数据,中间就不能有阻挡物。这在两个设备之间是容易实现的,但在多个设备间就必须彼此调整位置和角度等。其次,IrDA设备中的核心部件——红外线LED不是一种十分耐用的器件,对于不经常使用的扫描仪和数码相机等设备还可以,但如果经常用装配IrDA端口的手机上网,可能使用寿命不高。

（3）HomeRF

HomeRF主要是为家庭网络设计,是IEEE802.11与数字无绳电话标准的结合,目的在于降低语音数据成本。HomeRF利用跳频扩频方式,既可以通过时分复用支持语音通信,又能通过载波监听多路访问/碰撞回避（CSMA/CA）协议提供数据通信服务。同时,HomeRF提供了与TCP/IP良好的集成,支持广播、多点传送和48位IP地址。目前,HomeRF标准工作在2.4 GHz的频段上,跳频带宽为1 MHz,最大传输速率为2 Mb/s,传输范围超过100 m。

美国联邦通信委员会最近采取措施,允许下一代HomeRF无线通信网络传送的最高速度提升到10 Mb/s,这将使HomeRF的带宽与IEEE802.11b标准所能达到的11 Mb/s的带宽相差无几,并且将使HomeRF更加适合在无线网络上传输音乐和视频信息。另外,FCC还接受了HomeRF工作组的要求,将HomeRF/SWAP(共享无线访问协议,Shared Wireless Access Protocol)使用的2.4 GHz频段中的跳频带宽增加到5 MHz。

（4）UWB

超宽带UWB(ultrawideband)技术以前主要作为军事技术在雷达等通信设备中使用。随着无线通信的飞速发展,人们对高速无线通信提出的要求也高,超宽带技术又被重新提出,并备受关注。区别于常见的通信方式使用连续的载波,UWB采用极短的脉冲信号来传送信息,通常每个脉冲持续的时间只有几十皮秒到几纳秒的时间。这些脉冲所占用的带宽甚至高达几GHz,因此最大数据传输速率可以达到几百Mb/s。在高速通信的同时,UWB设备的发射功率却很小,仅仅是现有设备的几百分之一,对于普通的非UWB接收机来说近似于噪声。因此从理论上讲,UWB可以与现有无线电设备共享带宽。所以,UWB是一种高速而又低功耗的数据通信方式。目前,Intel、Motorola、Sony等知名大公司正在进行UWB无线设备的开发和推广。

6.无线局域网的应用

随着无线局域网技术的发展,人们越来越深刻的认识到,无线局域网不仅能够满足移动和特殊应用领域网络的要求,有线网络难以涉及的范围通过它也可得以覆盖。无线局域网作为传统局域网的补充,目前已成为局域网应用的一个热点。

无线局域网的应用领域主要有以下 4 个方面:

(1)作为传统局域网的扩充

传统的局域网用非屏蔽双绞线实现了 10 Mb/s,甚至更高速率的传输,使得结构化布线技术得到广泛的应用。很多建筑物在建设过程中已经预先布好了双绞线。但是在某些特殊环境中,无线局域网却能发挥传统局域网起不了的作用。这一类环境主要是建筑物群之间、工厂建筑物之间的连接、股票交易场所的活动节点以及不能布线的历史古建筑物、临时性小型办公室、大型展览会等。在上述情况中,无线局域网提供了一种更有效的联网方式。在大多数情况下,传统局域网用来连接服务器和一些固定的工作站,而移动和不易于布线的节点可以通过无线局域网接入。图 4-29 给出了典型的无线局域网结构示意图。

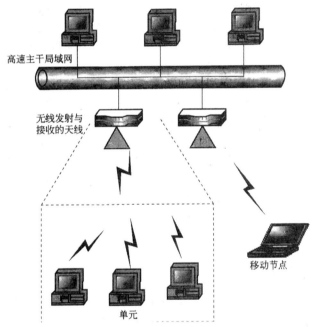

图 4-29　典型的无线局域网结构示意图

(2)漫游访问

带有天线的移动数据设备(例如笔记本电脑)与无线局域网集线器之间可以实现漫游访问。如在展览会会场的工作人员,在向听众做报告时,通过他的笔记本电脑访问办公室的服务器文件。漫游访问在大学校园或是业务分布于几栋建筑物的环境中也是很有用的。用户可以带着他们的笔记本电脑随意走动,可以从任何地点连接到无线局域网集线器上。

(3)建筑物之间的互联

无线局域网的另一个用途是连接临近建筑物中的局域网。在这种情况下,两座建筑物使用一条点到点无线链路,网桥或路由器即为连接的典型设备。

(4)特殊网络

特殊网络(例如 Ad-hoe Network)是一个临时需要的对等网络(无集中的服务器)。例如,一群工作人员每人都有一个带天线的笔记本电脑,他们被召集到一间房里开业务会议或讨论会,他们的计算机可以连到一个暂时网络上,会议完毕后网络将不再存在。这种情况在军事应用中也是很常见的。

7. 无线局域网的发展趋势

无线局域网的发展方向有 2 个:一是 HiperLAN(high performance radio LAN),另一个是无线 ATM。HiperLAN 已在欧洲发展起来,它是一种适合于各种不同用户的一系列无线局域网标准,分为 1～4 型,由欧洲电信标准化协会(ETSI)的宽带无线电接入网络(BRAN)小组着手制定,已推出 HiperLAN1 HiperLAN2。HiperLAN1 协议方面支持 IEEE802.11,对应于 IEEE802.11b,工作频率为无线电频谱的 5 GHz,速率可达 20 Mb/s,能在当今技术的基础上大幅度提高,可与 100 Mb/s 有线以太网媲美。HiperLAN2 是为集团消费者、公共和家庭环境提供无线接入到因特网和未来的多媒体,即实时视频服务。HiperLAN2 与 IEEE802.11a 具有相同的物理层,HiperLAN2 代表目前发展阶段最先进的无线局域网技术,有可能是下一代高速无线局域网技术的标准,其工作频谱为 5 GHz,速率可达 54 Mb/s。

无线 ATM 是 ATM 技术扩展到无线本地接入和无线宽带服务的一个标准。目前 ATM 论坛的无线 ATM 工作组和 ETSI 的宽带无线接入网络组正在进行相关标准化工作。另外在标准方面,IEEE 已公布的 IEEE802.11e 及 IEEE802.11g 将是下一代无线局域网标准,被称为无线局域网标准方式 IEEE802.11 的扩展标准,均在现有的 802.11b 及 802.11a 的 MAC 层追加了 QOS 功能及安全功能的标准。最近,FCC 也在 5GHz 附近留出了 300 MHz 的无授权频谱叫作国家内部信息 NII(National Information Infrastructure)频带,这一配置为高速率无线局域网(每秒数千万比特)应用释放出大量无授权频谱。

毫无疑问,无线局域网将朝着数据速率更高、功能更强、应用更加安全可靠、价格更加低廉的方向发展。

第5章 广域网技术

5.1 广域网概述

5.1.1 广域网的基本概念

1. 广域网的构成

广域网是指覆盖范围很广的长距离网络,它能够将不同城市、省区甚至国家之间的 LAN、MAN 利用远程数据通信网连接起来,提供计算机软件、硬件和数据信息资源共享。广域网是因特网的核心部分,其任务是长距离运送主机所发送的数据。

广域网由一些结点交换机(又称通信控制处理机)和连接这些交换机的链路(通信线路和设备)共同构成。

结点交换机是配置了通信协议的专用计算机,是一种智能型的设备,如 X.25 交换机、FR 交换机、ISDN 交换机和 XDSL 交换机等。交换机执行分组转发功能。

连接广域网各结点交换机的链路是高速链路,可以是几千千米的光缆线路,也可以是几万千米的点对点卫星链路。

由于广域网的投资成本高,覆盖地理范围广,一般都是由国家或有实力的电信公司出资建造的,甚至由多个国家联合组建。广域网一般向社会公众开放服务,因而常被称为公用数据网PDN(Public Data Network)。

随着计算机网络技术的不断发展和广泛应用,一个实际的网络系统常常是 LAN、MAN 和WAN 的集成,三者之间在技术上的融合程度越来越高。

2. 广域网的拓扑结构

广域网的拓扑结构是由大量点到点的连接构成的网状结构,如图 5-1 所示。广域网和局域网是互联网的重要组成构件,从互联网的层面上来看,广域网和局域网是平等的。广域网和局域网的共同点是:连接在一个广域网和一个局域网上的主机在该网内进行通信时,只需要使用其网络的物理地址即可。

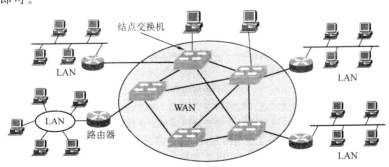

图 5-1 广域网的拓扑结构

5.1.2 广域网的层次结构

广域网是为用户提供远距离数据通信业务的网络,通常使用电信部门的传输设备,利用公共通信链路和公共载波进行数据传输,如本地电话公司或长途电话公司提供的电话主干网、电信运营商提供的光纤传输网等。显然,广域网实质就是通常意义上的通信子网,因此,广域网协议一般只包含 OSI 参考模型的下面三层:物理层、数据链路层和网络层。

1. DTE 和 DCE 的连接

广域网中涉及设备非常多。放置在用户端的设备称为客户端设备 CPE(Customer Premises Equipment),又称为数据终端设备 DTE(Data Terminal Equipment),它是 WAN 上进行通信的终端系统,如路由器、终端或 PC。大多数 DTE 的数据传输能力有限,两个相距较远的 DTE 不能直接连接起来进行通信。所以,DTE 首先使用铜缆或光纤连接到最近服务提供商的中心局 CO (Central Office)设备,再接入 WAN。从 DTE 到 CO 的这段线路称为本地环路(Local Loop)。DTE 和 WAN 网络之间提供接口的设备称为数据电路端接设备 DCE(Data Circuit—terminating Equipment),如 WAN 交换机或调制解调器。DCE 将来自 DTE 的用户数据转变为 WAN 设备可接受的形式,提供网络内的同步服务和交换服务。DTE 和 DCE 之间的接口要遵循物理层协议即物理层接口标准,如 EIA/TIA-232、X. 21、EIA/TIA-449、V. 24、V. 35 和 HSSI 等。当通信线路是数字线路时,设备还需要一个信道服务单元 CSU(Channel Service Unit)和一个数据服务单元 DSU(Data Service Unit)。这两个单元往往合并为同一个设备,内建于路由器的接口卡中。而当通信线路是模拟线路时,则调制解调器的使用就非常有必要。图 5-2 所示的实例说明了 DTE 和 DCE 的联系。

2. 广域网的层次结构

广域网是电信运营级网络,对 CoS、QoS、安全性等方面的要求更高一些,必须按照一定的网络体系结构进行组织,以便不同系统间的互连和相互协同得以顺利实现。根据网络设计和网络功能的不同,将广域网分为 4 层结构,如图 5-3 所示。图 5-3 中的每个结点对应一个单独的地理位置或结点交换机。广域网通过交换机的点到点链路将所有结点连接起来。

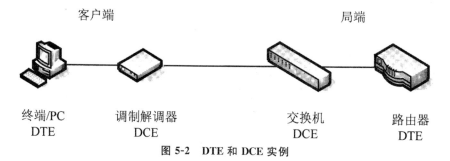

客户端   局端

终端/PC   调制解调器   交换机   路由器
DTE   DCE   DCE   DTE

图 5-2 DTE 和 DCE 实例

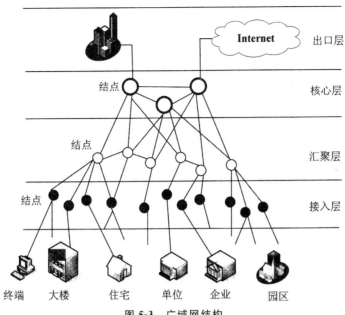

图 5-3　广域网结构

1）出口层（Gateway Layer）：提供了广域网与互联网或者其他公共/专用网络的连接。将企业或专用广域网通过公共通信链路连接入范围更加广阔的网络中。

2）核心层（Core Layer）：提供较远距离结点间的快速连接，将多个园区网和企业网连接在一起。核心层结点之间通常是点到点连接，任何复杂的路由处理均不执行，以便网络的传输速度得到保证。

3）汇聚层（Distribution Layer）：通常基于快速以太网连接多个建筑物，为多个局域提供网络服务。汇聚层的主要功能是网络地址或区域聚合、将部门或工作组接入核心层、广播/多播域的定义等。汇聚层可以是园区网的骨干连接，也可以是非园区网中远程接入公司网络的结点连接。

4）接入层（Access Layer）：为工作组或用户提供网络接入。接入层通常是一个或一组局域网，是所有主机接入网络的地方。接入层将网络按部门类别等方式分段，如市场部门、行政部门、工程部门等，并将广播流量隔离在单个工作组或局域网内。

5.1.3　广域网提供的服务

广域网中的最高层是网络层，网络层为接在网络上的主机提供无连接的网络服务（即数据报服务）和面向连接的网络服务（虚电路服务）这两个方面的服务。

1. 数据报服务

主机只要想发送数据就可随时发送，网络随时可接收主机发送的分组（即数据报），网络为每个分组独立选择路由，网络只是尽最大努力将分组交付给目的主机，但网络对源主机没有任何承诺。分组在网络中传输时可能会出差错，可能会超时，可能会丢失，可能会乱序，所以数据报服务是不可靠的，服务质量无法得到保证。但随着技术的发展，网络本身提供的通信环境越来越好，出错的概率越来越小，所以，即使不保证可靠，还是有较高的可靠性。

在使用数据服务时，主机承担端到端的差错控制和流量控制。

2. 虚电路服务

发送数据的主机在发送数据前首先要发起一个虚呼叫(Virtual Call),要求与接收数据的主机通信,同时要寻找一条合适的路由,并为双方的通信预留足够的网络资源。若接收数据的主机同意通信,就发出响应,建立一条虚电路,然后双方就可以传送数据了,所有的分组都必须沿着这条虚电路传送。数据传送完毕后,还要将这条虚电路释放。

在使用虚电路服务时,网络可以负责差错控制和流量控制。

无论是采用数据报方式还是虚电路方式,分组经过交换结点时均采用存储转发(Store and Forward)技术。当分组到达交换结点时,交换结点先把分组复制到存储器中,并通知处理器,然后进行转发操作。处理器检查分组,决定应送到哪个端口,并把分组输送到相应的输出硬件。

5.1.4　广域网与局域网的比较

广域网与局域网可以从地理覆盖范围、拓扑结构、协议层次等方面来比较。

(1)地理覆盖范围

广域网比局域网的覆盖范围大。广域网的地理范围能够覆盖一个或多个城市,达到数公里以上。而局域网只能覆盖一个房间、一栋大楼或一个小区,通常距离局限在几百米内。

(2)协议层次

广域网需要考虑路由选择问题,因此,广域网协议主要在物理层、数据链路层和网络层。而局域网在不考虑互连的情况下,其协议主要在物理层和数据链路层。

(3)拓扑结构

广域网一般是端到端的通路结构,但为了提高网络的可靠性,也会采用点到多点的连接。而局域网通常采用多点接入、共享传输介质的方法,本质上是共享介质型的。

(4)传输速率和传播时延

广域网的数据传输速率通常比局域网低,信号的传播延迟比局域网大。广域网的典型速率是从 56 Kb/s 到 622 Mb/s,传播延迟可从几毫秒到几百毫秒(使用卫星信道时)。而局域网的典型速度是 10 Mb/s、100 Mb/s 和 1000 Mb/s,传输延迟只有几毫秒。

随着网络设备和软件的发展,广域网与局域网的交界的模糊程度越来越高。但是利用传输介质、协议、拓扑结构等依据仍然可以比较清晰地进行网络范围的定位和划分。如同一类型的网络一般结束在传输介质改变的地方,从双绞线转变为光纤的地方往往是局域网与广域网的连接点;虽然一个网络可以使用一个或多个协议,但协议改变之处通常是两类网络的边界;网络拓扑结构的变化往往也是网络类型的变化,当拓扑结构由星型变为环型时,就可能是星型局域网连接到环型广域网。

5.1.5　常用广域网技术

广域网连接的类型有很多,常用的广域网技术如表 5-1 所示。

表 5-1　广域网技术及其传输速率

广域网连接类型	传输速率(近似值)
PSTN(公共交换电话网)	56 Kb/s

广域网连接类型	传输速率(近似值)
X.25(公共分组交换网)	64 Kb/s
FR(帧中继)	56 Kb/s～45 Mb/s
ISDN(综合业务数据网)	128 Kb/s～2 Mb/s
DDN(数字数据网)	2 Mb/s
ADSL(非对称数字用户线)	上行 640 Kb/s,下行 8 Mb/s
SMDS(交换式多兆位数据服务)	45 Mb/s
ATM(片步传输模式)	155 Mb/s～2.5 Gb/s
SONET/SDH(同步光纤网)	52 Mb/s～10 Gb/s

从交换技术的角度来看,X.25、帧中继 FR 和 SMDS 属于分组交换技术,PSTN 和 ISDN 属于电路交换技术,ATM 则是电路交换和分组交换相结合的技术,而 DDN、SONET/SDH 和 ADSL 在性质上跟一根物理专线比较接近。

从协议层的角度来看,PSTN、DDN、ADSL、SONET/SDH 属于物理层的广域网协议,ISDN、FR、SMDS、ATM 属于链路层以上的广域网协议。

5.2　广域网技术简介

5.2.1　高级数据链路控制规程 HDLC

HDLC(High Data Link Control)是 OSI 参考模型中的数据链路层协议,是面向比特的同步协议,也称为链路通信规程。

1. HDLC 的链路结构和操作方式

HDLC 允许在开始建立数据链路时,选用一定的链路结构和操作方式。HDLC 适用于非平衡点-点式链路、平衡点-点式链路以及非平衡多点式链路 3 种。

HDLC 提供 3 种操作方式,包括正常响应方式 NRM、异步响应方式 ARM 和异步平衡方式 ABM。

2. HDLC 的帧格式

在 HDLC 中,数据和控制报文均以帧的标准格式传输。由标识字段 F、地址字段 A、控制字段 C、信息字段 I、帧校验序列字段 FCS 共同构成了完整的 HDLC 帧,格式如图 5-4 所示。

(1)标识字段 F

标识字段 F(Flag)是比特序列 01111110,标识一个帧的开始和终止。当连续发送一系列帧时,标识字段可同时用作一个帧的结束和下一个帧的开始。在帧与帧的空载期间,可以连续发送 F 用作时间填充。为了使标识字段 F 的唯一性得到保证,HDLC 采用了零比特插入删除技术。

(2)地址字段 A

地址字段 A 表示链路上站的地址。在使用不平衡方式传输数据时,地址字段是次站地址;在使用平衡方式时,地址字段是应答站地址。地址字段全"1"时,为全站地址,即通知所有接收

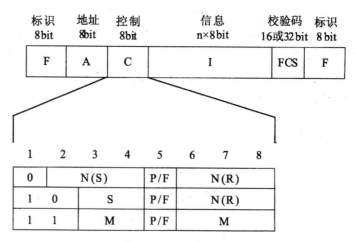

图 5-4 HDLC 帧结构

站;全"0"为无站地址,用于测试数据链路的状态。

（3）控制字段 C

控制字段 C(Control)用以标识和区别帧的类型和功能,根据控制字段前 2 个比特位的取值,可以将 HDLC 帧分为信息帧（I）、监督帧（S）和无编码帧（U）这三类。

（4）信息字段 I

信息字段 I(Information)是网络层交下来的分组,数据链路层在其头和尾各加 24 比特控制信息构成一个完整的 HDLC 标准帧。信息字段的长度没有限制,在实际中,长度的上限由 FCS 字段或通信设备的缓冲器容量决定,而下限可以是 0,即可以有无数据字段的帧。

（5）帧校验序列字段 FCS

FCS 使用 16 位 CRC,对两个标识字段之间的整个帧的内容进行校验。16 位 FCS 的生成多项式为 $G(x) = x^{16} + x^{12} + x^5 + 1$。

3. HDLC 帧的类型及功能

根据控制字段 C 的前 2 个比特的取值,可以将 HDLC 帧划分为 3 类,即信息帧（I）、监督帧（S）和无编码帧（U）。这 3 种类型帧的控制字段可通过图 5-4 显示出来。

（1）数据帧（I 帧）

数据帧简称 I(Information)帧,用于数据的传输。当控制字段 b_1 位为 0 时,表示该帧为数据帧。I 帧控制字段的各参数意义如下。

· N(s)：为发送序号,表示本站当前发送帧的序号。

· N(R)：为接收序号,表示本站期望接收的帧的序号,并确认 N(R)以前的帧已全部正确接收。

· P/F：为查询/结束(Poll/Final)位,在主站的命令帧中,该位是 P 位,即是查询位;在次站的响应帧中,该位是 F 位,即发送时的结束位。在不同的操作方式下,P/F 位用法不同。

在 NRM 操作方式下,主站发送 P＝1 的命令帧,查询次站的响应请求。次站收到 P＝1 的命令帧后才能发送响应帧,并在最后一个响应帧中,置 F＝1,停止发送,直到再次收到 P＝1 的命令帧才能开始下一次的发送。在 ARM 或 ABM 操作方式下,任何站都可以主动发送 P＝1 的响应帧,对方收到 P＝1 的帧后,发送响应帧。

P 位的命令帧和 F 位的响应帧成对出现,在一条数据链路上,一次只可能有一个 P＝1 的命令帧未被响应,否则下一次 P/F 握手是不允许出现的。

(2)监督帧(S 帧)

监督帧简称 S(Supervisory)帧,属于数据链路层控制帧,用于控制数据传输。当控制字段第 1～2 位为 10 时,表示该帧为 S 帧。S 帧不带信息字段,也就没有 N(S),只有 N(R)。帧长度只有 48 位。

S 帧共有 4 种类型,用控制字段的 b_3～b_4 位标识,如表 5-2 所示。

表 5-2　S 帧的种类型

S_1	S_2	帧名
0	0	接收准备就绪 RR 帧(Receive Ready)
0	1	拒绝接收 REJ 帧(Reject)
1	0	接收准备未就绪 RNR 帧(Receive Not Ready)
1	1	选择拒绝 SREJ 帧(selective Reject)

RR 帧表示本站已准备好接收序号为 N(R)的帧,并确认序号小于 N(R)的所有 I 帧全部收到。主站可用 P＝1 的 RR 命令帧请求次站做出响应。

REJ 帧相当于连续 ARQ 协议的否认帧 NAK,请求发送端重发 N(R)和 N(R)以后的所有帧,对序号小于 N(R)的所有帧进行确认。

RNR 帧表示本站处于"忙"状态,尚未准备就绪接收序号为 N(R)的 I 帧,但确认序号小于 N(R)的 I 帧已收到。

SREJ 帧相当于选择重传 ARQ 协议中的否认帧 NAK,请求发送端只重发序 0,为 N(R)的 I 帧,并对于其他序号的 I 帧全部确认。

以上 4 种类型的 S 帧,前 3 种可用于连续 ARQ 协议,第 4 种可用于选择重发 ARQ 协议。

(3)无编号帧(U 帧)

无编号帧简称 U(Unnumber)帧,因其没有 N(S)和 N(R)得名,属于数据链路层控制帧,用于链路控制。当控制字段的 b_1～b_2 位是 11 时,表示该帧为 U 帧。

U 帧的类型可以用 5 个 M 位即 M_1、M_2、M_3、M_4 和 M_5 标识,共有 32 种组合。目前仅对 15 种 U 帧进行简单定义。几种常用的 U 帧见表 5-3。

表 5-3　常用 U 帧

帧名称	命令	响应	控制字段 c 各比特					
			M_1	M_2	P/F	M_3	M_4	M_5
置正常响应方式	SNRM		1	1	0	0	P	0	0	1
置异步响应方式	SARM		1	1	1	1	P	0	0	0
置异步平衡方式	SABM		1	1	1	1	P	1	0	0
拆除链路	DISC		1	1	0	0	P	0	1	0
无编号确认		UA	1	1	0	0	F	1	1	0
命令拒绝		CMDR	1	1	1	1	F	0	0	1

置正常响应方式 SNRM(Set NRM)帧的功能是请求建立 NRM 操作方式的数据链路;置异步响应方式 SARM(Set ARM)的功能是请求建立 ARM 操作方式的数据链路;置异步平衡方式 SABM(set ABM)帧的功能是请求建立 ABM 操作方式的数据链路;拆除链路 DISC 帧请求拆除已建立的任何操作方式的数据链路;UA 响应帧是次站对所有 U 格式命令帧的接收和确认;命令拒绝 CMDR(Command Reject)帧是次站用来向主站报告帧传输发生异常情况的工具。

4. HDLC 的通信过程

HDLC 的通信过程如图 5-5 所示。主站 A 和次站 B、C 构成点到多点链路。HDLC 的通信过程一般由数据链路建立、信息帧传输和数据链路释放三个阶段共同组成。

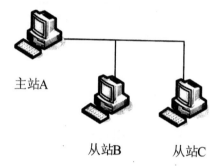

主站A

从站B　　从站C

图 5-5　链路示意图

图 5-6 表示了点到多点链路的建立和释放过程。主站 A 先向次站 B 发出 SNRM 帧,并置 P＝1,要求 B 站做出响应。B 站同意建立链路后,发送 UA 帧响应,并置 F＝1。A 站和 B 站在将状态变量 V(S) 和 V(R) 进行初始化后,就完成了数据链路的建立。接着 A 站开始与 C 站建立链路。当数据传输完毕后,A 站分别向 B 站和 C 站发出 DISC 帧,B 站、C 站用 UA 响应。

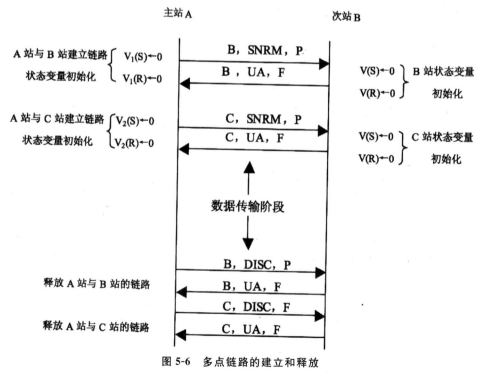

图 5-6　多点链路的建立和释放

图 5-7 表示了信息帧的传输阶段。主站 A 首先发送 RR 帧询问 B 站："B 站,若有信息,请立刻发送"。并且 A 站将 N(R)置 0,表示期望收到对方的 0 号帧。在图 5-7 中将此帧记为"B,RR0,P"。B 站以连续 4 个信息帧响应,序号 N(S)从 0 到 3。在第 4 个信息帧中置 F＝1,表示"信息发送完毕",记为"B,I30,F"。A 站在收到 B 站的 4 个信息帧后,发确认帧 RR4。这时 P/F 位并未置 1,所以 B 站收到 RR4 后没有必要进行应答。接着,A 站轮询 C 站,并置 P＝1。虽然 C 站没有数据要发送,但也必须立即应答。C 站用 RR 帧应答,表示目前没有信息帧要发送。

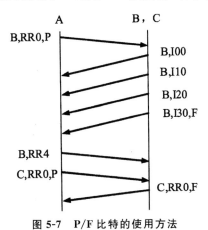

图 5-7 P/F 比特的使用方法

以上介绍的是点到多点链路中 HDLC 的通信过程。而点到点链路的通信过程与此类似,只是将置正常响应模式的 SNRM 帧更换为置异步平衡模式的 SABM 帧。

5.2.2 点对点协议 PPP

在通信质量比较差的年代,在数据链路层曾广泛使用能实现可靠传输的高级数据链路控制协议 HDLC,而如今随着通信质量的不断提高,HDLC 已经非常少见了。对于点对点的链路,目前广泛使用简单得多的点对点协议 PPP(Point-to-Point Protocol)。

1. PPP 协议的组成

PPP 协议是用户计算机与因特网服务提供商 ISP 进行通信时所使用的数据链路层协议,如利用调制调解器进行拨号上网就是使用 PPP 实现主机接入网络的。PPP 协议是因特网上的任务组 IETF(Internet Engineering Task Force)在 1992 年制定的,后经过修改于 1994 年成为因特网的正式标准。

PPP 是个协议簇,包括链路控制协议 LCP(Link Control Protocol)、网络控制协议 NCP(Network Control Protocol)、口令验证协议 PAP(Password Authentication Protocol)、挑战握手验证协议 CHAP(Challenge Handshake Authentication Protocol)和将 IP 数据报封装成 PPP 帧的方法。

链路控制协议 LCP 用于提供建立、配置、维护和终止点对点的链接的方法。

网络控制协议 NCP 包括一组用于配置和支持不同网络层协议的协议,如支持 IP 的 IPCP,支持 IPX(Internetwork Packet Exchange Protocol,Novell 公司的一种联网协议)的 IPXCP。IPCP 负责点对点链路通信双方的 IP 协议模块的配置、使用和禁止,还负责通信双方 IP 地址的协商。

口令验证协议 PAP 利用双向的握手信号建立通信双方的认证,这一过程在链路初始化阶段完成,一旦链路建立完成,通信一方向授权者不断地发送 ID 口令对,直到授权被认可,否则连接被终止。

挑战—握手验证协议 CHAP 比 PAP 的安全系数要高一些,CHAP 利用三次握手周期性地检验对方的身份。

对于将 IP 数据报封装成 PPP 帧的方法,PPP 既支持异步链路(无奇偶检验的 8 比特数据),也支持面向比特的同步链路。

2. PPP 协议的帧格式

PPP 协议总的设计思想简单,它是不可靠传输协议。只有检错功能,没有纠错功能,没有流量控制功能,无需使用帧的序号。只支持点对点线路,不支持多点线路。只支持全双工链路,不支持单工或半双工链路。

PPP 的帧格式如图 5-8 所示,PPP 帧的首部和尾部分别为 4 个字段和 2 个字段。

1)标志字段(Flag):规定为 0x7E(符号 0x 表示它后面的字符是用十六进制表示的),二进制表示为 01111110,指示一个帧的开始或结束。

2)地址字段(Address):规定为 0xFF,二进制表示为 11111111,是标准的广播地址,PPP 不指定单个工作站的地址。

3)控制字段(Control):规定为 0x03,二进制表示为 00000011。

地址字段和控制字段最初曾考虑以后再对这两个字段的值进行其他定义,然而截止到目前仍然没有明确给出,这两个字段实际上并没有携带 PPP 帧的信息。

4)协议字段(Protocol):用于标识封装在帧的信息域中的协议类型。当协议字段为 0x0021 时,PPP 帧的信息字段就是 IP 数据报;为 0xC021 时,则信息字段是 PPP 链路控制协议 LCP 的数据;为 0x8021 时,则表示这是网络层的控制数据。

5)数据字段(Information):长度为零或多个字段,最多为 1500 字节。

6)帧检测序列字段(FCS):通常为 2 个字节,可以使用 4 字节来提高错误检测能力。

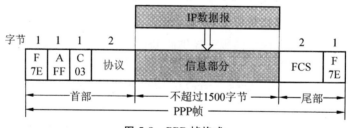

图 5-8　PPP 帧格式

3. PPP 协议的工作过程

为了建立点对点的通信连接,发送端的 PPP 首先发送 LCP 帧,以便对数据链路进行配置和调试。在 LCP 建立好数据链路并协调好所选设备之后,发送端 PPP 发送 NCP 帧,以选择和配置一个或多个网络协议。当所选的网络层协议配置好后,便可将各网络层协议的数据包封装成 PPP 帧发送到数据链路上。配置好的链路一直保持通信状态,直到 LCP 帧或 NCP 帧明确提示关闭链路或其他外部事件发生为止。

例如用户通过调制解调器拨号上网,当用户拨号接入 ISP 后,就建立了一条从用户 PC 到 ISP 的物理连接。这时,用户 PC 向 ISP 发送一系列的 LCP 分组(封装成多个 PPP 帧),以便建立 LCP 连接。这些分组及响应选择了将要使用的一些 PPP 参数,接着还要进行网配置,NCP 给新接入的用户 PC 分配一个临时的 IP 地址,这样,用户 PC 就成为因特网上的一个有 IP 地址的主机了。当用户通信完毕时,NCP 释放网络层连接,收回原来分配出去的 IP 地址。接着 LCP 释放数据链路层连接,最后释放物理层的连接。

5.2.3　SMDS

交换式多兆比特数据业务 SMDS(Switched Multimegabit Data Service)是通过公共电话网络实现 LAN 的高速互连技术,在欧洲有着较广泛的应用。随着 ATM 的发展,SMDS 被定位为 ATM 服务的无连接部分。

1. SMDS 的基本概念

SMDS 是基于信元的数据传输技术,提供可用于光纤或者铜线介质上的高速网络通信。SMDS 是无连接的传输系统,在设备之间预先定义路径的问题是不存在的,差错检查也留给了智能的终端设备,降低了开销,提高了传输速率。其使用 T 载波线路,可以根据不同的服务类别提供不同的传输速率,例如 4 Mb/s、10 Mb/s、16 Mb/s、25 Mb/s 和 34 Mb/s 等,最高可达 155 Mb/s。

SMDS 可以承载多种上层协议,包括 TCP/IP、SNA、IPX/SPX、DECnet 和 AppleTalk。SMDS 兼容 IEEE 802.6 城域网标准和 B-ISDN 网络,并且提供了 MAN 标准中没有规定的管理和计费服务。

SMDS 还提供了源地址验证和地址屏蔽这两个安全功能。源地址验证确保将源地址适当地分配给信元发送设备,防止非法通信伪装合法设备的源地址(地址嗅探)。地址屏蔽可以排除无用通信量,不被允许的地址不能传输数据单元。这样,可以将访问结点限制在某个组或者单个地址上,为敏感信息建立私有网络。

2. SMDS 的接口

SMDS 系统的接口被称为分布队列双总线(DQDB),由两个共享的单向光纤构成。两条光纤均有一端和用户设备相连,另一端连接厂商交换机,采用时分复用的数据传输方式。SMDS 总线的最大覆盖距离为 160 千米,可以连接的设备多达 512 个之多。

SMDS 设备的连接需要通过 CSU/DSU 单元,这两个单元通常内建于路由器的接口卡中。SMDS DSU/CSU 将从路由器获取的 7168 字节长的帧(该长度足以封装整个 IEEE802.3、IEEE 802.5 和光纤 FDDI 帧)分解为 53 字节的信元,传输到载波交换机。交换机读取地址信息,在可用路径上转发信元到目的端点。但路由器的网络功能帧使用的是 HDLC 帧结构,不会被转换,而是直接交由 SMDS 数据交换接口(SMDS-DXI)进行处理。

3. SMDS 的层次结构和信元格式

SMDS 基于 IEEE 802.6 标准,其层次和 OSI 参考模型的物理层和数据链路层保持对应关系,如图 5-9 所示。在物理层使用 IEEE 802.6 标准进行 MAN 通信。在数据链路层 LLC 子层进行信元构造和点到点连接。数据链路层的 MAC 子层负责路由、组成传输数据的通信路径,接收并传输上层协议信息报文。

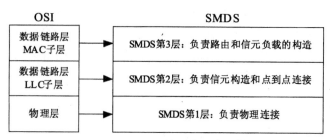

图 5-9　SMDS 协议的层次结构

SMDS 的第三层协议数据单元结构如图 5-10 所示。

图 5-10　SMDS 的第三层信息帧结构

头结构(Header)中包含了各 8 字节的目的地址和源地址。PAD 为可变长字段。

而第二层的 SMDS 信元为固定的 53 字节,由头、分段单元和尾三部分构成。如图 5-11 所示,每个信元有 7 字节的头、44 字节的有效负载和 2 字节的尾。

其中信元头结构由以下几部分共同构成。

• 访问控制(Access Control):指示该信元是否由用户设备发送,如路由器或交换机。

• 网络控制信息(Network Control Infor):说明该信元是控制信息还是数据。

• 分段类型(Segment Type):指示该信元包含的是一个报文序列的一部分还是全部。

• 顺序号(Sequence Number):明确信元的发送顺序。

• 报文 ID(Message ID):分配给一个报文序列中所有信元的唯一编号,用以指示这些信元需要进行统一解释。

信元的分段单元包含的是有效负载,即用户在 SMDS 网络上传输的数据。

信元尾由负载长度和负载 CRC 共同组成。负载长度指示的是分段单元的长度;负载 CRC 是验证接收到的数据和发送的数据是否相同。

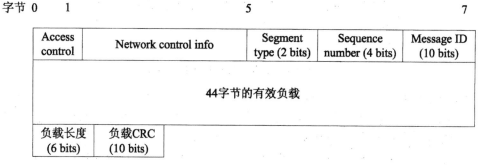

图 5-11　第二层的 SMDS 信元结构

5.2.4　公共交换电话网 PSTN

公共电话交换网 PSTN(Public Switched Telephone Network)是用于传输话音的网络。通信双方在建立连接后,独占一条信道;即使通信双方无信息传输,该信道也无法被其他用户所利用。

PSTN 由三部分组成:本地环路、干线和交换机。本地环路,也称用户环路,是指从用户到最近的交换局或中心局这段线路,基本上采用模拟线路。而干线和交换机则采用数字传输和交换技术。因此,当两台计算机通过 PSTN 传输数据时,必须经 Modem 实现计算机的数字信号与本地环路的模拟信号间的相互转换,如图 5-12 所示。

图 5-12 使用 PSTN 进行数据传输

更详细的 PSTN 网络结构如图 5-13 所示。

使用 PSTN 实现数据通信是最廉价的。用户可以使用普通拨号电话线或租用一条电话专线进行数据传输。但由于 PSTN 线路没有差错控制,带宽有一定的局限性,再加上 PSTN 交换机没有存储功能,因此 PSTN 网络的传输质量较差,对通信质量要求不高的场合使用的比较多。目前,通过 PSTN 进行数据通信的最高速率不超过 56 kb/s。

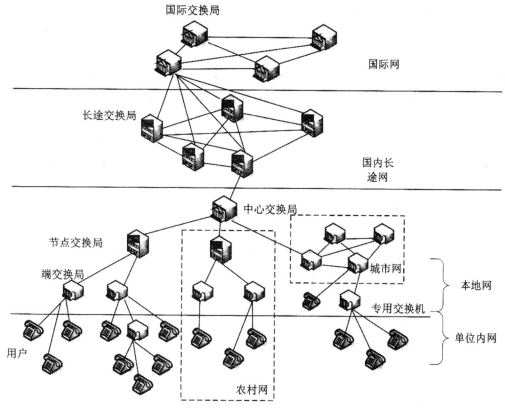

图 5-13 公共电话网结构

5.2.5 综合业务数字网 ISDN

计算机和通信技术的迅速发展产生了这两个领域不断增长的融合。现在,计算、交换和数字传输设备之间的界限已经模糊,数据、话音和图像传输都使用同样的数字技术。技术的融合和演变,加上对信息的及时采集、处理和传播的越来越多的需求,导致对能够传输和处理所有类型数据的集成系统的开发。综合业务数字网 ISDN 可以说是这一发展的最终目标。

1. ISDN 概述

ISDN 是由 CCITT 和各国标准化组织开发的一组标准,这些标准将决定用户设备到全局网络的连接,使之能方便地用数字形式处理声音、数据和图像通信。在此之前,各类不同的公众网同时并存,分别提供不同的业务,造成相对独立的割裂状态。例如,电话网是供语音业务、用户电报网提供文字通信业务、电路交换和分组交换网提供数据传输业务等。ISDN 的目的就是应用单一网络向公众提供不同的业务。

1984 年 10 月 CCITT 推荐的 CCITT ISDN 标准中给出了一个定义:"ISDN 是由综合数字电话网发展起来的一个网络,它提供端到端的数字连接以支持广泛的服务,包括声音的和非声音的,用户的访问是通过少量多用途用户网络接口标准实现的"。

需要注意的是,ISDN 通过普通的本地环路向用户提供数字语音和数据传输服务,也就是说,ISDN 使用与模拟信号电话系统相同类型的双绞线。

(1)ISDN 系统体系结构

下面将详细地讨论 ISDN 的体系结构,尤其是客户的设备以及客户和电话公司或电信部门间的接口。ISDN 的中心思想是数字比特管道,它是客户和电信公司间概念上的管道,比特就在其中流过。不管比特是源自于数字电话、数字终端、数字传真机或其他设备,关键是比特能在管道中双向流动。

数字比特管道能通过对比特流的时分复用来支持多个独立的信道。比特流的格式及其复用方式在数字比特管道的接口规范部分做了仔细的定义。对比特管道已有了两个主要标准,即家庭用的低带宽标准和商业用的高带宽标准。后者支持多个信道,每个信道也跟家庭用的完全相同。

如图 5-14(a)所示为家庭或小型商务用的一般配置。电信公司在客户的房间里放置一个网络终端设备 NT1,并将其连接到电信公司的 ISDN 交换机上,通常为几公里远,用的是以前用于连接电话线的双绞线。NT1 组件上有一个连接器,可以插入一个无源的总线电缆。电缆上可以连接多达 8 部 ISDN 电话、终端、报警装置以及其他设备,类似于 LAN 的连接方式。从计算机的角度来看,网络的边界是 NT1 的连接器。NT1 不仅起接插板的作用,它还包括网络管理、测试、维护和性能监视等。NT1 还包括解决争用的逻辑,当几个设备同时访问总线时,由 NT1 来决定哪个设备获得总线访问权。

对于大型的商务应用,如图 5-14(a)所示的模型不能满足需要,因为同时进行的电话会话超过了总线能处理的限度。因此,如图 5-14(b)所示的模型被用于这种情形。在这个模型中有一个设备 NT2,它称作用户交换机 PBX,连接到 NT1 并提供电话、终端和其他设备的真正接口。NT2 与 ISDN 交换系统没有本质上的差别,只是规模不大而已。

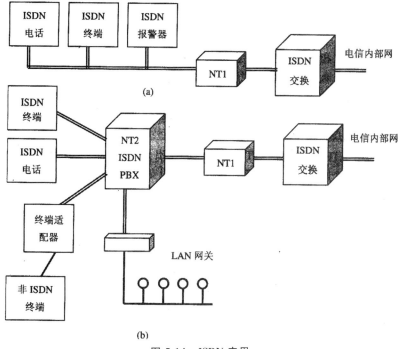

图 5-14 ISDN 应用

（2）ISDN 接口

ISDN 比特管道支持由时分多路复用分隔的多个信道,共有以下几种标准化的信道:

· A——4 KHz 模拟电话信道。

· B——6 4kb/s 数字 PCM 信道,用于话音或数字。

· C——8 kb/s 或 16 kb/s 数字信道。

· D——16 kb/s 数字信道,用于段外信令。

· E——64 kb/s 数字信道,用于 ISDN 内部信令。

· H——384 kb/s、1536 kb/s 或 1920 kb/s 数字信道。

CCITT 并不打算在数字比特管道上采用任意的信道组合。目前有以下 3 种标准化的组合:

· 基本速率接口 2B+D(BRI):BRI 包括两个传输声音和数据的 64 kb/s 通道(B 通道)和一个传输控制信号和数据的 16 kb/s 分组交换数据通道(D 通道)。BRI 用于小容量系统,如声音/数据工作站。

· 一次群速率接口 23B+D 或 30B+D(PRI):PRI 包括 23 个 B 通道和 1 个 64 kb/s 的 D 通道,或 30 个 B 通道和 1 个 D 通道,接口速率达 1.544 Mb/s。PRI 用于大容量系统,如国家范围的 ISDN。

· 混合速率接口(1A+1C):因为 ISDN 如此集中于 64kb/s 信道,所以本书称之为 N-ISDN(窄带 ISDN),以便和后面讨论的宽带 ISDN(ATM)相对比。

（3）ISDN 的主要特点

ISDN 的主要特点有以下几个:

· 建立数字比特管道的概念,管道采用分时复用的方式来支持多个独立的信道。

· 可同时提供多个信道和多种业务,包括声音、图形、图像、文本等。

- 支持端到端的透明连接(即只要有号码即可)。
- 一对线可同时接入多个终端。
- 可以实现封装用户组,组内成员只能内部通话。

总之,ISDN 的目标是通过电话网来承载各种不同的业务,并通过一个通用的 ISDN 交换机来访问不同的网络提供的不同业务。但是,ISDN 提供业务的多样性有其局限性,因为这些业务是在一个传统的 64kb/s 信道上完成的。

2. 宽带 ISDN(B-ISDN)

当今人们对通信的要求越来越高,除原有的语音、数据、传真业务外,还要求综合传输高清晰度电视、广播电视、高速数据传真等宽带业务。计算机技术、微电子技术、宽带通信技术和光纤传输的发展,为满足这些迅猛增长的通信需求提供了基础。

早在 1985 年 1 月,CCITT 第 18 研究组就成立了专门小组着手研究宽带 ISDN,并提出了关于 B-ISDN 的建设性框架。B-ISDN 基本上是一个数字虚电路,以 155 Mb/s 的速率把固定大小的分组(信元)从源端传送到目的地。B-ISDN 的起点基于 ATM 技术。ATM 是基于分组交换技术而不是电路交换技术。与之相比,现有的 PSTN 和窄带的 ISDN 都是电路交换技术。B-ISDN 和 N-ISDN 相比具有以下的一些主要区别:

- N-ISDN 使用的是电路交换,它只在传送信令的 D 通路使用分组交换。使用的是快速分组交换,即异步传输模式 ATM。
- N-ISDN 是以目前正在使用的电话网为基础,其用户环路采用双绞线。但在 B-ISDN 中,其用户环路和干线都采用光缆。
- N-ISDN 各通路的比特率是预先设置的。如 B 通路比特率为 64,但在 B-ISDN 使用虚电路的概念,其比特率只受用户到网络接口的物理比特率的限制。
- N-ISDN 无法传输高速图像,但 B-ISDN 可以传送。

由窄带 ISDN 向宽带 ISDN 的发展,可分以下为三个阶段:

- 第一阶段是进一步实现话音、数据和图像等业务的综合。由 ATM 构成的宽带交换网实现话音、高速数据和活动图像的综合传输。
- 第二阶段的主要特征是 B-ISDN 和用户——网络接口已经标准化,光纤已进入家庭,光交换技术已广泛应用,因此它能提供包括具有多频道的高清晰度电视 HDTV 在内的宽带业务。
- 第三阶段的主要特征是在宽带 ISDN 中引入了智能管理网,由智能网控制中心来对三个基本网进行管理。智能网也可称作智能宽带 ISDN,其中可能引入智能电话、智能交换机及用于工程设计或故障检测与诊断的各种智能专家系统。

5.2.6 公共分组交换网 X.25

X.25 是最古老的广域网协议之一,20 世纪 70 年代由当时的国际电报电话咨询委员会 CCITT(Consultative Committee on International Telegraph and Telephone)提出,于 1976 年 3 月正式成为国际标准,1980 年和 1984 年又经过补充修订。习惯上,将采用 X.25 协议的公用分组交换网叫做 X.25 网络。

X.25 网络刚出现时,传输速度限制在 64kb/s 以内。1992 年,ITU-T 更新了 X.25 标准,传输速度可达到 2.048 Mb/s。X.25 协议不是高速广域网协议,但以下基本功能是可以正常提供的:①全球性的认可;②可靠性;③连接老式局域网和广域网的能力;④将老式主机和微型机连接到广域网的能力。

1. X.25 的网络层次结构

虽然 X.25 协议出现在 OSI 参考模型之前,但是 ITU-T 规范定义了 DTE 和 DCE 之间的分层通信,与 OSI 参考模型的下三层对应,分别为物理层、数据链路层和网络层,如图 5-15 所示。

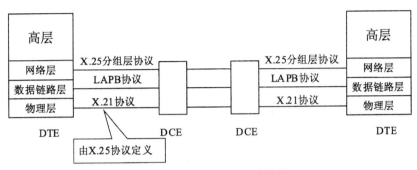

图 5-15　X.25 的网络层次结构

X.25 的物理层协议是 X.21,定义了主机与网络之间的物理、电气、功能以及过程等特性,控制通信适配器和通信电缆的物理和电子连接。物理层使用同步方式传输帧,电压级别、数据位表示、定时及控制信号均包含在内。但实际上,支持该物理层标准的公用网非常少,原因是其要求用户在电话线路上使用数字信号,而不能使用模拟信号。作为一个临时性措施,CCITT 定义了一个类似 PC 串行通信端口 RS-232 标准的模拟接口标准。

X.25 的数据链路层描述了用户主机与分组交换机之间的可靠传输,负责处理数据传输、编址、错误检测/校正、流控制和 X.25 帧的组成等。X.25 数据链路层包含了以下 4 种协议。

1)均衡式链路访问过程协议(Link Access Procedure-Balanced,LAPB):源自 HDLC,具有 HDLC 的所有特征,通过它得以建立或断开虚拟连接,形成逻辑链路连接。

2)链路访问协议(Link Access Protocol,LAP):是 LAPB 协议的前身,已经较少使用。

3)ISDN D 信道链路访问协议(Link Access Protocol Channel D,LAPD):源自 LAPB,用于 ISDN 网络,在 D 信道上完成 DTE 之间(特别是 DTE 和 ISDN 结点之间)的数据传输。

4)逻辑链路控制(Logical Link Control,LLC):一种 IEEE 802 局域网协议,使得 X.25 数据包能在 LAN 信道上传输。

X.25 的网络层采用分组级协议(Packet Level Protocol,PLP),描述主机与网络之间相互作用,处理信息的顺序交换,使虚连接的可靠性得到保证。X.25 网络层处理诸如分组定义、寻址、流量控制以及拥塞控制等问题,主要功能是允许用户建立虚电路,然后在已建立的虚电路上发送最大长度为 128 字节的数据报文。一条电缆上,可以同时支持多个虚连接,每个虚连接在两个通信结点之间提供一条数据路径。

2. X.25 的传输模式

X.25 网络是面向连接的,确保每个包都可以到达目的地。其通过下列 3 种模式传输数据。

(1)交换型虚拟电路 SVC

SVC(Switched Virtual Circuit)是通过 X.25 交换机建立的一种结点到结点的双向信道,是逻辑连接,只在数据传输期间存在。一旦两结点间的数据传输结束,SVC 就被释放,以供其他结点使用。

（2）永久型虚拟电路 PVC

PVC(Permanent Virtual Circuit)是一种始终保持的逻辑连接，在数据传输结束后仍会保持。PVC 跟租用的专用线路比较详细，由用户和电信公司经过商讨预先建立，用户可直接使用。

（3）数据报

数据报是面向无连接的 X.25 封装 IP 数据报，并将 IP 网络地址简单映射到 X.25 网络的目标地址。

X.25 网络是在物理链路传输质量很差的情况下提出的。所以，为了使数据传输的可靠性得到保障，在每一段链路上都要执行差错校验和出错重传机制。这限制了传输效率，但为用户数据的安全传输提供了良好保障。X.25 还提供流量控制，以防止发送方的发送速度远大于接收速度时，网络产生拥塞。

3. X.25 网络的连接特性

X.25 网络使用下列设备。

1) DTE：可以是终端，也可以是从 PC 到大型机等各种类型的主机。

2) DCE-可以是 X.25 适配器、访问服务器或交换机等网络设备，用来将 DTE 连接到 X.25 网络。

3) 包拆装器 PAD(Packet Assembler/Disassembler)：将数据打包为 X.25 格式，并添加 X.25 地址信息的设备，差错检验功能也能够得以提供。

4) 包交换机 PSE(Packet-Switching Exchange)：是 X.25 网络中位于运营商站点的一种交换机。客户的 DCE 通过高速电信线路（如 T-1 或 E-1 线路）连接在 PSE 上。

这些设备组成了 X.25 网络，如图 5-16 所示。每个 DTE 均通过 PAD 连接在 DCE 上。DTE 将数据消息整理为包的形式发送给 PAD。PAD 具有多个端口，可以为每个连接的计算机系统建立不同的虚电路，按 X.25 格式将数据格式化并编址后发送给 DCE。DCE 接受并存储数据包在缓冲区中，直到预期的传输信道可用，再转发给 PSE。PSE 将 X.25 格式的包路由到 X.25 网络中的目标 DCE。目标 DCE 再将包发送给 PAD。

X.25 网络的维护依赖于以下 4 个协议：描述 PAD 功能的标准协议 X.3、在用户终端和 PAD 之间使用的 X.28 协议、用于 PAD 和 X.25 网络之间的 X.29 协议及定义 DTE 和 DCE 之间数据传输的起始/终止的 X.20 协议。

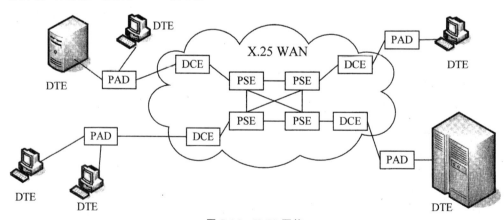

图 5-16 X.25 网络

X.25 协议在最初创建时与其他类型网络的共同使用这点并未考虑在内,但随着其他广域网协议的使用,这种需要的迫切程度越来越高。于是,ITU-T 定义了 X.75 协议,也称为网关协议,将 X.25 连接到其他包交换网络上。另一个协议 X.121 包含了各地区及各国的交换机编址技术,保证 X.25 网络可以成功连接到其他广域网。

从 20 世纪 70 年代起,X.25 一直发挥着重要作用。基于 IP 协议的互联网是无连接的,只提供尽力传递服务,无服务质量可言。而 X.25 网是面向连接的,能够提供可靠的虚电路服务,能够保证服务质量。但到了 20 世纪 90 年代,通信干路大量使用光纤技术,数据传输质量大大提高,误码率降低。这样,拥有过于复杂的数据链路层协议和网络层协议的 X.25 协议已渐渐不适应网络的发展。

5.2.7 异步传输模式 ATM

1. ATM 概述

异步传输模式 ATM 是在分组交换技术上发展起来的一种快速分组交换方式,它吸取了分组交换高效率和电路交换高速度的优点,采用的面向连接的快速分组交换技术,采用定长分组,能够较好地对宽带信息进行交换。一般将这种交换称为信元(cell)交换。ATM 由国际电信联盟 ITU 在 1991 年正式确定为 B-ISDN 的传送方式。值得说明的是,N-ISDN 采用的交换技术是同步传输模式 STM。而 B-ISDN 采用的交换技术是基于异步分时复用的信元交换,即 ATM。在 ATM 中,每个时隙没有确定的占有者,各信道根据通信量的大小和排队规则来占用时隙。每个时隙就相当于一个分组,即信元。

ATM 克服了其他传送方式的缺点,任何类型的业务均能够有效适应,不论其速度高低、突发性大小、实时性要求和质量要求如何,都能提供满意的服务。如图 5-17 所示为 ATM 的一般入网方式,与网络直接相连的可以是支持 ATM 协议的路由器或装有 ATM 卡的主机,也可以是 ATM 子网。在一条物理链路上,多条承载不同业务的虚电路可以同时建立,如语音、图像、文件传输等。

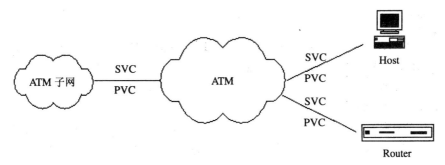

图 5-17　ATM 的一般接入方式

2. ATM 协议参考模型

ATM 的参考模型如图 5-18 所示,它包括用户面、控制面和管理面三个面,而在每个面中还可以进一步分为物理层、ATM 层、AAL 层和高层。

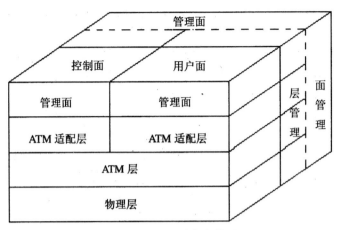

图 5-18　ATM 的参考模型

协议参考模型中的三个面分别完成不同的功能：

用户平面：采用分层结构，提供用户信息流的传送，同时也具有一定的控制功能，如流量控制、差错控制等。

控制平面：采用分层结构，完成呼叫控制和连接控制功能，利用信令进行呼叫和连接的建立、监视和释放。

管理平面：包括层管理和面管理。其中层管理采用分层结构，完成与各协议层实体的资源和参数相关的管理功能。同时层管理还处理与各层相关的 OAM 信息流；面管理不分层，它完成与整个系统相关的管理功能，并对所有平面起协调作用。

（1）物理层

物理层在 ATM 设备间提供 ATM 信元传输通道。它分成物理媒体子层 PM（physical media sublayer）和传输会聚子层 TC（transmission sublayer）：

· 物理媒体子层 PM，对物理媒体接口的电气功能和规程特征进行相关约定，提供比特同步，实现物理媒体上的比特流传送。

· 传输会聚子层 TC，相当 OSI 的数据链路层，实现物理媒体上定时传输的比特流与 ATM 信元间的转换。它完成传输帧的生成与恢复、信元同步、信元定界、信元头的差错检验、信元速率适配，在 ATM 层不提供信元期间插入或删除未分配信元等功能。

（2）ATM 层

ATM 层提供与业务类型无关的统一的信元传送功能。ATM 层具有网络层协议的功能，例如端到端虚电路连接交换、路由选择等。

ATM 网络只提供到 ATM 层为止的信元传送功能，而流控、差错控制等与业务有关的功能全部由终端系统完成。ATM 层利用虚通道 VP 和虚通路 VC 来描述逻辑信息传输线路：

· 一个虚通路 VC 是在两个或两个以上的端点之间的一个运送 ATM 信元的通信通路。

· 一个虚通道 VP 包含有许多相同端点的虚通路，而这许多虚通路都使用同一个虚通道标识符 VPI。在一个给定的接口，复用在一个传输有效载荷上的许多不同的虚通道，用它们的虚通道标识符来识别。而复用在一个虚通道 VP 中的不同的虚通路，用它们的虚通路标识符 VCI 来识别，如图 5-19 所示：

图 5-19　ATM 连接标识符

ATM 层的功能包括以下几个方面。

·利用 VP 和 VC 进行信元交换:在 ATM 交换机中读取各输入信元的 VCI 和 VPI 值,依据信令进行信元交换并更新输出信元的 VCI 和 VPI 值。

·信元的复用与解复用:在 ATM 交换机中把多个虚通道和虚通路合成一个信元流进行传送。

·信头的生成与删除:在与 AAL 层交流的 48 字节用户数据前添加或删除信头以进行传送。

·一般流控:在 B-ISDN 的用户网络接口提供接入流量控制,支持用户网的 ATM 流量控制。

(3)ATM 适配层

ATM 适配层记为 AAL(ATM Adaptation Layer),其作用是增强 ATM 层所提供的服务,并向上层提供各种不同的服务。AAL 向上提供的服务主要有以下几个:

·用户的应用数据单元 ADU 划分信元或将信元重装成为应用数据单元 ADU。

·对比特差错进行监控和处理。

·处理丢失和错误交付的信元。

·流量控制和定时控制。

ATM 网络可向用户提供 4 种类别的服务,从 A 类到 D 类。服务类别的划分是根据以下几个条件:

·比特率是固定的还是可变的。

·源站和目的站的定时是否需要同步。

·是面向连接的还是元连接的。

ITU-T 最初定义了 4 种类别的 AAL,分别支持上述 4 种服务。但后来就将 AAL 定义成 4 种类型,并且一种类型的 AAL 能够支持的服务不止一种类别。此外,ITU-T 发现没有必要划分类型 3 和类型 4。于是将这两个类型合并,取名 3/4,它可支持 C 类或 D 类服务(注意:区分服务的是"类别",区分 AAL 的是"类型"),如表 5-4 所示:

表 5-4　ATM 网络向用户提供的 4 种服务

服务类别(class)	A　类	B　类	C　类	D　类
AAL 类型(type)	AAL1,AAL5	AAL2,AAL5	AAL3/4,AAL5	AAL3/4,AAL5
比特率	恒定	可变		
是否需要同步	需要		不需要	
连接方式	面向连接		无连接	
应用举例	64kb/s 话音	变比特率图像	面向连接的数据	无连接数据

为了方便起见,AAL 层分成两个子层,即拆装子层 SAR 和会聚子层 CS。

·拆装子层 SAR:下层在发送方将高层信息拆成一个虚连接上的连续信元,在接收方将一个虚连接上的连续信元组装成数据单元并交给高层。

·会聚子层 CS:上层依据业务质量要求,控制信元的延时抖动,进行差错控制和流控。

(4)高层

提供用户数据传送控制和网络管理功能,支持各种用户服务。

3. ATM 信元格式

信元实际上就是分组,只是为了区别于 X.25 的分组,才将 ATM 的信息单元叫作信元。ATM 的信元具有固定的长度,即总是 53 个字节。其中 5 个字节是信头,48 个字节是信息段。信头包含各种控制信息,主要是表示信元去向的逻辑地址,另外还有一些维护信息、优先级及信头的纠错码。信息段中来自各种不同业务的用户数据均包含在内,这些数据透明地穿越网络。信元的格式与业务类型无关,任何业务的信息都同样被切割封装成统一格式的单元。

在 ATM 层,有两个接口是非常重要的,即用户-网络接口 UNI 和网络-网络接口 NNI。前者定义了主机和 ATM 网络之间的边界(在很多情况下是在客户和载体之间),后者应用于两台ATM 交换机(ATM 意义上的路由器)之间。两种格式的 ATM 信元头部如图 5-20 所示。最左边的字节优先,其中各个字段的含义及功能如下:

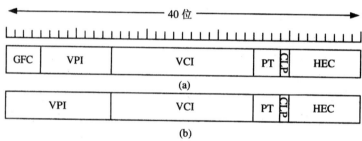

图 5-20 (a)UNI 的 ATM 头部;(b)NNI 中的 ATM 头部

·一般流量控制字段 GPC,又称接入控制字段。当多个信元等待传输时,用以确定发送顺序的优先级。

·虚通道标识字段 VPI 和虚通路标识字段 VCI 用作路由选择。

·负荷类型字段 PT 用以标识信元数据字段所携带数据的类型。

·信元丢失优先级字段 CLP 用于阻塞控制,若网络出现阻塞时,CLP 置位的信元是会被首先丢弃的。

·差错控制字段 HEC 用以检测信头中的差错,并可纠其中的 1 比特错。HEC 的功能在物理层实现。

4. ATM 交换机

(1)ATM 基本排队原理

ATM 交换有信元交换和各虚连接间的统计复用两个根本点。信元交换将 ATM 信元通过各种形式的交换媒体,从一个 VPNC 交换到另一个 VP/VC 上。统计复用表现在各虚连接的信元竞争传送信元的交换介质等交换资源,为解决信元对这些资源的竞争,必须对信元进行排队,在时间上将各信元分开,借用电路交换的思想,可以认为统计复用在交换中体现为时分交换,并通过排队机制实现。

排队机制是 ATM 交换中一个至关重要的内容,队列的溢出会引起信元丢失,信元排队是交换时延和时延抖动的主要原因,因此排队机制对 ATM 交换机性能能够造成非常重要的作用。基本排队机制又输入排队、输出排队和中央排队三种。这三种方式各有缺点,如输入排队有信头阻塞,交换机的负荷达不到百分之六十;输出排队存储器利用率低,平均队长要求长;中央排队存储器速率要求高、存储器管理复杂。同时,各种排队机制又有优点,输入队列对存储器速率要求低,中央排队效率高,输出队列则处于两者之间,所以在实际应用中并没有直接利用这三种方式,而是加以综合,并采取一些改进的措施。改进的方法主要有:

- 减少输入排队的队头阻塞。
- 采用带反压控制的输入输出排队方式。
- 带环回机制的排队方式。
- 共享输出排队方式。
- 在一条输出线上设置多个输出子队列,这些输出子队列在逻辑上作为一个单一的输出队列来操作。

（2）ATM 交换机构

为了使大容量交换得以顺利实现,也为了增加 ATM 交换机的可扩展性,往往构造小容量的基本交换单元,再将这些交换单元按一定的结构构造成 ATM 交换机构,对于 ATM 交换机构来说,研究的主要问题是各交换单元之间的传送介质结构及选路方法,以及如何降低竞争,减少阻塞。

（3）ATM 交换机

ATM 信元交换机的通用模型如图 5-21 所示。它有一些输入线路和一些输出线路,通常在数量上相等（因为线路是双向的）。在每一周期从每一输入线路取得一个信元。通过内部的交换结构,并且逐步在适当的输出线路上传送。

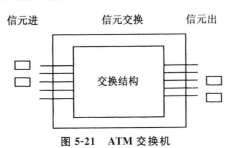

图 5-21　ATM 交换机

交换机可以是流水线的,即进入的信元可能过几个周期后才出现在输出线路上。信元实际上是异步到达输入线路的,因此有一个主时钟指明周期的开始。当时钟滴答时完全到达的任何信元都可以在该周期内交换,未完全到达的信元必须等到下一个周期。

信元通常以 ATM 速率到达,一般在 150 Mb/s 左右,即大约超过 360000 信元/s,这意味着交换机的周期大约为 $2.7\mu s$。一台商用交换机可能有 16～1024 条输入线路,即它必须能在每 $2.7\mu s$ 内接收和交换 16～1024 个信元。在 622 Mb/s 的速率上,每 700ns 就有一批信元进入交换结构。由于信元是固定长度并且较小（53 字节）,这就可能制造出这样的交换机。若使用更长的可变长分组,高速交换的复杂程度就会更高,这就是 ATM 使用短的、固定长度信元的原因。

(4)ATM 交换机的分类

各种 ATM 交换设备由于应用场合的不同,完成的功能也会有一定的差异,主要区别有接口种类、交换容量、处理的信令这几方面。

在公用网中,有接入交换机、结点交换机和交叉连接设备。接入交换机在网络中的位置类似于电话网中的用户交换机,它位于 ATM 网络的边缘,将各种业务终端连入 ATM 网中。结点交换机的地位类似于现有电话网中的局用交换机,它完成 VP/VC 交换,要求交换容量较大,但接口类型比接入交换机简单,只有标准的 ATM 接口,主要是 NNI 接口和 UNI 接口。信令方面,只要求处理 ATM 信令。交叉连接设备与现有电话网中的交叉连接设备作用相似,它在主干网中完成 VP 交换,不需要进行信令处理,从而实现极高速率的交换。

在 ATM 专用网中,有专用网交换机、ATM 局域网交换机。专用网交换机作用相当于公用网中的结点交换机,具有专用网的 UNI 接口和 NNI 接口,完成 P-UNI 和 P-NNI 的信令处理,有较强的管理和维护功能。ATM 局域网交换机完成局域网业务的接入,ATM 局域网交换机应具有局域网接口和 ATM P-UNI 接口,处理局域网的各层协议以及 ATM 信令。

5.2.8　帧中继 FR

帧中继 FR(Frame Relay)是一种减少结点处理时间、提高网络交换速率的技术。它于 1992 年起步,1994 年开始获得迅速发展。帧中继是对 X.25 分组交换技术的继承和改进。它们都是对等式的点对点交换网络。帧中继规程为用户设备(DTE)接入帧中继网络设备(DCE)提供了统一的接口标准。

1. FR 概述

(1)FR 的基本概念

异步传输模式在帧中继技术被提出之前,X.25 分组交换在广域网中被大量采用,如前所述,X.25 是一种借助于虚电路来提供面向连接服务的广域网技术,有丰富的检错、纠错机制。据统计,在 X.25 网中,分组在传输过程中每个结点大约有 30 次左右的差错处理或其他处理步骤。这样做确实使 X.25 网络成为低速分组服务十分有效的工具,特别适合于当时广泛使用铜缆的环境,但不能提供高速服务,在高速分组交换中无法使用。

由于当今的数字光纤网络比传统电话网的误码率低得多,可以认为基本上不会出现传输差错,在这样的环境下就可以简化某些差错控制过程,减少交换结点对每个分组的处理时间,降低分组通过网络的时延,增大结点对分组的处理能力。于是人们开始寻求一种能在较为可靠的链路上高速传输数据的技术,这最终推动了帧中继技术的产生。

帧中继就是一种减少结点处理时间的技术,设帧的传送基本上不出错,在这一条件下,一个结点只要知道帧的目的地址就立即开始转发该帧,即一个结点在接收到帧的首部后就立即开始转发,使一个帧的处理时间减少一个数量级,而帧中继网络的吞吐量要比 X.25 网络的吞吐量提高一个数量级以上。

帧中继的用户接入速率一股为 64 kb/s～2 Mb/s,局间中继速率一般为 2 Mb/s、34 Mb/s,最高可达 155 Mb/s。

(2)FR 网与 X.25 网的比较

帧中继是在 X.25 的基础上简化了差错控制、流量控制和路由选择功能而形成的一种快速分组交换技术,帧中继网与 X.25 网都是面向连接的分组交换网,而且帧的长度不是固定不变的,二者的主要区别见表 5-5。

表 5-5 FR 网与 X.25 网的比较

比较方面	X.25 网	帧中继网
层次结构	网络中的各结点有网络层,其数据链路层具有完全的差错控制,端到端的确认由传输层进行	网络中的各结点没有网络层,且数据链路层也只有有限的差错控制功能,端到端的确认由数据链路层进行
确认机制	网络中的结点要逐站确认,目的站最后还要向源站确认	网络中的结点只转发而不进行确认,只有目的站点才向源站确认
提供服务	由网络层提供面向连接的服务,包括永久虚电路和交换虚电路	由数据链路层提供面向连接的服务,只支持永久虚电路
差错控制	各结点都要对用户数据进行检错和纠错(重传)	中间结点对用户基本上不做处理,只是丢弃出错的帧,由端点的高层纠错
流量控制	数据链路层和网络层均有流量控制机制	中间结点无显式流量控制,由终端高层控制
多路复用	在网络层实现多路复用	在数据链路层实现多路复用

(3)FR 的应用

帧中继具有传输速率高、时延小、互联性好和带宽利用率高等优点,业务应用广泛,如用于局域网互联,帧中继很适合为局域网用户传送大量的突发性数据;还可以用于图像传送,帧中继很适合传送实时图像。此外,帧中继还可以用于传输文件、支持多个低速设备的复用、实现字符交互等。

2. FR 的帧格式

帧中继的帧格式如图 5-22 所示,与 HDLC 帧格式相比,其主要区别体现在没有控制字段。帧中各字段的作用如下。

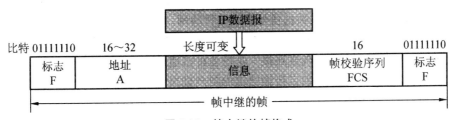

图 5-22 帧中继的帧格式

1)标志:8 bit。用来指示一个帧的开始和结束,比特序列为 01111110。

2)信息:是长度可变的用户数据。

3)帧检测序列:16 bit,采用 CRC 检验,当检测出错时就将此帧丢弃。

4)地址:一般为 2 字节,但也可扩展为 3 或 4 字节。主要作为数据链路标识符,用于标识永久虚电路、呼叫控制或管理信息,还用作正、反向显式拥塞通知、丢弃指示等。

3. FR 的工作过程

图 5-23 给出了帧中继网络结构示例。当用户在局域网上传送的 MAC 帧传到与帧中继网络相连接的路由器时,该路由器就剥去 MAC 帧的首部,将 IP 数据报交给路由器的网络层,网络层再将 IP 数据报传送给帧中继接口卡。帧中继接口卡将 IP 数据报加以封装,加上帧中继的首部和尾部,然后帧中继接口卡将封装好的帧通过从电信公司租来的专线发送给帧中继网络中的帧中继交换机。帧中继交换机在收到一个帧时,就按虚电路号对帧进行转发(若检查有差错则丢弃),当将这个帧转发到虚电路的终点路由器时,该路由器剥去帧中继的首部和尾部,加上局域网的首部和尾部,交付给连接在此局域网上的目的主机。目的主机若发现差错,则上层的 TCP 协议就会收到报告进而进行相关处理。

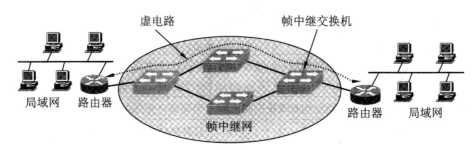

图 5-23 帧中继网络结构示意图

5.2.9 数字数据网 DDN

1. DDN 概述

随着国民经济的飞速发展,金融、证券、海关、外贸等集团用户和租用数据专线的部门、单位大幅度增加,数据库及其检索业务也迅速发展,现代社会对电信业务的依赖程度越来越高。DDN(Digital Data Network,数字数据网)正是适应了这些业务发展的一种新兴通信网络,将数万、数十万条以光缆为主体的数字电路通过数字电路管理设备构成了一个传输速率高、质量好、网络时延小、高流量的数据传输基础网络。

DDN 是利用数字信道来传输数据信号的数据传输网,既可用于计算机之间的通信,也可用于传送数字化传真、数字语音和数字图像等信号。其主要功能是向用户提供半永久性连接的数字数据传输信道。所谓半永久连接,是指 DDN 所提供的信道是非交换型的,用户之间的通信通常是固定的。一旦用户提出修改申请,在网络允许的情况下就可以对传输速率、传输目的地和传输路由进行修改。由于数据沿途不进行复杂的软件处理,因此延时较短,使得分组网中传输时延大并且不固定的缺点得以有效避免。DDN 还采用交叉连接装置,可根据用户需要在约定的时间内接通所需带宽的线路,信道容量的分配在计算机控制下进行,具有极大的灵活性,使用户可以开通种类繁多的信息业务,传输任何合适的信息。

DDN 所采用的传输媒介有光缆、数字微波、卫星信道以及用户端可用的普通电缆和双绞线。

2. DDN 的特点

(1)传输速率高,网络时延小

DDN 采用了时分多路复用技术,根据事先约定的协议,用户数据信息在固定的时间片内以预先设定的通道带宽和速率进行顺序传输,只需按时间片识别通道就可以准确地将数据信息送到目的终端。信息是顺序到达目的终端的,所以目的终端无需对信息进行重组,因而减小了时延。目前 DDN 可达到的最高传输速率为 155 Mbit/s,平均时延小于 $450 \mu s$。

（2）传输质量较高

DDN 的主干传输为光纤传输,用户之间有专有的固定连接,高速安全。

（3）协议简单

采用交叉连接技术和时分复用技术,由智能化程度较高的用户端设备来完成协议的转换,任何规程都不会对它造成约束,因此是一个全透明的、面向各类数据用户的通信网络。

（4）灵活的连接方式

DDN 可以支持数据、语音、图像传输等多种业务,不仅可以和用户终端设备进行连接,也可以和用户网络连接,为用户提供灵活的组网环境。

（5）网络运行管理简便,电路可靠性高

DDN 的网络管理中心能以图形化的方式对网络设备进行集中监控,电路的连接、测试、路由迂回均由计算机自动完成,使网络管理的智能化程度越来越高,并使电路安全可靠。

3. DDN 的应用

DDN 的应用领域十分广泛,其中,以下两个应用比较典型。

（1）DDN 在计算机联网中的应用

DDN 作为计算机数据通信联网传输的基础,提供点对点、一点对多点的大容量信息传送通道,如利用全国 DDN 网组成的海关、外贸系统网络就是一个典型的例子。各省的海关、外贸中心首先通过省级 DDN,经长途 DDN 到达国家 DDN 骨干核心节点。国家网络管理中心按照各地所需通达的目的地分配路由,建立一个灵活的、全国性的海关外贸数据信息传输网络,并且可以通过国际出口局与海外公司互通信息,足不出户就可以进行外贸交易。

此外,通过 DDN 线路进行局域网互连的应用也较广泛。一些海外公司设立在全国各地的办事处在本地先组成内部局域网络,通过路由器等网络设备经本地、长途 DDN 与公司总部的局域网相连,实现资源共享、文件传送和其他各种事务处理等业务。

（2）DDN 在金融业中的应用

DDN 不仅适用于气象、公安、铁路、医院等行业,在证券业、银行、金卡工程等实时性较强的数据交换中也应用得比较多。

通过 DDN 将银行的自动提款机（ATM）连接到银行系统大型计算机主机。银行一般租用 64 kbit/s DDN 线路将各个营业点的 ATM 进行全市乃至全国联网。在用户提款时,对用户的身份验证、提取款额、余额查询等工作都是由银行主机来完成的。这样的话,一个可靠、高效的信息传输网络就得以顺利形成。

通过 DDN 网发布证券行情也是许多券商采取的方法。证券公司租用 DDN 专线与证券交易中心实行联网,大屏幕上的实时行情随着证券交易中心的证券行情变化而动态地改变,而远在异地的股民们也能在当地的证券公司同步操作来决定自己的资金投向。

4. 中国公用数字数据网（CHINADDN）

CHINADDN 是中国电信经营管理的中国公用数字数据网,于 1994 年 10 月正式开通,是中国的中、高速信息国道。目前,网络已覆盖到全国所有省会城市及 3000 多个县级市和乡镇,可以方便地为社会各界提供市内、国内和国际 DDN 的各种业务。

CHINADDN 网络结构可分为国家级 DDN、省级 DDN、地市级 DDN。

国家级 DDN 网(各大区骨干核心)的主要功能是建立省际业务之间的逻辑路由,提供长途 DDN 业务以及国际出口。

省级 DDN(各省)的主要功能是建立本省内各市业务之间的逻辑路由,提供省内长途和出入省的 DDN 业务。

地市级 DDN(各级地方)主要是把各种低速率或高速率的用户复用起来进行业务的接入和接出,并建立彼此之间的逻辑路由。各级网络管理中心负责用户数据的生成,网络的监控、调整、告警处理等维护工作。

5.2.10　光传输网络 SONET/SDH

同步光纤网络 SONET(Synchronous Optical Network)是美国于 1989 年推出的标准。ITU-T 在 SONET 的基础上制定出国际标准同步数字系列 SDH(Synchronous Digital Hierarchy),即 G.707、G.708、G.709 这 3 个建议书,到 1992 年又增加了十几个建议书。由于 SDH 与 SONET 的差别可以忽略不计,下面对两者进行统一论述。

1. SONET/SDH 概述

(1)PDH 的缺点

准同步数字系列 PDH(Plesiochronous Digital Hierarchy)曾在 20 世纪 80 年代获得了广泛的应用,但它还有以下不足之处。

1)速率标准不统一。一次群数字传输速率有两个标准:一个是北美和日本的 T1 速率(1.544 Mb/s),另一个是欧洲的 E1 速率(2.048 Mb/s)。到了高次群,日本又推出第 3 个不兼容的标准。由于标准未得到统一,使得国际间的数据传输必须经过复杂的转换才能实现,给国际间的通信带来了很大麻烦。

2)不是同步传输。各国由于没有采用统一的时钟,数字网采用的是准同步方式。造成了不同的 PDH 系统在信号速率上存在微小的差别,且速率越高,差别越大。因此,在复用时必须采用复杂的脉冲填充方法才能实现不同系统的同步。

3)网络的操作、管理和维护功能不完善。

(2)SONET/SDH 设计目标

为了解决 PDH 存在的上述问题,SONET/SDH 在开始设计时提出了 4 个主要目标。

1)使不同的线路能够互相连接;

2)提供一种标准的方式把多个低速数字信道复用为高速数字信道,并提供 Gb/s 以上的复用速率级别;

3)统一 T 载波、E 载波和 J 载波,形成一个国际性的统一标准;

4)提供良好的操作、管理和维护功能。

(3)SONET/SDH 速率等级

在 SONET/SDH 中,各级时钟都来自一个非常精确的主时钟,通常采用铯原子钟,其精度达 10^{-11}。该时钟控制线路上的位以极其精确的间隔发送和接收。表 5-6 给出了 SONET/SDH 的速率等级。

表 5-6 SONET/SDH 速率等级

| SONET 等级名称 | | SDH 等级名称 | 速率/(Mb/s) | 相当的话路数 |
电信号	光信号			(每个话路 64 kb/s)
STS-1	OC-1	—	51.84	810
STS-3	OC-3	STM-1	155.52	2430
STS-9	OC-9	—	466.56	7290
STS-12	OC-12	STM-4	622.08	9720
STS-18	OC-18	—	933.12	14580
STS-24	OC-24	STM-8	1244.16	19440
STS-36	OC-36	STM-12	1866.24	29160
STS-48	OC-48	STM-16	2488.32	38880
STS-96	OC-96	STM-32	4976.64	77760
STS-192	OC-192	STM-64	9953.28	155520
STS-768	OC-768	STM-256	39813.12	622080

SONET 的基本速率为 51.84Mb/s。对于电信号,此速率称为第 1 级同步传输信号 STS-1 (Synchronous Transport Signal-1);对于光信号,它被称为第 1 级光载波 OC-1(Optical Carrier-1)。

SDH 的基本速率为 155.52 Mb/s,称为第 1 级同步传输模式 STM-1(Synchronous Transfer Mode-1)。

2. SONET 的体系结构

SONET/SDH 定义了标准光信号,规定了波长为 1310nm 和 1550nm 的激光源。在物理层为宽带接口使用了帧技术以传递信息,为数字信号的复用和操作过程定义了帧结构。

SONET/SDH 系统由光纤连接的交换机、多路复用器和中继器组成。系统中任意两个设备之间的光纤线路称为段(Section),两个多路复用器之间的线路称为线路(Line),源和目的之间的线路称为路径(Path)。SONET/SDH 的拓扑结构可以是网状型或环型,实际上,双环型结构是比较常见的。

从体系结构来看,SONET 自身只对应于 OSI 的物理层,但它包括 4 个子层,自下而上分别说明如下。

1)光子层(Photonic Layer):处理跨越光缆的比特传送,包括电-光和光-电转换,在此层由光电转换器进行通信。

2)段层(Section Layer):在光缆上传送 STS-N 帧,有成帧和差错检测功能。

3)线路层(Line Layer):负责路径层的同步和复用,以及交换的自动保护。

4)路径层(Path Layer):处理端到端的传输并提供与非 SONET 网络的接口。

上述光子层和段层是务必要包括在内的,而线路层和路径层是可供选择的。图 5-24 给出了 SONET 的网络构成及其体系结构。

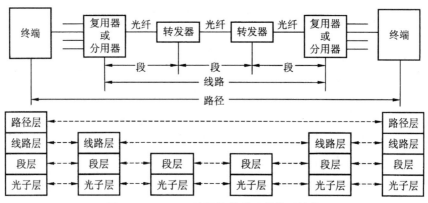

图 5-24　SONET 的网络构成及其体系结构

第6章　Internet 技术

6.1　Internet 概述

6.1.1　Internet 的产生与发展

1. ARPANET 的诞生

Internet 起源于美国国防部高级研究计划局于 1968 年主持研制的用于支持军事研究的计算机实验网 ARPANET,建网的初衷在于帮助为美国军方工作的研究人员利用计算机进行信息交换。ARPANET 是世界上第一个采用分组交换的网络,在这种通信方式下,把数据分割成若干大小相等的数据包来传送,不仅一条通信线路可供用户使用,即使在某条线路遭到破坏时,只要还有迂回线路可供使用,通信仍然可以通常进行。此外,主网没有设立控制中心,网上各台计算机都遵循统一的协议自主地工作。在 ARPANET 的研制过程中,建立了一种网络通信协议,称为 IP(Internet Protocol)。IP 的产生,使异种网络互连的一系列理论与技术问题得到了解决,并由此产生了网络共享、分散控制和网络通信协议分层等重要思想。对 ARPANET 的一系列研究成果标志着一个崭新网络时代的开端,并奠定了当今计算机网络的理论基础。

与此同时,局域网和其他广域网的产生对 Internet 的发展起到的作用也是非常关键的。随着 TCP/IP 的标准化,ARPANET 的规模不断扩大,不仅在美国国内有许多网络和 ARPANET 相连,而且在世界范围内很多国家也开始进行远程通信,将本地的计算机和网络接入 ARPA-NET,并采用相同的 TCP/IP。

2. NSFNET 的建立

1985 年美国国家科学基金(NSF)为鼓励大学与研究机构共享他们非常昂贵的 4 台计算机主机,希望通过计算机网络把各大学与研究机构的计算机与这些巨型计算机连接起来,于是利用 ARPANET 发展起来的 TCP/IP 将全国的 5 大超级计算机中心用通信线路连接起来,一个名为美国国家科学基础网(NSFNET)的广域网得以建立起来。由于美国国家科学资金的鼓励和资助,许多机构纷纷把自己的局域网并入 NSFNET。NSFNET 最初以 56 kbit/s 的速率通过电话线进行通信,连接的范围包括所有的大学及国家经费资助的研究机构。1986 年 NSFNET 建设完成,正式取代了 ARPANET 而成为 Internet 的主干网。现在 NSFNET 已是 Internet 主要的远程通信设施的提供者,主通信干道以 45 Mbit/s 的速率传输信息。

3. 全球范围 Internet 的形成与发展

除了 ARPANET 和 NSFNET 外,美国宇航局(NASA)和能源部的 NSINET、ESNET 也相继建成,欧洲、日本等国也积极发展本地网络,于是在此基础上互连形成了现在的 Internet。在 20 世纪 90 年代以前,Internet 由美国政府资助,主要供大学和研究机构使用,但 20 世纪 90 年代以后,该网络商业用户数量与日俱增,并逐渐从研究教育网络向商业网络过渡。近几年来 Internet 规模迅速发展,包括我国在内的 160 多个国家都已经覆盖在内,连接的网络数万个,主机达 600 多万台,终端用户上亿,并且以每年 15％～20％的速度增长。今天,Internet 已经渗透到了社会生活的各个方面,人们通过 Internet 可以了解最新的新闻动态、旅游信息、气象信息和金融股票行情,可以在家进行网上购物,预订火车飞机票,发送和阅读电子邮件,到各类网络数据库中搜索和查寻所需的资料等。

6.1.2　Internet 的概念

在 IT 技术飞速发展的今天,人们可以真正感觉到世界开始变小了。通过计算机,人们能够访问到世界上最著名大学的图书馆,能够与远在地球另一端的人进行语音通信和视频聊天,能够看电影、听音乐、阅读各种多媒体杂志,还可以在家里买到所需要的任何商品……所有这一切都是通过世界上最大的计算机网络——Internet 来实现的。

什么是 Internet? Internet 通常又被称为"因特网"、"互联网"和"网际网"。Internet 是由成千上万个不同类型、不同规模的计算机网络通过路由器互连在一起组成覆盖世界范围的、开放的全球性网络。Internet 拥有数千万台计算机和上亿个用户,是全球信息资源的超大型集合体,所有采用 TCP/IP 的计算机都可加入 Internet,以便信息共享和相互通信得以顺利实现。

和传统的书籍、报刊、广播、电视等传播媒体比起来,Internet 使用更方便,查阅资料更快捷,内容更丰富。Internet 已在世界范围内得到了广泛的普及与应用,并且正在迅速地改变人们的工作方式和生活方式。

6.1.3　Internet 的特点

1. Internet 是由全世界众多的网络互连组成的国际 Internet

组成 Internet 的计算机网络包括小规模的局域网、城市规模的城域网以及大规模的广域网。网络上的计算机包括 PC、工作站、小型机、大型机甚至巨型机。这些成千上万的网络和计算机通过电话线、高速专线、光缆、微波、卫星等通信介质连接在一起,一个四通八达的网络得以在全球范围内构建完成。在这个网络中,其核心的几个最大的主干网络组成了 Internet 骨架,主要属于美国 Internet 的供应商(ISP),如 GTE、MCI、Sprint 和 AOL 的 ANS 等。通过相互连接,主干网络之间建立起一个非常快速的通信线路,承担了网络上大部分的通信任务。由于 Internet 最早是从美国发展起来的,所以这些线路主要在美国交织,并扩展到欧洲、亚洲和世界其他地方。

2. Internet 是世界范围的信息和服务资源宝库

Internet 能为每一个入网的用户提供有价值的信息和其他相关的服务。通过 Internet,用户不仅可以互通信息、交流思想,同时,全球范围的电子邮件服务、WWW 信息查询和浏览、文件传输服务、语音和视频通信服务等功能也能够得以实现。目前,Internet 已成为覆盖全球的信息基础设施之一。

3. 组成 Internet 的众多网络共同遵守 TCP/IP

TCP/IP 从功能、概念上描述 Internet,由大量的计算机网络协议和标准的协议簇所组成,但主要的协议是 TCP 和 IP。凡是遵守 TCP/IP 标准的物理网络,与 Internet 互连便成为全球 Internet 的一部分。

6.1.4　Internet 构成

Internet 连接着全球的计算机，让不同的计算机和计算机网络进行信息交流与共享，它的核心是开放的，且贯穿在整个体系结构中，图 6-1 为 Internet 结构组成框图。

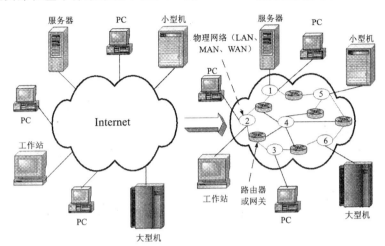

图 6-1　Internet 结构组成图

1. 物理传输媒介

Internet 可以建立在线缆和各种网络平台等任何物理传输网上，如 PSTN 网、X. 25 网、IS-DN、Ethernet、FDDI、ATM 以及无线网、卫星网等。

2. TCP/IP 协议

TCP/IP 协议是 Internet 协议簇，TCP 和 IP 只是协议簇中的两个协议。一组协议和网络应用两部分共同构成了 TCP/IP 协议，是实现 Internet 网络连接和互操作性的关键。现在，几乎每一种网络平台都支持 TCP/IP 协议。

在 TCP/IP 协议组里，传输控制协议提供端对端可靠的传输协议。由于 TCP/IP 协议通常用在相对不那么可靠的广域网上，因此大多数 TCP/IP 服务都依赖于 TCP 协议提供可靠传输。如果能接受不可靠传输，UDP 协议可代替 TCP 协议。

Internet 上的信息是以分组的形式传递的，将遵从 IP 规范的信息分组称为 IP 数据报。一旦发送方生成一个数据报并且将其发送到 Internet 上后，数据报就按照 IP 的管理发送给接收者，而此期间该发送者就可以进行其他处理工作。Internet 上的任何计算机只要安装了 IP 软件，它就可以生成数据报并将其发送给其他计算机。IP 协议将许多网络和路由器组成的集合变成了一个无缝的通信系统，使 Internet 像一个单一的、巨大的网络一样工作。尽管 Internet 是一个网际网或计算机网络的网络，但 IP 软件处理了所有的细节，而让用户感到 Internet 是一个单一的网络。用户觉察不到组成 Internet 的网络和路由器，就像电话用户感觉不到组成电话系统的导线和交换机一样。

IP 协议是 TCP/IP 协议中的核心协议，与之配套使用的还有地址解析协议 ARP、逆向地址解析协议 RARP 和 Internet 控制报文协议 ICMP。TCP/IP 中的协议还包括：网络互联控制信息协议 ICMP、用户数据报协议 UDP、路由选择信息协议 RIP、简单网络管理协议 SNMP 等。

3. Internet 的服务器

Internet 上的信息资源存放在 Internet 服务器上。区别于局域网,Internet 服务器不仅仅存放文件、数据等,还有数据库、数据列表以及提供各种 Internet 服务的信息。

在 Internet 上,有许多服务器,或叫做主机。其中,有负责域名与 IP 地址转换的 DNS 服务器,有 FTP 服务器,有存放电子邮件的 E-mail 服务器,有文件查询工具 Archie 服务器,有分布式文本检索系统 WAIS 服务器,有提供菜单选择功能的 Gopher 服务器以及 Web 服务器等。

其中 Web 服务即 World Wide Web(万维网又称 WWW),是 Internet 服务的一种最重要的类型,它具有传输文字、图像、声音等多媒体数据的能力。若要提供 Web 服务,首先应建立 Web 服务器,由于操作系统平台不同,Web 服务器建立的差异也较为明显。目前,比较流行的有基于 UNIX 操作系统的 Netscape Server 和基于 Windows NT 系统的 IIS(Internet Information Server)等。

6.1.5 Internet 工作模式

Internet 采用客户与服务器的工作模式(简称 C/S 模式)。目前,Internet 许多应用服务,如 E-mail、WWW、FTP 等都是采用 C/S 工作模式,这种方式使得网络数据传输量得以很大程度地减少,具有较高的效率,并能减少局域网上的信息阻塞,能够充分实现网络资源共享。

1. C/S 模式运作过程

下面仅简单介绍 C/S 的运作过程。C/S 的典型运作过程包括五个主要步骤:

1)服务器监听相应窗口的输入;

2)客户机发出请求;

3)服务器接收到此请求;

4)服务器处理此请求,并将结果返回给客户机;

5)重复上述过程,直至完成一次会话过程。

C/S 的典型运作过程如图 6-2 所示。

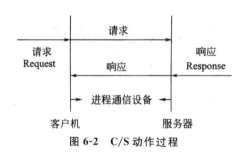

图 6-2　C/S 动作过程

2. B/S 模式

(1)B/S 基本概念

近年来,Internet 网络中又出现了一种新的模式,即 browser/server(B/S)结构。这是一种分布式的 C/S 结构,中间多了一层 Web 服务器,用户可以通过浏览器向分布在网络上的许多服务器发出请求。B/S 具有 C/S 所不及的很多特点:更加开放、与软硬件平台无关、应用开发速度快、生命周期长、应用扩充和系统维护升级方便等。B/S 结构使得客户机的管理工作得以简化,客户机上只需安装、配置少量的客户端软件,而更多的工作由服务器来完成,对数据库的访问和应用系统的执行将在服务器上完成。

（2）B/S 组成

B/S 结构的组成包括硬件和软件两部分。

1）硬件。主要为一台或多台高档服务器、微机或终端、集线器、交换机、网卡和网线等。

2）软件。主要为浏览器、服务器端软件、网络操作系统和应用软件。

（3）B/S 运作过程

B/S 的运作过程如图 6-3 所示。

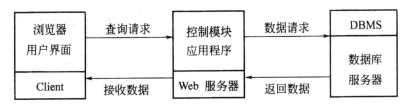

图 6-3　B/S 运作过程

从图 6-3 中可看出，B/S 的处理流程是：在客户端，用户通过浏览器向 Web 服务器中的控制模块和应用程序输入查询要求，Web 服务器将用户的数据请求提交给数据库服务器中的数据库管理系统 DBMS；在服务器端，数据库服务器将查询的结果返回给 Web 服务器，再以网页的形式发回给客户端。在此过程中，对数据库的访问要通过 Web 服务器来执行。用户端以浏览器作为用户界面，使用简单、操作方便。

3. C/S 模式与 B/S 模式的比较

C/S 与 B/S 有异有同，并各有优劣，两者对比如表 6-1 所示。

表 6-1　C/S 模式与 B/S 模式的比较

项目	C/S 模式	B/S 模式
结构	分散、多层次结构	分布、网状结构
用户访问	客户端采用事件驱动方式 1 对 M 地访问服务器上资源	客户端采用网络用户界面 NUI（Network User Interface）N 对 M 地访问服务器上资源，是动态交互、合作式的
主流语言	第四代语言（4GL），专用工具	Java、HTML 类
成熟期	20 世纪 90 年代中	20 世纪 90 年代末
优点	客户端使用图形用户接口 GUI（Graphic User Interface），易开发复杂程序	分散应用与集中管理：任何经授权且具有标准浏览器的客户均可访问网上资源，获得网上的服务；跨平台兼容性：浏览器 web server、HTTP、Java 以及 HTML 等网上使用的软件、语言和应用开发接口均与硬件和操作系统无关；系统易维护："瘦"客户端维护工作量在很大程度上得以减少，灵活性提高。此外系统软件版本的升级再配置工作量也大幅度下降；同一客户机可连接任意服务器

续表

项目	C/S 模式	B/S 模式
问题	客户端必须安装相应软件才可获得服务； 与应用平台相关,跨平台性差； 客户端负担较重,服务器应用需客户端程序； 只能与指定服务器相连	Web 服务器应用环境弱、不能构造复杂应用程序

6.1.6 Internet 结构

因特网商业化后,很多因特网服务提供商 ISP(Internet Service Provider)相继出现,负责提供用户接入因特网和使用的服务。为使不同 ISP 经营的网络能够互连,提高互访速率,节约有限的骨干网络资源,1994 年美国建立了 4 个网络接入点 NAP(Network Access Point):New York NAP、Washington D. C NAP、Chicago NAP 和 San Francisco NAP,分别由 Sprint、MFS(Metropolitan Fiber Systems)、Ameritech 和 Pacific Bell 四家电信公司经营。NAP 是为提高不同的 ISP 之间的互访速率,节约有限的骨干网络资源,在全国或某一地区的一个或多个交换中心,为国内或本地区的各个网络的互通提供快速交换通道。NAP 连接第一层的 ISP。这样,从 1994 年开始,因特网逐渐演变成由 NAP 和 3 层 ISP 组成的多层结构,如图 6-4 所示。

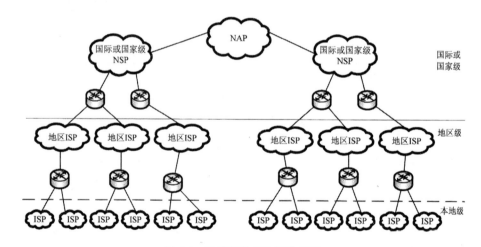

图 6-4　因特网的 ISP 层次结构

1. 第一层 ISP

第一层 ISP 是国际或国家级服务提供商,又称为 NSP(National Service Provider),负责建设与维护国家主干网。NSP 之间通过 NAP 互连,也有些国家级主干网通过专用对等交换结点互连。第一层 ISP 数量非常有限,被称为 tier-1 ISP。主要包括 Swim、MCI、AT&T、Qwest、Cable&Wireless、UUNET 等。实际上,没有一个组织正式规定、批准哪些 ISP 属于第一层,但可以从 ISP 运营网络的规模、连接位置与覆盖范围以及第一层 ISP 的特点判断。一般来讲,第一层 ISP 覆盖国际或国家区域,并与大量第二层的 ISP 和其他网络连接。

2. 第二层 ISP

第二层 ISP 一般是地区级的服务提供商，仅与少数第一层 ISP 连接，一般根据流量向用户收费。一个第二层 ISP 网络也可以选择与另一个第二层 ISP 网络连接，流量在两个第二层 ISP 网络之间流动，可以不经过第一层 ISP 网络。许多大学、大公司和机构直接与第一层、第二层 ISP 连接。

3. 第三层 ISP

第三层 ISP 为本地级的服务提供商，与一个或几个第二层 ISP 连接。本地 ISP 可以是专门提供因特网接入服务的公司，也可以是一个校园网或者企业网。

当两个 ISP 网络彼此连接时，它们之间的关系是对等的。ISP 覆盖的范围大小差别非常明显，有的跨越大洲，有的仅限于一个很小的区域。大型的 ISP 主干网拥有上千台分布在不同位置的路由器，通过光纤提供高带宽的传输服务。与 ISP 层次结构对应的因特网层次结构如图 6-5 所示。

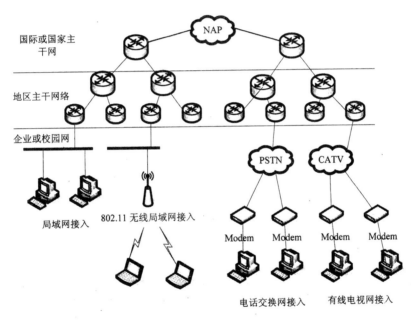

图 6-5　与 ISP 层次结构对应的因特网层次结构

6.1.7　IP 地址

随着个人计算机的普及和网络技术的迅猛发展，Internet 已作为 21 世纪人类的一种新的生活方式而深入到人们工作生活的方方面面。谈到 Internet，就不得不提 IP 地址，因为无论是从学习还是使用 Internet 的角度来看，IP 地址都是一个十分重要的概念，Internet 的许多服务和特点都是通过 IP 地址体现出来的。

在全球范围内，每个家庭都有一个地址，而每个地址的结构是由国家、省、市、区、街道、门牌号这样一个层次结构组成的，因此每个家庭地址是全球唯一的。有了这个唯一的家庭住址，信件的投递才能够正常进行，才不至于发生冲突。同理，覆盖全球的 Internet 主机组成了一个大家庭，为了实现 Internet 上不同主机之间的通信，除使用相同的通信协议 TCP/IP 以外，每台主机都必须有一个不与其他主机重复的地址,这个地址就是 Internet 地址,相当于通信时每台主机的名字。Internet 地址包括 IP 地址和域名地址,是 Internet 地址的两种表示方式。

所谓 IP 地址,就是给每个连接在 Internet 上的主机分配一个在全世界范围唯一的 32 位二进制数,通常采用更直观的、以圆点"."分隔的 4 个十进制数表示,每一个数对应于 8 个二进制数,如某一台主机的 IP 地址为 128.10.4.8。IP 地址的这种结构使每一个网络用户都可以很方便地在 Internet 上进行寻址。

1. IP 地址的组成

从逻辑上讲,在 Internet 中,每个 IP 地址由网络号和主机号两部分组成,如图 6-6 所示。位于同一物理子网的所有主机和网络设备(如服务器、路由器、工作站等)的网络号是相同的,而通过路由器互连的两个网络一般认为是两个不同的物理网络。对于不同物理网络上的主机和网络设备而言,其网络号是不同的。网络号在 Internet 中是唯一的。

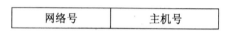

网络号	主机号

图 6-6　IP 地址的结构

同一物理子网中不同的主机和网络设备的区分是通过主机号来做到的,在同一物理子网中,必须给出每一台主机和网络设备的唯一主机号,以区别于其他主机。

在 Internet 中,网络号和主机号的唯一性决定了每台主机和网络设备 IP 地址的唯一性。在 Internet 中根据 IP 地址寻找主机时,首先根据网络号找到主机所在的物理网络,在同一物理网络内部,主机的寻找是网络内部的事情,主机间的数据交换则是根据网络内部的物理地址来完成的。因此,IP 地址的定义方式是比较合理的,对于 Internet 上不同网络间的数据交换非常有利。

2. IP 地址的表示方法

一个 IP 地址共有 32 位二进制数,即由 4 个字节组成,平均分为 4 段,每段 8 位二进制数(1 个字节)。为了方便记忆,用户实际使用 IP 地址时,几乎都将组成 IP 地址的二进制数记为 4 个十进制数表示,每个十进制数的取值范围是 0~255,每相邻两个字节的对应十进制数间用"."分隔。IP 地址的这种表示法称为"点分十进制表示法",显然比全是 1、0 容易记忆。

下面是一个将二进制 IP 地址用点分十进制来表示的例子。

二进制地址格式:11001010 01100011 01100000 01001100

十进制地址格式:204.99.96.76

计算机的网络协议软件很容易将用户提供的十进制地址格式转换为对应的二进制 IP 地址,再供网络互连设备识别。

3. IP 地址的分类

IP 地址的长度确定后,其中网络号的长度将决定 Internet 中能包含多少个网络,主机号的长度将决定每个网络能容纳多少台主机。根据网络的规模大小,IP 地址一共可分为 5 类:A 类、B 类、C 类、D 类和 E 类。其中,A、B 和 C 类地址是基本的 Internet 地址,是用户使用的地址,为主类地址;D 类和 E 类为次类地址。A、B、C 类 IP 地址的表示如图 6-7 所示。

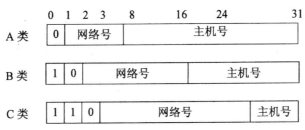

图 6-7　IP 地址的分类

A 类地址的前一个字节表示网络号,且最前端一个二进制数固定是"0"。因此其网络号的实际长度为 7 位,主机号的长度为 24 位,表示的地址范围是 $1.0.0.0 \sim 126.255.255.255$。A 类地址允许有 $2^7-2=126$ 个网络(网络号的 0 和 127 保留,用于特殊目的),每个网络有 $2^{24}-2=16777214$ 个主机。A 类 IP 地址主要分配给具有大量主机而局域网络数量较少的大型网络。

B 类地址的前两个字节表示网络号,且最前端的两个二进制数固定是"10"。因此其网络号的实际长度为 14 位,主机号的长度为 16 位,表示的地址范围是 $128.0.0.0 \sim 191.255.255.255$。B 类地址允许有 $2^{14}=16384$ 个网络,每个网络有 $2^{16}-2=65534$ 个主机。B 类 IP 地址适用于中等规模的网络,一般一些国际性大公司和政府机构等会使用到 B 类地址。

C 类地址的前 3 个字节表示网络号,且最前端的 3 个二进制数是"110"。因此其网络号的实际长度为 21 位,主机号的长度为 8 位,表示的地址范围是 $192.0.0.0 \sim 223.255.255.255$。C 类地址允许有 $2^{21}=2097152$ 个网络,每个网络有 $2^8-2=254$ 个主机。C 类 IP 地址结构适用于小型的网络,如一般的校园网、一些小公司的网络或研究机构的网络等。

D 类 IP 地址不标识网络,一般用于其他特殊用途,如供特殊协议向选定的节点发送信息时使用,又被称为广播地址,表示的地址范围是 $224.0.0.0 \sim 239.255.255.255$。

E 类 IP 地址尚未使用,暂时保留将来使用,表示的地址范围是 $240.0.0.0 \sim 247.255.255.255$。

从 IP 地址的分类方法来看,A 类地址的数量最少,共可分配 126 个网络,每个网络中最多有 1700 万台主机;B 类地址共可分配 16000 多个网络,每个网络最多有 65000 台主机;C 类地址最多,共可分配 200 多万个网络,每个网络最多有 254 台主机。

需要注意的是,5 类地址是完全平级的,没有任何从属关系。但由于 A 类 IP 地址的网络号数目有限,因此现在仅能够申请的是 B 类或 C 类两种。当某个企业或学校申请 IP 地址时,实际上申请到的只是一个网络号,而主机号则由该单位自行确定分配,只要主机号不重复即可。

近年来,随着 Internet 用户数目的急剧增长,可供分配的 IP 地址数目也日益减少。现在 B 类地址已基本分配完,只有 C 类地址尚可分配,原有 32 位长度的 IP 地址的使用已经显得相当紧张,而新的 IPv6 方案的 128 位长度的 IP 地址将会缓解目前 IP 地址的紧张状况。

4. 特殊类型的 IP 地址

除了上面 5 种类型的 IP 地址外,还有以下几种特殊类型的 IP 地址。

(1)多点广播地址

凡 IP 地址中的第一个字节以"1110"开始的地址都称为多点广播地址。因此,第一个字节大于 223 而小于 240 的任何一个 IP 地址都是多点广播地址。

(2)"0"地址

网络号的每一位全为"0"的 IP 地址称为"0"地址。网络号全为"0"的网络被称为本地子网,当主机想跟本地子网内的另一主机进行通信时,即可用到"0"地址。

(3)全"0"地址

IP 地址中的每一个字节都为"0"的地址(0.0.0.0),对应于当前主机。

(4)有限广播地址

IP 地址中的每一个字节都为"1"的 IP 地址(255.255.255.255)称为当前子网的广播地址。当不知道网络地址时,可以通过有限广播地址向本地子网的所有主机进行广播。

(5)环回地址

IP 地址一般不能以十进制数"127"作为开头。以"127"开头的地址,如 127.0.0.1,通常用于网络软件测试以及本地主机进程间的通信。

5. IP 地址和物理地址的转换

TCP/IP 的物理层所连接的都是具体的物理网络,物理网络都有确切的物理地址。IP 地址和物理地址还是有区别的,IP 地址只是在网络层中使用的地址,其长度为 32 位。物理地址是指在一个网络中对其内部的一台计算机进行寻址所使用的地址。物理地址工作在网络最底层,其长度为 48 位。通常将物理地址固化在网卡的 ROM 芯片中,因此有时也称之为"硬件地址"或"MAC 地址"。

IP 地址通常将物理地址隐藏起来,使 Internet 表现出统一的地址格式。但在实际通信时,物理网络使用的依然是物理地址,因为物理网络无法识别 IP 地址。对于以太网而言,当 IP 数据报通过以太网发送时,以太网设备并不识别 32 位 IP 地址,而是以 48 位的 MAC 地址传输以太网数据的。因此,在两者之间要建立映射关系,地址之间的这种映射称为地址解析。硬件编址方案不同,地址解析的算法也是不同的。例如,将 IP 地址解析为以太网地址的方案和将 IP 在地址解析为令牌环网地址的方法是不同的,因为以太网编址方案与令牌环网编址方案不同。通常,Internet 中使用较多的是查表法,即在计算机中存放一个从 IP 地址到物理地址的映射表,并将该表经常动态更新,通过查表找到对应的物理地址。

前面已经提到,地址解析工作由 ARP 来完成,如图 6-8 所示。ARP 是一个动态协议,之所以用"动态",是因为地址解析这个过程是自动完成的,一般用户无需关心此过程。网络中的每台主机都有一个 ARP 缓存,其中装有 IP 地址到物理地址的映射表。ARP 协议定义了两种基本信息:一种是请求信息,其中包含了一个 IP 地址和对应物理地址的请求;另一种是应答信息,其中包含了发来的 IP 地址和相应的物理地址。

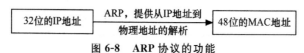

图 6-8 ARP 协议的功能

下面通过一个具体的例子来对 ARP 协议的具体工作过程进行讲述。

假设在一个局域网中,如果主机 A 要向另一台主机 E 发送 IP 数据报,如图 6-9 所示,具体的地址解析过程如下。

1)主机 A 在本地 ARP 缓存中查找是否有主机 E 的 IP 地址。如果有,就将其对应的物理地址找出来,然后写入数据帧中发送到此物理地址。

2)如果找不到主机 E 的 IP 地址,主机 A 就将一个包含另一台主机 E 的 IP 地址的 ARP 请求消息写入一个数据帧中,以广播的形式发送给网上所有主机。

3)每台主机收到该请求后都检测其中的 IP 地址,相匹配的目标主机 E 会向请求者发出一

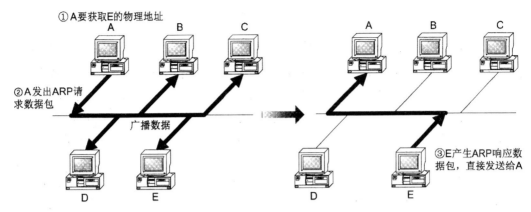

图 6-9　ARP 地址解析过程示意图

个 ARP 响应数据包,其中写入自己的物理地址;不匹配的其他主机则丢弃收到的请求,不回复任何消息。

4)主机 A 在收到主机 E 的 ARP 应答消息后,向 ARP 缓存中写入主机 E 的 IP 地址和物理地址的映射关系,以备后用。

在一个网络中如果经常发生添加计算机、撤掉计算机以及更换网卡的情况,都会使物理地址发生改变,通过 ARP 协议可以很好地建立并动态刷新映射表,以保证地址转换的正确性。在地址转换时,另一个协议——RARP(反向地址解析协议)涉及的可能性是有的。RARP 的作用和 ARP 刚好相反,是在只知道物理地址的情况下解析出对应的 IP 地址。

6.1.8　子网与子网掩码

1. 子网

IP 地址的 32 位二进制数所表示的网络数目是有限的,因为每一个网络都需要一个唯一的网络号来标识。在制定编码方案时,人们常常会遇到网络数目不够用的情况,采用子网寻址技术可以说是解决此问题的有效手段。所谓子网,是指把单一网络划分为多个物理网络,并使用路由器将其互连起来,如图 6-10 所示。

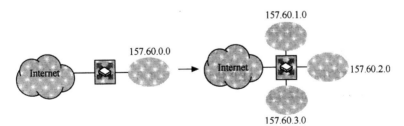

图 6-10　单一网络可分为若干子网互连

划分子网的方法是:从表示主机号的二进制数中划分出一定的位数作为本网的各个子网号,剩余的部分作为相应子网的主机号。划分多少位二进制给子网主要根据实际所需的子网数目而定。这样在划分了子网以后,IP 地址实际上就由网络号、子网号和主机号这三部分共同构成,如图 6-11 所示。

网络号	子网号	主机号

图 6-11 划分子网后的 IP 地址结构

划分子网是解决 IP 地址空间不足的一个有效措施。把较大的网络划分成小的网段,并由路由器、网关等网络互连设备连接,这样既可以充分使用地址、方便网络的管理,又能够有效地减轻网络拥挤、提高网络的性能。

2. 子网掩码

进行子网划分时,必须引入子网掩码的概念。子网掩码是一个 32 位二进制的数字,用于屏蔽 IP 地址的一部分以区分网络号和主机号,并说明该 IP 地址是在局域网上还是在远程网上。子网掩码的表示形式和 IP 地址的表示类似,也是用圆点"."分隔开的 4 段共 32 位二进制数。为了便于记忆,通常用十进制数来表示。

用子网掩码判断 IP 地址的网络号与主机号的方法是用 IP 地址与相应的子网掩码进行"AND"运算,这样可以区分出网络号部分和主机号部分。二进制"AND"运算规则如表 6-2 所示。

表 6-2 二进制"AND"运算规则

组合类型	结　果	组合类型	结　果
0"AND"0	0	1"AND"0	0
0"AND"1	0	1"AND"1	1

例如:

```
IP 地址:    11000000.00001010.00001010.00000110    192.10.10.6
子网掩码: 11111111.11111111.11111111.00000000    255.255.255.0
AND _____
          11000000.00001010.00001010.00000000    192.10.10.0
```

这是一个 C 类 IP 地址和子网掩码,该 IP 地址的网络号为"192.10.10.0",主机号为"6"。上述子网掩码的使用实际上是把一个 C 类地址作为一个独立的网络,前 24 位为网络号,后 8 位为主机号,一个 C 类地址可以容纳的主机数为 $2^8-2=254$ 个(全 0 和全 1 除外)。

3. A 类、B 类、C 类 IP 地址的标准子网掩码

由子网掩码的定义不难获知 A 类、B 类和 C 类地址的标准子网掩码,如表 6-3 所示。

表 6-3 IP 地址的标准子网掩码

地址类型	二进制子网掩码表示	十进制子网掩码表示
A 类	11111111 00000000 00000000 00000000	255.0.0.0
B 类	11111111 11111111 00000000 00000000	255.255.0.0
C 类	11111111 11111111 11111111 00000000	255.255.255.0

4. 子网掩码的确定

由于表示子网号和主机号的二进制位数分别决定了子网的数目和每个子网中的主机个数,

因此在确定子网掩码前,对实际要使用的子网数和主机数目必须要清楚明白。下面通过一个例子进行简单的介绍。

例如,某一私营企业申请了一个 C 类网络,假设其 IP 地址为"192.73.65.0",该企业由 10 个子公司构成,每个子公司都需要自己独立的子网络。确定该网络的子网掩码一般分为以下几个步骤。

1)确定是哪一类 IP 地址。该网络的 IP 地址为"192.73.65.0",说明是 C 类 IP 地址,网络号为"192.73.65"。

2)根据现在所需的子网数以及将来可能扩充到的子网数用二进制位来定义子网号。现在有 10 个子公司,需要 10 个子网,将来可能扩建到 14 个,所以将第 4 字节的前 4 位确定为子网号($2^4-2=14$)。前 4 位都置为"1",即第 4 字节为"11110000"。

3)把对应初始网络的各个二进制位都置为"1",即前 3 个字节都置为"1",则子网掩码的二进制表示形式为"11111111.11111111.11111111.11110000"。

4)将该子网掩码的二进制表示形式转化为十进制形式"255.255.255.240",即为该网络的子网掩码。

6.1.9　域名系统

前面已经讲到,IP 地址是 Internet 上主机的唯一标识,数字型 IP 地址对计算机网络来讲自然是最有效的,但是对使用网络的用户来说有不便记忆的缺点。与 IP 地址相比,人们更喜欢使用具有一定含义的字符串来标识 Internet 上的计算机。因此,在 Internet 中,用户可以用各种各样的方式来命名自己的计算机。但是这样就可能在 Internet 上出现重名,如提供 WWW 服务的主机都命名为 WWW,提供 E-mail 服务的主机都命名为 MAIL 等,不能唯一地标识 Internet 上的主机位置。为了解决重复的问题,Internet 网络协会采取了在主机名后加上后缀名的方法,这个后缀名称为域名,用来标识主机的区域位置,域名是通过申请合法得到的。

域名系统就是一种帮助人们在 Internet 上用名字来唯一标识自己的计算机,并保证主机名和 IP 地址一一对应的网络服务。

1. 域名系统的层次命名机构

所谓层次域名机制,就是按层次结构依次为主机命名。在 Internet 中,首先由中央管理机构(NIC,又称为顶级域)将第一级域名划分为若干部分,包括一些国家代码,比如中国用"CN"表示、英国用"UK"表示、日本用"JP"表示等;又由于 Internet 的形成有其历史的特殊性,主要是在美国发展壮大的,Internet 的主干网都在美国,因此在第一级域名中还包括美国的各种组织机构的域名,与其他国家的国家代码同级,都作为一级域名。

美国的主机中第一级域名一般直接说明其主机的性质,而不是国家代码。如果用户见到某主机的第一级域名由 COM 或 EDU 等构成,一般可以判断这台主机在美国(也有美国主机第一级域名为 US 的情况)。其他国家第一级域名一般都是其国家代码。

第一级域名将其各部分的管理权授予相应的机构,比如中国域 CN 授权给国务院信息办,国务院信息办再负责分配第二级域名。第二级域名往往表示主机所属的网络性质,比如是属于教育界还是政府部门等。中国地区的用户第二级域名有教育网(EDU)、邮电网(NET)、科研网(AC)、团体(ORG)、政府(GOV)、商业(COM)、军队(MIL)等。

第二级域名又将其各部分的管理权授予若干机构。如果用图形来表示,整个就像一棵倒长的树,如图 6-12 所示。

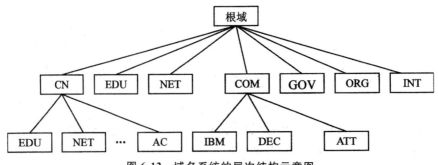

图 6-12　域名系统的层次结构示意图

一级域名的国家代码如表 6-4 所示。

表 6-4　一级域名的国家代码

国家名称	国家域名	国家名称	国家域名
美国	US	西班牙	ES
中国	CN	意大利	IT
英国	US	日本	JP
法国	FR	俄罗斯	RU
德国	DE	瑞典	SE
加拿大	CA	挪威	NO
澳大利亚	AU	韩国	KR

一级域名的美国机构组织代码如表 6-5 所示。

表 6-5　一级域名的组织机构

机构域名	机构名称	机构域名	机构名称
COM	商业组织	GOV	政府部门
EDU	教育机构	MIL	军事部门
ORG	各种非赢利性组织	INT	国际组织
NET	网络支持中心		

2. 域名的表示方式

Internet 的域名结构是由 TCP/IP 集的域名系统定义的。域名结构也和 IP 地址一样,采用典型的层次结构,其通用的格式如图 6-13 所示。

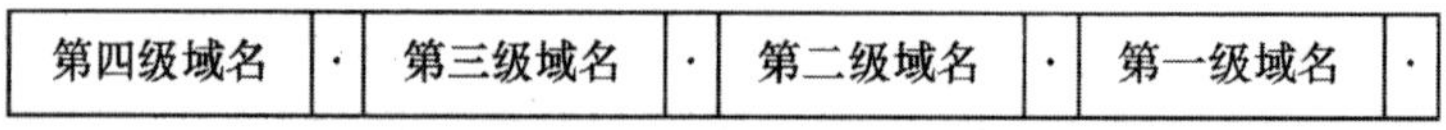

第四级域名	·	第三级域名	·	第二级域名	·	第一级域名	·

图 6-13　域名地址的格式

例如,在 www.scu.edu.cn 这个名字中,www 为主机名,由服务器管理员命名;scu.edu.cn

为域名,由服务器管理员合法申请后使用。其中,scu 表示四川大学,edu 表示国家教育机构部门,cn 表示中国。www.scu.edu.cn 就表示中国教育机构四川大学的 www 主机。

域名地址是比 IP 地址更高级、更直观的一种地址表示形式,因此实际使用时人们通常采用域名地址。应该注意的是,在实际使用中,有人将 IP 地址称为 IP 号,而将域名地址称为 IP 地址或者直接称之为地址。但是,Internet 中的地址还是应该分成 IP 地址和域名地址两种,叫法的区分也相当明显,但域名地址可以直接称为地址。

3. 域名服务器和域名的解析过程

(1)域名服务器的功能

Internet 上的主机之间是通过 IP 地址来进行通信的,而为了用户使用和记忆方便,通常习惯使用域名来表示一台主机。因此,在网络通信过程中,主机的域名必须要转换成 IP 地址,实现这种转换的主机称为域名服务器(DNS Server)。域名服务器是一个基于客户机/服务器的数据库,在这个数据库中,每个主机的域名和 IP 地址是保持一一对应关系的。域名服务器的主要功能是回答有关域名、地址、域名到地址或地址到域名的映射的询问以及维护关于询问类型、分类或域名的所有资源记录的列表。

为了对询问提供快速响应,域名服务器一般对以下两种类型的域名信息进行管理。

1)区域所支持的或被授权的本地数据。本地数据中可包含指向其他域名服务器的指针,而这些域名服务器可能提供所需要的其他域名信息。

2)包含有从其他服务器的解决方案或回答中所采集的信息。

(2)域名的解析过程

域名与 IP 地址之间的转换,具体可分为两种情况。一种是当目标主机(要访问的主机)在本地网络时,由于本地域名服务器中含有本地主机域名与 IP 地址的对应表,因此这种情况下的解析过程相对要简单一些。首先客户机向本地域名服务器发出请求,请求将目标主机的域名解析成 IP 地址,本地域名服务器检查其管理范围内主机的域名,查出目标主机的域名所对应的 IP 地址,并将解析出的 IP 地址返回给客户机。另一种是目标主机不在本地网络,这种情况下的解析过程要相对复杂一些。

例如,当某个客户机发出一个请求,要求 DNS 服务器解析 www.sina.com.cn 的地址时,具体的解析过程如下。

1)客户机先向自身指定的本地 DNS 服务器发送一个查寻请求,请求得到 www.sina.com.cn 的 IP 地址。

2)收到查寻请求的本地 DNS 服务器若未能在数据库中找到对应 www.sina.com.cn 的 IP 地址,就从根域层的域名服务器开始自上而下地逐层查寻,直到找到对应该域名的 IP 地址为止。

3)sina.com.cn 域名服务器给本地 DNS 服务器返回 www.sina.com.cn 所对应的 IP 地址。

4)本地 DNS 服务器向客户机发送一个回复,其中包含有 www.sina.com.cn 的 IP 地址。

整个域名的解析过程如图 6-14 所示。

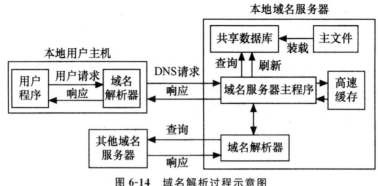

图 6-14　域名解析过程示意图

6.2　常见的 Internet 接入方式

6.2.1　接入方式概述

Internet 接入技术很多,除了之前最常见的拨号接入外,目前应用广泛的宽带接入相对于传统的窄带接入而言显示了其不可比拟的优势和强劲的生命力。宽带是一个相对于窄带而言的电信术语,为动态指标,用于度量用户享用的业务带宽,目前国际还没有统一的定义,一般而论,宽带是指用户接入传输速率达到 2 Mb/s 及以上、可以提供 24h 在线的网络基础设备和服务。

宽带接入技术主要包括以现有电话网铜线为基础的 xDSL 接入技术,以电缆电视为基础的混合光纤同轴(HFC)接入技术、以太网接入、光纤接入技术等多种有线接入技术以及无线接入技术。主要接入技术的部分典型特征通过表 6-6 一一给出。

表 6-6　Internet 主要接入技术的部分典型特征

Internet 接入技术	客户端所需主要设备	接入网主要传输媒介	传输速率 /bps	窄带 /宽带	有线 /无线	特　点
电话拨号接入	普通 Modem	电话线 (PSTN)	33.6~56K	窄带	有线	简单方便,但速度慢,应用单一;上网时不能打电话,只能接一个终端;可能出现线路繁忙、中途断线等
专线接入 (DDN、帧中继、数字电路等)	不同专线方式设备有所不同	电信专用线路	依线路而定	兼有	有线	专用线路独享、速度快、稳定可靠;但费用相对较高
ISDN 接入	NT1、NT2、ISDN 适配器等	电话线(ISDN 数字线路)	128K	窄带	有线	按需拨号,可以边上网边打电话;数字信号传输质量好,线路可靠性高;可同时使用多个终端,但应用有限

续表

Internet 接入技术		客户端所 需主要设备	接入网主要 传输媒介	传输速率 /bps	窄带 /宽带	有线 /无线	特　点
ADSL(xDSL)		ADSL Modem ADSL 路由器、 网卡、Hub	电话线	上行 1M 下行 8M	宽带	有线	安装方便、操作简单、无需拨号；利用现有电话线路，上网打电话两不误；提供各种宽带服务，费用适中，速度快；但受距离影响(3～5km)，对线路质量要求高，抵抗天气能力差
以太网接入 及高速以太 网接入		以太网接口 卡、交换机	五类双绞线	10M、100M、 1000M、1G、 10G	宽带	有线	成本适当、速度快、技术成熟；结构简单、稳定性高、可扩充性好；不能利用现有电信线路，要重新铺设线缆
HFC 接入		Cable Modem 机顶盒	光纤＋同轴 电缆	上行 320K～10M 下行 27M 和 36M	宽带	有线	利用现有有线电视网；速度快，是相对比较经济的方式；但信道带宽由整个社区用户共享，用户数增多，带宽就会急剧下降；安全上有缺陷，易被窃听；适用于用户密集型小区
光纤 FTTx 接入		光分配单元 ODU 交换 机、网卡	光纤铜线（引 入线）	10M、100M、 1000M、1G	宽带	有线	带宽大、速度快、通信质量高；网络可升级性能好，用户接入简单；提供双向实时业务的优势明显；但投资成本较高，无源光节点损耗大
电力线接入		——	电力线	——	宽带	有线	电力网覆盖面广；目前技术尚不成熟，仍处于研发中
无 线 接 入	卫星通信	卫星天线和 卫星接收 Modem	卫星链路	依频段、 卫星、 技术而变	兼有		方便、灵活；具有一定程度的终端移动性；
	LMDS	基站设备 BSE、室外单 元、室内单 元，无线网卡	高频微波	上行 1.544M 下行 51.84 ～155.52M	宽带	无线	投资少、建网周期短、提供业务快；可以提供多种多媒体宽带服务；但占用无线频谱，易受干扰和气候影响
	移动无线 接入	移动终端	无线介质	19.2K、 144K、 384K、2M	窄带		传输质量不如光缆等有线方式；移动宽带业务接入技术尚不成熟

总之,各种各样的接入方式都有其优缺点,不同需要的用户应该根据自己的实际情况做出合理选择,目前还出现了两种或多种方式综合接入的趋势,如 FTTx＋ADsL、FTTx＋HFC、ADSL＋WLAN(无线局域网)、FTTx＋LAN 等。

6.2.2 拨号接入

拨号入网是一种利用电话线和公用电话网(Public Switched Telephone Network,PSTN)接入 Internet 的技术。而目前的电话入户信号基本上都是模拟信号,计算机所处理和传输的信息都是数字化的,因此,计算机入网通信时必须有能够将数字信号和模拟信号进行相互转化的设备,这个设备就是调制解调器(Modem)。将数字信号转换为模拟信号的过程称为调制。将模拟信号转换为数字信号的过程称为解调。

Modem 从硬件上可分为内置式和外置式两种。内置 Modem 无独立电源,它是插在主板中的 ISA 插槽上工作的,也称为 Modem 卡。在以前的 Modem 中没有即插即用的功能,所以安装起来非常不方便。随着软硬件技术的不断完善,大多数 Modem 不需要更改任何跳线就能轻松安装。

外置 Modem 主要的优点是安装和拆卸比较方便,与内置的 Modem 相比,需要有一个独立的电源,但是它有许多优点,最主要的是它在主机外面,不受主机内的电磁场的干扰,因此不易掉线,并容易达到应有的传输速度。目前市场上流行的 Modem 主要是外置 Modem。

拨号入网需要的硬件包括一台计算机、一条电话线路、一个调制解调器。需要的软件包括 TCP/IP 软件和 SLIP/PPP 软件。此外,还需要向 ISP(Internet 服务提供商)申请一个用户账号和密码。

简单的拨号上网方式简便、易于操作,但网速较慢,容易掉线,目前已经逐渐被淘汰。拨号接入网络的方式如图 6-15 所示。

图 6-15　拨号接入网络方式

6.2.3 专线接入

对于上网计算机较多、业务量大的企业用户,租用电信专线的方式接入 Internet 可以说是不错的 Internet 接入方式。我国现有的几大基础数据通信网络——中国公用数字数据网(chinaDDN)、中国公用分组交换数据网(chinaPAC)、中国公用帧中继宽带业务网(chinaFRN)、无线数据通信网(chinaWDN)均可提供线路租用业务。因而广义上专线接入就是指通过 DDN、帧中继、X.25、数字专用线路、卫星专线等数据通信线路与 ISP 相连,借助 ISP 与 Internet 骨干网的连接通路访问 Internet 的接入方式。

其中,DDN 专线接入最为常见,应用较广。它利用光纤、数字微波、卫星等数字信道和数字交叉复用节点,传输数据信号,可实现 2 Mb/s 以内的全透明数字传输以及高达 155 Mb/s 速率的语音、视频等多种业务。DDN 专线接入时,对于单用户通过市话模拟专线接入的,可采用调制解调器、数据终端单元设备和用户集中设备就近连接到电信部门提供的数字交叉连接复用设备处;对于用户网络接入就采用路由器、交换机等。DDN 专线接入特别适用于金融、证券、保险业、外资及合资企业、交通运输行业、政府机关等。

6.2.4　ISDN 接入

综合业务数字网(Integrated Service Digital Network,ISDN)是一种能够同时提供多种服务的综合性的公用电信网络。

ISDN 由公用电话网发展起来,为解决电话网速度慢,提供服务单一的缺点,其基础结构是为提供综合的语音、数据、视频、图像及其他应用和服务而设计的。和普通电话网比起来,ISDN 在交换机用户接口板和用户终端一侧都有一定程度的改进,而对网络的用户线来说,两者是完全兼容的,无须修改,从而使普通电话升级接入 ISDN 网所要付出的代价较低。ISDN 所提供的拨号上网的速度可高达 128 kb/s,能快速下载一些需要的文件和 Web 网页,使 Internet 的互动性能得到更好的发挥。另外,ISDN 可以同时提供上网和电话通话的功能,电话拨号所带来的不便得到了很好地解决。

使用标准 ISDN 终端的用户需要电话线、网络终端(如 NT1)、各类业务的专用终端(如数字话机)3 种设备。使用非标准 ISDN 终端的用户需要电话线、终端适配器(TA)或 ISDN 适配卡、网络终端、通用终端(如普通话机)4 种设备。一般的家庭用户使用的都是非标准 ISDN 终端,即在原有的设备上再添加网络终端和适配器或 ISDN 适配卡就可以实现上网功能,如图 6-16 所示。

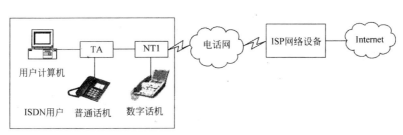

图 6-16　ISDN 接入

6.2.5　xDSL 接入

xDSL 是一系列利用现有电话铜缆进行数据传输的宽带接入技术,是数字用户线路 DSL (Digital Subscribe Line)的总称。xDSL 的工作频段一般要比话音频带高一些,采用先进的 DMT(离散多音频调制)和调制解调技术,实现电话铜缆上的高速接入。xDSL 分为 2 大类:速率对称型 DSL 技术,如 HDSL、SDSL、IDSL;速率非对称型 DSL 技术,如 ADSL、VDSL、VADSL、RADSL 和 CDSL。

xDSL 的功能从理论上来说属于物理层,主要实现信号的调制、提供接口类型等一系列底层的电气特性。xDSL 技术的接入结构如图 6-17 所示。xTU-R 是 xDSL 远端传输单元,xTU-C 是 xDSL 局端传输单元。如果不需要同时支持数据和话音业务的传输,则分离器也就没有存在的必要。XTU-C 包括中心,ADSL Modem 和接入多路复用系统(DSLAM),xTU-R 模块由用户 ADSL Modem 和滤波器组成。

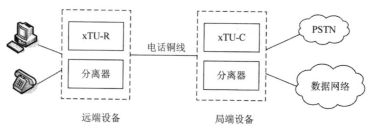

图 6-17　xDSL 的网络接入结构

xDSL 技术有 3 种数据传输模式。

①STM(同步传输模式):在 xDSL 链路上承载并传输 STM 帧(固定速率的数据流),固定分配带宽,用户专用,但浪费资源。

②ATM(异步转移模式):在链路上承载并传输 ATM 信元,这曾经是主要模式。

③PTM(分组转移模式):在链路上承载并传输长度可变的分组,这是一种最新模式,顺应 IP 技术,发展潜力也最为客观。

ADSL(非对称数字用户线系统)是 xDSL 技术中最标准、最成熟、市场响应最积极的技术。ADSL 的上下行速率非对称,采用 FDM(频分复用)技术和 DMT 调制技术(离散多音频调制,基于离散傅立叶变换对并行数据进行调制解调),在不对话音业务造成影响的前提下,利用原有的电话双绞线进行高速数据传输。如图 6-18 所示,ADSL 的频谱划分 0~4 kHz 给传统电话业务,25.875~138 kHz 用于上行数据传输,140~1104 kHz 用于下行数据传输。ADSL 能够向终端用户提供 8 Mb/s 的下行传输速率和 1 Mb/s 的上行传输速率,是传统的 Modem 拨号上网和 IS-DN 无法比拟的。

ADSL 无须改动现有的铜缆网络设施就能提供宽带业务。目前,众多 ADSL 厂商在技术实现上,普遍将先进的 ATM 技术融入到 ADSL 设备中,提高了整个 ADSL 接入的总体性能,为用户提供了可靠的接入带宽,为 ADSL 星型组网方式提供了强有力的支撑,而且完成了与 ATM 接口的无缝互连,实现了与 ATM 骨干网的完美结合。

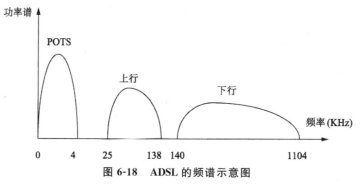

图 6-18　ADSL 的频谱示意图

VDSL 是另一个较成熟的 xDSL 技术,下行速率可以达到 51~55 Mb/s,上行速率可以达到 1.6~2.3 Mb/s。但其覆盖范围只有 300~1800m,限制了其在广域网中的应用。

6.2.6　HFC 接入

为了解决终端用户接入 Internet 速率较低的问题,人们一方面通过 xDSL 技术充分提高电话线路的传输速率,另一方面尝试利用目前覆盖范围广、最具潜力、带宽高的有线电视网

(CATV),CATV 是由广电部门规划设计的用来传输电视信号的网络。从用户数量看,我国已拥有世界上最大的有线电视网,其覆盖率比电话网还要高。充分利用这一资源,改造原有线路,变单向信道为双向信道以实现高速接入 Internet 的思想推动了 HFC 的出现和发展。

（1）HFC 概念

光纤同轴电缆混合网 HFC(Hybrid Fiber Coaxial)是一种新型的宽带网络,也可以说是有线电视网的延伸。它采用光纤从交换局到服务区,而在进入用户的"最后一公里"采用有线电视网同轴电缆。它可以提供电视广播（模拟及数字电视）、影视点播、数据通信、电信服务（电话、传真等）、电子商贸、远程教学与医疗以及丰富的增值服务（如电子邮件、电子图书馆）等。

HFC 接入技术是以有线电视网为基础,采用模拟频分复用技术,综合应用模拟和数字传输技术、射频技术和计算机技术所产生的一种宽带接入网技术。以这种方式接入 Internet 可以实现 10～40 Mb/s 的带宽,用户可享受的平均速度是 200～500 Kbps,最快可达 1500 Kbps,用它可以享受宽带多媒体业务,并且可以绑定独立 IP。

（2）HFC 频谱

HFC 支持双向信息的传输,因而其可用频带划分为上行频带和下行频带。所谓上行频带是指信息由用户终端传输到局端设备所需占用的频带;下行频带是指信息由局端设备传输到用户端设备所需占用的频带。我国分段频率如表 6-7 所示。

表 6-7 我国 HFC 频谱配置表

频　　　段	数据传输速率	用　　　途
5～50 MHz	320 Kbps～5 Mb/s 或 640 Kbps～10 Mb/s	上行非广播数据通信业务
50～550 MHz		普通广播电视业务
550～750 MHz	30.342 Mb/s～42.884 Mb/s	下行数据通信业务,如数字电视和 VOD 等
750 MHz 以上	暂时保留以后使用	

（3）HFC 接入系统

HFC 网络中传输的信号是射频信号 FR(Radio Frequency),即一种高频交流变化电磁波信号,类似于电视信号,在有线电视网上传送。整个 HFC 接入系统由三部分组成:前端系统、HFC 接入网和用户终端系统,如图 6-19 所示。

1）前端系统。有线电视有一个重要的组成部分——前端,如常见的有线电视基站,它用于接收、处理和控制信号,包括模拟信号和数字信号,完成信号调制与混合,并将混合信号传输到光纤。其中处理数字信号的主要设备之一就是电缆调制解调器端接系统 CMTS(Cable Modem Termination System),它包括分复接与接口转换、调制器和解调器。

2）HFC 接入网。HFC 接入网是前端系统和用户终端之间的连接部分,如图 6-20 所示。其中馈线网（即干线）是前端到服务区光节点之间的部分,为星型拓扑结构。它区别于有线电视网的是采用一根单模光纤代替了传统的干线电缆和有源干线放大器,传输上下行信号更快、质量更高、带宽更宽。配线是服务区光节点到分支点之间的部分,采用同轴电缆,并配以干线/桥接放大器,为树形结构,覆盖范围可达 5～10km,这一部分至关重要,其好坏跟整个 HFC 网的业务量和业务类型有直接关系。最后一段为引入线,是分支点到用户之间的部分,其中一个重要的元器件为分支器,它作为配线网和引入线的分界点,是信号分路器和方向耦合器结合的无源器件,用于

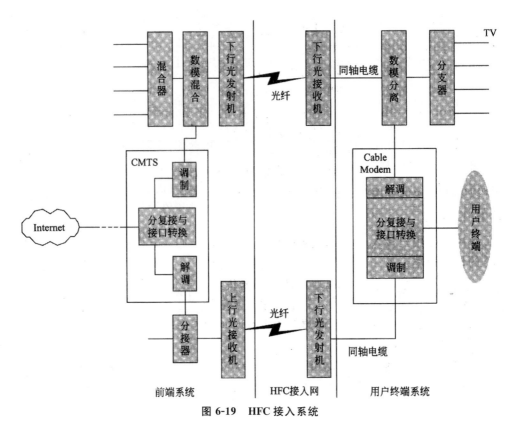

图 6-19　HFC 接入系统

将配线的信号分配给每一个用户，一般每隔 40～50m 就有一个分支。引入线负责将分支器的信号引入到用户，使用复合双绞线的连体电缆（软电缆）作为物理媒介，区别于配线网的同轴电缆。

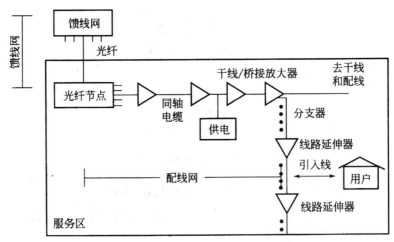

图 6-20　HFC 接入网结构

3）用户终端系统。用户终端系统指以电缆调制解调器 CM（Cable Modem）为代表的用户室内终端设备连接系统。Cable Modem 是一种将数据终端设备连接到 HFC 网，以使用户能和 CMTS 进行数据通信，访问 Internet 等信息资源的连接设备。它主要用于有线电视网进行数据传输，它彻底解决了由于声音图像的传输而引起的阻塞，传输速率高。Cable Modem 工作在物理层和数据链路层,其主要功能是将数字信号调制到模拟射频信号以及将模拟射频信号中的数字信息解调出来供计算机处理。除此之外,Cable Modem 还提供标准的以太网接口,部分完成网桥、路由器、网卡和集线器的功能。CMTS 与 Cable Modem 之间的通信是点到多点、全双工的,这点体现了与普通 Modem 的点到点通信和以太网的共享总线通信方式的区别。

依据图 6-19 分别从上行和下行两条线路来看 HFC 系统中信号传送过程。

1)下行方向。在前端,所有服务或信息经由相应调制转换成模拟射频信号,这些模拟射频信号和其他模拟音频、视频信号经数模混合器由频分复用方式合成一个宽带射频信号,加到前端的下行光发射机上,并调制成光信号用光纤传输到光节点并经同轴电缆网络、数模分离器和 Cable Modem 将信号分离解调并传输到用户。

2)上行方向。用户的上行信号采用多址技术(如 TDMA、FDMA、CDMA 或它们的组合)通过 Cable Modem 复用到上行信道,由同轴电缆传送到光节点进行电光转换,然后经光纤传至前端,上行光接收机再将信号经分接器分离、CMTS 解调后传送到相应接收端。

(4)机顶盒

机顶盒 STB(set top box)是一种扩展电视机功能的新型家用电器,由于常放于电视机顶上,所以称为机顶盒。目前的机顶盒多为网络机顶盒,操作系统和互联网浏览软件都包含在其内部,通过电话网或有线电视网连接互联网,使用电视机作为显示器,从而实现没有电脑的上网。

6.2.7 光纤接入

光纤接入技术与其他接入技术(如铜缆、同轴电缆、5 类线、无线等)相比,最大的优势是可用带宽远远大于其他接入技术。光纤接入网络还具有传输质量好、传输距离长、抗干扰能力强、网络可靠性高、节约管道资源、盗接线头困难、保密性强等特点。另外,设备的标准化程度比较高,对降低生产和运行维护成本非常有利。

根据光网络单元的位置,光纤接入方式可分为如下几种:FTTR(光纤到远端接点)、FTTB(光纤到大楼)、FTTC(光纤到路边)、FTTZ(光纤到小区)、FTTH(光纤到用户)。光网络单元具有光/电转换、数据复用,以及向用户终端馈电和信令转换等功能。

光纤接入网从技术上可分为两大类:有源光网络 AON(Active Optical Network)和无源光网络 PON(Passive Optical Network)。有源光网络又可分为基于 SDH 的 AON 和基于 PDH 的AON。在此着重讲述以太网接入和 PON 技术。

1. 以太网接入技术

从 20 世纪 80 年代开始,以太网就成为最普遍采用的网络技术。传统以太网技术算不上是接入网,而属于用户驻地网(CPN)。但近年来,以太网技术正向接入网领域扩展。利用以太网作为接入技术的主要原因如下。

1)以太网具有巨大的网络基础和长期的实践经验。

2)性价比高,可扩展性强,容易安装,可靠性高。

3)目前所有流行的操作系统和应用都兼容以太网。

ETTH(以太网到户)接入网方案,不仅使用户的“最后一公里”的接入带宽问题得到了很好地解决,还可以承载高速互联网访问、IPTV 和 VOIP 等多业务,且提供了电信级的业务和用户管理能力。以太网接入容量分为 10 Mb/s/100 Mb/s/1000 Mb/s,10 Gb/s 的以太网系统也已经问世。以太网接入技术提供的网管功能,能进行配置管理、性能管理、故障管理和安全管理;还可以向计费系统提供丰富的计费信息，能采用按信息量、连接时长或包月制等计费方式。

如图 6-21 所示为以太网接入网络结构，主要设备由局端设备和用户设备组成。局端设备主要是光纤以太网设备，以第二/三层 LAN 交换机、SONET 设备和 DWDM 为基础，具有汇聚用户设备网管信息的功能。一般放置在小区机房或大厦机房，通过光纤以 1000 Mb/s/100 Mb/s 速率与 Internet 边缘路由器或汇集交换机相连。光纤交换机通过光纤和 5 类线以全双工 100 Mb/s 速率与放置在居民楼或楼层内的光网络单元或以太网交换机相连。用户设备提供与用户终端计算机连接的 10/100 BASE-T 接口。

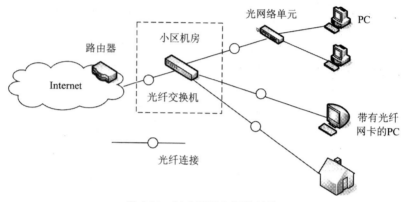

图 6-21 以太网接入网络结构

ETTH 适合密集型的居住环境，符合中国国情。中国住户大多集中居住，尤其适合发展光纤到小区，再以快速以太网连接用户的接入方式。目前大部分的商业大楼和新建住宅楼都进行了综合布线，将以太网布到了桌面。以太网接入能给每个用户提供 10 Mb/s 或 100 Mb/s 的接入速率，是其他方式的几倍或者几十倍。ADSL 和 Cable Modem 的造价和成本平均每户超过 1000 元，而以太网每户费用在几百元左右。在商业大楼、新建居民区、学校、医院等地，以太网接入方式的优势非常明显。

2. 无源光网络

所谓无源是指从局端的光线路终端 OLT(Optical Line Terminal)到用户端的光网络单元 ONU(Optical Network Unit)之间的光分配网 ODN(Optical Distribution Network)没有电子有源设备，即无信号放大。在 PON 网络中，ODN 是只包含分光器的无源设备，OLT 和 ONT 是系统中仅有的有源单元。这样的中间网络系统，使运营商的运营维护成本得到了很大程度地降低。PON 的业务透明性较好，原则上可适用于任何制式和速率信号。

PON 的具体架构如图 6-22 所示，是点到多点的网络结构，主要由 OLT、ODN 和 ONU 组成，由无源光分路器件将 OLT 的光信号分到树型网络的各个 ONU。OLT 放置在中心局端，提供与中心局设备的接口(光电转换、物理接口)和与 ODN 的光接口，分配和控制信道的连接，拥有实时监控、管理及维护功能。ONU 放置在用户侧，提供用户到接入网的接口(光电转换、物理接口)和用户业务适配功能(速率适配、信令转换)。OLT 与 ONU 之间通过无源光合/分路器连接。ODN 为 OLT 和 OUN 之间提供光传输技术，由光连接器和光分路器 OBD(Optical Branching Device)组成，使光信号功率的分配及光信号的分/复接功能得以顺利完成。在 OLT 向各 ONU 的数据传输方向(下行)上，OLT 采用广播通信，将局端数据封装成连续时隙流发送；而各 ONU 从收到的时隙流中取出属于自己的数据。在 ONU 向 OLT 发送数据的上行方向上，可以采用 TDMA 技术,突发传输时隙流;也可以采用固定带宽分配技术,各 ONU 先向 OLT 申请带宽,获得授权后在指定时隙发送数据。

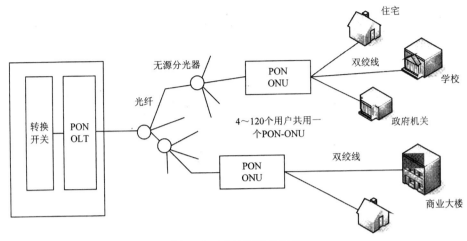

图 6-22 PON 网络的架构

随着 PON 技术应用规模的扩大和芯片成本的不断降低,光纤和光设备的费用随之降低,并可以实现宽带数据业务与有线电视业务的共网传输,所以 PON 是实现 FTTx 的理想宽带接入方式。根据承载的网络协议,PON 可以分为 APON 和 EPON 两类。

APON 技术发展比较早,利用 ATM 的集中和统计复用,再结合无源分路器对光纤和光线路终端的共享作用,使成本比传统的 PDH/SDH 接入系统低 20%~40%。APON 采用基于 ATM 信元的传输系统,允许接入网中的多个用户共享整个带宽。这种统计复用的方式更加使网络资源得到了更大程度地应用,具有综合业务接入、QoS 服务质量保证等特点。ITU-T 的 G.983 建议规范了 ATM-PON 的网络结构、基本组成和物理层接口,我国原信息产业部也已制定了完善的 APON 技术标准。

许多国家都曾实验 APON 接入网。欧洲关于 APON 的研究是 ACTSAC022 Bonaparte 项目,其在 4 个国家分别进行用户实验,并根据用户的实际需求提供远程医疗、远程教学等多媒体宽带业务。在 Bonaparte 中使用的 APON 连接 32 个终端,可以支持最大距离为 10 千米的 81 个用户。接入系统总的传输容量为上行和下行各 622 Mb/s,每个用户使用的带宽可以从 64 kb/s 到 155 Mb/s 灵活划分。在国内光通信领域,华为和烽火通信、北邮电信等,一商已经先后研制成功实用化的 APON 产品,这标志着 APON 技术已迈出实验室,进入了规模化商用的阶段。而目前中国电信已在多个城市开始试验采用 APON 技术,中国联通、中国网通等运营商也比较关注 APON 技术,准备在其网络中大量采用 APON 技术来实现商业大楼、企业用户的接入。

但是 APON 有两个主要问题。一是传输速率不够高,下行为 622 Mb/s 或 155 Mb/s,上行为 155 Mb/s,带宽被 16~32 个 ONU 所分享,每个 ONU 只能得到 5~20 Mb/s。另一个更重要的问题是,与以太网设备相比,ATM 交换机和 ATM 终端设备相当昂贵。而且,互联网工作在 TCP/IP 协议上,用户终端设备都是 IP 设备,采用 ATM 技术必须将 IP 包拆分后重新封装为 ATM 信元,增加了网络的开销,造成网络资源的浪费。

在这种背景下,IEEE 在 2000 年底引入了一种新的接入技术标准——EPON(Ethernet over PON)。虽然 APON 对实时业务的支持性能优越,但随着 MPLS 等新的 IP 服务质量技术的采用,EPON 完全可能以相对较低的成本提供足够的 QoS 保证。加之价格优势非常明显,EPON 被认为是解决电信接入瓶颈,最终实现光纤到家的优秀过渡方案。随着数据业务的快速增长和快速以太网、G 比特以太网的部署,EPON 具有更大的应用前景。

EPON 系统具有众多优点。首先,EPON 系统能够提供高达 1 Gbps 的上下行带宽,并且由于 EPON 采用复用技术,支持更多的用户,每个用户可以享受到更大的带宽。另外,EPON 只在 IEEE 802.3 的以太数据帧格式上做必要的改动,在以太帧中加入时戳(Time Stamp)、PON-ID 等内容。所以,其不采用昂贵的 ATM 设备和 SONET 设备,兼容现有的以太网,使系统结构得到很大程度地简化。而 PON 结构本身就决定了网络的可升级性比较强,只要更换终端设备,就可以使网络升级到 10 Gbps。EPON 能够实现综合业务接入,不仅能综合现有的有线电视、数据和话音业务,还能兼容如数字电视、VoIP、电视会议和 VOD 等业务。此外,EPON 还通过已定义的接口与电信管理网相连,进行配置、性能、故障、安全及计费管理。

和其他接入技术比起来,光纤接入技术的最大问题是成本比较高。尤其是光结点离用户越近,每个用户分摊的接入设备成本就越高。与无线接入技术相比,光纤接入网还需要管道资源。这也是很多新兴运营商看好光纤接入技术,但又不得不选择无线接入的重要原因。

6.2.8　无线接入

无线接入技术是指从业务节点到用户终端之间的全部或部分传输设施采用无线手段,向用户提供固定和移动接入服务的技术。采用无线通信技术将各用户终端接入到核心网的系统,或者是在市话端局或远端交换模块以下的用户网络部分采用无线通信技术的系统都统称为无线接入系统。由无线接入系统所构成的用户接入网称为无线接入网。

(1)无线接入的分类

无线接入按接入方式和终端特征通常分为固定接入和移动接入两大类。

1)固定无线。接入指从业务节点到固定用户终端采用无线技术的接入方式,用户终端不含或含有的移动性非常有限。此方式是用户上网浏览及传输大量数据时的必然选择,主要包括卫星、微波(LMDS)、扩频微波、无线光传输和特高频。

2)移动无线接入。指用户终端移动时的接入,包括移动蜂窝通信网(GSM、CDMA、TDMA、CDPD、CDMA、OFDM)、无线寻呼网、无绳电话网、集群电话网、卫星全球移动通信网以及个人通信网等,是当前接入研究和应用中很活跃的一个领域。

无线接入是本地有线接入的延伸、补充或临时应急方式。此部分仅重点介绍固定无线接入中的卫星通信接入和 LMDS 接入,以及移动无线接入中的 WAP 技术和移动蜂窝接入。

(2)卫星通信接入

利用卫星的宽带 IP 多媒体广播可使 Internet 带宽的瓶颈问题得到很好地解决,由于卫星广播具有覆盖面大、传输距离远、不受地理条件限制等优点,利用卫星通信作为宽带接入网技术,在我国复杂的地理条件下,是一种有效方案并且有很大的发展前景。目前,应用卫星通信接入 Internet 主要有两种方案,全球宽带卫星通信系统和数字直播卫星接入技术。

全球宽带卫星通信系统,将静止轨道卫星 GEO(Geosynchronous Earth Orbit)系统的多点广播功能和低轨道卫星 LEO(Low Earth Orbit)系统的灵活性和实时性结合起来,可为固定用户提供 Internet 高速接入、会议电视、可视电话、远程应用等多种高速的交互式业务。也就是说,利用全球宽带卫星系统可建设宽带的"空中 Internet"。

数字直播卫星接入 DBS(Direct Broadcasting Satellite)，利用位于地球同步轨道的通信卫星将高速广播数据送到用户的接收天线，所以一般也称为高轨卫星通信。DBS 主要是广播系统，Internet 信息提供商将网上的信息与非网上的信息按照特定组织结构进行分类，根据统计的结果将共享性高的信息送至广播信道，由用户在用户端以订阅的方式接收，使用户的共享需求得到最大程度地满足。用户通过卫星天线和卫星接收 Modem 接收数据，回传数据则要通过电话 Modem 送到主站的服务器。DBS 广播速率最高可达 12 Mb/s，通常下行速率为 400 kb/s，上行速率为 33.6 kb/s，下行速率比传统 Modem 高出 8 倍，为用户节省 60% 以上的上网时间，还可以享受视频、音频多点传送、点播服务。

（3）LMDS 接入技术

本地多点分配业务 LMDS(Local Multipoint Distribution Service，LMDS)，传输容量可与光纤比拟，同时又具有无线通信经济和易于实施等优点。作为一种新兴的宽带无线接入技术，LMDS 为交互式多媒体应用以及大量电信服务提供经济和简便的解决方案，并且可以提供高速 Internet 接入、远程教育、远程计算、远程医疗和用于局域网互连等。

LMDS 工作于毫米波段，以高频(20～43 GHz)微波为传输介质，以点对多点的固定无线通信方式，提供宽带双向语音、数据及视讯等多媒体传输，其可用频带至少 1 GHz，上行速率为 1.544～2 Mb/s，下行可达 51.84～155.52 Mb/s。LMDS 实现了无线"光纤"到楼，是最后一公里光纤的灵活替代技术。

LMDS 的缺点是信号易受干扰、覆盖范围有限，并且受气候影响大，抗雨衰性能差。

一个完整的 LMDS 系统由本地光纤骨干网、网络运营中心、基站系统 BSE(Base Station Equipment)、用户端设备 CPE(Customer Premise Equipment)这四部分共同构成。

（4）WAP 技术

无线应用协议 WAP(Wireless Application Protocol)是由 WAP 论坛制定的一套全球化无线应用协议标准。它是以已有的 Internet 标准为基础的，如 IP、HTTP、URL 等，并针对无线网络的特点进行了优化，使得互联网的内容和各种增值服务适用于手机用户和各种无线设备用户。WAP 独立于底层的承载网络，可以运行于多种不同的无线网络之上，如移动通信网（移动蜂窝通信网）、无绳电话网、寻呼网、集群网、移动数据网等。WAP 标准和终端设备也相对独立，适用于各种型号的手机、寻呼机和个人数字助手等。

WAP 网络架构由三部分组成，即 WAP 网关、WAP 手机和 WAP 内容服务器。移动终端向 WAP 内容服务器发出 URL 地址请求，用户信号经过无线网络，通过 WAP 协议到达 WAP 网关，经过网关"翻译"，再以 HTTP 协议方式与 WAP 内容服务器交互，最后 WAP 网关将返回的 Internet 丰富信息内容压缩、处理成二进制码流返回到用户尺寸有限的 WAP 手机的屏幕上。

（5）移动蜂窝接入

移动蜂窝 Internet 接入主要包括基于第一代模拟蜂窝系统的 CDPD 技术，基于第二代数字蜂窝系统的 GSM 和 GPRS，以及在此基础上的改进数据率 GSM 服务 EDGE(Enhanced Eatarate for GSM Evolution)技术，目前，第三代蜂窝系统 3G 已经非常普及，而 4G 也已经迅速抢夺市场。相信随着信息的不断进步，将会实现更快速的移动通信 Internet 无线接入。

6.2.9 PCL 接入

电力线通信 PLC(Power Line Communication)技术是一种利用电力线传输数据和话音信号

的通信方式。其使用特殊的转换设备,将互联网运营商提供的宽带网络信号接入小区局端电力线,用户计算机只要通过电力调制解调器连接到室内日用交流电源插座上,就可享受 4.5~45 Mb/s 的高速网络接入。

PLC 利用 1.6~30 MHz 频带范围传输信号。在发送时,利用 GMSK 或 OFDM 调制解调技术传输数据。PLC 设备分为局端设备和用户端设备。局端设备负责与内部 PLC 调制解调器的通信和与外部网络的连接。用户端设备是 PLC 调制解调器,如图 6-23 所示。

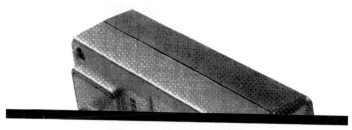

图 6-23　PLC 调制解调器

以一个住宅小区为例。假设住宅楼每栋有 5~6 层,分为多个单元,每个单元有独立的楼梯,每层 2~4 户。一栋楼通常有 60~100 户。其采用的是低压配电网结构:一台配电变压器负责 5~6 栋楼,每个单元有一条电力线从底层一直到达顶层,每个楼层有该层用户的电表,一层有该单元所有用户的总电表。以配电网物理网络作为划分基础,一个单元放置一台 PLC 局端设备,用户共享电力线,如图 6-24 所示。设备将传统的以太网信号转化成在 220V 的电力线上顺利传输的高频信号,采用耦合器将信号耦合到三相四线中。用户较少时,可以扩大共享范围为多个单元甚至多栋楼。PLC Modem 通过 USB、RJ-45 等接口与用户计算机相连,使端到端 2 Mb/s 带宽得到保证。该方案针对用户相对集中、上网需求较少的住宅楼。如果单元的电表是集中放置时更可在电表后进行信号耦合,此时信号加入后不受电表的磁场干扰,信号分配均匀,受电源总负荷变化的影响力小。国内的电力线上网用户已经达接近 50 万。

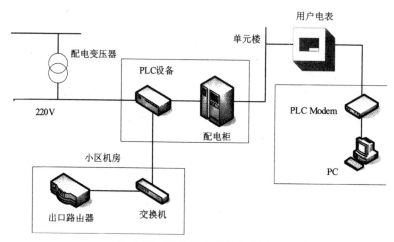

图 6-24　PLC 网络互连示意图

PLC 技术的优点如下。

1)成本低。对运营商而言,PLC 技术直接使用现有的电力网就可以实现通信,无需另外铺设电话线、光电缆等,使得在基础网络设施上的投资在很大程度上得以减少。

2)PLC 能够通过电力线将整个家庭的电器与网络联为一体,构成信息家电网络。

3)网络资源丰富。电力网络规模之大,是其他网络无法比拟的。运营商可以轻松地将网络接入服务渗透到每一个家庭。

但 PLC 技术的缺点也很明显,主要包括如下。

1)电力线网络存在着不稳定和不安全的问题。由于每一个家庭的用电量不同,用电负荷也不断发生变化,会影响网络传输质量。

2)电信公司和技术公司对此技术关注度不够,仍处于小规模的试验阶段。

3)带宽拓宽问题。相对于其他成熟的接入技术,PLC 技术必须寻求宽带拓宽的空间。如果不能提供更高的数据传输速度,就会面临淘汰。

6.3　Internet 的应用

6.3.1　文件传输协议

文件传输协议(File Transfer Protocol,FTP)是一个常见的网络应用,它主要用于文件传输。文件传输(file transfer)区别于文件访问(file access)。文件传输是指客户将文件从服务器上下载下来,或者是客户将文件上载到服务器上去。而文件访问一般指的是客户在线访问服务器上的文件,可以对服务器上的文件进行在线操作。要使用 FTP,前提是用户拥有 FTP 服务器的账号(用户名)和口令,或者是 FTP 服务器支持匿名访问。

1. 工作原理

FTP 最早的设计是支持在两台不同的主机之间进行文件传输,这两台主机可能运行不同的操作系统,使用不同的文件结构,并可能使用不同的字符集。FTP 支持种类有限的文件类型(如ASCII、二进制文件类型等)和文件结构(如字节流、记录结构)。

FTP 应用需要建立两条 TCP 连接,一条为控制连接,另一条为数据连接。FTP 服务器被动打开 21 号端口,并且等待客户的连接建立请求。客户则以主动方式与服务器建立控制连接。客户通过控制连接将命令传给服务器,服务器通过控制连接将应答传给客户,命令和响应都是以NVT ASCII 形式表示的。

而客户与服务器之间的文件传输则是通过数据连接来进行的。图 6-25 给出了 FTP 客户和服务器之间的连接情况。

从图中可以看出,FTP 客户进程通过"用户接口"向用户提供各种交互界面,并将用户键入的命令转换成相应的 FTP 命令。

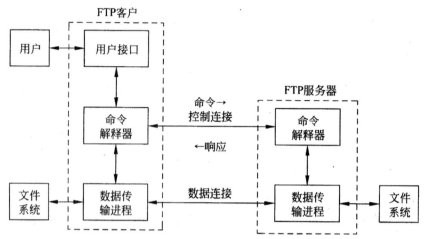

图 6-25　FTP 客户与服务器之间的 TCP 连接

2. 数据连接建立

FTP 控制连接在 FTP 客户/服务器连接的全过程中一直保持,但是数据连接可以随时建立、随时撤销。那么,客户或服务器如何为数据连接选择端口号呢? 是客户还是服务器负责发起数据连接的建立过程的?

首先,前面说过通用的文件传输方式(UNIX 环境下唯一的文件传送方式)是流方式,并且文件结尾是以关闭数据连接为标志的,也就是说对每一个文件传送或者目录列表来说都要建立一条新的数据连接。数据连接建立的过程如下:

1)一般情况下,数据连接都是由于客户发出 FTP 命令而建立的,因此数据连接是在客户控制下建立的。

2)客户通常在客户端主机上为将要建立的数据连接选择一个临时端口号,并且被动打开该端口等待 FTP 服务器的数据连接建立请求,如图 6-26 所示。

图 6-26　FTP 客户再控制连接上发送 PORT 命令

3)客户使用 PORT 命令从控制连接上把临时端口号发往服务器,如图 6-27 所示。

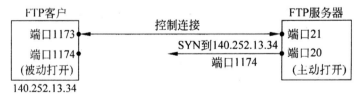

图 6-27　主动建立数据连接的 FTP 服务器

4)服务器在控制连接上得到端口号,并向客户发出一个建立数据连接的请求。而服务器的数据连接使用 20 这个端口号。

图 6-27 给出了第 3 步执行时的连接状态。假设客户用于控制连接的临时端口是 1173,用于

数据连接的临时端口是 1174。客户发出的命令是 PORT，其参数是 6 个十进制数字，用逗号将数字之间隔开。前面 4 个数字指明客户上的 IP 地址，服务器发出指向这个地址的建立连接请求（本例中是 140.252.13.34），后 2 个数字指明 16 比特端口地址。由于 16 比特端口地址是从这 2 个十进制数字中推导得来的，所以在本例中客户端数据连接所使用的端口号是 $4 \times 256 + 150 = 1174$。

FTP 服务器总是主动打开数据连接（在 20 号端口上），通常也主动关闭数据连接，只有当客户向服务器发送流形式的文件时，才需要客户来关闭连接（客户给服务器发送完文件就结束命令）。

客户也有可能不发出 PORT 命令，而是由服务器向正被客户使用的同一端口发出主动打开数据连接的命令而结束控制连接。这种方式是没有问题的，因为服务器面向这两个连接的端口号是不同的：一个是 20，另一个是 21，但是这种方式现在用的不是很多。服务器主动建立连接的是标准方式，采用 20 号端口；另外还有被动方式。前者非常普遍，如 CuteFTP 的工作过程。

3. 匿名 FTP

一般情况下，要使用 FTP，用户必须在远程服务器上有账号（用户名）和口令。对于某些 FTP 服务器来说，要访问它们，用户不需要拥有账号和口令，而可以使用 anonymous 作为用户名并使用 guest 或者用户的 E-mail 作为口令，这样的服务器就叫做匿名 FTP 服务器。

4. TFTP 协议

简单文件传输协议（Trivial File Transfer Protocol，TFTP）是一种简化的文件传输协议。TFTP 只限于文件传输等简单操作，不提供权限控制，也不支持客户与服务器之间复杂的交互过程，因此 TFTP 的功能也就没有 FTP 的复杂。由于 TFTP 基于 UDP 协议，因此文件传输的正确性由 TFTP 来保证。

（1）报文类型

TFTP 一共有 5 种报文类型，分别是 RRQ、WRQ、DATA、ACK 和 ERROR。

1）RRQ 是读请求报文，由 TFTP 客户发送给服务器，用于请求从服务器读取数据。

2）WRQ 是写请求报文，由 TFTP 客户发送给服务器，用于请求将文件写入到服务器。

RRQ 和 WRQ 报文格式除了操作码不同外，其他部分相同。

1）DATA 是数据报文，由客户或服务器使用，用来传送数据块。

2）ACK 是确认报文，由客户和服务器使用，用来确认收到的数据块。

3）ERROR 是差错报告报文，由客户和服务器使用，用于对 RRQ 或 WRQ 进行否定应答。

（2）文件读写

TFTP 用于读文件的连接建立方法和用于写文件的连接建立方法是存在差异的，如图 6-28 所示。

读写文件的过程如下：

1）当客户要从服务器读取文件时，TFTP 客户首先发送包含文件名和文件传送方式在内的 RRQ 报文。如果 TFTP 服务器可以传送这个文件，就以 DATA 报文响应，DATA 报文包含文件的第一个数据块。如果 TFTP 服务器无法将文件打开，则发送 ERROR 报文进行否定应答。

2）当客户要写文件到服务器时，TFTP 客户首先发送包含文件名和传送方式在内的 WRQ 报文。如果 TFTP 服务器可以写入，就以 ACK 报文予以响应，ACK 报文块编号为 0。如果

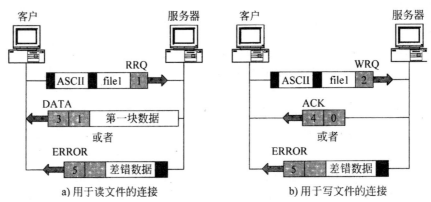

图 6-28 TFTP 读请求和写请求

TFTP 服务器不允许写入,则发送 ERROR 报文进行否定应答。

TFTP 将文件划分为若干个数据块,除最后一块外,其他数据块的长度都是 512 字节。最后一个数据块的长度必须是 0~511 字节,作为文件结束指示符。若文件数据碰巧是 512 字节的整数倍,那么发送方必须再发送一个额外的 0 字节数据块作为文件结束指示符。TFTP 可以传送 NVT ASCII(netascii)或二进制八位组(octet)数据。

(3)可靠传输

为了使得文件传送的正确性得到保证,TFTP 必须进行差错控制,差错控制方法仍然是确认重传。

TFTP 每读或写一个数据块都要求对这个数据块进行确认,并且启动一个定时器,若在超时前收到 ACK,则它就发送下一个数据块。同时,TFTP 对 ACK 也进行确认。

对于 TFTP 客户从服务器读取文件的情况,TFTP 客户首先发送 RRQ 报文,服务器以块号为 0 的 ACK 报文响应(服务器可以读取文件时),发送块号为 1 的数据块;当收到确认后,继续发送块号为 2 的数据块,一直到文件读取完毕。

对于 TFTP 客户将文件写到服务器的情况,TFTP 客户首先发送 WRQ 报文,服务器以 DATA 报文响应(服务器可以写文件时),客户收到这个确认报文后,使用块号为 1 的 DATA 报文发送第一个数据块,并等待 ACK(确认)报文;当收到确认后,继续发送块号为 2 的数据块,一直到文件发送完毕。

(4)应用

TFTP 在初始化一些网络设备会用到,如网桥或路由器。它通常和 DHCP 结合在一起使用。由于 TFTP 使用 UDP 和 IP 服务,再加上 TFTP 本身也比较简单,因此它很容易配置在 ROM 中。当网络设备加电后,就会自动连接到 TFTP 服务器,并从这个 TFTP 服务器下载所需要的操作系统引导文件和网络配置信息。

6.3.2 远程登录

远程登录(Telnet)是当前因特网上最广泛的应用之一,它起源于 1969 年的 ARPANET。Telnet 是"电信网络协议"(TELecommunication NETwork protocol)的英文缩写。使用远程登录,用户可以通过网络登录到一台主机上并使用该主机资源(当然必须有登录账号)。

Telnet 是标准的提供远程登录功能的应用,几乎每个 TCP/IP 的实现都提供这个功能。

Telnet 能够在不同操作系统的主机之间运行。Telnet 通过客户进程和服务器进程之间的选项协商机制,使通信双方可以提供的功能特性得到保证。

1. 工作原理

远程登录 Telnet 协议采用客户/服务器模型。图 6-29 显示的是一个 Telnet 客户和 Telnet 服务器的典型连接图。

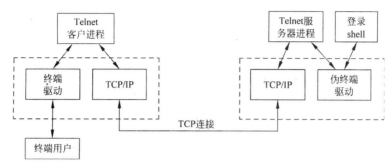

图 6-29　Telnet 工作原理图

对于图 6-29,需要注意以下几点:

1)Telnet 客户进程同时与终端用户(通过终端驱动)和 TCWIP 协议模块进行交互。通常,终端用户所键入的任何信息都通过 TCP 连接传输到 Telnet 服务器端,而 Telnet 服务器所返回的任何信息都通过 TCP 连接输出到终端用户的显示器上。

2)Telnet 服务器进程通常要和一种"伪终端设备"(pseudo-terminal device)打交道,至少在 UNIX 系统下是这样的,这就使得对于登录外壳(shell)进程来说,它是被 Telnet 服务器进程直接调用,而且任何运行在登录外壳进程处的应用程序都感觉是直接和一个终端进行交互。对于像全屏幕编辑器这样的应用程序来说,它就好像直接和某个物理终端直接打交道一样。实际上,如何对 Telnet 服务器进程的登录外壳进程进行处理,使得它好像是在直接与终端交互,往往是编写 Telnet 服务器程序中难度最大的一个问题。

3)需要注意的是,我们用虚线框把终端驱动和伪终端驱动以及 TCP/IP 都框了起来。在 TCP/IP 实现中,虚线框的内容一般是操作系统内核的一部分。Telnet 客户进程和 Telnet 服务器进程一般只是属于应用程序。

4)Telnet 客户进程和 Telnet 服务器进程之间只使用了一条 TCP 连接,而 Telnet 客户进程和 Telnet 服务器进程之间要进行各种通信,某些方法的使用是必然的,以便有效区分在 TCP 连接上传输的是数据还是控制命令。

5)把 Telnet 服务器进程的登录外壳进程画出来是为了说明当 Telnet 客户进程想登录到 Telnet 服务器进程所在的机器时,必须要有一个账号。

现在,不断有新的 Telnet 选项被添加到 Telnet 中,这就使得 Telnet 的复杂程度越来越高。

远程登录不是有大量数据传输的应用。有人做过统计,发现客户进程发出的字节(用户在终端上键入的信息)和服务器进程发出的字节数之比是 1∶20,这是因为用户在终端上键入的一条短命令往往令服务器进程产生很多输出。

2. 网络虚拟终端

使用远程计算机的过程是相当复杂的,这是因为每一台计算机及其操作系统都会使用一些特殊的字符组合作为某种标记。例如,在运行 DOS 操作系统的计算机中,文件结束符是 Ctrl+z,但是对于使用 UNIX 操作系统的计算机,其文件结束符是 Ctrl+d。

如果可以让任意两台计算机进行远程登录,前提条件是我们将要登录的计算机支持什么样的终端类型,为此必须在本地计算机上安装远程登录的计算机所使用的终端仿真程序,这就非常麻烦。Telnet 解决这个问题的办法是定义一个通用接口,叫做网络虚拟终端(Network Virtual Terminal,NVT)字符集。通过这个接口,Telnet 客户将来自本地终端的字符(数据或控制字符)转换成 NVT 字符集再发送给 Telnet 服务器,而 Telnet 服务器则将接收到的 NVT 字符集转换成远程计算机可以接受的形式。图 6-30 给出这一概念的说明。

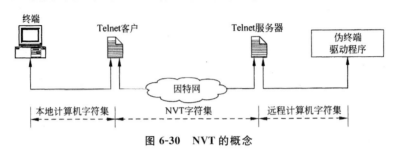

图 6-30　NVT 的概念

Telnet 客户进程和 Telnet 服务器进程都必须在它们所支持的终端和 NVT 字符集之间进行格式转换。也就是说,不管 Telnet 客户进程的终端是什么类型,操作系统都必须把它转换为 NVT 格式。同样,不管 Telnet 服务器进程的终端是什么类型,操作系统都必须把 NVT 转换为服务器进程终端所能支持的格式。

3. RIogin

另一个用于远程登录的应用程序是 Rlogin(Remote login),它是由 BSD UNIX 提供的,用于在 UNIX 系统之间进行远程登录。在过去的几年中,Rlogin 协议也派生出几种非 UNIX 环境的版本。

Rlogin 比 Telnet 比起来要简单些。由于客户机和服务器预先知道对方的操作系统类型,所以无需选项协商机制,但服务器接受用户的终端类型和终端速率命令。

6.3.3　电子邮件

电子邮件是 Internet 上最为流行的应用。发件人把信息用电子邮件发送到收件人使用的邮件服务器中,收件人可随时上网到自己的邮件服务器中读取。电子邮件不仅使用方便而且价格低廉。据有关报道,使用电子邮件可以将劳动生产率提高 30% 以上。

电子邮件的一般体系结构包含用户代理、简单邮件传输协议 SMTP 和邮件读取协议 POP3 或 IMAP 这三个部件。发送电子邮件时,发件人用 SMTP 将电子邮件发送到发件人的邮件服务器;然后,发件人的邮件服务器用 SMTP 将电子邮件发送到收件人的邮件服务器;最后,收件人用 POP3 或 IMAP 读取邮件,其过程如图 6-31 所示。

很显然,要想把电子邮件正确地交付给收件人,邮件处理系统必须使用唯一的编址系统。因特网的邮件地址由邮箱名字和邮件服务器的域名两部分组成,并且用符号@连接,如下所示:

邮箱名字@邮件服务器域名

其中,邮箱名字在一个邮件服务器上是唯一的,而邮件服务器域名则表示这个邮箱在哪一个邮件服务器上。如 Iamwinter@163.com 这个电子邮件地址就表示 163.com 的邮件服务器上有

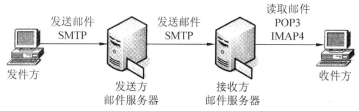

图 6-31　电子邮件的传输过程

一个唯一的名为 Iamwinter 的电子邮箱。

下面来讨论主要组件的功能。

1. 用户代理

用户代理 UA(User Agent)是用户和电子邮件系统的界面。在一般情况下,它是运行在用户 PC 中的一个程序,比如微软的 Outlook Express。用户代理一般包括下面 4 个功能。

1)编写邮件:用户代理帮助用户编写要发送的电子邮件。大多数用户提供模板让用户填写,当然需要的附件也可以插入进去。

2)阅读邮件:让用户方便地阅读邮件,包括邮件中的图像声音,还可以方便地下载附件。

3)发送邮件:在编写邮件后,能方便地将邮件发给一个或多个收件人;或是在阅读邮件后能方便地回复和转发。

4)管理邮件:用户可以根据情况对来信进行处理,比如阅读后删除、存盘、打印等以及按自建目录对来信进行分类保存。

随着电子邮件的广泛使用,用户代理具有越来越多人性化的功能,比如可以创建通讯录,发送邮件时,收件人不需要输入其邮件地址,单击相应的名字即可;另外还提供自动回复功能等。

2. 简单邮件传输协议 SMTP

简单邮件传输协议 SMTP(Simple Mail Transfer Protocol)规定了在两个相互通信的 SMTP 进程之间如何交换信息。SMTP 也采用客户机/服务器方式,发送邮件的 SMTP 进程是 SMTP 客户机,接收邮件的 SMTP 进程是 SMTP 服务器。

SMTP 规定了 14 条命令和 21 种应答信息。每条命令由 4 个字母组成,而每一种应答信息只有一行信息,有一个 3 位数字的状态码和相应的说明。下面介绍发送方利接收办的邮件服务器之间,用 SMTP 通信的 3 个阶段及使用的命令和响应信息。

(1)建立连接

发件人的邮件先发送到发送方邮件服务器的邮件缓存中。SMTP 客户机每隔一定时间(比如 10 分钟)扫描一次邮件缓存。如发现有邮件,就使用 SMTP 的熟知端口 25 与接收方的邮件服务器的 SMTP 进程建立 TCP 连接。连接建立后,服务器发送状态码 220(服务就绪)告诉客户机它已准备好接收邮件。若服务器未就绪,它就发送状态码 421(服务不可用)。然后,客户机向 SMTP 服务器发送 HELLO 命令,并使用它的域名地址来标以自己,把客户的域名通知服务器。服务器发送响应代码 250(OK),表示已准备好接收。

(2)邮件传送

在 SMTP 客户机和服务器建立连接后,就可以进行邮件传输了,其过程如下:

1)客户机发送 Mail From 报文介绍报文的发送者。报文包括发件人的邮件地址,这样服务器在返回错误和响应报文时就知道返回到哪个地址。

2)SMTP 服务响应状态码 250(OK)或其他适当的状态码。

3)客户机发送 RCPT 收件人报文,其中收件人的邮件地址也包括在内。

4)SMTP 服务响应状态码 250(OK)或其他适当的状态码。

5)客户机发送 DATA 报文对邮件发送进行初始化。

6)服务器响应状态码 354(开始邮件输入)或其他适当的状态码。

7)客户机用连续的行发送报文的内容。每一行以回车换行符终止。整个邮件以仅有一个点的行结束。

8)SMTP 服务响应状态码 250(OK)或其他适当的状态码。

如果在同一个邮件服务器中有多个收件人,重复步骤 3)、4)即可。

（3）连接释放

邮件发送完毕后,SMTP 客户机发送 QUIT 命令。SMTP 服务器返回的信息是 221(服务关闭)或其他适当的状态码,表示 SMTP 同意释放 TCP 连接,邮件传送的全过程结束。

对于用户来说,上面这些过程都是无法看到的,所有这些复杂的过程都被电子邮件的用户代理给屏蔽。

3. 邮件读取协议 POP3 和 IMAP

邮件交付的前两个阶段使用 SMTP,而在第三个阶段并不使用 SMTP。因为 SMTP 是一个推送协议,它把邮件从客户机推送到服务器。在第三个阶段需要一个"拉取"的邮件读取协议,让用户把邮件拉取到客户机。目前常用的邮件读取协议有邮局协议版本 3 POP3 和 Internet 邮件读取协议版本 4 IMAP4。

（1）邮局协议 POP3

邮件协议 POP(Post Office Protocol)适用于客户机服务器结构的脱机模型的电子邮件读取协议。它非常简单,功能不是特别多,目前已发展到第 3 版,称为 POP3。

POP3 客户机安装到收件人的计算机上;POP3 服务器安装在邮件服务器上。当用户需要从邮件服务器的邮箱中下载邮件时,客户机就开始读取邮件。客户机与服务器的 110 端口建立 TCP 连接。接着它发送用户名和密码,进行身份确认。身份确认后,用户就可以访问邮箱了,列出邮件清单,并逐个读取邮件。

POP3 有两种工作方式:删除方式和保存方式。删除方式就是在读取邮件后把邮箱中的邮件删除,它适合于用户使用固定计算机工作的情况。保存方式是在读取邮件后仍然在邮箱里保存这个邮件,它适合用户经常更换计算机工作的情况。邮件保存在邮件服务器中,用户可以使用任何一台接入 Internet 的计算机来访问。

（2）Internet 报文访问协议 IMAP4

IMAP4(Internet Message Access Protocol)是另一种邮件读取协议。它功能性强,复杂程度高。

IMAP4 协议运行在 TCP/IP 协议之上,使用的端口是 143。它与 POP3 协议的主要区别是用户可以不用把所有的邮件全部下载下来,可以直接抓取邮件的特定部分(例如只有文本)。如果邮件里包含了高带宽需求的多媒体信息而当前带宽又受限制,IMAP4 就特别有用。用户可以通过客户机直接对服务器上的邮件进行操作。另外,比较特别的功能是用户可以维护自己和服务器上的邮件目录。

6.3.4　万维网

万维网即 WWW(Wodd Wide Web),简称 3W。万维网是目前 Internet 上最方便、最受欢迎的信息服务类型,它的影响力已远远超出了专业技术范畴,并且已经进入广告、新闻、销售、电子商务与信息服务等各个行业。

WWW 同样是建立在客户/服务器模型之上的。WWW 是以超文本标注语言 HTML 与超文本传输协议 HTTP 为基础,能够提供面向 Internet 服务的、一致的用户界面的信息浏览系统。其中,WWW 服务器采用超文本链路来链接信息页,这些信息页既可放置在同一主机上,也可放置在不同地理位置的主机上;由统一资源定位器 URL 来维持文本链路,WWW 客户端软件(即 WWW 浏览器)负责信息显示与向服务器发送请求。

Internet 采用超文本和超媒体的信息组织方式,将信息的链接扩展到整个 Internet 上。目前,用户利用 WWW 不仅能访问到 Web Server 的信息,而且可以访问 Gopher、FTP 等网络服务。因此,它已成为 Internet 上应用最广泛和最有前途的工具,并在商业范围内发挥着越来越重要的作用。

1. 超文本和超媒体

在了解 WWW 之前,首先要了解超文本与超媒体的基本概念,因为它们正是 WWW 的信息组织形式。

· 一个超文本由多个信息源链接成,而这些信息源的数目实际上是不受限制的。利用一个链接可使用户找到另一个文档,而这又可链接到其他的文档。这些文档可以位于世界上任何一个接在因特网上的超文本系统中。超文本是万维网的基础。

· 超媒体与超文本的区别是文档内容不同。超文本文档仅包含文本信息,而超媒体文档还包含其他表示方式的信息(如图形、图像、声音、动画以及活动视频图像)。万维网就是一个分布式的超媒体系统,它是超文本系统的扩充。

2. HTTP 协议

超文本传输协议 HTTP 位于 TCP/IP 协议的应用层,是人们非常熟悉的协议,也是互联网中最核心的协议之一。同样,HTTP 也是基于客户/服务器模型实现的。事实上,目前所使用的浏览器(如 IE),是实现 HTTP 协议中的客户端,而一些常用的 Web 服务器软件(如 Apache 和 IIS)是实现 HTTP 协议中的服务器端。Web 页由服务器端资源定位,传输到浏览器,经过浏览器的解释后,被用户在网上浏览。

HTTP 协议是 Web 浏览器和 Web 服务器之间的应用层协议,是通用的,无状态的和面向对象的协议。一个完整的 HTTP 协议会话过程通常有以下四步构成。

1)连接:Web 浏览器与 Web 服务器建立连接,打开一个 Socket 连接,标志着连接建立成功。

2)请求:Web 浏览器通过 Socket 向 Web 服务器提交请求(HTIP 的请求一般是 GET 或 POST 命令)。

3)应答:Web 浏览器提交请求后,通过 HTTP 协议传送给 Web 服务器。Web 服务器接到后,进行事务处理,处理结果又通过 HTTP 传回给 Web 浏览器,从而在 Web 浏览器上显示出所请求的页面。

4)关闭连接:应答结束后 Web 浏览器与 Web 服务器必须断开,以保证其他 Web 浏览器能够与 Web 服务器建立连接。

了解 HTTP 功能最好的方法就是研究 HTTP 的报文结果。HTTP 包括下面两类报文。

·请求报文:从客户向服务器发送请求报文,如图 6-32 所示。

·响应报文:从服务器向客户发送回答报文,如图 6-32 所示。

由于 HTTP 是面向正文的,因此在报文中的每一个字段都是一些 ASCII 码串,每个字段的长度均为不定的。

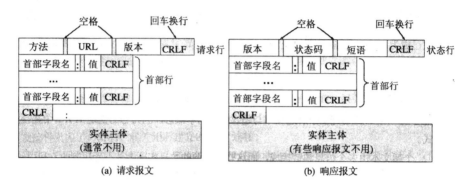

图 6-32　HTTP 的报文结构

报文由开始行、首部行和实体主体这三部分组成:

·开始行的作用是区分请求报文和响应报文。在请求报文中,开始行就是请求行,而在响应报文中的开始行叫做状态行。在开始行的三个字段之间都空格分隔开,最后的 CR 和 LF 分别代表"回车"和"换行"。请求报文的第一行"请求行"只有三个内容(即方法,请求资源的 URL 和 HTTP 的版本)。

·首部行用来说明浏览器、服务器或报文主体的一些信息。首部可以有好几行;也可以不使用。每一个首部行中都有首部字段名和它的值,每一行在结束的地方就要有"回车"和"换行"。整个首部行结束时还有一空行将首部行和后面的实体主体分开。

·实体主体是请求或响应的有效承载信息。在请求报文中一般不用实体主体字段,在响应报文中也可能没有这个字段。

3. 超文本标记语言 HTML

现在计算机使用的文字处理器种类繁多而版本各异,某一台计算机屏幕上显示出的文件,在另一台机器上也可能就显示不出来。万维网要使任何一台计算机都能显示出任何一个万维网服务器上的页面,页面制作的标准化问题就必须得到解决。超文本标记语言 HTML 就是一种制作万维网页面的标准语言,它能够消除不同计算机之间信息交流的障碍。

HTML 定义了许多用于排版的命令,即"标签(tag)"。例如,<I>表示后面开始用斜体字排版,而</I>则表示斜体字排版到此结束。HTML 把各种标签嵌入到万维网的页面中。这样就构成了所谓的 HTML 文档。HTML 文档是一种可以用任何文本编辑器创建的 ASCII 码文件。

需要注意的是,当浏览器从服务器读取某个页面的 HTML 文档后,就按照 HTML 文档中的各种标签,根据浏览器所使用的显示器的尺寸和分辨率大小,重新进行排版并恢复出所读取的页面。

元素是 HTML 文档结构的基本组成部分。一个 HTML 文档本身就是一个元素。每个

HTML 文档由首部(head)和主体(body)两个主要元素组成,主体紧接在首部的后面。首部包含文档的标题(title),以及系统用来标识文档的一些其他信息。标题类似于文件名。用户可以使用标题来实现页面的搜索和文档的管理。文档的主体是 HTML 文档的最主要的部分,文档所包含的主要信息都在主体中。当浏览器工作时,在浏览器的最上面的标题条显示出文档的标题。而在浏览器最大的主窗口中显示的就是文档的主体。主体部分往往又由若干个更小的元素组成,如段落(pamgraph)、表格(table)及列表(1ist)等。

HTML 用一对标签(即一个开始标签和一个结束标签)或几对标签来标识一个元素。开始标签由一个小于字符"<"、一个标签名和一个大于字符">"组成。结束标签和开始标签的区别只是在小于字符的前面要加上一个斜杠字符"/"。

如图 6-33 所示为 HTML 文档中标签的用法。

```
<HTML>
<HEAD>
        <TITLE>一个 HTML 的例子</TITLE>
</HEAD>
<BODY>
        <H1>HTML 很容易掌握</H1>
        <P>这是第一个段落。</P>
        <P>这是第二个段落。</P>
</BODY>
</HTML>
```

图 6-33　HTML 文档中标签的用法

4. URL 与信息定位

HTML 的超链接使用 URL 来定位信息资源所在的位置。URL 是 Uniform Resource Location 的缩写,译为"统一资源定位符"。通俗地说,URL 是 Internet 上用来描述信息资源的字符串,主要用来在各种 WWW 客户程序和服务器程序上。采用 URL 可以用一种统一的格式来将各种信息资源逐一描述出来,包括文件、服务器的地址和目录等。

URL 的一般格式如下:

<URL 的访问方式>://<主机>:<端口>/<路径>

从上式可以看出,URL 由以下 3 部分组成:

· 第一部分是协议(或称为服务方式,也就是访问方式)。

· 第二部分是存有该资源的主机 IP 地址(有时也包括端口号)。

· 第三部分是主机资源的具体地址,如目录和文件名等。

注意,第一部分和第二部分之间用"://"符号隔开,第二部分和第三部分用"/"符号隔开。第一部分和第二部分是不可缺少的,省略第三部分是没有问题的。

URL 通过访问类型来表示访问方式或使用的协议,例如如下所示。

(1)文件的 URL

用 URL 表示文件时,服务器方式用 fde 表示,后面要有主机 IP 地址、文件的存取路径(即目录)和文件名等信息(有时可以省略目录和文件名,但"/"符号不能省略)。

(2)HTTP 的 URL

对于万维网站点的访问要使用 HTTP 协议。HTTP 的 URL 的一般形式如下:

　　　　　　http://<主机>:<端口>/<路径>

注意,HTTP 的默认端口号是 80,通常可省略。若再省略文件的路径项,则 URL 就指到因特网上的某个主页。例如,要访问清华大学的主页,便可通过 http://www.tsinghua.edu.cn

进入。

（3）FFP 的 URL

使用 FTP 访问站点的 URL 的最简单的形式如 ftp：//rtfm. mit. edu。这里 ftp：//rtfm. mit. edu 就是在麻省理工学院 MIT 的匿名服务器 rtfm 的因特网域名。如果不使用域名而是把该服务器的点分十进制的 IP 地址写在"//"后也是可行的。

6.3.5　P2P

随着因特网发展的完善程度越来越高，人们不断地对因特网提出新的需求，例如，组播、点对点文件共享等，为了更好地满足这些需求，P2P 应运而生。

1. 产生和发展

P2P 本身不是一个全新的概念。最初，P2P 用于描述两个对等体之间的通信。它跟电话交谈方式比较相似，在电话交谈中，电话两端的通话者（peer）处于平等的地位，通信方式是点对点的。因此，P2P 的最初含义就是在两个平等的参与者之间进行点对点通信。

早期因特网的结构也是 P2P 的。ARPANET 网络早期的几个节点分布于美国的一些大学和研究机构中，它们的地位是平等的，ARPANET 通过对等的方式（而不是 Master/Slave 或 C/S 的方式）将这些节点连接起来。从 20 世纪 60 年代末到 90 年代初，因特网主要是这样一种连接模型，即假设所有的机器总是开着的，它们始终连接在网络上并具有永久性的 IP 地址。DNS 系统也是针对这种环境设计的，它假设主机的 IP 地址发生改变的可能性非常小，并可经过几天时间才传播到整个网络。在这一时期，因特网的很多应用或协议（如 USENET 和 UUCP 等）也是以对等方式工作的。

随着网络技术的飞速发展，特别是 Web 等技术的出现和广泛应用，越来越多的用户通过拨号等方式连接到因特网上，从而形成了另一种连接模式，即客户端的 PC 等各种终端经常会以事先难以预知的方式动态地加入或退出网络，并且由于 IP 地址缺乏等原因，这些客户端的 IP 地址常常是动态分配的，一般域名也不是固定的。在这种连接环境下，客户端想要在本地提供数据或服务很难，因此 C/S 计算模式得以广泛流行，并取得了巨大的成功。

随着微电子技术的飞速发展和因特网的迅速普及，因特网上聚集了大量处于网络边缘的计算、存储、信息和带宽等资源，使得传统 C/S 计算模式所面临的问题日益突出：大量客户端的资源经常处于闲置状态；服务器很容易成为系统可扩展性和性能的瓶颈；客户端之间的交互需要通过服务器，非常不方便且效率无法得到保证。正是在这种背景下，P2P 计算技术引起了广泛关注，并迅速发展成为一种重要的网络计算模式。与因特网发展早期相比，此时 P2P 计算的环境和需求已经发生了根本变化，因特网上大量分布、动态和自治的节点成为 P2P 计算的基本单元。

P2P 计算技术兴起的一个标志性事件是文件共享系统 Napster 的出现，而随后因特网上出现了更多流行的 P2P 应用，如 Gnutella、Kazaa 以及 BitTorrent 等。据统计，目前因特网上各类 P2P 应用的流量已占骨干网流量的 60% 以上。Napster 等 P2P 文件共享应用的流行，使得 P2P 计算技术在得到整个社会的广泛关注的同时，也引起人们对它的一些误解（例如，将 P2P 计算技术等同于 P2P 文件共享应用），并由此引发了对 P2P 计算技术所涉及的版权等问题的争论。

当前 P2P 计算技术的发展已远远超越了 Napster 及其代表的 P2P 文件共享应用，甚至已经远远超越了 P2P 计算技术兴起的初衷。P2P 计算技术兴起的最初目标是充分利用因特网边缘的客户端资源，但它很快就超越了这一目标。目前，P2P 计算中的节点可以是因特网边缘的客户机,可以是骨干网上大量分布的服务器,也可以同时包括各种类型的节点。P2P 计算技术不仅在新兴的 P2P 文件共享(如 Napster)应用得到,而且也可作为一种通用网络计算技术广泛应用于各种领域,包括分布存储(如 OceanStore 系统)、广域分布计算、协同办公(如 Groove)和应用层组播等。

P2P 系统具有如下特点:

1)规模大(large-scale):为了实现资源共享,P2P 系统中往往会有大量的节点。

2)节点的异构性(node heterogeneity):加入到 P2P 网络中的节点在物理特征(如延迟、带宽、性能等)和行为(如共享文件数量、生命周期等)上都具有非常大的差异。

3)动态性(dynamic):在 P2P 系统中,节点通常是自主的,因而节点可能会频繁地加入和离开 P2P 网络。P2P 网络处于不断变化的状态,它的变化比 IP 网络要剧烈得多。

2. 分类

P2P 系统有多种分类方法,通常根据 P2P 系统拓扑结构的分散度和耦合度来进行分类。

分散度是指 P2P 系统的拓扑结构对中央服务器的依赖程度。根据分散度,P2P 系统可以分为以下 3 类:

· 集中式拓扑:在集中式拓扑的 P2P 系统中,存在着一个(或少数几个)中央服务器,它作为目录服务器来协调其他节点之间的交互,但节点之间的交互与资源共享等行为仍是直接以 P2P 模型进行的。例如,Napster 和 BitTorrent 等就是集中式拓扑的 P2P 系统。集中式拓扑的 P2P 系统也称为是混合 P2P(hybrid P2P)模型的。

· 部分分布式拓扑:在部分分布式拓扑的 P2P 系统中,存在一些超级节点(super peer)。超级节点比普通节点具有更强的能力和更高的地位,通常充当其他一些节点的目录服务器的角色。但超级节点是由 P2P 系统动态选择和组织的,一般不会给 P2P 系统带来单点失效等问题。例如,FastTrack 和 Brocade 等就是部分分布式拓扑的 P2P 系统。

· 全分布式拓扑:在全分布式拓扑的 P2P 系统中,所有节点都是完全平等的,每个节点既是服务器也是客户端,没有任何目录服务器存在于系统中。例如,Gnutella、Freenet 和 Chord 等就是全分布式拓扑的 P2P 系统。全分布式拓扑的 P2P 系统也称为是纯 P2P(pure P2P)模型的。

耦合度用来衡量 P2P 系统的拓扑构造过程是受某种机制严格控制的还是动态、非确定性的。根据耦合度,P2P 系统可分为以下两类:

· 非结构化拓扑:在非结构化拓扑的 P2P 系统中,节点间的逻辑拓扑关系通常较为松散,具有较大的随意性。资源(或资源的元信息)的放置通常与 P2P 系统的拓扑结构无关,一般只放置在本地。非结构化拓扑的实现和维护相对简单,可支持灵活的资源搜索条件,但高效的资源搜索通常实现的难度比较大(通常都是采用广播搜索、随机转发和选择性转发等方法),适用于由大量自治性强的节点组成、对服务质量没有严格要求的应用,如 P2P 文件共享应用等。非结构化拓扑可进一步按照分散度进行分类,例如 Napster 和 BitTorrent 是集中式非结构化拓扑,Gnutella 和 Freenet 是全分布式非结构化拓扑,FastTrack 是部分分布式非结构化拓扑。

· 结构化拓扑:在结构化拓扑的 P2P 系统中,节点间的逻辑拓扑关系通常由确定性的算法严格控制,资源(或资源的元信息)的放置也是由确定性的算法精确发布到特定的节点上。结构化拓扑的 P2P 系统通常采用分布式散列表(Distributed Hash Table,DHT)技术构建。结构化拓扑的优点是资源定位准确并且可保证一定的效率,且其可扩展性和性能都不错,因而适用于对可用性要求高的系统,包括分布式存储、应用层组播和名字服务等。但结构化拓扑的维护相对复杂,通常只支持精确匹配资源搜索,对复杂搜索条件的支持较差。结构化拓扑的 P2P 系统大都是全分布式的,如 Chord、Tapestry 和 CAN 等;也有少部分是部分分布式的,如 Brocade。

3.应用

目前因特网上已经有很多流行的 P2P 应用,并且还有大量的 P2P 应用正在研究和开发中。当前 P2P 计算的主要应用领域包括以下几个方面。

（1）广域分布式计算

广域分布式计算是采用 P2P 计算技术,充分利用网络（因特网或局域网等）上大量闲置的计算资源,将复杂的计算任务分割成小的子任务包,分配到参与 P2P 计算的各个节点上,由各个节点来完成子任务并将得到的结果进行综合。它通常较适用于可高度并行的应用,如天文数据分析、基因组分析和密码破译等,典型的项目包括 SETI@home、Genome@home、Folding@home 和 distributed.net 等。Intel 公司的 Netbatch 系统采用此技术,利用其 25 个分公司的 10000 多台机器进行芯片设计,据估计因此节约了 5 亿美元。目前有一些公司也在从事相关工作,如 Entropia 和 Popular Power 等。

（2）文件共享

传统的文件共享主要是通过 FTP 服务、网络邻居和 E-mail 等方法来实现,在可扩展性和灵活性等方面都存在局限性。P2P 文件共享系统能够充分利用各个客户端的数据和存储资源,在网络上的大量节点之间进行文件的直接共享和交换,实现了灵活而高效的数据共享。

P2P 文件共享是最著名的 P2P 应用之一,典型的系统包括 Napster、Gnutella、Kazaa 和 BitTorrent 等。在律师事务所、会计师事务所和工程设计公司等需要处理大量文件的企业中,利用 P2P 计算技术能够顺利实现安全快捷的文件发布和共享,也是当前重要的应用,典型的系统包括 NextPage 和 Farsite 等。美国政府在 FedStats.Net 等项目中使用了 NextPage 系统。

（3）协同工作

基于传统 C/S 模型的协同工作很多都是依赖服务器来完成的,随着现代组织规模的增大和分支机构的分散,其代价昂贵,并且很难进行大规模的实时协作。通过 P2P 计算技术,可在网络上的任意两台计算机之间进行实时联系,构建一个安全、共享的虚拟空间,并通过这一虚拟空间进行各种协作活动,从而高效地共同完成某项任务。Groove 是典型的 P2P 协同工作系统,Groove 公司由 Lotus Notes 系统的开发者 Ray Ozzie 创建,目前已被微软公司并购。

（4）应用层组播

应用层组播是指在应用层实现组播功能,而无需网络层的支持。利用 P2P 计算技术,通过在分布的大量节点间构建可扩展、容错的应用层组播树,可以支持事件通知服务、P2P 视频点播等多种应用。例如,在传统的视频点播应用中,每个客户端都需要从服务器获取一条媒体流。如果该媒体流是热门节目,就会造成视频服务器负载重、网络带宽消耗大,导致海量用户的需求无法被满足。采用 P2P 计算技术作为视频点播中热门节目的服务策略,可在请求的节点间形成动态的应用层组播树。大多数节点可从应用层组播树上的父节点获得视频数据,而无需访问视频服务器,使视频服务器的负载得到有效减少。基于 P2P 计算技术的应用层组播的系统相当多,典型的包括 Bayeux、Scribe 和 zigZag 等。很多公司也推出了相关的产品,如 Jibe、Kontiki 和 peerEnabler 等。

（5）即时通讯

即时通讯是一种非常流行的 P2P 应用。即时通讯系统为大量的因特网用户提供了实时交流的虚拟平台。目前的即时通讯系统通常采用一个(或多个)中心服务器来维护用户的身份认证等基本信息,而节点之间的即时语音或数据通信一般是以 P2P 的方式直接进行的。典型的即时通讯系统包括 MSN、Skype 和 QQ 等。由于目前各种即时通讯系统之间不具有互操作性,所以 Jabber 提供了一个开放源码的实时通信平台,通过一个基于 XML 的协议在不兼容的各种即时通讯平台间进行消息交换。

(6)分布式存储

利用 P2P 计算技术构建大规模分布式存储系统,是当前 P2P 计算研究和应用的热点领域。传统的分布式文件系统能够支持用户在一定网络范围(如局域网和校园网等)内对一定数量的分布文件进行透明访问,但在可扩展性、鲁棒性、易用性及性能等诸多方面,都无法满足因特网上海量用户对海量数据的存储和访问需求。P2P 分布式存储系统采用新的 P2P 结构,通过分布在因特网上大量节点的协作,使得分布式存储系统的可扩展性和自组织性在很大程度上得到提高,从而可以适应因特网的动态环境,支持海量用户和海量数据的存储需求。典型的 P2P 分布式存储系统包括 OceanStore 等。

(7)数据管理

采用 P2P 结构构建新型的分布式数据管理系统是当前 P2P 计算技术的一种重要应用。P2P 数据管理系统是传统数据库及 Web 数据库技术与 P2P 计算技术相融合的产物。P2P 系统的每个节点上维护数据库中的部分数据记录,进行数据查询时需要将关系查询请求分解,转发到 P2P 系统中相关的多个节点上。包括 LRM、PIER 和 Piazza 等为典型系统。

(8)大规模联机游戏

在很多大规模联机游戏中,有大量的玩家通过网络同时参与游戏,例如,Lineage 游戏有 200 万注册用户,18 万用户同时在线。在传统的联机游戏中,玩家的注册信息以及游戏状态信息等都是由服务器来维护的,服务器的负担较重。另外,网络游戏设计中的一个重要趋势是玩家参与游戏设计,传统 C/S 模型限制了众多玩家同时对游戏进行扩展的能力。采用 P2P 计算技术,游戏客户端的资源可以得到充分地利用,将全局游戏状态等信息分布到客户端上,并根据游戏者在虚拟世界中的位置等信息在客户端之间建立自组织的连接关系,便于游戏状态等信息的维护和查询。典型的 P2P 联机游戏系统包括 SimMud 项目等。

(9)其他应用领域

除了上面的 8 个领域外,P2P 计算的应用领域还有很多,如名字服务、事件通知框架、P2P 电子邮件、协作式 Web 缓存和分布式搜索引擎等。

值得注意的是,目前越来越多的分布式系统开始采用 P2P 计算技术来实现系统中资源的组织与管理,例如,Web 服务发现、普适计算环境中的服务管理、传感器网络中的数据管理以及网格系统中的资源管理等。

6.3.6　IP 电话

IP 电话是通过因特网进行话音通信。目前已经设计了两个协议来处理 IP 电话,分别是 SIP 和 H.323。

1. SIP

会话发起协议(Session Initialize Protocol,SIP)是 IETF 设计的。它是一个应用层协议,用来建立、管理和终止电话呼叫,可以用来产生双方或多方通话。SIP 被设计成不依赖于传输层,能够运行在 UDP、TCP 或 SCTP 上。

（1）报文

类似于 HTTP，SIP 是基于文本的协议。SIP 共定义了 6 种报文，分别是 INVITE、ACK、BYE、OPTIONS、CANCEL 和 REGISTER。

每一种报文都有头部和主体。其中，头部由若干行组成，描述报文的结构、呼叫方的能力、媒体类型等。

呼叫方用 INVITE 报文发起会话请求；在被呼叫方回答这个呼叫之后，呼叫方发送 ACK 报文进行确认；BYE 报文用来终止会话；OPTIONS 报文用于查询其能力；CANCEL 报文用于取消已经开始的初始化进程；当被呼叫方打不通时，用 REGISTER 报文进行登记。

（2）地址

常规的电话通信是用电话号码来标识发送方和接收方。而 SIP 可用电话号码、IP 地址甚至电子邮件地址来标识发送方和接收方，但是地址必须使用 SIP 格式，如下所示：

电话号码：sip:bob@0086-0731-4575804

IPv4 地址：sip:bob@202.197.12.16

电子邮件地址：sip:bob@nudt.edu.cn

（3）简单会话

SIP 简单会话包括建立、通信和终止这三个模块。图 6-34 给出了 SIP 简单会话的过程。

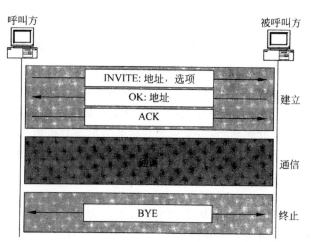

图 6-34 SIP 简单会话

SIP 建立会话需要三次握手。呼叫方在开始通信时使用传输层协议发送 INVITE 报文。如果被呼叫方愿意开始会话，就发送 OK 应答报文。为了确认 OK 应答报文已经收到，呼叫方发送一个 ACK 报文。在会话建立后，呼叫方和被呼叫方可以使用临时端口进行通信。会话结束后，任何一方都可以发送 BYE 报文终止会话。

2. H.323

H.323 是 ITU 设计的标准，它使得公用电话网上的电话可以与因特网上的计算机（这种计算机称为 H.323 终端）进行通话。H.323 的体系结构如图 6-35 所示。

在图 6-35 中，用网关（gateway）把因特网和电话网连接起来。一般来说，网关是一个具有 5 层协议的设备，它把一个报文从一种协议栈转换为另一种协议栈。H.323 中的网关把电话网中

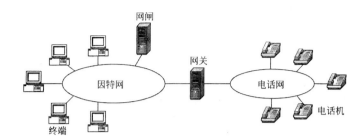

图 6-35　H.323 体系结构

的报文转换为因特网中的报文,而因特网上的网闸(gatekeeper)服务器起到注册服务器的作用。

(1)协议

H.323 使用许多协议来建立和维持话音(或视频)通信。图 6-36 给出了 H.323 协议栈。

H.323 使用 G.71 或 G.723.1 进行压缩。它使用一个称为 H.245 的协议,使得双方可以协商压缩方法。协议 Q.931 用来建立和终止连接。另一个协议 H.225 或 RAS(注册/管理/状态)用来进行网闸注册。

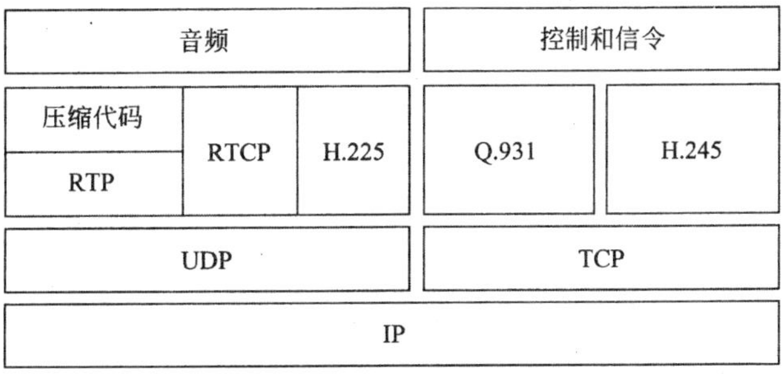

音频			控制和信令	
压缩代码	RTCP	H.225	Q.931	H.245
RTP				
UDP			TCP	
IP				

图 6-36　H.323 协议栈

(2)通信过程

H.323 终端与电话的通信过程可通过以下例子来简单说明,如图 6-37 所示。

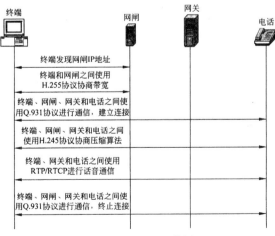

图 6-37　H.323 举例

H.323 终端与电话通信的具体过程如下:

1)终端向网闸发送广播报文,网闸以其 IP 地址进行响应。

2）终端和网闸使用 H.255 协议进行通信，协商带宽。

3）终端、网闸、网关和电话使用 Q.931 协议进行通信，建立连接。

4）终端、网闸、网关和电话使用 H.245 协议进行通信，对压缩算法进行协商。

5）终端、网关和电话使用 RTP/RTCP 进行话音通信。

6）终端、网闸、网关和电话使用 Q.931 协议进行通信，终止连接。

第7章 计算机网络安全

7.1 网络安全概述

7.1.1 网络安全的现状与重要性

随着全球信息化的飞速发展,整个世界正在迅速地融为一体,大量建设的各种信息化系统已经成为国家和政府的关键基础设施。众多的企业、组织、政府部门与机构都在组建和发展自己的网络,并连接到 Internet 上,以便使得网络的信息和资源得到最大程度地利用。整个国家和社会对网络的依赖程度在不断提高,网络已经成为社会和经济发展的强大推动力,其地位越来越重要。但是当资源共享广泛用于政治、军事、经济以及科学各个领域的同时,会遇到各种意想不到的问题,其中安全问题尤为突出。网络安全不仅涉及个人利益、企业生存、金融风险等问题,还牵扯到社会稳定和国家安全等诸多方面,因此是信息化进程中具有重大战略意义的问题。了解网络面临的各种威胁,防范和消除这些威胁,实现真正的网络安全已经成了网络发展中最重要的事情之一。

覆盖全球的 Internet,以其自身协议的开放性方便了各种计算机网络的入网互联,使共享资源有了尽可能地拓宽。但是由于早期网络协议对安全问题的忽视,以及在使用和管理上的无序状态,网络安全受到严重威胁,安全事故屡有发生。从目前来看网络安全的状况仍令人担忧,从技术到管理都处于落后、被动局面。

计算机犯罪目前已引起了社会的普遍关注,其中计算机网络是犯罪分子攻击的重点。计算机犯罪是一种高技术犯罪手段,由于其犯罪的隐蔽性,因而对网络的危害极大。根据有关统计资料显示,计算机犯罪案件每年以 100% 的速度急剧上升,Internet 被攻击的事件则以每年 10 倍的速度增长,平均每 20s 就会发生一起 Internet 入侵事件。计算机病毒从 1986 年首次出现以来,十几年来以几何级数增长,目前已经发现了 2 万多种病毒,对网络造成了很大的威胁。美国国防部和银行等要害部门的计算机系统都曾经多次遭到非法入侵者的攻击,1996 年初,美国国防部宣布其计算机系统在前一年遭到 25 万次进攻。更令人不安的是,大多数的进攻未被察觉。美国金融界为此每年要损失近百亿美元。

随着 Internet 的广泛应用,采用客户机/服务器模式的各类网络纷纷建成,这使网络用户可以方便地访问和共享网络资源。但同时对企业的重要信息,如贸易秘密、产品开发计划、市场策略、财务资料等的安全无疑埋下了致命的威胁。必须认识到,对于大到整个 Internet,小到各 Intranet 及各校园网,来自网络内部与外部的威胁都是存在着的。对 Internet 所构成的威胁可分为两类:故意危害和无意危害。

故意危害 Internet 安全的主要有 3 种人:故意破坏者,又称黑客(Hackers);不遵守规则者(Vandals);刺探秘密者(Crackers)。故意破坏者企图通过各种手段去破坏网络资源与信息,如涂抹其他人的主页、修改系统配置、造成系统瘫痪;不遵守规则者企图访问不允许访问的系统,这种人可能仅仅是到网上看看、找些资料,也可能想盗用其他人的计算机资源(如 CPU 时间);刺探秘密者的企图是通过非法手段侵入他人系统,以窃取重要秘密和个人资料。除了泄露信息对企业网构成威胁之外,有害信息的侵入可以说是另外一种危险。有人在网上传播一些不健康的图片、文字或散布不负责任的消息;另一种不遵守网络使用规则的用户可能通过玩一些电子游戏将病毒带入系统,轻则造成信息错误,严重时将会造成网络瘫痪。

总地来说,网络面临的威胁主要来自以下几个方面。

1. 黑客的攻击

对于大家来说,黑客已经不再是一个高深莫测的人物,黑客技术逐渐被越来越多的人掌握和发展。目前,世界上有 20 多万个黑客网站,这些站点都介绍一些攻击方法和攻击软件的使用以及系统的一些漏洞。因此,系统、站点遭受攻击的可能性就变大了。尤其是现在针对网络犯罪卓有成效的反击和跟踪手段还比较欠缺,使黑客攻击的隐蔽性好、"杀伤力"强,这都是网络安全的主要威胁。

2. 管理的欠缺

网络系统的严格管理是企业、机构及用户免受攻击的重要措施。事实上,很多企业、机构及用户的网站或系统对这方面管理的重视度都不够。据 IT 界企业团体 ITAA 的调查显示,美国 90% 的 IT 企业对黑客攻击准备不足。目前,美国 75%～85% 的网站都抵挡不住黑客的攻击,约有 75% 的企业网上信息失窃,其中 25% 的企业损失在 25 万美元以上。

3. 网络的缺陷

Internet 的共享性和开放性使网上信息安全存在先天不足,因为其赖以生存的 TCP/IP 簇缺乏相应的安全机制,而且 Internet 最初的设计考虑是该网不会因局部故障而影响信息的传输,基本没有考虑安全问题,因此在安全可靠、服务质量、带宽和方便性等方面存在着不适应性。

4. 企业网络内部

网络内部用户的误操作、资源滥用和恶意行为令再完善的防火墙也无法抵御。防火墙无法防止来自网络内部的攻击,也缺少对网络内部的滥用做出反应。

5. 软件的漏洞或"后门"

随着软件系统规模的不断增大,系统中的安全漏洞或"后门"也是无法避免的,比如常用的操作系统,无论是 Windows 还是 UNIX 几乎都存在或多或少的安全漏洞,众多的各类服务器、浏览器、桌面软件等都被发现过存在安全隐患。大家熟悉的"尼母达"、"中国黑客"等病毒都是利用微软系统的漏洞从而给企业造成巨大的损失,可以说任何一个软件系统都可能会因为程序员的一个疏忽、设计中的一个缺陷等原因而存在漏洞,这也是网络安全的主要威胁之一。

7.1.2 网络安全策略

面对众多的安全威胁,为了使网络的安全性尽可能地得到提高,除了加强网络安全意识、做好故障恢复和数据备份外,还应制定合理有效的安全策略,使得网络和数据的安全得到有效保证。安全策略指在某个安全区域内,用于所有与安全活动相关的一套规则。这些规则由安全区域中所设立的安全权力机构建立,并由安全控制机构来描述、实施或实现。经研究分析,安全策略有 3 个不同的等级,即安全策略目标、机构安全策略和系统安全策略,它们分别从不同的层面对要保护的特定资源所要达到的目的、采用的操作方法和应用的信息技术进行阐述。

由于安全威胁包括对网络中设备和信息的威胁，因此安全策略的制定也是围绕着这两点来进行的。主要策略有：

（1）物理安全策略

物理安全策略的目的是保护计算机系统、网络服务器等硬件设备和通信链路免受破坏和攻击，验证用户的身份和使用权限、防止用户越权操作。

抑制和防止电磁泄露即 TEMPEST 技术，它是物理安全策略的一个主要措施。具体措施有传导发射的防护和对辐射的防护两类。对传导发射的防护主要采取对电源线和信号线配备性能良好的过滤器，从而使得传输阻抗和导线之间的交叉耦合尽可能地减少。对辐射的防护主要采用电磁屏蔽和抗干扰措施。前者通过对设备的屏蔽和各种接插件的屏蔽，同时对机房的下水管、暖气管和金属门窗进行屏蔽和隔离；后者指计算机工作时，利用干扰装置产生一种与计算机系统辐射相关的伪噪声，利用其向空间辐射来使计算机系统的工作频率和信息特征得以掩盖。

（2）防火墙控制策略

防火墙是一种保护计算机网络安全的技术性措施，它是内部网与公共网之间的第一道屏障。防火墙是执行访问控制策略的系统，用来限制外部非法用户访问内部网络资源和内部非法向外部传递允许授权的数据信息。在网络边界上通过建立相应网络通信监控系统将内部和外部网络顺利隔开，以阻挡外部网络的入侵，防止恶意攻击。

（3）访问控制策略

访问控制策略隶属于系统安全策略，可以在计算机系统和网络中自动地执行授权，其主要任务是保证网络资源不被非法使用和访问。从授权角度，访问控制策略包括基于身份的策略、基于角色的策略和多等级策略。

（4）加密策略

信息加密的目的是保护网内的数据、文件和控制信息，保护网上传输的数据。网络加密常用方法有链路加密、端点加密和节点加密三种。链路加密是保护网络节点之间的链路信息安全；端点加密是对源端用户到目的端用户的数据提供保护；节点加密是对源节点到目的节点之间的传输链路提供保护。信息加密过程是由各种加密算法来具体实施。多数情况下，信息加密是保证信息机密性的唯一方法。如果按照收发双方密钥是否相同来分类，加密算法分为私钥密码算法和公钥密码算法。

7.1.3 常见的网络安全技术

1. 防火墙

防火墙是指位于计算机和它所连接的网络之间的硬件或软件，也可以位于两个或多个网络之间，例如局域网和互联网之间，网络之间的所有数据流都经过防火墙。防火墙按照管理员预先定义好的规则来控制数据包的进出。通过防火墙可以对网络之间的通信进行扫描，从而使网络和计算机的安全得到保证。

2. 加密

加密是通过对信息的重新组合，使得只有收发双方才能解码并还原信息的一种手段。传统的加密系统是以密钥为基础的，这是一种对称加密，即在加密和解密过程中用户使用的密钥是相同的。

3. 身份认证

防火墙是系统的第一道防线,用以防止非法数据的侵入,而安全检查的作用则是阻止非法用户。有多种方法来对一个用户的合法性进行鉴别,密码是最常用的。但由于有许多用户采用了很容易被猜到的单词或短语作为密码,使得该方法经常失效。其他方法包括对人体生理特征(如指纹)的识别、智能 IC 卡和 USB 盘。

4. 数字签名

数字签名在 ISO7498-2 标准中定义为:"附加在数据单元上的一些数据,或是对数据单元所作的密码变换,这种数据和变换允许数据单元的接收者用以确认数据单元来源和数据单元的完整性,并保护数据,防止被人(例如接收者)进行伪造"。数字签名可以用来证明消息确实是由发送者签发的,而且,当数字签名用于存储的数据或程序时,还可以对数据或程序的完整性进行验证。

5. 内容检查

即使有了防火墙、身份认证和加密,人们遭到病毒攻击的可能性仍然是有的。有些病毒通过 E-mail 或者用户下载的 ActiveX 和 Java 小程序(Applet)进行传播,带病毒的 Applet 被激活后,又可能自动下载别的 Applet。现有的反病毒软件可以清除 E-mail 病毒,对付新型的 Java 和 ActiveX 病毒也有一些办法,如完善防火墙,使之能监控 Applet 的运行,或者给 Applet 加上标签,让用户知道它们的来源。

7.2 常用的计算机网络安全技术

7.2.1 防火墙技术

1. 防火墙概念

防火墙是在两个网络之间执行控制策略的系统(包括硬件和软件),保护网络不被可疑人入侵是其目的所在。本质上,它遵从的是一种允许或组织业余来往的网络通信安全机制,也就是提供可控的过滤网络通信,或者只允许授权的通信。

通常,防火墙是位于内部网或 Web 站点与 Internet 之间的一个路由器和一台计算机(通常称为堡垒主机)。其目的如同一个安全门,为门内的部门提供安全。就像工作在门前的安全卫士,对站点的访问者进行控制和检查。

防火墙是由 IT 管理员为保护自己的网络免遭外界非授权访问,但允许与 Internet 互连而发展起来的。从网际的层面来看,防火墙可以看成是安装在两个网络之间的一道栅栏,根据安全计划和安全网络中的定义来将其后面的网络保护起来。因此,从理论上讲,以下几个方面是由软件和硬件组成的防火墙能够做到的:

1)所有进出网络的通信流都应该通过防火墙;

2)所有穿过防火墙的通信流都必须有安全策略和计划的确认及授权;

3)防火墙是穿不透的。

利用防火墙能保护站点不被任意互连,甚至能建立跟踪工具,帮助总结并记录有关连接来源、服务器提供的通信量以及试图闯入者的任何企图。由于单个防火墙不能防止所有可能的威胁,因此,防火墙只能加强安全,而无法使安全得到保证。

2. 防火墙的功能

下面介绍一下防火墙的基本功能。

(1)防火墙是网络安全的屏障

防火墙(作为阻塞点、控制点)能使一个内部网络的安全性在很大程度上得到提高,并通过过滤不安全的服务而使风险得以降低。由于只有经过精心选择的应用协议才能通过防火墙,所以网络环境变得安全。如防火墙可以禁止诸如众所周知的不安全的 NFS 协议进出受保护网络,这样外部的攻击者就无法利用这些脆弱的协议来攻击内部网络。防火墙同时可以保护网络免受基于路由的攻击,如 IP 选项中的源路由攻击和 ICMP 重定向中的重定向路径。防火墙应该可以拒绝所有以上类型攻击的报文并通知防火墙管理员。

(2)防火墙可以强化网络安全策略

通过以防火墙为中心的安全方案配置,能将所有安全软件(如口令、加密、身份认证、审计等)配置在防火墙上。和将网络安全问题分散到各个主机上比起来,防火墙的集中安全管理更经济。例如,在网络访问时,一次一密口令系统和其他的身份认证系统无需分散在各个主机上,而集中在防火墙一身上即可。

(3)对网络存取和访问进行监控审计

如果所有的访问都经过防火墙,那么,防火墙就能将这些访问都记录下来并做出日志记录,同时也能提供网络使用情况的统计数据。当发生可疑动作时,防火墙能进行适当的报警,并提供网络是否受到监测和攻击的详细信息。另外,一个网络的使用和误用情况的收集也是不可忽视的。首先是可以清楚防火墙是否能够抵挡攻击者的探测和攻击,并且清楚防火墙的控制是否还有需要完善的地方。而网络使用统计对网络需求分析和威胁分析等而言也是非常重要的。

(4)防止内部信息的外泄

通过利用防火墙对内部网络的划分,即可顺利实现内部网重点网段的隔离,从而限制了局部重点或敏感网络安全问题对全局网络造成的影响。再者,隐私是内部网络非常关心的问题,一个内部网络中不引人注意的细节可能包含了有关安全的线索而引起外部攻击者的兴趣,甚至因此而暴露了内部网络的某些安全漏洞。使用防火墙就可以将那些透漏内部细节隐藏起来,如 Finger、DNS 等服务。Finger 显示了主机的所有用户的注册名、真名、最后登录时间和使用 Shell 类型等。但是。攻击者获悉 Finger 显示的信息难度不大。攻击者可以知道一个系统使用的频繁程度,这个系统是否有用户正在连线上网,这个系统是否在被攻击时引起注意等。防火墙可以同样将有关内部网络中的 DNS 信息阻塞,这样一台主机的域名和 IP 地址就不会被外界所了解。

下面介绍一下防火墙的增值功能。

在目前的防火墙产品中,除了基本的功能以外,防火墙厂商一直试图把每个有用的功能都添加进去,所以防火墙还在一定程度上存在一些增值功能,常见的增值功能包括:

(1)内容过滤

一些组织不想让他们的用户浏览特殊的 Web 站点,内容过滤功能和服务对阻止这些站点以及防卫某些类型的 ActiveX 和基于 Java 的有害代码和程序都非常有帮助。

(2)虚拟专用网络(VPN)

VPN 通常被用来在 Internet 中安全地进行点到点的通信,虽然有专门的 VPN 设备,但是有些厂商还是乐意把 VPN 服务加入到他们的防火墙产品中。

（3）网络地址转换（NAT）

网络地址转换通常被用来把非法或被保留地址块映射到有效地址。虽然 NAT 不是必须的安全功能，但是在企业环境中通常都是防火墙产品应用 NAT 设备的。

（4）负载均衡

负载均衡是用分布式方式分流通信的技术。虽然防火墙负载均衡是一件相对独立的事情，但是一些防火墙产品现在也支持这个功能，它有助于以分布式方式管理 Web 和 FTP 流量。

（5）故障忍耐

一些较高端防火墙支持防故障功能。有的采用冗余技术，允许防火墙成对地运行，如果其中一个出现故障，另一个就会起到"热备份"的作用。

（6）入侵检测

有些厂商也把入侵检测等技术或其他产品集成到防火墙产品中。

3.防火墙技术

跟任何事物从简单到复杂的发展轨迹保持一致，防火墙技术也经历了由简单到复杂的过程，在这个过程中，其他网络技术也逐步融入到了防火墙技术中。可以说尽管防火墙技术是多种技术的有机整合，但是，接下来阐述的几种防火墙关键技术可以说仍然是防火墙技术的核心且不会发生太大的变化。

（1）包过滤技术

1）包过滤技术的实现。

早期阶段，包过滤技术还可称之为报文过滤技术，是最基本的访问控制技术，今天的防火墙技术就是基于该技术发展起来的。包过滤技术的作用能够对在网络上进行通信的所有数据包进行过滤，也就是筛选。包过滤技术的实现就是使符合预先按照组织或机构的网络安全策略制定的安全过滤规则的数据包通过，拒绝那些不符合安全过滤规则的数据包通过，并且根据预先的定义执行记录该信息、发送报警信息给管理人员等操作。

通过前面的阐述可以看出，包过滤技术的工作对象为数据包。网络中任意两台计算机如果要进行通信，都会将要传递的数据拆分成一个个的数据片断，并且按照某种规则发送这些数据片断。为了保证这些片断能够正确地传递到对方并且重新组织成原始数据，在每个片断的前面还会增加一些额外的信息以供中间转接节点和目的节点进行判断，添加额外信息的方式可以说算得上是不错的解决办法。这些添加了额外信息的数据片断称为数据包，增加的额外信息称为数据包包头，数据片断称为包内的数据载荷，网络协议就是拆分数据、数据包头的格式及传递和接收数据包所要遵循的规则。

对于最常用到的 TCP/IP 协议族来说，包过滤技术不仅仅是对数据包包头的一个字段进行相关操作，而是包头的所有字段，源 IP 地址、目的 IP 地址、数据载荷协议类型、IP 选项、源端口、目的端口、TCP 选项及数据包传递的方向等信息均包括在内。包过滤技术根据这些字段的内容，在安全过滤规则为评判标准的条件下确定数据包通过与否。

任何单位的网络安全策略部分是由安全过滤规则来直接体现的，同时，安全过滤规则也是包过滤技术的关键。在实际操作过程中，安全过滤规则集就是访问控制列表，该表的每一条记录都明确地定义了对符合该记录条件的数据包所要执行的动作——允许通过/拒通绝过，对上述数据包包头的各个字段内容的限定即为其中的条件。

包过滤技术实现如图 7-1 所示。

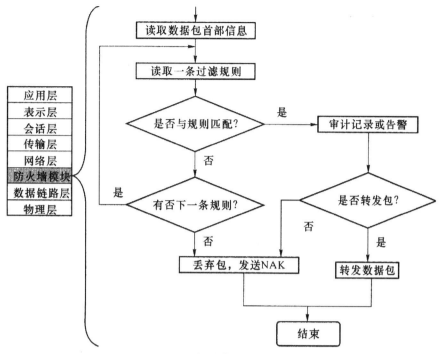

图 7-1 包过滤技术的实现

在技术的实现中,包过滤技术必须在操作系统协议栈处理数据包之前拦截数据包,即防火墙要在数据包进入系统之前处理它。由于实际上是由网卡完成数据链路层和物理层功能的,这以上的各层协议的功能由操作系统来具体实现,所以说实现包过滤技术的防火墙模块要在操作系统协议栈的网络层之前拦截数据包。不难看出,操作系统协议栈的数据链路层之上、网络层之下是防火墙模块要被部署的位置。

首先,实现包过滤技术的防火墙模块要做的是将数据包的包头部分剥离。然后,按照访问控制列表的顺序,将包头各个字段的内容与安全过滤规则进行逐条地比较分析判断。在找到一条相符的安全过滤规则之前需要一直不断地持续这个过程,接着按照安全过滤规则的定义执行相应的动作。若相符的安全过滤规则不存在的话,就执行防火墙默认的安全过滤规则。

为了保证对受保护网络能够实施有效的访问控制,在受保护网络或主机和外联网络的交界点上是执行包过滤功能的防火墙应当部署的位置。这样部署的目的是出于以下考虑,在这个位置上可以监控到所有的进出数据,从而保证了不会有任何不受控制的旁路数据的出现。

具体实现包过滤技术的设备非常多,总体来看,不外乎以下两类。

·过滤路由器。路由器总是部署在受保护网络的边界上,容易实现对全网的安全控制。早期的包过滤技术就是在路由器上实现的,也是最初的防火墙方案。

·访问控制服务器。如果要细分的话,访问控制服务器还分成两种情况:一是指一些服务器系统提供了执行包过滤功能的内置程序,比较著名的有 Linux 的 IPChain 和 NetFilter;二是指服务器安装了某些软件防火墙系统,如 CheckPoint 等。

2)过滤对象。

通过前面内容的阐述可以知道,包过滤技术主要是按照一定的协议对数据包进行检查从而判断出是否对该数据包放行,数据包的检查主要就是对其包头所有字段的内容进行检查。下面将按照过滤数据使用协议的不同对包过滤技术的具体执行特性进行论述。

a. 针对 IP 的过滤。将 IP 数据包的包头数据与事先储存在规则集中的数据进行对比,数据包如果被规则集允许的话,说明该数据包接受规则集,不接受规则集的话,该规则集就会不允许数据包,针对 IP 的过滤。

针对 IP 的过滤操作可以设定对源 IP 地址进行过滤。对于包过滤技术来说,阻断某个特定源地址的访问作用不大甚至可以忽略不计,入侵者完全可以换一台主机继续对用户网络进行探测或攻击。真正有效的办法是只允许受信任的主机访问网络资源而将一切不可信的主机的访问统统拒绝掉。

针对 IP 的过滤操作也可以设定对目的 IP 地址进行过滤。这种安全过滤规则的设定对于目的主机或网络有一定的保护功能。例如,可以制定这样的安全策略,只允许外部主机访问屏蔽子网中的服务器,而绝对不允许外部主机访问内联网络中的主机。具体操作过程中只需要将所有源 IP 地址不是内联网络,而目的 IP 地址恰巧落在内联网络地址范围内的数据包拒绝即可。当然,还需要设定外部 IP 地址到屏蔽子网内的服务器的访问规则。

针对 IP 的过滤操作还需要注意的问题是关于 IP 数据包的分片问题。网络的可用性可通过分片技术来增强,使得具有不同 MTU 的网络可以实现互连互通。随着路由器技术的改进,分片技术被使用的越来越少。这却使得系统被攻击的可能性变大,在这项技术的帮助下,攻击者构造特殊的数据包从而实现对网络的攻击。由于只有第一个分片才包含了完整的访问信息,后续的分片很容易通过包过滤器,所以攻击者只要构造一个拥有较大分片号的数据包就可能通过包过滤器访问内联网络。为了应对这种情况,要设定相应的安全策略,这个安全策略包括任何分片数据包都不允许通过包过滤器,或者是在防火墙处重组分片数据包。在防火墙处重组分片数据包的安全策略需要精心地设置,否则会给用户网络带来潜在的危险——攻击者可以通过碎片攻击的方法,发送大量不完的数据包片段,耗尽防火墙为重组分片数据包而预留的资源,那么,防火墙崩溃将是迟早的事情。

b. 针对 ICMP 的过滤。ICMP 负责传递各种控制信息,即使是在发生了错误的时候也是一样的。ICMP 对网络的运行和管理意义重大。但是,它也是一把双刃剑,尽管它能够有效完成网络控制与管理操作的相关事宜,却在完成上述操作的时候,会将网络中的重要信息泄露出去,甚至被攻击者利用做攻击用户网络的武器。

最常用的 Ping 和 Traceroute 实用程序使用了 ICMP 的询问报文。这些报文或程序就成为攻击者攻击的工具,攻击者可利用它们探测用户网络主机和设备的可达性,进而可以勾画出用户网络的拓扑结构与运行态势图。这些内容提供给攻击者确定攻击对象和手段的极为重要的信息。因此,过滤安全策略的设定就非常有必要,它能够阻止类型 8 回送请求 ICMP 报文进出用户网络。

与类型 8 相对应的类型 0 回送应答 ICMP 报文也是需要注意的。攻击者为了达到使目标主机崩溃的目的,会将大量的类型 8 的 ICMP 报文持续不断地发到用户网络上去,目标主机就会无暇顾及正常服务的提供而把精力集中在对垃圾信息的接受处理上去,这样的话,目标主机就会崩溃。

此外,类型 5 的 ICMP 报文也是需要考虑的重点处理对象,即路由重定向报文。如果防火墙允许这样的报文通过,那么攻击者完全可以采用中间人攻击的办法,为了达到截获或篡改正常的数据包的目的,会使用伪装成预期的接收者的手段来实现,将数据包导向受其控制的未知网络也是能够实现攻击的手段之一。

还有一个需要注意的是类型 3 目的不可达 ICMP 报文。这种报文信息对攻击者来说也有利用价值,攻击者会通过它来探知用户网络的敏感信息。

总之,ICMP 报文包过滤器的各个方面均需要精心设计。阻止存在泄漏用户网络敏感信息危险的 ICMP 数据包进出网络;拒绝所有可能会被攻击者利用、对用户网络进行破坏的 ICMP 数据包。

c.针对 TCP 过滤。目前,互联网主要使用的 TCP 协议,在此基础上,针对 TCP 进行控制可以说是所有安全技术的一个首要任务。事实上,包过滤技术不仅仅局限于网络层协议,如 IP 的过滤,也可以对传输层协议,如 TCP 和 UDP 进行过滤。首先介绍基于 TCP 的包过滤的实现。

可以通过端口过滤、协议过滤来实现针对 TCP 的过滤,之所以端口过滤和协议过滤能够做到这一点,是因为针对 TCP 的过滤可以设定对源端口或者目的端口的过滤。通常情况下,常用的应用协议提供的服务都在一些知名端口上实现,例如 HTTP、FTP、SMTP 等应用协议,HTTP 在 80 号端口上提供服务而 SMTP 在 25 号端口上提供服务。想要实现对特定服务的控制的话,可对特定服务所在的端口号设置过滤规则即可,如拒绝内部主机到某外部 WWW 服务器的 80 号端口的连接,即可实现禁止内部用户访问该外部网站。

对标志位的过滤是针对 TCP 的过滤比较常用的。此处,最为常见的是针对 SYN 和 ACK 的过滤。TCP 是面向连接的传输协议,一切基于 TCP 的网络访问数据流都可以按照它们的通信进程的不同划分成一个个的连接会话。即两个网络节点之间如果存在基于 TCP 通信的话,会话至少有一个存在。会话总是从连接建立阶段开始的,而 TCP 的连接建立过程就是 3 次握手的过程。在这个过程中,TCP 报文头部的一些标志位会随着握手过程的变化而变化,这些变化是无法忽视的:

• 当连接的发起者发出连接请求时,它发出的报文 SYN 位为 1,与此同时,包括 ACK 位在内的其他标志位为 0。在该报文中也包括由发起者自行选择的一个通信初始序号。

• 如果该连接请求被接受的话,一个 SYN 位为 1 而 ACK 位为 1 的连接应答报文将会返回到发起者。该报文在携带对发起者通信初始序号的确认(加 1)的同时,接收者自行选择的另一个通信初始序号也包括在内。返回的报文 RST 位要置 1,就说明该连接请求被拒绝。

• 不是说连接的发起者接收到对接收者自行选择的通信初始序号就算完了,还需要对接收的通信初始序号进行确认,返回该值加 1 作为希望接收的下一个报文的序号。同时 ACK 位要置 1。

除了在连接请求的过程中之外,SYN 位不会发生任何变化始终为 0。通过前面的 3 次握手的过程能够得出,对 SYN=1 的报文操作只要通过的话,就可以实现连接会话的控制。拒绝这类报文,该通信连接的就无法正常建立。上面过程的完成是基于 TCP 标志位进行过滤规则的原理。

针对 TCP 的过滤操作是最基础的、不完善的,可改进的空间比较大。

d.针对 UDP 的过滤。UDP 和 TCP 采用的服务策略的不同也就导致了它们的差别比较大。TCP 是面向连接的,没有任何关联存在于相邻报文之间,同时,在数据流内部也存在着较强的相关性,因此制定过滤规则难度不大;区别于 TCP 的是,UDP 是基于无连接的服务的,到达目的地所需的全部信息都包括在了 UDP 用户数据包报文中,任何确认都无需返回,想要确定报文之间的关系非常困难,这就导致了相应过滤规则的制定难度非常的大。之所以会出现这种情况,是因为此处所说的静态包过滤技术,它的操作仅限于包本身,对通信过程中的上下文不会做任何处理,想要从独立的 UDP 用户数据包获得想要的信息也就无异于痴人说梦。对于 UDP,要么是让它来去自如,要么是将某个端口组塞住,更好的应对方法还需要人们继续摸索研究。前一种方案还是使用得比较多,如有需要进行 UDP 传输的极大压力的情况除外。针对这种情况,动态包过滤技术/状态检测技术可以说是最为理想的解决方案。

(2)状态检测技术

防火墙需要跟踪流经它的所有通信信息来提供可靠的网络安全性。首先,防火墙要获得和应用层有关的所有层次的相关信息,其次,将获得的信息进行存储,只有这些还是远远不够的,重新获得及对这些信息进行控制的功能也是防火墙需要具备的。防火墙在检查数据包的同时对状态信息需要进行检查,是因为状态信息可以说是控制新的通信连接的关键环节,之前的通信和一些应用信息都可以看作是状态信息。以保证高层的安全为出发点的话,对于以下 4 种信息必须要进行访问、分析和利用的相关处理,这些处理是通过防火墙进行的。

1)通信信息:包括应用层的所有数据包信息。

2)通信状态:集中了全部以前的通信状态信息。

3)来自应用的状态:所有其他应用的状态信息都包括在内。

4)信息处理:对于通信信息、通信状态、来自应用的状态的灵活的表达式的估算。

状态检查技术能在网络层实现所有需要的防火墙能力,它既有包过滤机制的速度和灵活,同时也具备应用级网关安全的优点,包过滤器和应用级网关所有功能通过它得以很好地平衡。各层次上的数据,是防火墙上的状态检查模块通过访问和分析得来的,它对每一个通过防火墙的数据包都要进行检查,除了能够对状态数据及时进行存储和更新之外,对上下文信息也能做同样处理,为无连接的协议(如 RPC 和基于 UDP 的应用)的跟踪能提供虚拟的会话信息。为此,状态包检查防火墙通常要建立一个连接表,源 IP 地址、目的 IP 地址、传输层的源端口号和目的端口号这些最基本的信息都是它至少要包含在内的。防火墙会将通信信息、通信状态以及来自应用的全部状态信息与对比连接表进行对比,从而判断出这些数据是否属于一个已经通过连接防火墙且正在进行连接的会话,或者是判断其与规则集是否相匹配,进而为进行下一步操作的进行做参考,下一步操作包括拒绝、允许或者是使用加密传输这三个方面。如果一个数据包被系统丢弃或者是产生了一个安全警告的话,就说明该数据包不被任何安全规则明确允许,同时,管理员会收到整个网络的状态的一个信息。

基于状态检测技术的防火墙是通过检测模块来实现的,检测模块本质上是能够执行网络安全策略机制的一个软件引擎,具体是在网关上来实现的。网络管理员对基于状态检测技术的防火墙的安全特性还是比较认可的。检测模块通过抽取状态信息实现对网络通信的全面检测,再对状态信息进行及时的保存,从而为之后的安全决策起到参考作用。基于检测模块的应用和服务的实现难度不大,这因为检测模块对于大多数的应用协议和应用程序都能够有效支持。基于状态检测技术的防火墙能够结合网络安全策略对所有状态信息采用接纳、拒绝以及对相关通信进行加密等相关措施,这一点体现了与其他安全方案的不同之处。在实际操作过程中,如果说有访问与网络安全策略存在出入的话,该访问将会被安全报警器拒绝,系统管理器会收到相关的网络状态报告,这是在防火墙在做相关记录的同时进行的。这种防火墙的防护内部网络的功能非常强大,美中不足的是因为它复杂的配置导致它会影响到网络速度。

（3）代理技术

代理服务器的出现使得它能够有效代表真实的客户来处理连接请求。在代理服务器代表真实客户进行处理时,可通过以下几个步骤来实现:①代理服务器在得到相关客户的连接请求时,首先要核实该请求,用预先设定好的安全代理应用程序来处理该连接请求;②代理服务器在接到来自真实服务器的应答之后,再对其进行相关处理之后,将经过处理之后的应答发给最初发出请求的用户。从以上步骤中可以看出,由外部网络向内部网络发出服务请求时,代理服务器起到了中间转发的作用,使外部网络与内部网络的直接接触得以避免,鉴于代理服务器所具有的功能也就是代理防火墙所要求的功能,代理防火墙也就是代理服务器。

代理防火墙针对的是应用层协议,因为它是工作在应用层上的。通过预先设定好的程序,代理防火墙能够掌握到用户应用层的一个流量数据,可以在用户层和应用协议层之间提供有效的访问控制;除此之外,对于所有应用程度使用的相关记录信息还可以有效保存。以上也可以看成是代理防火墙的主要优势之一。

代理服务器在处理对所有应用请求的同时,来自真实服务器的响应也能够转发出去,代理客户机在向外部网络转发请求时,也可以转发真实服务器的响应给代理服务器。

不同于状态检测技术只能通过一个类型来实现,代理技术可以通过应用层网关和电路层网关来实现。

（4）网络地址翻译技术

网络地址翻译(Network Address Translation,NAT)出现的初衷是为了解决私有组织在可用地址空间不足方面的问题,与此同时,也使得私有 TCP/IP 网络在连接到互联网过程中的 IP 地址编号问题得以有效解决。RFC3022 描述了网络地址翻译技术的详细细节,互联网网络号分配机构(Internet Assigned Numbers Authority,IANA)对私有 IP 地址空间做了详细而全面的规定。

NAT 技术的出现,使得私有 IP 地址的内部主机或相关网络可以有效连接到公用互联网,NAT 技术中的地址映射功能的使用有效地做到了这一点,这样的话,就使得私有 IP 地址无法在互联网主干网区域无法正常使用的问题得到有效解决,私有 IP 地址的意义也不再局限于只能作为内部网络号来存在。NAT 网关既不存在于内部网络也不存在于外部网络,而是存在于内部网络和外部网络之间。NAT 网关能够将来自内部网络的相关数据包在发送到外部网络之前,将所有数据包的源地址统一转换为唯一的 IP 地址。

通过前面的阐述可以看出,设计 NAT 技术的初衷并非是出于防火墙技术的考虑,而是它在有效解决 IP 地址数量不足的同时具有的内部主机地址隐藏的功能,就是这一点,使得 NAT 技术成为了防火墙的关键技术之一。除此之外,NAT 技术还具备网络负载均衡和网络地址交迭的功能。

网络地址翻译可以有多种模式,主要由以下几种。

1）静态翻译。

不难理解,内部主机在静态翻译模式中和一个一成不变的翻译表保持对应关系,该模式能够将内部地址按照翻译表翻译成防火墙的外部网络接口地址。

2）动态翻译。

动态翻译模式能够做到隐藏内部主机身份,同时扩展内部网的地址空间也可以被隐藏,在内部网络中,所有客户端需要共同使用一个 IP 地址或者是一组小的内部网络的 IP 地址。当一个内部主机第一次发出的数据包通过防火墙时,动态翻译的实现方式与静态翻译是一致的,然后这次地址翻译就以表的形式保留在防火墙中。地址翻译就会一直保留在防火墙中除非是由于某种原因引起地址翻译的结束。对于能够访问外部网的内部主机来说,动态地址翻译的不足之处主要体现在它们并行向外发出连接的数量有限,最大只有内部网所共享的 IP 地址的数量。防火墙在分配完全球的地址后,无法建立新的连接,只有当空闲计时器释放了全球的地址后,防火墙才有可能为新的连接分配全球地址。

3)端口转换。

在对端口地址进行修改的同时维护一张开放连接表就可以实现端口转换,有了端口转换技术,一个网络的所有内部地址能够映射到一个全球范围内的 IP 地址上。端口转换使得内部网络实现地址映射的能力,解决了地址空间不足的问题。与此同时,端口转换也保证了内部网络的安全,这是因为端口转换对于向内的直接连接完全禁止。图 7-2 对防火墙修改地址和端口号的方式进行了描述。

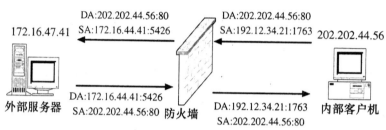

图 7-2 端口地址转换

4)负载平衡翻译。

通过防火墙实现负载均衡的话,需要将一个 IP 地址和端口翻译到多个服务器上去,这些服务器需为同等配置的,当来自外部网络的请求到达防火墙时,防火墙就会按照预先设定好的逻辑算法,将请求转发到内部服务器上,使单个服务器运算量过大的问题得到了很好的解决,从而保证了服务的稳定性和可靠性。

5)网络冗余翻译。

这种模式中,多个 Internet 连接被附加在一个 NAT 防火墙上,而这个防火墙根据负载和可用性对这些连接进行选择和使用。

4. 防火墙的配置策略

防火墙配置的差异性非常大,即使是同一品牌不同型号的配置也会存在一定的差异,所以在具体的配置中,要研究好具体的配置策略。同时,防火墙的应用环境对防火墙的配置策略所造成的影响也是不可忽视的。

在配置防火墙过程中,对安全过滤规则进行定义的时候要充分考虑到用户的需求,脱离用户需求来进行安全过滤规则的定义是毫无意义的。服务和通信只有通过安全过滤规则,才可以被认为是安全的,才能够允许进入用户内部,从而能够有效避免不必要的危险与麻烦。如果防火墙事先设置了合理的过滤规则,不合规则的数据报文可以被拦截下来,这样就起到了过滤不安全因素的效果。否则的话,将适得其反。

一般情况下,对防火墙的配置不外乎两种情况。

1)拒绝所有的流量,能够进入和离开的流量类型,将其明确的指出。

2)允许所有的流量,需要拒绝通过的流量类型,将其明确的指出。

大多数情况下,拒绝所有的流量这一模式是防火墙的默认设置。这样的话,防火墙安装成功之后,只有打开一些必要的端口的情况下,在经过验证之后,防火墙内的用户才能够有效地访问外部网络。例如,只有开启允许 POP3 和 SMTP 的进程,这项工作是通过防火墙上的设置相关的规则才能够进行,才能满足员工发送和接收电子邮件的业务需求。

安全实用是防火墙配置所要坚持的首要原则,除此之外,以下三个基本原则也是需要遵守的。

(1)简单实用

在配置防火墙时,简单实用为最关键的基本原则。在这一原则下,方便了系统管理员对防火墙的理解和使用,在后期对防火墙的管理及使用实现起来也是比较容易的,这样的话可以实现防火墙的安全性能。

在配置过程中,任何产品都不可偏离其定位,要按照其初衷进行配置,如实现网络之间的安全控制是防火墙产品的设计初衷,监控网络非常行为是入侵检测产品的设计初衷。为了使客户各种需求都得到满足,仅仅只有原来的安全功能已经无法满足用户对安全的需求,这些安全具备了一些增值功能,它其实可以看作是多种产品功能的一个糅合,如防火墙增加了病毒查杀、入侵检测等功能,查杀病毒的功能在一些入侵检测产品上有所体现。这些增值功能的增加在一定程度上也增加了配置的复杂度,这不是关键,问题的关键是增值功能的出现容易引起配置不协调的情况发生,这样就会导致新的安全漏洞的产生。所以在针对有增值功能的防火墙进行配置时,要根据用户的应用环境来具体配置,在不增加配置复杂度的同时,使得防火墙的基本功能得到保证。

(2)内外兼顾

防火墙的死穴就是它对来自网络外部的威胁能够有效控制,而无法应对来自于内部网络的威胁。然而,在实际应用中,大部分的威胁都是来自于网络内部,这就使得系统要加强对来自内网的威胁的防范,做到内外兼防。仅仅是通过防火墙达到内外兼防简直就是天方夜谭,这时,就需要在内网布置一些其他安全产品,建立它与防火墙的联动机制,使内网的安全得到保证。

(3)全面深入

随着网络环境的日益复杂,仅仅想要在系统中部署一个防火墙就想实现网络安全,使得网络没有任何安全漏洞这简直就是痴人说梦,这时,就需要以全面的、多层次的防御战略原则设计防火墙,要以全局为出发点,对防火墙的配置不要局限于简单的防火墙配置语句,要从深层次要设置防火墙,进而保护网络不受不安全因素的威胁。想要实现全面多层次部署防火墙,可通过部署多层次的防火墙,和其他安全产品建立联动机制来实现。

7.2.2　入侵检测技术

1. 入侵和入侵检测

(1)入侵

入侵(Intrusion)是所有试图破坏网络信息的完整性、保密性、可用性、可信任性的行为。入侵的概念比较宽泛,不仅包括发起攻击的人取得超出合法范围的系统控制权,也包括收集漏洞信息、造成拒绝服务等危害计算机和网络的行为。总体来看,入侵行为不外乎以下三种:

1)外部渗透:指既未被授权使用计算机,又未被授权使用数据或程序资源的渗透。

2)内部渗透:指虽被授权使用计算机,但是未被授权使用数据或程序资源的渗透。

3)不法使用:指利用授权使用计算机、数据和程序资源的合法用户身份的渗透。

这3种入侵行为是可以相互转变，互为因果的。例如，入侵者通过外部渗透获取了某用户的账户和密码，然后利用该用户的账户进行内部渗透，最后，内部渗透也可能转变为不法使用。

（2）入侵检测

入侵检测（Intrusion Detection）是一种试图通过观察行为、安全日志或审计资料来检测发现针对计算机或网络入侵的技术，这种检测的完成是在手工或专家系统软件对日志或其他网络信息进行分析的基础上进行的。而更广义的说法是：识别企图侵入系统非法获得访问权限行为的过程，它通过对计算机系统或计算机网络中的若干关键点收集信息并对其进行分析，从中发现系统或网络中是否有违反安全策略的行为和被攻击的迹象。

入侵检测作为一种积极主动的安全防护技术，提供了对内部攻击、外部攻击和误操作的实时防护，在网络系统受到危害之前拦截和对入侵做出响应。网络管理由于强大的入侵检测软件的出现有了很大的便利性，其实时报警功能为网络安全增加了又一道保障。从网络安全立体纵深、多层次防御的角度出发，入侵检测理应受到人们的高度重视，但现状是入侵检测成熟度有待提高，仍然处于发展阶段，或者是防火墙中集成较为初级的入侵检测模块，所以对于入侵检测技术的研究是很重要的。未来的入侵检测系统将会结合其他网络管理软件，形成入侵检测、网络管理、网络监控三位一体的结构。

2. 入侵检测模型

由 Dorothy Denning 于 1987 年提出了最早的入侵检测模型，该模型虽然与具体系统和具体输入没有直接关系，但是对此后的大部分实用系统的借鉴价值是非常重要的。

在该模型中，事件产生器可根据具体应用环境而有一定的区别，一般来自审计记录、网络数据包以及其他可视行为，这些事件构成了入侵检测的基础。行为特征表是整个检测系统的核心，它包含了用于计算用户行为特征的所有变量，这些变量可根据具体采用的统计方法以及事件记录中的具体动作模式而定义，并根据匹配上的记录数据更新变量值。如果有统计变量的值达到了异常程度，行为特征表将产生异常记录，并采取相应的措施。可以由系统安全策略、入侵模式等共同组成规则模块，它一方面为判断是否入侵提供参考机制，另一方面可根据事件记录、异常记录以及有效日期等控制并更新其他模块的状态。在具体实现上，规则的选择与更新可能存在一定的差异，但一般地，行为特征模块执行基于行为的检测，而规则模块执行于知识的检测。

根据入侵检测模型，入侵检测系统的原理可分为以下两种：

（1）异常检测原理

该原理指的是根据非正常行为（系统或用户）和使用计算机资源非正常情况检测出入侵行为。异常检测原理根据假设攻击与正常的（合法的）活动之间的差异来将攻击行为识别出来。异常检测首先收集一段时期正常操作活动的历史记录，再建立代表用户、主机或网络连接的正常行为轮廓。然后收集事件数据并使用一些不同的方法来决定所检测到的事件活动是否偏离了正常行为模式。基于异常检测原理的入侵检测方法和技术有以下几种方法：

1）统计异常检测方法；

2）特征选择异常检测方法；

3）基于贝叶斯推理异常检测方法；

4）基于贝叶斯网络异常检测方法；

5）基于模式预测异常检测方法。

其中，统计异常检测方法和特征选择异常检测方法是比较成熟的方法。

（2）误用检测原理

该原理是指根据已经知道的入侵方式来检测入侵。入侵者常常利用系统和应用软件中的弱点或漏洞来攻击系统，而这些弱点或漏洞可以编成一些模式，如果入侵者的攻击方式恰好与检测系统模式库中的某种方式匹配，则认为入侵行为已经被检测到。

基于误用检测原理的入侵检测方法和技术主要有以下几种：

1）基于条件的概率误用检测方法；

2）基于专家系统误用检测方法；

3）基于状态迁移分析误用检测方法；

4）基于键盘监控误用检测方法；

5）基于模型误用检测方法。

3. 入侵检测方法

（1）基于概率统计的检测

如前所述，基于概率统计的检测技术是在异常入侵检测中最常用的技术，它是对用户历史行为建立模型。根据该模型，当发现有可疑的用户行为发生时保持跟踪，并对该用户的行为进行监视和记录。这种方法应用了成熟的概率统计理论体现了其优越性；缺点是由于用户的行为非常复杂，因而要想准确地匹配一个用户的历史行为难度比较大，易造成系统误报、错报和漏报；定义入侵阈值比较困难，阈值高则误检率提高，阈值低则漏检率增高。

SRI（Standford Research Institute）研制开发的 IDES（Intrusion Detection Expert System）是一个典型的实时检测系统。IDES 系统能根据用户以前的历史行为，生成每个用户的历史行为记录库，并能自适应地学习被检测系统中每个用户的行为习惯，当某个用户改变其行为习惯时，这种异常就可被检测出来。这种系统具有固有的弱点，比如，用户的行为非常复杂，因而要想准确地匹配一个用户的历史行为和当前行为的难度非常大。这种方法的一些假设还有待进一步完善，容易造成系统误报或错报、漏报。

在这种实现方法中，检测器首先根据用户对象的动作为每一个用户建立一个用户特征表，通过将当前特征和已存储的以前特征进行比较，对是否有异常行为进行判断。用户特征表需要根据审计记录情况而不断地加以更新。在 SRI 的 IDES 中给出了一个特征简表的结构：<变量名，行为描述，例外情况，资源使用，时间周期，变量类型，阈值，主体，客体，特征值>，其中变量名、主体、客体唯一确定了每个特征简表，特征值由系统根据审计数据周期地产生。这个特征值是所有有悖于用户特征的异常程度值的函数。

这种方法的优越性在于能应用成熟的概率统计理论，以下两点是其不足之处：

1）统计检测对于事件发生的次序不敏感，完全依靠统计理论可能会漏掉那些利用彼此相关联事件的入侵行为。

2）定义判断入侵阈值的难度较大，阈值太高则误检率提高，阈值太低则漏检率增高。

（2）基于神经网络的检测

基于神经网络的检测技术的基本思想是用一系列信息单元训练神经单元，在给定一定的输入后，输出即可被预测出来。它是对基于概率统计检测技术的改进，使传统的统计分析技术存在的以下一些问题得以克服：

1）难以表达变量之间的非线性关系。

2）难以建立确切的统计分布。统计方法基本上是依赖对用户行为的主观假设，如偏差的高斯分布,错发警报常由这些假设所导致。

3)难以实施方法的普遍性。适用于某一类用户的检测措施一般无法适用于另一类用户。

4)实现方法比较昂贵。基于统计的算法对不同类型的用户不具有自适应性,算法比较复杂庞大,算法实现上昂贵,而神经网络技术实现的代价较小。

5)系统臃肿,难以剪裁。由于网络系统是具有大量用户的计算机系统,要保留大量的用户行为信息,使得系统臃肿,剪裁起来难度比较大。基于神经网络的技术能把实时检测到的信息有效地加以处理,对攻击可行性进行相关判断。

基于神经网络的模块,当前命令和刚过去的 IV 个命令组成了网络的输入,其中 w 是神经网络预测下一个命令时所包含的过去命令集的大小。根据用户代表性命令序列训练网络后,该网络就形成了相应的用户特征表。网络对下一事件的预测错误率使用户行为的异常程度得以反映出来。这种方法的优点在于能够更好地处理原始数据的随机特性,即无需对这些数据作任何统计假设并有较好的抗干扰能力;缺点是网络的拓扑结构以及各元素的权值很难确定,很难选取命令窗口的大小。窗口太大,网络降低效率;窗口太小,网络输出不好。

目前,神经网络技术提出了对基于传统统计技术的攻击检测方法的改进方向,但仍有一定的欠缺,所以传统的统计方法仍继续发挥作用,也仍然能为发现用户的异常行为提供相当有参考价值的信息。

(3)基于专家系统

安全检测工作自动化的另外一个值得重视的研究方向就是基于专家系统的攻击检测技术,即根据安全专家对可疑行为的分析经验来形成一套推理规则,然后在此基础上建立相应的专家系统。由此专家系统对所涉及的攻击操作自动进行分析工作。

所谓专家系统是基于一套由专家经验事先定义的规则的推理系统。例如,在数分钟之内有某个用户连续进行登录,且失败超过三次就可以被认为是一种攻击行为。类似的规则在统计系统貌似也存在,同时要注意的是基于规则的专家系统或推理系统也有其局限性,因为作为这类系统的推理规则一般都是根据已知的安全漏洞进行安排和策划的,而未知的安全漏洞是对系统的最危险的威胁。实现基于规则的专家系统是一个知识工程问题,而且其功能当能够随着经验的积累而利用其自学习能力进行规则的扩充和修正。当然这样的能力需要在专家的指导和参与下才能实现,否则较多的错报现象是无法避免的。一方面,推理机制使得系统面对一些新的行为现象时可能具备一定的应对能力(即有可能会发现一些新的安全漏洞);另一方面攻击行为也可能不会触发任何一个规则,从而被检测到。专家系统对历史数据的依赖性总的来说比基于统计技术的审计系统较少。因此系统的适应性比较强,可以较灵活地适应广谱的安全策略和检测需求。但是迄今为止,推理系统和谓词演算的可计算问题离成熟解决还有一定的距离。在具体实现过程中,专家系统面临的问题主要包括以下两个:

1)全面性问题很难从各种入侵手段中抽象出全面的规则化知识。

2)效率问题需要处理的数据量过大,而且在大型系统上,实时连续的审计数据的取得难度较大。

(4)基于模型推理的攻击检测技术

攻击者在攻击一个系统时往往采用一定的行为程序,如猜测口令的程序,这种行为程序构成了某种具有一定行为特征的模型,根据这种模型所代表的攻击意图的行为特征,可以实时地检测出恶意的攻击企图,虽然攻击者并不一定都是恶意的。用基于模型的推理方法,人们能够为某些行为建立特定的模型,从而能够监视具有特定行为特征的某些活动。根据假设的攻击脚本,这种系统就能将非法的用户行为统统检测出来。一般为了准确判断,要为不同的攻击者和不同的系统建立特定的攻击脚本。

当有证据表明某种特定的攻击模型发生时,系统应收集其他证据来证实或者否定攻击的真实,既要不能漏报攻击对信息系统造成实际损害,又要使错报尽可能地避免。

当然,上述的几种方法对攻击检测问题都是无法进行彻底解决的,所以最好是综合地利用各种手段强化计算机信息系统的安全程序以增加攻击成功的难度,同时根据系统本身特点辅助以较适合的攻击检测手段。

4. 入侵检测的实现过程

入侵检测技术的实现过程由信息收集、信息分析以及警告与响应共同构成。

（1）信息收集

入侵检测的基础即为信息收集,收集的是信息源中的信息,信息源的信息来源非常广,入侵检测平台上的所有系统信息、网络信息、数据信息以及用户活动状态及行为都是收集的对象。所搜集的范围不是所有的信息源,而是来自整个网络系统的关键节点的信息。入侵检测系统的检测范围是由信息收集的范围所决定的。大多数情况下,由于攻击者的伪装或使用的技术,想要以从一个信息源收集到的信息判断其是否可疑,几乎是不可能的,这时,就需要对比分析从多个信息源收集到的信息。

信息收集是进行入侵检测的前提,如果信息收集的可靠性和正确性无法得到保证的话,后期的工作也就无从谈起,这就需要使用相关软件来报告这些信息。黑客在对网络进行攻击的时候,可通过替换被调用相关应用程序和工具对实现对系统的控制,黑客在操作过程中,不是没有留下痕迹的,被替换后的应用功能跟之前的看起来一样,不过还是或多或少存在一定差异的。针对这一点,为了尽可能地防止入侵检测系统被篡改而收集到不是预先设定的信息,就需要保证入侵检测系统软件的完成性、坚固性。

（2）信息分析

入侵检测系统的关键环节是信息分析,对信息的分析能力如何直接决定了信息分析系统的性能。信息收集的工作完成之后,在收集到的海量数据中,可以看出入侵行为的数据仅仅是一少部分,除此之外的信息都是正常的,这就需要将代表入侵行为的数据中海量数据中分析过滤出来。

（3）告警与响应

在完成前期信息收集和信息分析后,就需要对分析出的入侵行为按照预先设置的规则,做出相关的告警与响应。通常来讲,网络管理员会收到系统正在遭受入侵的一个通知,或者是按照预先设置的规则,系统直接对入侵进行处理。截止到目前,常见的告警与响应方式包括以下几种:

- 终止攻击。
- 切断用户连接。
- 禁止用户账号的接入系统中。
- 对于攻击的源地址重新配置使其无法进行访问系统。
- 针对发生的实践向管理控制台发出警告。
- 向网络管理平台发出 SNMP 陷阱。
- 执行一个用户自定义程序。

·将事件涉及的信息存储下来,如事件发生的日期、时间、源 IP 地址以及目的 IP 地址等其他与事件相关的原始数据。

·向安全管理人员发出提示性的电子邮件。

7.2.3　信息加密技术

数据加密技术也是网络中最关键的安全技术,主要是通过对网络中传输的信息进行数据加密来保障其安全性,这是一种主动安全防御策略,用很小的代价即可为信息提供相当大的安全保护。

1. 加密的基本概念

密码技术是研究数据加密、解密及变换的科学。密码技术包含加密和解密两个方面。加密就是研究、编写密码系统,把数据和信息转换为不可识别的密文的过程;解密就是研究密码系统的加密途径,恢复数据和信息本来面目的过程。加密和解密过程共同组成了加密系统。

在加密系统中,要加密的信息称为明文(Plaintext)。明文经过变换加密后的形式称为密文(Cliphertext)。由明文变为密文的过程称为加密(Enciphering),这个过程是由加密算法来实现的。由密文还原成明文的过程称为解密(Deciphering),通常由解密算法来实现。为了有效地控制加密和解密算法的实现,在其处理过程中要有通信双方掌握的专门信息参与,这种信息被称为密钥(Key)。可以用 $C=E_K(P)$ 来表示对明文 P 使用密钥 K 加密,获得密文 C,用 $P=D_K(C)$ 来表示对 C 解密后重新得到明文 P。可以看出,对数据进行加密要通过算法和密钥来实现。

根据加密和解密过程是否使用相同的密钥,加密算法可以分为对称密钥加密算法(简称对称算法)和非对称加密算法(简称非对称算法)。

对称加密算法是指加密和解密过程都使用同一个密钥。它的特点是运算速度非常快,对数据本身的加密解密操作可以考虑该算法。常见的对称算法如各种传统的加密算法、DES 算法等。

非对称算法中使用 2 个密钥,一个称为公钥,一个称为私钥。公钥用于加密,私钥用于解密。相对于对称加密算法,非对称算法的运算速度要慢得多,但是在多人协作或需要身份认证的数据安全应用中,非对称算法具有不可替代的作用。使用非对称算法对数据进行签名,可以证明数据发行者的身份并保证数据在传输的过程中不被篡改。这种算法的复杂程度较高,如 RSA 算法、PGP 算法等,通常用于数据加密。由于非对称算法的速度较慢,现在对称算法与非对称算法相结合的加密方法使用的较多,这样,既可以有很高的加密强度又可以有较快的加密速度。此方法已广泛用于 Internet 的数据加密传送和数字签名。

数据加密是确保计算机网络安全的一种重要机制,由于成本、技术和管理上的复杂性等原因,目前尚未在网络中普及,但数据加密的确是实现分布式系统和网络环境下数据安全的重要手段之一。

2. 加密的方式

数据加密可在网络 OSI 七层协议的多层上实现,所以从加密技术应用的逻辑位置看,有 3 种方式。

1)链路加密:通常把网络层以下的加密称作链路加密,主要用于保护通信结点间传输的数据,加解密由置于线路上的密码设备实现。根据传递的数据的同步方式又可分为同步通信加密和异步通信加密两种,同步通信加密又包含字节同步通信加密和位同步通信加密。

2)结点加密:是对链路加密的改进,在传输层上进行加密,主要是对源结点和目标结点之间传输数据进行加密保护,与链路加密类似只是加密算法要结合在依附于结点的加密部件中,链路加密在结点处易遭非法存取的缺点得到了有效克服。

3)端对端加密:网络层以上的加密称为端对端加密。它是面向网络层主体,对应用层的数据信息进行加密,用软件即可实现,且成本低,但密钥管理问题困难,主要适合大型网络系统中信息在多个发方和收方之间传输的情况。

3.传统加密技术

传统加密方法的密钥是由简单的字符串组成,这种加密方法是稳定的,人所共知的。它的好处在于可以秘密而又方便地变换密钥,且保密的目的也可顺利达到。传统的加密方法有替换密码、变位密码以及一次性加密这三种。

(1)替换密码

替换密码是用一组密文字母来代替一组明文字母以隐藏明文,同时保持明文的位置不变。最古老的一种替换密码是凯撒密码,是 Julius Caesar 发明的。以英文字母为例它把 A 换成 D,B 换成 E,C 换成 F,…,Z 换成 C。也就是说密文字母相对明文字母循环右移了 3 位,因此,凯撒密码又被称为循环移位密码。将凯撒加密法通用化,即允许加密码字不仅可能移动 3 个字母,而且可以移动 k 个字母。在这种情况下,k 就成了循环移位密码的密钥。显而易见,这种密码最多只需尝试 25 次,即可被破译。其优点是密钥简单易记,但明文和密文的对应关系过于简单,所以安全性理想程度有限。

对于凯撒密码的另一种改进办法是,使明文字母和密文字母之间的映射关系没有规律可循。如将 26 个字母中的每一个都映射成另一个字母,见表 7-1。这种方法称为单字母表替换,其密钥是对应整个字母表的 26 个字母串。

表 7-1　单字母表替换映射表

明文	A	B	C	D	E	F	G	H	I	J	K	L	M	N	O	P	Q	R	S	T	U	V	W	X	Y
密文	Q	W	E	R	T	Y	U	I	O	P	A	S	D	F	G	H	J	K	L	Z	X	C	V	B	N

同时也可以是一个由不同字母组成的且字母数小于 26 的字母串。例如,密钥是 WORD,那么就会得到表 7-2 所示的映射表。

表 7-2　密钥是 WORD 的映射表

明文	A	B	C	D	E	F	G	H	I	J	K	L	M	N	O	P	Q	R	S	T	U	V	W	X	Y	Z
密文	W	O	R	D	A	B	C	E	F	G	H	I	J	K	L	M	N	P	O	S	T	U	V	X	Y	Z

用单字母表替换算法进行加密或解密可以看成是通过直接查找类似上面的映射表来实现的。这种方法看起来似乎是一个很安全的系统,因为破译者即使知道是用单字母表替换法进行的加密,也不可能知道使用的是 26 个可能的密钥中的哪一个。若要试遍所有可能的密钥几乎是不可能的。

不过若给出一小段密文,破解的突破口还是可以找到的。一种方法是猜测可能的单词或短语。有重复模式的单词以及常用的起始和结束字母都可以给出猜测字母表排列的线索。另一种方法是利用自然语言的统计特点。例如在英文中，e 是最常用的字母，接下来是 t、o、a、n、i 等。最常用的 2 个字母的组合是 th、in、er、re 和 an。最常见的 3 个字母的组合是 the、ing 和 ion。破译的方法是，首先计算所有字母在密文中出现的相对频率，然后把频率最高的暂时指定为 e，次高的暂时指定为 t。如果在密文中 3 个字母 tXe 出现频繁，那么 x 就很有可能是 h。以此类推，如果 thYt 出现频繁，则 Y 可能为 a。根据这个方法，可以认为另一频繁出现的 3 个字母的组合 aZW 有相当大的可能性为 and。这样，通过常用的字母组合，并且了解元音和辅音的可能形式，就可以逐字逐句地初步构成一个试探性的明文。

由于替换密码是明文字母与密文字母之间的映射，所以在密文中明文中字母的分布频率仍然被保持了，这使得其安全性大大降低。

(2)变位密码

在替换密码中保持了明文的符号顺序，只是将它们隐藏起来，而变位密码却是要对明文字母作重新排序，但不隐藏它们。常用的变位密码有列变位密码和矩阵变位密码。

1)列变位密码：列变位密码的密钥是一个不含任何重复字母的单词或短语，然后将明文排序，以密钥中的英文字母大小顺序排出列号，最后以列的顺序写出密文。下面举例说明，见表7-3。

表 7-3 列变位密码举例

密钥	M	E	G	A	B	U	C	K
列号	7	4	5	1	2	8	3	6
	P	L	E	A	S	E	T	R
	A	N	S	F	E	R	O	N
	Q	M	I	L	L	I	O	N
	D	O	L	L	A	R	S	T
	0	M	Y	S	W	I	S	S
	B	A	N	K	A	C	C	0
	U	N	T	S	I	X	T	W
	O	T	W	O	A	B	C	D

在该例中，密钥为 MEGABUCK，其作用是对每一列进行编号。在最接近英文字母表头的那个字母的下面为第一列，以此类推，其他各列的编号即可得到。然后，明文按行书写，若后面的明文不满一行，可用"ABCD…"填充。从第一列开始生成密文，见表7-4。

表 7-4 明文与密文的对照表

明文	PLEASETRANSFERONEMILLIONDOLLARSTOMYSWISSBANKACCOUNTSIXTWOTWO
密文	AFLLSKSOSELAWAIATOOSSCTCLNMOMANTESILYNTWRNNTSOWDPAEDOBUOERIRICXB

2)矩阵变位密码：矩阵变位密码是把明文中的字母按给定的顺序排列在一个矩阵中,然后用另一种顺序选出矩阵的字母来产生密文。下面举例来说明此种加密方法。

将明文"ENGINEERING"按行排列在一个 3×4 的矩阵中,若明文排不满最后一行,可用"ABCD…"填充,如下所示：

```
1    2    3    4
E    N    G    I
N    E    E    R
I    N    G    A
```

然后给出一个置换,如 f=((1234)(2413)),并根据给定的置换,按序排列,可得：

```
1    2    3    4
N    I    E    G
E    R    N    E
N    A    I    G
```

相应的密文为："NIEGERNENAIG"。

此法的密钥为矩阵的行数 m 和列数 n,以及给定的置换 f=((1234)(2413)),可表示为 $k=(m\times n, f)$ 其解密过程是将以上步骤逆行。

变位密码同样有其不安全的一面。以列变位密码为例,破译者可以通过查看 E、T、A、O、I、N 等字母的出现频率,知道它们是否满足明文的普通模式。如果满足,则该密码显然是变位密码。然后猜出列的编号,一般可以从信息的上下文中猜出一个可能的单词或短语,通过寻找各种可能性,常常可以较容易地确定密钥的长度。最后一步确定列的顺序,当列的编号较小时,可以逐个检查列,看其中的字母组合频率是否与英文字母组合频率保持一致。把2字母组合和3字母组合最符合的列暂定为正确。以此类推,直到找出可能正确的顺序为止。

（3）一次性加密

如果要既保持代码加密的可靠性,又保持替换加密器的灵活性,可采用一次性密码进行加密。

首先选择一个随机比特串作为密钥。然后把明文转换成一个比特串,最后逐位对这2个比特串进行异或运算。例如,以比特串"011010101001"作为密钥,明文转换后的比特串为"101101011011",则经过异或运算后,得到的密文为"110111110010"。

这种密文没有给破译者提供任何信息,在一段足够长密文中,每个字母或字母组合出现的频率都相同。由于每一段明文同样可能是密钥,如果没有正确的密码,破译者是无法知道究竟怎样的一种映射可以得到真正的明文,所以也就无法破译这样生成的密文。

与此同时,一次加密在实践中也暴露了以下四个缺陷：第一,一次性加密是靠密码只使用一次来保障的,如果密码多次使用,密文就会呈现出某种规律性,就有破译的可能;第二,这种密钥无法记忆,所以需要收发双方随身携带密钥,极不方便;第三,因为密钥不可重复,所以可传送的数据总量受到可用密钥数量的限制;第四,这种方法对丢失信息或信息错序十分敏感,如果收发双方错序,那么所有的数据都将被篡改。

以上这些传统的加密方法虽然简单,但它们却是现代加密方法的基础,它们的基本思想是指导人们采用越来越复杂的算法和密钥,使数据的保密性得以尽可能地保持。

4.数据加密标准 DES

（1）分组密码简介

对称密码有分组密码（Block Cipher）和流密码（Stream Cipher）两种类型。分组密码一次处理一块输入，每个输入块生成一个输出块，而流密码对输入元素进行连续处理，同时产生连续单个输出元素。数据加密标准属于分组密码。分组密码将明文消息划分成固定长度的分组，各分组分别在密钥的控制下变换成等长度的密文分组。分组密码的工作原理如图 7-3 所示。

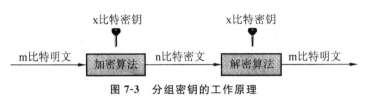

图 7-3　分组密钥的工作原理

（2）DES 的历史

数据加密标准（Data Encryption Standard,DES）成为世界范围内的标准已经 20 多年了。1973 年，美国国家标准局（NBS）在认识到建立数据保护标准既明显又急迫需要的情况下，开始征集联邦数据加密标准的方案。1975 年 3 月 17 日，NBS 公布了 IBM 公司提供的密码算法，以标准建议的形式在全国范围内征求意见。经过两年多的公开讨论之后，1977 年 7 月 15 日，NBS 宣布接受这个建议，作为联邦信息处理标准 46 号，数据加密标准 DES 正式颁布，供商业界和非国防性政府部门使用。

数据加密标准 DES 属于常规密钥密码体制，是一种分组密码。需要先对整个明文进行分组，然后再进行加密。每一个组长为 64 位。然后对每一个 64 位二进制数据进行加密处理，产生一组 64 位密文数据。最后将各组密文串接起来，即得出整个密文。使用的密钥为 64 位（实际密钥长度为 56 位，有 8 位用于奇偶校验）。

（3）DES 算法描述

DES（Data Encryption Standard）加密算法是一种分组对称加密算法，由 IBM 公司研制，于 1977 年获得美国政府认可成为非机密数据的数据加密标准算法。DES 是一个分组加密算法，它以 64 位为分组对数据加密。同时 DES 也是一个对称算法：加密和解密用的是同一个算法。它的密匙长度是 56 位（因为每个第 8 位都用作奇偶校验），密匙可以是任意的 56 位的数，而且可以任意时候改变。其中有极少量的数被认为是弱密匙，但是避开它们非常容易。所以保密性依赖于密钥。

DES 对 64 位的明文分组进行操作。通过一个初始置换，将明文分组分为左半部分和右半部分，各 32 位长。然后进行 16 轮完全相同的算法，这些运算被称为函数 f，在运算过程中数据与密钥结合。经过 16 轮后，左、右部分合在一起，经过一个末置换（初始转换的逆置换），这样算法就完成了。

在每一轮中，密钥位移位，然后再从密钥的 56 位中选出 48 位。通过一个扩展置换将数据的右半部分扩展成 48 位，并通过一个异或操作与 48 位密钥结合，通过 8 个 S 盒将这 48 位替代成新的 32 位数据，再将其置换一次。这 4 步运算构成了函数 f。然后，通过另一个异或运算，函数 f 的输出与左半部分结合，其结果即成为新的右半部分，原来的右半部分成为新的左半部分。将该操作重复 16 次，DES 的 16 轮运算即可顺利实现。其过程如图 7-4 所示。

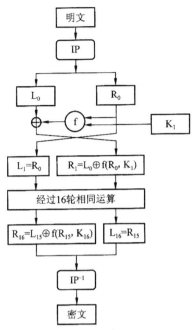

图 7-4　DES 加密算法

DES 的保密性仅仅是由对密钥的保密来决定的,而算法是公开的。尽管人们在破译 DES 方面取得了许多进展,但至今仍未能找到比穷举搜索密钥更有效的方法。DES 是世界上第一个公认的实用密码算法标准,它曾对密码学的发展做出了重大贡献。

5. 公钥密码系统

公钥密码系统使用不同的加密密钥与解密密钥。公钥密码系统的产生主要是因为两个方面的原因:一是由于常规密钥密码体制的密钥分配问题;另一是由于对数字签名的需求。

公开密钥密码体制又叫非对称密钥密码体制,与传统的对称密钥密码体制保持对应关系。在传统的加密方法中,加密、解密使用的是同样的密钥,由发送者和接收者分别保存,在加密和解密时使用。通常,使用的加密算法比较简便高效,密钥简短,破译难度较大。但采用这种方法的主要问题是在公开的环境中如何安全地传送和保管密钥。1976 年,Diffie 和 Hellman 为解决密钥的分发与管理问题,在“密码学的新方向”一文中,提出了一种新的密钥交换协议,允许在不安全的媒体上通过通信双方交换信息,安全地传送密钥。在此新思想的基础上,公开密钥密码体制得以出现。在该体制中,使用一个加密算法 E 和一个解密算法 D,它们彼此完全不同,并且解密密钥不能从加密密钥中推导出来。

此算法必须满足下列 3 点要求。

1)D 是 E 的逆,即($D[E(P)]$)=P。

2)从 E 推导出 D 极其困难。

3)对一段明文的分析,不可能破译出 E。

从上述要求可以看出,在公开密钥密码体制下,加密密钥有别于解密密钥。加密密钥可对外公开,使任何用户都可将传送给此用户的信息用公开密钥加密发送,而该用户唯一保存的私有密钥是保密的,也只有它能将密文恢复为明文。虽然解密密钥理论上可由加密密钥推算出来,但实际上在这种密码体系中是不可能的。或者虽然能够推算出,但要花费很长时间,所以将加密密钥公开也不会危害密钥的安全。

公开密钥密码体制是现代密码学最重要的发明和进展。一般理解密码学就是保护信息传递的机密性，但这仅仅是当今密码学的一个方面。对信息发送与接收人的真实身份的验证、对所发出/接收信息在事后的不可抵赖及保障数据的完整性也是现代密码学研究的另一个重要方面。公开密钥密码体制对这两方面的问题都给出了出色的解答，并正在继续产生许多新的思想和方案。

在所有的公开密钥加密算法中，RSA 算法是理论上最为成熟、完善，使用最为广泛的一种。RSA 算法是由 R. Rivest、A. Shamir 和 L. Adleman 这 3 位教授于 1978 年提出的。该算法的数学基础是初等数论中的 Euler 定理，其安全性建立在大整数因子分解的困难性之上。RSA 算法是第一个能同时用于加密和数字签名的算法，且理解和操作起来比较容易。RSA 算法从提出到现在已近 20 年，经历了各种攻击的考验逐渐为人们所接受，普遍被认为是目前最优秀的公钥方案之一。下面来简要地介绍如何运用这种方法。其中图 7-5 给出了 RSA 算法模型。

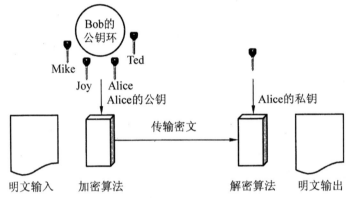

图 7-5　RSA 算法的通信保密

首先准备加密所需的参数：选择 2 个大的质数 p 和 q，一般取 100 位以上的十进制质数。然后计算 $n=p×q$ 和 $z=(p-1)×(q-1)$。选择一个与 z 互为质数的数 d。找出 e，使得 $ed=1 \bmod z$。其中，(e,n) 便是公开密钥，(d,n) 便是私有密钥。

加密过程为：将明文看作一个比特串，划分成块，使每段明文信息 P 落在 $(0,n)$ 之间，这可以通过将明文分组分成每块有 k 位的组来实现，并且 k 为满足 $2k<n$ 成立的最大整数。对明文信息 P 进行加密，计算 $C=P^e(\bmod n)$。解密 C，要计算 $P=C^d(\bmod n)$。可以证明，在确定的范围内，加密和解密函数是互逆的。为实现加密，需要 e 和 n，为实现解密需要 d 和 n。所以公钥由 (e,n) 组成，私钥由 (d,n) 组成。

RSA 的缺点主要有：第一，产生密钥很麻烦，受到素数产生技术的限制，因此一次一密无法做到；第二，分组长度太大，为保证安全性，n 要在 600 比特以上，使运算代价很高，尤其是速度较慢，比对称密钥算法慢几个数量级，而且随着人数分解技术的发展，这个长度还在增加，对数据格式的标准化较为不利；第三，RSA 的安全性依赖于大整数的因子分解，但并没有从理论上证明破译 RSA 的难度与大整数分解难度等价。也就是说，RSA 的重大缺陷是无法从理论上把握它的保密性能如何，为了保证其安全性，只能不断增加模 n 的位数。

7.2.4　数字证书、数字认证与公钥基础设施

1. 数字证书

数字证书,即数字 ID,是一种由 CA 签发用于识别的电子形式的个人证书。除特别说明,下面的数字证书皆指 X.509 公钥证书,即数字证书的一个标准格式。数字证书可以用于身份验证,方便地保证由未知的网络发来信息的可靠性,同时建立收到信息的拥有权及完整性。

(1)证书结构

尽管 X.509 已经定义了证书的标准字段和扩展字段的具体要求,仍有很多的证书在颁发时需要一个专门的协议子集来进一步定义说明。Internet 工程任务组(IETF)PKIX.509 工作组就制定了这样一个协议子集,即 RFC2459(PKIX 的第一部分)。图 7-6 给出了第 3 版的证书结构。

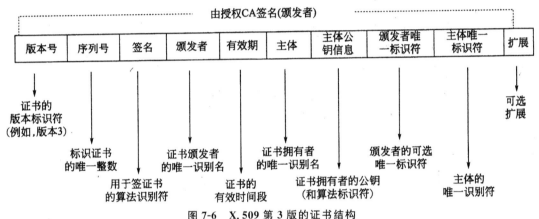

图 7-6　X.509 第 3 版的证书结构

(2)数字证书格式

如前所述,除了 X.509 第 3 版本的公钥证书以外,还有以下几种类型的证书。

1)SPKI。除了 X.509 以外,还有一个独立的 IETF 工作组致力于为 Internet 提供一个简单的公开密钥基础设施,这被称为简单公开密钥基础设施(SPKI)。特别值得一提的是,该 IETF 工作组的目标是:发展支持 IETF 公钥证书格式、签名和其他格式以及密钥获取协议的 Internet 标准。密钥证书格式以及相关协议应该是简单易懂、易于实现和使用的。

SPKI 的工作重点在于授权而不是身份,SPKI 证书也叫授权证书。SPKI 授权证书的主要目的就是传递许可权,同时还具有授予许可权的能力。

2)PGP。PGP(pretty good privacy)是一种对电子邮件和文件进行加密与数字签名的方法。最新的 PGP 版本 OpenPGP,以 IETF 的标准"OpenPGP 报文格式"的形式颁布。PGP 规范了在两个实体间传递信息和文件时的报文格式,以及在两个实体间传递 PGP 密钥或称为 PGP 证书的报文格式。

尽管 PGP 在 Internet 上得到了重用,但它对企业内部网来说,仍不是最为理想的解决方案,因为它所有的信任决策主要是基于个人而不是企业的。

3)SET。安全电子交易(SET)标准定义了在分布式网络如 Internet 上进行信用卡支付交易所需的标准。从本质上讲,SET 定义了一种标准的支付协议并且规范了应用 SPKI 所需的条件。SET 采用了 X.509 第 3 版本公钥证书的格式,并制定了自己私有的扩展。SET 也采用了标准扩

展的一些属性要求。

因为非 SET 应用无法识别 SET 定义的私有扩展,所以非 SET 应用如 S/MIME 格式的电子邮件就无法接受 SET 证书,即使 SET 证书的格式兼容于 X.509 第 3 版本格式证书也是同样的。

4)属性证书。尽管在 X.509 建议中定义了属性证书的基本 ASN.1 结构,但属性证书却不是公钥证书。属性证书是用来传递一个给定主体的属性以便于灵活、可扩展的特权管理。属性证书的主体可以结合相应公钥证书通过“指针”来确定。

(3)注册机构

CA 负责产生数字证书和发布撤销列表,以及管理各种证书的相关事宜。尽管注册功能可以直接由 CA 来实现,但为了使 CA 的处理负担尽可能地减小,专门用一个单独的机构即注册机构 RA 来实现用户的注册、申请以及部分其他管理功能。多个 RA 也叫局部注册机构 LRA,它的实施对这一问题的解决非常有帮助。RA 的主要目的就是分担 CA 的一定功能以增强可扩展性并且降低运营成本。

下面以 OpenCA 认证系统为例说明 CA 的工作流程。整个 CA 采用图 7-7 所示的体系结构模型。

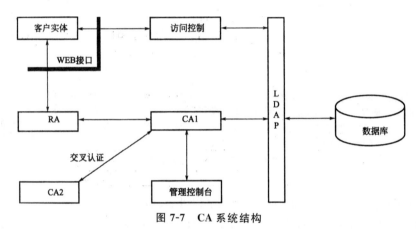

图 7-7　CA 系统结构

在 OpenCA 身份认证系统当中,由注册机构 RA、认证中心 CA、CA 管理员平台、访问控制系统以及目录服务器组成构成 CA。

1)CA 服务器。CA 服务器是整个认证系统的核心,它保存根 CA 的私钥,其安全等级要求最高。CA 服务器具有产生证书、实现密钥备份等功能,这些功能应尽量独立实施。CA 服务器通过安全连接同 RA 和 LDAP(Lightweight Directory Access Protocal)服务器实现安全通信。CA 的主要功能包括以下几方面:CA 初始化和 CA 管理,处理证书申请,证书管理,交叉认证。

2)RA 服务器。RA 分成两部分:RA 服务器和 RA 操作员。RA 服务器由操作员管理,而且还配有 LDAP 服务器。客户只能访问 RA 操作员,不能直接和 RA 服务器通信,所以 RA 操作员是因特网用户进入 CA 的访问点。客户通过 RA 操作员实现证书申请、撤销、查询等功能。RA 服务器的功能主要包括以下方面:证书申请,证书管理,证书撤销列表管理,其他管理等。RA 操作员的功能主要有:获取 CA 证书,证书撤销列表,验证证书申请用户身份,证书申请及列表,获得已申请的证书,发布有效证书列表和证书撤销请求等。

3)证书目录服务器。由于认证中心颁发的证书只是捆绑了特定实体的身份和公钥,而没有提供如何找到该证书的方法,因此需建立目录服务器(directory service server)来提供稳定可靠的、规模可扩充的在线数据库系统来存放证书。目录服务器存放了认证中心所签发的所有证书，当终端用户需要确认证书信息时，通过 LDAP 协议下载证书或者吊销证书列表，或者通过在线证书状态协议(OCSP)向目录服务器查询证书的当前状况。

4)CA 操作步骤。数字证书认证按下述步骤进行：

①由用户利用浏览器连接到 RA 操作员，向其提出证书申请的请求；

②RA 操作员通过安全连接传递给 RA 服务器；

③RA 服务器处理这个请求，并准备提交给 CA 进行签名；

④RA 服务器管理人员把证书申请文件通过安全渠道送给 CA，经 CA 审核，如果许可则对证书进行签名和制作，然后再把证书递交给 RA 服务器，并且把证书导入到 LDAP 服务器，以供查询使用。

5)证书链构造。CA 的层次结构可被映射为证书链，一条证书链是后续 CA 发行的证书序列。图 7-8 表示了一条证书链：从最下面的待验证证书通过两级子 CA 到达根 CA。一条证书链对开始于层次分支，终止于层次顶部的证书进行跟踪。在证书链中：

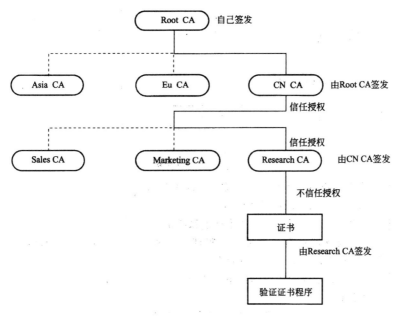

图 7-8　证书链

①每个证书的下一级证书是发行者的证书；

②每个证书包含证书发行者的可识别名(DN)，该名字与证书链中的下一级证书的主体名字保持一致，在图 7-8 中，Research CA 证书包含了 CN CA 的 DN，CN CA 的 DN 也是证书链由 Root CA 的签发下一个证书的主体名字；

③每个证书由发行者的私钥进行签名，该签名可以用发行者证书公钥进行验证，CN CA 证书中的公钥用来验证 Research CA 证书上的数字签名。

2. 数字认证

数字认证是检查一份给定的证书是否可用的过程，也称为证书验证。数字认证引入了一种机制来使证书的完整性和证书颁发者的可信赖性得到保证。数字认证包括确定如下主要内容：

1)一个可信的 CA 已经在证书上签名，即 CA 的数字签名被验证是正确的；

2)证书有良好的完整性,即证书上的数字签名与签名者的公钥和单独计算出来的值相一致;

3)证书处在有效期内、证书没有被撤销;

4)证书的使用方式与任何声明的策略和/或使用限制相一致。在 PKI 框架中,认证是一种将实体及其属性和公钥绑定的一种手段。认证中心 CA 对它所颁发的证书上进行了数字签名,从完整性的角度来看,证书是受到了保护。如果它们不含有任何敏感信息,证书可以被自由随意地传播。

3. 公钥基础设施

在实际应用上,PKI 是一套软硬件系统和安全策略的集合,它提供了一整套安全机制,使用户在不知道对方身份或分布地很广的情况下,以证书为基础,通过一系列的信任关系实现通信和交易。

(1)PKI 的组成

一个实用的 PKI 体系应该是安全的、易用的、灵活的和经济的,互操作性和可扩展性是需要它充分考虑的。从系统构建的角度,PKI 由三个层次构成,如图 7-9 所示。

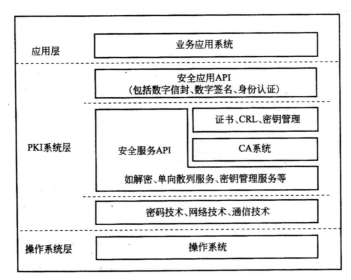

图 7-9　PKI 系统应用框架

PKI 系统的最底层位于操作系统之上,为密码技术、网络技术和通信技术等,包括各种硬件和软件。中间层为安全服务 API 和 CA 服务,以及证书、CRL 和密钥管理服务。最高层为安全应用 API,包括数字信封、基于证书的数字签名和身份认证等 API,为上层的各种业务应用提供标准的接口。

一个完整的 PKI 系统具体包括认证中心 CA、数据证书库、密钥备份及恢复系统、证书作废处理系统和客户端证书处理系统等部分。

1)认证中心。认证中心 CA 是证书的签发机构,是保证电子商务、电子政务、网上银行、网上证券等交易的权威性、可信任性和公正性的第三方机构。

2)数据证书库。证书库是 CA 颁发证书和撤销证书的集中存放地,可供用户进行开放式查询,获得其他用户的证书和公钥。

3)密钥备份及恢复系统。PKI 提供的密钥备份和恢复解密密钥机制是为了解决用户由于某种原因丢失了密钥使得密文数据无法被解密的这种情况。

4)证书作废处理系统。证书的有效期是一定的,必须由 PKI 系统自动对证书和密钥进行定期的更换,超过其有效期限就要被作废处理。

5)客户端证书处理系统。为了方便客户操作,在客户端装有软件,申请人通过浏览器申请、下载证书,并可以查询证书的各种信息,对特定的文档提供时间戳请求等。

(2)PKI 的运行模型

为了更好了解 PKI 系统运行情况,需要进一步明确活动的主体是谁,他们是如何相互作用的,这就涉及具体的实体及其操作。在 PKI 的基本框架中,具体包括管理实体、端实体和证书库三类实体,其功能如下:

1)管理实体。它包括证书签发机构 CA 和注册机构 RA,是 PKI 的核心,是 PKI 服务的提供者。CA 是 PKI 框架中唯一能够发布或撤销证书的实体。RA 负责处理用户请求,在验证请求的有效性后,代替用户向 CA 提交。作为管理实体,CA 和 RA 以证书方式向端实体提供公开密钥的分发服务。

2)端实体。它包括证书持有者和验证者,它们是 PKI 服务的使用者。持有者向管理实体申请并获得证书,也可以在需要时请求撤销或更新证书;验证者通常是授权方,确认持有者所提供证书的有效性和对方是否为该证书的真正拥有者,只有在成功鉴别之后才可授权对方。

3)证书库。它是一个分布式数据库,用于证书及撤销证书列表存放和检索。

PKI 操作分为存取操作和管理操作两类。前者涉及管理实体或端实体与证书库之间的交互,向证书库存放、读取证书和作废证书列表是操作的目的所在。后者涉及管理实体与端实体之间或管理实体内部的交互,操作的目的是完成证书的各项管理任务和建立证书链。

用户向 RA 提交证书申请或证书注销请求,由 RA 审核;RA 将审核后的用户证书申请或证书注销请求提交给 CA;CA 最终签署并颁发用户证书,并且登记在证书库中,同时定期更新证书失效列表 CRL,供用户查询;从根 CA 到本地 CA 存在一条链,下一级 CA 有上一级 CA 授权;CA 还可能承担密钥备份及恢复工作。

(3)PKI 提供的服务

一般认为 PKI 主要提供以下服务。

1)认证。认证就是确认实体是它自己所申明的主体。在应用程序中有实体鉴别和数据来源鉴别这两种情形。前者只是简单地认证实体本身的身份,后者就是鉴定某个指定的数据是否来源于某个特定的实体。

2)机密性。机密性就是确保数据的秘密,除了指定的实体外,其他人是无法读取这段数据的。这一服务用来保护主体的敏感数据在网络中传输和非授权泄漏时,自己不会受到威胁。

3)完整性。数据完整性就是确认数据没有被非法修改。

4)不可否认。通常指的是对数据来源的不可否认和接受后的不可否认。基本思想是用户用密码的手段认可某种行为,以证明事后否认自己的行为是蓄意的。

5)安全时间戳。安全时间戳就是一个可信的时间权威机构用一段可认证的完整的数据表示时间戳。最重要的不是时间本身的准确性,而是相关时间日期的安全,以证明两个事件发生的先后关系。在 PKI 中,这依赖于认证和完整性服务。

6)特权管理。在一个特定环境中,必须为单个实体、特定的实体组和指定的实体角色制定策略。这些策略规定实体、组和角色能做什么、不能做什么。目的是在维持所希望的安全级别的基础上,进行每日的交易。

7.2.5 网络防病毒技术

1988 年 11 月 2 日下午 5 时 1 分 59 秒,美国康奈尔大学的计算机科学系研究生,23 岁的莫里斯(Morris)将其编写的蠕虫程序输入计算机网络,这个网络连接着大学、研究机关的 155000 多台计算机,在几小时内导致了 Internet 的堵塞。这件事就像是计算机界的一次大地震,造成了巨大反响,震惊了全世界,引起了人们对计算机病毒的恐慌,也使更多的计算机专家重视和致力于计算机病毒的研究。

随着计算机和 Internet 的普及程度越来越高,计算机病毒已经成为了当今信息社会的一大顽症,借助于计算机网络可以传播到计算机世界的每一个角落,并大肆破坏计算机数据、更改操作程序、干扰正常显示、摧毁系统,甚至对硬件系统都能产生一定的破坏作用。由于计算机病毒的侵袭,使计算机系统速度降低、运行失常、可靠性降低,有的系统被破坏后甚至无法工作。从第一个计算机病毒问世以来,在世界范围内由于一些致命计算机病毒的攻击,已经夺走了计算机用户大量的人力和财力,甚至对人们正常工作、企业正常生产以及国家的安全都造成了巨大的影响。因此,网络防病毒技术已成为计算机网络安全研究的一个重要课题。

1. 计算机病毒

(1)计算机病毒的定义

计算机病毒借用了生物病毒的概念,众所周知,生物病毒是能侵入人体和其他生物体内的病原体,并能在人群及生物群体中传播,潜入人体或生物体内的细胞后就会大量繁殖与其本身相仿的复制品,这些复制品又将使其他健康的细胞受到感染,造成病毒的进一步扩散。计算机病毒和生物病毒一样,是一种能侵入计算机系统和网络、危害其正常工作的"病原体",能够对计算机系统进行各种破坏,同时能自我复制,具有传染性和潜伏性。

早在 1949 年,计算机的先驱者冯·诺依曼(Von Neumann)在一篇名为《复杂自动装置的理论及组织的进行》的论文中就已勾画出了病毒程序的蓝图:计算机病毒实际上就是一种可以自我复制、传播的具有一定破坏性或干扰性的计算机程序,或是一段可执行的程序代码。计算机病毒可以把自己附着在各种类型的正常文件中,且不易被察觉和根除。

人们从不同的角度给计算机病毒下了定义。美国加利福尼亚大学的弗莱德·科恩(Fred Cohen)博士为计算机病毒所作的定义是:计算机病毒是一个能够通过修改程序,并且自身包括复制品在内去"感染"其他程序的程序。美国国家计算机安全局出版的《计算机安全术语汇编》中,对计算机病毒的定义是:计算机病毒是一种自我繁殖的特洛伊木马,它由任务部分、触发部分和自我繁殖部分组成。我国在《中华人民共和国计算机信息系统安全保护条例》中,将计算机病毒明确定义为:编制或者在计算机程序中插入的破坏计算机功能或者破坏数据,影响计算机使用并且能够自我复制的一组计算机指令或者程序代码。

(2)计算机病毒的特点

无论是哪一种计算机病毒,都是人为制造的、具有一定破坏性的程序,区别于医学上所说的传染病毒(计算机病毒不会传染给人)。然而,两者又有着一些相似的地方,计算机病毒具有以下一些特征。

1)传染性。传染性是病毒最基本的特征。在生物界,病毒通过传染从一个生物体扩散到另一个生物体。在适当的条件下,可得到大量繁殖,并使被感染的生物体表现出病症甚至死亡。同样,计算机病毒也会通过各种渠道从已被感染的计算机扩散到未被感染的计算机,在某些情况下造成被感染的计算机工作失常甚至瘫痪。区别于生物病毒的是,计算机病毒是一段人为编制的计算机程序代码,这段程序代码一旦进入计算机并得以执行,就会搜寻其他符合其传染条件的程序或存储介质,确定目标后再将自身代码插入其中,达到自我繁殖的目的。只要一台计算机染毒,如果不及时处理,那么病毒就会在这台机子上迅速扩散,其中的大量文件(一般是可执行文件)会被感染。而被感染的文件又成了新的传染源,再与其他机器进行数据交换或通过网络接触,病毒会继续进行传染。大部分病毒不管是处在激发状态还是隐蔽状态,其传染能力都非常强,可以很快地传染一个大型计算机中心、一个局域网和广域网。

2)隐蔽性。计算机病毒往往是短小精悍的程序,非常容易隐藏在可执行程序或数据文件当中。当用户运行正常程序时,病毒伺机窃取到系统控制权,限制正常程序的执行,而这些对于用户来说都是无法察觉的。若不经过代码分析,病毒程序和普通程序是不容易区分开的。正是由于病毒程序的隐蔽性才使其在发现之前已进行广泛的传播,造成较大的破坏。

3)潜伏性。计算机的潜伏性是指病毒具有依附于其他媒体而寄生的能力。一个编制精巧的计算机病毒程序进入系统之后一般不会马上发作,可以在几周或者几个月内甚至几年内隐藏在合法文件中,对其他系统进行传染,而不被人发现。例如,在每年4月26日发作的CIH病毒、每逢13号的星期五发作的"黑色星期五"病毒等。病毒的潜伏性愈好,其在系统中的存在时间就会愈长,病毒的传染范围就会愈大。潜伏性的第一种表现是:病毒程序不用专用检测程序是检查不出来的,因此病毒可以静静地躲在磁盘或磁带里待上几天,甚至几年,一旦时机成熟,得到运行机会,就又要四处繁殖、扩散,继续为害。潜伏性的第二种表现是:计算机病毒的内部往往有一种触发机制,不满足触发条件时,计算机病毒除了传染外其破坏性还不表现出来。触发条件一旦得到满足,有的在屏幕上显示信息、图形或特殊标识,有的则执行破坏系统的操作,如格式化磁盘、删除磁盘文件、对数据文件做加密、封锁键盘以及使系统死锁等。

4)破坏性。计算机病毒的最终目的是破坏用户程序及数据,计算机病毒的破坏行为体现了病毒的杀伤能力。病毒破坏行为的激烈程度是由病毒制作者的主观愿望和所具有的技术能量所决定的。如果病毒设计者的目的在于彻底破坏系统的正常运行,那么这种病毒对于计算机系统所造成的后果是难以设想的,可以破坏磁盘文件的内容、删除数据、抢占内存空间甚至对硬盘进行格式化,造成整个系统的崩溃。有时几种本没有多大破坏作用的病毒交叉感染,也会导致系统崩溃等。

5)衍生性。由于计算机病毒本身是一段可执行程序,同时又由于计算机病毒本身是由几部分组成的,所以可以被恶作剧者或恶意攻击者模仿,甚至对计算机病毒的几个模块进行修改,使之成为一种区别于原病毒的计算机病毒。例如,目前在Internet上影响颇大的"震荡波"病毒,其变种病毒就有A、B、C等好几种。

6)触发性。病毒的触发性是指病毒在一定的条件下通过外界的刺激而激活,使其发生破坏作用。触发病毒程序的条件是病毒设计者安排、设计的,这些触发条件可能是时间/日期触发、计数器触发、输入特定符号触发、启动触发等。病毒运行时,触发机制检查预定条件是否满足,如果满足,启动感染或破坏动作,使病毒进行感染或攻击;如果不满足,则病毒继续潜伏。

(3)计算机病毒的分类

以前,大多数计算机病毒主要通过软盘传播,但是当Internet成为人们的主要通信方式以后,网络又为病毒的传播提供了新的传播机制,病毒的产生速度在很大程度上得以提高,数量也不断增加。据国外统计,计算机病毒以 10 种/周的速度递增,另据我国公安部统计,国内以 4～6 种/月的速度递增。目前,全球的计算机病毒有几万种,对计算机病毒的分类方法也存在多种,常见的分类有以下几种。

1)按病毒存在的媒体分类。

①引导型病毒。引导型病毒是一种在系统引导时出现的病毒,依托的环境是 BIOS 中断服务程序。引导型病毒是利用了操作系统的引导模块放在某个固定的位置,并且控制权的转交方式是以物理地址为依据,而不是以操作系统引导区的内容为依据,因而病毒占据该物理位置后即可获得控制权,而将真正的引导区内容转移或替换。待病毒程序被执行后,再将控制权交给真正的引导区内容,使这个带病毒的系统表面上跟正常运转保持一致,但实际上病毒已经隐藏在了系统中,伺机传染、发作。引导型病毒主要感染软盘、硬盘上的引导扇区(Boot Sector)上的内容,使用户在启动计算机或对软盘等存储介质进行读、写操作时进行感染和破坏活动,而且还会破坏硬盘上的文件分区表(FAT)。此类病毒有 Anti-CMOS、Stone 等。

②文件型病毒。文件型病毒主要感染计算机中的可执行文件,使用户在使用某些正常的程序时,病毒被加载并向其他可执行文件传染。例如,随着微软公司 Word 字处理软件的广泛使用和 Internet 的推广普及而出现的宏病毒。宏病毒是一种寄生于文档或模板的宏中的计算机病毒。一旦打开这样的文档,宏病毒就会被激活,转移到计算机上,并驻留在 Normal 模板上。从此以后,所有自动保存的文档都会感染上这种宏病毒,而且如果其他用户打开了感染病毒的文档,宏病毒又会转移到其他计算机上。

③混合型病毒。混合型病毒是指具有引导型病毒和文件型病毒寄生方式的计算机病毒,综合利用以上病毒的传染渠道进行传播和破坏。这种病毒使病毒程序的传染途径得以扩大,既感染磁盘的引导记录,又感染可执行文件,并且通常具有较复杂的算法、使用非常规的办法侵入系统,同时又使用了加密和变形算法。当感染了此种病毒的磁盘用于引导系统或调用执行染毒文件时,病毒都会被激活。因此在检测、清除混合型病毒时,必须将该病毒全面彻底地根治。如果只发现该病毒的一个特性,将其只当作引导型或文件型病毒进行清除,虽然好像是清除了,但是仍留有隐患,这种经过杀毒后的"洁净"系统往往更赋有攻击性。此类病毒有 Flip 病毒、新世纪病毒、One-half 病毒等。

2)按病毒的破坏能力分类。

①良性病毒。良性病毒是指那些只是为了表现自身,并不彻底破坏系统和数据但会大量占用 CPU 时间、增加系统开销、降低系统工作效率的一类计算机病毒。这种病毒多数是恶作剧者的产物,破坏系统和数据并不是其目的,而是为了让使用感染有病毒的计算机用户通过显示器或扬声器看到或听到病毒设计者的编程技术。但是良性病毒对系统也并非完全没有破坏作用,良性病毒取得系统控制权后会导致整个系统运行效率降低、系统可用内存容量减少、使某些应用程序不能运行。良性病毒还与操作系统和应用程序争夺 CPU 的控制权,常常导致整个系统死锁,给正常操作带来麻烦。有时,系统内还会出现几种病毒交叉感染的现象,一个文件不停地反复被几种病毒所感染。例如,原来只有 10KB 的文件变成约 90KB,就是被几种病毒反复感染了多次。这不仅使大量宝贵的磁盘存储空间得以消耗掉,而且整个计算机系统也由于多种病毒寄生于其中而使正常工作无法得到保证。典型的良性病毒有小球病毒、救护车病毒、Dabi 病毒等。

②恶性病毒。恶性病毒是指那些一旦发作,就会使系统或数据遭到破坏,造成计算机系统瘫痪的一类计算机病毒。这类病毒危害性极大,一旦发作给用户造成的损失可能是不可挽回的。

例如,黑色星期五病毒、CIH 病毒、米开朗·基罗病毒等。米氏病毒发作时,硬盘的前 17 个扇区将被彻底破坏,使整个硬盘上的数据无法被恢复,造成的损失是无法挽回的。有的病毒还会对硬盘进行格式化等破坏。这些操作代码都是刻意编写进病毒的,这是其本性之一。

3)按病毒传染的方法分类。

①驻留型病毒。驻留型病毒感染计算机后把自身驻留在内存(RAM)中,这一部分程序挂接系统调用并合并到操作系统中去,并一直处于激活状态。

②非驻留型病毒。非驻留型病毒是一种立即传染的病毒,每执行一次带毒程序,就自动在当前路径中搜索,查到满足要求的可执行文件即进行传染。该类病毒不修改中断向量,不改动系统的任何状态,因而当前运行的是一个病毒还是一个正常程序的区分难度较大。典型的病毒有Vienna/648。

4)按照计算机病毒的链接方式分类。

①源码型病毒。这类病毒较为少见,主要攻击高级语言编写的源程序。源码型病毒在源程序编译之前插入其中,并随源程序一起编译、连接成可执行文件。最终所生成的可执行文件便已经感染了病毒。

②嵌入型病毒。这种病毒将自身代码嵌入到被感染文件中,把计算机病毒的主体程序与其攻击的对象以插入的方式链接。这类病毒一旦侵入程序体,查毒和杀毒均有一定难度。不过编写嵌入式病毒比较困难,所以这种病毒数量不多。

③外壳型病毒。外壳型病毒一般将自身代码附着于正常程序的首部或尾部,对原来的程序不作修改。这类病毒种类繁多,易于编写也易于发现,大多数感染文件的病毒都是这种类型。

④操作系统型病毒。这种病毒用自己的程序意图加入或取代部分操作系统进行工作,其破坏力非常强,可以导致整个系统的瘫痪。圆点病毒和大麻病毒就是典型的操作系统型病毒。这种病毒在运行时,用自己的逻辑部分取代操作系统的合法程序模块,对操作系统进行破坏。

2. 网络病毒的危害

网络病毒是指通过计算机网络进行传播的病毒,病毒在网络中的传播速度更快、传播范围更广、危害性更大。随着网络应用的不断拓展,企业 IT 决策人员、MIS 人员以及广大的计算机用户对计算机网络的病毒防护技术的关注度越来越高。

对于网络系统的安全来说,网络病毒的危害丝毫不亚于 SARS 病毒对人类的影响。国家计算机病毒应急处理中心的最新统计表明,近几年来计算机病毒呈现出异常活跃的态势。1997 年以前,全球计算机病毒数量还不足 1 万种,但从 1999 年到 2000 年,病毒数量就达到了 3 万种,而从 2000 年以后以每年将近 2 万种的数量激增。2003 年全球计算机病毒数量已达到 6 万多种。在 2001 年,我国有 73％的计算机曾感染病毒;到了 2002 年,这个数字上升到近 84％;2003 年又增加到了 85％,并呈现出继续上升的趋势。仅在 2003 年的 1 月 25 日 SQL1434 病毒出现的当天,我国就有 80％的网络服务供应商先后遭受此蠕虫病毒的攻击,造成许多网络的暂时瘫痪。网络病毒的危害由此可见一斑。

当前的网络入侵主要来自于蠕虫病毒,这些隐藏在网络上的“杀手”正呈现出功能强、传播速度快、破坏性大等新特点。不仅可以感染可执行文件,通过电子邮件、局域网和聊天软件等多种途径进行传播,同时还兼有黑客后门功能,能进行密码猜测,实施远程控制,并且终止反病毒软件和防火墙的运行。

网络病毒的感染一般是从用户工作站开始的,而网络服务器是病毒潜在的攻击目标,也是网络病毒隐藏的重要场所。网络服务器一旦染上了病毒其后果非常严重,不仅将造成服务器自身的瘫痪,还会使病毒在工作站之间迅速传播,感染其他网络上的主机和服务器。对服务器杀毒也比较困难,不像单机可以直接删除带毒文件直至格式化硬盘,要彻底清除网络服务器上的病毒,至少要比单机多花几倍的时间。

目前,用户广泛使用 Lotus 办公软件,其核心是在网络内共享文档,为最流行的宏病毒文件的传播提供了基础。由于 Lotus 群件提供了合作功能,可以在相关人员之间同步使用文档,因此这一工作方式使 Office 宏病毒文件的传播在一定程度上得以扩大。另外,Java 和 ActiveX 技术在网页中应用十分广泛,在用户浏览各种网站的过程中,很多利用其特性写出的病毒网页可以在用户上网的同时被悄悄地下载到个人计算机中。虽然这些病毒不破坏硬盘资料,但在用户开机时,可以强迫程序不断开启新视窗,直至耗尽系统宝贵的资源为止。

3. 网络感染病毒的主要原因

网络病毒的危害是人们不可忽视的现实。据统计,目前 70% 的病毒发生在网络上,人们在研究引起网络病毒的多种因素中发现,将微型计算机软盘带到网络上运行后使网络感染上病毒的事件占病毒事件总数的 41% 左右;从网络电子广告牌上带来的病毒约占 7%;从软件商的演示盘中带来的病毒约占 6%;从系统维护盘中带来的病毒约占 6%;从公司之间交换的软盘带来的病毒约占 2%。从统计数据中可以看出,网络用户自身是引起网络病毒感染的主要要因。

因此,网络病毒问题的解决只能从采用先进的防病毒技术与制定严格的用户使用网络的管理制度两方面入手。对于网络中的病毒,既要高度重视,采取严格的防范措施,将感染病毒的可能性降低到最低程度;又要采用适当的杀毒方案,将病毒的影响控制在较小的范围内。

4. 网络防病毒软件的应用

目前,用于网络的防病毒软件很多,这些防病毒软件可以同时用来检查服务器和工作站的病毒。其中,大多数网络防病毒软件是运行在文件服务器上的。由于局域网中的文件服务器往往不止一个,因此为了方便对服务器上病毒的检查,通常可以将多个文件服务器组织在一个域中,网络管理员只需在域中主服务器上设置扫描方式与扫描选项,就可以对域中多个文件服务器或工作站是否带有病毒进行检查。

网络防病毒软件的基本功能是:对文件服务器和工作站进行查毒扫描,发现病毒后立即报警并隔离带毒文件,由网络管理员负责清除病毒。

网络防病毒软件一般提供以下 3 种扫描方式。

(1)实时扫描

实时扫描是指当对一个文件进行"转入"(checked in)、"转出"(checked out)、存储和检索操作时,对其进行不间断地扫描,以检测其中是否存在病毒和其他恶意代码。

(2)人工扫描

人工扫描方式可以要求网络防病毒软件在任何时候扫描文件服务器上指定的驱动器盘符、目录和文件。扫描的时间长短是由要扫描的文件和硬盘资源的容量大小来决定的。

(3)预置扫描

该扫描方式可以预先选择日期和时间来扫描文件服务器。预置的扫描频率可以是每天一次、每周一次或每月一次,扫描时间最好选择在网络工作不太繁忙的时候。定期、自动地对服务器进行扫描能够有效地提高防毒管理的效率,使网络管理员能够更加灵活地采取防毒策略。

5. 网络工作站防病毒的方法

网络工作站防病毒可从以下几个方面入手：一是采用无盘工作站，二是使用带防病毒芯片的网卡，三是使用单机防病毒卡。

（1）采用无盘工作站

采用无盘工作站能很容易地控制用户端的病毒入侵问题，但用户在软件的使用上会受到一些限制。在一些特殊的应用场合，如仅做数据录入时，使用无盘工作站是防病毒最保险的方案。

（2）使用单机防病毒卡

单机防病毒卡的核心实际上是一个软件，事先固化在 ROM 中。单机防病毒卡通过动态驻留内存来监视计算机的运行情况，根据总结出来的病毒行为规则和经验来对是否有病毒活动进行判断，并可以通过截获中断控制权来使内存中的病毒瘫痪，使其失去传染其他文件和破坏信息资料的能力。装有单机防病毒卡的工作站对病毒的扫描无需用户介入，使用起来比较方便。但是单机防病毒卡的主要问题是与许多国产的软件不兼容，误报、漏报病毒现象时有发生，并且随着病毒类型的千变万化和编写病毒的技术手段越来越高，有时某些病区是根本就无法被检查或清除的。因此现在使用单机防病毒卡的用户在逐渐减少。

（3）使用带防病毒芯片的网卡

防病毒芯片的网卡一般是在网卡的远程引导芯片位置插入一块带防病毒软件的 EPROM。工作站每次开机后，先引导防病毒软件驻入内存。防病毒软件将对工作站进行监视，一旦发现病毒，立即进行处理。

7.2.6　无线局域网安全技术

1. 无线局域网安全性的影响因素

无线局域网的安全隐患主要集中在如下几个方面：

（1）无线通信覆盖范围问题

由于无线网络设计的基础是利用无线电波来实施传输，覆盖范围不够具体，这样就会使网络攻击者对无线电波覆盖范围内的数据流进行侦听，如果无线用户没有对传输的信息实施加密的话，那么所有通信信息都会被网络攻击者轻易地窃取。

另外，无线网络只要在无线电波覆盖范围内就可以使用，因此对其管理和控制相比于传统有线网络要复杂得多。并且大多数无线局域网所使用的都是 ISM 频段，在该频段范围内工作的设备非常多，因此同信道和临信道以及其他设备相互之间的干扰问题也是存在的。

（2）无线设备管理问题

对无线网络设备而言，在其出厂时会有一些预先设定的设定值，许多无线用户由于疏忽大意或者是不懂就没有对购买到的无线设备实施有效配置，这样网络攻击者就可以利用这些潜在的安全漏洞对网络实施攻击。

（3）密钥管理问题

在无线网络中并没有针对无线网络加密密钥的管理与分配机制，这样在无线网络中就会存在对密钥管理与分配的很大困难。

（4）缺少交互认证

状态机中用户和 AP 之间的异步性可以说是无线局域网设计的另一个缺陷。根据标准，仅当认证成功后认证端口才会处于受控状态。但对于用户端来说事实并非如此，其端口实际上总是处于认证成功后的受控状态。而认证只是 AP 对用户端的单向认证，攻击者可以处于用户和 AP 之间，对用户来说攻击者充当成 AP，而对于 AP 来讲攻击者则充当用户端。IEEE 802.1x 规定认证状态机只接收用户的 PPP 扩展认证协议（Extensible Authentication Protocol，EAP）响应，并且只向用户发送 EAP 请求信息。类似地，用户请求机不发送任何 EAP 请求信息，状态机只能进行单向认证。从这个设计中反映出来一个信任假设，即 AP 是受信的实体，这种假设是错误的。如果高层协议也只进行单向认证的话，则整个框架的安全性就令人堪忧。

（5）现有 WEP 协议安全漏洞

安全领域中的一个重要规则就是没有安全措施比拥有虚假安全措施更可怕。虽然 WEP 并不能算作虚假安全措施，但是在其设计过程中许多安全漏洞仍然是无法根除的。

1）缺少密钥管理。用户的加密密钥必须与 AP 的密钥保持一致，并且一个服务区内的所有用户都共享同一把密钥。WEP 标准中并没有规定共享密钥的管理方案，通常是手工进行配置与维护的。由于同时更换密钥的费时费力，所以密钥通常长时间使用而很少更换，倘若一个用户丢失密钥，则将殃及整个网络。

2）RC4 算法存在弱点。在 RC4 算法中，人们发现了弱密钥。所谓弱密钥就是密钥与输出之间存在超出一个好密钥所应具有的相关性。在 24b 的 IV 值中有 9000 多个弱密钥。攻击者收集到足够的使用弱密钥的包后，就可以对它们进行分析，想要接入到网络的话只需尝试很少的密钥即可实现。

3）ICV 算法不合适。ICV 是一种基于 CRC-32 的用于检测传输噪音和普通错误的算法。CRC-32 是信息的线性函数，这意味着攻击者可以篡改加密信息，并且 ICV 的修改实现起来非常容易，使信息表面上看起来是可信的。能够篡改加密数据包使各种各样的非常简单的攻击成为可能。

2.无线局域网安全技术

无线局域网具有可移动性、安装简单、高灵活性和扩展能力，作为对传统有线网络的延伸，在许多特殊环境中得到了广泛的应用。随着无线数据网络解决方案的不断优化，"不论您在任何时间、任何地点都可以轻松上网"这一目标的实现已经可以顺利实现。

由于无线局域网采用公共的电磁波作为载体，任何人都有条件窃听或干扰信息，因此对越权存取和窃听的行为也更不容易预防。在 2001 年拉斯维加斯国际黑客大会上，安全专家就指出，无线网络将成为黑客攻击的重点。一般黑客的工具盒包括一个带有无线网卡的微机和一个无线网络探测卡软件，被称为 NetStumbler。因此，我们在一开始应用无线网络时，我们应该重点考虑的就是其安全性。常见的无线网络安全技术有以下几种。

（1）服务集标识符

通过对多个无线接入点设置不同的服务集标识符（SSID），并要求无线工作站出示正确的 SSID 才能访问 AP，这样不同群组的用户接入就可以被允许，并对资源访问的权限进行区别限制。因此可以认为 SSID 是一个简单的口令，从而提供一定的安全，但如果配置 AP 向外广播其 SSID，那么安全程度的降低也就无法避免了。由于一般情况下，用户自己配置客户端系统，所以很多人都知道该 SSID，共享给非法用户的可能性就非常高。目前有的厂商支持"任何（ANY）"

SSID 方式,只要无线工作站在任何 AP 范围内,客户端都会自动连接到 AP,这将跳过 SSID 安全功能。

（2）物理地址过滤

由于每个无线工作站的网卡都有唯一的物理地址,因此可以在 AP 中手工维护一组允许访问的 MAC 地址列表,实现物理地址过滤。这种方式要求 AP 中的 MAC 地址列表必须随时更新,可扩展性也就无法得到保证;而且 MAC 地址在理论上可以伪造,因此这也是较低级别的授权认证。物理地址过滤属于硬件认证,而不是用户认证。这种方式要求 AP 中的 MAC 地址列表必须随时更新,目前都是手工操作;如果用户增加,则扩展性也较差,因此在小型网络规模比较适用,无法适用于其他规模的网络。

（3）连线对等保密

在链路层采用 RC4 对称加密技术,用户的加密密钥必须与 AP 的密钥相同时才能获准存取网络资源,从而防止非授权用户的监听以及非法用户的访问。连线对等保密（WEP）提供了 40 位（有时也称为 64 位）和 128 位长度的密钥机制,但是它的完善度仍然有所欠缺,例如,一个服务区内的所有用户都共享同一个密钥,一个用户丢失钥匙将会威胁到整个网络的安全。另外,40 位的密钥在现在很容易被破解;密钥是静态的,要手工维护,扩展能力差。目前为了提高安全性,理想的解决方案是采用 128 位加密密钥。

（4）国家标准

WAPI(WLAN Authentication Privacy Infrastructure)即无线局域网鉴别与保密基础结构,它针对 IEEE 802.11 中 WEP 协议安全问题,在中国无线局域网国家标准 GB15629.11 中提出的 WLAN 安全解决方案。同时本方案已由 ISO/IEC 授权的机构 IEEE Registration Authority 审查并获得认可。它的主要特点是采用基于公钥密码体系的证书机制,在此基础上移动终端(MT)与无线接入点间的双向鉴别得以真正实现。用户只要安装一张证书就可在覆盖 WLAN 的不同地区漫游,方便用户使用。与现有计费技术兼容的服务,按时计费、按流量计费、包月等多种计费方式得以顺利实现。AP 设置好证书后,无需再对后台的 AAA 服务器进行设置,安装、组网便捷,易扩展,能够满足家庭、企业、运营商等多种应用模式。

（5）Wi-Fi 保护接入

Wi-Fi 保护接入(Wi-Fi Protected Access,WPA)是继承了 WEP 基本原理而又解决了 WEP 缺点的一种新技术。由于加强了生成加密密钥的算法,因此即便收集到分组信息并对其进行解析,通用密钥计算出来的难度仍然很大。其原理为根据通用密钥,配合表示计算机 MAC 地址和分组信息顺序号的编号,分别为每个分组信息生成不同的密钥,然后与 WEP 一样将此密钥用于 RC4 加密处理。通过这种处理,所有客户端的所有分组信息所交换的数据将由各不相同的密钥加密而成。无论收集到多少这样的数据,要想破解出原始的通用密钥根本是无法实现的。WPA 还追加了防止数据中途被篡改的功能和认证功能。由于具备这些功能,WEP 中此前的缺点得以全部解决。WPA 不仅是一种比 WEP 更为强大的加密方法,而且其内涵的丰富程度更高。作为 802.11i 标准的子集,由认证、加密和数据完整性校验共同构成了 WPA,是一个完整的安全性方案。

（6）端口访问控制技术(802.1x)

访问控制的目标是防止任何资源（如计算资源、通信资源或信息资源）进行非授权的访问。非授权访问包括未经授权的使用、泄露、修改、销毁及发布指令等。用户通过认证,只是完成了接入无线局域网的第一步,还要获得授权,才能开始访问权限范围内的网络资源,授权主要通过访问控制机制来实现。访问控制也是一种安全机制,它通过访问 BSSID、MAC 地址过滤、访问控制列表等技术实现对用户访问网络资源的限制。访问控制可以基于下列属性进行:源 MAC 地址、目的 MAC 地址、源 IP 地址、目的 IP 地址、源端口、目的端口、协议类型、用户 ID、用户时长等。

端口访问控制技术(802.1x)技术也是用于无线局域网的一种增强性网络安全解决方案。当无线工作站与无线访问点关联后,是否可以使用 AP 的服务是由 802.1x 的认证结果来决定的。如果认证通过,则 AP 为 STA 打开这个逻辑端口,否则用户是无法上网的。802.1x 要求无线工作站安装 802.1x 客户端软件,无线访问点要内嵌 802.1x 认证代理,同时它还作为 RADIUS 客户端,将用户的认证信息转发给 RADIUS 服务器。802.1x 除提供端口访问控制功能之外,还提供基于用户的认证系统及计费,特别适合于公共无线接入解决方案。

(7)认证

认证提供了关于用户的身份的保证。用户在访问无线局域网之前,首先需要经过认证对其身份进行验证以决定其是否具有相关权限,再对用户进行授权,允许用户接入网络,访问权限内的资源。尽管不同的认证方式决定用户身份验证的具体流程的差异,但认证过程中所应实现的基本功能是一致的。目前,PPPoE 认证、802.1x 认证和 Web 认证是无线局域网中采用的主要认证方式。

1)基于 PPPoE 的认证。PPPoE 认证是出现最早也是最为成熟的一种接入认证机制,现有的宽带接入技术多数采用这种接入认证方式。在无线局域网中,采用 PPPoE 认证,只需对原有的后台系统增加相关的软件模块,认证的目的即可得以实现,在一定程度上控制了成本,因此使用较为广泛。图 7-10 所示为基于 PPPoE 认证的无线局域网网络框架。

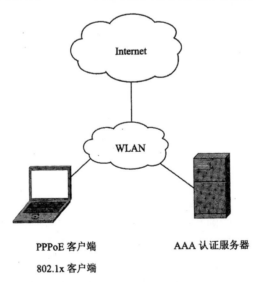

PPPoE 客户端　　　　　　**AAA 认证服务器**

802.1x 客户端

图 7-10　基于 PPPoE 认证的 WLAN 框架

PPPoE 认证实现方便。但是由于它是基于用户名/口令的认证方式,并只能实现网络对用户的认证,因此安全性有限;网络中的接入服务器需要终结大量的 PPP 会话,转发大量的 IP 数据包,在业务繁忙时,成为网络性能的瓶颈的可能性非常大,因此使用 PPPoE 认证方式对组网方式和设备性能的要求较高;而且由于接入服务器与用户终端之间建立的是点到点的连接,因此即使几个用户同属于一个组播组,也要为每个用户单独复制一份数据流,才能够支持组播业务的传输。

2)基于802.1x的认证。802.1x认证是采用IEEE 802.1x协议的认证方式的总称。802.1x协议由IEEE于2001年6月提出,是一种基于端口的访问控制协议(Port Based Network Access Control Protocol),能够实现对局域网设备的安全认证和授权。802.1x协议是基于扩展认证协议(Extensible Authentication Protocol,EAP)的,即IETF提出的PPP协议的扩展。EAP消息包含在IEEE 802.1x消息中,被称为EAPoL(EAP over LAN)。IEEE 802.1x协议的体系结构包括三个重要的部分:客户端、认证系统和认证服务器。三者之间通过EAP协议进行通信。

在一个802.1x的无线局域网认证系统中,是由一个专门的中心服务器来完成认证的,不是由接入点来完成的。如果服务器使用RADIUS协议,则称为RADIUS服务器。用户可以通过任何一台PC登录到网络上,而且很多AP可以共享一个单独的RADIUS服务器来完成认证,这使得网络管理员在网络接入的控制方面更加容易。

802.1x使用EAP来完成认证,但EAP本身不是一个认证机制,而是一个通用架构,用来传输实际的认证协议。EAP的好处就是当一个新的认证协议发展出来时,基础的EAP机制无需做任何调整。目前有超过20种不同的EAP协议,而各种不同形态间的差异体现在认证机制与密钥管理的不同。

3)基于Web的认证。Web认证相比于PPPoE认证的一个非常重要的特点就是客户端除了IE外不需要安装认证客户端软件,给用户免去了安装、配置与管理客户端软件的烦恼,也给运营维护人员减少了很多相关的维护压力。同时,Web认证配合Portal服务器,还可在认证过程中向用户推送门户网站,有利于新增值业务的开展。图7-11所示为基于Web认证的无线局域网网络框架。

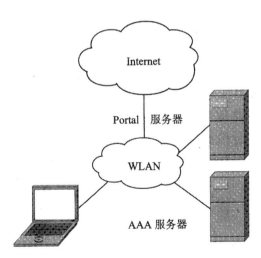

图 7-11 基于 Web 认证的 WLAN 框架

在Web认证过程中,用户首先通过DHCP服务器获得IP地址,使用这个地址可以与Portal服务器通信,也可访问一些内部服务器。在认证过程中,用户的认证请求被重定向到Portal服务器,由Portal服务器向用户推送认证界面。

3.无线局域网安全的管理机制

无线网络的安全措施中最薄弱的环节决定了其安全性,因此除了加强技术手段外,进行合理的物理布局及实施严格的管理也是非常有必要的。

(1)建立安全管理机制

无线网络信号在空气中传播,也就注定了它更脆弱、更易受到威胁,因此建立健全的网络安全管理制度至关重要。这应明确网络管理员和网络用户的职责和权限,在网络可能受到威胁或正在面临威胁时能及时检测、报警,在入侵行为得逞时能提供资料、依据及应急措施,以恢复网络正常运行。

(2)合理进行物理布局

进行网络布局时要考虑两方面的问题:一是限制信号的覆盖范围在指定范围内,二是保证在指定范围内的用户获得最佳信号。这样入侵者在范围外将搜寻不到信号或者是仅能搜索到微弱的信号,这样一来,对进行下一步的攻击行为非常不利。因此,合理确定接入点的数量及位置至关重要,既要让其具有充分的覆盖范围,又要尽量避免无线信号受到其他无线电的干扰而减小覆盖范围或减弱信号强度。

(3)加强用户安全意识

现在的无线设备比较便宜,且安装起来比较方便,如果网内的用户私自安装无线设备,往往他们采取的安全措施非常有限,这样极有可能将网络的覆盖范围超出可控范围,将内部网络暴露给攻击者。而这些用户通常也没有意识到私自安装接入点带来的危险,因此必需要让用户清楚自己的行为可能会给整个网络带来的安全隐患,加强网络安全教育,提高用户的安全意识。

7.2.7 其他网络安全技术

1.IC 卡技术

IC 是英文 Integrated Circuit 的缩写,即集成电路。IC 卡也称为智能卡、聪明卡。IC 卡是信息技术飞速发展的产物,是继条码卡、磁卡之后推出的新一代识别卡,被公认为是世界上最小的个人计算机。

(1)IC 卡的分类

1)根据 IC 卡集成电路类型。IC 卡还有存储器卡、逻辑加密卡、智能卡之分。存储卡内封装的集成电路一般为电可擦除的可编程只读存储器 EEPROM。存储卡主要用于安全性要求不高的场合,如电话卡,医疗卡等。逻辑加密卡除了封装了上述 EEPROM 存储器外,还专设有逻辑加密电路,提供了硬件加密手段。智能卡是真正的卡上单片机系统,IC 卡片内集成了中央处理器 CPU、程序存储器 ROM、数据存储器 EEPROM 和 RAM。智能卡主要用于证件和信用卡。

2)根据与外界传送数据的形式。IC 卡分为接触式和非接触式。接触型 IC 卡的表面共有八个或六个镀金触点,用于与读写器接触,通过电流信号使读写得以顺利完成。非接触型 IC 卡上设有射频信号接收器或红外线收发器,在一定距离内即可收发读写器的信号,实现非接触读写。这种 IC 卡在身份验证等场合使用得比较多。

3)按 IC 卡的应用领域。IC 卡分为金融卡和非金融卡两大类。金融卡又分为信用卡和现金卡两种。信用卡由银行发行和管理,持卡人必须在银行有账号、有存款。持卡人可以用信用卡作为消费时的支付工具,可以使用存款,必要时也允许透支限额内的资金。而现金卡是持卡人以现金购买的电子货币。可以多次使用、自动计费、使用方便,但不允许透支,如水电费的交费卡等。非金融卡主要用作电子证件,持卡人的各方面信息可通过它得以记录下来,作为身份识别,如 IC 卡身份证等。

（2）IC 卡的作用

1）存储证书。数字证书的存放介质一般有 3 种:硬盘、软盘、IC 卡。其中软盘用作证书文件的备份,证书仍要导入硬盘来使用。证书存放在计算机硬盘里有 3 个缺点:不方便携带;不够安全,易被盗用;易受病毒感染或其他原因造成数字证书丢失。若把数字证书存放在 IC 卡里,方便携带且不易丢失,但需要与读卡器配合使用。

2）信息传输加密。其基本思想是将保护大量的明文信息问题转化为保护少量密钥信息的问题,使得信息保护问题解决起来比较容易。在 IC 卡上的信息保护方式一般有:认证传输方式、加密传输方式和混合传输方式。混合传输方式是将认证传输方式和加密传输方式的优点结合起来,对传输的信息既认证又加密。一般情况下,先对信息进行认证然后再加密。

3）信息认证。信息认证的目的是防止信息被篡改、伪造或信息接收方事后否认。信息认证主要有信息验证和数字签名。

4）身份认证。目前在身份识别技术中,区分合法和非法用户的主要手段是用户密码确认。

（3）IC 卡的优点

IC 卡具有存储量大、数据保密性好、抗干扰能力强、存储可靠、读卡设备简单、操作速度快等优点。另外,IC 卡还具有"3S"特点,即 Standard(标准化)、Smart(智能化)、Security(安全性)。

2. 面像识别技术

（1）面像识别技术内容

面像识别技术包含以下几方面。

1）面像检测在动态的场景与复杂的背景中判断是否存在面像并分离出面像。其方法分为:

①参考模板。首先设计一个或数个标准人脸模板,然后计算测试样本与标准模板之间的匹配程度,通过阈值来对是否存在人脸进行判断;

②人脸规则。人脸具有一定的结构分布特征,人脸规则即提取这些特征生成相应的规则,以判断是否测试样本包含人脸;

③样本学习。采用模式识别中人工神经网络方法,通过对面像样本集和非面像样本集的学习产生分类器;

④肤色模型。肤色模型依据面像肤色在色彩空间中分布相对集中的规律来进行检测;

⑤特征子脸。将所有面像集合视为一个面像子空间,基于检测样本与其在子空间的投影之间的距离判断是否存在面像。

2）面像跟踪。对被检测到的面像进行动态目标跟踪。一般采用基于模型的方法或基于运动与模型相结合的方法。另外,肤色模型跟踪也可以说是一种简单有效的手段。

3）面像比对。对被检测到的面像进行身份确认或在面像库中进行目标搜索。从本质上讲是采样面像与库存面像的依次比对并将最佳匹配对象找出。因此,面像的描述可以说是决定了面像识别的具体方法与性能。目前主要有以下两种描述方法:

①特征向量法先确定眼虹膜、鼻翼、嘴角等面像五官轮廓的大小、位置、距离、角度等属性,然后将它们的几何特征量计算出来,这些特征量形成一描述该面像的特征向量;

②面纹模板法在库中存储若干标准面像模板或面像器官模板,在比对时,采样面像所有像素

与库中所有模板采用归一化相关量度量进行匹配。

另外,还有模式识别的自相关网络或特征与模板结合的方法。

(2)局部特征分析

局部特征分析 LFA(Local Feature Analysis)是一种基于特征表示的面像识别技术,源于类似搭建积木的局部统计的原理。

LFA 基于所有的面像都可以从由很多不能再简化的结构单元子集综合而成。这些单元使用复杂的统计技术而形成,它们代表了整个面像,通常跨越在局部区域内的多个像素,并代表普遍的面部形状,但并非通常意义上的面部特征。

"面纹"编码方式是根据脸部的本质特征和形状来工作的,它可以抵抗光线、皮肤色调等的变化,从百万人中精确地辨认出一个人。

(3)面像识别步骤

1)建立面像档案,可以从摄像头采集面像文件或存取照片文件,生成面纹(face print)编码即特征向量。

2)获取当前面像,可以从摄像头捕捉面像或用照片输入,生成其面纹。

3)将当前面像的面纹编码与档案中的面纹编码进行检索比对。

4)确认面像身份或提出身份选择。

(4)精确度与识别率

对于任何一种生物识别技术,其主要精确度指标包括:错误接受率(FAR)、错误拒绝率(FRR)和相等错误率(EER),其测试结果与所运行的分析数据库关系较为密切。

(5)面像识别技术特性

与其他生物识别技术,诸如指纹识别、掌形识别、眼虹膜识别和声音识别相比较,面像识别具有以下特性:

1)其他每种生物识别方法都需要一些人的动作配合,而面像识别不需要,可以自动用在隐蔽场合,如公安部门的监控行动;

2)当记录一个企图登录的人的生物记录时,只有面像能更直观、更方便地核查该人的身份;

3)与指纹相比,面像库是国家最完整的身份资料。

3. 网络欺骗技术

网络欺骗就是使入侵者相信系统存在有价值的、可利用的安全弱点,并具有一些可攻击窃取的资源,并将入侵者引向这些错误的资源。它能够使得入侵者的工作量、入侵复杂度以及不确定性得以显著增加,从而使入侵者无法获知其进攻是否奏效或成功。而且它允许防护者跟踪入侵者的行为,在入侵者之前修补系统可能存在的安全漏洞。

网络欺骗一般通过隐藏和伪装等技术手段实现,前者包括隐藏服务、多路径和维护安全状态信息机密性,后者包括重定向路由、伪造假信息和设置圈套等。

(1)蜜罐技术

蜜罐(Honey Pot)技术模拟存在漏洞的系统,为攻击者提供攻击目标。其目标是寻找一种有效的方法来对入侵者造成影响,使得入侵者将技术、精力集中到蜜罐而不是其他真正有价值的正常系统和资源中。蜜罐技术还能做到一旦入侵企图被检测到时,迅速地将其切换。蜜罐是一种被用来侦探、攻击或者缓冲的安全资源,用来引诱人们去攻击或入侵它,其主要目的在于分散攻击者的注意力、收集与攻击和攻击者有关的信息。

分布式蜜罐技术是将蜜罐散布在网络的正常系统和资源中,利用闲置的服务端口充当欺骗,从而增大了入侵者遭遇欺骗的可能性。它具有两个直接的效果,一个是将欺骗分布到更广范围的 IP 地址和端口空间中;再就是增大了欺骗在整个网络中的百分比,使得欺骗比安全弱点被入侵者扫描器发现的可能性更大。

1)蜜罐的类型根据攻击者同蜜罐所在的操作系统的交互程度,即连累等级,把蜜罐分为以下几种类型。

①低连累蜜罐。这种蜜罐只提供某些伪装服务。在这种蜜罐上,攻击者并不与实际的操作系统打交道,因此,蜜罐所带来的安全风险得以有效降低。但是,蜜罐无法看到攻击者同操作系统的交互过程,处于一种被动防御的地位。

②中连累蜜罐。这种蜜罐提供更多接口同操作系统进行交互,因此攻击者发现其中的安全漏洞增加,风险增加。但由于协议和服务众多,开发中连累蜜罐花费更多的时间。

③高连累蜜罐。这时蜜罐可以全方位与操作系统进行交互,因此需要对蜜罐进行监视,需要限制蜜罐访问的资源和范围,对进出蜜罐的通信流进行过滤。否则,蜜罐本身可能成为另一个安全漏洞。

从商业运作的层面上来看,蜜罐又分为商品型和研究型。商品型蜜罐通过黑客攻击蜜罐以减轻网络的危险。研究型蜜罐通过蜜罐获得攻击者的信息,加以研究,实现知己知彼,更好地加以防范风险。

2)蜜罐的布置与标准服务器一样,蜜罐可以位于网络的任何位置。根据需要,蜜罐可以放置在互联网中,也可以放置在内联网中。通常情况下,蜜罐可以放在防火墙外面和防火墙后面等。

蜜罐放在防火墙外面,内部网的安全不会因此受到任何影响。这样消除了在防火墙后面出现一台主机失陷的可能。但是蜜罐可能产生大量不可预期的通信量。

蜜罐放在防火墙后面,有可能给内部网引入新的安全威胁。通常蜜罐提供大量的伪装服务,因此不可避免地修改防火墙的过滤规则。一旦蜜罐失陷,那么整个内部网将完全暴露在攻击者面前。

(2)蜜空间技术

蜜空间(honey space)技术是通过增加搜索空间来显著地增加入侵者的工作量,从而达到安全防护的目的。利用计算机系统的多宿主能力(multi homed capability),即在只有一块以太网卡的计算机上,使它拥有众多 IP 地址,而且每个 IP 地址有它们自己的 MAC 地址。这样一大段地址空间的欺骗得以建立,花费极低。尽管看起来存在许多不同的欺骗,但实际上这些在一台计算机上就可实现。

当入侵者的扫描器访问到网络系统的外部路由器并探测到一个欺骗服务时,可将扫描器所有的网络流量重定向到欺骗上,使得接下来的远程访问变成这个欺骗的继续。

当然,采用这种欺骗时网络流量和服务的切换即重定向必须严格保密,因为一旦暴露就将招致攻击,将导致入侵者很容易将任一已知有效的服务和这种用于测试入侵者的扫描探测及其响应的欺骗区分开来。

(3)蜜网技术

蜜网(honey net)是一个用来学习黑客如何入侵系统的工具,设计好的网络系统也包含在内。一个典型的蜜网包含多台蜜罐和防火墙来限制和记录网络通信流,通常还会包括入侵检测系统,用来查看潜在的攻击。

蜜网区别于传统意义上的蜜罐。蜜网是一个网络系统,而并非某台单一主机。该网络系统隐藏在防火墙后面,对所有进出的资料进行监控、捕获及控制。这些被捕获的资料用于分析黑客团体使用的工具、方法及动机。

在蜜网中,需要相当多硬件。一种解决办法是使用虚拟设备,在单台设备上运行多个虚拟操作系统,如 Solaris、Linux 等,甚至把防火墙设置在这台机器上,这样建立的网络看起来更加真实可信。另外,通过在蜜罐主机之前放置带有防火墙功能的网桥可以大大增加蜜网的安全性。

防火墙进行的是全方位防护,而蜜网是一个真实运行网的拷贝,是完全模拟的仿真,被黑客发现的可能性比较低。通过跟踪及时准确地记录黑客的攻击信息,获得黑客的犯罪证据。蜜网的引入解决了网络安全中的两大难题。首先,使我们及时认识到网络安全中的隐患。其次,证据收集难的问题得到了有效解决。

蜜网采用多种技术以保证网络安全,主要有:欺骗技术、信息捕获、实时监控。

7.3　云计算与云计算安全

7.3.1　云计算的定义及特征

计算机技术的不断发展推动着整个互联网技术和应用模式的演变,从并行计算、分布式计算、网格计算、普适计算到云计算,互联网已进入一个全新的云计算时代。

业界仍未对云计算究竟是什么达成共识,不同的组织机构分别从不同的角度给出了云计算不同的定义和内涵,可以找到很多个版本不同的解释。以下给出云计算具有代表性的几个定义。

美国国家标准与技术研究院(National Institute of Standards and Technology,NIST)认为,云计算是一个模型,这个模型可以方便地按需访问一个可配置的计算资源(例如,网络、服务器、存储设备、应用程序,以及服务)的公共集。这些资源可以在实现管理成本或服务提供商干预最小化的同时被快速提供和发布。

中国电子学会云计算专家委员会认为,云计算是一种基于互联网的大众参与的计算模式,其动态、可伸缩、被虚拟化的计算资源(包括计算能力、存储能力、交互能力等),并以服务的方式提供,可以方便地实现分享和交互,并形成群体智能。

虽然各个机构对于云计算的认识各不相同,但通过比较综合可以看出,云计算既是一种技术,也是一种服务,甚至还可以说它是一种商业模式。云计算是一种池化的集群计算能力,它通过互联网向内外部用户提供自助、按需服务的互联网新业务、新技术,是传统 IT 领域和通信领域技术进步、需求推动和商业模式转换共同促进的结果。云计算具备一些共性的特征,它通过虚拟化、分布式处理、在线软件等技术的发展应用,将计算、存储、网络等基础设施及其上的开发平台、软件等信息服务抽象成可运营、可管理的资源,然后借助于互联网来动态按需提供给用户。为了对云计算有一个全面的了解,这里进一步总结云计算所具有的特征,具体如下:

(1)以网络为中心

云计算的组件和整体架构通过网络连接在一起并存于网络中,还通过网络向用户提供服务。

(2)资源的池化与透明化

云服务提供者的各种底层资源(计算/存储/网络/逻辑资源等)被池化,方便了以多用户租用模式被所有用户使用,可以统一管理、调度所有资源,为用户提供按需服务。对用户而言,这些资源是透明的、无限大的,用户一般不知道资源的确切位置,也不了解资源池复杂的内部结构、实现方法和地理分布等,只需要关心自己的需求是否得到满足。

(3)以服务为提供方式

区别于传统的一次性买断统一规格的有形产品的形式,云计算实现了用户根据自己的个性化需求提供多层次的服务;云服务的提供者为满足不同用户的个性化需求,可以从一片大云中进行切割,从而组合或塑造出各种形态特征的云。

(4)高扩展高可靠性

云计算要快速、灵活、高效、安全地满足海量用户的海量需求,必需具备完善的底层技术架构,这个架构应该有足够大的容量、足够好的弹性、足够快的业务响应和故障冗余机制、足够完备的安全和用户管理措施;对商业运营而言,层次化的 SLA、灵活的计费也是必需的。为此,它使用了数据多副本容错、计算节点同构可互换等措施来保证服务的高可靠性。

从云计算的定义和特征来看,云计算并不单纯是一种技术,还是一种服务模式,不论从技术、需求和商业模式等哪个角度来看,云计算都是天然的适合于面向大众的开放式服务。主要原因有三个:①云计算的核心技术和业务主要基于中低端硬件和开放式架构(如 x86 体系的服务器、形形色色的开源项目、可共享的异构存储、分布式并行计算、以开放而获得强大生命力的互联网、开放式的业务提供平台和产业链聚合平台等),目前很多传统的高端计算已经显示出明显的向开放式架构迁移的趋势;②云计算的商业模式是面向全社会的以网络为中心、按需付费的模式;③云计算的用户需求是人们对于低成本、高效率的信息化应用的需求。

云计算也不同于个人终端计算,相比较而言其优势非常明显,这要体现为其按需定制能力、随时随地提供服务,以及低廉的成本、丰富的应用、简易的操作维护等等。云计算不但可以按照特定用户的要求提供计算能力和网络能力,还可以向个人用户提供任意所需的软件服务。云计算的架构降低了对客户终端的要求,终端可以是任意计算机、手机、智能手持设备等,操作系统也不再重要,只需要能够联上互联网,运行浏览器即可。而同时,却使用户的应用得到了一定程度的扩充,用户不需要安装针对特定文件类型的软件,也不用频繁地进行软件升级,可以更简单、快捷地实现不同终端之间信息的共享。

7.3.2　云计算的分类

在上一节我们分析了云计算中"云"的含义,并总结了云计算的关键特征。在云计算中,硬件和软件都被抽象为资源并被封装为服务,向云外提供;用户以互联网为主要接入方式,获取云中提供的服务。下面我们分别从云计算提供的服务类型和服务方式的角度出发,为云计算分类。

1. 按服务类型分类

所谓云计算的服务类型,就是指为用户提供什么样的服务;通过这样的服务,用户可以获得什么样的资源,以及用户该如何去使用这样的服务。目前业界普遍认为,云计算可以按照服务类型分为以下三类,如图 7-12 所示。

基础设施云(Infrastructure Cloud)。例如 Amazon EC2。这种云为用户提供的是底层的、接近于直接操作硬件资源的服务接口。通过调用这些接口,用户可以直接获得计算资源、存储资源和网络资源,而且非常自由灵活,几乎不受逻辑上的限制。但是,用户需要进行大量的工作来设计和实现自己的应用,因为基础设施云除了为用户提供计算和存储等基础功能外,不会涉及任何应用类型的假设。

图 7-12　云计算的服务类型

平台云(Platform Cloud)。这种云为用户提供一个托管平台,用户可以将他们所开发和运营的应用托管到云平台中。但是,这个应用的开发和部署必须遵守该平台特定的规则和限制,如语言、编程框架、数据存储模型等。通常,能够在该平台上运行的应用类型也会受到一定的限制,比如 Google App Engine 主要为 Web 应用提供运行环境。但是,一旦客户的应用被开发和部署完成,所涉及的其他管理工作,如动态资源调整等,都将由该平台层负责。

应用云(Application Cloud)。这种云为用户提供可以为其直接所用的应用,这些应用一般是基于浏览器的,针对某一项特定的功能。应用云最容易被用户使用,因为它们都是开发完成的软件,只需要进行一些定制就可以交付。但是,它们也是灵活性最低的,因为一种应用云只针对一种特定的功能,无法提供其他功能的应用。

表 7-5 总结了从服务类型的角度来划分的云计算类型。实际上,正如我们现在所熟悉的软件架构范式,自底向上依次为计算机硬件—操作系统—中间件—应用一样,相似的层次关系也存在于云计算的分类中。这里不同类型的云其实就是云的不同层次提供的云计算服务。

表 7-5　按服务类型划分云计算

分类	服务类型	运用的灵活性	用户使用的难易程度
基础设施云	接近原始的计算存储能力	高	难
平台云	应用的托管环境	中	中
应用云	特定功能的应用	低	易

2. 按服务方式分类

云计算作为一种革新性的计算模式,虽然具有许多现有模式所不具备的优势(云计算带来的优势将在下文具体分析),但是也不可否认地带来了一系列挑战,无论是商业模式上还是技术层面上。首先就是安全问题,对于那些对数据安全要求很高的企业(如银行、保险、贸易、军事等)来说,客户信息是最宝贵的财富,一旦被人窃取或损坏,后果非常严重。其次就是可靠性的问题,例如银行希望每一笔交易都能快速、准确地完成,因为准确的数据记录和可靠的信息传输是让用户满意的必要条件。还有就是监管问题,有的企业希望自己的 IT 部门完全被公司所掌握,不受外界的干扰和控制。虽然云计算可以通过系统隔离和安全保护措施为用户提供有保障的数据安全,通过服务质量管理来为用户提供可靠的服务,但是仍有可能不能满足用户的所有需求。

针对这一系列问题,业界按照云计算提供者与使用者的所属关系为划分标准,将云计算分为公有云、私有云和混合云这三类,如图 7-13 所示。用户可以根据需求选择适合自己的云计算模式。

图 7-13　云计算的服务方式

公有云(Public Cloud)。公有云是由若干企业和用户共同使用的云环境,IT 业务和功能以服务的方式,通过互联网来为广泛的外部用户提供;用户无需具备针对该服务在技术层面的知识,无需雇佣相关的技术专家,无需拥有或管理所需的 IT 基础设施。其中,Amazon EC2、Google App Engine 和 Salesforce.com 都属于公有云的范畴。在公有云中,用户所需的服务由一个独立的、第三方云提供商提供。该云提供商也同时为其他用户服务,这些用户共享这个云提供商所拥有的资源。

私有云(Private Cloud)。容易理解,私有云是由某个企业独立构建和使用的云环境,IT 能力通过企业内部网,在防火墙内以服务的形式为企业内部用户提供;私有云的所有者不与其他企业或组织共享任何资源,如 IBM RC2。私有云是企业或组织所专有的云计算环境。在其中,用户是这个企业或组织的内部成员,他们共享着该云计算环境所提供的所有资源,这个云计算环境提供的服务是其他用户无法访问的。

混合云(Hybird cloud)。混合云是整合了公有云与私有云所提供服务的云环境。用户根据自身因素和业务需求选择合适的整合方式,制定其使用混合云的规则和策略。在这里,自身因素是指用户本身所面临的限制与约束,如信息安全的要求、任务的关键程度和现有基础设施的情况等,而业务需求是指用户期望从云环境中所获得的服务类型。有研究表明,例如网络会议、帮助与培训系统这样的服务适于从公有云中获得;例如数据仓库、分析与决策系统这样的服务适于从私有云中获得。

一般来说,对安全性、可靠性及 IT 可监控性要求高的公司或组织,如金融机构、政府机关、大型企业等,是私有云的潜在使用者。因为他们已经拥有了规模庞大的 IT 基础设施,因此只需进行少量的投资,将自己的 IT 系统升级,就可以拥有云计算带来的灵活与高效,同时使用公有云可能带来的负面影响也得以有效避免。除此之外,他们也可以选择混合云,将一些对安全性和可靠性需求相对较低的日常事务性的支撑性应用部署在公有云上,来减轻对自身 IT 基础设施的负担。相关分析指出,一般中小型企业和创业公司将选择公有云,而金融机构、政府机关和大型企业则更倾向于选择私有云或混合云。

值得注意的是,虽然私有云能够为企业或组织创建一个独占的云环境,具有防火墙内的信息安全保障,提供资源与服务共享的便利,但是拥有与运维一个私有云需要较高的资金投入与持续的技术支持,即便是实力雄厚的公司也会显得能力有限。同样,虽然公有云能够为用户快速而便捷地提供IT能力,但是有些企业和组织希望能够获得更强的私密性,因此,在现实的生产环境中,云的私有性和公有性并不是泾渭分明的,而是存在着多种逐级过渡的方案,如图7-14所示。

企业数据中心 私有云	企业数据中心 被管理的私有云	企业 被托管的私有云	企业A 企业B 排他的公有云	众多用户 开放的公有云
企业自身运维	由第三方运维	由第三方托管和运维	由第三方托管和运维	由第三方托管和运维

图7-14 私有云至公有云的逐级过渡

除了完全由自己拥有和运维的私有云外,还有"被管理的私有云"和"被托管的私有云"两种模式供用户选择。在被管理的私有云中,承载云环境的IT设备和基础设施仍由所属的企业或组织拥有,在物理上位于企业的数据中心内,但其私有云的创建和运维将由专业的第三方公司来完成。一般来说,第三方公司常常会通过以下步骤来帮助客户完成私有云的搭建:①将客户现有的物理资源通过虚拟化技术进行逻辑化,形成便于划分的资源池;②在该逻辑资源池上创建业务应用,并订立服务目录以便使用者浏览;③为业务应用提供自助访问接口和用量计费功能,服务上线并为私有云所属的企业或组织内用户所用。此后,该第三方公司还将为客户持续地提供在运维上的支持,如安全管理、业务升级、新服务上线等。

与被管理的私有云相同,被托管的私有云的创建与运维将由第三方公司来完成。和前者比起来其优势体现在,如果客户选择后者作为自己拥有私有云的模式,它将不再需要建设自己的数据中心,云环境所需的IT设备和基础设施将被托管在由第三方公司提供的专业数据中心内,并可根据合同的订立来保证客户在该数据中心内对资源在物理上或逻辑上的独占性。这种独占性是该模式与公有云的本质区别。在公有云中,不同客户需通过多租户(Multi Tenancy)技术来共享底层资源。

同样,用户对于公有云的选择还可以分为排他的公有云和开放的公有云两种。在排他云中,云服务的提供者和使用者不是同一个企业,但它们事先知道谁会提供何种服务,谁会使用何种服务,它们通过线下的协商确定服务价格和服务质量。排他云通常出现在企业的联盟中,例如:某大企业与它的众多供应商和业务伙伴间可以建立排他云,大企业为供应商们提供云服务;某一行业联盟中的企业间可以建立排他云,比如:航空公司、酒店、旅行社等组成的联盟。

在开放的公有云中,服务的使用者和提供者在服务预订前均不清楚对方,他们的关系是通过在线服务订阅的方式确立的。服务条款通常是由服务提供方预先定义和控制的,而服务价格和服务质量约定也是自动的和标准化的,由服务提供方预先设定。

综上,从私有云到公有云,第三方公司能够为客户提供不同深度的自底向上的整合服务,帮助用户便捷可靠地获得私有云,同时有效减轻其建设数据中心、购置基础设施和运维云环境的负担。

7.3.3 云计算安全定义

"云安全"这一概念于2008年成为信息安全界的热点,并行处理、网格计算、未知病毒行为判断等新兴技术和概念都在"云安全"技术中有所体现。云安全发展初期曾经引起不小的争议,许多人曾认为它是伪命题,现在云安全这一说法已经被广泛接受,业内安全厂商瑞星、趋势、卡巴斯基、MCAFEE、SYMANTEC、江民科技、PANDA、金山、360 等都推出了云安全解决方案。

从另一个角度看,云安全也指通过法规政策与安全技术手段对政府、企业的云计算平台、业务应用等多层面采取预防、监控、恢复、评估等机制,以抵御来自外部网络的恶意攻击,同时防止云平台中核心资源遭到破坏、用户隐私发生泄露。

本书认为,云计算安全这个概念包括两层含义。

(1)云计算技术在安全领域的应用(云安全应用)

其含义是通过云计算特性来提升安全解决方案的服务性能,属于云计算技术的安全应用。例如,安全厂商开发了基于云的防病毒技术、挂马检测技术,这些解决方案可以对大量客户端软件的异常行为进行监测,发掘互联网木马、恶意程序的最新信息,推送到云端进行自动分析和处理,再把病毒和木马的解决方案分发至每一个客户端。

(2)安全技术在云环境下的应用(云自身安全)

其含义为利用安全技术,解决云环境下的安全问题,提升云平台自身的安全,保障云计算业务的可用性、数据机密性和完整性、隐私权的保护等,这是云计算业务健康、可持续发展的基础。

就目前来看,传统安全厂商多立足于第一层内涵,利用云计算技术解决常规安全问题,而云服务提供商多关注第二层面,致力于云平台安全保障体系的构建。

7.3.4　云计算平台的安全体系

传统的 IT 系统中和云计算都面临着各种安全挑战及风险,而在云计算环境中该问题更加明显。云计算应用安全体系的主要目标是实现云计算应用及数据的机密性、完整性、可用性和隐私性等。

这里对云计算应用安全体系的分析重点是从云计算安全模块和支撑性基础设施建设这两个角度进行的,其中支撑性基础设施是各种云计算应用模式的共同关注点,其技术具有一定的通用性。通过在各层次、各技术框架区域中实施保障机制,使安全风险尽可能地降低,保障云计算应用及用户数据的安全。如图 7-15 所示为云计算安全体系。

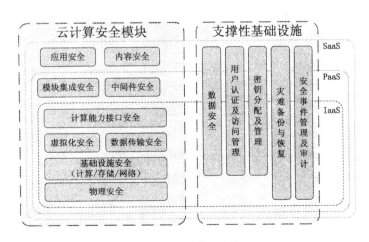

图 7-15　云计算安全体系

(1)物理安全

机房环境、通信线路、设备、电源等都属于物理安全的范畴。它的目的是保护数据中心的网络设备、存储设备和计算设备等免遭地震、洪水、火灾等环境事故、人为操作失误或各种非法行为所导致的破坏。整个云计算数据中心安全运作可以说是在保证物理安全的基础上进行的。物理安全可以通过 CCTV（闭路监控电视系统）、安全制度、辐射防护、屏幕口令保护、隐藏销毁、状态检测、报警确认等安全措施实施保护。

（2）基础设施（计算/存储/网络）安全

服务器系统安全、网络管理系统安全、域名系统安全、网络路由系统安全、局域网和 VLAN 配置等都属于基础设施安全的范畴。可以通过安全冗余设计、漏洞扫描与加固、IPS/IDS、DNS-Sec 等安全措施来实施保护。

此外，由于云计算环境的业务具有持续性，在部署设备的时候高可靠性的支持也是需要考虑在内的，诸如双机热备、配置同步、链路捆绑聚合及硬件 Bypass 等特性，从而实现大流量汇聚情况下的基础安全防护。

（3）虚拟化安全

虚拟化安全涉及两个层面：一是虚拟技术本身的安全，二是虚拟化引入的新安全问题。虚拟机（VM）技术是一种最为常见的虚拟技术，需考虑 VM 内的进程保护，此外还有 Hypervisor 和其他管理模块这些新的攻击层面。可以通过虚拟镜像文件的加密存储和完整性检查、VM 的隔离和加固、VM 访问控制、虚拟化脆弱性检查、VM 进程监控、VM 的安全迁移等安全措施来实施防护。

（4）数据传输安全

在云计算环境下，有网络传输和物流传输两种数据传输方式。根据数据传输时间的不同可以采用不同的传输方式。其中，超大型数据中心迁移时可以考虑物流传输方式，这样有利于节省成本。

此外，对于不同的传输方式其安全措施也有一定的差异。对于网络传输，可以充分利用现有网络安全技术成果；对于物流传输，可以制定一系列完善的管理制度办法。

（5）模块集成安全

云计算中不同功能模块的集成难度较大。XML 也许是把数据从一个基于 Web 的系统移到另一个类似系统的最简单方法，但是在云计算环境下，Web 系统和非 Web 系统的整合是必须的，且是在云计算系统和内部系统混合的环境下进行整合。这也从另一个角度说明了模块集成安全评估存在一定程度上的困难。对于某功能模块，用户可以尝试使用不同的 API，并进行大量的测试工作，保证应用相应的速度和流畅性。

（6）计算能力接口安全

IaaS 提供服务的理想状态是向用户提供一系列的 API，允许用户管理基础设施资源，并进行其他形式的交互。利用接口对内和对外攻击以及进行云服务的滥用等非法行为是需要避免发生的。可以通过对用户进行强身份认证、加强访问控制等安全措施实施保护。

（7）中间件安全

云计算的出现使得同一应用可在多个终端上实现，并且还将带来更多的智能终端实现业务或应用的无缝体验。由于不同类型的智能终端具有不同的操作系统，为此需要采用针对不同操作系统环境下的中间件来保证业务的一致性，中间件的安全问题是非常重要的。可以采用数据加密技术、身份认证技术等安全措施来实施保护。

（8）应用安全

在云计算中,对于应用安全,Web 应用的安全是需要重点关注的。因为云计算的应用主要是通过 Web 浏览器实现的。要保证 SaaS 的应用安全,需要在应用的设计开发之初就制定并遵循适合 SaaS 模式的安全开发生命周期(Security Development Lifecycle,SDL)规范和流程,从整个生命周期上去考虑应用安全。可以采用访问控制、配置加固、部署应用层防火墙等安全措施来实施保护。

（9）内容安全

在云计算环境中,云计算的数据中心是用户的应用数据存储的主要位置。一般,云计算系统支持对用户数据进行加密以保证数据安全,而由于各国的信息安全法律法规具有差异化,特定情况下,有些国家的政府有权依据特定程序对其国内的数据中心进行内容审计,上述两者之间形成一定的矛盾,从而在客观上加大了内容审计的难度。目前,为了加强云计算的内容安全,就需要对加密数据的检索技术做进一步的研究。

（10）用户认证及访问管理

用户认证及访问是保证云计算安全运行的关键所在。自动化管理用户账号、用户自助式服务、认证、访问控制、单点登录、职权分离、数据保护、特权用户管理、数据防丢失保护措施与合规报告等一些传统的用户认证及访问管理范畴直接影响着云计算的各种应用模式。

（11）数据安全

数据安全就是要保障数据的保密性、完整性、可用性、真实性、授权、认证和不可抵赖性。可以采用对不同的用户数据进行虚拟化的逻辑隔离、使用身份认证及访问管理技术等安全措施来实施保护。

（12）灾难备份与恢复

在各种应用模式中,云计算提供商必须确保具有提供持续服务的能力,具体来说就是在出现诸如火灾、长时间停电以及网络故障等一些严重不可抗拒的灾难时,服务不中断。

此外,业界达成普遍共识,即有时候甚至还需要具备一种服务迁移能力,它是指当需要更换云计算提供商时,原提供商需提供业务迁移办法,维持用户的业务不中断。

（13）密钥分配及管理

密钥分配及管理提供了对受保护资源的访问控制。加密是云计算各种应用模式中保护数据的核心机制,而密钥分配及管理的安全是数据保密的脆弱点。

（14）安全事件管理及审计

在云计算的各种应用模式中,为了能够更好地监测、发现、评估安全事件,并且做到对安全事件及时有效地作出响应,需要对安全事件进行集中管理,从而预防类似安全事件的多次发生。

7.3.5　云计算平台安全运营管理

1. 云平台物理安全

（1）安全区域划分

需要云服务提供商进行保护的业务场所和包含被保护信息处理设施的物理区域就是所谓的安全区域,如系统机房、重要办公室,也可能是整修工作区域。对于云计算中心的设施可能受到的非法物理访问、盗窃、损坏和泄密的威胁,故可以全方位地保护重要的信息系统基础设施,可采取建立安全区域、严格的进出控制等措施来入手。

可以根据区域的人员和区域所面临的相关风险将云计算数据中心的物理空间划分为安全级别各不相同的区域。这些区域可以是控制区域、限制区域、公共区域和敏感区域,如图 7-16 所示。每个区域对应于一个特殊保护级别,有助于指明该区域应该设定的控制类型。

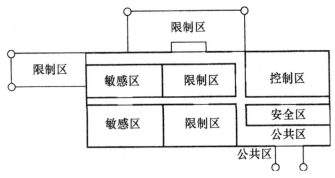

图 7-16　安全区域的划分

在云计算数据中心,划分安全区域是非常必要的,不但数据中心的安全级别能够得以提高,数据中心安全防御的能力也有一定程度的提高,同时也降低了在人力、物力方面的投入,做到有针对性地保障数据中心的安全。对于具有安全区域的数据中心来说,常用的控制措施有六种,如图 7-17 所示。

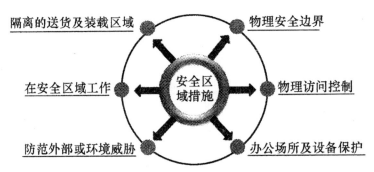

图 7-17　安全区域措施

首先要建立坚固的物理安全边界,通过建立如围墙、控制台、门锁等关卡将安全边界建立起来,形成安全区域,对区域内的各种软硬件设施实施保护措施。然后部署物理访问控制措施加以保护,安全区域只有经过授权的人员才可以进去,物理访问控制措施包括钥匙与锁、围墙和门、警卫、警犬、ID 卡和证章、捕人陷阱、电子监视以及警报系统等。

此外,办公场所及设备的保护也是需要注意的。要参考相关安全法规、标准,将关键设施放置在可避免公众进行访问的场地,使用时,人们不会对建筑物有过多的关注,并且在建筑物内侧或外侧用不明显标记给出其用途的最少指示,以标示信息处理活动的存在,并且标示敏感信息处理设施位置的目录和内部电话簿要有一定的保密措施。外部或环境威胁也是值得我们关注的地方,危险及易燃材料应在离安全区域安全距离以外的地方存放,恢复设备和备份介质的存放地点应与主场地有一段安全距离,以避免影响主场地的灾难破坏到恢复设备和备份介质。必须对在安全区域中所做的工作进行严格控制。应对安全区域中进行的工作有相应的控制方法和指导原则,以加强安全区域的安全性,一般可以通过对安全区域的工作人员、合同方和第三方用户及被授权进入安全域的其他人员的行为提出安全要求,或通过规章的形式予以约束使得安全区域的安全性得到保障。

（2）综合部署

云计算物理安全应作为完整系列来进行安全保护，许多单独的安全元素存在于物理安全中，这些安全元素相互补充，构成多维度的分层防御体系，这些元素包括：环境考虑、访问控制（包括机房、设备、程序）、监测（包括视频监控、热度传感器、接近度传感器以及环境传感器）、人员识别和访问控制，以及具有响应机制的（灯光、门禁和阻隔区域）非法行为检测。在云计算环境下对物理设施及环境进行安全保护要结合上述因素实行全方位的保护措施。图 7-18 展示了云计算数据中心物理安全综合部署。

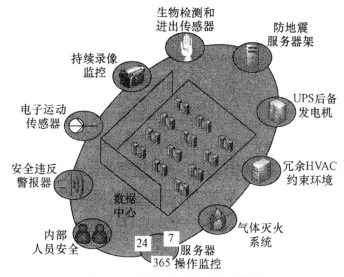

图 7-18　云平台物理安全综合部署

为了使云计算数据中心的物理安全性得到保障，根据云物理安全部署的维度，进行了十个方面的安全综合部署，包括安全违反警报器、电子运动传感器、持续录像监控、生物检测和进出传感器、防地震服务器架、UPS 后备发电机、冗余 HVAC 约束环境、气体灭火系统、服务器操作监控以及内部人员安全的管理。通过这十个方面的部署，云计算中心的物理安全性得到保障。

当然，进行有效的云物理安全保护仅仅有以上措施还是不够的，当一些预料之外的事件发生时如何做出应急响应是急需解决的问题。当前，理想的解决办法就是由专业人员来对云计算数据中心进行安全设计，制定相关流程，并且保障当灾难发生时，使物理资产和物理安全程序能够正常运行。鉴于物理安全设计的范围和复杂度，在早期规划阶段就使业界认可并有丰富经验的专家参与到云计算数据中心物理安全的建设工作中是不错的选择。

2. 云平台访问控制

（1）网络安全访问控制

用户与云平台之间应进行路由控制，可以建立安全的访问路径，还需要增加适当的网络安全配置策略。

平台管理人员应根据各系统的工作职能、重要性和所涉及信息的重要程度等因素，将不同的子网或网段划分出来，并按照方便管理和控制的原则实现各子网、网段地址段的分配。

尽量不要将重要网段部署在网络边界处或直接连接外部信息系统，重要网段与其他网段之间采取可靠的技术隔离手段；重要业务网段的边界应当部署防火墙、IPS 或用 ACL 等手段进行技术隔离。

想要加强云平台网络控制的话,可通过采用措施来完成:

①限制管理终端对网络设备的访问;

②设置安全访问控制,已知蠕虫常用端口可以被过滤掉;

③关闭未使用的端口,如路由器的 AUX 口;

④将网络设备不必要服务关掉,如 FTP、TFTP 服务等;

⑤修改 BANNER 提示,避免系统平台及其他信息通过默认 BANNER 信息泄露出去;

⑥避免在远程维护过程中出现用户账户和设备配置信息泄露,如采用安全的 SSH 登录远程维护设备;

⑦禁止管理、维护终端同时连接内网与互联网;采取必要的技术手段,要尽可能地防止终端的违规外联。

(2)边界防护

明确界定和防护系统间的边界,在系统内部进行区域划分和防护,加强边界访问控制机制,增加访问控制配置,对高安全等级区域的边界防护可通过防火墙的使用或其他访问控制设备来实现。

(3)防火墙安全访问控制

在防火墙上配置对常见病毒和攻击端口的 ACL 过滤控制策略,防止发生病毒或蠕虫扩散,尽可能地避免对核心设备正常工作造成影响。

3.云平台数据库及配置

数据库应支持 C2 或以上级安全标准、多级安全控制,支持数据库存储加密、数据传输通道加密及相应冗余控制。

应能够根据任务情况由操作系统软件来合理分配系统资源,当系统负荷过大时不会因为资源耗尽而发生宕机。

软件系统应具有容错能力,在单个进程的处理过程中出现错误时不会影响到整机的运行。软件系统支持在线升级功能,在不关机不中断业务的情况下实现自动或者手动升级。

应用系统应具备自动或手动恢复措施,这样的话,在发生错误时能够在较短时间内恢复正常运行。

所有软件应是已经投入商用的最新稳定版本。

4.云安全监控与告警

云安全监控是一种保障信息安全的有效机制,在这一机制中,对系统中各类信息和用户操作的保护与监控可通过数据采集、分析处理、规则判别、违规阻止和全程记录等过程得以实现;信息及操作是安全监控的对象,其中信息主要是指系统的文件和文本信息,操作主要是指用户人为产生的操作行为;监控系统要对文件信息的变更、文本信息的复制传播以及人为操作进行记录、甄别。告警则是指当某些人员或安全设备监控到违反安全策略的安全事件时,要及时向相关的负责人发出警报,以便在短时间内迅速采取相应的解决措施。严重的安全事故可通过安全监控与告警得以避免发生,从而保障信息和信息系统的可用性。

在云安全管理中,云服务平台的各个层面在安全监控与告警都会涉及,如图 7-19 所示。

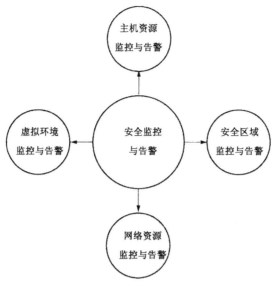

图 7-19　安全监控与告警

（1）主机资源监控

用户访问监控、用户操作监控、进程监控等共同构成了主机资源监控。主机资源监控可通过云提供商部署相关设备来实现，如使用 UNIX、Linux 操作系统中常用的资源监控工具 NMON；也可利用 SNMP（简单网络管理协议）协议实现对网络主机的综合监控。

（2）虚拟环境监控

要加强对 Hypervisor、虚拟机的监控。对 Hypervisor 进行监控时，Hypervisor 中是否存在非授权访问现象是要关注的重点，是否存在 Rootkit、VM Escape 攻击等；对虚拟机进行监控时，要重点关注虚拟机的创建、启动、迁移和销毁的过程。云服务提供商可以部署相关设备实现对虚拟环境的监控，如 IBM Tivoli 等。

（3）安全区域监控

云服务提供商要在安全区域部署监控设备，监控人员访问及人为操作情况，确保设备的安全和正常运行。监控设备的选择要由使用场景来决定，如在安全区域周边部署摄像头时可以选择监控范围比较广、画质一般清晰的摄像头；在关键设备周围部署监控设备时要选择能够满足要求、性能良好的设备。

（4）网络资源监控

一般要在云计算系统中的各个层面部署防火墙、VPN、IDS/IPS 或其他网络安全设备，实现云计算系统内部的网络资源的监控；要在外部网络与云计算系统、用户终端的接口处部署相关的网络安全设备，对通过外部网络进入云端、用户端以及从云端、用户端流向外部网络的信息进行监控。管理人员要对网络安全设备进行统一管理，使其能够正常运行。

（5）事件告警

为了确保安全事件能够及时地发现和处理，安全事件的告警方式要有多种。在安全区域监控时，要由特定的管理人员查看监控设备捕捉到的监控信息，使安全隐患无处隐藏，并通过电话、邮件等形式向有关负责人汇报。一般情况下，可通过部署相关安全设备实现网络资源、虚拟环境和主机资源的监控，因此事件告警也应由这些设备发出，告警方式可有告警信息弹出、短信绑定等。另外,在网络资源的监控与告警中,当用户终端监测到异常后,除了将异常告知给用户之外,还要确保能够向云端发出警报。

5. 云安全审计

云安全审计是由日志收集、数据库审计、网络审计等共同组成的。云服务提供商需要部署网络和数据审计措施,实现网页内容、邮件内容等敏感信息的审计;建立完善的日志记录及审核机制,通过对操作、维护等各类日志进行统一、完整的审计分析,使得对违规事件的事后审查能力得以提高。

(1)审计数据采集

审计数据来源于网络系统层面以及业务层面,其中虚拟机、虚拟机管理系统、网络设备、安全设备、数据库等的日志信息、告警信息等是由网络系统层来完成信息采集的;账号权限变更数据、账号登录行为数据、账号登录后各种操作记录等是由业务应用层来完成信息采集的。用户访问过程应由审计数据来完成记录,具体涉及包括登录用户的发起点、登录时间、退出时间、登录方式等;同时租户和管理用户所执行的每一个涉及资源配置或数据变化的行为也需要被完成记录下来。审计数据采集应将所有系统的时钟保持同步,以真实记录系统访问及操作情况。

审计数据应备份到专用服务器或安全介质内,并至少保存半年或更长的时间。

(2)审计数据分析

审计数据应支持安全事件关联分析功能,要灵活制定关联分析规则、条件等。

①网络系统层面:应支持基于规则、基于统计、基于资产的关联分析;

②业务应用层面:应支持基于时序关联规则、基于账号与重要操作行为的关联、基于账号与权限关联,以及基于业务操作与系统日志的关联。

(3)审计结果

应支持对审计数据进行实时监控和实时呈现,E-mail、手机短信、弹出窗口、Syslog、SNMP Trap、工单报警、电话通知等是常用的呈现方式。

6. 容灾备份与恢复

(1)灾难备份与恢复相关概念

灾难是指由于人为或自然的原因,造成信息系统运行出现严重故障或瘫痪,使信息系统支持的业务功能停顿或服务中断的突发事件。典型的灾难包括:自然灾难,如火灾、洪水、地震和台风等;技术风险和提供给业务运营所需的服务中断,如设备故障、软件错误、通信网络中断以及电力故障等;人为因素往往也会酿成大祸,如操作错误、有害代码的植入和恐怖袭击等。

灾难恢复是指自然或人为灾害后,信息系统的数据、硬件及软件设备的重新启用,恢复正常商业运作的过程。灾难恢复规划是涵盖面更广的业务连续规划的一部分,对企业或机构的灾难性风险做出评估、防范是其核心环节,尤其是对关键性业务数据、流程予以及时记录、备份以及保护。

1)灾难备份的分类。

按照距离的远近来划分,可以分为同城灾备与异地灾备。同城灾备中,生产中心与灾备中心的距离相对比较近,数据的同步镜像较易实现,保证高度的数据完整性和数据零丢失。同城灾备一般用于防范火灾、建筑物破坏、供电故障、计算机系统以及人为破坏引起的灾难。而在异地灾备中,生产中心与灾备中心之间有相当一段距离(一般在100km以上),因此一般采用异步镜像少量的数据丢失是无法避免的。异地灾备不仅可以防范同城灾备可能遇到的风险隐患,如战争、地震、洪水等风险也能够得以防范。由于同城灾备和异地灾备各有优缺点,所以对于云计算的超大型数据中心,为达到最理想的灾难恢复效果,同城和异地各建立一个灾备中心的方式进行灾难备份与恢复的建设通常是会被考虑的。

按照所保障的内容可以分为数据级容灾和应用级容灾(灾难备份与恢复系统也称为容灾系统)。数据级容灾系统,可有效保障用户数据的完整性、可靠性和安全性,在灾难发生时,用户的服务请求会中断。应用级容灾系统,用于提供不间断的应用服务,让客户的服务请求能够透明(客户对灾难的发生毫无觉察)地继续运行,信息系统提供的服务完整、可靠、安全得以保障。在云计算环境中,灾难备份技术发展的目标就是应用级容灾。

2)业务连续性的衡量指标。

业务连续性是指当难以抗拒的灾难来临时,基于建设完备的灾难备份系统切换,达到业务中断时间最短、业务数据丢失最少的状态。恢复时间目标(Recovery Time Objective,简称 RTO)和恢复点目标(Recovery Point Objective,简称 RPO)是这个概念中重要的指标,一个灾备系统的可靠性可通过它们来衡量。

灾难发生后,从 IT 系统宕机导致业务停顿时刻开始,到 IT 系统恢复至可支持各部门运作、业务恢复运营之时,此两点之间的时间段即为恢复时间目标。通常来讲,RTO 时间越短,需要业务恢复至可使用状态在极端时间内实现。虽然从管理的层面上来说,RTO 时间越短越好,但是,这同时也意味着需要更多的投入。对于不同行业的企业来说,其 RTO 目标是有差异的。即使是在同一行业,各企业因业务发展规模的不同,其 RTO 目标也不尽相同。

对系统和应用数据而言,要实现能够恢复至可以支持各部门业务运作,系统及生产数据应恢复到怎样的更新程度,就是所谓的恢复点目标。简单说,RPO 就是灾难发生时,允许丢失的最大数据量的时间量度。区别于 RTO 目标,企业业务的性质和业务操作对数据的依赖程度决定了 RPO 目标。因此,RPO 目标对于不同行业的企业、不同的业务类型来说较大的差距仍然是存在的。比如金融或证券交易,丢失超过 3 分钟的数据即使业务切换成功交易也可能无法继续,这种业务对 RPO 要求就很高;而对于图书资料备份,即使丢失了部分时间段的数据,中断后切换到灾备中心后的业务继续进行也不会受到任何影响,这样的业务对 RPO 要求不高,几乎是没有要求的。

在云计算环境下,虚拟化技术是灾难备份与恢复实现不同 RTO、RPO 目标的关键。

(2)主要灾难备份技术

1)基于磁带的备份技术。

常见的传统灾难备份方式就是利用磁带拷贝进行数据备份和恢复。通常数据存储在盘式磁带或盒式磁带上才会使用这种方式进行数据拷贝,这些磁带是存放在远离基本处理系统的某个安全地点。而在灾难或各种故障出现系统需要立即恢复时,将磁带提取出来,送至恢复地点,把数据恢复到磁盘上,然后再恢复应用程序。通常都是按天、按周或按月进行组合将这些磁带拷贝保存下来的。

磁带是顺序读取的,且读取速度慢,对时间要求不高的资料备份可考虑使用该办法。所以,由于难以支持实时业务,基于磁带的传统灾难备份方式在云计算环境中的应用也就有了很大的局限性。

2)基于应用软件的数据容灾备份。

由应用软件来实现数据的远程复制和同步,当主中心失效时,容灾备份中心的应用软件系统恢复运行,将主中心的业务接管过来,这就是基于应用关键的数据容灾备份。这种技术是通过在应用软件内部连接两个异地数据库,每次的业务处理数据分别存入主中心和备份中心的数据库中。

这种方式需要对现有应用软件系统的 I/O 接口做比较大的修改,软件的复杂性会有所增加,并且由应用软件来实现数据的复制和同步的话,整个业务系统的性能都会受到较大的影响。这种技术的实施难度较大,而且不易后期维护。在云计算环境中,这种备份方式使得各种服务模式(SaaS/PaaS/IaaS)的复杂性得以增加,因此也将受到较大的约束。

3)远程数据库备份。

由数据库系统软件来实现数据库的远程复制和同步就是远程数据库备份。基于数据库的复制方式可分为实时复制、定时复制和存储转发复制,并且在复制过程中,还有自动冲突检测和解决的手段,使数据的一致性得到保证。远程数据库备份的实质是实现主、备系统的数据库的数据同步(实时或者准实时同步),即将主用系统数据库操作 Log 实时或者周期性地复制到备用系统数据库中执行,以保证二者数据的一致性。

数据库软件性能、网络带宽、服务器性能等一系列因素都会对这种备份方式的效率产生影响,对数据一致性要求较高、数据更新较频繁的应用可采用这种方式。这种备份方式在云计算环境中将会有一定的应用。

4)基于主机逻辑磁盘卷的远程备份。

逻辑磁盘卷可以理解为在物理存储设备和操作系统之间增加一个逻辑存储管理层。根据需要将一个或者多个卷进行远程同步(或者异步)复制即为基于逻辑磁盘卷的远程备份。可通过软件来实现该方案,卷管理软件和远程备份控制管理软件是基本配置。

远程备份控制管理软件将主用节点系统的卷上每次 I/O 的操作数据实时(或者准实时或延时)备份到远程节点的相应卷上,保证远程两个卷之间的数据同步(或准同步)。主、备节点之间通常需要配置相应带宽的 IP 通道。根据数据的更新频度、广域通信条件和质量等因素,可将备份设置成同步、准同步或者定期同步等方式(或者自动适应)。在这种备份方式中,各节点主机的一些处理性能需求会有所增加,在主机性能和通信带宽的要求得到满足时,其效率和数据一致性可以得到保证。

该技术基于逻辑存储管理,一般与主机系统、物理存储系统设备没有直接关系,对物理存储系统自身的管理功能要求一般,可管理性也比较好,方便了主、备系统的扩充和发展;同时,多对一或者一对多的远程数据复制实现起来也较为快捷。这种备份方式非常适合于云计算环境下的虚拟化特点,目前有对等远程拷贝和扩展远程拷贝两大技术。

5)基于 SAN 的备份技术。

SAN(Storage Area Network,存储域网)是在业务主机和存储之间建设的存储网络设备,类似于一个接口将主机的 I/O 传递给存储系统,自身完成 I/O 的记录和远程复制。

SAN 是一个专有的、能够实现集中管理的信息基础结构,它支持服务器和存储之间任意的点到点的连接。SAN 集中体现了功能分拆的思想,系统的灵活性和数据的安全性通过它得以提高。SAN 以数据存储为中心,采用可伸缩的网络拓扑结构,通过具有较高传输速率的光通道连接方式,提供 SAN 内部任意节点之间的多路可选择的数据交换,并且将数据存储管理集中在相对独立的存储区域网内。SAN 是独立出一个数据存储网络,这就使得网络内部的数据传输率非常快。在多种光通道传输协议逐渐走向标准化并且跨平台群集文件系统投入使用后,SAN 最终将实现在多种操作系统下最大限度的数据共享和数据优化管理,以及系统的无缝扩充,同时这也是未来云计算灾难备份技术的发展方向。

(3)云计算环境下的灾难备份与恢复

鉴于云计算的数据中心存储了跟业务相关的所有信息,文件级和系统级的恢复备份应该是其灾难备份与恢复所要支持的。云计算数据中心的技术特征就是虚拟化。一个与传统方式截然不同的灾难恢复途径是由虚拟化带来的,整个服务器,包括操作系统、应用程序、补丁程序、配置文件和用户数据都被封装到一个单一虚拟服务器,备份与恢复可以通过提供一种容易执行的系统级备份与恢复的方式得到简化。同时,虚拟化还可以提供更大程度的硬件独立性,很容易复制或备份到异地数据中心和虚拟主机里。这一技术特征,结合已有的灾难备份与恢复技术,将在云计算环境下得到广泛应用。

若采用基于 SAN 的备份技术,云计算数据中心将提供多站点的可用性,故障不仅可以在短时间内被转移到灾难恢复站点,还可以在测试或灾难事件结束后返回到正常网站。此外,文件级和系统级恢复备份的实现,将带来次序优先选择业务恢复能力,从而可以更精细地调整灾难备份与恢复系统的性能。对于关键业务的应用程序和服务器,应得到更高优先级的恢复,使得灾难损失尽可能地降低。

不管如何实现灾难备份与恢复,测试、检验、确认灾难恢复流程都是需要重视的。任何灾难恢复流程在纸面上看起来都很可靠,但是需要定期例行测试与确认能够成功执行灾难恢复计划,以保证其可恢复性。

7. 安全风险评估

(1)安全责任划分

云计算服务在运行过程中,影响安全的因素涉及云计算的用户、网络通道和云计算提供商这三个方面。通常来讲,应该假设网络通道是不安全的,网络通道中数据可能被截取、查看和篡改。目前,针对网络通道的安全措施已经有大量的研究,网络安全的最新成果也在云计算平台上得到充分的利用。另一方面,云计算用户和服务提供商在保证信息安全方面都有责任,具体责任如何来划分根据业务模式的不同而存在一定的差异。举例来说,对于 IaaS 业务来说,云计算基础设施直到资源虚拟化层的安全性是由云计算提供商来负责的,而在所获得的虚拟化资源基础上进行计算和数据处理的安全性是由用户来负责的。对于 PaaS 业务来说,云计算提供商除了对 IaaS 层次的安全措施之外,平台服务的中间件和相关基础服务的安全性的提供也应该由云计算来完成;而用户的应用在运行过程中应用和数据的安全应该是由云计算的用户来负责。对于 SaaS 业务来说,云计算提供商所负责的安全措施应该涵盖提供应用所需的从下到上所有的层次;和云计算提供商比起来,云计算用户所承担的安全责任要少,但应用使用过程中的安全措施也是需要掌握的,如用户账号、数据传输等相关的安全性。因此,用户和提供商安全责任的恰当划分是云计算服务在实施过程中安全保障的首要任务。

在应该承担的安全责任得以明确之后,就需要由用户和提供商采取对应措施来履行这些责任了。对于提供商来说,用户自己所承担的责任和采取的措施需要由提供商来明确告知,并且以有效的方式证明自己达到在安全方面的承诺,以便用户接受其提供的云计算服务。同时,提供商还可以通过提供工具和规范的文档告知用户应该采取的安全措施,更多的云计算用户会对提供商提供的基于云平台的服务感兴趣。对于用户来说,在选择云计算提供商时应该对提供商的安全措施进行评估,要对安全措施的有效性进行验证,将安全措施作为自己选择提供商的一个重要依据。

(2)风险评估

在针对云计算系统和服务进行风险评估之后,才可以提供恰当的安全措施。风险评估就是,根据信息安全的技术和管理标准,对信息系统及其在传输、处理和存储信息过程中的信息机密性、完整性和可行性等与安全相关的属性进行评估的过程。云计算平台作为一类信息系统,一般信息系统的评估方式是它进行安全评估时需要遵守的参考依据,并充分考虑云计算服务相关系统的特殊之处。现在的风险评估的方法非常多,这些方法的评估步骤是基本相同的。其中NIST 在《NIST SP800-30:信息技术系统风险管理指南》中提出的风险评估步骤(图 7-20 所示),被广大用户和服务提供商所接受。

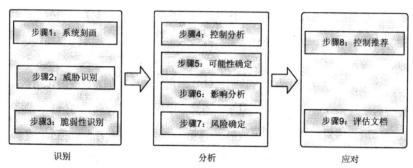

图 7-20 NIST SP800-30 中提出的信息系统风险评估步骤

对于云计算平台相关的风险评估来说,云计算系统的特殊性是图 7-20 所示步骤 1"系统刻画"应该充分考虑到的。特殊性体现在所采用的技术、系统架构、涉及的参与人员、业务的部署方式等方面。从技术层面上来看,虚拟化技术、面向服务的架构、Web 应用和服务、加密技术等在云计算中都有所体现。这些技术的安全因素也顺其自然地要纳入到云计算安全的考虑范畴。从云计算服务架构的层次上来说,这是一种通过网络提供的服务,服务内容可能是 IaaS、PaaS 或者SaaS 服务模式,或者是这些服务模式的组合。服务模式的不同从而确定的安全责任不同也会对风险评估造成一定的影响。网络传输的安全风险应该纳入风险评估的考虑。从涉及的人员来看,云计算作为一种新的服务提供模式,服务的开发者、提供者和使用者已经紧密地联系在一起,可通过自动化的流程和自助服务界面来实现他们之间的互动。安全风险将会快速地在不同参与者之间流动,使得受影响的范围得以扩大。从业务部署方式来说,公共云、私有云、介于公共与私有之间的行业云以及前述类型混合存在的混合云以上四种是基本的部署方式。那些跨越企业边界、由一个行业或者社区共同使用的云服务即为行业云。很显然,部署方式的不同会对安全边界的确定以及威胁方式和危害程度造成一定的影响。前面仅仅列举云计算相关的几个方面,根据云计算服务系统的不同,可以将这些方面进一步具体化,甚至还有新的因素是需要考虑的。

图 7-20 中所示的后续步骤也应该结合云计算系统的特别之处进行,从而将能够影响云计算服务安全性的关键因素准确找出来,并确定有效的应对措施。

8. 人员管理

企业信息安全的重大威胁来自企业的内部员工,尤其是信息安全人员。2009 年 CSI 计算机犯罪调查报告显示,43%的恶意攻击是由内部人员干的;25%的受访人员表示,由内部人员非恶意的活动所引起的损失超过总损失的 60%。许多损失评估报告也指出,尽管内部人员引起的事件比外部人员少,但是内部人员所引起的安全事件通常导致的损失也更为严重。因此,对任何企业来说,人员管理对保障信息安全都是不可忽视的一个重要环节。在云服务中,大量用户的海量数据都存储在云服务提供商处,由云服务提供商内部人员进行管理,如果内部人员进行恶意攻击、非授权访问,或是由于信息安全意识薄弱而存在一些不安全操作的话,将会严重威胁到用户的隐私安全,给用户和云服务提供商都带来巨大的损失,因此对于云安全来说,人员管理的重要性异常突出。

在云计算中,对维护和保障云服务正常运转的所有内部人员进行的管理即为人员管理,一般可认为是对云服务提供商雇佣的所有人员进行管理。人员管理可分为"任用前"、"任用中"和"任用的终止或变更"这三个阶段,每个阶段又可分为几个方面进行管理,具体如图 7-21 所示。

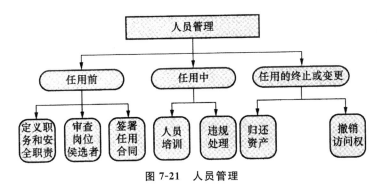

图 7-21　人员管理

7.4　网络管理

花费大量时间和资金建立起来的计算机网络,需要不断地进行管理和维护。

网络管理包括配置管理、故障管理、性能管理、安全管理、计费管理等 5 项功能。

7.4.1　网络管理概述

随着计算机网络的发展与普及,一方面对于如何保证网络的安全,组织网络高效运行提出了迫切的要求;另一方面,计算机网络日益庞大,使管理更加复杂。这主要表现在如下几个方面:

- 网络覆盖范围越来越大。
- 网络用户数目不断增加。
- 网络共享数据量剧增。
- 网络通信量剧增。
- 网络应用软件类型不断增加。
- 网络对不同操作系统的兼容性要求不断提高。

网络管理是控制一个复杂的计算机网络,使它具有最高的效率和生产力的过程。根据进行网络管理的系统的能力,这一过程通常包括数据收集、数据处理、数据分析和产生用于管理网络的报告。

第一个使用的网络管理(简称网管)协议称为简单网络管理协议(SNMP,又称 SNMP 第一版或 SNMPv1),当时这个协议被认为是临时的、简单的、解决当时急需解决的问题的协议,而复杂的、功能强大的网络管理协议需要进一步设计。

到 20 世纪 80 年代,在 SNMP 的基础上设计了两个网络管理协议:一个称为 SNMP 第二版(简称 SNMPv2),它包含了原有的特性,这些特性目前被广泛使用,同时增加了很多新特性以克服原先 SNMP 的缺陷;第二个网络管理协议称为公共管理信息协议(简称 CMIP),它是一个组织地更好,并且比 SNMPv1 和 SNMPv2 有更多特性的网络管理协议。从用户的角度来看,要求网络管理协议具有好的安全性、简单的用户界面、价格相对低廉而且对网络管理是有效的。由于 Internet 的大规模发展以及用户的要求,使得 SNMPv1 和 SNMPv2 成为业界事实上的标准而被广泛使用。

7.4.2　ISO 网络管理模式

目前国际标准化组织 ISO 在网络管理的标准化上做了许多工作,它特别定义了网络管理的五个功能域,具体如下。

- 配置管理:管理所有的网络设备,包括各设备参数的配置与设备账目的管理。
- 故障管理:监测出故障的位置并进行恢复。
- 性能管理:统计网络的使用状况,根据网络的使用情况进行扩充,确定设置的规划。
- 安全管理:控制非法用户窃取或修改网络中的重要数据等。
- 计费管理:记录用户使用网络资源的数据,对用户使用网络资源的配额和记账收费进行调整。

1. 配置管理

配置管理的目的体现在随时了解系统网络的拓扑结构以及所交换的信息,其中连接前静态设定的和连接后动态更新也包括在内。配置管理调用客体管理功能、状态管理功能和关系管理功能。

(1)客体管理功能

客体管理功能为管理信息系统用户(MIS 用户)提供一系列功能,完成被管理客体的产生、删除报告和属性值改变的报告。

(2)状态管理功能

通用状态属性指客体应具有的操作态、使用态和管理态三种通用状态属性。

状况属性定义了下列六个属性,以限制操作态、使用态和管理态,表示应用于资源的特定条件:

- 告警状况属性;
- 过程状况属性;
- 可用性状况属性;
- 控制状况属性;
- 备份状况属性;
- 未知状况属性。

(3)关系管理功能

管理者需要具备有检查系统不同部件间和不同系统间关系的能力,以确定系统某部分的操作如何依赖于其他部分或如何被依赖。用户既需要有能力改变部分之间、系统之间以及系统与部件之间的关系,也需要有能力得知是何原因导致这种变化。

2. 故障管理

故障管理的目标是自动监测、记录网络故障并通知用户，以便网络有效的运行。故障管理包含以下几个步骤：

- 判断故障症状。
- 隔离该故障。
- 修复该故障。
- 对所有重要子系统的故障进行修复。
- 记录故障的监测及监测结果。

3. 性能管理

性能管理的目标是衡量和呈现网络性能的各个方面，使用户在一个可接受的水平上维护网络的性能。性能管理包含以下几个步骤：

- 收集网络管理者感兴趣的那些变量的性能参数。
- 分析这些数据，对是否处于正常水平进行判断。
- 为每个重要的变量决定一个适合的性能门限值，超过该限值就意味着网络的故障。

4. 安全管理

安全管理的目标是按照本地的指导来控制对网络资源的访问，以保证网络不被侵害以及重要的信息不被未授权的用户访问。安全管理子系统将网络资源分为授权和未授权两大类，它执行以下几种功能：

- 标识重要的网络资源。
- 确定重要的网络资源和用户集间的映射关系。
- 监视对重要网络资源的访问。
- 记录对重要网络资源的非法访问。

5. 计费管理

计费管理的目标是衡量网络的利用率，以便一个或一组用户可以按规则利用网络资源。计费管理的规则使网络故障减低到最小，也可以使所有用户对网络的访问更加公平。

为了达到合理的计费管理目的，首先必须通过性能管理测量出所有重要网络资源的利用率，对其结果的分析使得对当前的应用模式具有更深入的了解，并可以在该点设置定额。对资源利用率的测量可以产生计费信息，并产生可用来估价费率的信息以及可用于资源利用率优化的信息。

7.4.3　公共管理信息协议 CMIP

在网络管理模型中，大量管理信息的交换存在于网络管理者和代理之间。这一过程必须遵循统一的通信规范，该规范称为网络管理协议。网络管理协议是高层网络应用协议，它建立在个体物理网络及其基础通信协议基础之上，为网络管理平台服务。

网络管理协议提供了访问任何生产厂商生产的任何网络设备，并获得一系列标准值的一致性方式。对网络设备的查询包括设备的名字、设备中软件的版本、设备中的接口数、设备中一个接口的每秒传输量等。用于设置网络设备的参数包括设备的名字、网络接口的地址、网络接口的运行状态、设备的运行状态等。

目前,使用的标准网络管理协议包括简单网络管理协议(SNMP)、公共管理信息服射协议(CMIS/CMIP)和局域网个人管理协议(LMMP)等。

CMIS/CMIP 是 ISO 定义的网络管理协议,它的制定受到了政府和工业界的支持。ISO 首先在 1989 年颁布了 ISO DIS7498-4(X.400)文件,定义了网络管理的基本概念和总体框架。后来在 1991 年颁布了两个文件,规定了网络管理提供的服务和网络管理协议,这两个文件是 ISO 9595 公共管理信息服务规范 CMIS 和 ISO 9596 公共管理信息协议规范 CMIP。1992 年公布的 ISO 10164 文件规定了系统管理功能 SMF,ISO 10165 文件定义了管理信息结构 SMI。这些文件共同组成了 ISO 的网络管理标准。这是一个管理复杂的协议体系,管理信息采用了面向对象的模型,管理功能包罗万象,致使其进展缓慢,适用的网管产品比较少。

CMIP 的优点是安全性高并且功能强大,不仅可用于传输管理数据,而且可执行一定的任务。但由于 CMIP 对系统的处理能力要求过高,操作复杂,覆盖范围广,因而难以实现,限制了它的使用范围。

CMIP 采用管理者/代理模型,当对网络实体进行监控时,管理者只需向代理发出一个监控请求,代理会自动监视指定的对象,并在异常事件(如线路故障)发生时向管理者发出指示。CMIP 的这种管理监控方式称为委托监控,委托监控的主要优点是开销小、反应及时,缺点是对代理的资源要求高。

7.4.4　简单网络管理协议 SNMP

简单网络管理协议(Simple Network Management Protocol,SNMP)是由互联网工程任务组(IETF)定义的一套网络管理协议,最早以 RFC1157 发布。利用 SNMP 协议管理工作站可以远程管理所有支持这种协议的网络设备,包括监视网络状态、修改网络设备配置、接收网络事件警告等。

1. 管理模型

在标准的 TCP/IP 协议簇中,提供 SNMP 协议能够实现对网络设备的管理,该协议规定网络管理站点与网络设备之间进行通信的语法和规则,SNMP 协议被用于在网络设备之间传输和交换管理信息。在 TCP/IP 参考模型中,SNMP 协议位于最高层应用层。SNMP 协议的管理模型是一种"管理者-代理"模型,如图 7-22 所示。

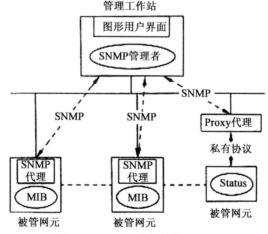

图 7-22　SNMP 协议的管理模型

在 SNMP 管理模型中主要包含以下 4 个要素。

(1)SNMP 管理者(SNMP manager)

SNMP 管理者可以是工作站、微型计算机等,一般位于网络系统的主干或接近主干的位置,它负责发出管理操作的指令,并接收来自代理的信息。

(2)SNMP 代理(SNMP agent)

SNMP 代理位于被管理的设备内部,把来自管理者的命令或信息请求转换为本设备特有的指令,完成管理者的指示,或返回它所在设备的信息。同时 Agent 也可以把自身系统中发生的事件主动通知给 Manager。

(3)MIB(Management Information Base,管理信息库)

每一类设备都包含了一个或更多的变量来描述它的状态,称为对象。所有在网络管理中可能出现的对象被集合在一种特定的树型数据结构 MIB 中,即 SNMP 所能管理的对象必须存在于 MIB 中。

(4)管理协议

Manager 可以通过 SNMP 协议向被管理站点发送请求以获得该结点的状态信息,Manager 可以发出的协议操作命令主要包括 GetRequest(获取指定 OID 的 MIB 对象值)、GetNextRequest(获取指定 OID 的下一个 MIB 对象值)、SetRequest(设置指定 OID 的 MIB 对象值)等。被管理结点的 Agent 则在收到管理结点的 Get/GetNext 请求报文时,将所请求的数据包装成 GetResponse 响应报文发送给 Manager。Agent 还可以通过 SNMP trap 方式向 Manager 发送故障信息,使 Manager 可以及时了解 Agent 的状态。

除此之外,对于不支持 SNMP 协议的被管对象,SNMP 希望能够提供一个 Proxy 代理,通过它在 SNMP 协议与其他私有协议之间进行转换,类似于一个与硬件设备分离的 SNMP 代理。

从图 7-23 可以看出,SNMP 协议的工作原理是由 Manager 向 SNMP 代理发出 SNMP 管理协议操作命令,Agent 负责将 Manager 所需信息从 MIB 库中获取返回给 Manager,或按照 Manager 发出的管理命令,对 Agent 所在的被管对象完成相关的设置工作。同时,Agent 还可以在发生故障时,主动向 Manager 发送 Trap 报文,报告发生的故障。

2. SMI 和 MIB

管理信息结构(Structure of Management Information,SMI)使用 ASN.1(abstract syntax notation one)抽象语法记法来描述被管理对象是如何定义以及如何在管理信息库中表示。对管理对象的访问是通过访问管理信息库 MIB 中的对象来完成的,该对象必须有自己的名字、语法和编码。

名字用于管理对象,它被唯一地表示成对象标识符(Object identifier),对象标识符以一种规范的公认方式对名字进行表示,并在注册命令树中注册。

语法用来定义对象类型的结构,它可分为以下 3 种类型:第一种是 ASN.1 原语类型(primitive type),有 Integer(整数)、Octet String(字节串)、Object Identifier(对象标识符)和 NULL(空);第二种是构造类型,用于生成列表或表格;第三种是定义的类型。Internet 的 SMI 中定义 6 个主要的 Internet 管理对象类,即 NetworkAddress(网络地址)、IpAddress(互联网协议地址)、Counter(计数器)、Gauge(量规)、Timeticks(时间变量)、Opaque(模糊)。

编码指要在网上传输上述对象类型的对象实例时,将使用 BER(Basic Encoding Rules)基本编码规则对该对象类型的值进行编码。

管理信息库 MIB 存放各种管理对象的管理参数,是一个虚拟数据库,网络管理活动正是通过访问和操作 MIB 中的管理对象来进行的。Internet 管理机构定义了 Internet 管理信息库,它有 MIB-I 和 MIB-II 两个版本。为方便厂商自定义协议到标准管理协议的移植,允许厂商为特定功能的增强扩展 MIB。

MIB 树从根结点开始,每一个结点都由数字表示,而且它有父结点和子结点之分。根结点并没有名字或者编号,但是下面有 3 个子树:ccitt(0)由 CCITT 管理,iso(1)由 ISO 管理,joint-iso-ccitt(2)由 ISO 和 CCITT 共同管理。MIB 对象的 OID 根据所在 MIB 树的位置确定,例如,用来描述系统硬软件类型的 sysDescr 对象,因其位于 MIB 树的 iso(1). org(3). dod(6). Internet (1). mgmt(2). mib-2(1). system(I)子树下,所以其 OID 号为 1. 3. 6. 1. 2. 1. 1. 1。

3. 协议报文格式

SNMP 协议规定的命令和响应报文用于网络管理站和代理进程间的各种对话,协议数据单元 PDU 则是 SNMP 报文携带的核心部分,用来表示某一类管理操作(例如取得和设置管理对象)和与该操作有关的变量名称。以下将重点介绍 SNMP 各版本的报文和 PDU 格式。

(1)SNMP v1、v2c 格式

SNMP v1 和 v2c 版本是目前网络设备对 SNMP 支持最多的两个版本,SNMP v2c 在协议报文和 PDU 格式方面,除了 Trap 格式不同于 v1 版本以及比 v1 版本增加了 Inform、GetBulkRequest 协议操作外,其余部分都相同。

1)报文格式。

Version	Community	PDU

报文中的 Version 版本字段是为了 SNMP 的兼容性而设置的,Community 共同体名字段是一个用来验证身份的字符串。

2)PDU 格式。

在 SNMP v1 和 v2c 中,请求(GetRequest、GetNextRequest、SetRequest)和响应(GetResponse)以及 SNMP v2 Trap PDU 拥有的结构是相同的:

RequestID	ErrorStatus	ErrorIndex	VarBindList

- RequestID(请求 ID)用来匹配发出的请求和接收到的响应报文;
- ErrorStatus(错误状态)和 ErrorIndex(差错索引)用来在响应报文中指出获取 MIB 变量的错误状态和位置;
- VarBindList(变量绑定列表)则给出请求报文的 OID 列表或响应报文的 OID 名值对应表。

SNMP v2 的 GetBulkRequest 格式同上,只是错误状态和差错索引处分别由 Non-Repeaters(不重复个数)和 Max-Repetitions(最大重复次数)所代替。

SNMP v1 Trap-PDU 由于包含的信息不同,结构上有所差别:

enterprise	agent-addr	generic-trap	specific-trap	time-stamp	VarBindList

- enterprise:企业字段含有产生陷阱的网络设备的对象标识;

- agent-addr:代理进程字段存放着代理进程的 IP 地址;
- generic-trap:一般陷阱用来表示 SNMP 已定义的标准陷阱;
- specific-trap:特定陷阱中包含为特定企业而定义的陷阱编码;
- time-stamp:时间戳字段包含陷阱产生的时间;
- 变量绑定列表则包含附加的实现信息。

(2)SNMP v3 格式

SNMP v3 在 SNMP v2 基础之上增加了安全和管理机制,虽然 SNMP v3 中将管理者和代理统称为 SNMP 实体,但为了方便讨论,仍按照其功能的不同将实体区分为代理和管理者。SNMP v3 定义了一种全新的报文格式,如图 7-23 所示。

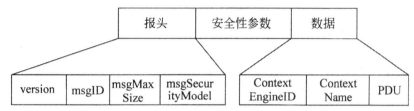

图 7-23 SNMP v3 报文格式

- version 版本值为 3 时,表示为 SNMP v3 报文;
- msgID(消息 ID)用来协调两个 SNMP 实体之间的请求和响应消息,与 PDU 中的 requestID 作用类似;
- msgMaxSize(最大消息大小)表示发送器可以支持的最大消息尺寸;
- msgFlags(消息标志)指示该消息能否导致生成 Report,并且决定在消息发送到通信线上之前是否应用安全级别,定义的 3 位分别是 reportableFlag、authFlag 和 privFlag;
- msgSecurityModel(消息安全模型)标识发送方用于生成该消息的安全模型;
- 安全参数取决于使用的安全模型,这些值将直接传递给映射到报头部分的 msgSecurityModel 字段的安全模型;
- 消息的数据部分可以是加密的,也可以是未加密的普通文本。无论是加密的还是普通文本,数据部分都包括了环境信息和一个有效的 SNMP v2c PDU,SNMP v2c PDU 格式可参照上一节。环境消息则包括上下文引擎标识符和环境名称。

当被管设备上安装了 SNMP 代理后,可以通过 SNMP 管理端工具来进行管理。常见的管理工具有 Windows 下的命令行程序 Snmputil.exe、图形界面程序 Snmputilg.exe 以及 AdventNet 公司的 MIB Browser 程序等。

第8章　多媒体技术基础

8.1　多媒体概述

8.1.1　媒体、多媒体和多媒体技术

1. 媒体

媒体（Media），也称媒介或传播媒体，它是承载信息的载体，是信息的表示形式。媒体客观地表现了自然界和人类活动中的原始信息。包括日常生活中的报纸、电视、广播、广告和杂志等信息需要借助于这些载体得以交流和传播。媒体一般可以分为以下 6 种类型。

感觉媒体：感觉媒体是指直接作用于人类的感觉器官，使人能直接产生感觉的一类媒体。人们主要是通过视觉媒体（例如文本、图形、图像、动画等），以及听觉媒体（例如语言、音乐、自然界的各种声音等）来感知信息的。触觉作为一种感知方式也慢慢引入到计算机领域。

表示媒体：表示媒体是为了加工、处理和传输感觉媒体而人为研究、构造出来的一种媒体，其目的是将感觉媒体从一个地方向另一个地方传送。计算机数据格式是表示媒体用于定义信息的表达特征。表示媒体有 ASCII 编码、图像编码、声音编码、视频信号等多种编码格式。

显示媒体：显示媒体是指人们获取信息或者再现信息的物理手段，可分为两种类型：一种是输入显示媒体，如键盘、鼠标、光笔、话筒、扫描仪、数码照相机和摄像机等；另一种是输出显示媒体，如显示器、打印机和投影仪等。

存储媒体：存储媒体用于存放表示媒体，以便这些信息的编码能够被计算机随时处理和调用。这类媒体有软盘、硬盘、CD-ROM 光盘、磁带、半导体芯片等。

传输媒体：传输媒体是用于传输感觉媒体的物理载体，如电缆、光缆、微波、红外线等。

信息交换媒体：信息交换媒体用于存储和传输全部的媒体形式，可以是存储媒体、传输媒体或者是两者的某种结合。如内存、网络、电子邮件系统、Web 浏览器等都属于信息交换媒体。

利用计算机技术对媒体进行处理和重现，并对媒体进行交互性控制，构成了多媒体技术的核心内容。目前，计算机多媒体技术能够处理其中的部分媒体。随着多媒体技术的不断发展，所能处理的媒体类型将越来越多。

2. 多媒体和多媒体技术

多媒体一词来自于英文"Multimedia"，这是一个复合词。它由"multiple"和"medium"的复数形式"media"组合而成。"multiple"有"多重、复合"之意；"media"则是指"介质、媒介和媒体"。按照字面理解，多媒体就是非单一媒体，是两个或两个以上单一媒体的有机结合。

媒体在计算机中有两种含义：一是指用于存储信息的实体，如纸张、磁盘、光盘等；二是指信息载体，如文本、声音、图像、图形、动画等。此外，用于传播信息的电缆、电磁波等则称为"媒介"。

多媒体技术是指计算机综合处理多种媒体信息，在文字、图像、图形、动画、音频、视频等多种

信息之间建立逻辑关系,并将多媒体设备集成为一个具有人机交互性能的应用系统的技术。

实际上,多媒体技术所涉及的是媒介和媒体两种形式。在现代多媒体技术领域中,人们侧重于谈论光盘、磁盘等承载信息的媒体形式,而把传输信息的媒介作为必要的硬件条件。

现代多媒体技术所涉及的媒体对象主要是计算机技术的产物,其他领域的单纯事物不属于多媒体范畴,如电影、电视、音响等。

随着多媒体技术的发展,计算机所能处理的媒体种类不断增加,功能也不断完善,有关多媒体的定义也更加趋于准确和完整。

3. 多媒体技术的社会需求

社会需求是促进多媒体技术产生和发展的重要因素。可以说,包括计算机本身在内,一切科学技术的发展都跟社会需求这一重要条件有直接关系。社会需求随着人类文明的发展而不断增长,促进了各个领域中的科学技术不断地进步和发展。

多媒体技术的社会需求主要体现在以下几个方面。

(1)图形和图像处理的需要

图形和图像是人们辨识事物最直接和最形象的方式,很多难以理解和描述的问题借助于图形或图像就非常好理解了。计算机多媒体技术首先需要解决的问题就是图形和图像的处理题。

(2)音频和视频信息处理的需要

使用计算机处理并播放音频和视频信号,是人们对计算机多媒体技术提出的新要求。经过多年的发展,计算机能够对音频和视频信号进行采集、数字化处理和播放,并能够对播放的过程和模式进行控制。

(3)大容量数据存储的需要

随着计算机处理范围的扩大,被处理的媒体种类不断增加,信息量也不断加大,如何保存和处理大量的信息,成为多媒体技术需要解决的又一个重要问题。于是,CD-ROM 存储方式和大容量存储介质得以产生。

(4)信息交换的需要

在现代社会中,信息是至关重要的。为了满足人们对信息流动和交换的渴求,计算机被连接在一起,形成网络,相互进行信息传递和交换。"信息高速公路"计划由此应运而生。当前,Internet 的发展,促进了多媒体技术在网络中的广泛应用。

(5)人机界面设计的需要

计算机与用户之间的操作层面称为界面,它是计算机与人类沟通的重要渠道。在计算机发展的早期阶段,人们对界面设计问题的重视程度不够,这使得没有相关经验和技术的用户无法使用计算机。随着计算机应用的拓展和普及,界面采用了图形、声音、动画等多种形式,并提供了交互性控制按钮,使操作起来更加的方便。

(6)高科技研究的需要

在高科技研究领域,航空、航天技术首屈一指,而这一技术与计算机技术是密切相关的。如果没有计算机技术,人类走入太空几乎是不可能的。正是由于多媒体技术的迅速发展,使人们能够在飞往太空之前模拟太空中的各种状况和条件,并且在航天轨道计算与模拟、星际旅行的实现、星系的演变等各个方面建立虚拟环境,从而使研究工作的顺利进行得到了保证。

(7)娱乐与社会活动的需要

人类不仅从事生产、科学研究与技术工作,还需要参加娱乐或其他社会活动,使用常规设备和技术已经不能满足人们对享受娱乐和社会活动的需求。在娱乐行业,影视娱乐的噱头几乎被计算机特技所囊括,大量的计算机特技效果被注入影视作品,而计算机特技实际上就是计算机多媒体技术的一个分支。在社会活动方面,人们为了使更多的人了解自己,创造了人类独有的广告业。广告业的兴起,带动起更为兴旺的商业活动。

除了上述主要的社会需求外,在医学、交通、工业产品制造,以及农业等多方面也都构成社会需求,全方位的社会需求使多媒体技术的应用领域更为广泛,其发展将永无止境。

8.1.2　多媒体的关键特性

多媒体的关键特性包括:

(1)集成性

集成性包括两方面:一方面是指多媒体技术能将各种不同的媒体信息有机地进行同步组合,使一个完整的多媒体信息得以顺利形成;另一方面是指把不同的媒体设备集成在一起,形成多媒体系统。在硬件上,应该有能够处理多媒体信息的高速及并行 CPU 系统、大容量的主存与辅助存储器、适合多媒体多通道的输入输出能力的外设以及宽带的通信网络接口。在软件上,要有集成化的多媒体操作系统、适合多媒体信息管理和使用的软件系统、创作工具以及高效的应用软件等。

(2)实时性

由于多媒体技术是研究多种媒体集成的技术,其中声音及活动的视频图像与时间的相关程度非常高,这就决定了多媒体技术必须能够支持实时处理。如播放时,声音和图像都不能出现停顿现象。

(3)交互性

在多媒体系统中,除了操作上控制自如之外,在媒体的综合处理上也可以随心所欲,这种交互操作是一种实时操作,要求整个系统的软硬件系统在实时响应方面都可顺利实现。例如,从数据库中检索出某人的照片、声音及文字材料,这是初级交互应用;通过交互特性可以使用户介入到信息过程中,而不仅仅是提取信息,这是中级交互应用;当人们完全地进入到一个与信息环境一体化的虚拟信息空间自由邀游时,便是高级交互应用。

(4)高质量

早期在处理音像信息时,常采用模拟方式对媒体信息进行存储和演播。但由于模拟方式使用连续量的信号,其衰减及噪音较大,而且在复制传播中逐步积累的误差是无法避免的,因此这种模拟信号质量较差。而以计算机为中心的多媒体技术则以全数字化方式加工和处理声音及图像信息,精确度高,声音和图像的效果好。

8.1.3　多媒体系统

多媒体系统是一种趋于人性化的多维信息处理系统,其核心部分是计算机系统,利用多媒体技术实现多媒体信息(包括文本、声音、图形/图像、视频、动画等)的采集、数据压缩编码、实时处理、存储、传输、解压缩、还原输出等综合处理功能,并提供友好的人机交互方式。具备多媒体信息处理能力的计算机被称为多媒体计算机。

根据开发和生产厂商及应用角度的不同,多媒体计算机可分成两大类:一类是家电制造厂商研制的交互式音像家电,这类产品以微处理芯片为核心,通过编程实现电视机、音响、DVD 影碟机等的管理控制,因而也被称为电视计算机(TelePuter);另一类是计算机制造厂商研制的计算机产品,如 Apple 公司的 PowerMac 系列计算机和广为应用的 PC 系列机,它们扩展了音/视频处理功能,比电视机、音响等具有更好的娱乐功能和交互能力,因而也被称为计算机电视(Compuvision)。通常所说的多媒体计算机是指后者。

一个多媒体系统应具备以下特点:

1)界面友好,更加人性化。利用多媒体技术,可以设计和实现更加自然和友好的人机界面,跟人的思维和使用习惯更加接近,使计算机朝着人类接收信息和处理信息的最自然的方向发展。

2)视、听、触觉全方位感受,效果好。多媒体技术融合人类通过视觉、听觉和触觉所接收的信息,通过多种信息表现形式,可以生动、直观地传递极为丰富的信息。例如,商家通过多媒体演示可以将企业的产品、企业文化等表现得淋漓尽致,客户则可通过多媒体演示尽可能多地了解感兴趣的内容,直观、经济、便捷,效果非常好。

3)信息组织完善。多媒体信息数据不仅包括文字、图像、声音、视频等信息,而且还将它们有机地组织在一起,在各种媒体元素之间建立联系,形成包括所有信息内涵的完善的信息组织方式。多媒体信息可存储在光盘上,以节约存储空间,方便了信息的检索。光盘可长期保存,使得数据安全、可靠。

4)人机交互,随心所欲。多媒体技术的交互性,使得用户可以控制信息的传递过程,从而获得更多的信息,并可提高用户学习和探索的兴趣,增强感受和学习的效果。例如,在多媒体教学系统中,学生可以根据自己的需要选择不同章节、难易程度各异的内容进行学习;一次没有弄明白的重点内容,还可以重复播放反复观看。在网络多媒体教学系统中,学生能方便地进行测试、与老师交流、进行网上无纸化考试等。

5)模拟真实环境,激发创造性思维。多媒体技术可以模拟出各种真实场景(虚拟现实,Virtual Realty),人们可以在这种环境里分析问题,研究问题,交流思想,体验感受,创造未来。多媒体系统可以创造自然界中没有的事物,使人类研究问题的领域和空间得以扩大,增强人的想象力,激发人的创造性思维。

8.1.4　多媒体信息的组织方式

在多媒体技术出现之前,计算机上一般只能处理文本信息。文本信息的组织方式是线性的顺序组织,通常称为顺序文本;超文本技术产生(1965 年)之后,计算机上可提供符合人类思维过程的联想式非线性文本信息组织方式;超文本与多媒体技术的结合,不仅可提供非线性的组织方式,还可将多种媒体信息混合组织,形成超媒体。也就是说,超媒体是多媒体信息的基本组织方式。

1. 顺序文本

顺序文本是线性的顺序组织形式,如图 8-1 所示。其特点是,文本内容按照其自身要表达的逻辑关系和自然顺序线性排列,这种组织方式决定了人们的阅读方式只能是按页逐行从左到右阅读,阅读的路径是单一的。然而,人类阅读、理解和记忆的习惯方式是相互关联的网状结构,不同的检索方式形成的信息访问路径也是有差异的。从信息的表现形式看,除了文本、数字之外,还有图形、图像、声音、视频等多媒体信息需要处理,这使得线性的顺序文本凸显弊端,越来越不足使多媒体信息得到全面而有效的利用,尤其是不能像人类的思维那样可通过联想来明确信息内部的关联性。

图 8-1　线性的顺序文本

2. 超文本

为了提供符合人的思维方式的联想式文本阅读方式,1965 年 Ted Nelson 提出了一种在计算机上处理文本文件时把文本中遇到的其他相关文本组织在一起的方法,使计算机能够响应人的思维并能够方便地获取所需要的信息,他将这种方法称为超文本(Hypertext),具体结构如图 8-2 所示。

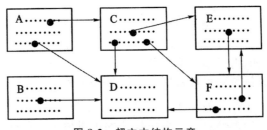

图 8-2　超文本结构示意

从技术的层面来看,超文本是一种非线性的网状结构,它由信息结点和表示信息结点间相关性的链构成。结点是指文本中具有相对独立性的基本信息块;而链则是指文本内容之间的相关性,由检索关键字和检索内容的位置指针组成。具体地说,每个结点可以是某一大小的正文块,如卷、文件、帧或更小的信息单位,结点之间按其自然关联用链连接成网。通常情况下,链的个数不是一成不变的,它依赖于每个结点的内容有些结点与许多其他结点相连接,有些结点只是一个目的结点,不再与其他结点相连。结点间连接时,起始结点称为源结点,终止结点称为目的结点。在图 8-2 中,A、B、C、D、E、F 分别代表不同的文本信息结点,黑色圆点代表检索关键字,而"→"代表被检索内容的位置指针,两者相结合形成了链,表示出信息结点之间的关系。

区别于传统的顺序文本,超文本不仅注重所要表示和管理的信息,更注重信息之间关系的建立和表示方法。由于超文本表示了信息之间的关联,所以其表示方法跟人的联想思维方式更加的接近;此外,超文本还存储了各种关系,而不像人类有时想过又忘记了,所以可以弥补人的记忆力的不足,辅助人的思维与交流。因此,可以说超文本是用计算机进行思维与交流的工具。

3. 超媒体

超媒体(Hypermedia)是在超文本概念的基础上提出的一个多媒体信息组织的新概念。它以实现多种媒体信息的非线性组织为基本要求,从信息结点与链两个方面对超文本概念作了扩充。首先,信息结点的内容不仅可以是文本,还可以是图形、图像、声音、视频、动画等不同媒体形式;其次,反映信息结点间关系的"链"不仅能链接文本,还能链接图形、图像、声音、视频、动画等多媒体信息,这样形成的多媒体信息组织机制就称为超媒体,而其中能够链接各种媒体信息的链也被称为超链接(Hyperlink)。

在组织结构上,超媒体与超文本完全相同。但对于超媒体来说,各信息结点可以是文本、图形、图像、声音、视频、动画等多种媒体形式融合而成的多媒体信息结点;而图 8-3 中所有的黑色圆点不仅可以是关键字,也可以是关键图片、关键声音、关键视频等;而"→"所指的被检索内容可以是任意的多媒体信息结点。结合互联网中的 URL,超媒体可以实现基于互联网的全球多媒体信息系统,其最典型应用就是 WWW 上的多媒体信息系统——网页(Web Page)。网页是一种超文本文件,主要通过超文本标记语言(HTML)来描述。图 8-3 所示为一个简单的超媒体实例,其中的 URL1～URL4 分别指向位于全球不同网站的多媒体信息资源。

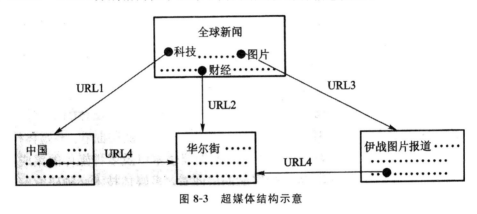

图 8-3　超媒体结构示意

8.2　多媒体技术的研究对象

文字:采用文字编辑软件生成文本文件,或者使用图像处理软件形成图形方式的文字及符号。

图像:采用像素点描述的自然影像,主要指具有 23～232 彩色数量的 GIF、BMP、TGA、TIF、JPG 格式的静态图像。图像采用位图方式,并可对其压缩,以便图像的存储和传输得以顺利实现。

图形:图形是采用算法语言或某些应用软件生成的矢量化图形,具有体积小、线条圆滑变化的特点。

动画:动画有矢量动画和帧动画之分。矢量动画在单画面中展示动作的全过程,而帧动画则使用多画面来描述动作。帧动画与传统动画的原理保持一致。有代表性的帧动画文件有 FLC、FLA 格式的动画文件。

音频信号:音频通常采用 WAV 或 MID 格式,是数字化音频文件。还有 MP3 压缩格式的音频文件。

视频信号:视频信号是动态的图像,具有代表性的有 AVI 格式的电影文件和压缩格式为 MPG 的视频文件。

以上各种多媒体处理对象全部采用数字形式存储,形成对应格式的数字文件,这些文件叫做"多媒体数据文件",它们使用的存储介质有光盘、硬盘、磁光盘、半导体存储芯片和软盘等。为了使任何计算机系统都能处理多媒体文件,国际上制定了相应的软件工业标准,对各个媒体文件的数据格式、采样标准以及各种相关指标做了详细规定。在计算机硬件方面,也正致力于硬件标准的统一,使网络上的不同计算机能够使用多媒体软件。

8.3 多媒体计算机系统

8.3.1 多媒体系统的组成

与普通计算机系统的基本构成相同,多媒体计算机系统也是由硬件和软件两大部分组成,从用户的层面来看,它是一个以多媒体计算机为核心的连接各类多媒体 I/O 设备的应用系统,如图 8-4 所示。

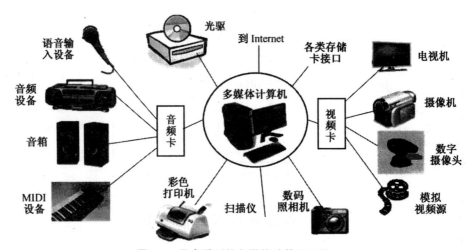

图 8-4　用户看到的多媒体计算机环境

从技术人员的层面来看,这样的多媒体系统分为不同的层次,不同技术层次的人员可直接通过相应层次开发或使用多媒体计算机系统的相应功能。图 8-5 所示为一个多媒体计算机系统的层次结构,图中自下向上由 A~F 共 6 个层次组成,其中 A、B 两层构成了多媒体系统的硬件部分,C~F 层构成了多媒体系统的软件部分。

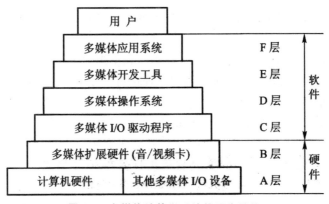

图 8-5　多媒体计算机系统的层次结构

1. 多媒体硬件

（1）计算机硬件

计算机硬件是指具备多媒体信息处理能力的计算机基本部件，主要包括 CPU、内存、外存（磁盘、光盘）、显示系统（显示卡、显示器）及基本输入/输出设备，涉及 CPU 主频、内存容量、硬盘容量、光盘驱动器性能、图形/图像性能、MPEG 支持及操作系统版本等多项指标，速度快、容量大、显示色彩丰富是其主要特点。随着计算机硬件技术的不断发展，相关的技术参数也在一定程度上有所提高。因此，多媒体计算机硬件配置的具体指标应随时间的推移而变化。

（2）其他多媒体 I/O 设备

其他多媒体 I/O 设备主要包括以下 5 类：

1）视频、音频、图像输入设备，如摄像机、录像机、数码照相机、话筒、扫描仪等。

2）视频、音频输出设备，如电视机、投影仪、音响等。

3）人机交互设备，如键盘、鼠标、触摸屏、显示器、彩色打印机、光笔等。

4）存储设备，如软盘、硬盘、磁带、USB 移动盘、各种光盘、磁盘阵列等。

5）通信设备，宽带网络等。

（3）多媒体扩展硬件

多媒体扩展硬件主要指用于连接和控制多媒体 I/O 设备的接口部件，如声卡、视频卡等。这一层的主要功能是完成音/视频等多媒体信息压缩与解压缩功能。由于视频和音频信号要占用巨大的存储空间，因此在处理时要对其进行压缩和实时解压缩，具体性能指标要求高于 MPC 标准的规定。为此，通常采用以专用芯片为基础的接口卡。许多集成电路厂商都在竞相开发这类产品，现在已经形成了许多压缩与解压缩的标准。必须指出的是，随着计算机各种技术性能指标的提高，实现压缩与解压缩的软件产品也大量地涌现出来，可以压缩和播放多种格式的音/视频信息。

2. 多媒体软件

（1）多媒体 I/O 驱动

多媒体 I/O 驱动主要指各种硬件的驱动程序。这一层的主要功能是连接、驱动硬件设备并提供软件编程接口，使高层软件的调用得以顺利实现。

（2）多媒体操作系统

多媒体操作系统是多媒体高层软件与硬件之间交换信息的桥梁，是用户使用多媒体设备的操作接口，主要包括 3 大功能：向用户提供使用多媒体设备的操作（命令、图标等）接口、向用户提供多媒体程序设计的程序调用接口（API）及提供一般操作系统的管理功能（比如，各种媒体的大容量文件存储管理）。Microsoft 公司的 Windows 系列操作系统、Apple 公司的 Mac OS X 等都是典型的多媒体操作系统。

（3）多媒体开发工具

该层集成了用于多媒体信息处理、多媒体应用创作与开发的各种工具软件，它向用户提供各种媒体信息的编辑处理能力、多种媒体信息的集成交互能力和多媒体应用系统的开发能力，使一个高效、方便的多媒体应用开发和集成环境得以顺利构成。例如，MSWindows 操作系统中的多媒体录制与播放工具、各种外挂多媒体播放器（如 CD 播放器、VCD 播放器、DVD 播放器、MP3 播放器、MP4 播放器、流媒体播放器等）、Adobe 公司的 Audition 音频处理软件、Photoshop 图像处理软件、Premiere 视频编辑软件，Macromedia 公司的 Authorware 多媒体创作软件、Microsoft 公司的 PowerPoint 与 FrontPage 等多媒体集成软件。

（4）多媒体应用系统

多媒体应用系统位于多媒体计算机系统的最高层，是利用多媒体创作工具设计开发的面向应用领域的多媒体应用。例如，多媒体计算机辅助教学系统、多媒体电子出版物、视频会议系统、网络教育系统、电子商务系统等。本层的最大特点是直接面向用户，人性化的交互界面及简单、高效的人机交互性是其重点关注的。

8.3.2　两种不同的多媒体环境

市面上的多媒体计算机系统产品有两大系列：一种是由 Apple 公司生产的 PowerMac 系列机和 Mac OS X 系列操作系统组成的多媒体个人计算机系统，通常简称为 PowerMac 系统或 Mac OS X 平台；另一种是以 PC 系列机和 Windows 系列操作系统组成的多媒体个人计算机系统，由于 Microsoft 公司同许多多媒体厂商在 1991 年 11 月制定了多媒体个人计算机（Multimedia Personal Computer，MPC）规范，所以通常将这类系统简称为 MPC 系统或 Windows 平台。

1. PowerMac 系统

Apple（苹果）公司是最早生产多媒体个人计算机的厂商之一，其产品从早期的 Macintosh 到目前的 PowerMac 系列机，均采用 Motorola 和 IBM 公司生产的系列处理机芯片作为自己的 CPU，整机具有良好的体系架构和整体设计。苹果机采用的 Mac OS X 系列操作系统，是完全区别于 PC 系列机的一种多媒体个人计算机系统。

苹果计算机从一开始就具有优秀的音频处理能力和较高的图像处理性能，所以从体系结构上就具备多媒体信息的处理能力，与同期的 PC 系列机相比其处理性能比较高。特别是 2003 年下半年推出的 PowerMac G5 系列机（见图 8-6），它采用 IBM 公司生产的 64 位的 PowerPC 970 处理器芯片，最高频率达 2 GHz，虽然工作频率比不上 Pentium 4，但整体性能却高于同期任何 PC 上的 X86 处理器；在总线方面，PowerMac G5 采用了 64 位 PCI-X 系统总线，拥有支持高端扩展设备的能力；在 I/O 接口方面，PowerMac G5 的 Firewire 800 速率高达 800 Mb/s。

（a）PowerMac G5 双 CPU 结构　　　　　（b）PowerPC 970 CPU

图 8-6　PowerMac 系统核心

PowerMac 系统的另一个优势体现在 Mac OS X 操作系统，其系统核心使用以可靠性著称的 UNIX，在可靠性和安全性方面远非 Windows 可比。更重要的是，Mac OS X 不但有一个好的外观，而且也不会像微软那样每推出一款新的操作系统，必然需要损耗大量的硬件资源。

由于竞争和市场运作的关系,Apple 公司一直与微软公司存在竞争关系,其产品并不像 Windows 操作系统下的 PC 系列机那样应用广泛,但在多媒体应用的高端市场,PowerMac 系统一直以来具有非常强的优势。

2. MPC 系统

与 PowerMac 系统不同,MPC 其实并不是严格意义上的多媒体计算机,而是根据 Windows 操作系统的需求在基本硬件系统的基础上,扩展相应的音频、视频等多媒体处理硬件后组合成的。MPC 采用 X86 系列 CPU,其基本硬件的所有部件都是以标准扩展配件的形式由厂家生产的,所以在整体性能的优化设计方面是比较欠缺的,整体性能比不上同期的 PowerMac 系统。但由于应用软件丰富和价格等原因,MPC 得到了广泛应用,尤其是在家用计算机方面。

3. 系统互联与跨平台问题

由于 PowerMac 系统与 MPC 系统属两种不同的系统,所以开发和应用就会遇到互联问题。

目前的局域网络和互联网络均支持异构,因此在实际工作中可以通过网络连接两种系统平台,构成实用的使用环境。

除了系统互联问题外,在建立多媒体应用环境或开发多媒体应用系统时,软件的跨平台问题也是需要注意的,如两种系统中的字体字号差异、文件格式差异等一些非常基础的问题。目前,有许多软件同时提供 PowerMac 版和 MPC 版,但相互之间的转换仍是值得注意的问题。

8.4　多媒体的主要技术

8.4.1　多媒体数据压缩编码技术

在多媒体系统中,由于涉及的各种媒体信息主要是非常规数据类型,这些数据所需要的存储空间往往十分巨大。在目前多媒体计算机配置中,CD-ROM 的容量为 650MB,单碟单面 DVD 盘片的容量为 4.7GB,而硬盘一般在 120GB 左右。在通信网络中 5 类布线设计速率为 100Mb/s,但实际传输率仅能达到一半左右的水平。因此,为了使多媒体技术达到实用水平,除了采用新技术手段增加存储空间和通信带宽外,对数据进行有效压缩将是多媒体发展中必须解决的关键技术之一。

经过 40 多年的数据压缩研究,各种各样针对不同用途的压缩算法、压缩手段和实现这些算法的大规模集成电路或计算机软件得以产生,各项技术逐渐趋于成熟。

根据数据压缩的原理进行划分,编码方法可以分为以下几类。

(1)预测编码

它是根据空间中相邻数据的相关性,利用过去和现在出现过的点的数据情况来预测未来点的数据。通常用的方法是差分脉冲编码调制(DPCM)和自适应差分脉冲编码调制(ADPCM)。

(2)变换编码

该方法将图像光强矩阵(时域信号)变换到频域空间上进行处理。在时域空间上具有强相关的信号,反映在频域上是某些特定的区域内能量常常被集中在一起,我们只需将注意力放在相对小的区域上,使压缩得以数显。一般采用正交变换,如离散余弦变换(DCT)、离散傅里叶变换(DFT)、沃尔什-哈达玛变换(WHT)和小波变换(WT)来实现压缩算法。

（3）量化与向量量化编码

对模拟信号进行数字化时，要经历一个量化的过程。为了使整体量化失真最小，必须依照统计的概率分布设计最优的量化器。最优量化器一般是非线性的。我们对像元点进行量化时，除了每次仅量化一个点外，一次量化多个点也是可以考虑的。一次量化多个点的方法称为向量量化。例如我们每次量化相邻的两个点，将两个点用一个量化码字表示。向量量化的数据压缩能力实际上与预测方法相近。

（4）统计编码（信息熵编码）

统计编码是根据信息熵原理，让出现概率大的符号用短的码字表示，反之用长的码字表示。最常见的方法如霍夫曼编码、香农编码以及算术编码。

（5）子带编码

将图像数据变换到频域后，按频域分带，然后用不同的量化器进行量化，从而达到最优的组合。或者分步渐近编码，在初始时对某一频带的信号进行解码，然后逐渐扩展到所有频带。随着解码数据的增加，解码图像的清晰度也越来越高。

（6）模型编码

编码时首先将图像中的边界、轮廓、纹理等结构特征找出来，然后将这些参数信息保存下来。解码时根据结构和参数信息进行合成，恢复原图像。具体方法有轮廓编码、域分割编码、分析合成编码、识别合成编码、基于知识的编码和分形编码等。

根据解码后数据与原始数据是否完全一致进行分类，数据压缩方法一般划分为两类：无损压缩和有损压缩。

1）无损压缩：解码图像与原始图像严格相同。压缩比大约在 2∶1 到 5∶1 之间。如霍夫曼编码、算术编码、行程长度编码等。

2）有损压缩：还原图像与原始图像存在一定的误差，但视觉效果影响不大，压缩比可以从几倍到上百倍。如 PCM（脉冲编码调制）、预测编码、变换编码、插值和外推法等。新一代的数据压缩方法有矢量量化、子带编码、基于模型的压缩、分形压缩和小波变换压缩等。

8.4.2 多媒体数据管理与检索技术

多媒体数据的管理有以下几种方式。

（1）本地存储

目前，许多应用程序使用文件来存储多媒体数据。应用程序和操作系统直接管理多媒体数据和相关的数据模型，多媒体数据存放在本地系统驱动器的一个或多个文件中。这种方法的优点是简单、易于实现和不存在严重的传送问题。然而，由于应用程序直接维护数据模型，随着新的存储格式和数据模型的出现，必须对应用程序进行修改，以访问多媒体数据。不可能使用像视图这样的技术把内部结构映射到旧程序能够理解的格式上。由于不能共享数据存储位置，则必将导致大量重复数据的出现，而且增加了更新的难度。如果把文件放在网络文件服务器上，上述问题即可得到有效缓解。然而，随之带来的是管理数据传送的同时性这一严重问题。由于高带宽的要求，传统的网络文件系统不能支持多个应用程序同时请求多媒体数据。在网络环境下，需要一个媒体服务器。

（2）媒体服务器

媒体服务器是一个类似网络文件服务器的共享存储设施，具有传送多媒体数据的附加性能。

应用程序发一个接收多媒体数据文件的请求,媒体服务器则通过打开多媒体数据文件,以同时方式传送多媒体内容加以响应。媒体服务器的第一个问题是应用程序的文献模型依赖于媒体服务器的物理存储格式,多媒体数据存储格式的改变将强制改变访问数据的应用程序。第二个问题是应用程序仍然决定存取方法。另外,因为没有与数据相联系的更高级的数据模型,媒体服务器也就无法保证高级的同步性能。

（3）大对象（LOB）

管理多媒体数据的另一种方法就是使用大对象（Large Objects）把多媒体数据集成到数据库系统中。一个大对象就是一个无类型的变长字段,在数据库中用于存储多媒体数据。很多关系数据库都使用大对象的形式来支持对多媒体对象的存取。

IBM 公司的 DB2Universal Database（UDB）V4.5 提供了三种大对象数据类型,即二进制数据（BLOB）、字符串数据（CLOB）和双字节字符数据（DBCLOB）。所有这些 LOB 类型都可以存储容量达 2GB 的数据,可存储文本、图像、视频、音频和指纹等多媒体数据。数据库把多媒体数据作为它的一个属性来存储。由于把 LOB 整个作为一个单一实体,因此很难交互地存取对象的各个部分。同时,当处理依赖于时间的多媒体数据（例如视频和声频）的语义模型时,这种方法的局限性就是显而易见的。

（4）面向对象的方法

克服 LOB 所带来问题的一个著名方法就是使用面向对象的方法。面向对象方法提供了一个可扩展用户定义数据类型的框架,并在面向对象数据库中提供了支持复杂关系的能力。美国 MCC 公司研制的 Orion 数据库系统就是使用面向对象的方法来管理多媒体数据的。面向对象的封装、继承和嵌套类技术允许定义一个标准功能集,然后扩充用于多媒体数据的不同特例。这些特征允许应用程序引入、包含和管理多媒体数据。

面向对象方法的优点是可以更好地了解多媒体数据库及其操作和行为。区别于 LOB 的是,面向对象数据库系统具有丰富的格式定义和媒体语义,在存储、管理和传送数据内容时可以加以利用,使数据库系统可以更好地管理和优化多媒体数据的传送与管理。但是,面向对象系统本身并没有提供关于多媒体数据的基本存储和管理的新技术及方法。因此,目前仍须开发存储和检索的方法,并集成到数据库系统中去。

多媒体数据检索技术是把文字、声音、图形和图像等多种信息的传播载体通过计算机进行数字化加工处理而形成的一种综合技术。目前常用的多媒体信息检索方式是基于内容特征的检索。

基于内容的检索（Content-Based Retrieval,CBR）是根据媒体和媒体对象的内容及上下文语义环境在大规模多媒体中进行检索,如图像的颜色、纹理、形状,视频中的镜头、场景、镜头的运动,声音中的音调、响度、音色等。主要具有以下特点:

1）相似性检索。CBR 采用近似匹配或局部匹配的方法和技术逐步求精得到检索结果。分析对象的实际内容并用它来评估指定的选择谓词,检索的对象与指定的查询准则近似匹配。基于相似的概念,为每个对象获取一个相应的"特征向量",即把每个多媒体对象映射到一个属性空间点上。给定一个查询点,根据所要求的近似偏差,从而扩大查询范围。用一个多维索引结构,从查询范围中检索相应查询数据点的对象。查询结果可能包括一些不满足查询条件的对象,但却保证包括了全部满足查询条件的对象。然后利用两阶段求解技术再在由粗检索所得到的查询结果中继续搜索。

2）从内容中提取信息线索。多媒体信息的语义描述的特征提取是由计算机自动实现的，融合了图像理解、模式识别、计算机视觉、认知科学和人工智能等技术，然后利用这些内容特征建立索引并进行检索。

基于内容检索的方法有：

1）模式识别法。当用户以图示法（样板法）提出查询要求时，即在查询请求中给定图像、声音或视像数据，系统用模式识别技术，把该媒体对象与多媒体数据库中存储的同类媒体对象进行逐个匹配。

2）特征矢量法。用图像压缩技术对图像进行分解并矢量化，把图像分解成碎片对象和几何对象等的集合，并将其作为索引矢量建立索引，系统就可以进行图像内容搜索了。

3）特征描述法。采用图像解释法和自然语言描述法给每个媒体对象附上一个特征描述数据，用这种特征描述使媒体数据的内容得以表达出来。当用户以查询语言方式提出查询要求时，对多媒体内容的搜索实际上转化为对特征描述数据的内容搜索。

8.4.3 多媒体数据通信技术

早期计算机处理的数据主要集中在文本和图像方面。随着多媒体压缩技术和存储技术的飞速发展，以及计算机处理数据能力的极大提高，使得处理、利用多媒体数据变得可行和经济，带宽通信技术也极大地提高了多媒体信息在通信网络中的传输能力。各行各业对多媒体数据的使用越来越广泛，特别是 Internet 技术的发展为全球化多媒体信息的交换与共享提供了有力的手段。

多媒体数据通信技术是当今世界科技领域中最有活力、发展最快的高新信息技术，它时时刻刻都在影响着世界经济的发展和科学技术进步的速度，并不断改变着人类的生活方式和生活质量。多媒体数据通信综合了多种媒体信息间的通信，它是通过现有的各种通信网来传输、转储和接收多媒体信息的通信方式，使信息技术领域的所有范畴都得到覆盖，包括数据、音频和视频的综合处理和应用技术，其关键技术是多媒体信息的高效传输和交互处理。

多媒体数据通信技术的发展打破了传统通信的单一媒体、单一电信业务的通信系统格局，反映了通信向高层次发展的一种趋势，是人们对未来社会工作和生活方式的向往。在多媒体通信技术领域，同步技术十分重要。目前，多媒体技术可以处理视觉、听觉甚至触觉信息，但支持的媒体越多，计算机系统的相应处理子系统也越多，处理这些媒体之间的同步问题的复杂程度也越来越高。分布式多媒体系统中的同步要求主要可分为多媒体通信同步、多媒体表现同步及多媒体交互同步等。这些同步功能表现为多媒体同步体系结构中的不同层次的同步要求。多媒体通信的同步属于中层同步，即合成同步。它的作用就是将不同媒体的数据流按一定的时间关系进行合成，一些要求精度较高的连续同步就属于这一类。多媒体通信的同步要求是分布式处理系统同步的最基本要求，是其他同步功能的基础，它和其他同步要求相互影响、相互制约。

目前解决多媒体数据通信中同步信息的方法很多，以下三种方法是比较基本的：

（1）时间戳法

这种方法既可用于多媒体通信，在多媒体数据的存取方面也用的到。在发送或存储时，设想将各个媒体都按时间顺序分成若干小段放在同一时间轴上，每个单元都做一个时间记号，即时间戳。处于同一时标的各个媒体单元具有相同的时间戳。这样，各个媒体到达接收端或取出时，具有相同时间戳的媒体单元同时进行表现，由此达到媒体之间同步的目的。

用时间戳同步法传输时，不用改变数据流，不需要附加同步信息，因此其应用范围非常广泛。

其缺点是选择相对时标和确定时间戳的操作较为复杂,需要一定的比特开销用于同步。此外,在主媒体失步或丢失的情况下都会引起其他媒体的失步或丢失。

（2）同步标记法

发送时在媒体流中插入同步标记,接收时按收到的同步标记来对各个媒体流进行同步处理,这就是同步标记法的基本原理。同步标记法有两种实现方法,一种是同步标记用另外一个辅助信道来传输,另一种是插入同步标记法,即同步标记和媒体数据在同一个媒体流中传输。

辅助同步信道法的缺陷在于它需要另加同步信道,无形之中也就增加了同步比特的开销,而且当数据来自多个信源时,每个媒体流都需要一条同步信道。

插入同步标记法和辅助同步信道法相比,它改变了数据流结构,不能用于设备的直接连接,不能支持复杂的表现同步,不适用于多媒体数据存取的应用,也不适用于媒体流来自多个信源的情况。

（3）多路复用法

这种方法将多个媒体流的数据复用到一个数据流中,从而使它们在传输中自然保持媒体间的相互关系,以达到媒体间同步的目的。多路复用的同步方法,接收端无须重新同步,无须全网同步时钟和附加同步信道,故实现起来比较简单,同步比特的开销较少;不足之处在于它的灵活性较差,客户不同层次的同步要求无法得到满足。

通信网络是多媒体应用的传输环境,多媒体数据通信对信息的传输和交换都提出了更高的要求,网络的带宽、交换方式及通信协议都将直接影响能否提供多媒体通信业务与多媒体通信的质量。多媒体通信网络的要求主要体现在以下几方面:

1）多媒体的多样化,能同时支持音频、视频和数据传输。

2）有足够的可靠带宽。

3）交换节点的高吞吐量。

4）具有良好的传输性能,如同步、时延、误比特率等必须满足要求。

5）具备呼叫连接控制、拥塞控制、服务质量控制和网络管理功能。

这 5 项是实现宽带多媒体通信必备的技术要求,即多媒体通信应该具有高带宽、实时性、高可靠性及时空约束能力强等特点。

8.4.4　多媒体专用芯片技术

专用芯片是改善多媒体计算机硬件体系结构和提高其性能的关键所在。为了实现音频、视频信号的快速压缩、解压缩和实时播放,需要大量的快速计算。只有不断研发高速专用芯片,才能取得满意的处理效果。多媒体计算机专用芯片可归纳为两种类型:一种是可编程的数字信号处理器（Digital Signal Processor,DSP）;另一种是固定功能的芯片。可编程的 DSP 芯片以数字计算的方式对信号进行处理,具有功能灵活、处理速度快、精确、抗干扰能力强、体积小等优点。如美国 TI（Texas Instruments,德州仪器）公司的 TMS320 系列 DSP 芯片,可与 ARM CPU 配合进行音/视频编/解码处理,所支持的媒体类型非常丰富,包括 MPEG4、DivX、MPEG1/2、WMV、WMA、QuickTime 6、H. 264、MP3 等格式。在处理质量方面,除了 H. 264 格式外,均可以实现 720×576 分辨率视频的实时解码（30fps）。固定功能芯片又称"媒体处理器",专门用来处理多媒体信息,除了功能相对固定以外,也具有处理速度快、精确、抗干扰能力强、体积小等优点。例如,松下公司于 2008 年 5 月推出的用于蓝光 DVD 2.0 标准格式播放器的处理器芯片

MN2WS006,该处理器几乎内置了蓝光 DVD 播放器需要的所有运算电路,支持 MPEG-4、H.264、VC.1 等视频格式,支持 MPEG-2 格式 1080P 双画面同时处理和 MPEG-1 及 Divx 1080P 处理,音频支持 LPCM、DTS-HD 和 Dolby TrueHD 格式。

8.4.5　虚拟现实技术

虚拟现实(Virtual Reality)通过综合应用计算机图像、模拟与仿真、传感器、显示系统等技术和设备,以模拟仿真的方式,给用户提供一个真实反映操纵对象变化与相互作用的三维图像环境所构成的虚拟世界,并通过特殊设备(如头盔和数据手套)提供给用户一个与该虚拟世界相互作用的三维交互式用户界面。利用多媒体系统生成的逼真的视觉、听觉、触觉及嗅觉的模拟真实环境,受众可以用人的自然技能对这一虚拟的现实进行交互体验,就好像是在真实现实中的体验一样。

虚拟现实技术的实现需要建立在相应的硬件和软件的基础之上,目前虚拟现实技术还不成熟,与人类现实世界中的行动还有一定的差距,还不能灵活、清晰地表达人类的活动与思维,因此,这方面需要做的工作还比较多。

8.4.6　多媒体数据库技术

多媒体数据库是多媒体技术与数据库技术相结合产生的一种新型的数据库,多媒体数据库涉及计算机多媒体技术、网络技术与传统数据库技术三个方面,能够同时处理、编辑、存储、传输、展示多媒体信息(文字、声音、图形、图像和视频等)。

多媒体数据库技术主要包括:数据建模与存储、数据的索引和过滤、数据的检索与查询。

多媒体数据库可以用关系数据库来扩充,也可以用面向对象数据库实现多媒体的描述,或直接用超文本、超媒体模型来实现。

多媒体数据库有非常广阔的应用领域,方便了人们使用。但目前的难点在于查询和检索,尤其是对图像、语言进行基于内容的查询和检索,目前有很多人正在研究这一难题。随着研究的深入,多媒体数据库技术将逐步向前推进,并走向实用化。

8.5　多媒体技术的应用与发展

8.5.1　多媒体技术的应用

多媒体技术集图像、文字、声音于一体,其应用范围非常广泛,可以说在人们的学习、工作、生活的方方面面都用得到。由于多媒体技术具有直观、信息量大、易于接受和传播迅速等显著的特点,因此多媒体应用领域的拓展十分迅速。近年来,随着国际互联网的兴起,多媒体技术也随着互联网络的发展和延伸而不断地成熟和进步。多媒体技术的应用领域主要表现在以下几个方面。

(1)教育

教育领域是应用多媒体技术最早的领域,也是发展最迅速、最有前途的一个领域。多媒体技术以其信息丰富的表现形式以及传播信息的巨大能力,使教育领域的技术应用水平产生一次重大的飞跃。计算机多媒体教学已在较大范围内成为基于黑板的传统教学方式的重要辅助手段,从以教师为中心的教学模式逐步向以学生为中心、学生自主学习的新型教学模式转变。

利用多媒体技术编制的用于知识演示、训练、复习自测的大量多媒体教学课件,具有图文并茂、绘声绘色、生动逼真、人机交互、即时反馈等特点,使教学内容的表达更加形象、学习方式更加丰富,从而达到了教学效果提高的目的。同时,学生可以根据自己的水平、接受能力进行自学,掌握学习进度的自主权。因此,多媒体的教学形式不但扩展了人们的信息量、提高了知识的趣味性,也使学习的主动性得以增加。

多媒体技术在教育领域方面的应用主要体现在下列几个方面:计算机辅助教学(Computer Assisted Instruction,CAI)、计算机辅助学习(Computer Assisted Learning,CAL)、计算机化教学(Computer Based Instruction,CBI)、计算机化学习(Computer Based Learning,CBL)、计算机辅助训练(Computer Assisted Training,CAT)以及计算机管理教学(Computer Managed Instruction,CMI)。

(2)娱乐

影视作品和游戏产品是多媒体计算机应用的一个重要方面,多媒体计算机使电视、激光唱机、影碟机和游戏机合为一体,逐渐成为一个现代的高档家用电器。多媒体计算机中可以播放CD、VCD、DVD等光碟,也可以利用其逼真的音响效果、良好的图形界面和优质的动画效果,使计算机游戏的生动有趣程度得以增加。特别是当计算机和网络游戏相结合时,使不同的用户通过计算机一起玩交互式的游戏,从而真正达到娱乐趣味性的效果,深受广大游戏爱好者的欢迎。此外还可以利用多媒体交互性特点制作交互电视,让观众进入角色,控制故事的不同结局,增加悬念,满足好奇心。

(3)过程模拟

利用多媒体技术丰富的表现形式和虚拟现实技术,研究人员能够设计出逼真的仿真训练系统,这些系统可以模拟设备运行、化学反应、火山喷发、海洋洋流、天气预报、天体演化、生物进化等自然现象的发生过程,使人们能够轻松、形象、安全地了解事物变化的原理和关键环节,并且能够建立必要的感性认识,使复杂、难以用语言准确描述的变化过程变得生动而具体。

除了过程模拟,多媒体技术还可以进行智能模拟。把专家们的智慧和思维方式融入计算机软件中,人们利用这种具有"专家指导"能力的软件,就能获得最佳的工作成果和最理想的过程。

(4)信息服务

多媒体信息咨询服务主要应用于商店、旅游场所和展览馆等各种公开场所,使用多媒体技术编制的各种图文并茂的软件,对开展商业销售、进行产品演示以及服务指南和旅行导游等各种宣传活动非常有帮助。例如,使用多媒体技术制作的商业广告,从影视广告、招贴广告,到市场广告、企业广告,其绚丽的色彩、变化多端的形态、特殊的创意效果,不但使人们了解了广告的意图,而且得到了艺术享受。

如果把多媒体技术应用于旅游业,则可以充分体现信息社会的特点。通过多媒体展示,可以让人们全方位地了解各地的旅游信息。

(5)通信与网络协作

多媒体技术应用到通信领域,将把电话、电视、传真、音响、卡拉 OK 机以及摄像机等电子产品与计算机融为一体,由计算机完成音频和视频信号采集、压缩和解压缩、多媒体信息的网络传输、音频播放和视频显示,形成新一代的家电类消费产品。

随着多媒体网络技术的发展,视频会议、可视电话、家庭间的网上聚会交谈等日渐普及。多媒体通信和分布式系统相结合而出现了分布式多媒体系统,使远程多媒体信息的编辑、获取、同步传输成为可能。如远程医疗会诊就是以多媒体为主体的综合医疗信息系统,使医生远在千里之外就可以为患者看病开处方。对于疑难病例,各路专家还可以联合会诊,这样不仅为危重病人赢得了宝贵的时间,同时也节约了专家们大量的时间。

(6)军事

多媒体技术在军事上的应用,对于未来战争的作战和指挥产生着重要的影响。在军事通信中使用多媒体技术可以使现场信息及时、准确地传给指挥部。同时指挥部也能根据现场情况正确地判断形势,将信息反馈回去实施实时控制与指挥。现在的多媒体计算机体积小、重量轻、便于携带,对于部队的野外训练、作战及通信联络都是一个很好的工具。

8.5.2 多媒体技术的发展

多媒体技术出现于 20 世纪 80 年代中期,由于数字化技术在计算机领域的广泛而卓有成效的应用,使得电视、录像以及通信技术也都开始由模拟方式转向数字化;另一方面,计算机应用开始深入到人们生活、工作的各个领域,这也要求其人机接口不断改善,即由字符方式、文本处理向图形方式、声音和图像处理发展。为此,把电视技术和计算机技术这两项对人类生活产生深刻影响的技术成果结合起来,并相互取长补短,实现信息交流的人为主动控制,以及信息交流形式的多样化,从而促使人们以一种全新的方式应用计算机。

1985 年,美国 Commodore 公司推出世界上第一台多媒体计算机 Amiga 系统。Amiga 机采用 Motorola M68000 微处理器作为 CPU,为了使多媒体处理能力得到提高,Amiga 系统中采用了图形、音响和视频处理的三个专用芯片,同时还提供了一个专用的操作系统,能够处理多任务,并具有下拉菜单和多窗口等功能。

1984 年,美国 Apple 公司在研制 Macintosh 计算机时,为了增加图形处理功能、改善人机交互界面,使用了位图(bitmap)的概念对图形进行处理,并使用了窗口(window)和图标(icon)作为用户接口。这一系列改进所带来的图形用户界面(GUI)深受用户的欢迎,加上引入鼠标(mouse)作为交互设备,在很大程度上方便了用户的操作。在这个基础上,1987 年 8 月,Apple 公司又引入了"超级卡"(Hypercard),它使 Macintosh 成为用户可以方便使用,并且能处理多种媒体信息的计算机。

1985 年,Microsoft 公司推出了 Windows 操作系统,它是一个多用户的图形操作环境。Windows 使用鼠标驱动的图形菜单,是一个具有多媒体功能、用户界面友好的多层窗口操作系统。

1986 年 3 月,Philips 和 Sony 联合推出了交互式数字光盘系统,(Compact Disc Interactive,CD-I),使得光盘成为交互式视频的存储介质。该系统把各种多媒体信息以数字化的形式存放在容量为 650MB 的只读光盘上,用户可以通过读取光盘内容播放多媒体信息。CD-I 系统有两种工作方式:一种是与电视机、录像机和音响设备连接在一起,在系统的控制下,把来自光盘的音频、视频或图像数据传递给这些设备;另一种方式是作为多媒体控制权连接到其他计算机、工作站或小型计算机上。

1987 年 3 月,位于新泽西州普林斯顿的美国无线电公司 RCA 推出了交互式数字视频系统,(Digital Video Interactive,DVI),它建立在计算机技术基础之上,用标准光盘存储和检索静止图像、动态图像、声音和其他数据。1989 年 3 月,Intel 公司宣布把 DVI 技术(包括 DVI 芯片)开发成一种可以普及的商品。

交互式光盘系统(CD-I)和交互式数字视频(DVI)技术都属于交互式视频领域,但是,CD-I是由视频专业公司按照在音像产品中引入微机芯片控制的设计思想开发出来的,设计目的是用来播放记录在光盘上的按照 CD-I 压缩编码方式编码的视频信号。而 DVI 则是由计算机专业公司按照在 PC 机中采用音视频板卡,软件采用基于 Windows 的音频/视频内核(AVK)的思路设计的,这就把彩色电视技术与计算机技术融合在一起。两者从不同的角度,按照不同的设计思想,最终实现了一个共同的目标:电视与计算机的有机结合。CD-I 和 DVI 都是交互式视频领域中以光盘(CD-ROM)为存储介质的阶段性成果,其技术分别在后来的 VCD 和非线性编辑系统中有所体现。

在这段时期,"多媒体"(Multimedia)这一专业术语开始在社会上流传开来,并且取代了已经沿用多年的"交互式视频"。1985 年 10 月,IEEE 计算机杂志首次出版了完备的"多媒体通信"专集,是文献中可以找到的最早的出处。1987 年成立了交互声像工业协会,1991 年,该组织更名为交互多媒体协会(Interactive Multimedia Association,IMA)。

自 20 世纪 90 年代以来,多媒体技术的成熟度越来越高,多媒体技术从以研究开发为重心转移到以应用为重心。由于多媒体技术是一种综合性技术,它的实用化涉及计算机、电子、通信、影视等多个行业技术协作,其产品的应用涉及各个用户层次,因此,提出了对多媒体相关技术标准化的要求。

多媒体相关标准涉及的技术领域比较多,包括多媒体计算机标准、静止图像编码标准、视频编码标准、音频编码标准和多媒体通信标准等。最早出现的多媒体标准是多媒体个人计算机标准,1990 年 10 月,在微软公司会同多家厂商召开的多媒体开发工作者会议上提出了 MPC 1.0 标准。1993 年,由 IBM、Intel 等数十家软硬件公司组成的多媒体个人计算机市场协会(MPMC,The Multimedia PC Marketing Council)发布了多媒体个人机的性能标准 MPC2.0。1995 年 6 月,MPMC 又宣布了新的多媒体个人机技术规范 MPC 3.0。在多媒体个人计算机标准制定的同时,多媒体编解码技术标准工作也迅速开展起来,多媒体编解码技术的标准主要由国际电信联盟(International Telecommunications Union,ITU)和国际标准化组织(International Organization for Standardization,ISO)两个协会制定。ITU 制定的压缩编码标准主要有静止图像编解码标准 JPEG 和 JPEG2000,视频编码标准 H.261、H.263 和 H.264,音频编码标准 G.721、G.727、G.728 和 G.729 等。ISO 制定的标准主要有 MPEG-1、MPEG-2 和 MPEG-4 等。有关图像和音/视频编码标准,将在后面的章节中详细介绍。

近年来,计算机和通信领域相关技术的成熟,对多媒体技术的发展有很大的促进作用,三电合一和三网合一技术正逐渐走向成熟。三电合一是指将计算机(Computer)、消费电器(Consumer)、通信设备(Communication)(即所谓"3C")通过多媒体技术相互渗透融合,以便向社会提供全新的信息服务,如数字家电产品和 PDA 等。三网合一是指将因特网、通信网和广播电视网合为一体,形成综合业务数字网,用户通过同一个双向网络既可以收看广播电视、打电话,又可以上互联网。目前三网融合的产品已经出现,如 IPTV、VoIP 和手机电视等。多媒体技术和它的应用正在迅速发展,新的技术、新的应用、新的系统不断涌现,以多媒体为中心的三电合一产品和三网合一应用将越来越多。

第9章 数字音频处理技术

9.1 数字音频概述

9.1.1 声音的基本特性

人们在日常生活中听到各种各样的声音,它们都是机械振动或气流振动引起周围传播媒质(气体、液体、固体等)发生波动的现象,通常将产生声音的发声体称为声源。当声源体产生振动时,引起相邻近空气的振动。这样空气就随着声源体所振动幅度的不同,而产生密或稀的振动,空气的这种振动被称为声波。声波所及的空间范围被称为声场。声波传到人耳,经过人类听觉系统的感知就是声音。

声波可以用一条连续的曲线来表示,它可以分解成一系列正弦波的线性叠加,其数学表达式为

$$A(t) = \sum_{k=0}^{\infty} A_k \sin(2\pi k f t + \varphi_k)$$

式中,f 为基音频率,它决定了声音音调的高低;A_k 为第 k 次谐波分量的振幅,与声音的响度有关;kf 为谐音的频率,与声音的音色有关;φ_k 为第 k 次谐波的初始相位。

1. 频率

频率是单位时间内信号振动的次数,一般用 f 表示,单位是赫兹(Hz)。

声波的频率范围相当宽,从 $10^{-4} \sim 10^{12}$ Hz。人们把频率低于 20Hz 的声波称为次声波;频率高于 20kHz 的声波称为超声波,这两类声音是人耳听不到的。可见,人耳可以听到的声音是频率在 20Hz～20kHz 之间的声波,人们称之为音频(Audio)信号。而人的发音器官发出的声音频率在 80～3400Hz 之间,但人说话的信号频率通常在 300～3400Hz 之间,人们把这种频率范围的信号称为语音(或话音)信号。

在多媒体应用领域,按照对声音质量的要求不同以及使用频带的宽窄,将音频信号通常分为以下 4 类。

(1)窄带语音

窄带语音,又称电话频带语音,其信号频带为 300～3400Hz,在各类电话通信中会用的到。

(2)宽带语音

宽带语音信号的频带为 50～7000Hz。它提供了比窄带语音更好的音质和说话人特征,用于电话会议、视频会议等。

(3)数字音频广播(Digital Audio Broadcasting,DAB)信号

DAB 信号的频带为 20～15000Hz。

(4)高保真立体声音频信号

高保真立体声音频信号的频带为 20～20000Hz。用于 VCD(Video Compact Disc,视频高密

度光盘)、DVD(Digital Versatile Disc,数字通用光盘)、CD(Compact Disc,激光唱盘)、HDTV(High Definition Television,高清晰度电视)伴音等。

2. 频谱

现实世界中有各种各样的声音。其中,频率单一、声压随时间按正弦函数规律变化的声音称为纯音。在自然界和日常生活中纯音是比较少见的,大多数的声音是由多个频率成分组合而成的复合音,如语言、音乐或噪声。纯音可由音叉产生,也可用电子振荡电路或音响合成器产生。复合音是由频率不同、振幅不同和相位不同的正弦波叠加形成的,它也是一种周期性的振动波。在复合音中频率最低的成分(分音)称为基音。频率与基音成整倍数的分音称为谐音(谐波)。频率为基音的 2 倍或 3 倍的分音分别称二次或三次谐音。

声音的频谱结构是用基音、谐音数目、各谐音幅度大小及相位关系来描述的。声音的音色就是由其频谱成分决定的,音调相同而音色不同的声音就是由于它们的谐音数目、谐音振幅及其随时间衰减的规律不同而造成的。各种乐器都有其特定的音色。

3. 声压及声压级

对于空气媒质,当没有声波时,空气处在平衡状态,其静压强一般和大气压保持相等关系。当有声波传播时,媒质各部分能产生压缩和膨胀的周期性变化。压缩时压强增加,大于静压强,这时压强差为正;膨胀时压强减小,小于静压强,这时压强差为负。这一交变的压强差即为声压。声压的大小反映了声音振动的强弱,同时也决定了声波的幅度大小。更具体的描述变化部分压强,可以用瞬时声压、峰值声压和有效声压等。瞬时声压是某点的瞬时总压强减去静压强。在某一时间间隔中最大的瞬时声压,称为峰值声压。在一定时间内,瞬时声压对时间取均方根值,称为有效声压。对于周期波,在某一周期内的极大声压是这一周期中瞬时声压的极大绝对值;如所取时间等于整个周期,峰值声压就和极大声压相同。对于简谐波,峰值声压是声压的幅值,等于有效声压的 $\sqrt{2}$ 倍。如果没有特别说明,一般所称的声压指的就是有效声压,用电子仪器测量得到的通常是有效声压。声压一般用符号 p 表示,单位是帕(Pa)或微巴(μbar)。

实验表明,人们对声音强弱的主观感觉并不是和声压的绝对值是正比关系,而是大致正比于声压的对数值。另外,人耳能听到的声压范围非常之大,从能听到的最小声压 2×10^{-5} Pa 到能承受的最大声压 20 Pa,两者相差高达 100 万倍。所以,用声压的绝对值来表示声音的强弱显然是很不方便的。基于以上两方面的原因,常采用按对数方式分级的办法表示声音的强弱,这就是声压级。

声压级用符号 L_p 表示,单位是分贝(dB),可用以下式来表示

$$L_p = 20 \lg \frac{p}{p_{ref}}$$

式中,p 为有效声压值;p_{ref} 为基准声压,一般取 2×10^{-5} Pa,这个数值是人耳所能听到的 1 kHz 声音的最低声压,低于这一声压,人耳就无法觉察出声波的存在了。

9.1.2　声音的主观感觉

当声波传播到人的听觉器官——人耳处时,耳膜受到相应的声压变化而对听觉神经产生刺激,该刺激通过神经系统传入大脑听觉中枢形成感觉,使人感到声音的存在。并非所有声波都能被人耳听觉所感知,甚至即使对人耳能感知到的声音,其感觉也会有一定的差异,因为人的听感

是一个非常复杂的物理-生理-心理过程。人对声音的感知有响度、音调和音色三个主观听感要素。人的主观听感要素与声波的客观物理量——声压、频率和频谱成分之间既有着密不可分的联系，又有一定的区别。声音的响度与声波振动的幅度有关，音调高低取决于声波的基音频率，音色由声波的频谱成分决定。

1. 响度

响度是人耳对声音强弱的主观感觉程度。在客观的度量中，声音的强弱是由声波的振幅(声压)决定的。但是，响度与声波的振幅并不完全一致，对于同一强度的声波，不同的人听到的效果并不一致，因而对响度的描述有很大的主观性。一般来说，在人类听觉的动态范围内，响度同声压级大体成比例，即声压级越大响度也越大，但这只对同一频率的声音来说是正确的。实验表明，声压级不是决定响度的唯一因素，另一个重要因素是频率。举一个极端的例子，频率极低的纯次声和频率极高的纯超声，无论其声压级有多大，我们都会觉得它"不响"。事实上，即使在可听声的频率范围(20Hz～20kHz)内，对于声压级相同而频率不同的声音，人们听起来也会感觉不一样响。对强度相同的声音，人耳感受 1～4 kHz 之间频率的声音最响，超出此频率范围的声音，其响度随频率的降低或上升将减小。

为了对响度进行计量，定义响度的单位为宋(sone)。国际上规定：频率为 1kHz 的纯音在声压级为 40 dB 时的响度为 1 宋(sone)。

大量统计表表明，一般人耳对声压的变化感觉是，声压级每增加 10dB，响度增加 1 倍，因此响度与声压级有如下关系

$$N = 2^{0.1(L_p - 40)}$$

式中，N 为响度(单位为 sone)，L_p 为声压级(单位为 dB)。

2. 响度级

人耳对声音强弱的主观感觉还可以用响度级来表示。响度级的单位为方(phon)，一般用符号 L_N 来表示。以 1kHz 的纯音为基准声音，将其他频率的纯音和 1kHz 纯音进行对比的话，调整前者的声压级，使得听者判断两个纯音一样响，则称该纯音的响度级(phon 值)在数值上与那个等响的 1kHz 的纯音的声压级(dB 值)相等。例如，1kHz 纯音的声压级为 0dB 时，响度级定为 0phon；声压级为 40dB 时，响度级定为 40phon，响度为 1sone。

响度级 L_N 与响度 N 之间的换算公式为

$$L_N = 40 + 10\log_2 N$$

从响度及响度级的定义不难获知，响度级每增加 10 phon，响度增加 1 倍。声压级与响度、响度级的关系如表 9-1 所示。

表 9-1　声压级与响度、响度级的关系

响度/sone	1	2	4	8	16	32	64	128	256
声压级/dB	40	50	60	70	80	90	100	110	120
响度级/phon	40	50	60	70	80	90	100	110	120

3. 等响度曲线

由于响度是指人耳对声音强弱的一种主观感觉，因此，当听到其他任何频率的纯音同声压级

为 40dB 的 1kHz 的纯音一样响时,虽然其他频率的声压级不是 40dB,但也定义为 40phon。这种利用与基准音比较的实验方法,测得一组一般人对不同频率的纯音感觉一样响的响度级、声压级与频率三者之间的关系曲线,称为等响度曲线。图 9-1 所示为国际标准化组织的等响度曲线,它是对大量具有正常听力的青年人进行测量的统计结果,最大程度地反映了人类对响度感觉的基本规律。

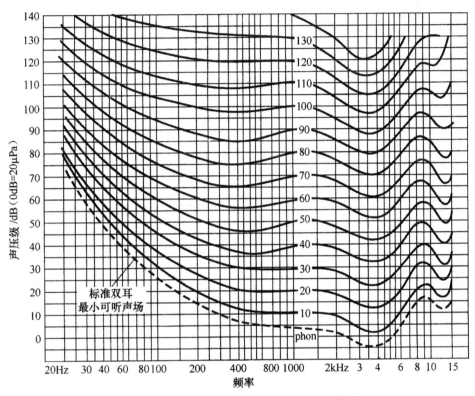

图 9-1　人耳听觉的等响度曲线

曲线中的每一条等响度曲线对应一个固定的响度级值,即 1kHz 纯音对应的声压级。

从对等响度曲线分析可得出如下结论。

1)对于某一确定的频率,响度级与人耳处的声压级有关。声压级提高,相应的响度级随之增大。对于 1kHz 的纯音,响度级的值等于声压级的值。

2)人耳对频率在 3～4kHz 范围内的声音响度感觉最灵敏,而对 100Hz 以下的低频声不敏感。

3)当响度级较小时,等响度曲线上各频率声音的声压级相差很大。例如,频率为 30Hz 的声音达到 10phon 响度级时,需有约 65dB 的声压级;而对于频率为 10kHz 的声音,相同的响度级只需约 20dB 的声压级,两者的声压级差约 45dB。

4)响度级越高,等响度曲线越趋于平坦。当响度级高于 100phon 时,等响度曲线逐渐拉平。这说明当声音达到一定强度(＞100phon),声音的响度就变成由声压级决定的了,而与频率关系不太大。

4. 听阈与痛阈

人耳对于声音细节的分辨与响度直接有关:只有在响度适中时,人耳辨音才最灵敏。正常人听觉的声压级范围为0dB～140dB(也有人认为是－5dB～130dB)。固然,超出人耳的可听频率范围的声音,即使声压级再大,人耳也听不到声音。但在人耳的可听频率范围内,若声音弱到或强到一定程度,人耳同样听不到。当声音减弱到人耳刚刚可以听见时,此时的声音强度称为最小可听阈值,简称"听阈"。一般以1kHz纯音为准进行测量,人耳刚能听到的声压级为0dB(通常大于0.3dB即有感觉)。图9-1中最下面的一条等响度曲线(虚线)描述的是最小可听阈值。而当声音增强到使人耳感到疼痛时,这个听觉阈值称为"痛阈"。仍以1kHz纯音为准来进行测量,使人耳感到疼痛时的声压级约达到140dB。

实验表明,听阈和痛阈是随频率变化的。听阈和痛阈随频率变化的等响度曲线之间的区域就是人耳的听觉范围。

小于0dB听阈和大于140dB痛阈时为不可听声,即使是人耳最敏感频率范围内的声音,人耳也觉察不到。人耳对不同频率的声音听阈和痛阈不一样,灵敏度也有一定的差异。人耳的痛阈受频率的影响不大,而听阈随频率变化相当剧烈。人耳对3～4kHz声音最敏感,幅度很小的声音信号都能被人耳听到;而在低频区(如小于800Hz)和高频区(如大于5kHz),人耳对声音的灵敏度要低得多。响度级较小时,高、低频声音灵敏度降低较明显,而低频段比高频段灵敏度降低更加剧烈,一般应特别重视加强低频音量。

5. 音调

音调也称音高,表示人耳对声音调子高低的主观感觉。以客观的物理量来度量,音调与声波基频相对应,一般来说,频率低的调子给人以低沉、厚实、粗犷的感觉,而频率高的调子则给人以亮丽、明快的感觉。音调与频率有正相关的关系,但没有严格的比例关系,且因人而异。

6. 音色

音色主要是由声音的频谱结构决定的。一般来说,声音的频率成分(谐波数目)越多,音色的丰富程度就越高,听起来声音就越宽广、感人肺腑、扣人心弦、娓娓动听。如果声音中的频率成分很少,甚至是单一频率,音色则很单调乏味、平淡无奇。各种发声物体或乐器在发出同一音调的声音时,所发出的声音之所以不同,就在于虽然基波相同,但谐波的多少不同,并且各次谐波的幅度各异,因而具有各自的声音特色。我们每个人的声带和口腔形状不完全一样,因此,说起话来也各有自己的特色,使别人听到后能够分辨出谁在说话。

如果声音经传输后频谱有了变化,则重放出的声音音色就会改变。为了使声音逼真,必尽量保持原来的音色。声音中某些频率成分被过分放大或压缩都会改变音色,从而造成失真。

在语音处理系统中,最重要的是保持良好的清晰度。适当减少一些低音和增加一些中音成分,特别是鼻音或喉音很重的人改变低频部分的音色,有利于达到改善语音清晰度的要求。

9.1.3 数字音频的基本概念

音频信息是多媒体信息中的主要组成部分,也是表达思想、传递信息的一种重要的媒体形式。音频信息一般由语音、音乐和各种自然声音组成,以声波为载体传递信息。当物体在空气中振动,使周围空气发生疏、密交替变化并向外传递的波称为声波,声源在一秒钟内振动的次数叫频率,单位为Hz。声源频率在20Hz～20kHz之间,是人耳能够感觉到的,称为可听声,简称声音(Audio)。频率低于20Hz的叫次声(Subsonic),高于20kHz的叫超声(Ultrasonic),它们作用到人的听觉器官时不引起声音的感觉,所以不能听到。声波是压力波,取连续值,传统的声音处理方法是模拟方法,其一般过程是通过话筒等设备把声音的振动转化为模拟电流,通过电路进行放大和处理,再经磁记录设备记录到磁带上或送到音箱发声。传统的模拟方法存在消除噪声困难、容易失真、不易修改等缺点。

为了将声波作为数字信号处理以克服模拟方法的缺陷,我们就需要把连续的声波进行数字化。音频信号不仅在时间上是连续的,而且在幅度上也是连续的,音频信号数字化实际上就是采样和量化。连续时间的离散化通过采样来实现,就是每隔一定的时间间隔采样一次。连续幅度的离散化通过量化来实现,就是把信号的强度划分成多个区间,同一区间的幅度量化成相同的值,如果区间的划分是等间隔的,则称为线性量化,否则称为非线性量化。图 9-2 表示了声音数字化的概念。

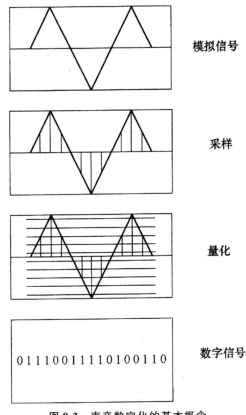

图 9-2　声音数字化的基本概念

1. 采样频率

采样频率(Sampling Rate)是指每秒钟采集声音样本的个数,采样频率的计算单位是 Hz。采样频率越大,采样点之间的间隔越小,数字化得到声音的逼真程度就越高,但相应的数据量就越大,处理起来就越困难。

采样频率的高低是根据奈奎斯特定理(Nyquist Theory)和声音信号本身的最高频率决定的。奈奎斯特采样定理($f_s \geqslant 2f$,其中 f 为被采样信号的最高频率,f_s 为采样频率)指出,如果信号带宽是有限的,那么只需要用大于或等于带宽两倍的采样频率进行采样,所得的样本就可以恢复原始的信号。这个定理的重要意义体现在给出了一个确定采样频率的标准。例如,目前电话数字传输系统的采样频率是 8kHz,语音信号在采样之前,先经过一个上限频率为 3.4kHz 的低通滤波器。所以采样基本上不产生失真。

因为正常人耳听觉的频率范围是 20Hz～20kHz 之间,根据奈奎斯特采样定理,为了保证声音不失真,采样频率应该大于等于 40kHz。根据不同的应用,常用的音频采样频率有:8kHz、11.025kHz、22.05kHz、16kHz、37.8kHz、44.1kHz 和 48kHz 等。

2. 量化精度

采样得到的数据只是一些离散值,这些离散值应该能用计算机中的若干二进制位来表示,这一过程称为量化。从离散化的数据经量化转变成二进制表示一般要损失一些精度,这主要是因为计算机只能表示有限的数值。例如,用 8 位(1B)二进制表示十进制整数,只能表示出 -128～127 之间的整数值,也就是 256 个量化精度。如果用 16 位二进制数,则具有 64K(65536)个量化精度。量化精度的大小决定了声音的动态范围,16 位的量化精度表示人耳刚刚听得见极细微的声音到难以忍受的巨大噪声这样一个声音范围。量化精度对应的二进制位数称为量化位数,有时也直接称采样位数或抽样位数。显然,量化位数越多,音质越好,但数据量也越大。通常,数字声音的质量就描述为 24bit(量化精度)、48kHz 采样,比如标准 CD 音乐的质量就是 16bit、44.1kHz采样。

量化的方法有很多,但大致上可以归纳为均匀量化和非均匀量化这两类。采用的量化方法不同,量化后的数据量也不同,因此,从某种角度来说,量化也是一种压缩数据的方法。

(1)均匀量化

均匀量化就是采用相同的量化间隔来度量采样得到的幅度,也称为线性量化。用均匀量化输入信号时,无论对大的输入信号还是对小的输入信号都采用相同的量化间隔,为了适应幅度大的输入信号,同时又要保留幅度小的信号,就需要提高量化精度,导致量化后的数据量增加。对于语音信号来说,大信号出现的次数是有限的,增加的量化精度没有充分利用,为了克服这个不足,就出现了非均匀量化的方法,也称为非线性量化。

(2)非均匀量化

非均匀量化的基本思想是:在非线性量化中,首先把模拟信号值利用对数由原始数据空间映射到一个新的对数空间,然后均匀量化新空间的值。这样保证了对幅度大的信号使用较低的量化精度,而对幅度小的信号使用较高的量化精度。根据所使用对数方程的不同,这种映射关系可以分为两种算法,即 μ 律压扩算法和 A 律压扩算法。

数字化之后的信号已变为 0、1 序列,这是非常易于处理、加工、传输、存储的信号,并且在一定的误码率范围内还可以进行校正,这些都是模拟信号无法比拟的,目前已开发了一套数字滤波、存储、加工及传输的技术,并且已专门设计了用数字信号处理的芯片。

3. 声道

反映音频数字化质量的另一个因素是声道个数。记录声音时,如果每次生成一个声波数据,称为单声道;每次生成两个声波数据,称为双声道(立体声)。下面简单介绍从单声道到最新的环绕立体声的概念。

(1)单声道

单声道是比较原始的声音复制形式,早期的声卡采用得比较多。当通过两个扬声器回放单声道信息的时候,我们可以明显感觉到声音是从两个音箱中间传递到我们耳朵里的。这种缺乏位置感的录制方式用现在的眼光看自然是很落后的,但在声卡刚刚起步时,不可否认已经是非常先进的技术了。

（2）立体声

单声道缺乏对声音的位置定位，而立体声技术则彻底改变了这一状况。声音在录制过程中被分配到两个独立的声道，从而达到了很好的声音定位效果。这种技术在音乐欣赏中显得尤为有用，听众可以清晰地分辨出各种乐器发声的方向，从而使音乐更富想象力，跟临场感受更加接近。

（3）四声道环绕

立体声虽然满足了人们对左右声道位置感体验的要求，但是随着技术的进一步发展，大家逐渐发现双声道已经越来越不能满足我们的需求。由于 PCI 声卡的出现带来了许多新的技术，其中，三维音效的发展速度最快。三维音效的主旨是为人们带来一个虚拟的声音环境，通过特殊的 HRTF（Head-Related Transfer Function）技术营造一个趋于真实的声场，从而获得更好的听觉效果和声场定位。而要达到好的效果，仅仅依靠两个音箱是远远不够的，所以立体声技术在三维音效面前就显得捉襟见肘了，但四声道环绕音频技术则很好地解决了这一问题。

四声道环绕规定了 4 个发音点：前左、前右、后左、后右，听众则被包围在这中间。同时还建议增加一个低音音箱，以加强对低频信号的回放处理。就整体效果而言，四声道系统可以为听众带来来自多个不同方向的声音环境，可以获得身临其境的听觉感受。

（4）5.1 声道

5.1 声道已广泛运用于各类传统影院和家庭影院中，一些比较知名的声音录制压缩格式，如杜比 AC-3（Dolby Digital）、DTS 等都是以 5.1 声音系统为技术蓝本的。其实 5.1 声音系统来源于 4.1 环绕系统，区别在于，它增加了一个中置单元，这个中置单元负责传送低于 80Hz 的声音信号，在欣赏影片时有利于加强人声，把对话集中在整个声场的中部，以增加整体效果。

目前，更强大的 7.1 声道环绕立体声系统已经出现了。它在 5.1 声音系统的基础上又增加了中左和中右两个发音点，以求达到更加完美的境界。

4. 音频质量

目前，评价与度量音频质量主要有两种基本方法：一种是客观质量度量，另一种是主观质量度量。

声音客观质量度量主要用采样频率、量化精度、声道数、数据率和频率范围等来度量。根据音频的客观质量，通常把音频分成 6 个等级，由低到高分别是电话、AM 广播、FM 广播、激光唱盘（CD-Audio）、数字录音带（Digital Audio Tape）和 DVD 音频。在这些等级的音频信号中，所使用的采样频率、量化精度、声道数和数据率如表 9-2 所示。

表 9-2　音频的客观质量

质量	采样频率/kHz	量化精度/(bit/s)	声道数	数据率/(kB/s)（未压缩）	频率范围/Hz
电话	8	8	单声道	8	200～3400
AM 广播	11.025	8	单声道	11.0	100～5500
FM 广播	22.05	16	双声道	88.2	20～11000
CD	44.1	16	双声道	176.4	5～20000
DAT	48	16	双声道	192.0	5～20000
DVD 音频	192（最大）	24（最大）	最高六声道	1200（最大）	0～96000（最大）

与客观质量度量相比较,人的主观听觉更具有实际意义。目前,通常采纳的声音主观质量度量方法是召集若干实验者,由他们对声音质量的好坏进行评分,求出平均值,并作为对音频质量的评价。这种方法称为主观平均判分法,所得的分数称为主观平均分(Mearl Opinion Score,MOS)。

9.1.4　数字音频的文件格式

在多媒体计算机系统中,音频文件通常分声音文件和 MIDI 文件两大类。声音文件是通过录音设备录制的原始声音,直接记录了真实声音的二进制采样数据,通常文件较大;而 MIDI 文件是一种音乐演奏指令序列,类似于乐谱,可以利用声音输出设备或与计算机相连的电子乐器进行演奏,它不包含声音数据,其文件较小。下面简单介绍几种常用的音频文件格式。

1. Wave 文件——. WAV

Wave 格式是微软公司开发的一种声音文件格式,符合 RIFF(Resource Interchange File Format)文件规范,用于保存 Windows 平台的音频信息,被 Windows 平台及其应用程序所广泛支持。Wave 格式支持各种音质等级所用的数据压缩算法,如 MS ADPCM、CCITT A Law、CCITT A Law、PCM、G. 723. 1、MPEG Layer3 等,支持多种量化位数、采样频率和声道数,是 MPC 上最为流行的声音文件格式。但 WAV 文件所占用的磁盘空间太大,因此短时间的录音会用到该文件。

2. AIFF 文件——. AIF/. AIFF

AIFF(Audio Interchange File Format),音频交换文件格式是苹果计算机公司开发的一种声音文件格式。AIFF 支持 ACE2、ACE8、MAC3 和 MAC6 压缩,支持 16 位 44.1kHz 立体声;被 Macintosh 平台及其应用程序所支持。Netscape Navigator 浏览器中的 LiveAudio 也支持 AIFF 格式,SGI 及其他专业音频软件包也同样支持这种格式。

3. Audio 文件——. AU

Audio 文件是 Sun Microsystems 公司推出的一种经过压缩的数字声音格式,主要用于 UNIX 系统,也是 Internet 上常用的声音文件格式。Netscape Navigator 浏览器中的 LiveAudio 也支持 Audio 格式的声音文件。

4. Sound 文件——. SND

Sound 文件是 Next Computer 公司推出的数字声音文件格式,可支持压缩。

5. Voice 文件——. VOC

Voice 文件是 Creative Labs(创新公司)开发的声音文件格式,多用于保存 Creative Sound Blaster(创新声霸)系列声卡所采集的声音数据,被 Windows 平台和 DOS 平台所支持,它支持 CCITTA Law 和 CCITT u Law 等压缩算法,在 DOS 游戏中使用的比较多。

6. MPEG 音频文件——. MP 1/. MP2/. MP3

MPEG(Moving Picture Expels Group)是运动图像专家组,代表 MPEG 运动图像压缩标准。这里的音频文件格式指的是 MPEG 标准中的音频部分,即 MPEG 音频层(MPEG Audio Layer)。MPEG 音频文件的压缩是一种有损压缩,根据压缩质量和编码复杂程度的不同可分为 3 层(MPEG Audio Layer 1/2/3),分别对应 MP1、MP2 和 MP3 这 3 种声音文件。MPEG 音频编码具有很高的压缩率,MP1 和 MP2 的压缩率分别为 4∶1 和 6∶1～8∶1,而 MP3 的压缩率则高达 10∶1～12∶1,即一分钟 CD 音质的音乐,未经压缩需要 10MB 存储空间,而经过 MP3 压缩编码后只有 1MB 左右,同时其音质基本保持不失真,因此目前使用最多的是 MP3 文件格式。

7. RealAudio 文件——.RA/.RM/.RAM

RealAudio 文件是 RealNetworks 公司开发的一种新型流式音频(Streaming Audio)文件格式,它包含在 RealNetworks 公司所制定的音频、视频压缩规范 RealMedia 中,主要用于在低速率的广域网上实时传输音频信息。网络的连接速率不同,导致了客户端所获得的声音质量也不尽相同:对于 28.8kb/s 的连接,可以达到广播级的声音质量;如果拥有 ISDN 或更快的线路连接,则可获得 CD 音质的声音。

8. Windows Media Audio 文件——.WMA/.ASF/.ASX/.WAX

Windows Media Audio 文件是微软公司推出的一种音频格式,采用流式压缩技术,其特点是同时兼顾了保真度和网络传输需求,压缩比可达到 1∶18,生成的文件大小只有相应 MP3 文件的一半。由于微软的影响力,这种音频格式已经获得的支持范围越来越广,成为 Internet 上的主要流格式之一。

9. MIDI 文件——.MID/.RMI/.CMI/.CMF

MIDI 文件是国际 MIDI 协会开发的乐器数字接口文件,采用数字方式对乐器所演奏出来的声音进行记录(每个音符记录为一个数字)。在 MIDI 文件中,只包含产生某种声音的指令,这些指令包括使用 MIDI 设备的音色、声音的强弱、声音持续多长时间等,计算机将这些指令发送给声卡,声卡按照指令将声音合成出来。MIDI 声音在重放时可以有不同的效果,这是由音乐合成器的质量所决定的。MIDI 文件只适合于记录乐曲,而不适合对歌曲进行处理。相对于保存真实采样数据的声音文件,MIDI 文件显得更加紧凑,其文件通常比声音文件小得多。

10. Module 文件——.MOD/.S3M/.XM/.MTM/.FAR/.KAR/

Module(模块)格式是一种已经存在了很长时间的声音记录方式,它同时具有 MIDI 与数字音频的共同特性,文件中既包括如何演奏乐器的指令,又保存了数字声音信号的采样数据,为此,其声音回放质量对音频硬件的依赖性较小,即在不同的机器上可以获得基本相似的声音回放质量。在 MP3 格式推出之前,模块文件广泛应用于网络,现在使用得比较少。模块文件根据不同的编码方法有 MOD、S3M、XM、MTM、FAR、KAR、IT 等多种不同格式。

9.2　数字音频编码技术

9.2.1　线性预测编码

语音的产生依赖于人类的发声器官,发声器官主要由喉、声道和嘴等组成,声道起始于声带的开口(即声门处)而终止于嘴。完整的发声器官还应包括由肺、支气管、气管组成的次声门系统,次声门系统是产生语音能量的源泉。当空气从肺里呼出来时,呼出来的气流由于声道的某一地方的收缩而受到扰动,语音就是这一系统在这时候辐射出来的声波。

当肺部中的受压空气沿着声道通过声门发出时就产生了语音。普通男人的声道从声门到嘴的平均长度约为 17cm,这个事实反映在声音信号中就相当于在 1ms 数量级内的数据具有相关性,这种相关称为短时相关(Short-term Correlation)。声道也被认为是一个滤波器,许多语音编码器用一个短时滤波器(Short-term Filter)来模拟声道。由于声道形状的变化比较慢,模拟滤波器的传递函数的修改不需要那么频繁,典型值在 20ms 左右。

压缩空气通过声门激励声道滤波器,根据激励方式不同,发出的语音主要分成清音、浊音和爆破音三种类型。

虽然各种各样的语音都有可能产生,但声道的形状和激励方式的变化相对比较慢,因此语音在短时间周期(20ms 的数量级)里可以被认为是准定态(Quasi-stationary)的,也就是说基本不变的。语音信号显示出高度周期性,这是由于声门的准周期性的振动和声道的谐振所引起的。语音编码器企图揭示这种周期性,目的是为了减少数据率而又尽可能不牺牲声音的质量。

线性预测分析是进行语音信号分析最有效、最流行的分析技术之一。线性预测(Linear Prediction,LP)的基本原理是:假设当前的语音信号样值可以用它过去的 p 个样值的加权和(线性组合)来预测,如式(9-1)所示。因为语音信号具有周期性,所以误差是无法避免的,预测误差如式(9-2)所示。式中 $\hat{s}(n)$ 为线性预测值;a_l 为线性预测系数,共有 p 个;$s(n)$ 为实际样值;$e(n)$ 为线性预测误差值。

$$\hat{s}(n) = \sum_{l=1}^{p} a_l s(n-l) \tag{9-1}$$

$$e(n) = s(n) - \hat{s}(n) = s(n) - \sum_{l=1}^{p} a_l s(n-l) \tag{9-2}$$

现在用预测分析方法来进行语音信号的分析。由语音学的知识可知,用准周期脉冲(在浊音语音期间)或白噪声(在清音语音期间)激励一个线性不变系统(声道)所产生的输出作为语音模型,如图 9-3 所示:

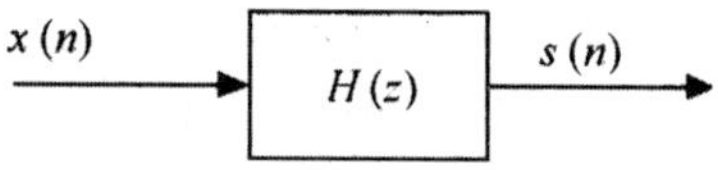

$$x(n) \longrightarrow \boxed{H(z)} \longrightarrow s(n)$$

图 9-3 语音模型

图 9-3 中 $x(n)$ 是语音激励,$s(n)$ 是输出语音,模型的系统函数 $H(z)$ 可以写成有理分式的形式,如式(9-3)所示。式中系数 a_l、b_i 及增益 G 是模型的参数,p、q 是选定模型的阶数,因而信号可以用有限数目构成的模型参数来表示。

$$H(z) = G \cdot \frac{1 + \sum_{i=1}^{q} b_i z^{-i}}{1 - \sum_{l=1}^{q} a_l z^{-l}} \tag{9-3}$$

根据 $H(z)$ 的形式不同,有 3 种不同的信号模型。

1)当式(9-3)中的分子多项式为常数,即 $b_i=0$ 时,$H(z)$ 是只含递归结构的全极点模型,称为自回归信号模型(Auto-regressive Model,AR)。AR 模型的输出是由过去的信号值所决定的,由它产生的序列称为 AR 过程序列。

2)当式(9-3)中的分母多项式为 1,即 $a_l=0$ 时,$H(z)$ 是只有非递归结构的全零点模型,称为滑动平均模型(Moving Average Model,MA)。MA 模型的输出由模型的输入来决定,由它产生的序列称为 MA 过程序列。

3)当式(9-3)中 $H(z)$ 同时含有极点和零点时,称为自回归滑动平均模型(Auto-regressive

Moving Average Model，ARMA)，它是上述两种模型的混合结构，相应产生的序列称为 ARMA 过程序列。

理论上讲，ARMA 模型和 MA 模型可以用无限高阶的 AR 模型来表达。对 AR 模型作参数估计时遇到的是线性方程组的求解问题，相对来说处理起来比较容易，而且实际语音信号中，全极点模型又占了多数，因此本节将主要讨论 AR 模型。

当采用 AR 模型时，将辐射、声道以及声门激励进行组合，用一个时变数字滤波器来表示，其传递函数如式(9-4)所示。

$$H(z) = \frac{G}{1 - \sum\limits_{l=1}^{p} a_l z^{-l}} = \frac{G}{A(z)} \tag{9-4}$$

式中，p 是预测器阶数，G 是声道滤波器增益。由此，语音抽样值 $s(n)$ 和激励信号 $x(n)$ 之间的关系可以用式(9-5)的差分方程表示。即语音样点间有相关性，可以用前面的样点值来预测后面的样点值。

$$s(n) = G \cdot x(n) + \sum\limits_{l=1}^{p} a_l s(n-l) \tag{9-5}$$

语音信号分析中，模型的建立实际上是由语音信号来估计模型参数的过程。由于语音信号客观存在的误差，极点阶数 p 又无法事先确定，以及信号是时变的特点等，因此求解模型参数的过程是一个逼近过程。在模型参数估计过程中，把式(9-2)改写为式(9-6)。

$$e(n) = s(n) - \sum\limits_{l=1}^{p} a_l s(n-l) = G \cdot x(n) \tag{9-6}$$

线性预测分析要解决的问题是：给定语音序列，使预测误差在某个准则下最小，求预测系数的最佳估计值 a_l，这个准则通常采用最小均方误差准则。线性预测方程的推导和方程组的求解方法和求解过程，可参阅相关文献。

9.2.2　矢量量化

矢量量化(VQ)技术是 20 世纪 70 年代后期发展起来的一种数据压缩和编码技术，也可以说是香农信息论在信源编码理论方面的新发展。矢量量化编码是在图像、语音信号编码技术中研究得较多的新型量化编码方法，它的出现并不仅仅是作为量化器设计而提出的，更多的是将它作为压缩编码方法来研究的。在传统的预测和变换编码中，首先将信号经某种映射变换成一个数的序列，然后对其一个个地进行标量量化编码。而在矢量量化编码中，则是把输入数据几个一组地分成许多组，成组地量化编码，即将这些数看成一个七维矢量，然后以矢量为单位逐个矢量进行量化。矢量量化是一种限失真编码，其原理仍可用信息论中的率失真函数理论来分析。而率失真理论指出，即使对无记忆信源，矢量量化编码也总是比标量量化要显得优秀些。

设有 N 个 k 维矢量 $X = \{X_1, X_2, \cdots, X_N\}$($X$ 在 k 维欧几里德空间 R^k 中)，其中第 i 个矢量可记为 $X_i = \{x_1, x_2, \cdots, x_k\}$，$i = 1, 2, \cdots, N$，它可以被看作是语音信号中某帧参数组成的矢量。把 k 维欧几里德空间 R^k 无遗漏地划分成 M 个互不相交的子空间 $R_1, R_2, \cdots, R_M$，即满足

$$\begin{cases} \bigcup\limits_{j=1}^{M} R_j = R^k \\ R_i \bigcap R_j = \phi, i \neq j \end{cases}$$

在每一个子空间 R_j 中找一个代表矢量 Y_j，则 M 个代表矢量可以组成矢量集 $Y = \{Y_1, Y_2, \cdots, Y_M\}$。这样就组成了一个矢量量化器，在矢量量化里 Y 叫做码本(Codebook)；Y_j 称为码字

(Codeword);Y 内矢量的个数 M,则叫做码本长度。不同的划分或不同的代表矢量选取方法就可以构成不同的矢量量化器。

当给矢量量化器输入一个任意矢量 $X_i \in \mathbf{R}^k$ 进行矢量量化时,矢量量化器首先对它是属于哪个子空间 R_j 进行判断,然后输出该子空间 R_j 的代表矢量 Y_j。也就是说,矢量量化过程就是用 Y_j 代表 X_i 的过程,或者说把 X_i 量化成了 Y_j,即

$$Y_j = Q(X_i),\ 1 \leqslant j \leqslant M, 1 \leqslant i \leqslant N$$

式中,$Q(X_i)$ 为量化器函数。即矢量量化的过程完成一个从 k 维欧几里德空间 R^k 中的矢量 X_i 到 k 维空间 R^k 有限子集 Y 的映射。

矢量量化编/解码器的原理框图如图 9-4 所示。

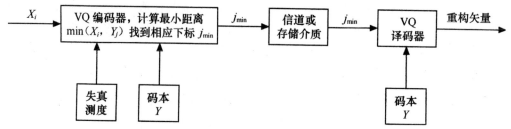

图 9-4　矢量量化编/解码器的原理框图

系统中有两个完全相同的码本,一个在编码器(发送端),另一个在解码器(接收端)。每个码本包含 M 个码字,每一个码字是一个 k 维矢量(维数与 X_i 相同)。VQ 编码器的运行原理是根据输入矢量 X_i 从编码器码本中选择一个与之失真误差最小的码矢量 Y_j,其输出的 $j_{\min}$ 即为该码矢量的下标,一般称为标号。输出的 $j_{\min}$ 是一个数字,因而可以通过任何数字信道传输或任何数字存储介质来存储。如果此过程不引入误差,那么从信道接收端或从存储介质中取出的信号仍是 $j_{\min}$。VQ 译码器的原理是按照 $j_{\min}$ 从译码器码本中选出一个具有相应下标的码字作为 X_i 的重构矢量或恢复矢量。

9.2.3　CELP 编码

CELP 编码基于合成分析(A-B-S)搜索、知觉加权、矢量量化(VQ)和线性预测(LP)等技术。CELP 的编码器框图、解码器框图分别如图 9-5 和图 9-6 所示。

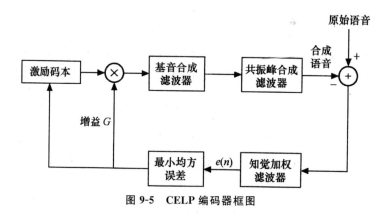

图 9-5　CELP 编码器框图

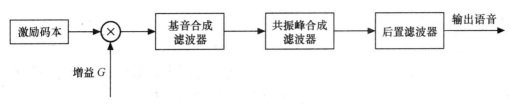

图 9-6　CELP 解码器框图

CELP 采用分帧技术进行编码,按帧作线性预测分析,每帧帧长一般为 20~30ms(这是由语音信号的短时平稳性特性决定的)。短时预测器(Short-term Predictor,STP),即常用的共振峰合成滤波器,用来表征语音信号谱的包络信息。共振峰合成滤波器传递函数为

$$\frac{1}{A(z)} = \frac{1}{1 - \sum\limits_{l=1}^{p} a_l z^{-l}}$$

式中,$A(z)$ 为短时预测误差滤波器;p 为预测阶数,它的取值范围一般为 8~16,基于 CELP 的编码器中 p 通常取 10;$a_l(l=1,2,\cdots,10)$ 为线性预测(LP)系数,由线性预测分析得到。

长时预测器(Long-term Predictor,LTP),即基音合成滤波器,用于描述语音信号谱的精细结构。其传递函数为

$$\frac{1}{P(z)} = \frac{1}{1 - \beta z^{-L}}$$

式中,β 为基音预测增益,L 为基音延迟。β 和 L 通过自适应码本搜索得到。

CELP 用码本(Codebook)作为激励源。它建立了自适应码本和固定码本这两个码本。自适应码本中的码字(码矢量)用来逼近语音的长时周期性(基音)结构,固定码本中的码字(码矢量)用来逼近语音经过短时、长时预测后的残差信号。从两个码本中搜索出最佳码矢量,乘以各自的最佳增益后相加,其和为 CELP 激励信号源。CELP 一般将每一语音帧分成 2~5 个子帧,在每个子帧内搜索最佳的码矢量作为激励信号。将激励信号输入 p 阶共振峰合成滤波器,得到合成语音信号 $\hat{s}(n)$,$\hat{s}(n)$ 与原始语音 $s(n)$ 之间的差经过知觉加权滤波器 $W(z)$,得到知觉加权误差 $e(n)$,根据最小均方预测误差(Minimum Squared Prediction Error,MSPE)准则作为搜索最佳码矢量及其幅度增益的度量,使 MSPE 最小的码矢量即为最佳。

一般,码矢量的长短与子帧的长短有关,码本的大小与占用存储空间大小及搜索时间长短有关。固定码本是原来设计好,在机器里固有的。自适应码本最初是一片空白,在 A-B-S 分析过程中,用知觉加权误差减去固定码矢量后,使自适应码本得到不断地填充或更新。一般都采用二码书激励 CELP 方案。

CELP 码本搜索包括固定码本搜索和自适应码本搜索,二者搜索过程在本质上是一致的,不同之处在于码本结构和目标矢量的区别。为了减少计算量,一般采用两级码本顺序搜索的办法。第一级自适应码本搜索的目标矢量是加权预测残差信号,第二级固定码本搜索的目标矢量是第一级搜索的目标矢量减去自适应码本搜索得到的最佳码矢量激励综合加权滤波器的结果。

(1)固定码本搜索

确定了线性预测(LP)参数和基音参数之后要进行固定码本搜索,找到最佳的固定码本索引(Fixed Codebook Index,FCI)及固定码本增益(Fixed Codebook Gain,FCG)。固定码本搜索也采用 A-B-S 技术。

当声码器的数码率降到 16kbit/s 或更低时,信噪比降低,噪声明显增大。此时,声码器通常

利用人类听觉系统的掩蔽效应来减少主观噪声,常用的方法有编码器中的知觉加权滤波器(Perceptual Weighting Filter,PWF)技术和解码器中的后置滤波技术。

1)知觉加权滤波器就是利用人类听觉系统的频域掩蔽效应进行噪声谱形变(Noise Spectral Shaping,NSS),使共振峰频域内和谐波成分处的噪声电平低于掩蔽听阈。但是,这样做的同时也使其他频域内和谐波之间的噪声电平大于掩蔽听阈,引入后置滤波的目的就是为了减少这些区域内的噪声。噪声减弱的同时,这些区域内的语音信号也会被减弱。但由于这些频域内的恰好可察觉差(Just Noticeable Difference,JND)可以达到10dB,也就是说,信号强度变化在10dB以上时才能被人耳所察觉。

2)后置滤波可以显著减少主观噪声,而仅带来很小的语音信号失真。

CELP语音编码技术有3个明显特征。

1)解码参数是一个合成滤波器的参数和用于激励这个合成滤波器的激励矢量,合成语音是激励矢量通过合成滤波器后得到的。

2)合成滤波器是一个以线性预测分析为基础的时变滤波器,其参数周期性地更新,时变滤波器参数由当前帧语音波形的线性预测分析所决定。

3)激励信号的编码采用合成分析法(A-B-S),将码本中的码本矢量一一通过本地合成滤波器将其输出与原始语音比较,再根据知觉加权失真量度最小的原则,确定一个最佳的码本矢量以及相应的码本增益。在对码本和码本增益的编码中采用了矢量量化的技术。

(2)自适应码本搜索

自适应码本搜索又称为基音搜索,目的是确定基音合成滤波器中的 β 和 L,即最佳基音增益(Pitch Gain)和基音延迟(Pitch Delay)。精确确定语音信号的基音周期难度比较大,计算量比较大。为了降低计算复杂度,自适应码本搜索一般采用闭环搜索和开环搜索相结合的方法。首先进行开环搜索,在基音周期所有可能的取值范围内找到它的一个粗略估计值,然后通过闭环搜索最终确定基音周期。

9.2.4 子带编码

子带编码是利用频域分析,但是却对时间采样值进行编码,它是时域、频域技术的结合,基于时间采样的宽带输入信号通过带通滤波器组分成若干个子频带,然后通过分析每个子频带采样值的能量,依据心理声学模型来进行编码,其原理如图9-7所示。

图9-7中发送端的 n 个带通滤波器将输入信号分为 n 个子频带,对各个对应的子带带通信号进行调制,将 n 个带通信号经过频谱搬移变为低通信号;对低通信号进行采样、量化和编码,对应各个子带的码流即可获得;再经复接器合成为完整的码流。经过信道传输到达接收端。在接收端,由解复接器将各个子带的码流分开,由解码器完成各个子带码流的解码;由解调器完成信号的频移,将各子带搬移到原始频率的位置上。各子带相加就可以恢复出原来的音频信号。

在子带编码中,若各个子带的带宽是相同的,则称为等带宽子带编码;否则,称为变带宽子带编码。

对每个子带单独分别进行编码的好处分析如下。

1)可根据每个子带信号在感知上的重要性,即利用人对声音信号的感知模型(心理声学模型),对各个子带内的采样值分配不同的比特数。例如,在低频子带中,为了保护基音和共振峰的结构,就要求用较小的量化间隔、较多的量化级数,即分配较多的比特数来表示采样值。而通常

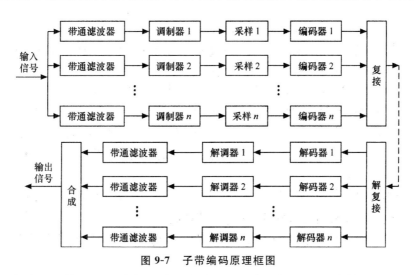

图 9-7 子带编码原理框图

发生在高频子带中的摩擦音以及类似噪声的声音,可以分配较少的比特数。

2)通过频带分割,各个子带的采样频率可以成倍下降。例如,若分成等带宽的 n 个子带,则每个子带的采样频率可以降为原始信号采样频率的 $1/n$,因而硬件实现的难度可有效减小,并便于并行处理。

3)由于分割为子带后,减少了各子带内信号能量分布不均匀的程度,减少了动态范围,从而可以按照每个子带内信号能量来分配量化比特数,对每个子带信号分别进行自适应控制。对具有较高能量的子带用较大的量化间隔来量化,即进行粗量化;反之,则进行细量化。使得各个子带的量化噪声都束缚在本子带内,这就的话,能量较小的子带信号被其他频带中的量化噪声所掩盖就可有效避免。

由于在子带压缩编码中主要应用了心理声学中的声音掩蔽模型,因而在对信号进行压缩时引入了大量的量化噪声。然而,根据人类的听觉掩蔽曲线,在解码后,这些噪声被有用的声音信号掩蔽掉了,人耳无法察觉;同时由于子带分析的运用,各频带内的噪声将被限制在频带内,其他频带的信号不会受到任何影响。因而在编码时各子带的量化级数不同,采用了动态比特分配技术,这也正是此类技术压缩效率高的主要原因。在一定的数码率条件下,此类技术可以达到EBU(欧洲广播联盟)音质标准。

子带压缩编码目前广泛应用于数字音频节目的存储与制作中。典型的代表有掩蔽型通用子带综合编码和复用(Masking pattern adapted Universal Subband Integrated Coding And Multiplexing,MUSICAM)编码方案,已被 MPEG 采纳作为宽带、高质量的音频压缩编码标准,并在数字音频广播(DAB)系统中得到应用。

9.3 数字音频压缩标准

国际电信联盟(ITU)主要负责研究和制定与通信相关的标准,作为主要通信业务的电话通信业务中使用的"语音"编码标准均是由 ITU 负责完成的。其中用于固定网络电话业务使用的语音编码标准主要由 ITU-T 的第十五研究组完成,G 系列标准为其相应标准,如 ITU-TC.711、G.721 等,这些标准广泛应用于全球的电话通信系统之中。在欧洲、北美、中国和日本的电话网络中通用的语音编码器是 8 位对数量化器（相应于 64kbit/s 的比特率）。该量化器所采用的技术在 1972 年由 CCITT(ITU-T 的前身)标准化为 G.711。在 1984 年，又公布了 32kbit/s 的语音编码标准 G.721 标准(1986 年修订为 G.726)，它采用的是自适应差分脉冲编码(ADPCM)，其目标是在通用电话网络上的应用。针对宽带语音(50Hz～7kHz)，又制定了 64kbit/s 的语音编码标准 G.722 编码标准，在综合业务数据网(ISDN)的 B 通道上传输音频数据是其目标所在。之后公布的 G.723 编码标准中码率为 40kbit/s 和 24kbit/s，G.726 编码标准的码率为 16kbit/s。在 1990 年，公布了 16～40kbit/s 嵌入式 ADPCM 编码标准 G.727。在 1992 年和 1993 年，又分别公布了浮点和定点算法的 G.728 编码标准。在 1996 年 3 月，又公布了 G.729 编码标准，其码率为 8kbit/s。G.729 标准采用的算法是共轭结构代数码本激励线性预测编码(CS-ACELP)，能达到 32kbit/s 的 ADPCM 语音质量。

国际标准化组织(ISO)的 MPEG 组主要负责研究和制定用于存储和回放的音频编码标准，MPEG-1 标准中的音频编码部分是世界上第一个高保真音频数据压缩标准，MPEG-1 的音频编码标准是针对最多两声道的音频而开发的。在三维声音技术中最具代表性的就是多声道环绕声技术。目前有 MUSICAM 环绕声和杜比 AC-3 这两种主要的多声道编码方案。MPEG-2 标准中的音频编码部分采用的就是 MUSICAM 环绕声方案，它是 MPEG-2 音频编码的核心，是基于人耳听觉感知特性的子带编码算法。而美国的 HDTV 伴音则采用的是杜比 AC-3 方案。MPEG-2 规定了两种音频压缩编码算法，一种称为 MPEG-2 后向兼容多声道音频编码标准，简称 MPEG-2BC；另一种是称为高级音频编码标准，简称 MPEG-2AAC，它与 MPEG-1 不兼容。MPEG-4 标准中的音频部分中增加了许多新的关于合成内容及场景描述等领域的工作。MPEG-4 将以前发展良好但相互独立的高质量音频编码、计算机音乐及合成语音等第一次合在一起，并在诸多领域内给予高度的灵活性。

9.3.1　G.711

G.711 标准公布于 1972 年，使用的是脉冲码调制(PCM)算法，主要用于公用交换电话网络(PSTN)和互联网中的语音通信，G.711 标准的语音采样率为 8kHz，每个样值采用 8 位二进制编码，推荐使用 A 律和 μ 律编码，产生 64kbit/s 的输出。在 G.711 中，μ 律编码用于北美和日本，而 A 律编码在世界其他地区使用的比较多。

9.3.2　G.721

G.721 标准公布于 1984 年，并在 1986 年作了进一步修订(称为 G.726 标准)，使用的是自适应差分脉冲编码调制(ADPCM)算法。它用于 64kbit/s 的 A 律或 μ 律 PCM 到 32kbit/s 的 ADPCM 之间的转换，实现了对 PCM 信道的扩容。编码器的输入信号是 64kbit/sA 律或 μ 律 PCM 编码，输出是利用 ADPCM 编码的 32kbit/s 的音频码流。

9.3.3　G.722

G.722 标准的目标是在综合业务数据网(ISDN)的 B 通道上传输音频数据，使用的是基于子带-自适应差分脉冲编码(SB-ADPCM)算法。G.722 标准把信号分为高低两个子带，并且采用 ADPCM 技术对两个子带的样本进行编码，高低子带的划分以 4kHz 为界。

9.3.4 G.728

在 1992 年,ITU-T 又制定了 16kb/ssLD-CELP(低延时-码激励线性预测)语音编码标准,即 G.728 标准,它是由美国 AT&T 公司和 BELL 实验室提出的,该算法比较复杂,运算量也较大。G.728 编码器被广泛应用于 IP 电话,尤其是在要求延迟较小的电缆语音传输和 VoIP 中。

G.728 标准的编码器中用五个连续语音样点形成一个 5 维语音矢量,激励码本中共有 1024 个 5 维的码矢量,对于每个输入语音矢量,编码器利用合成分析法从码本中搜索出最佳码矢,然后将其标号选出,线性预测系数和增益均由后向自适应算法提取和更新。解码器操作也是逐个矢量地进行。根据接收到的码本标号,从激励码本中将相应的激励矢量找出来,经过增益调整后得到激励信号,将其输入综合滤波器合成语音信号,再经自适应后滤波处理,以增强语音的主观感觉质量。由于编码器只缓冲 5 个样点(一个语音矢量),延迟很小,加上处理延迟和传输延迟,一般总的单向编码延迟小于 2ms。

9.3.5 G.729

在 1996 年,ITU-T 制定了 8Kbps 的语音编码标准 G.729,它也是 H.323 协议中有关音频编码的标准。在 IP 电话网关中,G.729 协议被用来实现实时语音编码处理。G.729 协议采用的是 CS-ACELP 算法,即共轭结构算术码激励线性预测的算法。编码过程是首先将速率为 64kbit/s 的 PCM 语音信号转化成均匀量化的 PCM 信号,通过高通滤波器后,把语音分成帧,每帧 10ms,即 80 个样点。对于每个语音帧,编码器利用合成-分析方法从中分析出 CELP 模型参数,然后把这些参数传送到解码端,解码器利用这些参数构成激励源和合成滤波器,使原始语音得以重现。

9.3.6 MPEG 中的音频编码

国际标准化组织/国际电工委员会所属 WG11 工作组制定推荐了 MPEG 标准。下面将介绍与音频编码相关的标准,包括 MPEG-1 音频、MPEG-2 音频和 MPEG-4 音频。

1. MPEG-1 音频

MPEG-1 音频编码标准的基础是量化,要求量化失真对于人耳来说是察觉不到的。经过 MPEG-Audio 委员会大量的主观测试实验表明,采样频率为 48kHz、样本精度为 16 位的声音数据压缩到 256kbit/s 时,即在 6∶1 的压缩比下,即使是专业测试员想要分辨出是原始声音还是编码压缩后的声音也是非常困难的。

MPEG-1 音频编码标准提供三个独立的压缩层次:层 1(Layer 1)、层 2(Layer 2)和层 3(Layer 3),缩写分别为 MP1、MP2 和 MP3,用户对层次的选择是一个在算法复杂性和声音质量之间进行平衡的过程。层 1 是最基础的,层 2 和层 3 都是在层 1 的基础上有所提高。每个后继层次的压缩比更高,但需要更复杂的编码/解码器。各个层次的压缩后码率和主要应用如下:

• 层 1 的编码器最简单,编码器的输出数据率为 384kbit/s,主要用于小型数字盒式磁带(Digital Compact Cassette,DCC)。

• 层 2 的编码器的复杂程度属中等,编码器的输出数据率为 256~192kbit/s,其应用包括数字广播声音(Digital Broadcast Audio,DBA)、数字音乐、CD-I(Compact Disc-Interactive)和 VCD(Video Compact Disc)等。

·层 3 的编码器最复杂,编码器的输出数据率为 8～128kbit/s,主要应用于 ISDN 上的声音传输及音乐文件存储。

MPEG-1 层 3 在不同数据率下的性能如表 9-3 所示。

表 9-3 MPEG-1 层 3 在不同数据率下的性能

音质要求	声音带宽/kHz	方式	数据率(kbit/s)	压缩比
电话	2.5	单声道	8	96:1
优于短波	5.5	单声道	16	48:1
优于调幅广播	7.5	单声道	32	24:1
类似于调频广播	11	立体声	56～64	26～24:1
接近 CD	15	立体声	96	16:1
CD	>15	立体声	112～128	12～10:1

MPEG-1 的音频数据分为帧,层 1 每帧包含 384 个样本数据,每帧由 32 个子带分别输出的 12 个样本组成。层 2 和层 3 每帧为 1152 个样本,如图 9-8 所示。

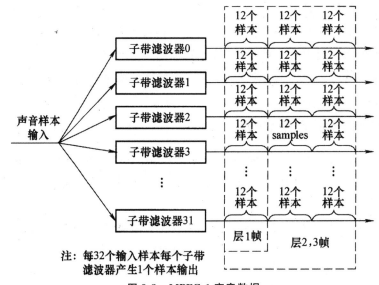

注:每32个输入样本每个子带
滤波器产生1个样本输出

图 9-8 MPEG-1 声音数据

MPEG-1 音频编码标准的三个层次使用的都是感知音频编码方法,声音数据压缩算法的根据是心理声学模型,其中一个最基本的概念是听觉系统中存在一个听觉阈值电平,低于这个电平的声音信号就听不到。听觉阈值的大小随声音频率的变化而变化,各个人的听觉阈值也不同。大多数人的听觉系统对 2～5kHz 之间的声音最敏感。一个人是否能听到声音,取决于声音的频率,以及声音的幅度是否高于这种频率下的听觉阈值。心理声学模型中的另一个概念是听觉掩饰特性,即听觉阈值电平是自适应的,听觉阈值电平会随听到的频率不同的声音而发生变化。声音压缩算法也同样可以确立这种特性的模型,根据这个模型,可取消冗余的声音数据。MPEG-1 音频编码标准的压缩算法如图 9-9 所示。

MPEG-1 音频编码标准的每一个层都有子带编码器(SBC),其中,时间—频率多相滤波器

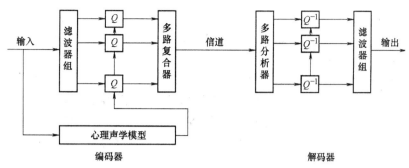

图 9-9　MPEG-1 音频编码标准的压缩算法

组、心理声学模型(计算掩蔽特性)、量化和编码和数据流帧包装也包含在内,而高层 SBC 可使用低层 SBC 编码的声音数据。前两层压缩编码的方法大致相同,主要就是量化。第三层依然采用听觉掩蔽原理,但是方法比较复杂。主要的不同是:采用了 MDCT(Modified DCT,修正的DCT),对每个子带增加了 6 或 18 个频率成分,这样可以将 32 个子带作更深一步的分解。

2. MPEG-2 音频

MPEG-2 保持了对 MPEG-1 音频兼容并在此基础上进行了一定的扩充,提高低采样率下的声音质量,支持多通道环绕立体声和多语言技术。MPEG-2 标准定义了两种音频压缩算法,即MPEG-2BC 和 MPEG-2AAC。MPEG-2BC 是 MPEG-2 向后兼容多声道音频编码标准,它保持了对 MPEG-1 音频的兼容,增加了声道数,支持多声道环绕立体声,并为适应某些低码率应用需求(如体育比赛解说)增加了 16kHz、22.05kHz、24kHz 三种较低的采样频率。此外,为了在低码率下进一步提高声音质量,MPEG-2BC 还采用了许多新技术,如动态传输声道切换、动态串音、自适应多声道预测、中央声道部分编码等。但它为了与 MPEG-1 兼容,为了换取较高的音质就不得不牺牲码率。这一缺憾制约了它在世界范围内的推广和应用。

MPEG-2AAC(Advanced Audio Coding)即高级音频编码标准,于 1997 年 4 月完成。AAC音频标准的发展标志着标准化工作向新的模块化方向演变的趋势。AAC 与 MPEG-2 的低取样率及多声道编码标准不同,它并不提供对 MPEG-1 标准的后向兼容性。AAC 采用了能提供更高频域分辨率的滤波器组,因而能够实现更好的信号压缩;AAC 还利用了许多新的工具,例如:暂态噪声整形、后向自适应性预测、联合立体声编码技术以及对量化成分的霍夫曼(Huffman)编码等。以上各工具都能提供附加的音频压缩能力,所以,它具有更高的压缩效果,如经过测试,AAC 标准以 320kbit/s 的数码率传送 5 声道多频带的音频信号比 MPEG-2 以 640kbit/s 的数码率传送的音质还略好些。

(1)AAC 要求

AAC 的基本要求和 MPEG-2 比较接近,只是不要求后向兼容性。其主要要求为:

1)必须支持 48kHz、44.1kHz、32kHz 的采样频率。

2)应该支持输入声道配置 1/0(单声)、2/0(双通道立体声),直到 3/2+1(左/中/右,左环绕/右环绕、低频增强声道)的各种多声道配置。

3)在 38kbit/s 的数据率的 3/2 声道配置中,要求达到符合 EBU"不可区分的质量"的音频质量。

4)为了使编辑的目的具有最小的声音粗糙度,必须定义一个预定义音频接入单元。

5)在系统句法中应为更大数目的重放做好准备;同时也应为更小数目的声道做好准备。

6)为了得到更好的误码恢复能力,应该支持在存在误码的情况下维持码流同步的机制和某种误码掩蔽机制。

(2)档次(Profile)

依据应用的不同,AAC要在质量与复杂性之间寻求一个平衡点。为此,定义了以下三个档次:

1)主要档次:该档次包含除了增益控制工具之外的全部工具。它适合于所需内存容量不太大并具有较强处理能力的应用,它可以提供最大的数据压缩能力。

2)低复杂性(LC)档次:当规定了 RAM 容量、处理能力及压缩要求时采用 LC 档次。该档次中预测工具和增益控制工具不起作用,TNS 滤波器次序也有一定限制。

3)采样率可分级(SSR)档次:该档次要求使用增益控制工具,但 4 个 PQF 子带的最低子带不应用增益控制。该档次不采用预测和耦合声道,TNS(暂态噪声整形)的次序和带宽也有一定限制。在音频带宽较窄的情况下应用 SSR 档次可以相应地降低复杂度。

当某档次的主音频声道数、LFE 声道数、独立耦合声道数及从属耦合声道数不超过相同档次解码器所支持的各声道数时,其码流可被该解码器解码。

MPEG-2AAC 是真正的第二代通用音频编码,它放弃了对 MPEG-1 音频的兼容性,扩大了编码范围,支持 1~48 个通道和 8~96kHz 采样率的编码,每个通道可以获得 8~160kbit/s 高质量的声音,能够实现多通道、多语种、多节目编码。AAC 即先进音频编码,是一种灵活的声音感知编码,是 MPEG-2 和 MPEG-4 的重要组成部分。在 AAC 中使用了强度编码和 MS 编码两种立体声编码技术,可根据信号频谱选择使用,也可混合使用。

MPEG-2 可提供较大的可变压缩比,以适应不同的画面质量、存储容量以及带宽的应用要求。MPEG-2 特别适用于广播级的数字电视编码和传送,被认定为 SDTV 和 HDTV 的编码标准。MPEG-2 音频在数字音频广播、多声道数字电视声音以及 ISDN 传输等系统被广泛使用。

3. MPEG-4 音频

MPEG-4 音频标准可集成从话音到高质量的多通道声音,对语音、音乐等自然声音对象和具有回响、空间方位感的合成声音对象进行音频编码。音频编码不仅支持自然声音(如演讲、音乐),而且支持合成声音。音频编码方法包括参数编码(Parametric Coding)、码激励线性预测(Code Excited Linear Predictive,CELP)编码、时间/频率(Time/Frequency,T/F)编码、结构化声音(Structured Audio,SA)编码以及文本-语音(Text-To-Speech,TTS)系统的合成声音等。它们工作在不同的频带,而且各自的比特率也存在差异。如图 9-10 所示。

1)参数编码器:使用声音参数编码技术。对于采样率为 8kHz 的话音,编码器的输出数据率为 2~4kbit/s;对于采样频率为 8kHz 或者 16kHz 的声音,编码器的输出数据率为 4~16kbit/s。

2)CELP 编码器:使用 CELP 技术。编码器的输出数据率在 6~24 kbit/s 之间,它用于采样频率为 8kHz 的窄带话音或者采样频率为 16kHz 的宽带话音。

3)T/F 编码器:使用时间-频率(Time-to-Frequency,T/F)技术。这是一种使用矢量量化(Vector Quantization,VQ)和线性预测的编码器,压缩之后输出的数据率大于 16kbit/s,用于采样频率为 8 kHz 的声音信号。

MPEG-4 的音频编码工具的速率为 6~24 kbit/s。MPEG-4 的系统结构让多媒体数字信号解码器依照已经存在的 MPEG 标准(如 MPEG-2 AAC)进行工作。每一个编码器独立利用它自己的数据流语法进行工作。针对于不同的声音信号,以下不同的编码方法会用得到:

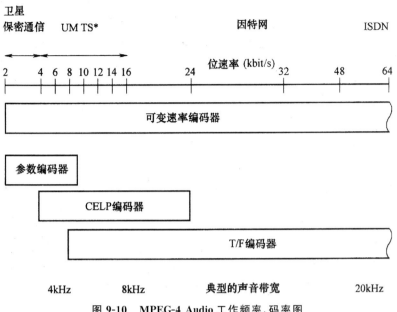

图 9-10   MPEG-4 Audio 工作频率、码率图

• 自然声音：MPEG-4 声音编码器支持数据率在 2～64 kbit/s 之间的自然声音。为了得到高质量的声音，MPEG-4 采用了参数编码器、CELP 编码器和 T/F 编码器三种类型的声音编码器分别用于不同类型的声音。

• 合成声音：MPEG-4 的译码器支持合成乐音 MIDI(Musical Instrument Data Interface)和 TTS 声音。合成乐音是在乐谱文件或者描述文件控制下生成的声音。

• 文本-语音转换(TTS)声音：TTS 编码器输入的是文本或者带有韵律参数的文本，输出的是语音。编码器的输出数据率能够维持在 200bit/s～1.2kbit/s。TTS 是一个十分复杂的系统，涉及语言学、语音学、信号处理、人工智能等诸多的学科。目前，TTS 系统一般能够较准确、清晰地朗读文本，但是不太自然。

9.4   音频卡

多媒体计算机系统中都有音频信号处理功能，但实现方法却有一定的差异。美国 Apple 公司州 Macintosh 计算机一开始就被设计成具有音频处理功能的多媒体计算机，而使用 Windows 平台的 PC 系列机，由于当时设计定位和价位较低的原因，起初并不具备声音处理功能。1984 年，Adlib Audio 公司研制出了第一个声音处理部件，可插接在 PC 上，使其具有声音处理能力，这就是音频卡，也叫声卡。到目前为止，Windows 平台的声音处理能力仍然是通过外接音频卡或在主板上集成音频处理模块来实现的。一般来说，外接音频卡具有比集成音频处理模块更高的处理能力和更好的处理效果。新加坡的创新科技有限公司(Creative Labs. Inc.)是全球研发音频卡最有代表性的厂家之一，本节将以该公司的 Sound Blaster 系列声卡产品为参考，对音频卡的相关细节进行介绍。

9.4.1   音频卡的功能

音频卡一般包括以下基本功能：

（1）录制和播放数字声音文件

音频卡能对麦克风、收录机、激光唱盘等音源采样，在软件的控制下进行剪辑、混音及其他效果处理，最后以数字声音文件的形式存储或播放。在 Windows 系统中有一个"录音机"程序就可以完成录音和播放功能，一般声音处理软件也都带有录音功能。

（2）控制音量和混音效果

音频卡可以对声音的音量进行控制，也可以调整各音源以便进入混合器混音，生成多种声音融合叠加的效果。

（3）声音文件的压缩与解压缩

直接通过采样得到的波形声音文件都很大，这样会占据太多有用的磁盘空间。一般的声卡上有固化的压缩算法，可以实现音频数据的压缩功能，同时，播放压缩的声音文件时，可解压缩，以便实时播放。

（4）MIDI 接口与音乐合成

MIDI 规定了电子乐器与计算机之间相互通信的协议。通过软件，计算机可以直接对外部电子乐器进行控制和操作，并通过音乐合成器芯片，使音乐的合成得以顺利完成。

9.4.2　音频卡的组成与工作原理

音频卡自诞生以来，虽然在结构设计及音效处理等方面不断改进和优化，但声音处理的基本逻辑部件和工作原理仍然维持不变。音频卡的一般组成及逻辑结构如图 9-11 所示。

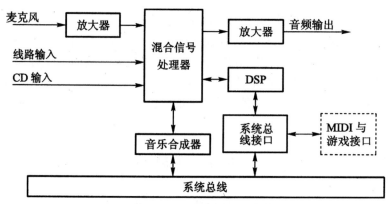

图 9-11　音频卡的一般组成与结构示意图

音频卡的主要功能部件有放大器、混合信号处理器、DSP（数字信号处理器）、音乐合成器及相关的外围接口等。注意，虚线框中的 MIDI 与游戏接口在一些较新的音频卡产品中已被简化掉。

声音的合成与处理：这是音频卡的核心功能，一般由数字声音处理器（DSP）、音乐合成器及MIDI 控制器组成，主要任务是完成声波信号的模/数、数/模转换，利用调频技术控制声音的音调、音色和幅度。FM 的音乐合成器具有 11 个复音 4 操作器或 20 个复音 2 操作器的功能。

混合信号处理器及功率放大器：内置数/模混音器，混音器的声源可以是 MIDI 信号、CD 音频、线性输入、麦克风及 PC 的扬声器等；可以选择输入一个声源或将几个不同声源进行混合录音。立体声数字化声道，可编程设置 16 位或 8 位数字化立体声或单声道模式；可编程设置采样频率，其范围在 5～44.1 kHz 之间线性分布；使用高、低 DMA 通道进行录音和放音；可选用动态滤波器进行数字化音频录音和回放。麦克风输入和扬声器输出都有功率放大器。对于主音量、MIDI 设备的数字化音频、CD 音频、线路输入、麦克风和计算机的扬声器等,想要控制其音量的话可以通过软件来实现。

系统总线接口及总线主要是由所采用的总线标准来决定的。先前的声卡主要是 ISA 总线标准,目前的声卡主要采用 PCI 总线标准或 PCI-E 总线标准。

9.4.3　音频卡的 I/O 接口

一般的音频卡都配有 Line In、Mic In、Line Out、Speak Out、Joysticks/MIDI 等接口,如图 9-12 所示。

其中,音频输出设备(如录音机、CD 唱机等)可通过自己的 Line Out 插孔与音频卡的 Line In 相连,直接向 MPC 提供音源;麦克风可通过 Mic In 插孔直接向 MPC 提供现场音源;外接放大器可通过自己的 Line In 插孔与音频卡的 Line Out 相连,直接获取 MPC 输出的音频信号,以便以更大的功率播放;Speak Out 则可直接连接耳机或扬声器;Joysticks/MIDI 可连接电子乐器或游戏操纵杆。需要说明的是,有的音频卡不再提供 Line Out 插孔,目前一些新的音频卡产品更追求功能的简单和较好的音效,所以简化了原来声卡上的 MIDI 和游戏杆功能,使之成为专门的声音处理部件。例如,创新科技有限公司新推出的 Ectiva Audio 5.1 声卡,除了精简 MIDI 和游戏杆功能外,还支持 5.1 环绕音效。所以,这类声卡所提供的 I/O 插口就有一定的区别,如图 9-13 所示,它们分别是 MIC 输入、中置、前置和环绕等用于 5.1 声道的插口。

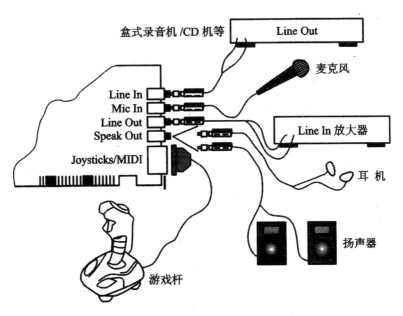

图 9-12　音频卡的外围接口连接示意图

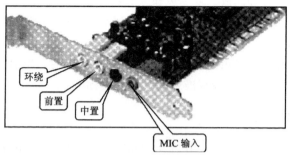

图 9-13　支持 5.1 环绕的声卡插口

9.5　数字音频处理

单纯的数字音频的采集（数字录音）并不复杂，但要录制出较好效果的数字音频却是有一定难度的。这是由现场效果设计、设备的专业等级、人员的专业水平以及数字音频的编辑效果等决定的。排除专业和设备限制，一般的数字音频采集首先需要选择和设置恰当的采样参数，然后再开始录音采集，最后再使用相应的编辑软件对录制的音频数据进行剪辑和效果处理。除了数字录音外，还可以从已有的媒体（如 CD 光盘、VCD、DVD 等）直接抓取音轨信息来获得数字音频信号。

9.5.1　录音采集

1. 选择采样参数

失真的声音听起来效果非常的不理想。如果输入到计算机中的声音信号太"强烈"，采样后就不会得到好的效果。所以，如果是自行录制音频文件，则采集音频之前，首先要有合适的环境和音源，还需要聘请专业创作人员、音响工程师，租用录音设备等。另外，还要根据具体情况和用途确定适当的采样参数。如果采样参数选得太低，会导致音质差，因为声音的采样点太少，难以超过录制过程中固有的噪声水平；如果采样参数太高，虽然音质有了保证，但会产生巨大的数据量。由于一段音频只能有一个采样率，而且在录制过程中是无法进行修改的，所以采集数字音频时首先要根据实际情况选择最佳的采样参数，做到音质与数据量的折衷考虑，避免采样过程中出现存储空间不足的现象。

在 Windows 系列操作系统中，提供了录音参数的选择设置功能，其中的音质选择分为 CD 音质、电话质量、收音质量和 Default Quality 等 4 种，每种音质可选择不同的参数。CD 音质的具体参数为 PCM 编码格式，采样频率为 44.100kHz，16 位量化精度，双声道立体声。这组录音参数将产生 172kb/s 的数据量。

2. 调整输入音频的频响

频响是声音质量的重要参数之一，也是确保采集到高品质数字音频的前提。因此，如果有较好的音响输出设备，则应根据要采集的音频信号特点，调整各频段的信号幅度，使之相互协调，产生较好的声音输出效果。各频段参数对输出音质的影响如表 9-4 所示。

表 9-4　各频段参数对音质的影响

频段	频率范围	音质影响
低频	20～60Hz	空间感。提升低频共振(嗡),降落空虚
	60～100Hz	浑厚感。提升轰鸣(轰),降落无力
	100～150Hz	丰满度。提升浑浊,降落单薄
中频下段	150～300Hz	声音力度、男声力度。提升声音硬、无特色,降落软、飘
中频	300～500Hz	语音主要音区,提升语音单调、降落语音空洞
	500～1kHz	人声基音、声音轮廓,提升语音前凸、降落语音收缩感
	1～2kHz	通透感、顺畅感,提升有跳跃感、降落、松散
中频上段	2～3kHz	对明亮度最敏感,提升声音硬,不自然
	3～4kHz	穿透力,提升咳音
	4～5kHz	乐器表面响度,提升乐器距离近、降落、乐器距离远
高频	5～6kHz	语言的清晰度,提升声音锋利、易疲劳
	6～8kHz	明亮度、透明度,提升齿音重、降落声音黯淡
	8～10kHz	S音,影响音色的清晰度和透明度
极高频	10～12kHz	高频泛音,光泽
	12～16kHz	高频泛音,光彩
	16～20kHz	色彩、提升有神秘感

3. 检测输入音频的强度

这一步主要是为了防止录音过程中出现失真。如果输入强度太低、音量太小,就会有许多噪音夹杂在录制结果中。如果输入强度过高,音量太大以至于超出允许的范围,录制就会产生失真。如果在 Windows 环境下,可通过"音量控制"窗口来检测、调节进入计算机的音源强度。操作方法为:双击任务栏上的扬声器图标,打开"音量控制"窗口,将音量调节设置成录音模式,然后确保录音源(麦克风或线路输入等)被选定。具体方法如下:

1)打开 Windows 下的音量控制台,选择菜单栏中的【选项】|【属性】命令打开"属性"对话框,如图 9-14 所示。

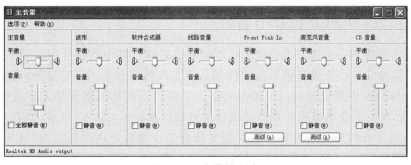

图 9-14　音量控制台

2)在"属性"对话框中的音量调节选项中选择"录音"单选按钮,在显示音量控制栏中选中"麦克风"等复选框,如图 9-15 所示。

图 9-15　"属性"对话框

3)在弹出的"录音控制"对话框中选中麦克风或线路输入或 CD 音频,使相应的音源有效,如图 9-16 所示。

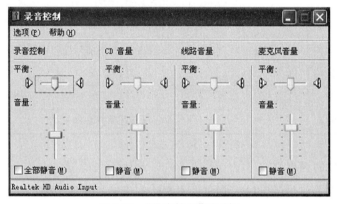

图 9-16　"录音控制"对话框

4. 开始录音

在做好以上工作后,就可以使用 Windows 系统中的"录音机"工具来录音。但是,系统中提供的录音机程序功能有限。实际录制过程中,大多数使用的是专门的音频处理软件,这些工具软件,不仅能提供规范的参数选择和更为灵活多样的编码格式,最主要的是能够录制任意时长的音频文件。

9.5.2　抓取 CD、VCD 和 DVD 音轨

获取数字音频的另一个快捷途径就是从不同的多媒体产品中直接抓取音轨信息,并转换压缩成所需的音频格式。一般的音频工具软件都具有直接抓取音乐 CD 的功能,而另一些软件则可以从更多媒体格式中抓取音轨,如 WaveLab 5.0 版既可直接抓取音乐 CD 又可以抓取音乐 DVD 中的音轨,国内的豪杰超级解霸软件提供了直接抓取音乐 CD、VCD 或 DVD 光盘等格式音轨的功能。最近上市的豪杰超级解霸 9.0 版支持更为全面的音轨抓取能力,可从 DVD、VCD、RM/RMVB、AVI、MPG、MV 等音视频混合的媒体中提取音频信息,并保存为一种称为 DAC 高

音质压缩格式或 WAV、MP3 格式的声音文件。

需要注意的是,在使用抓取音轨来采集数字音频的过程中,应该遵守有关法律规定,取得相应的使用权,避免以后出现知识产权纠纷。

9.5.3　编辑数字音频

完成音频采集后,一般情况下都需要对录制的音频做进一步的编辑,这需要由专门的音频编辑软件来完成。不管是数字化音频还是 MIDI 音频的编辑软件,都是用图示方式来表示声音,通过操作这些图示波形,实现对音频的剪切、复制、粘贴等精确编辑和效果制作。下面简单介绍一下音频编辑的基本内容。

音频编辑一般包括音频内容剪切、合成以及音质和效果的编辑等方面。

1)多音轨(Multiple Tracks)。多音轨是指为了制作声音效果、音乐等而将不同的声音信号放在不同的音轨上,分别编辑,同时播放,最后将这些音轨合成并且输出为单一的音频文件。

2)切边(Trimming)。进行声音编辑的第一项任务是从录音的最前面将无声的内容或空白部分删掉,并且删去文件末尾多余的内容,这种操作称为切边。即使剪切几秒钟也会对文件大小造成很大的影响。在进行切边时,通常利用鼠标选中录音的某一段波形,然后再选择剪切、删除或默声等菜单命令。

3)拼接和组合(Splicing and Assembly)。利用和切边相同的工具,可以删除外部噪声,也可以通过剪切和粘贴操作,将许多短的声音片断组合成较长的录音。在音频软件出来之前,这一过程是通过对磁带片断进行拼接、组合而完成的。

4)音量调节(Volume Adjustments)。如果要把多个不同的录音片断组合成一个单一的音轨,则各录音片段音量大小不一致的现象就无法避免。为了提供一个一致的音量水平,可选中音频文件中所有的数据,然后升高或降低总体音量到某一个特定的程度。不要将音量升高过多,否则可能损坏文件。最好利用声音编辑器将所有参与组合的文件归一化到特定的水平,即最大值的 80% 或 90%(这样避免削峰)。如果没有归一化到这一经验水平,最终音轨的音量将无法处于合理水平,因此决不能忽略这一步骤。有时候一张音频 CD 的音量可能比刚才播放的一张要低,或者由于音量太大以至于出现削峰的现象。在 Sound Forge 音频处理软件中专门提供了音量的归一化操作。

5)格式转换(Format Conversion)。在某些情况下,数字音频编辑软件读取的文件格式可能不符合应用要求。大多数音频编辑软件能够根据需要将文件存储为多种格式,大多数格式都能够被多媒体制作系统读取和导入。

6)重采样或降低采样率(Resampling or Down sampling)。如果所用的采样参数跟多媒体应用程序中的要求不相符,这时声音文件就必须被重新采样或降低采样频率。音频处理软件将检查已有的数字录音,然后经过处理来减小采样频率,这一过程可以节省可观的磁盘空间。

7)淡进和淡出(Fade-ins and Fade-outs):淡进指声音由弱变强,淡出则是由强变弱。这是音频段首尾处理最常用的两种效果,它使得声音文件的开头和结尾保持平滑。

8)均衡(Equalization)。一些程序提供了数字均衡功能,允许修改录音的频率分量,使得声音听起来更明亮或更低沉。

9)时间拉伸(Time Stretching)。时间拉伸是一种高级程序,允许在时间上改变声音文件的长度,但是不会改变其频率。这种特性非常有用,但使用时要注意:如果延长或缩短时间,长度的改变超过几个百分比之后，那么文件的音频质量也就无法得到保障。

10）数字信号处理（Digital Signal Processing,DSP）。与一些音频卡配套的处理程序可利用数字信号处理的算法来产生回响、延时、合声及其他声音特效。

除了以上基本编辑功能外，不同的音频处理软件还有其各自的特色功能，以实现不同的音频编辑。利用各种声音特效来处理原始录音数据能够极大地为多媒体应用项目增色。但是，过多的音效处理（尤其是重复同一效果）会适得其反。所以，千万不要片面追求音效。此外，一旦一种声音特效被处理并混合到音轨中之后，就再也无法对其进行复原编辑，因此务必保存最初的文件，这样若出现问题还可以重新编辑。

9.6 MIDI 音乐

9.6.1 MIDI 概述

MIDI（Musical Instrument Digital Interface,乐器数字接口）是由 YAMAHA、Roland 等公司在 1983 年联合提出并不断发展确定的数字音乐的国际标准，它规定了电子乐器和多媒体计算机之间进行连接的硬件及数据通信协议，是多媒体计算机所支持的又一种声音产生方法——MIDI 方法。

MIDI 方法就是将数字式电子乐器的弹奏过程记录下来，如选择的是什么乐器、弹下哪一个键、用了多大力气、持续了多长时间等。因此，MIDI 格式的数字化文件可以看作是乐谱的数字化描述，它记录的不再是声音波形，而是乐器的种类及音阶的高低、长短、强弱、速度等因素，这些被称为 MIDI 消息，存储为 MIDI 文件。当需要播放时，从相应的 MIDI 文件中将 MIDI 消息一一读出，通过音乐合成器产生相应的声音波形，经过放大后，再由扬声器输出。所以，MIDI 乐谱播放的质量是由最终用户的 MIDI 设备来决定，跟乐谱本身没有关系。因为 MIDI 文件保存的是一系列由 MIDI 消息组成的"乐谱"，因此 MIDI 的播放音质与设备有关。

和其他的声音文件（如 VOICE 文件和 WAVE 文件）比起来，MIDI 音乐文件所占的存储空间非常小（5min 乐曲的 MIDI 文件还不到 20 KB 的存储空间），特别适合于音乐创作及长时间播放音乐的需要。

9.6.2 MIDI 设备的配置与连接

一件乐器只要包含了能处理 MIDI 信息的微处理器及相关的硬件接口，就可以认为是一台 MIDI 设备。两台 MIDI 设备之间可以通过接口发送信息而进行相互通信。

一台 MIDI 设备可以有 1~3 个端口。

· MIDI In 接口：接收来自其他 MIDI 设备上的 MIDI 信息。

· MIDI Out 接口：用来输出本设备生成的 MIDI 信息。

· MIDI Thru 接口：将从 MIDI In 端口传来的信息发送到另一台相连的 MIDI 设备上。

接收设备的 MIDI In 连接器内常采用光电耦合器实现收、发设备之间的电气隔离。MIDI 信息采用异步串行方式传输，传输速率为 31.25kb/s。在进行 MIDI 通信时，用户可以通过标准的 MIDI 电缆来相互连接各端口。MIDI 电缆由一根屏蔽双绞线和两端带有插入式的 5 针 D 型插头组成，如图 9-17 所示。

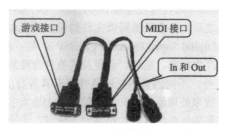

图 9-17　MIDI 与游戏接口电缆

另外，MIDI 设备还可以配备电子键盘、合成器、音序器（MIDI 软件）及扬声器或音箱等。多媒体计算机与 MIDI 设备的连接方法如图 9-18 所示。

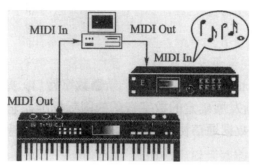

图 9-18　多媒体计算机与 MIDI 设备连接示意图

MIDI 键盘主要用于产生 MIDI 信息。可以将一个 MIDI 的输出接口用 MIDI 电缆连接到 MIDI 声音合成器的输入端口，这样，便可以在 MIDI 键盘上演奏或编曲，而把乐曲演奏或编辑的信息记录的过程可由计算机来完成。

MIDI 合成器是一种电子设备，使用数字信号处理器或其他类型的芯片产生音乐或声音。当一组 MIDI 音乐通过音乐合成器芯片进行演奏时，音乐合成器负责对这些指令符号进行解释，产生声音波形并通过声音发生器送至扬声器。标准的多媒体计算机平台能通过内部的合成器或者与计算机的 MIDI 端口相连的外部合成器把 MIDI 文件播放成音乐。

MIDI 软件（音序器）是用于记录、编辑和播放 MIDI 文件的一种软件，其作用相当于 MIDI 乐器的一台多轨磁带录音机。大多数音序器都可以输入和输出 MIDI 文件。MIDI 软件可以帮助专业音乐工作者和音乐爱好者通过 MIDI 文件进行多种乐器的合成、乐曲的修改和播放等。综上所述，一个 MIDI 创作系统大致应具备电子键盘、合成器（或音序器）、MIDI 控制器、扬声器及连接这些设备的 MIDI 电缆。

9.6.3　播放 MIDI 音乐

声卡播放 MIDI 音乐最常用的方法有 FM 合成与波表合成这两种。FM 是运用声音振荡的原理对 MIDI 进行合成处理的，但由于其技术本身的局限，加上这类声卡大多采用廉价的 YAMAHA OPI 系列芯片，因此效果较差。

另一种是波表（WaveTable）合成，效果较好。波表合成是将各种真实乐器所能发出的所有声音（包括各个音域、声调）录制下来，存储在声卡的 ROM 中，称为硬波表。播放时，根据 MIDI 文件记录的乐曲信息向波表发出指令，从表格中逐一找出对应的声音信息，经过合成、加工后回放出来。由于它采用的是真实乐器的采样，所以效果好于 FM。

9.6.4　制作 MIDI 音乐

MIDI 是制作原创音乐时最快捷、最方便、最灵活的工具。但是制作一段原创的 MIDI 乐谱还需要对音乐有一定的了解。

从技术的层面来看,创作 MIDI 音乐的过程与将现有的音频数字化的过程完全不同。如果把数字化音频比成位图图像(两者都利用采样技术将原始的模拟媒体转换为数字信息),那么 MIDI 就可以类比为矢量图形(两者都利用给定的指令在运行时重建)。对于数字化音频,只需要利用声卡录制或播放音频文件。但是为了制作 MIDI 音乐(乐谱),还需要按图 9-18 所示的示意构成系统,即多媒体计算机中的声卡需要带一个声音合成器(Sound Synthesizer)。此外,还要有一个作曲软件及一个 MIDI 键盘,这样才具备创作 MIDI 乐谱的基础条件。

乐谱创作软件能够录制、编辑、打开 MIDI 乐谱并播放 MIDI 音乐。另外,一些乐谱创作软件还能通过对乐谱进行量化来调节节拍的不一致问题。

MIDI 乐器的选择可以说是 MIDI 编辑中的一个很重要的问题。例如,同一首乐曲,可选择钢琴或萨克斯等不同的乐器来演奏。MIDI 标准规定了不同的演奏乐器并用编号加以区分,范围在 0～127 之间。在 MIDI 乐谱中,有一个乐器 ID 用来决定以何种乐器来播放乐曲,为了改变乐器,只需改变该数值即可。注意,有些 MIDI 设备对编号增加一个单位的偏移,即采用 1～128,大多数软件内部都有开关来适应这样的设备。

由于 MIDI 与设备有关,同时用户使用的播放硬件设备的质量各不相同,因此它在多媒体工作中的主要角色与其说是发布媒体,不如说是制作工具。目前,MIDI 是为多媒体项目创建原始音乐素材的最佳途径,使用 MIDI 能够带来所希望得到的灵活性和创新。当 MIDI 音乐创作完成且能够用于多媒体项目时,应该将其转换成数字音频数据来准备发布。

市面上能创作 MIDI 乐谱的软件产品很多,较专业的是 Cakewalk,目前国内流行的是 Cakewalk 9.0x 版。

9.6.5　乐谱的扫描与识别

除了通过 MIDI 方法创作乐谱(MIDI 音乐)以外,还可以利用扫描-识别技术,快速将印刷乐谱数字化,保存为 MIDI 乐谱。

Musitek 公司开发的 SmartScore 软件不仅是一款乐谱创作软件,而且可以用来扫描识别乐谱,其基本思想类似于与文字的 OCR 技术。首先,通过扫描仪将乐谱以图像的方式扫描成数字图像(注意扫描参数的选择与设置),分辨率一般选择 150～300 dpi,图像类型为黑白二值或 OCR,扫描后的图片以 TIF 格式存储;然后,通过乐谱识别功能识别出可编辑的数字乐谱并进行校对、编辑。SmartScore 不仅能对当前扫描的图片进行识别,也可以打开事先存储好的乐谱图片并进行识别,识别完成后会提示将识别的结果保存为 SmartScore 专用格式的 .enf 文件。为了编辑、校对方便,该软件将窗口分为上、下两个部分:上半部分显示扫描到的图像原稿,下半部分是识别的结果(见图 9-19),使用者可对照原稿检查、试听识别的准确性,并利用不同的编辑工具进行修改;最后,将编辑结果保存为多音轨的 MIDI 文件。

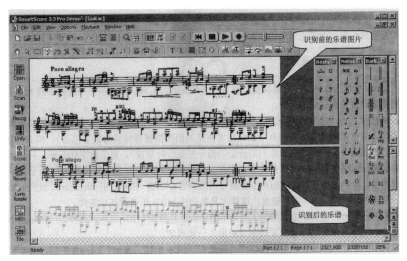

图 9-19　SmartScore 软件的乐谱识别界面

9.6.6　MIDI 与数字音频的比较

MIDI 是 20 世纪 80 年代为电子音乐设备和计算机之间进行通信而开发的通信标准,它允许不同制造商生产的音乐和声音合成器通过在彼此之间连接的电缆上发送消息来实现相互的通信。MIDI 提供了用于传递音乐乐谱的具体描述协议,它能够描述音符、音符序列及播放这些音符采用的设备。但是,MIDI 数据本身并非数字化的声音,它只是利用数字形式对乐谱进行速记的符号。数字音频是一段录音,而 MIDI 只是乐谱,前者是由音响系统的性能来决定的,后者是由音乐设备的质量和音响系统的性能来决定的。

一个 MIDI 文件是一组带有时间戳的命令,这些命令记录了音乐的动作(如按下钢琴的一个键或者控制盘的一次移动)。当 MIDI 文件被送到 MIDI 回放设备时,这些动作就形成了声音。一个简单的 MIDI 消息能够导致乐器或者电子合成器产生复杂的声音或者声音序列,因此 MIDI 文件通常比相当的数字化波形文件要小。

区别于 MIDI 数据的是,数字音频是以成千上百个实际的数值(称为样本)形式存储的声音,这些数字化的数据描述了一个声音在离散空间的瞬时值。由于数字音频与播放设备无关,因此无论在什么时候回放,总能听到同样的声音。但是,这种一致性需要较大的数据存储空间。数字音频多用于 CD 和 MP3 文件。

MIDI 数据相对于数字音频的数据而言,正如矢量图形相对于位图图形一样,即 MIDI 数据与设备有关,而数字音频数据与设备无关。矢量图形会根据打印设备和显示设备的不同使呈现出来的外观也有一定的差异,同样,MIDI 音乐文件制作的声音也依赖于特定的回放设备。而数字化的音频数据与回放的设备关系不大,播放效果几乎一样。

相对于数字音频来说,MIDI 具有以下几个优点:

1)MIDI 文件比数字音频文件尺寸更小,MIDI 文件的大小与播放质量完全无关。通常,一个 MIDI 文件的大小比具有 CD 音质的数字音频文件要小 200～1000 倍。由于 MIDI 文件非常小,因此它们不用占据很大的 RAM 存储器、磁盘空间和 CPU 资源。

2)有些情况下,如果使用的 MIDI 声源质量很高,MIDI 音乐听起来将会比相当的数字音频文件更好。

3)由于 MIDI 文件非常小,可以嵌入到网页中,因此下载和播放要比数字音频速度快。

4)MIDI 数据是完全可编辑的,可对 MIDI 音乐的音符、音高、输出设备等很小的乐谱单元(通常精确度可以达到几分之一毫秒)做精确的编辑和修改;而对于数字音频来说这是不可能的。

另外,MIDI 也有以下几个方面的不足:

1)由于 MIDI 数据并不表示实际的声音,而是音乐设备的声音,因此只要 MIDI 的播放设备与制作 MIDI 时使用的设备不一样(播放设备的电子特性及采用的声音合成方法不同),播放的最佳效果也就无法达到。

2)采用 MIDI 无法表示语音信号。

采用数字音频还有两个额外的,而且经常是起决定性作用的原因:

· Macintosh 和 Windows 平台为数字音频提供了更多的应用软件和系统支持。

· 创建数字音频的准备和编程工作并不需要具备音乐理论的专业知识,但是处理 MIDI 数据除了需要了解音频制作,还需要对音乐乐谱、键盘和音符有所了解。

9.7　常用的音频处理工具

9.7.1　音频处理软件概述

目前,音频信息处理软件非常丰富。常用的音频处理软件主要有如下几种。

1. Windows 录音机

该软件是 Windows 操作系统附带的一个声音处理软件。它可以录制、混合、播放和编辑声音,也可以将声音链接或插入到另一个文档中。利用该软件可做的编辑操作有:向文件中添加声音,删除部分声音文件,更改回放速度,更改回放音量,更改或转换声音文件类型,添加回音。Windows 录音机可以使用不同的数字化参数录制声音,可以使用不同的算法压缩声音,但其只能打开和保存.wav 格式的声音文件,对声音文件的编辑和处理功能也比较简单。

2. GoldWave

GoldWave 是一款简单易用的数码录音及编辑软件。通过它不仅可以将声音文件播放、进行各种格式之间的转化,还可以对原有的或自己录制的声音文件进行编辑,各种各样的效果均可得以实现。GoldWave 除了支持最基础的 WAV 格式外,它还直接可以编辑 MP3 格式、苹果机的 AIF 格式、视频 MPG 格式的音频文件、甚至还可以把 Matlab 中的 MAT 文件当作声音文件来处理。

3. Adobe Audition

Adobe Audition 的前身为 CoolEdit。2003 年 Adobe 公司收购了 Syntrillium 公司的全部产品,用于充实其阵容强大的视频处理软件系列。

Adobe Audition 是一个非常出色的数字音乐编辑器和 MP3 制作软件。不少人把它形容为音频"绘画"程序。用户可以用声音来"绘"制:音调、歌曲的一部分、声音、弦乐、颤音、噪音或是调整静音。而且它还提供有多种特效为用户的作品增色:放大、降低噪音、压缩、扩展、回声、失真、延迟等。用户可以同时处理多个文件,轻松地在几个文件中进行剪切、粘贴、合并、重叠等声音操作。使用它可以生成的声音有:噪音、低音、静音、电话信号等。该软件还包含有 CD 播放器。其他功能包括：支持可选的插件，崩溃恢复，支持多文件，自动静音检测和删除，自动节拍查找，录制等。另外，它还可以在 AIF，AU，MP3，RAW，PCM，SAM，VOC，VOX，WAV 等文件格式之间进行转换，并且能够保存为 RealAudio 格式。

Adobe Audition 功能强大，控制灵活，使用它可以录制、混合、编辑和控制数字音频文件。也可轻松创建音乐、制作广播短片、修复录制缺陷。通过与 Adobe 视频应用程序的智能集成，音频和视频内容能够合理结合在一起。

将在 9.7.2 重点介绍 Au 3.0。

4. All Editor

All Editor 是一款超级强大的录音工具。不仅如此，All Editor 还是一个专业的音频编辑软件，它提供了多达 20 余种音频效果供用户修饰自己的音乐，比如淡入淡出、静音的插入与消除、哇音、混响、高低通滤波、颤音、震音、回声、倒转、反向、失真、合唱、延迟、音量标准化处理等。软件还自带了一个多重剪贴板，使更复杂的复制、粘贴、修剪及混合操作得以顺利完成。

在 All Editor 中用户可以使用两种方式进行录音，边录边存或者是录音完成后再行保存，并且无论是已录制的内容还是导入的音频文件都可以全部或选择性地导出为 WAV，MP3，WMA，OGG，VQF 文件格式（如果是保存为 rap3 格式，还可以设置其 ID3 标签）。

5. Sound Forge

Sound Forge 是 Sonic Foundry 公司开发的一款功能极其强大的专业化数字音频处理软件。它能够非常方便、直观地实现对音频文件（WAV 文件）以及视频文件（AVI 文件）中的声音部分进行各种处理，使最普通用户到最专业的录音师的所有用户的各种要求均能够通过它得到满足，所以一直是多媒体开发人员首选的音频处理软件之一。

6. Samplitude

Samplitude 是一种由音频软件业界著名的德国公司 MAGIX 出品的 DAW（Digital Audio Workstation，数字音频工作站）软件，用以实现数字化的音频制作。它集音频录音、MIDI 制作、缩混、母带处理于一身，功能强大全面，一直是国内用户范围最广、备受好评的专业级音乐制作软件。

7. Midisoft Studio

该软件是 Midisoft Corporation 出品的专业 MIDI 制作软件，可录制、播放 MIDI 等格式的乐曲，并可编辑、打印乐谱（五线谱）。它的主体部分是一乐谱窗口和混音窗口。编制一首乐曲只需将音符搬到五线谱上即可，它提供的多种设置可满足绝大多数乐曲的要求。

8. Cakewalk Sonar

Cakewalk Sonar 是在电脑上创作声音和音乐的专业工具软件。专为音乐家、作曲家、编曲者、音频和制作工程师、多媒体和游戏开发者以及录音工程师而设计。Cakewalk Sonar 支持 WAV，MP3，ACID 音频，WMA，AIFF 和其他流行的音频格式，并提供所需的所有处理工具，让用户快速、高效地完成专业质量的工作。

Cakewalk Sonar 是在音乐制作软件 Cakewalk 的基础上发展而来的，该软件至今仍有很多音乐人在使用。随着计算机技术的飞速发展，电脑的性能也越来越强，在音乐制作领域中发挥的作用也越来越大，Cakewalk Sonar 正是依据这个历史潮流发展壮大起来的，从最早的 Cakewalk

Sonar 1.0 版发展到今天,已经发展成为全能的音乐制作工作站软件,更成为专业音乐人必会的软件之一。

9. Audio Creator

Audio Creator 集成了数字时代所有必需的音频工具。使用 Audio Creator 的虚拟工具包,只需单击一下功能按钮就可以实现相应的功能:包括录制和编辑,刻录和抓轨,转换和整理 CD 或 MP3 唱片集,编码,标签和组织以及在互联网上发布。

9.7.2 专业级音频处理软件——Adobe Audition

Adobe Audition 是 Adobe 公司的音频处理产品,简称 Au,是一款集音频录制、混合、编辑和控制于一身的音频处理工具软件,功能强大,控制灵活,使用它可以录制、混合、编辑和控制数字音频文件,也可轻松创建音乐,制作广播短片,修复录制缺陷等,以获得所需的音频处理效果。本节对 Au 3.0 作简单介绍。

1. Au 3.0 的新特性

Au 3.0 是 Adobe 公司于 2007 年 11 月 8 日发布的新版音频处理软件,它提供了一个功能强大的单音轨编辑和多音轨混合编辑的音频处理环境,在保持原系统设计基本功能的基础上,充分利用最新多核处理器的硬件支持优势,优化混合引擎,新的自动淡进淡出和改进的自动编辑技术使多轨混合处理更快。Au 3.0 在录音与混合(Record and Mix)、创建和安排乐器(Create and Arrange)、编辑和控制(Edit and Master)等方面扩充或增强了新的功能。

①支持 VSTi 虚拟乐器,这意味着 Audition 由音频工作站变为音乐工作站。通过 VST 插件管理器,可快速启用或禁用特定的 VST 插件,优化性能。

②增强的频谱编辑器。可按照声像和声相在频谱编辑器里选中编辑区域,编辑区域周边的声音平滑改变,处理后不会产生爆音。

③增强的多轨编辑,可编组编辑,做剪切和淡化。

④新效果包括卷积混响、模拟延迟、母带处理系列工具、电子管建模压缩。

⑤iZotope 授权的 Radius 时间伸缩工具,音质更好。

⑥新增吉他系列效果器。

⑦可快速缩放波形头部和尾部,方便做精细的淡化处理。

⑧更强的性能,对多核 CPU 进行优化。

⑨增强的降噪工具和声相修复工具。

⑩波形编辑工具,拖拽波形到一起即可将它们混合,交叉部分可做自动交叉淡化。

2. Au 3.0 的工作模式

数字音频处理的基本功能需求单轨录音、单轨编辑、多轨混合编辑、效果处理、音频输出等,除此之外,已经处理好的多段数字音频可能需要刻录成 CD 光盘。Au 3.0 根据音频处理的这些基本功能需求,分别定义了编辑模式、多轨模式和 CD 模式这三种模式,形成了 Au 3.0 特有的集成处理环境。

(1)编辑模式

编辑模式提供强有力的单轨编辑能力,用户可以在该模式下,按照不同应用需求的音频质量标准(如无线电广播、Internet、刻录 CD、制作 DVD 等音质),对单个的音频文件进行编辑修改。

具体操作和编辑处理在"编辑视图"中完成。

（2）多轨模式

多轨模式提供最多 128 个音轨的多音轨混合能力，用户可在该模式下，将单轨处理的多个相关音频文件，分别导入到不同音轨，进行混合试听、效果调试、混合等操作控制，最终将这些不同音频混合到一起，从而创建复杂的音乐作品或视频所需的音频素材。具体操作和处理在"多轨视图"中完成。

（3）CD 模式

CD 模式提供 CD 光盘刻录所需的操作功能，在该模式下，用户可添加音频文件到 CD 音轨，编辑修改音轨属性（音频来源、音轨标题、版权等）、调整 CD 音频顺序（CD 光盘目录顺序）、删除 CD 音频文件及刻录 CD 光盘等，还可选中不理想的音频文件进入编辑模式重新进行编辑。具体操作和处理在"CD 视图"中完成。

利用 Au 3.0 的集成处理环境，用户可以在不同模式之间"无缝"切换，同时进行单轨编辑、多轨混合和制作 CD 光盘等工作，以便专业水准的音频得以顺利制作出来。Au 3.0 的集成环境可延伸到 Adobe 视频处理应用中去，可很容易地将 Au 3.0 的音频处理纳入到 Adobe 的视频应用中。

3. 编辑视图

Au 3.0 的编辑视图（Edit View）是一个提供单轨编辑功能的人机操作界面，由主菜单、视图切换按钮、文件面板、效果面板、收藏夹面板、传送器面板、时间面板、缩放面板、选择/查看面板、电平面板及主群组（单轨编辑区）组成，默认的界面布局如图 9-20 所示。

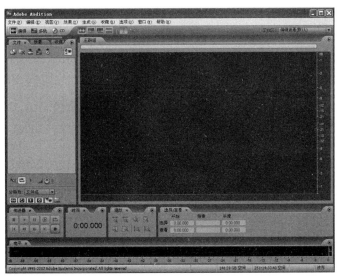

图 9-20　编辑视图

（1）主菜单

编辑视图下的主菜单包括"文件"、"编辑"、"视图"、"效果"、"生成"、"收藏"、"选项"、"窗口"、"帮助"等 9 个菜单项。

1）文件。定义了对单个音频文件的相关操作，如新建、打开、追加打开、保存、另存为、全部保存、关闭、全部关闭等操作。其中，"追加打开"可方便地将多个音频文件按顺序放入同一音轨，方便完成多段音频的拼接处理。

2)编辑。定义了对单音轨中音频信息编辑的相关操作,如工具、编辑声道、剪贴板设置、剪切、复制、粘贴、混合粘贴、插入到多轨区、插入到 CD 列表、选择整个波形、调整采样率、转换采样类型、系统参数设置、设置音频硬件等操作。在这些功能的基础上,能够实现音频内容的编辑,如选择整个音轨或选择音轨中某个时间段的一段音频,进行复制、剪切、粘贴、混合粘贴等操作,其中,混合粘贴是指将剪贴板中的内容与选定位置的音频内容叠加,形成新的音频内容;可以在制作新的音频之前,修改采样频率和采样类型;可以将编辑好的音频直接插入多音轨区或 CD 列表;可设置和选择多个剪贴板,将复制的不同内容放入不同的剪贴板,方便多段音频的拼接编辑操作。

3)视图。定义了编辑视图下的界面显示内容及到多轨视图和 CD 视图的转换操作。比如,选中"显示波形"或"显示频谱"或"显示声相谱"或"显示相位谱",可在音轨中以对应方式显示音频。如果选中的是"显示波形",并对音频波形做了缩放操作,同时选中了"顶部/尾部视图",则主群组视图变为 3 部分,它们分别为音频首部、放大的中部、音频尾部。

4)效果。定义了编辑视图下单个音轨编辑可用的效果,如选定音频段的上下翻转、前后倒转、静音、修复、变速/变调、延迟和回声、振幅和压限、时间和间距、混响、滤波和均衡、立体声声相、调制、VST 插件管理器等。

5)生成。定义了编辑视图下可能需要随时使用的几种特殊声音生成操作,如静音、噪声、脉冲信号、音调等,利用静音操作,可以在音频信号时间线的当前位置,插入指定时间长度的静音区;利用噪声操作,可以在音频信号时间线的当前位置,插入指定时间长度的各种噪声;利用脉冲信号操作,可以在音频信号时间线的当前位置,插入数字和英文字母等字符的合成脉冲音,如拨打电话时的按键声;利用音调操作,可以在音频信号时间线的当前位置,插入指定时间长度的不同音调,如"嘟……"。

6)收藏。定义(保存)了一些常用的效果处理配置参数,选择之后可直接将效果作用于选定的音频段。其内容随使用者的添加和删除操作而发生一定的变化。

7)选项。定义了单轨编辑或多轨混合编辑时常用的一些工作方式或参数选择操作,如循环播放模式、时间录音模式、测量等。选定"循环播放模式",播放音频时可循环播放,否则只播放一遍;选定"时间录音模式",录音时可指定录音时间长度,否则录音不受时间限制;测量命令用于选择视图中显示的电平精度和动态范围等。

8)窗口。定义了视图中相关面板的显示/不显示操作,选定则显示,未选定则不显示。

9)帮助。定义 Au 3.0 帮助文件的链接,单击可打开帮助文件,获取操作帮助信息。

(2)视图切换按钮

视图切换按钮位于"文件"主菜单下方,包括"编辑"、"多轨"和"CD"3 个按钮,用鼠标单击其一,操作界面将切换到相应视图。

(3)传送器面板

该面板定义了单轨和多轨视图下的音频播放和录音操作,包括停止、播放、暂停、从指针处播放、循环播放、快进、快倒、转到开始或上一个标记、转到结尾或下一个标记及录音等。

(4)时间面板

操作过程中音频时间线指针的具体时间可通过该面板显示出来。

（5）缩放面板

该面板定义了编辑音轨的横向（时间线或采样率）、纵向（幅度）的放大、缩小操作。选择该面板中的相应工具，可对视图中的音频信号进行时间线或幅度的放大或缩小，也可通过滚动鼠标旋钮完成快速的放大或缩小操作。如果上次选择的是横向缩放工具，则滚动鼠标旋钮，继续进行横向缩放，如果上次选择的是纵向缩放工具，则滚动鼠标旋钮，继续进行纵向缩放操作。

需要说明的是，当缩放后，音频波形不能在视图窗口全部显示时，可通过拖动波形下方（右侧）的灰色时间线（动态范围）来左右（上下）移动音频波形，方便进行详细的查看。

（6）选择/查看面板

该面板显示了音轨窗口目前可看到的音频信号的起始时间位置、结束时间位置及时间长度。如果选中了其中的一段音频，则同时显示所选择的这段音频的起始时间位置、结束时间位置及时间长度。如图 9-20 中的选择/查看面板。

（7）电平面板

该面板显示播放音频时的信号电平。

（8）其他面板

视图中的文件面板、效果面板、收藏面板等与主菜单中的"文件"、"效果"、"收藏"基本对应，不再赘述。

4. 多轨视图

Au 3.0 的多轨视图（Multitrack View）是一个提供多轨混合编辑功能的人机操作界面，同编辑视图类似，也由主菜单、视图切换按钮、文件面板、效果面板、收藏面板、传送器面板、时间面板、缩放面板、选择/查看面板、会话属性面板、电平面板及主群组和混音器组成，默认的界面布局如图 9-21 所示。

图 9-21　多轨视图

区别于编辑视图的是主菜单、主群组、混音器这 3 个方面,其他内容与编辑视图的相应内容相同或相似。

(1)主菜单

多轨视图下的主菜单包括"文件"、"编辑"、"剪辑"、"视图"、"插入"、"效果"、"选项"、"窗口"、"帮助"等 9 个主菜单项。与编辑视图主菜单的不同主要有以下几点:

1)文件。定义了对音频会话(Session)文件的相关操作,如新建、打开、保存会话、会话另存为、关闭会话、全部关闭等操作。这里所说的"会话"是 Adobe Audition 中所定义的音频项目文件,一个会话中可包含多个音频文件,便于多轨编辑。另外,文件主菜单中还提供了"导入"单个音频文件和"导出"多轨混音效果到一个音频文件的操作。

2)插入。定义了多轨视图下的相关插入操作,比如,插入音频、MIDI、视频中的音频、音轨、MIDI 轨、视频轨、总线轨等操作。

3)剪辑。定义了多轨视图下的相关剪辑操作,比如静音、分离、合并、左对齐、右对齐、调整边界、修剪、填充、剪辑淡化、移除、销毁等。

(2)混音器

混音器是一种将多路输入的各种音频信号,通过各种调节、混合形成一路输出信号的音频处理设备,Au 3.0 中的混音器如图 9-22 所示。

使用混音器,可以设置需要混音的各路输入音频信号,为各路音频实时添加音频效果,这样的话,需要的音频输出效果即可得以实现。

(3)主群组

主群组由多个音轨组成,提供多音轨编辑能力,每个音轨可提供输入/输出设置、效果设置、发送、均衡等快捷操作,这些调节与混音器中的相应调节相同,只不过是在不用切换的情况下直接调节。

图 9-22 Au 3.0 的混音器面板

5. CD 视图

Au 3.0 的 CD 视图（CD View）是一个提供 CD 光盘内容编辑和光盘刻录功能的人机操作界面，它由主菜单、视图切换按钮、文件面板、主群组组成，默认的界面布局如图 9-23 所示。

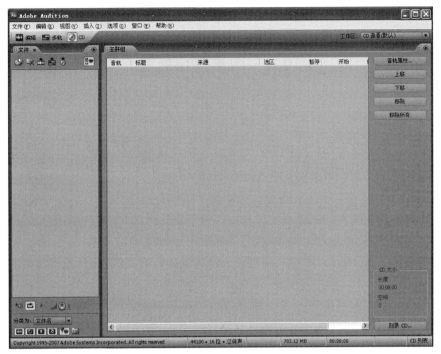

图 9-23　CD 视图

（1）主菜单

CD 视图下的主菜单包括"文件"、"编辑"、"视图"、"插入"、"选项"、"窗口"、"帮助"等 7 个主菜单项，各菜单项都是为编辑 CD 列表和刻录 CD 光盘提供支持。

1）文件：定义了与 CD 列表相关的相应操作，如新建、打开、保存、另存为、关闭、全部关闭、全部保存等操作。这些操作全部是针对 CD 列表文件的。同时提供针对单个音频文件的导入操作。

2）插入：定义了 CD 视图下的相关插入操作，比如，插入音频、提取视频中的音频等操作，完成将音频插入到 CD 列表的功能。

3）选项：提供查看光盘刻录机设备属性的操作。

（2）主群组

提供 CD 列表的编辑能力，通过单击鼠标右键，可在弹出的快捷菜单中选择"插入音频"或"移除所有音轨"命令，完成向 CD 列表插入音频或删除音频的功能。右侧的"上移"、"下移"可调整 CD 列表中音频的先后顺序，"音轨属性"可编辑每个音频的名称、版权等信息。CD 列表编辑完成后，可用鼠标单击右下方的"刻录 CD"按钮，开始刻录 CD 光盘。

以上简单介绍了 Au 3.0 的特性、工作模式和操作界面，详细的操作过程可参见 Au 3.0 的帮助文件或相关技术资料。需要说明的是，Au 3.0 是一款功能强大的专业化的音频处理软件，使用过程中需要一定的声音处理方面的专业知识，因此，学习过程中要及时查阅相关技术资料。

第 10 章　图形与图像处理技术

10.1　图形图像概述

10.1.1　图像的颜色

颜色通常可以分为非彩色和彩色两种类型。非彩色包括黑色、白色和介于两色之间深浅不一的灰色，其他的颜色均属于彩色。

1.颜色的三要素

颜色是通过可见光被人的视觉系统感知的。由于物体内部物质结构的差异，受光线照射后，产生光线的分解现象，一部分光线被吸收，另一部分被反射或透射出来，人们通过反射或透射的光线而感知物体的颜色。所以，颜色实质上是一种光波。研究发现，颜色的不同是由光波的波长来决定的。

除了利用波长来描述颜色外，人们通常还基于视觉系统对不同颜色的直观感觉来描述颜色，规定利用亮度、色调和饱和度 3 个物理量区分颜色，并称之为颜色的三要素。

（1）亮度

亮度是描述光作用于视觉系统时引起明暗程度的感觉，是指颜色明暗深浅的程度。一般来说，对于发光物体，它辐射的可见光功率越大，亮度越高，反之亮度越低。而对于不发光的物体，其亮度是由它吸收或者反射光功率的大小来决定的。

（2）色调

色调是指颜色的类别，如所谓的红色、绿色、蓝色等就是指色调。由光谱分析可知，不同波长的光呈现不同的颜色。人眼是通过看到一种波长或由多种波长混合的光所产生的感知来分辨颜色的类别。某一物体的色调取决于它本身辐射的光谱成分或在光的照射下所反射的光谱成分对人眼刺激的视觉反应。

（3）饱和度

饱和度是指颜色的深浅程度。对于同一种色调的颜色，其饱和度越高，颜色越深，如深红、深绿、深蓝等；其饱和度越低，则颜色越淡，如淡红、淡绿、淡黄等。高饱和度的深色光可混合白色光而减淡，成为低饱和度的淡色光。因此，饱和度可认为是色调的纯色混合白色光的比例。例如，一束高饱和度的蓝色光投射到屏幕上会被看成深蓝色光，若再将一束白色光也投射到屏幕上并与深蓝色重叠，则深蓝色变成淡蓝色，而且投射的白色光越强，颜色越淡，则饱和度越低。黑色、白色和灰色的饱和度最低，而 7 种光谱色（红、橙、黄、绿、青、蓝、紫）的饱和度最高。

2.三基色原理

实践证明，任何一种颜色都可以用红、绿、蓝这 3 种基本颜色按不同比例混合得到，此过程可逆推既有，任何色光都可以分解成这 3 种颜色光，这就是所谓的三基色原理。实际上，基本颜色的选择并不是唯一的,只要颜色相互独立,任何一种颜色都不能由另外 2 种颜色合成,就可以选择这 3 种颜色为三基色。然而由于人眼对红、绿、蓝 3 种颜色光最为敏感,所以通常都选择它们作为基色。

由于各种颜色都可以用三种基色混合而成,基于三基色原理,人们还提出了相加混色和相减混色的理论。

（1）相加混色

把 3 种基色光按不同比例相加称为相加混色。三基色混合的比例决定混合色的色调,当三基色的比例相同时得到的是白色。三基色进行等量相加混合得到颜色的关系为:红色＋绿色＝黄色、红色＋蓝色＝品红、绿色＋蓝色＝青色、红色＋绿色＋蓝色＝白色、红色＋青色＝绿色＋品红＝蓝色＋黄色＝白色等。

（2）相减混色

相减混色利用了滤光特性,即在白光中减去一种或几种颜色而得到另外的颜色。比如黄色＝白色－蓝色,红色＝白色－绿色－蓝色等。用油墨或颜料进行混合得到颜色采用的就是相减混色。不难理解,若我们看到的物体呈黄色,那是因为光线照射到物体上时,物体吸收了白色光中的蓝色光而反射黄色光的缘故。

10.1.2　图像的种类

在计算机中使用两种图:一种叫做位图（Bitmap Image）,另一种叫做矢量图（Vectory）。通常情况下会将位图称之为图像,将矢量图称之为图形。

1. 位图

图像又称点阵图像或位图图像。位图式图像是由许多点组成的,这些点称为像素。当许许多多不同颜色的点（即像素）组合在一起便构成了一幅完整的图像。位图的清晰度是由像素点的多少来决定的,单位面积内像素点数目越多则图像越清晰,否则越模糊。

当人眼观察由像素组成的界面时,为什么看不到像素的存在呢?是因为人眼对细小物体的分辨率有限,当相邻两像素对人眼所张的视角介于 1～1.5 时,人眼就无法区分两个像素点了。图 10-1 放大后的点阵图像如图 10-2 所示,可以看出,放大后的点阵图像明显是由像素组成。

 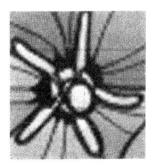

图 10-1　位图原始图　　　　图 10-2　放大后位图

位图占据的存储器空间比较大,位图文件记录的是组成点阵图的各像素的色度和亮度信息,颜色的种类越多,图像文件越大。位图主要用于表现自然景物、人物、动植物和一切引起人视觉感受的景物。将它放大、缩小和旋转时会产生失真。

在多媒体制作过程中,这类图像关注的重点是"获取"、"编辑"和"处理"。即可以通过扫描仪、数码照相机等多媒体采集设备获得,以适当的文件格式存储到计算机后,再通过图像编辑软件对所获得的图像进行进一步的编辑、加工,以达到制作所需的素材效果。

位图处理软件有:Photo Editor、Ulead PhotoImpact、Photoshop、Paint Shop Pro 等。Photoshop CS 将会在后面介绍到。

2. 矢量图

图形又称矢量图形、几何图形或矢量图,与位图不同,矢量图没有分辨率,也不使用像素。通常,它的图形形状主要由点和线段组成。矢量图是用一系列计算机指令来描述和记录一幅图,如画点、画线、画曲线、画圆、画矩形等,分别对应不同的画图指令。

它的图像格式文件只记录生成图的算法和图上的特征点。例如,同样是一个圆形,矢量图可以通过 Circle(x,y,r,color)这样的指令来实现,其中,x,y 用以确定圆心的坐标,r 为圆的半径,而 color 则用于描述圆形的颜色。这种方式实际上是用数学的方式将一幅图形描述出来,而对于图形的编辑、修改也是根据各子图对应的指令表达式实现的。

这些特点使得矢量图可以进行任意放大、变形、改变颜色等操作,而且,因为只是记录图形的信息特征,所以在文件的存储容量上,矢量图比位图小很多。但是,在图像色彩的表现力上,矢量图就没有位图那么好的表现效果了。而且,在表现复杂的图形时,计算机要花费很长的时间去执行绘图指令,每一步编辑操作都要进行大量的运算。所以,矢量图多用于制作文字、线条图形或工程制图等。矢量图的特点是占用的空间小,放大或缩小后不失真。放大前的矢量图如图 10-3 所示,放大后的矢量图如图 10-4 所示。

 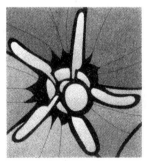

图 10-3　放大前矢量图　　　　图 10-4　放大后矢量图

在多媒体制作中,矢量图更多的侧重于"创建"和"绘制",即将一些实际生活中没有或很难获得的图形以矢量图的形式绘制出来。然后,再将矢量图转换成位图或供其他用途使用。在进行动画制作时,常需要将内容主体绘制成矢量图的形式,然后再转换成位图做进一步的编辑、处理。

矢量图形绘制软件有:CorelDRAW、Fireworks、FreeHand、Adobe Illustrator 等。

10.1.3　图像的基本属性

1. 分辨率

分辨率分为显示分辨率、图像分辨率和设备分辨率。显示分辨率和图像分辨率是我们经常遇到的分辨率。

（1）显示分辨率

显示分辨率是指显示屏上能够显示出的像素数目。一般屏幕分辨率是由计算机的显示卡所决定的。例如，显示分辨率为 640×480 像素表示显示屏分成 480 行，每行显示 640 个像素，整个显示屏就含有 307200 个显像点。屏幕能够显示的像素越多，说明显示设备的分辨率越高，显示的图像质量也就越高。

（2）图像分辨率

图像分辨率是指组成一幅图像的像素密度的度量方法。对同样大小的一幅图，如果组成该图的图像像素数目越多，则说明图像的分辨率越高，看起来逼真程度就越高。相反，图像显得越粗糙。这种分辨率又有多种衡量法，典型的是以每英寸的像素数（Pixel Per Inch，PPI）来衡量。图像分辨率和图像尺寸一起决定文件的大小及输出质量。该值越大，图像文件所占用的磁盘空间也越大，进行打印或修改图像等操作所花时间也就越多。图像分辨率与显示分辨率是两个不同的概念。图像分辨率和图像的尺寸确定了组成一幅图像的像素数目，而显示分辨率是确定显示图像的区域大小。如果显示屏的分辨率为 640×480 像素，那么一幅 320×240 像素的图像只占显示屏的 1/4；相反，2400×3000 像素的图像在这个显示屏上就不能显示一个完整的画面。

（3）设备分辨率

设备分辨率（Device Resolution）又称输出分辨率，是指各类输出设备每英寸上可产生的点数，如显示器、喷墨打印机、激光打印机、热式打印机、绘图仪分辨率。这种分辨率的单位是 dot/in。一般来讲，PC 显示器的设备分辨率在 60～120dot/in 之间，而打印机的设备分辨率则在 180～720dot/in 之间，数值越高，效果越好。区别于显示分辨率和显示器分辨率，显示分辨率是由显卡决定的，指的是在整个计算机荧屏上显示的像素数；而显示器分辨率是由显示器的硬件决定的，指的是显示器能够在每英寸上显示的点数。

2. 像素深度

像素深度是指存储每个像素所用的位数。像素深度决定彩色图像的每个像素可能有的颜色数，或者确定灰度图像的每个像素可能有的灰度级数。例如，一幅彩色图像的每个像素用 R、G、B 三个分量表示，若每个分量用 8 位，那么一个像素共用 24 位表示，就说像素的深度为 24，每个像素可以是 $2^{24}=16777216$ 种颜色中的一种。在这个意义上，往往把像素深度说成是图像深度。表示一个像素的位数越多，它能表达的颜色数目就越多，它的深度就越深。

3. 真彩色、伪彩色与直接色

（1）真彩色

真彩色（True Color）是指在组成一幅彩色图像的每个像素值中，有 R、G、B 三个基色分量，每个基色分量直接决定显示设备的基色强度，这样产生的彩色称为真彩色。例如，用 RGB 5：5：5 表示的彩色图像，R、G、B 各用 5 位，用 R、G、B 分量大小的值直接确定三个基色的强度，这样得到的彩色是真实的原图彩色。

在许多场合，真彩色图通常是指 RGB 8：8：8，即图像的颜色数等于 224，也常称为全彩色（Full Color）图像。但在显示器上显示的颜色就未必是真彩色，要得到真彩色图像，需要有真彩色显示适配器。

（2）伪彩色

伪彩色（Pseudo Color）图像的含义是，每个像素的颜色不是由每个基色分量的数值直接决定,而是把像素值当作彩色查找表(Color Look-Up Table,CLUT)的表项入口地址,去查找一个显示图像时使用的 R、G、B 强度值,用查找出的 R、G、B 强度值产生的彩色称为伪彩色。

(3)直接色

直接色(Direct Color)是指每个像素值分成 R、G、B 分量,每个分量作为单独的索引值对它做变换,也就是通过相应的彩色变换表找出基色强度,用变换后得到的 R、G、B 强度值产生的彩色称为直接色。它的特点是对每个基色进行变换。

用这种系统产生的颜色与真彩色系统相比,共同点是都采用 R、G、B 分量决定基色强度,区别是前者的基色强度直接由 R、G、B 决定,而后者的基色强度由 R、G、B 经变换后决定。因而,这两种系统产生的颜色就有差别。

这种系统与伪彩色系统相比,相同之处是都采用查找表,不同之处是前者对 R、G、B 分量分别进行变换,后者是把整个像素当作查找表的索引值进行彩色变换。

10.1.4 图像的文件格式

图像的文件格式是计算机中存储图像文件的方法,它包括图像的各种参数信息。不同的文件格式所包含的诸如分辨率、容量、压缩程度、颜色空间深度等区别都非常明显,所以在存储图形及图像文件时,选择何种格式非常关键。

1. BMP 格式(.bmp)

是美国微软的图像格式,是英文 Bitmap(位图)的简写,它是 Windows 操作系统中的标准图像文件格式。它的特点是包含的图像信息较丰富,几乎不进行压缩,但由此导致了它的缺点:占用磁盘空间过大,打开时需消耗较长时间。

2. GIF 格式(∗.gif)

通常用于保存作为网页中需要高传输速率的图像文件,因为它比位图要极大地节省存储空间。该格式不支持 Alpha 通道,最大缺点是只能处理 256 种色彩,不能用于存储真彩色图像文件。不过这种格式的图像可作为透明的背景,能够非常无缝地与网页背景融合到一块。

3. JPEG 格式(∗.jpg/∗.jpeg)

当图像保存为 JPEG 格式时,可以指定图像的品质和压缩级别。JPEG 格式会损失数据信息,因为 JPEG 格式的文件尺寸较小,下载速度快,使得 Web 页以较短的下载时间提供大量丰富生动的图像。

4. TIFF 格式(∗.tif)

是一种应用非常广泛的位图图像格式,几乎所有绘画、图像编辑和页面排版应用程序都支持。常用于应用程序之间和计算机平台之间交换文件,它支持带 Alpha 通道的 CMYK、RGB 和灰度文件。

5. PNG 格式(∗.png)

PNG(Portable Network Graphics)是一种网络图像格式。它的特点是能把图像文件压缩到极限以利于网络传输,但又能保留所有与图像品质有关的信息,PNG 采用无损压缩方式来减少文件的大小,还支持透明图像的制作,缺点是不支持动画应用效果。Macromedia 公司的 Fireworks 软件的默认格式就是 PNG。

6. PSD 格式(＊.psd)

PSD 格式是 Photoshop 特有的图像文件格式,它可将所编辑的图像文件中所有关于图层和通道的信息保存下来。用 PSD 格式保存图像,图像不经过压缩。所以,当图层较多时,占用较大的存储空间是意料之中的。图像制作完成后,除了保存为其他通用格式外,最好存储一个 PSD 格式的文件备份,以便重新读取需要的信息,对图像再修改和编辑。

7. PDF 格式(＊.pdf)

PDF(Portable Document Format)文件格式是 Adobe 公司开发的电子文件格式。与操作系统平台无关,不管是在 Windows、UNIX 还是在苹果公司的 Mac OS 操作系统中都是通用的。这使它成为在互联网上进行电子文档发行和数字化信息传播的文档格式。它还可以将文字、字型、格式、颜色及独立于设备和分辨率的图形图像等封装在一个文件中。

8. 其他文件格式

①DXF(Autodesk Drawing Exchange Format)格式是 AutoCAD 中的矢量文件格式,它以 ASCII 码方式存储文件,在表现图形的大小方面精确度比较高。

②EPS(Encapsulated PostScript)格式是用 PostScript 语言描述的一种 ASCII 码文件格式,主要用于排版、打印等输出工作。

③TGA(Tagged Graphics)文件是由美国 Truevision 公司为其显示卡开发的一种图像文件格式,是高档 PC 彩色应用程序支持的视频格式。

10.1.5　图像数字化过程

要在计算机中处理图像,必须先把真实的图像(照片、画报、图书、图纸等)通过数字化转变成计算机能够接受的显示和存储格式,然后再用计算机进行分析处理。图像的数字化过程由采样、量化与编码这三个阶段共同组成。

1. 采样

采样的实质就是要用多少点来描述一张图像,采样的结果就是通常所说的图像分辨率。简单来讲,对二维空间上连续的图像在水平和垂直方向上等间距地分割成矩形网状结构,所形成的微小方格称为像素点。一幅图像就被采样成有限个像素点构成的集合。例如,一幅 640×480 像素的图像,表示这幅图像是由 307200 个像素点组成。采样频率是指一秒钟内采样的次数,它反映了采样点之间的间隔大小。采样频率越高,得到的图像样本越细腻逼真,图像的质量越高,但要求的存储量也越大。

在进行采样时,采样点间隔大小的选取至关重要,它决定了采样后的图像能真实地反映原图像的程度。一般来说,原图像中的画面越复杂,色彩越丰富,则采样间隔应越小。由于二维图像的采样是一维的推广,根据信号的采样定理,要从取样样本中精确地复原图像,可得到图像采样的奈奎斯特(Nyquist)定理:图像采样的频率必须大于或等于源图像最高频率分量的两倍。

2. 量化

量化是指要使用多大范围的数值来表示图像采样之后的每一个点。量化的结果是图像能够容纳的颜色总数,它反映了采样的质量。例如,如果以 4 位存储一个点,就表示图像只能有 16 种颜色;若采用 16 位存储一个点,则有 $2^{16} = 65536$ 种颜色。所以,量化位数越大,表示图像可以拥有更多的颜色,自然可以产生更为细致的图像效果。但是,也会占用更大的存储空间。两者的基本问题均体现在视觉效果与存储空间的取舍上。

假设有一幅黑白灰度照片,因为它在水平与垂直方向上的灰度变化都是连续的,都可认为有无数个像素,而且任一点上灰度的取值都是从黑到白可以有无限个可能值。通过沿水平和垂直方向的等间隔采样可将这幅模拟图像分解为近似的有限个像素,每个像素的取值代表该像素的灰度(亮度)。对灰度进行量化,使其取值变为有限个可能值。

经过这样采样和量化得到的一幅空间上表现为离散分布的有限个像素,灰度取值上表现为有限个离散的可能值的图像称为数字图像。只要水平与垂直方向采样点数足够多,量化比特数足够大,数字图像的质量就比原始模拟图像毫不逊色。

在量化时所确定的离散取值个数称为量化级数。为表示量化的色彩值(或亮度值)所需的二进制位数称为量化字长,一般可用 8 位、16 位、24 位或更高的量化字长来表示图像的颜色;量化字长越大,则原有图像的颜色就可以更加真实地反映出来,但得到的数字图像的容量也越大。

3. 压缩编码

数字化后得到的图像数据量十分巨大,必须采用编码技术来压缩其信息量。在一定意义上讲,编码压缩技术是实现图像传输与存储的关键。

目前已有许多成熟的编码算法应用于图像压缩。常见的有图像的预测编码、变换编码、分形编码、小波变换图像压缩编码等。

当需要对所传输或存储的图像信息进行高比率压缩时,必须采取复杂的图像编码技术。但是,如果没有一个共同的标准做基础,不同系统间不能兼容,除非每一编码方法的各个细节完全相同,否则各系统间连接的难度将会非常大。

为了使图像压缩标准化,20 世纪 90 年代后,国际电信联盟(ITU)、国际标准化组织 ISO 和国际电工委员会 IEC 近年来已经制定并在继续制定一系列静止和活动图像编码的国际标准,现已批准的标准主要有 JPEG 标准、MPEG 标准、H.261 等。这些标准和建议是在相应领域工作的各国专家合作研究的成果和经验的总结。这些国际标准的出现也使图像编码尤其是视频图像编码压缩技术得到了飞速发展。目前,按照这些标准做的硬件、软件产品和专用集成电路已经在市场上大量涌现(如图像扫描仪、数码相机、数码摄录像机等),这对现代图像通信的迅速发展及开拓图像编码新的应用领域发挥了重要作用。

10.2　静止图像压缩标准

静止图像编码技术的发展和广泛应用也促进了许多有关国际标准的制定,这方面的工作主要是由国际标准化组织(International Standardization Organization,ISO)和国际电信联盟(International Telecomunication Union,ITU)来进行的。国际电信联盟的前身是国际电话电报咨询委员会(Consultative Committee of the International Telephone and Telegraph,CCITT)。

目前,由上述两个组织制定的有关图像编码的国际标准涵盖了从二值到灰度(彩色)值的图像编码标准,根据各标准所使用技术的不同,可分成以下几类标准:

- 二值图像压缩编码标准。
- 基于 DCT 的静止灰度(彩色)图像压缩编码标准。
- 基于 DWT 的静止灰度(彩色)图像压缩编码标准。

10.2.1 二值图像压缩标准

二值图像是一种只用 1bit 来表达每个像素颜色值的图像,例如传真图像,由于二值图像特点区别于普通的灰度/彩色图像,因此,需要针对二值图像特点设计相应的压缩算法。早期的标准是由 CCITT 制定的 G3 和 G4 标准,它们使用简单的二值图的结构模型进行压缩,针对 G3 和 G4 压缩效率低的问题,ISO 又制定了 JBIG 和 JBIG2 标准。

1. G3 和 G4 压缩编码标准

G3 和 G4 压缩编码标准是由 CCITT 的两个组织(Group3 和 Group4)负责制定的,它们最初是为传真应用而设计的,现在在其他方面也有所涉及。G3 和 G4 标准编码技术的基本思想是:游程编码与静态的哈夫曼编码相结合。编码过程中按行扫描像素,记录 0 值和 1 值的游程长度,然后只给游程长度编码,并且黑和白的游程长度分别使用不同的编码。其中,G3 采用一维编码与二维编码结合的技术,每一个 K 行组的最后 $K-1$ 行($K=2$ 或 4),有选择地用二维编码方式。G4 标准是 G3 标准的简化或改进版本,只用二维压缩编码,使用固定的哈夫曼码表,每一个新图像的第一行的参考行是一个虚拟的白行。

下面简单介绍一维编码和二维编码技术的基本编码过程。

(1)一维编码

一维编码的基本思想是:按行编码每一扫描行,编码方式为游程编码加上哈夫曼编码。具体编码过程如下:

1)图像首、尾编码方式如下:

· 图像首行:用一个 EOL(000000000001)开始。

· 图像结尾:用连续 6 个 EOL 结束。

2)每一行行首、行尾编码方式如下:

· 行首:用一个白游程码开始,如果行首是黑像素,则用零长度的白游程开始(见表 10-1 的第一行)。

· 行尾:用一个 EOL 结束。

3)图像内部编码方式:

· 游程长度小于等于 63 的用哈夫曼编码(码表见表 10-1)。

· 游程长度大于 63 的用组合编码,即大于 63 的长度哈夫曼编码(部分码表见表 10-2)加上小于 63 的余长度哈夫曼编码(码表见表 10-1)。

表 10-1 游程长度小于等于 63 的哈夫曼码表

游程长度	白码字	黑码字	游程长度	白码字	黑码字
0	00110101	0000110111	17	101011	0000011000
1	000111	010	18	0100111	0000001000
2	0111	11	19	0001100	00001100111
3	1000	10	20	0001000	00001101000
4	1011	011	21	0010111	00001101100

续表

游程长度	白码字	黑码字	游程长度	白码字	黑码字
5	1100	0011	22	0000011	00000110111
6	1110	0010	23	0000100	00000101000
7	1111	00011	24	0101000	00000010111
8	10011	000101	25	0101011	00000011000
9	10100	000100	26	0010011	000011001010
10	00111	0000100	27	0100100	000011001011
11	0100	0000101	28	0011000	000011001100
12	001000	0000111	29	00000010	000011001101
13	000011	00000100	30	00000011	000011101000
14	110100	00000111	31	00011010	000001101001
15	110101	000011000	32	00011011	000001101010
16	101010	0000010111	33	00010010	000001101011
34	00010011	000011010010	49	01010010	000001100101
35	00010100	0000111010011	50	01010011	000001010010
36	00010101	000011010100	51	01010100	000001010011
37	00010110	000011010101	52	01010101	000000100100
38	00010111	000011010110	53	00100100	000000110111
39	00101000	000011010111	54	00100101	000000111000
40	00101001	000001101100	55	01011000	000000100111
41	00101010	000001101101	56	01011001	000000101000
42	00101011	000011011010	57	01011010	000001011000
43	00101100	000011011011	58	01011011	000001011001
44	00101101	000001010100	59	01001010	000000101011
45	00000100	000001010101	60	01001011	000000101100
46	00000101	000001010110	61	00110010	000001011010
47	00001010	000001010111	62	00110011	000001100110
48	00001011	000001100100	63	00110100	000001100111

表 10-2　游程长度大于 63 的哈夫曼码表

游程长度	白码字	黑码字	游程长度	白码字	黑码字
64	11011	000001111	960	011010100	0000001110011
128	10010	00011001000	1024	011010101	0000010100
192	010111	000011001001	1088	011010110	0000001110101
256	0110111	000001011011	1152	011010111	0000001110110
320	00110110	00000110011	1216	011011000	0000001110111

游程长度	白码字	黑码字	游程长度	白码字	黑码字
384	00110111	000000110100	1280	011011001	000001010010
448	01100100	00000110101	1344	011011010	0000001010011
512	01100101	0000001101100	1408	011011011	0000001010100
576	01101000	0000001101101	1472	010011000	0000001010101
640	01100111	0000001001010	1536	010011001	0000001011010
704	011001100	0000001001011	1600	010011010	0000001011011
768	011001101	0000001001100	1664	011000	0000001100100
832	011010010	0000001001101	1728	010011011	0000001100101
896	011010011	00000010010			

（2）二维编码

二维编码的基本思想是：假设相邻两行改变元素位置相似的情况比较常见，且上一行改变元素距当前行改变元素的距离小于游程的长度，则编码过程中可以利用上一行相同改变元素的位置，来为当前行编码，使得编码长度得以降低。

与二维编码相关的几个定义（见图 10-5）如下：

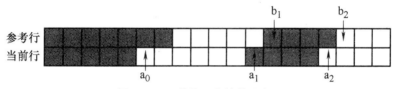

图 10-5　二维编码中的符号定义

1）当前行：要编码的扫描行。

2）参考行：当前行的前一行。

3）改变元素：与前一个像素值不同的像素。

4）参考元素：一共有 5 个（当前行 3 个，参考行 2 个）：

· a_0：当前处理行上，与前一个像素值不同的像素。行首元素是本行的第一个 a_0。

· a_1：a_0 右边下一个改变元素。

· a_2：a_1 右边下一个改变元素。

· b_1：参考行上在 a_0 右边，且与 a_0 值相反的改变元素。

· b_2：b_1 右边下一个改变元素。

根据以上定义的 5 个参考元素位置，可以有三种情况，即：b_2 在 a_1 的左边、a_1 到 b_1 之间的距离大于 3、a_1 到 b_1 之间的距离小于等于 3。二维编码则分别对上面三种情况进行编程处理：

1）通过编码模式：

· 条件：b_2 在 a_1 的左边，即参考行的两个改变元素都在 a_1 的左边（见图 10-6）。

· 编码：把此种情况定义为通过模式，并编码为 0001（见表 10-3）。

· 操作：把 a_0 移到 b_2 的下面，重新定义 b_1 和 b_2，再进行模式判断。

表 10-3　二维编码哈夫曼码表

模式	码字
Pass	0001
Horizontal	$001+M(a_0a_2)+M(a_1a_2)$
Vertical	
a_1 below b_1	1
a_1 one to the right of b_1	011
a_1 two to the right of b_1	000011
a_1 three to the right of b_1	0000011
a_1 one to the right left of b_1	010
a_1 two to the right left of b_1	000010
a_1 three to the right left of b_1	00000010
Extension	00000001×××

2）水平编码模式：

· 条件：a_1 到 b_1 之间的距离大于 3（见图 10-7）。

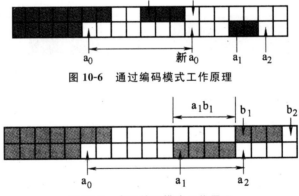

图 10-6　通过编码模式工作原理

图 10-7　水平编码模式工作原理

· 编码：把此种情况定义为水平模式，并编码为 001（见表 10-3）。此时放弃利用二维编码，a_0 到 a_2 间的编码直接使用一维编码，即此时 a_0 到 a_2 间的数据编码为：$001+M(a_0a_2)+M(a_1a_2)$，其中 M 代表一维游程编码。

· 操作：把 a_0 移到 a_2，重新定义其他 4 个元素，在此基础上再进行模式判断。

3）垂直编码模式：

· 条件：a_1 到 b_1 之间的距离小于等于 3（见图 10-8）。

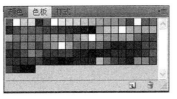

图 10-8　垂直编码模式工作原理

·编码:把这种情况定义为垂直模式,a_1 和 b_1 间的位置关系有 7 种情况,分别对这 7 种情况进行哈夫曼编码(见表 10-3)。

·操作:把 a_0 移到 a_1,重新定义其他 4 个元素,再进行模式判断。

2. JBIG 压缩编码标准

联合二值图像专家组(Joint Bi-level Image Expels Group,JBIG)是 1988 年成立的发布二值图像编码标准的专家组。JBIG 标准(ISO/IEG 11544:1993)是由 JBIG 专家组所制定的用于二值图像编码的标准,于 1993 年被 ISO 采纳为国际标准,命名为 ISO/IEC 11544,俗称 JBIG(为了区别于新标准,后来又改称为 JBIG1)标准。随着业务发展的需求和技术进步的推动,JBIG 于 1999 年又制定了一个新的规范,命名为 ISO/IEC 14492,俗称 JBIG2,JBIG2 是第一个可对二值图像进行有损压缩的国际标准。JBIG 技术的完善程度已相当高,并且广泛应用于传真、印刷等领域。

JBIG1 定义了累进与非累进两种二值图像编码方式,累进编码针对实时处理和显示器上可逐步浮现的"软拷贝"显示,并未用于当前的传真机;非累进方式则按图像的光栅扫描顺序逐点进行算术编码,编码所需的条件概率由 10 个相邻像素的当前状态(或"上下文")得出。该上下文模型可采用两种不同模板,分别由当前扫描行与上一行以及当前行与前两行的像素构成,其中有一个像素可在其缺省位置上移动,叫做自适应像素。同样是无失真压缩,但由于 JBIG1 算法能自适应图像的特征,故与 G3 和 G4 相比较,编码性能明显提高。

尽管在二值图像的产生过程中可能会有信息损失(如通过某个阈值对灰度图像进行二值化),但在随后的编码阶段,前面三种二值图像压缩标准都是采用完全可逆的熵编码,即是无损压缩的。由于大多数二值图像的信宿是人,即解码恢复后的二值图像最终是用人类视觉来感知的。因此,若允许压缩过程引入人眼难以察觉的失真,就可以在很大程度上提高数据压缩比。根据以上的出发点,JBIG 专家组又制定了第一个有损二值图像编码标准 JBIG2。

10.2.2　JPEG 压缩标准

JPEG 是 Joint Photographic Expels Group(联合图片专家组)的简称。1991 年 3 月,JPEG 推出了静止图像编码标准草案,编号为 ISO 10918,通常称为 JPEG 标准。新的 JPEG 版本是 JPEG 2000(编号为 ISO 15444,等同的 ITU-T 编号为 T.800),于 2002 年 12 月正式颁布。

JPEG 是一个适用范围很广的静止图像数据压缩标准,既可用于灰度图像又可用于彩色图像。电视图像序列的帧内编码,也常采用 JPEG 压缩标准。随着各种各样的图像在开放网络化计算机系统中的应用越来越广泛,用 JPEG 压缩的数字图像文件,作为一种数据类型,如同文本和图形文件一样地存储和传输。

JPEG 专家组开发了两种基本的压缩算法,一种是采用以 DCT 为基础的有失真压缩算法,另一种是采用以 DPCM 预测编码技术为基础的无失真压缩算法。使用有失真压缩算法时,在压缩率为 25∶1 的情况下,压缩后还原得到的图像与原始图像相比较,非图像专家想要找出它们之间的区别非常困难,因此得到了广泛的应用。

JPEG 算法与彩色空间无关,因此"RGB 到 YUV 变换"和"YUV 到 RGB 变换"不包含在 JPEG 算法中。JPEG 算法处理的彩色图像是单独的彩色分量图像,因此它可以压缩来自不同彩色空间的数据,如 RGB,YUV 和 CMY。

JPEG 支持两种图像建立模式:顺序(Sequential)模式和渐进(Progressive)模式。顺序模式一次完成对图像的编码和传输;渐进模式分几次完成,即先建立起图像的概貌,然后再逐步建立图像的细节,在接收端图像的显示分辨率由粗到细,逐步逼近,接收者可根据需要,当清晰度满足一定的要求后,终止图像的传输。这一功能在查阅图像库内容时是非常有用的。

JEPG 为了满足各种需要,定义了以下 4 种编码模式。

· 基于 DCT 的顺序编码模式。

· 基于 DCT 的渐进编码模式。

· 无损(Lossless)编码模式。

· 分级(Hierarchical)编码模式。

可见,为了适应各种应用场合,JPEG 提供了多种工具。为此,JPEG 标准定义了以下 3 种编码系统。

(1)基本编码系统

基本编码系统采用基于 DCT 的顺序编码模式,它可用于绝大多数压缩应用场合。每个编、解码器必须实现一个必备的基本系统(也称为基本顺序编码器)。

(2)扩展编码系统

扩展编码系统提供不同的选项,即除基本编码系统外的其他编码模式,如渐进编码、算术编码、无损编码、分级编码等。在高压缩率、高精度或渐进重建的应用场合中用得比较多。

(3)无损编码系统

采用完全独立于 DCT 过程的简单预测方法作为无损编码模式,但从数据的损失来看,它的无损模式还有所欠缺,因此一般流行的 JPEG 都不实现无损模式。为此,ISO 提出了另一种用于连续色调图像无损压缩的标准,称为 JPEG-LS。

JPEG 的最新标准是 JPEG 2000,于 2002 年 12 月正式颁布。根据 JPEG 专家组的目标,该标准将不仅能提高对图像的压缩质量,尤其是低码率时的压缩质量,而且还将得到许多新功能,包括根据图像质量、视觉感受和分辨率进行渐进传输,对码流的随机存取和处理、开放结构、向下兼容等。

1.JPEG 基本编码系统

最简单的基于 DCT 的编码处理被称为基本的顺序处理(Baseline Sequential),它提供了大部分应用所需的性能,是 JPEG 算法的核心内容。具有这种能力的编码系统称为 JPEG 基本系统(Baseline System)。

JPEG 基本编码系统的编解码原理框图如图 10-9 所示,此处表示的是单个图像分量(灰度图像)压缩的情况。基于 DCT 压缩的本质,是针对灰度图像样本 8×8 的子块数据流进行的。对于彩色图像,将其各个分量看作多层的灰度图像进行压缩,可以逐个分量来处理,也可以按 8×8 的块依次交替进行。

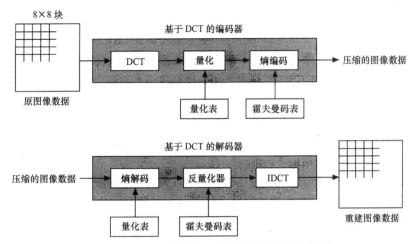

图 10-9　JPEG 基本编码系统的编解码原理框图

2. 基于 DCT 的渐进编码

基本 JPEG 的编码过程是一次扫描完成的。渐进编码方式区别于基本方式，每个图像分量的编码要经过多次扫描才完成。第一次扫描编码一幅粗略的但能识别其轮廓的图像，这幅图像的编码数据能以相对于整个传输时间较快的速度传输出去，接收端收到后可以重建一帧质量较低的可识别图像。在随后的扫描中再对图像作较精细的压缩，这时只传送增加的信息，接收端收到额外的附加信息后可重建一幅质量更好的图像。这样不断渐进，直至获得满意的图像为止，如图 10-10 所示。

（a）第 1 次扫描，轮廓极不分明　　（b）第 2 次扫描，轮廓不分明　　（c）第 3 次扫描，轮廓分明

图 10-10　渐进编码显示

实现渐进编码要求有足够的缓冲空间存储整个图像中已量化的 DCT 系数，而熵编码则可以传输某些特定的系数。

渐进图像建立模式与一帧分多次扫描方式对应，JPEG 标准规定了两种模式：频谱选择（Spectral Selection）模式和逐次逼近（Successive Approach）模式。

频谱选择模式将交流系数按空间频率高低分段，从低频到高频进行多次扫描编码传输。例如，首次扫描编码的是 $Q(0,0)$、$Q(1,0)$、$Q(0,1)$ 三个已经量化的 DCT 系数，第二次扫描编码的是 $Q(0,2)$、$Q(1,1)$、$Q(2,0)$，…，依此类推。这种方法简单易行，但所有的高频信息均会被推迟到后续扫描进行，最终导致早期接收的图像模糊不清。

逐次逼近模式在每次扫描时对所有频率的 DCT 系数进行编码，但先传输每个 DCT 系数的最高有效位，后传输次高位、低位，这样随着 DCT 系数精度的不断提高，失真逐渐减小，图像质量不断提高。从量化器的角度来看，逐次逼近模式实质上就是将量化间隔（步长）不断减小。

3.分级编码

人们有时候会用低分辨率设备浏览一幅高分辨率图像。在这种情况下,就不必为高分辨率的图像传输全部 DCT 系数。JPEG 标准利用分级编码模式来使该问题得到解决。其思路是:将一幅原始图像的空间分辨率在水平方向和垂直方向上分成多级分辨率进行编码,相邻两级的分辨率相差为 2 的倍数。这种方式又称为金字塔编码方法,如图 10-11 所示。

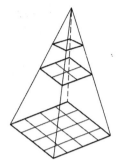

图 10-11 分级编码示意图

分级编码的编码步骤概括如下。

1)对原图像信号进行滤波,再以设定的 2 倍数为因子对滤波结果进行"下采样",降低原始图像的空间分辨率。

2)对已降低分辨率的"小"图像进行压缩编码。

3)解码重建低分辨率图像,再对其使用插值滤波器内插成原图像的空间分辨率。

4)把相同空间分辨率的插值图像作为原始图像的预测值,对二者的差值继续压缩编码。

5)重复步骤 3)、4),直到要编码图像达到完整的分辨率。

分级编码也可以作为渐进传输的一种方式。此时的"渐进"体现在空间分辨率上,而不是重建图像的质量上。在低码率情况下,分级编码模式的性能要比其他编码模式更好。

10.2.3 JPEG2000 压缩标准

JPEG 静止图像压缩标准在中、高比特率上有较好的压缩效果,但是,在低比特率情况下,重建图像存在严重的方块效应,不能很好地适应网络图像传输的需求。虽然 JPEG 标准有 4 种操作模式,但是大部分模式是针对不同应用提出的,通用性是不具备的,这就无形之中增加了交换、传输压缩图像的难度。此外,JPEG 不能在同一个压缩码流中同时提供很好的有失真压缩和无失真压缩;不支持大于 64000×64000 的图像;没有统一的解码结构;抗误码的性能不够强;不擅长对计算机合成图像的编码;混合文档压缩性能不佳等。

针对这些不足,1996 年的瑞士日内瓦会议上提出制定新一代的 JPEG 格式标准,并计划在 2000 年正式颁布,因此将它称为 JPEG 2000。2000 年 12 月,JPEG 2000 第一部分正式公布,标准号为 ISO/IEC 15444 或 ITU-T T.800,而其余部分则在之后被陆续公布。它的目标是在一个统一的集成系统中,可以使用不同的成像模型(客户机服务器、实时传送、图像图书馆检索、有限缓存和宽带资源等),对不同类型(二值图像、灰度图像、彩色图像、多分量图像等)、不同性质(自然图像、计算机图像、医学图像、遥感图像、混合文本等)的静止图像进行压缩。该压缩编码系统在保证失真率和主观图像质量优于现有标准的条件下,能够提供对图像的低比特率压缩。

1. JPEG 2000 标准的主要内容

1996 年,JPEG 2000 标准开始制定,于 2000 年 3 月推出了它的基本编码系统的最终草案。JPEG 2000 的正式名称为 ISO 15441,它的主要内容包括以下几个方面:

- Part 1:JPEG 2000 图像编码系统。
- Part 2:扩展系统,在核心系统上提供了一些可选技术。
- Part 3:在第一部分的基础上定义了运动 JPEG 2000(MJP2)。
- Part 4:一致性测试。
- Part 5:定义参考软件,目前有两个:基于 Java 的 JJ2000,基于 C 的 Jasper。
- Part 6:定义复合图像文件格式,主要应用于印刷和传真。
- Part 7:技术报告(已经不存在)。
- Part 8:安全性(JPSEC)。
- Part 9:交互性和传输协议。
- Part 10:三维编码(JP3D)。
- Part 11:无线应用(JPWL,wireless applications)。

2. JPEG 2000 标准的基本框架

为了达到高压缩率的目的,JPEG 2000 也采用了传统的基于"变换＋量化＋熵编码"的编码模式,JPEG 2000 的编解码器原理框图如图 10-12 所示。

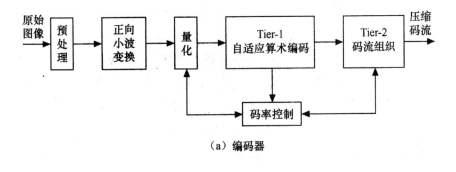

（a）编码器

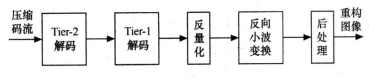

（b）解码器

图 10-12　JPEG 2000 的编解码器原理框图

在编码时,首先对原图像进行预处理,包括 DC 电平位移和分量变换,然后对处理的结果进行离散小波变换(Discrete Wavelet Transform,DWT),得到小波系数。再对小波系数进行量化和熵编码,最后组成标准的输出码流。JPEG 2000 和传统 JPEG 最大的区别体现在:它放弃了 JPEG 所采用的以离散余弦变换为主的区块编码方式,而采用以离散小波变换为主的多分辨率编码方式;熵编码采用由位平面编码和二进制算术编码器组成的优化截断嵌入式块编码(Embedded Block Coding with Optimized Truncation,EBCOT)。正是由于采用了这两个核心算法,JPEG 2000 才拥有比 JPEG 更为优良的性能。与此同时,小波变换和熵编码实现的计算量和复杂度都非常高,是 JPEG 2000 编码系统中最主要的两个部分。

3. JPEG 2000 的主要特点

JPEG 2000 图像编码系统相比于基于 DCT 的 JPEG 具有以下特点。

（1）良好的低比特率压缩性能

这是 JPEG 2000 标准最主要的特征。JPEG 标准对于细节分量多的灰度图像,当比特率低于 0.25bpp(bit per pixel)时,视觉失真大。JPEG 2000 格式的图像压缩率可在 JPEG 标准的基础上再提高 10%～30%,而且压缩后图像的细腻平滑度更高。尤其在低比特率下,具有良好的率失真性能,以适应窄带网络、移动通信等带宽有限的应用需求。

（2）同时支持无损压缩和有损压缩

JPEG 2000 提供的是嵌入式码流,允许从有损到无损的渐进解压。在接收端解码时,根据实际要求,将所要求的图像质量解码出来。采用此特性的应用实例有:有时也需要无失真压缩的医学图像,保存时需要高质量而预览时并不需要高质量的图像存档,为不同硬件设备提供不同性能的网络应用等。

（3）连续色调图像压缩和二值图像压缩

JPEG 2000 的目标是成为一个标准编码系统,既能压缩连续色调自然图像又能压缩二值图像。该系统对于每一个彩色分量使用不同的动态范围(例如,1～16bit)进行压缩和解压缩。该特性将应用在:包含图像和文本的混合文档、有注释层的医学图像、带有二值或近似二值区域或 Alpha 通道的图形或计算机合成图像或传真。

（4）渐进传输

所谓的渐进传输(Progressive Transmission)就是先传输图像轮廓数据,然后再逐步传输其他数据使图像质量得以不断提高,也就是不断地向图像中插入像素以不断提高图像的空间分辨率或增加像素精度(位深度),让图像由朦胧到清晰显示。用户根据需要,对图像传输进行控制,在获得所需的图像分辨率或质量要求后,在不必接收和解码整个图像压缩码流的情况下,便可终止解码。这个特性在有限带宽的网络上进行浏览时表现得尤为突出。例如,当下载一个图像时,只看到图像的轮廓或缩略图(Thumbnail),就可以决定是否需要下载它了。而且,在决定下载的情况下,也可以根据需要和带宽,决定下载的图像质量,以便实现数据量大小的控制。

（5）固定比特率、固定尺寸,有限的工作存储器

固定比特率(固定局部比特率)意味着对于给定数目的相邻像素,其编码后的比特数等于(或小于)固定值,这样解码器就可以通过有限带宽的通道实时解码。固定尺寸(固定全局比特率)意味着整幅图像编码后的总比特数是一个固定值,这样对于具有有限存储空间的硬件设备就可容纳完整的编码流。

（6）支持"感兴趣区域"压缩以及对码流的随机访问和随机处理

JPEG 2000 的另一个极其重要的优点是支持对感兴趣区域(Region of Interest,ROI)的压缩。在对这些区域进行压缩时,可以指定特定的压缩质量,或在恢复时指定某些区域的解压缩要求。这是因为小波在空间和频率域上具有局域性(即一个变换系数牵涉到的图像空间范围是局部的),要完全恢复图像中的某个局部,并不需要所有编码都被精确保留,只要对应它的一部分编码没有误差就可以了,这就在很大程度上方便了用户。例如,在有些情况下,图像中只有一小块区域对用户是有用的。那么将它定义成一个感兴趣的区域,采用低压缩率以获取较好的图像质量,而对其他部分采用高压缩率以节省存储空间。这样就能在保证不丢失重要信息的同时有效

地压缩数据量,实现了真正的"交互式"压缩,而不仅仅是像原来那样只能对整个图片定义一个压缩率。在传输中可以对 ROI 部分进行随机处理,即在不解压的前提下对压缩码流进行平移、旋转、缩放等常见操作,而其余码流仍处于压缩状态。

(7)良好的抗误码性

在传输图像时,JPEG 2000 系统采取一定的编码措施和码流格式来减少因解码失败而造成的图像失真。这一点在无线信道上传输图像时显得至关重要。在决定图像解压质量时,某一部分码流比其他码流更加重要,合适的码流设计能帮助减少解码错误。

(8)开放的体系结构

开放体系结构可以为不同的图像类型和应用提供最优化的系统。通过语法描述语言集成或开发新的压缩工具,使整个编解码系统得到优化。对于未知压缩工具,解码器可以要求从源端发过来。

JPEG 2000 的改进还包括:顺序扫描重建能力(用于实时编码);与 JPEG 的兼容性;基于内容的描述;增加附加通道空间信息(Side Channel Spatial Information)与 ITU-T 图像交换建议相兼容;灵活的元数据格式;考虑人的视觉特性,增加视觉权重和掩膜,在不损害视觉效果的情况下使压缩效率在很大程度上得到提高;可以为一个图像文件加上加密的版权信息,这种经过加密的版权信息在图像编辑的过程(放大、复制)中没有损失,比目前的"水印"技术更为先进;JPEG 2000 对 CMY、RGB 等多种彩色空间都有很好的兼容性,这为用户按照自己的需求在不同显示器、打印机等外部设备进行色彩管理带来了便利。

总之,和 JPEG 相比,JPEG 2000 优势明显,且向下兼容,将会在各种应用中大放异彩,为人们的生活带来更多的方便和快捷。

4. JPEG 2000 中的小波提升算法

小波变换理论是近几年兴起的崭新的时(空)频域分析理论,其离散小波变换(DWT)的快速算法一直是人们研究的热点。Swelden 提出的一种不依赖于傅里叶变换的新的小波构造方案——提升方案(Lifting Scheme),由于其计算复杂度只是原有卷积方法的一半左右,因而成为计算离散小波变换的主流方法。提升方案为第一代小波变换提供了一种新的更快速的实现方法。同时,提升不但是构造第二代小波的基本工具,还使得第一代小波的构造不再依赖于 Fourier 变换结构,大大降低了构造第一代小波的难度,并且已经证明:提升可以实现所有的第一代小波变换。利用提升方案可以构造出不同的小波,比如 Daubechies 双正交小波和差值双正交小波。

提升方案的特点是:①继承了第一代小波的多分辨率的特性。②不依赖傅里叶变换。③提升方案的反变换可以很容易由正变换得到,即只需改变数据流的方向和正负号。④提升方案允许完全的原位计算,即在小波变换中不需要附加内存,原始信号数据可以直接被小波系数替换。

JPEG 2000 支持无损和有损压缩,这主要是由采用的颜色变换和小波变换是可逆的(Reversible)还是不可逆(Non-reversible)的来决定的。JPEG 2000 中共有两种小波变换,即 W5/3 小波变换和 D 9/7 小波变换。在 JPEG 2000 中。前者是一种可逆的整数变换,可用于无损压缩也可用于有损压缩;后者是一种不可逆的实数变换,只能用于有损压缩。两种变换都可以使用相同的提升结构来实现,具体结构如图 10-13 所示。并且这种两种变换使用同一结构实现的策略将来很可能为其他编码器所采用。

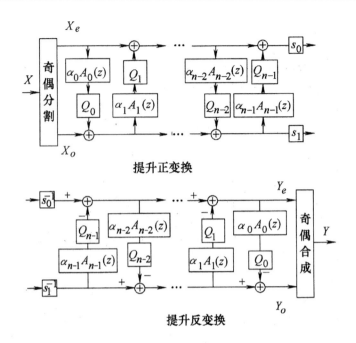

图 10-13　JPEG 2000 中的提升结构

在图 10-13 中，$\alpha_i A_i(z)$ 表示滤波器的传递函数，它对应于预测算子和更新算子；Q_i 表示量化算子；而 s_0 和 s_1 则表示为了保持前后能量相等而进行调整的增益。在图 10-13 中两种变换的有关系数如表 10-4 所示。由于两种变换所使用的滤波器长度不同，因而两种变换所需要的更算子和更新算子的个数也不同，其中 W5/3 变换仅仅需要一次预测和更新就可以完成变换，而 D9/7 变换则需要两次预测和更新串联才能完成变换。

在 JPEG 2000 中，使用著名的欧几里德算法将 D9/7 和 W5/3 小波滤波器分解为预测算子和更新算子，其有关参数如表 10-4 所示。在表 10-4 中，$h_{\pm j}$ 和 $g_{\pm i}$ 分别表示低通滤波器系数和高通滤波器系数，并且 D9/7 的系数是实数域内的近似值，这个近似值决定了 D9/7 不能实现精确重构，只能用于有损压缩。$\alpha_i A_i(z)$ 对应着提升中的预测环节或者更新环节的传递函数。由传递函数计算出的结果要经过量化算子 $Q_i(x)$ 的处理，对 D9/7 而言原结果并未发生任何改变，而对 W5/3 则按照一定规则进行了取整，从而实现整体提升。由前所述，这里的取整并不影响精确重构，从而可以实现无损压缩。

表 10-4　JPEG 2000 中两种小波滤波器系数及其对应的提升表

项目	序号	$i=0$	$i=1$	$i=2$	$i=3$	$i=4$
$h_{\pm j}$	D9/7	0.602949	0.266864	-0.078223	-0.016864	0.026749
	W5/3	6/8	2/8	$-1/8$		
$g_{\pm i}$	D9/7	1.115087	0.591272	-0.057544	-0.091272	
	W5/3	1	$-1/2$			

续表

项目 ＼ 序号		$i=0$	$i=1$	$i=2$	$i=3$	$i=4$
α_i	D9/7	-1.586134	-0.052980	0.882911	0.443506	
	W5/3	$-1/2$	$1/4$			
$A_i(z)$	D9/7	$z+1$	$1+z^{-1}$	$z+1$	$1+z^{-1}$	
	W5/3	$z+1$	$1+z^{-1}$			
$Q_i(x)$	D9/7	x	x	x	x	
	W5/3	$-\lfloor -x \rfloor$	$-\left\lfloor x+\dfrac{1}{2} \right\rfloor$			
s_i	D9/7	1.230174	$1/1.230174$			
	W5/3	1	1			

10.3　典型颜色空间模型及其转换

在多媒体系统中通常用几种不同的颜色空间模型表示图形和图像的颜色,如计算机显示时采用 RGB 颜色空间模型;在彩色全电视信号数字化时使用 YC_bC_r 颜色空间;彩色印刷时采用、CMYK 颜色空间模型等。不同的颜色空间和不同的应用场合保持对应关系,在图像的生成、存储、处理及显示时对应不同的颜色空间,需要做不同的处理和转换,下面简单介绍几种典型的颜色空间模型及转换关系。

1. RGB 颜色空间模型

在多媒体计算机中,RGB 颜色空间模型使用的频率最高,因为计算机和彩色电视机的彩色显示器的输入需要 RGB 的彩色分量,通过 3 个分量的不同比例,在显示器屏幕上合成所需的任意颜色。不管其中采用什么形式的颜色空间表示方法,多媒体系统最终的输出一定要转换成 RGB 空间表示。

在 RGB 颜色空间,对任意彩色光 F,其配色方程可写为

$$F=r[R]+g[G]+b[B]$$

其中,r、g、b 为三色系数,$r[R]$、$g[G]$、$b[B]$ 为 F 色光的三色分量。

RGB 颜色空间模型可以用笛卡尔坐标系(Cartesian coordinates)中的立方体来形象表示,3 个坐标轴的正方向分别是 R、G、B 三基色,用三维空间中的一个点来表示一种颜色,如图 10-14 所示。每个点有 3 个分量,分别代表该点颜色的红(R)、绿(G)、蓝(B)三基色的值。为了方便描述,将各基色的取值范围从 0～255 归一化到 0～1。

在 RGB 模型立方体中,原点所对应的颜色为黑色,它的 3 个分量值都为零。距离原点最远的顶点对应的颜色为白色,它的 3 个分量值都为 1。从黑到白的灰度值分布在这两个点的连线上,该线称为灰色线。立方体内其余各点和不同的颜色保持对应关系。彩色立方体中有三个角对应于三基色——红、绿、蓝。剩下的 3 个角对应于三基色的 3 个补色——黄色、青色、品红色(紫色)。

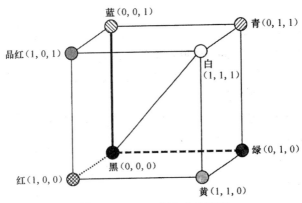

图 10-14　RGB 颜色空间模型

2. CMY/CMYK 颜色空间模型

彩色印刷或彩色打印的纸张是不能发射光线的,因而印刷机或彩色打印机就只能使用一些能够吸收特定的光波而反射其他光波的油墨或颜料。油墨或颜料的三基色是青(Cyan)、品红(Magenta)和黄(Yellow),简称为 CMY。理论上说,任何一种由颜料呈现的颜色都可以用这三种基色按不同的比例混合而成,我们称这种颜色表示方法为 CMY 颜色空间表示法。彩色打印机和彩色印刷系统都采用 CMY 颜色空间模型。

CMY 颜色空间正好与 RGB 颜色空间互补,也即用白色减去 RGB 颜色空间中的某一颜色值就等于这种颜色在 CMY 颜色空间中的值。

根据这个原理,把 RGB 颜色空间转换成 CMY 颜色空间操作起来非常容易。由于彩色墨水和颜料的化学特性,用等量的 CMY 三基色得到的黑色不是真正的黑色,因此在印刷术中常加一种真正的黑色墨水(Black Ink)。由于 B 已经用来表示蓝色,因此黑色用 K 表示,于是 CMY 颜色空间也称为 CMYK 颜色空间。

3. YUV 和 YIQ 颜色空间模型

在现代彩色电视系统中,通常采用三管彩色摄像机或彩色 CCD(电荷耦合器件)摄像机把得到的彩色图像信号,经分色、分别放大校正得到 R、G、B,再经过矩阵变换电路得到亮度信号 Y 和 2 个色差信号 $R\text{-}Y$、$B\text{-}Y$,最后发送端将亮度和 2 个色差信号分别进行编码,用同一信道发送出去。这就是 PAL 彩色电视制式中使用的 YUV 颜色空间模型和 NTSC 彩色电视制式中使用的 YIQ 颜色空间模型。其中 Y 表示亮度信号,U 和 V(I 和 Q)构成彩色的 2 个分量。

采用 YUV 颜色空间模型的重要性体现在它的亮度信号 Y 和色差信号 U、V 是分离的。如果只有 Y 信号分量而没有 U、V 分量,那么表示的图就是黑白灰度图。彩色电视采用 YUV 空间模型正是为了用亮度信号 Y 解决彩色电视机与黑白电视机的兼容问题,使黑白电视机也能接收彩色信号。

另外,人眼对彩色图像细节的分辨能力比对黑白图像低,因此,对色度信号 U 和 V 可以采用"大面积着色原理",即用亮度信号 Y 传送细节,用色度信号 U、V 进行大面积涂色。

根据美国国家电视制式委员会 NTSC 制式的标准,当白光的亮度用 Y 来表示时,它和红、绿、蓝三色光的关系可用下式描述为

$$\begin{bmatrix} Y \\ U \\ V \end{bmatrix} = \begin{bmatrix} 0.299 & 0.587 & 0.114 \\ -0.147 & -0.289 & 0.436 \\ 0.615 & -0.515 & -0.100 \end{bmatrix} \begin{bmatrix} R \\ G \\ B \end{bmatrix}$$

如果要由 YUV 转化为 RGB,只要进行相应的逆运算即可。

$$\begin{bmatrix} R \\ G \\ B \end{bmatrix} = \begin{bmatrix} 1 & 0 & 1.140 \\ 1 & -0.395 & -0.581 \\ 1 & 2.032 & 0 \end{bmatrix} \begin{bmatrix} Y \\ U \\ V \end{bmatrix}$$

这就是常用的亮度公式。色差信号 U、V 是由 $B\text{-}Y$、$R\text{-}Y$ 按不同比例压缩而成的。YUV 颜色空间模型与 RGB 颜色空间模型的转换关系为如果要由 YUV 转化成 RGB,只要进行相应的逆运算即可。

美国、日本等国采用了 NTSC 制式,选用的是 YIQ 颜色空间模型。Y 仍为亮度信号,I、Q 仍为色差信号,但它们区别于 U、V,其区别是色度矢量图中的位置不同,Q、I 为互相正交的坐标轴,它与 U、V 正交轴之间夹角为 $33°$。

I、Q 与 U、V 之间的关系可以表示为

$$\begin{cases} I = V\cos33° - U\sin33° \\ Q = V\sin33° + U\cos33° \end{cases}$$

Y、I、Q 颜色空间模型与 RGB 颜色空间模型的转换关系为

$$\begin{bmatrix} Y \\ I \\ Q \end{bmatrix} = \begin{bmatrix} 0.299 & 0.587 & 0.114 \\ 0.596 & -0.275 & -0.321 \\ 0.212 & -0.523 & 0.311 \end{bmatrix} \begin{bmatrix} R \\ G \\ B \end{bmatrix}$$

选择 Y、I、Q 颜色空间模型的优势是:由人眼彩色视觉的特性表明,人眼分辨红、黄之间颜色变化的能力最强,而在蓝、紫之间颜色变化分辨的能力比较弱。通过一定的变化,I 对应于人眼最敏感的色度,而 Q 对应于人眼最不敏感的色度。这样,传送 Q 可以用较窄的频带,而传送分辨率较强的 I 信号时,可以用较宽的频带。对应于数字化的处理则可以用不同的比特数来记录这些分量。

4. YC_bC_r 颜色空间模型

YC_bC_r 颜色空间是由 YUV 颜色空间派生的一种颜色空间,主要用于数字电视系统。与 RGB 颜色空间不同,YC_bC_r 颜色空间采用一个亮度信号(Y)和两个色差信号(C_b,C_r)来表示。采用这种表示方法的原因主要是为了减少数据存储空间和节省数据传输带宽,同时又能非常方便地兼容黑白电视。基本上,YC_bC_r 代表和 YUV 相同的颜色空间。但是 YC_bC_r 中的各成分是 YUV 颜色空间中各成分成比例的补偿数值。YC_bC_r 颜色空间模型与 RGB 模型的转换关系式为

$$\begin{bmatrix} Y \\ C_r \\ C_b \end{bmatrix} = \begin{bmatrix} 0.2990 & 0.5870 & 0.1140 \\ 0.5000 & -0.4187 & -0.0813 \\ -0.1687 & -0.3313 & 0.5000 \end{bmatrix} \begin{bmatrix} R \\ G \\ B \end{bmatrix}$$

式中,R、G、B 的值指定在 $[0,1]$ 范围内,Y 分量的范围为 $[0,1]$,C_b 和 C_r 分量的范围为 $[-0.5, 0.5]$。当采用 8bit 量化时,Y、C_b 和 C_r 分量的量化级再用下式计算,得

$$\begin{cases} Y = \text{round}[219Y + 16] \\ C_r = \text{round}[C_r + 128] \\ C_b = \text{round}[C_b + 128] \end{cases}$$

式中,round[ ] 表示四舍五入取整运算。

5. HSI/HSV 颜色空间模型

用 RGB 颜色空间来表示颜色虽然方便,但是两个相近颜色的 R、G、B 值却可能差别很大,区别于人们日常中对颜色区分的理解。HSI/HSV 颜色空间模型是从人的视觉系统出发,用 H(Hue)、S(Saturation)、I(Intensity)或 V(Value)分别代表色调、色饱和度、亮度 3 种独立的颜色特征。这个模型的建立基于如下两个重要的事实。

1)I 或 V 分量与图像的彩色信息无关。

2)H 和 S 分量与人感受颜色的方式是相一致的。

这些特点使得 HSI/HSV 模型非常适合借助人的视觉系统来感知彩色特性的图像处理算法。

图 10-15 所示为一种用圆锥体表示的 HSV 颜色空间模型。

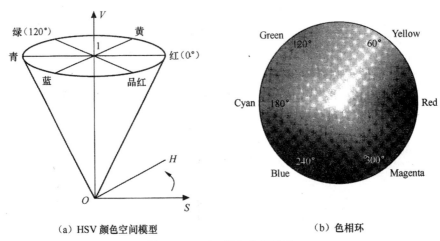

(a) HSV 颜色空间模型　　　　　　　　　(b) 色相环

图 10-15　HSV 颜色空间模型

在如图 10-15(a)所示的 HSV 颜色空间模型中,以圆锥底部的点为坐标原点,圆锥的每个水平截面包含了所有的颜色,常用色相环(如图 10-15(b)所示)来描述 H(色调)和 S(色饱和度)两个参数。H(色调)以绕圆锥中心轴的角度表示,取值范围为 $[0°,360°]$。一般假定,红色对应 $H=0°$,绿色对应 $H=120°$,蓝色对应 $H=240°$。$0°\sim240°$ 之间的色调覆盖了所有可见光谱的彩色,在 $240°\sim360°$ 之间的色调为人眼可见的非光谱色(紫色)。色饱和度是指一个颜色的鲜明程度,饱和度越高,颜色越深,如深红、深绿。S(色饱和度)参数由色相环的原点(圆心)到彩色点的半径的长度表示,归一化后取值范围为 $[0,1]$。V(亮度)直接用圆锥的中心轴表示,取值范围也为 $[0,1]$。在圆锥的顶点(即原点)处,$V=0$,H 和 S 的值无意义,代表黑色。圆锥的顶面中心处 $S=0$,$V=1$,H 的值无意义,代表白色。类似于 RGB 颜色空间,连接原点和顶面中心的轴线也是一条灰度线,对于灰度线上的点,$S=0$,H 的值无意义。在圆锥顶面的圆周上的颜色,$V=1$,$S=1$,这种颜色是纯色,其饱和度值最大。

利用 HSI/HSV 颜色空间中各颜色特征相互独立的特点,在图像处理时,可以剔除掉亮度分量,减少处理结果受光线变化的影响。因此,在计算机视觉领域,常将 RGB 颜色空间转换到 HSI/HSV 颜色空间进行处理,以得到更好的效果。

HSI/HSV 颜色空间模型和 RGB 颜色空间模型只是同一物理量的不同表示法,因而它们之间存在着转换关系。

（1）RGB 模型转换到 HSI/HSV 模型

给定一幅 RGB 彩色格式的图像，对任何 3 个[0,1]范围内的 R、G、B 值，其对应 HSI/HSV 模型中的 I（V 值相同）、S、H 分量的计算公式为

$$I = \frac{R+G+B}{3}$$

$$S = 1 - \frac{3}{R+G+B}\min(R,G,B)$$

$$H = \begin{cases} \theta & B \leqslant G \\ 360° - \theta & B > G \end{cases}$$

其中，

$$\theta = \arccos\left\{ \frac{(R-G)+(R-B)}{2\left[(R-G)^2 + (R-B)(R-B)^{\frac{1}{2}}\right]} \right\}$$

（2）HSI/HSV 模型转换到 RGB 模型

假设 S 和 I 的值在[0,1]之间，R、G、B 的值也在[0,1]之间，为便于利用对称性，HSI 模型转换为 RGB 模型的公式可分成 3 段。

1）当 $0° \leqslant H < 120°$ 时

$$B = I(1-S)$$

$$R = I\left[1 + \frac{S\cos H}{\cos(60° - H)}\right]$$

$$G = 3I - (B+R)$$

2）当 $120° \leqslant H < 240°$ 时

$$R = I(1-S)$$

$$G = I\left[1 + \frac{S\cos(H-120°)}{\cos(180° - H)}\right]$$

$$G = 3I - (G+R)$$

3）当 $240° \leqslant H < 360°$ 时

$$G = I(1-S)$$

$$R = I\left[1 + \frac{S\cos(H-240°)}{\cos(300° - H)}\right]$$

$$G = 3I - (G+B)$$

对于 HSV 模型到 RGB 模型的转换，只要将上述公式中的 I 变量换成 V 变量就行了。

10.4　数字图像处理

狭义的数字图像处理是指通过多媒体计算机系统对已经数字化的图像进行滤噪、校畸、增强、复原及添加其他效果等各种技术处理，产生符合人的视觉心理和应用需求的图像。在多媒体系统中，这些具体的图像处理技术可借助于不同的处理算法来实现，提供不同的图像处理功能，各类图像处理软件包将这些功能以插件或效果滤镜的方式提供，用户可通过其 API 直接调用；专用图像处理工具软件（如 Photoshop）以操作菜单或工具直接提供各种图像处理功能，这使得图像处理系统的研发和桌面图像处理变得更加方便。桌面图像处理的主要内容包括图像内容编辑、图像效果处理和添加特殊效果 3 个环节，其中各类图像处理工具和相关概念也有所涉及。

10.4.1　图像内容编辑

图像内容编辑主要指通过各种编辑技术实现多幅图像内容的拼接、叠加、混合等，具体的编辑技术包括选择、裁剪、复制、粘贴、旋转、缩放、修复、图层叠加、图层效果等。此外，还涉及文字、几何图形等的添加。

10.4.2　图像效果处理

图像效果处理是对采集的图像根据需要进行校畸、滤噪、增强、锐化、复原等技术处理，从而满足不同的处理需求。

校畸是为了消除图像模糊或畸变而采取的处理技术，其目的在于改善图像质量。以卫星遥感图像为例，一方面，由于大气层的存在和卫星图像探测器性能的差异，使得进入传感器的辐射发生畸变，引起图形模糊、对比度下降等。另一方面，由于卫星飞行时姿态变化及地球形状等因素的影响，图像中地物目标的几何位置也会发生畸变。通过图像校正处理，可消除畸变，恢复图像的本来面目。图像校正技术一般在成像设备中使用。滤噪即图像的平滑处理，主要是为了去除实际成像过程中因成像设备和环境所造成的图像失真，如光电转换过程中敏感元件灵敏度的不均匀性、数字化过程的量化噪声、传输过程中的误差及人为因素等，均会使图像变质，此时可通过滤噪消除图像噪声，使原始图像得以恢复。图像增强技术旨在变换图像的视觉效果或把图像转换成某种适合于人或计算机分析、处理的形式，有选择地突出某些感兴趣的信息，同时拟制一些不需要的信息，以提高图像的使用价值。例如，通过调整图像的亮度或对比度，可突出图像中的重要细节，满足人的视觉要求或方便图像的其他后续处理。图像增强包含多种具体处理技术，按增强的作用域不同可分为空域增强、频域增强、色彩增强 3 类。锐化也是图像增强技术的一种，它主要是通过加强图像轮廓边缘的处理，形成完整的物体边界，将边界和细节突出出来，从而达到将目标物体从背景图像中分离出来或将表示同一物体表面的区域检测出来的目的。图像复原则是指从所获得的变质图像中恢复出真实图像的处理，图像变质模型的建立是其关键所在，然后按照其逆过程恢复图像。

需要说明的是，这些效果处理技术在图像处理软件中组合使用，形成了不同的图像处理功能，并以菜单方式提供，图 10-16 是 Photoshop 中可用于图像质量调整和效果处理的常用功能。

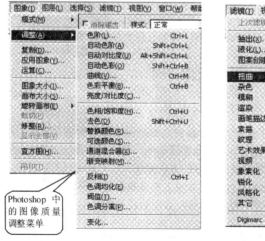

图 10-16　Photoshop 中可用于图像质量调整和效果处理

10.4.3　添加特殊效果

添加特殊效果是在图像进行内容编辑和效果处理的基础上,为了满足应用的需求所采取的图像创意效果处理,即在取得较好图像质量的同时,对图像进行艺术加工和效果处理。在利用 Photoshop 软件进行具体的特殊效果处理时,可根据需要从图 10-16 中选择相应的滤镜效果。

无论是利用图像处理软件还是其他的图像处理系统,在完成以上处理后,适当的图像存储格式的确定也是有必要的。这需要根据图像的具体特点和不同的应用目的而定。

10.4.4　图像处理工具

无论是图像内容编辑还是图像效果处理,都要通过相应的图像处理工具或命令来实现。不同的图像处理软件能够对图像进行的相关处理是有侧重点的,但专业化的图像处理软件(如 Adobe Photoshop)提供的图像处理工具是比较规范的。命令菜单提供分类处理命令,如编辑类命令、图像类命令、图层类命令、效果类命令等;工具箱提供常用的各类处理工具,主要有规则选区工具(矩形、椭圆、单行、单列)、移动工具、不规则选区工具(套锁、多边形套锁、磁性套锁、快速选择、魔棒选择)、裁剪工具(裁剪、切片、切片选择)、画笔工具(画笔、铅笔、颜色替换)、修复工具(修复、污点修复画笔、修补、红眼)、仿制图章/图案图章工具、橡皮工具(橡皮擦、背景橡皮擦、魔术橡皮擦)、渐变/油漆桶工具、抓手/旋转视图工具、缩放工具、路径工具(路径选择、直接选择)、文字工具(横排文字、直排文字、横排文字蒙版、直排文字蒙版)、模糊/锐化/涂抹工具、减淡/加深/海绵工具、其他辅助工具等;面板将一些常用工具、命令组合形成不同功能面板,可起到方便使用、提高工作效率的目的。各类图像处理工具的具体功能参见相关图像处理软件的技术说明。

需要说明的是,大多数工具在使用时需要设置相应参数,因为参数取值的设置直接决定了操作的效果如何。

1)不透明度(Opacity)。用来定义不同工具(如画笔工具、铅笔工具、仿制图章工具、图案图章工具、历史画笔工具、艺术历史画笔工具、渐变工具和油漆桶工具等)绘图时笔墨(前景色)覆盖的程度,用百分数表示,0%为完全透明,100%为完全覆盖,大于 0%且小于 100%之间的其他值表示不同程度的半透明覆盖。

2)强度(Strength)。用来定义模糊、锐化和涂抹工具作用的强度。

3)流量(Flow)。用来定义画笔工具、仿制图章工具、图案图章工具及历史画笔工具绘图时笔墨扩散的量。

4)曝光度(Exposure)。用来定义减淡和加深工具的曝光程度,和摄影技术中的曝光量比较接近,曝光量越大,透明度越低;反之,线条越透明。

10.4.5　常用绘图工具

在各类图像处理工具中,画笔、颜色调配、渐变、色彩调整及文字等工具是使用频率最高的,使用这些工具可以完成基本的图像处理功能。

1. 画笔

画笔是图像处理软件中提供的一种基本图像处理工具,它有多种变体和特性,如油画画笔、蜡笔、铅笔、钢笔、水彩笔、炭铅笔等。画笔通过笔形、直径大小、笔尖硬度、混合方式、不透明度、流量等属性参数来定义,构成不同规格的画笔,以满足不同风格绘图效果的需要,图 10-17 给出了不同规格画笔,按行排序,1~6为不同直径大小的尖角画笔,7~18为不同直径的柔角画笔,19~21为不同直径大小的喷枪硬边圆画笔,22~27为喷枪柔边圆画笔,28~33为不同直径大小的喷溅画笔,34~39为不同直径大小的粉笔,40~45为不同直径大小的星形画笔,另外还有油彩蜡笔、涂抹炭笔以及可直接画出"草"、"枫叶"、"五角星"等物体的画笔。具体图像处理过程中,不同效果的绘图需要可通过不同画笔的选择来完成。

·	·	·	●	●	●	·	·	●	●	●	●	●
1	3	5	9	13	19	5	9	13	17	21	27	35
●	●	●	●	●	●	●	●	●	●	●	●	●
45	65	100	200	300	9	13	19	17	45	65	100	200
●												
300	14	24	27	39	46	59	11	17	23	36	44	60
·	·	·	·	·	·				☆			
14	26	33	42	55	70	112	134	74	95	29	192	36
									●	·	●	●
36	33	63	66	39	63	11	48	32	55	100	75	45

图 10-17   不同规格画笔

2. 颜色调配

数字图像处理软件一般都提供非常直观的颜色选择和调整方法,以方便图像处理过程中对颜色的使用。最基本的颜色选择方法是在如图 10-18 所示的"拾色器"对话框中调配颜色,这种方式可调配出所需要的任意颜色,但不易操作。因此,图像处理系统经常会提供一个调色板,用于保存曾经选择过的常用颜色,这样,如果使用已经选择过的颜色,则可直接打开调色板快速选择,避免重复调整的麻烦。如果调色板的颜色与所需颜色有小的偏差,可通过颜色滑块微调在短时间内得到所需颜色。

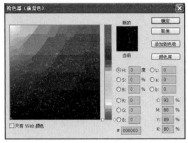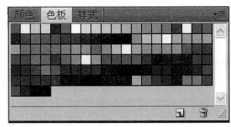

图 10-18   拾色器、配色滑块、调色板

3. 渐变效果

"渐变"色在数字图像处理中也经常用到,这是一种渐进式平滑变化的颜色效果,可用来平滑图像中不同颜色之间的变化关系,也可用来填充蒙版,起到明暗渐变的蒙版效果,是数字图像处理中经常使用的色彩处理手法。依据渐进变化算法的不同,可有不同类型的渐变效果,如线性渐变、径向渐变、角度渐变、对称渐变、菱形渐变等,如图 10-19 所示。

渐变效果中的具体颜色数和渐变顺序可通过"渐变编辑器"对话框进行编辑和保存,不同图像处理软件的渐变效果编辑器差异明显,但基本编辑原理相同,都是通过指定渐变关键色和不透明度来设置。图 10-19 是 Photoshop CS4 的渐变效果编辑器,上部是已经预设好的各类渐变效果,下部是新渐变效果编辑区域。如果只有两种关键颜色,可双击第一个色标,然后设置关键颜色和不透明度,对第二个色标重复同样的操作,即可完成渐变效果设置;如果有多种关键颜色,则可重复在两个色标中间的空白区域单击鼠标插入新色标,然后指定色标颜色和不透明度。在图10-20 所示的"渐变编辑器"中,共 5 个色标(插入了 3 个色标),实现的是"黑-白-蓝-黄-红"5 种颜色渐变的渐变效果编辑。

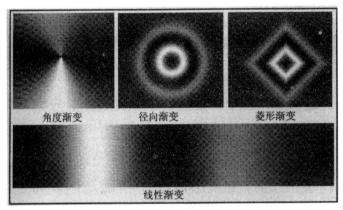

图 10-19　不同渐变效果

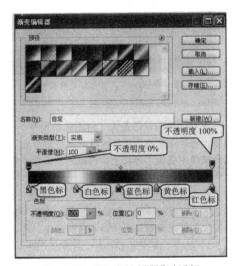

图 10-20　"渐变编辑器"对话框

4. 色彩调整

色彩调整在图像的修饰过程中是非常重要的一项内容,通常有自动调整和手工调整两种方式。自动调整是指图像处理软件根据自身色彩标准对图像的色调、对比度、亮度等色彩信息进行的程序化调整。手工调整是指图像处理人员使用图像处理软件所提供的色彩调整手段,根据自己的视觉感受调整图像色彩的过程,具体方法有亮度/对比度调整、色阶调整、曲线调整、曝光度调整、色相/饱和度调整、色彩平衡调整等。色彩调整的区域不仅局限于整幅图像,也可以是图像局部或图像中的某个物体。通过色彩调整达到改善图像视觉效果的目的。

5. 文字工具

文字工具用于在图像当中添加文字,以便标识图像或设计各类艺术效果字,是图像处理中必须掌握的基础工具之一。一般图像处理软件提供的文字工具按文字排列方式分为"横排文字"和

"竖排文字"两种,按作用对象可分为"图层文字"和"蒙版文字"两种,可组合成横排图层文字、竖排图层文字、横排蒙版文字、竖排蒙版文字等4种不同的文字工具。图层文字工具提供基于图层的文字编辑,蒙版文字工具提供基于蒙版的文字编辑,可将文字作为选区使用。

10.4.6　图像处理中的几个重要概念

1.选区

图像处理中,选区是通过不同方法从图像中选择出来的一个封闭区域,选区按照外观还可进一步分为规则选区和不规则选区,常见的规则选区有矩形、椭圆形、单行、单列4种,其中单行、单列选区可与填充操作配合实现划线的功能;不规则选区是一个任意形状的封闭区域,在相应的图像处理软件中,可根据形状特点、颜色特点或人的主观意图进行选择,也可通过"区域生长"和"区域聚合"原理不断生成选区,图10-21是几种不同情况的选区示例。

(a)矩形选区　　　　(b)椭圆形选区　　　　(c)多边形选区　　　　(d)任意形选区

图10-21　不同形状的选区

建立选区的目的是为了对图像的局部(选区)进行特殊操作,若要对整幅图像施加某种操作,则无需建立选取。Photoshop中,"取消选区"和"全选"功能均在选择菜单中提供。事实上,可以把整幅图像看作是一种特殊的规则选区。

2.路径

图像处理中,路径是由若干个关键点(锚点)连接而成的一条通路,用来绘图或定义图像选区,可通过添加、删除锚点修改路径,使之更适合处理要求,路径不仅仅局限于闭合的,也可以是开放的,可以对勾画的路径进行填充、描边、建立或删除等操作,也可将路径转换为选区。图10-22反映了路径与选区的互用情况,图10-22(a)是用选择工具形成的不精确选区,为了使选区更适合被选择的物体,可先将选区转换为路径,如图10-22(b)所示,再通过修改路径锚点优化路径,形成10-22(c)所示的精确选区。通过路径定义的物体或区域,需要先转换成选区后,才能对被选择物体或区域施加复制、剪贴、移动等操作。

(a)定义鸟的选区　　　　(b)锚点路径　　　　(c)修改后的选区

图10-22　路径与选区

3.滤镜

滤镜是人们对数字图像处理过程中各种特殊效果的形象称谓。对图像进行效果处理,就相当于在图像上放一个过滤镜头,使原来的图像发生变化,得到各种特殊效果。原理上,滤镜是一种对图像像素进行计算的程序模块,每个程序模块对应特定效果处理所用的算法,这些算法实现了多种不同的效果,如各种风格化(Stylize)效果、各种模糊(Blur)效果、各种扭曲(Distort)效果、各种素描(Sketch)效果、各种纹(Texture)效果等,图 10-23 是对图 10-22 所示的原图进行了不同滤镜处理的效果。Photoshop 软件中的效果可从"滤镜"菜单中选择。

图 10-23　不同滤镜效果

4. 图层

图层是人们为了便于图像处理而引入的一个重要概念,它使图像处理技术发生了根本性的变化,Photoshop 即从 3.0 版开始就引入了图层概念,增加了与图层相关的一系列操作,使图像中不同图像对象或局部的处理变得方便、灵活。

数字图像处理中,可以将一幅图像看成是由若干张可独立处理的"透明纸"叠加而成,每张透明纸上一般画有一个(或多个)不同的图像对象,未画部分仍保持透明状态,每张透明,纸的尺寸与图像的尺寸大小保持一致,多张画有图像对象的透明纸叠加起来,就会形成一张包含多个图像对象和丰富效果的完整图像,这种可独立处理的"透明纸"就是图层。图 10-24(a)是一张包括"绿草"、"蓝天"、"白云"、"太阳"和"鸟"5 个图像对象的叠加图像,每个图像对象绘制在一个图层上,便于独立编辑而不会影响其他图像对象,图层关系如图 10-24(b)所示。

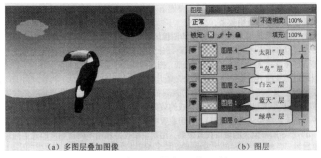

(a) 多图层叠加图像　　　　　　　(b) 图层

图 10-24　多图层叠加图像及其图层

图层具有独立性、透明性、有序性 3 个基本特征。独立性是指图层之间相互独立,任何对于某个图层的操作都不会对其他图层造成任何影响;透明性包括两个方面,一是新建的空白图层是完全透明的,图层中未画图的部分也是透明的,二是已画图部分是不透明的,但可以通过调整图层的"不透明度"来修改图层的透明性;有序性是指多个图层叠放时的"上下层"关系,上层图层中已画有图像对象的部分会将下层图层的对应位置遮盖掉,如图 10-24(b)所示,在不透明度为100%的情况下,如果将图层 1(蓝天层)叠放在图层 4 之上,则"太阳"、"白云"和"鸟"的上半部分均被遮盖,显示的上半部分图像就只剩下"蓝天"背景了。因此,如果位置不重叠的图像对象未显示,可通过调整图层叠放的上、下顺序将它们显示出来。

多图层叠加产生的图像效果,可按照从上到下的顺序对每个图层进行效果混合处理,最终得到整幅图像的综合效果。不同图像处理软件的具体图层混合效果之前是各不相同的,但基本上可以分为变暗、变亮、增强对比度、颜色变换4类,图10-25是Photoshop中的混合效果。需要说明的是,不同混合效果对应不同的像素处理算法,涉及相邻图层和假设的"纯白"和"纯黑"图层,"纯白"图层的像素值为255,"纯黑"图层的像素值为0。以"正片叠底"混合为例,像素处理算法为:上、下图层对应像素相乘再除以纯白图层像素,这样混合的效果是,黑色与其他任何颜色混合结果仍为黑色,白色与其他任何颜色混合颜色不变(白色相当于透明的),黑白以外的其他任何两种颜色混合均导致图像色调变暗。

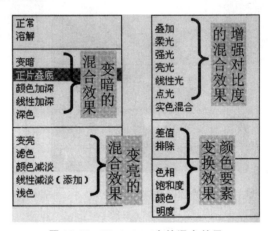

图 10-25　Photoshop 中的混合效果

图层叠加混合效果的最简单调整办法是改变图层的"不透明度"和"填充透明度",详细混合效果处理可参见相应图像处理软件的帮助文件,Photoshop中可直接选择"图层样式"或调整"混合选项"参数来完成图层混合。

5. 蒙版

蒙版是一种灰度图像,可按照不同灰度级遮盖(或显示)下层图层的部分或全部内容,基本原理是将不同灰度值转换为不同的透明度,并"蒙"在所在图层上,这样,该图层的图像就会因不同透明度的蒙版而产生不同的视觉效果:白色(灰度级为255)蒙版下的图像全部显示,黑色(灰度级为0)蒙版下的图像全部遮盖,其他灰阶图像则按不同透明度以半透明方式显示本层和下层图像的透明效果。

蒙版的主要作用是使被遮盖的图像区域得以保护,使其不受任何编辑操作的影响,受蒙版保护的区域可以和"选区"相互转换。蒙版可分为通道蒙版、图层蒙版和快速蒙版3种,通道蒙版可将选区转换成Alpha通道后形成蒙版,图层蒙版用于显示或隐藏部分图像,快速蒙版可在不使用通道的情况下,快速将选区变为蒙版,对其进行形状编辑。

图层蒙版技术常用于图像的合成、替换局部图像、复杂边缘抠图以及其他效果等处理目的。图10-26是利用图层蒙版实现图像合成的效果图示,只要将城市夜景图片放在下面图层,焰火图片放在上面图层(当前图层),再用蒙版的不同灰度遮挡当前图层的局部,如图10-26(d)所示的带焰火的城市夜景效果就得以形成。图层蒙版仅是利用不同透明度的遮盖原理实现了图像效果处理,针对图层蒙版的所有操作均不会破坏原有图像的任何像素信息,也就是说,图层蒙版对图层图像是非破坏性的,因此,可随时取消蒙版效果或重新编辑蒙版效果。

图 10-26　利用图层蒙版实现图像

6.通道

　　数字图像处理中,颜色由不同的模式来表示,不同颜色模式具有不同的原色组合,一幅图像中所有像素的一种原色信息组成了此种原色的颜色通道,每个颜色通道都是一幅单一色相的灰阶图像,代表一种原色的明暗变化,所有颜色通道叠加合成到一起时,便构成图像的彩色效果,也就构成了彩色的复合通道。如图 10-27 所示,RGB 模式中的颜色是由 R(红)、G(绿)、B(蓝)3 种原色按"加性原理"组合而成,因此,采用 RGB 模式的彩色图像也就有 R、G、B 3 个颜色通道和 RGB 一个复合通道。类似于 RGB 模式,CMYK 模式中的颜色由 C、M、Y、K 4 种原色按"减性原理"组合而成,因此,采用 CMYK 模式的彩色图像也就有 C、M、Y、K 4 个颜色通道和一个 CMYK 复合通道。灰度模式和索引模式的图像只有一个颜色通道。

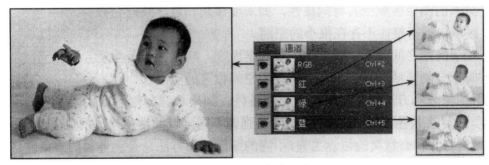

图 10-27　RGB 颜色通道

　　对于 RGB 图像来说,颜色通道中较亮的部分也就意味着这种原色用量大,较暗的部分表示这种原色用量少,而对于 CMYK 图像来说则恰恰相反。所以,当图像中存在整体的颜色偏差时,可方便地选择图像中的一个原色通道来进行特殊需求的图像处理。

　　由于颜色通道存储的只是一种原色的灰阶变化信息,因此,用户可以对各原色通道分别进行明暗度、对比度调整等操作,以达到优化图像效果的目的,并通过复合通道观察效果。在 Photoshop 中,可使用"图像"菜单中的"调整"或"自动调整"等命令进行简单明暗调整,也可以通过"图像"菜单中的"应用图像"或"计算"命令进行调整与合并。需要强调的是,如果要对某个通道进行操作,最好先复制一个通道副本,然后在副本通道上进行操作,这样原有图像就不会受到任何影响。数字图像处理中,经常使用的是 Alpha 通道,它是计算机图形学中的术语,专指特别的"非颜色"通道,其作用是存储选区和编辑选区。

随着计算机图形/图像处理技术的发展,通道的概念有了大幅度的拓展,涵盖了矢量绘图、三维建模、材质、渲染等诸多应用,也形成了各自不同的名称、用途和计算方法,但它们的本质是一样的——都是依附于其他图像而存在的单一色相的灰阶图。

10.5　数字图像分析

数字图像分析是图像处理的重要技术内容,通过分析,可以自动辨别图像中各区域的特征,使自动识别、标记、测量、分类的目的得以达到。数字图像分析技术广泛应用于金属成分分析、医学影像分析、农作物分析以及公安、交通、城市公共事业中的图像识别等。数字图像分析的基本内容包括图像分割、图像测量及图像识别等。

10.5.1　图像分割

图像分割是将图像划分成若干个互不相交的小区域的过程。区域是某种意义下具有共同属性的像素的连通集合。例如,不同目标物体所占的图像区域、前景所占的图像区域等。连通是指集合中任意两个点之间都存在着完全属于该集合的连通路径。对于离散图像而言,连通有 4 连通和 8 连通之分,如图 10-28 所示。

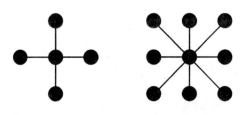

（a）4 连通　　　　　　（b）8 连接

图 10-28　离散图像的连通图

4 连通指的是从区域上一点出发,可通过 4 个方向,即上、下、左、右移动的组合,在不越出区域的前提下,到达区域内的任意像素;8 连通指的是从区域上一点出发,可通过左、右、上、下、左上、右上、左下、右下这 8 个方向的移动组合来到达区域内的任意像素。

分割图像的基本依据和条件体现在以下四点:

1)分割的图像区域应具有同质性,如灰度级别相近、纹理相似等。

2)区域内部平整,即使是很小的空洞也不存在。

3)相邻区域之间对选定的某种同质判据而言,应存在显著的差异性。

4)每个分割区域边界应具有齐整性和空间位置的准确性。

大多数图像分割方法只是部分满足上述条件,如果加强分割区域的同性质约束,分割区域很容易产生大量小空洞和不规整的边缘;若强调不同区域间性质差异的显著性,则极易造成非同质区域的合并和有意义的边界丢失。不同的图像分割方法总是在各种约束条件之间找到适当的平衡点。

　　图像分割主要有以下几类方法：一是从全图出发，通过属性将各像素划归到相应物体或区域的像素聚类方法，即区域法；二是从像元出发，把相邻的、具有一致属性的像元聚集为区域；三是分开合并方法，先人为地把图像划分为若干规则块，然后按属性一致的准则，反复分开属性不一致的图像块，合并具有一致属性的相邻图像块，直至形成一张区域图。在图像分割技术中，利用阈值化处理进行的图像分割是最常见的。

　　（1）灰度阈值法分割

　　常用的图像分割方法是把图像灰度分成不同的等级，然后用设置灰度阈值的方法确定有意义的区域或分割物体的边界。常用的阈值化处理就是图像的二值化处理，即选择一个阈值，将图像转换为黑白二值图像，用于图像分割及边缘跟踪等预处理。

　　图像阈值化处理的变换函数表达式为

$$g(x,y)=\begin{cases} 0 & f(x,y)<T \\ 255 & f(x,y)\geqslant T \end{cases}$$

　　在图像的阈值化处理过程中，选用不同的阈值其处理结果有着天壤之别。如图 10-29 所示，阈值过大，会提取多余的部分；而阈值过小，又会丢失所需的部分（注意：当前背景为黑色，对象为白色时刚好相反）。因此，阈值的选取非常重要。

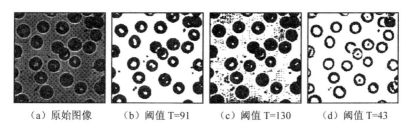

<table>
<tr><td>（a）原始图像</td><td>（b）阈值 T=91</td><td>（c）阈值 T=130</td><td>（d）阈值 T=43</td></tr>
</table>

图 10-29　不同阈值对处理结果的影响

　　利用灰度直方图可方便地确定阈值。灰度直方图反映了不同灰度级的像素（n_i）在图像中出现的频率 V_i，横坐标表示灰度级 $i(0\sim255)$，纵坐标表示出现频率（V_i），$V_0=\dfrac{n_i}{N}$，其中 N 为图像像素的总数。图 10-30（a）是一幅 8×8 图像的像素灰度值，灰度值分布在 0～7 之间，其中灰度级为 0 的像素个数为 5，故 $V_0=5/64$，据此该图的灰度直方图可顺利得出。图 10-30（b）是图 10-30 所示原始图的灰度直方图，该直方图具有双峰特性，图像中的目标（细胞）分布在较暗的灰度级上形成一个波峰，图像中的背景分布在较亮的灰度级上形成另一个波峰。此时，用其双峰之间的低谷处灰度值作为阈值 T 进行图像的阈值化处理，便可将目标和背景分割开。

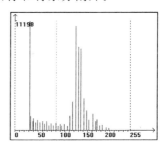

<table>
<tr><td>（a）像素灰度频率计算</td><td>（b）原始图像的灰度直方图</td></tr>
</table>

图 10-30　灰度频率计算与原始图像的灰度直方图

（2）区域生长

区域生长（又称区域生成）是图像分割的另一种方法。假定区域的数目以及在每个区域中单个点的位置已知，则从一个已知点开始，加上与已知点相似的邻近点就会形成一个区域。相似性准则可以是灰度级、彩色、组织、梯度或其他特性。相似性的测度可以由所确定的阈值来判定，方法是从满足检测准则的点开始，在各个方向上生长区域，当其邻近点满足检测准则时就并入小块区域中。当新的点被合并后再用新的区域重复这一过程，直到没有可接受的邻近点时生成过程终止。

5	5	8	6
4	8	9̲	7
2	2	8	3
2	2	2	2

（a）输入图像

5	5	8̲	6
4	8̲	9̲	7
2	2	8̲	3
3	3	3	3

（b）第一步接受的邻近点

5	5	8̲	6
4	8̲	9̲	7̲
2	2	8̲	3
3	3	3	3

（c）第二步接受的邻近点

5	5	8	6̲
4	8	9	7̲
2	2	8	3
3	3	3	3

（d）从6开始生成的结果

图 10-31　区域生长示例

图 10-31 所示为一个简单的例子，此例的相似性准则是邻近点的灰度级与物体的平均灰度级的差（小于2）。图中被接受的点和起始点均用下划线标出，其中图 10-31（a）是输入图像，图 10-31（b）是第一步接受的邻近点，图 10-31（c）是第二步接受的邻近点，图 10-31（d）是从 6 开始生成的结果。

当生成任意物体时，接收准则可以结构为基础，而不是以灰度级或对比度为基础。为了把候选的小群点包含在物体中，检测的不是单个点而是这些小群点，当它们的结构与物体的结构足够相似时就接受它们。

（3）区域分裂/合并分割法

该方法的基本思想是：

1）将图像中灰度级不同的区域均分为 4 个子区域。

2）如果相邻的子区域所有像素的灰度级相同，则将其合并。

3）反复进行以上两步操作，直至不再有新的分裂与合并为止，如图 10-32 所示。

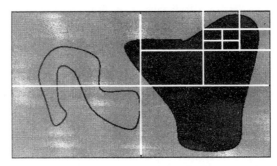

图 10-32　区域的分裂与合并

在用区域分裂/合并法分割图像过程中，确定图像块的初始划分和选择图像块属性的一致性度量方法是两个关键环节。目前，图像块的初始划分常是固定的或人为规定的。实际上，每幅图像应当存在一个适合它的初始块最佳划分，因此有必要自适应地确定图像块的初始划分，对于图像块的一致性度量，常采用灰度或灰度统计特性方法。灰度方法较简单，但效果不是很好；灰度统计特性方法较好,但计算量大,影响处理速度。

图像中的边缘信息能更明确地反映图像的灰度变化,因此人们提出利用图像边缘信息自适应地确定图像的最佳初始划分和度量图像块属性的一致性。与其他分割方法相比,它改进了图像的分割质量、缩短了处理时间。

10.5.2　图像测量

图像被分割后,即可逐个对分割目标进行测量。得到的特征可以分为以下几个不同的类型:

1)几何特征。描述目标面积、圆周、形状等性质。

2)强度特征。描述目标中灰度值的分布,涉及均值、标准差和可能的高阶矩。

3)颜色特征。客观地描述目标的颜色和颜色在目标中的分布。显然,这些特征的测量需用到多光谱图像,然后再通过各像素的各种颜色灰度值的函数来定量描述像素的颜色特征。

4)纹理特征。描述图像的细微结构,这些特征定量地表示小距离内灰度值的变化。如果目标有灰度值重复模式的特征,就可以用纹理特征来将这类模式描述出来。

10.5.3　图像识别

图像识别也称模式识别,即对图像进行特征抽取,然后根据图形的几何及纹理特征利用模式匹配等识别理论对图像进行分类和结构分析。

在完成图像分割后,可将特定区域与已经定义好的另一图像通过相应的处理算法进行比对,从而判断指定区域与给定图像的相似关系。根据问题的难易程度,图像识别有以下三个方面的问题需要研究:

1)图像中的像素表达了某一物体的某种特定信息。例如,遥感图像中的某一像素代表地面某一位置地物的一定光谱波段的反射特性,通过它即可判别出该地物的种类。

2)待识别物是有形的整体,二维图像信息已经足够识别该物体,如文字识别、某些具有稳定可视表面的三维体识别等。但这类问题不像第一类问题容易表示成特征矢量。在识别过程中,应先将待识别物体正确地从图像的背景中分割出来,再设法将建立起来的图像中物体的属性图与假定模型库的属性图之间进行匹配。

3)由输入的二维图、要素图等得出被测物体的三维表示方法。目前,研究的热点集中在如何将隐含的三维信息提取出来。

图像识别技术已经广泛应用于区域安全监视、罪犯识别、车辆牌照识别等领域。

10.6　图形图像处理工具

10.6.1　图形处理软件简介

图形处理软件是利用矢量绘图原理描述图形元素及其处理方法的绘图设计软件,通常有平面矢量图形设计与三维设计之分。CorelDRAW、Adobe Illustrator、Macromedia FreeHand、3ds max、AutoCAD 等均为最有代表性的软件。下面分别对这几款软件进行简单介绍。

1. CorelDRAW

CorelDRAW 是 Corel 公司开发的基于矢量图形原理的图形制作软件。该软件设置了功能丰富的创作工具栏,其中经常使用的编辑工具也包含在内,可通过单击右下角的黑色箭头展开具体工具项,使得操作更加灵活、方便。使用这些工具可以创建图形对象,可以为图形对象增添立体化效果、阴影效果,进行变形、调和处理等。另外,该软件还提供了许多特殊效果供用户使用。

与 CorelDRAW 相配合,Corel 公司还相继推出了 Corel PhotoPaint 和 CorelRAVE 两个工具软件,目的是更好地发挥用户的想象力和创造力,提供更为全面的矢量绘图、图像编辑及动画制作等功能。

2. Adobe Illustrator

Illustrator 是 Adobe 公司出品的全球最著名的矢量图形软件,该软件在封面设计、广告设计、产品演示、网页设计等方面使用的比较多,具有丰富的效果设计功能,给用户提供了无限的创意空间。例如,使用动态包裹(Enveloping)、缠绕(Warping)和液化(Liquify)工具可以让用户以任何可以想象到的方式扭曲、弯曲和缠绕文字、图形和图像;使用符号化(Symbolism)工具,用户可以快速创建大量的重复元素,然后运用这些重复元素设计出自然复杂的效果;使用动态数据驱动图形使相似格式(打印或用于 Web)的制作程序自动化。另外,Adobe Illustrator 与 Adobe 专业的用于打印、Web 动态媒体等的图形软件(包括 Adobe Photoshop、Adobe InDesign、Adobe AlterCast、Adobe GoLive、Adobe LiveMotion、Adobe Premiere、Adobe After Effects 等)密切整合,以便高品质、多用途的图形/图像作品得以设计完成。

3. 3ds max

3ds max 是 Autodesk 公司推出的三维建模、渲染、动画制作软件,其基本设计思想是通过建模完成物品的形状设计,通过材质的选择和编辑实现物品的质感设计,通过光源类型的选择和灯光调整赋予物品适当的视觉效果,最后通过渲染完成物品的基本设计。在动画设计方面,3ds max 提供了简单动画、运动命令面板、动画控制器、动画轨迹视图编辑器等设计功能,特别是 3ds max 6 中新增的 Reactor 特性,它基于真实的动力学原理,能创建出符合物理运动定律的动画。该软件在高质量动画设计、游戏场景与角色设计及各种模型设计等领域应用的比较广泛。

4. AutoCAD

AutoCAD 也是 Autodesk 公司推出的一款基于矢量绘图的更为专业化的计算机辅助设计软件,广泛应用于建筑、城市公共基础设施、机械等设计领域。

5. Macromedia FreeHand

FreeHand 是 Macromedia 公司推出的一款功能强大的矢量平面图形设计软件,在机械制图、建筑蓝图绘制、海报设计、广告创意的实现等方面得到了广泛应用,是一款实用、灵活且功能强大的平面设计软件。使用 FreeHand 可以以任何分辨率进行缩放及输出向量图形,且无损细节或清晰度。在矢量绘图领域,FreeHand 一直与 Illustrator、CorelDRAW 并驾齐驱,且在文字处理方面具有的优势更加明显。

在 FreeHand MX 版中,Macromedia 公司加强了与 Flash 的集成,并用新的 Macromedia Studio MX 界面增强了该软件。与 Flash 的集成意味着可以把由 Flash 生成的.SWF 文件用在 FreeHand MX 中。如果某个对象在 Flash MX 进行了编辑,则其改动会自动地在 FreeHand MX 中体现出来。同样,Flash MX 也可直接打开 FreeHand MX 文件。FreeHand 能创建动画,并支持复合 ActionScript 命令的拖放功能。

FreeHand MX 支持 HTML、PNG、GIF 和 JPG 等格式,具有对路径使用光栅和矢量效果的能力,使用突出(Extrude)工具,可为对象赋予 3D 外观。

10.6.2 图像处理软件概述

图像处理软件是以位图为处理对象、以像素为基本处理单位的图像编辑软件,可对平面图片进行裁剪、拼接、混合、添加效果等多种处理,属于平面设计范畴。表 10-5 列出了常见的图像处理软件的基本信息,最有代表性的软件产品有 Photoshop、PhotoImpact、PaintShop Pro、Painter 等。

表 10-5 常见的图像处理软件

软件名	出品公司	功能简介
Photoshop	Adobe 公司	图片专家,平面处理的工业标准
Image Ready		专为制作网页图像而设计
Painter	MetaCreations 公司	支持多种画笔,具有强大的油画、水墨画绘制功能,适合于专业美术家从事数字绘画
PhotoImpact	Ulead 公司	集成化的图像处理和网页制作工具,整合了 Ulead GIF Animator
PhotoStyler		功能十分齐全的图像处理软件
Photo-Paint	Corel 公司	提供了较丰富的绘画工具
Picture Publisher	Micrografx 公司	Web 图形功能优秀
PhotoDraw	Microsoft	微软提供的非专业用户图像处理工具
PaintShop Pro	JASC Software 公司	专业化的经典共享软件,提供"矢量层",可以用来连续抓图

Photoshop 是 Adobe 公司的专业图像处理软件;PhotoImpact 则是 Ulead 公司的位图处理软件,与 Photoshop 相比,该软件的易用性和功能集成方面更加优秀;PaintShop Pro 是 JASC 公司出品的一款位图处理共享软件,体积小巧而功能却不弱,适合于日常图形的处理;特别值得一提的是 Painter,它是美国 Fractal Design 公司的图像处理产品,后转给 MetaCreations 公司,如果说 Photoshop 定义了位图编辑标准的话,Painter 则定义了位图创建标准。该软件提供了上百种绘画工具,多种笔刷可重新定义样式、墨水流量、压感及纸张的穿透能力等。Painter 中的滤镜主要针对纹理与光照,很适合绘制中国国画。因此,可把 Painter 划分为艺术绘画软件之列,使用 Painter 的人们可以用模拟自然绘画的各种工具创建丰富多彩的位图图形。

总之,多媒体计算机中不同平台的图形/图像处理软件很多,但其处理对象、处理功能、应用目的都有一定差别。用户应根据自己的专业技术水平、特点和应用目的等因素,选择适合自己的工具软件。

10.6.3 典型图像处理软件 PS 简介

Photoshop 是 Adobe 公司开发的一款多功能图像处理软件,1990 年发布 1.0 版,目前的最新版为 Photoshop CS4 版,各版本的主要功能差异见表 10-6。

从 8.0 版开始,Photoshop 软件围绕数字图像处理主题,集成 Adobe 公司的其他相关软件或组建,增强了图像处理的方便性和综合性,形成了图像处理的专业化套装(Creative Suite)软件,版本号也改成了 CS 版,产品名从原来的 Photoshop 也改为 PS,目前的最新版是 PS CS4,该版本具有很多新特性,比如,支持内容感知缩放(Content-Aware Scaling),可在图像缩放时保留其关键部位的细节信息;支持基于 OpenGL 的 GPU 通用计算加速;支持 64 位操作系统,支持更大容量内存等。因此,图像处理性能的提升也是相当明显的。

表 10-6　Photoshop 各版本功能差异

版本	年份	功能
Photoshop 1.0	1990	工具面板和少量滤镜,内存分配最大 2MB
Photoshop 2.0	1991	增加了"路径"功能,成为行业标准,内存分配最大 4MB,支持 Illustrator 文件格式
Photoshop 2.5	1992	增加了"减淡"和"加深"工具,引入了"蒙版"概念,是第一个支持 MS Windows 系统的版本
Photoshop 3.0	1994	引入了图层概念,增加了"图层"功能,是一个极其重要的发展标志
Photoshop 4.0	1996	增加了"动作"功能
Photoshop 5.0	1998	增加了"历史面板"、"图层样式"、"撤销功能"、"垂直书写文字"、"魔术套索工具"等。开始提供中文版
Photoshop 5.5	1999	捆绑 Image Ready 2.0
Photoshop 6.0	2000	增加了"Web 工具"、"形状工具"、"矢量绘图工具"、新工具栏,增强的图层管理功能
Photoshop 7.0	2002	改进了绘画引擎、画笔、液化增效工具等功能,增加了修复画笔、Web 透明度、自动颜色等功能,支持 WBMP 格式
Photoshop CS(8.0)	2003	集成了 Adobe 的其他软件,形成了 Photoshop Creative Suite 套装,功能上增加了镜头模糊、镜头畸变校正、智能调节不同地区亮度的数码相片修正功能
Photoshop CS2(9.0)	2005	增加了"变形"、"灭点"工具、"污点修复"画笔、"智能锐化"滤镜
Photoshop CS3(10.0)	2007	增加了"智能滤镜"、"快速选择工具",增强了"消失点"工具等
Photoshop CS4(11.0)	2008	增加了"3D 绘图与合成"、"调整面板"、"蒙版面板"、"画布旋转"、"图像自动混合"、"内容感知缩放"等

目前仍在流行的是 Photoshop 7.0 以后的版本,其基本功能包括图像扫描、基本作图、图像编辑、图像尺寸和分辨率调整、图像的旋转和变形、色调和色彩调整、颜色模式转换、图层、通道、蒙版、多种效果滤镜和多种具体的处理工具,支持多种颜色模式和文件格式,用户可通过相应操作及其组合实现数字图像修复、特殊效果设计等,可在 Macintosh 计算机或装有 Windows 操作系统的 PC 上运行,是数字图像处理的专业处理工具,广泛应用于广告设计、各类美工设计、动画素材设计、影视素材设计、桌面印刷等领域。

第 11 章　数字视频与动画处理技术

11.1　数字视频概述

视觉是人类感知外部世界的一个最重要途径,有关研究表明,有效信息的 55%～60% 是由面对面的视觉效果所决定的。在多媒体技术中,视频已成为多媒体系统的重要组成要素之一,与其相关的多媒体视频处理技术在目前以至将来都是多媒体应用的一个核心技术。

11.1.1　视频的基本概念

1.什么是视频

一般说来,视频(Video)是由一幅幅内容连续的图像所组成的,每一幅单独的图像就是视频的一帧。当连续的图像(即视频帧)按照一定的速度快速播放时(25 帧/秒或 30 帧/秒),由于人眼的视觉暂留现象,就会产生连续的动态画面效果,即为视频。常见的视频源有电视摄像机、录像机、影碟机、激光视盘 LD 机、卫星接收机以及可以输出连续图像信号的设备等。

视频信号源捕捉二维图像信息,并转换为一维电信号进行传递,而电视接收器或电视监视器要将电信号还原为视频图像在屏幕上再现出来,这种二维图像和一维电信号之间的转换是通过光栅扫描来实现的。逐行扫描和隔行扫描是主要的两种扫描方式。

逐行扫描就是各扫描行按次序进行扫描,即一行紧跟一行的扫描方式,计算机显示器一般都采用逐行。如图 11-1 所示。

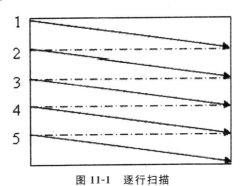

图 11-1　逐行扫描

隔行扫描就是一帧图像分为两场(从上至下为一场)进行扫描,第一场扫描 1,3,5,7,… 等奇数行,第二场扫描 2,4,6,… 等偶数行,目前隔行扫描在电视系统用得比较多。如图 11-2 所示。

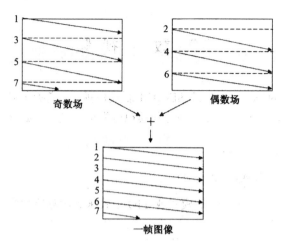

图 11-2　逐行扫描图中的"一帧图像"

2. 电视制式

电视制式指的是一个国家按照国际上的有关规定、具体国情和技术能力所采取的电视广播技术标准,是一种电视的播放标准。不同的制式对视频信号的编码、解码、扫描频率和界面的分辨率均存在一定的差异。不同制式的电视机只能接受相应制式的电视信号。因此如果计算机系统处理的视频信号与连接的视频设备制式有出入,播放时图像的效果就会明显下降,有的甚至无法播放。

几种常见的电视制式见表 11-1。

表 11-1　几种常见的电视制式

电视制式	每秒播放的帧数（帧频/Hz）	行/帧	屏幕宽高比	场扫描频率（Hz）	扫描方式	使用地区	备注
NTSC	30	525	4:3	60	隔行扫描	美国、加拿大等大部分西半球国家,日本、韩国等国与及中国的台湾省	模拟信号
PAL	25	625	4:3	50	隔行扫描	德国、英国等一些西欧国家,以及中国、朝鲜等国家	模拟信号
SECAM	25	625	4:3	50	隔行扫描	法国、俄罗斯及几个东欧国家	模拟信号
HDTV（高清晰度电视）	正在发展中的电视标准,尚未完全统一	正在发展中的电视标准,尚未完全统一	16:9	1000	逐行扫描		有较高的扫描频率,传送的信号全部数字化

11.1.2　视频数字化

要在多媒体计算机系统中处理视频信息,就必须对不同信号类型、不同标准格式的模拟视频信号进行数字化处理,形成数字视频。模拟视频的数字化主要涉及视频信号采样、彩色空间转换、量化等相关方面。

1. 视频数字化方法

通常视频数字化有复合数字化(Recombination Digitalization)和分量数字化(Component Digitalization)两种方法。

复合数字化是指先用一个高速的模/数(A/D)转换器对全彩色电视信号进行数字化,然后在数字域中将亮度和色度进行分离,以获得 YC_bC_r 分量、YUV 分量或 YIQ 分量,最后再转换成 RGB 分量。

分量数字化是指先把复合视频信号中的亮度和色度进行分离,得到 YUV 或 YIQ 分量,然后用 3 个模/数转换器对 3 个分量分别进行数字化,最后再转换成 RGB 分量。分量数字化是采用较多的一种模拟视频数字化方法。

2. 视频数字化过程

由于视频信号既是空间函数又是时间函数,而且又采用隔行扫描的显示方式,所以视频信号的数字化过程远比静态图像的数字化过程的复杂程度要高。首先,多媒体计算机系统必须具备连接不同类型的模拟视频信号的能力,可将录像机、摄像头(机)、电视机、VCD 机、DVD 机等提供的不同视频源接入多媒体计算机系统,然后再进行具体的数字化处理。如果采用分量采样的数字化方法,则基本的数字化过程涉及以下方面:

1)按分量采样方法采样,得到隔行样本点。

2)将隔行样本点组合、转换成逐行样本点。

3)进行样本点的量化。

4)彩色空间的转换,即将采样得到 YUV 或 YC_bC_r 信号转换为 RGB 信号。

5)对得到的数字化视频信号进行编码、压缩。

具体数字化过程中的彩色空间转换、量化等环节,其顺序可随所用技术的不同而变化。数字化后的视频经过编码、压缩后,形成不同格式和质量的数字视频,以满足不同的处理和应用要求。

3. 视频采样

对视频信号进行采样时可以有两种采样方法:一种是使用相同的采样频率对图像的亮度信号和色差信号进行采样,这种采样将保持较高的图像质量,但会产生巨大的数据量;另一种是对亮度信号和色差信号分别采用不同的采样频率进行采样(通常是色差信号的采样频率低于亮度信号的采样频率),这种采样可减少采样数据量,是实现数字视频数据压缩的一种有效途径。

视频采样的基本原理是依据人的视觉系统所具有的两个特性:一是人眼对色度信号的敏感程度比对亮度信号的敏感程度低,利用这个特性可以把图像中表达颜色的信号去掉一些而使人几乎感觉不到;二是人眼对图像细节的分辨能力有一定的限度,利用这个特性可以把图像中的高频信号去掉而使人不易察觉。如果用 $Y:C_r:C_b$ 来表示 Y、C_r、C_b 这 3 个分量的采样比例,则数字视频常用的采样格式分别为 4:4:4、4:2:2、4:1:1 和 4:2:0 等 4 种。实验表明,使用这些采样格式,人的视觉系统对采样前后显示的图像质量不会感到有明显差异。每种采样格式的空间采样位置如图 11-3 所示。通常,把色度样本数少于亮度样本数的采样称为子采样。

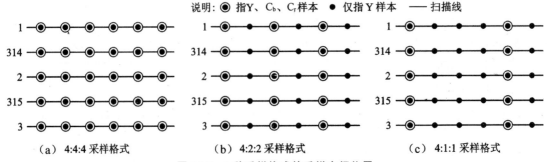

图 11-3　3 种采样格式的采样空间位置

(1)4：4：4 采样格式

这种采样格式中,Y、C_b 和 C_r 具有同样的水平和垂直清晰度,在每一像素位置,都有 Y、C_b 和 C_r 分量,即不论水平方向还是垂直方向,每 4 个亮度像素有 4 个 C_b 和 4 个 C_r 色度像素,如图 11-3(a)所示。这种采样相当于每个像素用 3 个样本表示,因而也称为"全采样"。

(2)4：2：2 采样格式

这种采样格式是指色差分量和亮度分量具有同样的垂直清晰度,但水平清晰度彩色分量是亮度分量的一半。水平方向上,每 4 个亮度像素具有 2 个 C_b 和 2 个 C_r。在 CCIR 601 标准中,这是分量彩色电视的标准格式,如图 11-3(b)所示。这种采样平均每个像素用 2 个样本表示。

(3)4：1：1 采样格式

这种采样格式在每条扫描线上每 4 个连续的采样点取 4 个亮度 Y 样本、1 个红色差 C_r 样本和 1 个蓝色差 C_b 样本,如图 11-3(c)所示。这种采样平均每个像素用 1.5 个样本。

(4)4：2：0 采样格式

这种采样格式是指在水平和垂直两个方向上每 2 个连续的(共 4 个)采样点上各取 2 个亮度 Y 样本、1 个红色差 C_r 样本和 1 个蓝色差 C_b 样本,C_b 和 C_r 的水平和垂直清晰度都是 Y 的一半,平均每个像素用 1.5 个样本。该格式的色差分量最少,对人的彩色感觉与其他几种比较接近,最适合数字压缩,常用的 DV、MPEG-1 和 MPEG-2 等均使用该格式。然而,尽管是同一种格式,MPEG-1 与 MPEG-2 在采样空间位置上的区别还是有的。MPEG-1 中的色差信号位于 4 个亮度信号的中间位置,而 MPEG-2 中的色差信号在水平方向上与左边的亮度信号对齐,没有半个像素的位移,如图 11-4 所示。

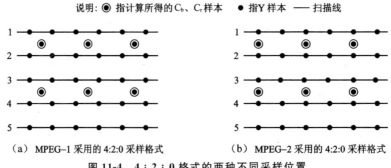

图 11-4　4：2：0 格式的两种不同采样位置

4. 视频量化

类似于前面介绍的位图图像量化,视频量化也是进行图像幅度上的离散化处理。如果信号量化精度为 8 位二进制位,信号就有 $2^8 = 256$ 个量化等级;如果亮度信号用 8 位量化,则对应的灰度等级最多只有 256 级;如果 R、G、B 等 3 个色度信号都用 8 位量化,就可以获得约 1700($256 \times 256 \times 256 = 16777216$)万种色彩。

对于以上不同的采样格式,如果用 8 位的量化精度,则每个像素的采样数据如表 11-2 所示。

表 11-2　采样格式与像素数据位数

采样格式	样本个数(像素)	采样数据位数(bits)(像素)
4∶4∶4	3	$3 \times 8 = 24$
4∶2∶2	2	$2 \times 8 = 16$
4∶1∶1	1.5	$1.5 \times 8 = 12$
4∶2∶0		

量化位数越多,量化层次就分得越细,但数据量的成倍上升也就无法避免。每增加一位,数据量就翻一番。例如,DVD 播放机视频量化位数多为 10 位,灰度等级达到 1024 级,而数据量则是 8 位量化的 4 倍。所以,量化精度的选择要根据应用需求而定。一般用途的视频信号均采用 8 位或 10 位量化,而信号质量要求较高的情况下可采用 12 位量化。

5. 视频数字化标准

为了在 PAL、NTSC 和 SECAM 标准的模拟视频之间确定共同的数字化参数,早在 20 世纪 80 年代初,国际无线电咨询委员会(International Radio Consultative Committee,CCIR)就制定了彩色电视图像(模拟视频)数字化标准,称为 CCIR 601 标准,现改为 ITU-RBT.601 标准。该标准规定了彩色电视图像转换成数字图像时使用的采样频率、采样格式以及 RGB 和 YC_bC_r,两个彩色空间之间的转换关系等。

(1)采样频率

ITU-RBT.601 为 NTSC 制、PAL 制和 SECAM 制规定了共同的视频采样频率,这个采样频率也用于远程通信网络中的电视图像信号采集。其中,亮度信号采样频率 $f_s = 13.5$ MHz,而色度信号采样频率 $f_c = 6.75$ MHz 或 13.5 MHz。PAL 标准的每行采样点数 $N = 864$,NTSC 标准的每行采样点数 $N = 858$。对于所有制式,每个扫描行的有效样本数均为 720。

这样的参数规定的验证可通过以下方法来实现:

对于 PAL 和 SECAM 标准的视频信号,采样频率 f_s 为

$f_s = 每帧行数 \times 帧频 \times N = 625 \times 25 \times 864 = 13.5$(MHz)

对于 NTSC 标准的视频信号,采样频率 f_s 为

$f_s = 每帧行数 \times 帧频 \times N = 525 \times 29.97 \times 858 = 13.5$(MHz)

(2)分辨率与帧率

对于不同标准的模拟视频信号,ITU-RBT.601 制定了不同的分辨率与帧率参数,具体内容如表 11-3 所示。

表 11-3　分辨率与帧率参数表

模拟视频标准	分辨率(像素)	帧率(fps)
NTSC	640×480	30
PAL	768×576	25
SECAM	768×576	25

(3)采样格式与量化范围

ITU-RBT.601 也对 NTSC 和 PAL 标准的视频信号的采样格式和量化范围做了规定,推荐使用 4:2:2 的视频信号采样格式,量化范围取值为:亮度信号 220 级,色度信号 225 级。使用这种采样格式时,Y 用 13.5 MHz 的采样频率,C_r 和 C_b 分别用 6.75 MHz 的采样频率。采样时,采样频率信号要与场同步信号和行同步信号同步。表 11-4 给出了两种采样格式、采样频率和量化范围参数。

表 11-4　视频信号数字化参数摘要

采样格式	信号形式	采样频率(MHz)	样本数		扫描行	量化范围
			NTSC	PAL		
4:2:2	Y	13.5	858(720)	864(720)		220 级(16~235)
	C_r	6.75	429(360)	432(360)		225 级(16~240)
	C_b	6.75	429(360)	432(360)		(128±112)
4:4:4	Y	13.5	858(720)	864(720)		220 级(16~235)
	C_r	13.5	858(720)	864(720)		225 级(16~240)
	C_b	13.5	858(720)	864(720)		(128±112)

(4)彩色空间的转换

数字域中 RGB 和 YC_bC_r 两个彩色空间之间的转换关系,可用下式表示,即

RGB→YC_bC_r 转换　　　　　　　　YC_bC_r→RGB 转换

$Y=0.2990R+0.5870G+0.1140B$　　　$R=Y+1.4.2C_r$

$C_b=0.564(B-Y)$　　　　　　　　$G=Y-0.344C_b-0.714C_r$

$C_r=0.713(R-Y)$　　　　　　　　$B=Y+I.772C_b$

(5)CIF、QCIF 和 SQCIF

为了既可用 625 行又可用 525 行的模拟视频,CCITT 规定了 CIF(Common Intermediate Format,公共中间格式)、QCIF(Quarter-CIF,1/4 公共中间格式)和 SQCIF(Sub-Quarter Common Intermediate Format)格式,具体规格参数如表 11-5 所示。

表 11-5　CIF、QCIF 和 SQCIF 图像格式参数

	C	F	QCIF		SQCIF	
	行数/帧	像素/行	行数/帧	像素/行	行数/帧	像素/行
亮度(Y)	288	360(352)	144	180(176)	96	128
色度(C_b)	144	180(176)	72	90(88)	48	64
色度(C_r)	144	180(176)	72	90(88)	48	64

以下特性是 CIF 格式所具备的：

1）视频的空间分辨率为家用录像系统 VHS 的分辨率，即 352×288。

2）使用逐行扫描。

3）使用 1/2 的 PAL 水平分辨率，即 288 线。

4）使用 NTSC 帧速率，即视频的最大帧速率为 30000/1001≈29.97 幅/s。

5）对亮度和两个色差信号（Y、C_b 和 C_r）分量分别进行编码，它们的取值范围与 ITU-RBT. 601 规定的量化范围保持一致，即黑色为 16，白色为 235，色差的最大值等于 240，最小值等于 16。

（6）视频序列的 SMPTE 表示单位

通常用时间码来识别和记录采样视频数据流中的每一帧，从一段视频的起始帧到终止帧，其间的每一帧都有一个唯一的时间码地址。动画和电视工程师协会（Society of Motion Picture and Television Engineers，SMPTE）使用的时间码标准格式：

小时:分钟:秒:帧（hours:minutes:seconds:frames）

在具体的数字视频进行编缉处理时，就是通过 SMPTE 时间码准确定位视频帧的。

11.1.3　视频压缩编码的常用概念

视频压缩的目的是在尽可能保证视觉效果的前提下使视频数据率尽可能地减少。视频压缩比是指压缩后的数据量与压缩前的数据量之比。视频压缩编码算法与静态图像的压缩编码算法有共同之处，但也有其独特性，由于视频是连续运动的静态图像，因此在压缩时还应考虑其运动特性才能达到高压缩的目标。下面介绍视频压缩中几个常用的概念。

（1）有损压缩和无损压缩

在视频压缩中有损和无损的概念与静态图像中基本类似。无损压缩是指压缩前和解压缩后的数据完全一致。多数的无损压缩都采用 RLE 行程编码算法。有损压缩意味着解压缩后的数据与压缩前的数据不一致。在压缩的过程中要将一些人眼和人耳不敏感的图像或音频信息丢失掉，而且丢失的信息不可恢复。几乎所有高压缩比的算法都采用有损压缩，这样才能达到低数据率的目标。丢失的数据率与压缩比有关，压缩比越小，丢失的数据越多，解压缩后的效果一般越差。此外，某些有损压缩算法采用多次重复压缩的方式，这样还会引起额外的数据丢失。

（2）帧内压缩和帧间压缩

帧内（intraframe）压缩也称为空间压缩（spatial compression），当压缩一帧图像时，仅考虑本帧的数据而不考虑相邻帧之间的冗余信息，这实际上与静态图像压缩类似。帧内一般采用有损压缩算法，由于帧内压缩时各个帧之间没有相互关系，所以压缩后的视频数据仍可以以帧为单位

进行编辑。帧内压缩一般达不到很高的压缩比。

帧间(interframe)压缩是基于许多视频或动画的连续前后两帧具有很大的相关性,或者说前后两帧信息变化很小的特点,也即连续的视频其相邻帧之间具有冗余信息,根据这一特性,压缩相邻帧之间的冗余量就可以进一步提高压缩量、减小压缩比。帧间压缩也称为时间压缩(temporal compression),它通过比较时间轴上不同帧之间的数据进行压缩,帧间压缩一般是无损的。帧差值(frame differencing)算法是一种典型的时间压缩法,它通过比较本帧与相邻帧之间的差异,仅将本帧与其相邻帧的差值记录下来,这样就使得数据量在很大程度上得以减少。

(3)对称编码和不对称编码

对称性(symmetric)是压缩编码的一个关键特征。对称意味着压缩和解压缩占用相同的计算处理能力和时间,对称算法适合于实时压缩和传送视频。如视频会议就以采用对称的压缩编码算法为好,而在电子出版和其他多媒体应用中,一般是把视频预先压缩处理好,然后再播放,因此可以采用不对称(asymmetric)编码。不对称或非对称意味着压缩时需要花费大量的处理能力和时间,而解压缩时则能较好地实时回放,即以不同的速度进行压缩和解压缩。一般地说,压缩一段视频的时间比回放(解压缩)该视频的时间要多得多。例如,压缩一段 3min 的视频片断可能需要 10min 左右的时间,而该片断实时回放时间只有 3min。

11.1.4　常见的视频文件格式

(1)AVI 格式

AVI 格式的英文全称为 Audio Video Interleaved,即音频视频交错格式。它是 Microsoft 公司开发的一种符合 RIFF 文件规范的数字音频与视频文件格式,原先用于 Microsoft Video for Windows(简称 VFW)环境,现在已被多数操作系统直接支持。AVI 格式允许视频和音频交错在一起同步播放,支持 256 色和 RLE 压缩,但 AVI 文件并未限定压缩标准,因此,AVI 文件格式只是作为控制界面上的标准,不具有兼容性,用不同的压缩算法生成的 AVI 文件,必须使用相应的解压缩算法才能保证被播放出来。AVI 文件目前主要应用在多媒体光盘上,用来保存电影、电视等各种影像信息,有时也出现在互联网上,供用户下载、欣赏新影片的精彩片断。

(2)MPEG 系列格式

MPEG 是 Motion Picture Experts Group(运动图像专家组)的缩写,在多媒体压缩方面,包括 MPEG-1、MPEG-2 和 MPEG-4 等标准。MPEG-1 被广泛地应用于 VCD 的制作和一些视频片段的网络下载,这种视频格式的文件扩展名包括.mpg、.mpeg 及.dat 等。MPEG-2 则主要应用在 DVD 的制作(压缩)和数字电视广播方面,这种视频格式的文件扩展名包括.mpg、.mpeg、m2v 及.vob 等。MPEG-4 是为了播放流式媒体的高质量视频而专门设计的,主要应用于高质量视频存储和网络流媒体方面,这种视频格式的文件扩展名主要有.mp4、.divx 和.xvid。

(3)MOV 格式

OuickTime(MOV)是 Apple 计算机公司开发的一种音频、视频文件格式,用于保存音频和视频信息,先进的视频和音频功能是它所具备的。QuickTime 以其领先的多媒体技术和跨平台特性、较小的存储空间要求、技术细节的独立性以及系统的高度开放性,得到业界的广泛认可。

(4)RM 格式

RM(Real Media)格式是由 Real Networks 公司所制定的音频视频压缩规范,RM 格式一开始就是定位在流媒体应用方面的,也可以说是流媒体流技术的始创者。用户可以使用 Real

Player 或 Realine Player 对符合 Real Media 技术规范的网络音频、视频资源实现不间断的视频播放,并且 Real Media 可以根据不同的网络传输速率制定出不同的压缩比率,从而使在低速率的网络上进行影像数据实时传送和播放得以顺利实现。RM 作为目前主流网络视频格式,它还可以通过其 Real Server 服务器将其他格式的视频转换成 RM 视频,并由 Real Server 服务器负责对外发布和播放。

(5)RMVB 格式

RMVB 是 Real Networks 公司在 RM 视频格式的基础上开发的一种新视频格式,它在压缩算法上使用了新的技术,在保证静止画面质量的前提下,使运动图像的画面质量在很大程度上得到提高。

(6)WMV 格式

WMV 格式的英文全称为 Windows Media Video,也是微软推出的一种可以直接在互联网上实时观看视频节目的流媒体文件压缩格式,在此格式中没有使用 MPEG-4 压缩标准,而是使用了微软的独立编码方式。

(7)ASF 格式

ASF 格式的英文全称为 Advanced Streaming format(高级流格式),它是微软为了和 Real Player 竞争而推出的一种视频格式,用户可以直接使用 Windows 自带的 Windows Media Player 对其进行播放,它是基于 MPEG-4 标准开发的一种流媒体格式。

11.2　视频的压缩与编码

11.2.1　视频的压缩与编码简介

原始视频数据量非常庞大。标准清晰度的 NTSC 视频的数字化速率一般是 30 f/s,采用 $4:2:2$ YC_rC_b 及 720×480,要求超过 165Mbit/s 的数据速率。为了更有效地实现视频信息的存储与传输必须对其进行压缩,目的是在保证视频质量的同时占用尽可能少的空间,视频编解码技术的理论依据为信息论。视频压缩技术的发展和逐渐成熟进一步推动了新型视频产品的应用和普及。视频产品的主流应用包括视频通信、视频监控和娱乐应用等,具体产品如可视电话、视频会议、VCD、DVD、HDTV、卫星电视、网络电视、IPTV 等等。随着手持终端计算能力的提高以及电池技术与高速无线连接的发展,视频技术的应用也向着移动性、宽带化方向发展。

实际上,视频信息中存在着大量的冗余信息。例如,人眼对于色彩的分辨率是由人眼的视觉特性来决定的,远未达到真彩色(24 位色),因此,采样分辨率可以有所降低;再比如视频图像中,帧与帧之间存在着大量的重复信息,因此可以采用帧间预测和移动补偿的办法,使视频中的冗余信息在很大程度上得以减少。图像压缩技术中常利用的"视频中的冗余信息及其主要采用的压缩方法",可以用表 11-6 来概括。

表 11-6　视频中的冗余信息及其主要采用的压缩方法

种类		内容	目前用的主要方法
统计特性	空间冗余	像素间的相关性	变换编码,预测编码
	时间冗余	时间方向上的相关性	帧间预测,运动补偿

种类	内　　容	目前用的主要方法
图像构造冗余	图像本身的构造	轮廓编码,区域分割
知识冗余	收发两端对人物的共有认识	基于知识的编码
视觉冗余	人的视觉特性	量化编码

基于上面的常用压缩方法,可以设计多种视频编码方案,现有较成熟的视频编码方案中,按照其技术特点可以分为以下几类:

1)基于块的混合视频编码方案:是应用最广、产品化最好的视频编码技术,也是目前所有国际标准所采用的编码技术(如 H.26x、MPEG-1、MPEG-2、MPEG-4、AVS),包括 4 个主要模块:预测编码、变换编码、量化编码和熵编码。

2)基于小波的视频编码方案:主要利用小波变换的特点实现可伸缩的视频编码。

3)基于内容和对象的视频编码方案:MPEG-4 标准中定义了基于内容和对象的视频编码技术,它第一次把编码对象从图像帧拓展到具有实际意义的任意形状视频对象,使从基于像素的传统编码向基于对象和内容的现代编码的转变得以实现,但由于基于内容和对象的视频编码是以对象和内容识别为前提的,目前内容识别技术的完善度还有所欠缺,所以此编码技术在实际中应用得还比较少。

接下来将重点讨论基于块的混合视频编码方案及相关的视频编码标准。

11.2.2　基于块的混合视频编码技术

顾名思义,基于块的混合视频编码就是将图像划分成互不重叠的块,并且依次运用多种编码技术以达到高效编码效率的视频压缩方法。这种编码框架经过几十年的发展,已经得以广泛应用,目前成熟的视频编码器均采用了该框架。不难预见,基于块的混合视频编码器在今后相当长的一段时间内仍然是最实用的技术之一。基于块的混合视频编码在技术上采用的基本思想和方法可以归纳成两个要点:

· 在空间方向上,视频数据压缩采用类似于 JPEG 压缩算法来去掉空间冗余信息。

· 在时间方向上,视频数据压缩采用预测编码(运动补偿,Motion Compensation)来去掉时间冗余信息。

1. 基于块的混合视频编码流程

在基于块的混合视频编码中,通常将编码的帧分为三种类型:I 帧(Intra frame)、P 帧(Predicted frame)以及 B 帧(Bi-directional frame)。其中,I 帧编码跟任何其他帧均没有关系,它是靠尽可能去除帧内空间冗余信息来实现数据压缩的编码帧,又称帧内编码帧;P 帧是通过充分利用视频序列中前面已编码帧的时间相关性来消除时间冗余信息进而实现数据压缩的编码帧,也叫预测帧;B 帧是既利用与视频序列前面已编码的帧,也利用视频序列后面已编码帧的相关性来消除时间冗余信息进而实现数据压缩的编码帧,也叫双向预测帧。一般地,I 帧压缩效率最低,P 帧较高,B 帧最高。图 11-5 给出了各种帧类型的基本关系图。P 帧使用前面最近解码的 I 帧或 P 帧作参考图像;而 B 帧使用前后两帧作为预测参考,其中一个参考帧在显示顺序上先于编码帧(前向预测),另一帧在显示顺序上晚于编码帧(后向预测),B 帧的参考帧在任何情况下都是 I 帧或 P 帧。

图 11-5　视频编码中的基本帧类型

实际应用中,通常将连续的帧分为图像组(Group of Pictures,GOP),GOP 的第一帧为 I 帧,其他帧为 P 帧或 B 帧,图 11-5 中的 10 个数据帧就可以看作为一个 GOP。图 11-6、图 11-7 分别给出了 MPEG-1 标准中的 P 帧编码的基本流程。

I 帧的编码类似于 JPEG 编码过程,如果视频图像是用 RGB 空间表示的,则首先把它变换成 YC_rC_b 空间表示的图像。每个图像帧平面分成 8×8 的块,对每个块进行离散余弦变换(DCT)。DCT 变换后,经过量化的交流分量系数按照 Zig-Zag 的形状排序(Z 变换),然后再使用无损压缩技术进行编码。DCT 变换后,经过量化的直流分量系数使用差分脉冲编码(Differential Pulse Code Modulation,DPCM),交流分量系数先使用游程长度编码(Run-Length Encoding,RLE),然后再使用哈夫曼(Huffman)编码或算术编码。

P 帧编码过程中,首先要进行运动估计和运动补偿。假设编码图像宏块 MP_J 是参考图像宏块 MR_J 的最佳匹配块,它们的预测误差就是这两个宏块中相应像素值之差。对所求得的预测误差进行彩色空间转换,并作 4∶1∶1 的子采样,得到 Y、C_r 和 C_b 分量值,然后仿照 JPEG 压缩算法对预测误差进行编码,同时对计算出的移动矢量进行哈夫曼编码,即可得到预测图像帧 P 帧的压缩编码,整个流程如图 11-6 所示。

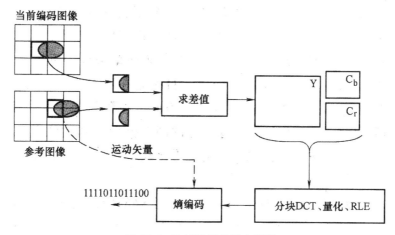

图 11-6　P 帧编码的基本流程

B 帧编码与 P 帧编码唯一的差别体现在,在找匹配块时是参考前后两帧,找到的两个块求均值作为当前块的预测块求差,然后仿照 JPEG 压缩算法对预测误差进行编码,同时对计算出的移动矢量进行哈夫曼编码,即可得到预测图像帧 P 帧的压缩编码,整个流程如图 11-7 所示。

上面描述的三种帧类型的编码过程是基于块的混合视频编码共同使用的编码框架,对于不同的编码标准,其实现技术会有些许的差异。

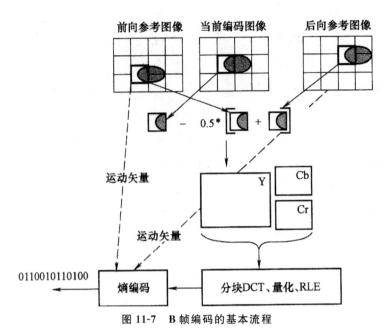

图 11-7　B 帧编码的基本流程

2. 预处理与后处理

大部分视频素材都来源于摄像机,目前市场中摄像机的品种繁多,它们的视频存储格式不尽相同,其成像质量也往往因品牌、应用范围以及档次等众多因素而差别明显。编码器一般都支持YUV 4∶2∶0 的视频输入格式,但是有不少视频捕获设备采用 YUV 4∶2∶2、YUV 4∶1∶1 等格式,有不少现成的视频资源还有可能以 RGB 格式存储。此外,采用低端产品或者在较为苛刻的环境下采集的视频往往带有噪声。视频编码的预处理包括格式转换和去除噪声。为了适应如此众多的格式,通常,编码器在编码之前先将输入视频格式转成其内部接受的格式(比如转成YUV4∶2∶0 格式)。噪声不仅会对图像本身的质量造成影响,而且会严重影响压缩性能。基于块的混合编码方法采用运动估计与运动补偿来消除图像的时间冗余。自然图像纹理变化缓慢,运动较为平滑,运动估计与运动补偿所得的残差图像经 DCT 变化、量化之后只剩下少量的非零系数,从而达到非常好的压缩效果。一旦输入图像被"污染",经运动补偿后的残差图像就会产生许多非零的 DCT 系数。噪声相对于图像来说通常是高频信号,因此,其 DCT 系数的高频分量将难以被量化成零。不为零的高频系数本身不仅使得码率增大,而且游程编码的效率下降的也非常明显,从而使得编码效率急剧下降。预处理的目标是在不损伤图像质量的前提下去除噪声。视频捕获设备引入的噪声多数为高频噪声,因此,在预处理中主要采用低通滤波器去噪。通常,简单的低通滤波器难以区分图像本身的高频分量(如边缘以及变化急剧的纹理)与噪声,经过预处理后的图像与原图像相比会显得比较模糊。更有效的去噪算法应当针对待处理噪声的特性进行设计。

由于基于块的混合编码方法将图像划分为互不重叠的块进行编码,DCT 系数经量化之后损失了部分信息,这有可能导致重构图像在块与块边界处的连续性受到影响,这就是所谓的"方块效应"。该效应由量化步长的增加而加剧,它不仅使得图像遭受一定程度上的变形,而且有可能使得后续帧的编码效率降低。如果受到"方块效应"损伤的图像作为参考帧,那么经运动估计与运动补偿之后的残差图像会产生更多的非零系数,从而使得码率增高。这对于低码率的视频应用而言是恶性循环。为了遏制"方块效应",可以对编码端重构图像的块边界处进行滤波,一般称为后处理技术。对于解码器也需要同样的滤波器对重构图像进行滤波,否则将会产生预测失匹配问题。当然,滤波也可以仅仅在解码端进行,但是这么做只改善了视频的显示效果,编码效率仍然维持不变。H.261、H.263++、H.264 都推荐采用滤波的方法消除"方块效应"。图 11-8 给出了滤波对"方块效应"的抑制效果。

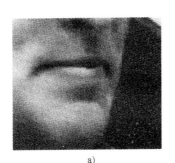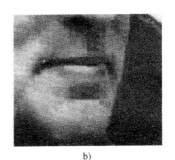

a)　　　　　　　　　　　　　　b)

图 11-8　滤波去除"方块效应"效果图

a)经过滤波 b)未经滤波

3. 码率控制

　　虽然,码率控制与运动估计、预处理一样不在编码标准定义范围,但是它显然是视频编码的重要部分。在实际应用中可用资源(存储空间、带宽)毕竟有限,码率控制提供了一种使产生码流与可用资源相匹配的策略。例如,VOD 的媒体库存储空间有限,需要在视频文件的质量与压缩比之间找到一个平衡点;流媒体服务所能得到的信道带宽有限,如果发送码率超过信道所能承受的极限,就会造成网络拥塞、丢包,从而严重影响视频的观赏质量。除此之外,视频通信系统需要保证接收端的缓冲区既不上溢,也不下溢,以便在客户端取得连续的视频质量。

　　在基于块的混合编码中,量化参数(Quantization Parameter,QP)是对码率影响最明显的。在各种视频编码标准的验证模型(MPEG-2 TM5、H.263 TMN8、MPEG-4 VM、H.264 JM)中,码率控制算法都根据缓冲区的状态与信道带宽改变量化步长来达到码率控制的目的。从编码器出来的码流变化较为急剧,特别对于 GOP 长度较短的应用场合(比如直播)更是如此。通常先将编码器输出的码流放到缓冲区,然后再从缓冲区中以固定的码率向信道传送,编码器需要借助于码率控制算法使得该缓冲区既不上溢也不下溢。影响码率的另外一个因素是输入图像的复杂度,图像复杂度包括图像纹理细节的复杂程度与物体运动的复杂程度。通常,图像复杂度越高,所生成码流的码率也就越大。图 11-9 中的 1、2、3 曲线分别从三个不同的视频序列产生,它们的复杂度依次增加,在相同量化参数的作用下,复杂度越高,其码率也就越大;在相同的码率下,复杂度越高,所设置的量化参数也越大。因此码率控制算法应当为复杂度大的图像预留更多的比特,对复杂度小的图像分配较少的比特。在没有编码之前,编码器对图像的复杂度难以确定。通常视频序列中相继图像高度相关,其复杂度也非常相似,因此,可以利用已编码图像的复杂度来预测待编码图像的复杂度。

　　码率控制的关键是为每一个编码单元(帧、条或者宏块)设置一个合理的量化参数。通常,码率控制分为比特分配与求取量化参数两个步骤。为待编码单元(帧或者宏块)预留的比特数根据预测得到的图像复杂度与缓冲区状态进行联合分配,根据所预留的比特数来求取合适的 QP。如何根据分配的比特数求得合适的 QP 是码率控制的核心问题。目前性能比较好的是一个关于

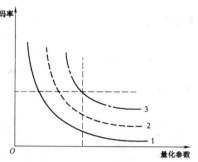

图 11-9　量化参数与码率

码率与失真的二阶模型,之前广泛应用的一阶模型可以看作是该模型的一阶退化。

$$R(D)=a_1 \cdot D^{-1}+a_2 \cdot D^{-2} \tag{11-1}$$

其中,$R(D)$ 是在失真为 D 的情况下产生的比特数,a_1 和 a_2 是该二次模型的参数。通常用量化参数与平均绝对误差(Mean Absolute Difference,MAD)作为失真的度量。此外,该模型并不包括除了 DCT 系数编码所需比特数之外的开销,头信息、运动矢量均不包括在内。给定该编码单元预留的比特数 B、头信息开销 H 以及 MAD,就可以由算法(11-1)求得该编码单元的 QP:

$$\frac{B-H}{MAD}=a_1 \cdot QP^{-1}+a_2 \cdot QP^{-2} \tag{11-2}$$

正如图像的编码复杂度,式(11-2)中的 B、H 和 MAD 在未编码之前不能准确得到。再一次利用视频序列连续图像之间的相关性,这三个未知量可以由已编码单元相应的量来预测,因此方程(11-2)只剩下一个未知量,即待求的量化参数 QP。

如果利用模型(11-2),码率控制可以分为 4 个步骤:为编码单元分配比特、预测头信息开销 H、预测该编码单元的 MAD、用模型(11-2)求解 QP,最后更新模型参数 a_1 和 a_2。

为了获得较好的控制精度,使得输出视频流的码率跟目标码率更加地接近,码率控制分为三个层次:GOP 层、图像层和宏块层。

(1)GOP 层码率控制

编码器将输入图像分为长度固定的 GOP,不同 GOP 之间的数据没有依赖关系。这么做既有利于接入访问(在实时应用中),又可以抑制潜在的错误传播。同时,它也有利于进行码率控制,编码器根据目标码率为每一个 GOP 分配比特数 $\overline{G}$:

$$\overline{G}=br \cdot \frac{N}{pr} \tag{11-3}$$

其中,br、N 和 pr 分别表示目标码率、一个 GOP 的图像数和帧率。为一个 GOP 预留的比特数正好等于在一个 GOP 期间按目标码率所输出的比特数。当然,上一个 GOP 的资源使用情况要计入下一个 GOP 比特数的预算:

$$R=\overline{G}+\overline{R} \tag{11-4}$$

其中,$\overline{R}$ 是上一个 GOP 剩下的比特数,R 为当前 GOP 可以使用的比特数。如果上一个 GOP 已经"超支",那么 $\overline{R}$ 为负值。

(2)图像层码率控制

在对每一幅图像进行编码之前,需要根据当前 GOP 可用的比特数 R 以及缓冲区的状态来分配比特数 $\overline{T}$:

$$\overline{T}=\alpha \cdot f(\overline{X},R)+(1-\alpha) \cdot g(O) \tag{11-5}$$

其中,$\overline{X}$ 为该图像复杂度估计值,O 是当前缓冲区充满程度,α 是比例因子,可以通过调节这两个参数来对码率产生影响。$f(\cdot)$ 和 $g(\cdot)$ 分别是这些参数到预留比特数的映射函数,许多研究的重点都是集中在如何将影响码率控制的参数合理映射到预留比特数上,即设计合理的 $f(\cdot)$ 和 $g(\cdot)$ 函数。为了保证一个最低的可接受视频质量,通常由(11-5)式得到的比特数被一个下限 $T_{\min}$(在 MPEG-2 TM5 中 $T_{\min}$ 取 $\dfrac{br}{8pr}$)所截断:

$$T=\max(T_{\min},\overline{T}) \tag{11-6}$$

正如前面提到的那样,当前图像的 MAD 与头信息开销 H 可以已编码图像的信息来预测:

$$MAD=h(MAD_P) \tag{11-7}$$

$$H=q(H_P) \tag{11-8}$$

其中,MAD_P 与 H_P 分别是已编码图像的 MAD 与头信息。$h(\cdot)$ 和 $q(\cdot)$ 可以简单地取线性模型。至此,就可以利用二次模型(11-2)来计算量化参数。如果需要进行更精细的码率控制,例如宏块层,此处计算得到的量化参数只是一个参考值,跟 DCT 系数没有任何关系。

(3)宏块层码率控制

宏块层码率控制的流程类似于图像层码率控制,首先根据当前图像所剩下的比特数 T_r,为当前待编码的宏块分配比特数 R_{mb}:

$$R_{mb}=\frac{T_r}{N_r}-H_{mb}$$

其中,N_r 为该图像尚未编码的宏块数。H_{mb} 是该宏块的头信息,它同样可以由已编码宏块头信息所需比特数用模型(11-8)来预测。同理,该宏块的 MAD 也可以用模型(11-7)预测。最后用二次模型(11-2)来计算当前宏块的量化参数。

上述码率控制方法描述了码率控制最核心的理论基础,至于实际应用的算法,更多的问题均需要考虑在内。一方面,码率控制算法通过动态地改变 QP,使得输出码流满足信道带宽限制与缓冲区要求;另一方面,QP 的变化也会对图像质量的稳定性产生影响。小的 QP 值保留许多细节,图像质量也就越高;大的 QP 值丢弃很多高频系数,从而导致图像质量恶化。这种质量不"均匀"的现象不仅出现在图像之间,也会发生在一幅图像之内。为了避免这些视频质量的跳动,通常都对上述模型得到的 QP 进行修正,限制相邻图像 QP 以及相邻宏块 QP 的差别不得超过某个值,比如 2。此外,由于 I 帧、P 帧以及 B 帧的率失真特性不尽相同,因此,在码率控制中也不可相同对待。这些细小的区别尽管从理论上没有太大的拓展,但是却影响着实际的控制效果,需要进一步了解请查阅相关的参考资料。

11.2.3　可伸缩视频编码技术

随着 Internet 和无线通信技术的飞速发展,人们在网络上实时获取多媒体数据,特别是信息丰富的图像和视频数据,已经成为可能。然而由于网络的异构性、信道带宽的波动和信道的误码等因素的存在,使得原来面向存储的压缩算法已经很难满足实时传输的要求。所以,在当前的网络时代,视频编码的目标从面向存储转到了面向传输,编码的目的从产生适合存储的固定尺寸的码流发展到产生适合一定的传输码率的可伸缩性码流。图 11-10 显示了可伸缩视频编码方法与传统编码方法的比较。图中阶梯状的曲线对应传统的编码方法,显然,当带宽低于某个固定的码率时,无法获得任何信息;当带宽达到这个码率时,可以得到一定质量的视频;当带宽进一步增加时,视频的质量得不到改善。为了适应网络带宽的变化,新的编码方法应该尽可能地逼进率失真曲线,应具有可以在任何地点截断的特性,而且接收图像的质量应该随着带宽的增加而提高。

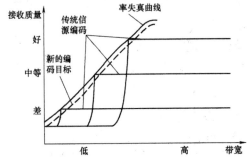

图 11-10　可伸缩视频编码方法与传统编码方法的比较

为了适应网络带宽的变化,许多现行的国际压缩标准(例如 H.263＋和 MPEG-4 等)采用了分层可扩展性编码。它是将多媒体数据压缩编码为多个码流。其中一个可以独立解码,称为基本层码流,其他码流必须与基本层码流一起被解码,以获得好的视觉效果或高的分辨率,这些码流称为增强层码流。分层编码技术主要分为时域可伸缩编码(Temporal Scalability Coding)、空域可伸缩编码(Spacial Scalability Coding)、图像质量/SNR 可伸缩编码(Quality Scalability, SNR Scalability Coding)这三类。

(1)时域可伸缩性编码

时域可伸缩性编码是通过在码流中添加 B 帧来实现的。B 帧是使用与它在时间上最近邻的前后两个 I 帧或 P 帧来预测的,而自己并不作为其他帧的参考图像,因此,在传输中丢弃 B 帧并不会对其他帧的解码质量造成任何影响,仅仅降低帧率。图 11-11 是 MPEG-4 中的分层时域可伸缩性编码的示意图。

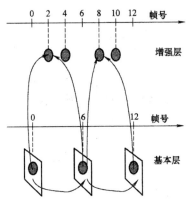

图 11-11　MPEG-4 中的分层时域可伸缩性编码的示意图

(2)空域可伸缩性编码

空域可伸缩性编码是通过视频帧中的每一帧都创建多分辨率的表示来实现的。当进行空域可伸缩性编码时,原始视频首先通过下采样得到低分辨率的视频,编码得到基本层码流;然后编码原始视频和基本层视频的差生成增强层码流。不过空域可伸缩性编码在视频通信中应用较少,因为任何一个用户都不能接受在前一个 GOP(Group Of Picture)中观看高分辨率视频,而到下一个 GOP 只能获得低分辨率的视频。因此,即使增强层在传输中被丢弃,客户端的解码器也要对低分辨率的图像进行差值,这实际上是一种质量可伸缩性的特殊情况。图 11-12 为分层空域可伸缩性编码的示意图。

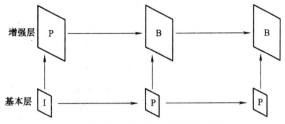

图 11-12　分层空域可伸缩性编码的示意图

(3)质量可伸缩性编码

质量可伸缩性编码的思想类似于空域可伸缩性编码,只不过这里不需对原始视频进行下采样,而是进行一次很粗的量化形成基本层码流。然后对原始视频和基本层视频的差再进行一次量化,生成增强层码流。如果有多个增强层码流,则重复上面的过程。图 11-13 是质量可伸缩性编码的示意图。

由于分层编码可以按层为单位截断,所以具有一定的网络带宽适应能力,但是分层可伸缩编码的各个压缩层的码流是在编码器完成是固定的,而且一般间距较大(减小间距需要增加码流数目,这样会增加额外开销,例如,每个码流都需要一个头来描述,这样的话,编码效率就会受到影响)。而且分层可伸缩编码生成的每个层要么不传,要么完全传输,否则就会产生严重的误差传播现象(时域可伸缩性编码没有误差传播现象,但它丢失码流,也必须以帧为单位)。

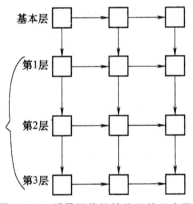

图 11-13　质量可伸缩性编码的示意图

分层的可伸缩视频编码方案虽然一定程度上解决了码流自适应的问题,但由于其分层粒度太大,并且压缩效率降低得比较明显。所以研究学者针对以上问题进行了广泛的研究,提出了多种解决方案,这些方案可以简单地分为两大类:一是基于块的混合视频编码的可伸缩视频方案;二是基于小波变换的 3D 小波编码方案。

11.2.4　视频压缩编码标准

类似于音频压缩编码标准,为了使图像信息系统及设备具有普遍的互操作性,同时保证与未来系统的兼容性,国际标准化组织(ISO)、国际电子学委员会(IEC)及国际电信联盟(ITU-T)等组织先后审议并制定了许多音/视频编码标准,分为 MPEG 和 H.26X 两大系列。MPEG 系列标准是由 ISO 和 IEC 联合制定的运动图像(含音频)压缩编码标准,主要用于数字电视节目和数字视频光盘;H.26X 系列标准是由 ITU-T 制定的音/视频压缩编码标准,主要用于多媒体网络环境中的数字视频传输,如可视电话、视频会议、视频点播等。下面仅对 MPEG 系列标准做简单介绍。

MPEG 系列标准包含 MPEG-1、MPEG-2、MPEG-4、MPEG-7 和 MPEG-21 等 5 个具体标准,从 MPEG-1 到 MPEG-21,每种编码都有各自的目标问题和特点,体现了运动图像编码压缩标准的演进和升级过程,一个较为完整的以视频为主体的多媒体信息压缩、描述与使用体系得以形成。

MPEG-1 标准于 1988 年 5 月提出,1992 年 11 月形成国际标准,编号是 ISO/IEC11172,用于运动图像及其伴音的编码,码率可达 1.5 Mb/s。这是世界上第一个集成视频、音频的编码标准,它是第一个只定义解码器(接收机)的标准,第一个独立于视频格式的视频编码,第一个以软件方式制定并含软件实施的标准,主要应用于 VCD,其音频 3 层即 MP3 广泛应用于网络音乐。

MPEG-2 标准于 1990 年 6 月提出,1994 年 11 月形成国际标准,编号是 ISO/IEC13818,是一种通用的运动图像视频、音频编码标准,可以提供更高的图像分辨率、图片质量、交织的视频格式、多分辨率可调性和多通道音频特征等,数据传输速率为 4~100 Mb/s。广泛应用于数字机顶盒、DVD 和数字电视。

MPEG-4 标准于 1993 年 7 月提出,1999 年 5 月形成国际标准(版本一),编号是 ISO/IEC14496。它不仅提供了索引、超链接、查询、浏览、上传、下载和删除功能,而且提供了"混合的自然和人工数据编码",通过这种编码能够将自然和人工的视听对象和谐地集成在一起,是一种基于对象的视/音频编码标准,视频码率为 5 kb/s~5 Mb/s,音频码率为 2~64 kb/s。

采用 MPEG-4 技术,一个场景可以实现多个视角、图层、多个音轨及立体声和 3D 视角,这些特性使得虚拟现实成为可能。同时,该标准还能够调节不同的下载速度,这对于在网络上发布视频非常具有吸引力。MPEG-4 包容了以前的 MPEG-1 和 MPEG-2 标准,制定了大范围的级别和框架,在多种行业均可广泛应用。

MPEG-7 标准于 1997 年 7 月提出,在 2001 年 9 月形成国际标准,编号是 ISO/IEC15938,被称为多媒体内容描述接口。它不是内容的分析也不是内容的检索,更不是信息压缩编码技术,而是一种多媒体内容描述标准,定义了描述符、描述语言和描述方案,便于对多媒体等内容进行处理。例如,使用描述符来描述色彩和运动,使用描述方案来描述面部表情、个性特征或任意数量与内容有关的变量等更高级的内容。这项标准带来的好处之一在于能够迅速检索一个视频文件,从中找到某种特定类型的视频。可应用于数字图书馆、各种多媒体目录业务、广播媒体的选择及多媒体编辑等领域。

MPEG-21 标准与 MPEG-7 标准几乎是同步制定的,于 2001 年 12 月完成。该标准定义了使用者之间交换、访问、消费、交易及其他数字处理内容所需的技术规范,其目的在于提供高效、透明和共享的多媒体信息使用方式。例如,该标准提供了知识产权管理和保护-IPMP-系统,具备数字版权管理(DRM)的能力,当获得一段数字内容时(如从网上下载一幅图片),该数字内容会告知到哪里可以找到拥有其版权的人士或机构。

以上是对 MPEG 系列标准的简单介绍,表 11-7 给出了 MPEG 及 H.26x 系列标准的内容特征。有关 MPEG 和 H.26x 标准的详细内容可参见第 7 章,更多的信息或更新内容可浏览 http://www.mpeg.org 网站。

表 11-7　视频压缩标准的内容特征

标准类别	标准名	特点	算法与描述	数据率	应用
MPEG 系列标准	MPEG-1	运动图像和伴音合成的单一数据流	帧内:DCT;帧间:预测法和运动补偿	1.5 Mb/s	VCD 和 MP3
	MPEG-2	单个或多个数据流,框架与结构更加灵活	同上	4～100 Mb/s	DVD 和数字电视
	MPEG-4	基于对象的音、视频编码	增加 VOP 编码	64 kb/s～8 Mb/s	高清电视、移动视频
	MPEG-7	多媒体内容描述	多媒体信息描述规范	不涉及	基于内容检索
	MPEG-21	多媒体内容管理	多媒体内容管理规范	不涉及	网络多媒体
H.26x	H.261	可根据信道调整参数 P	DCT 变换和 DPCM 混合编码	P×64 kb/s	可视电话和电视会议
	H.263	面向低速信道	帧间预测与 DCT 混合编码	各种网络带宽	可替代 H.261
	H.264	适应不同带宽	精密运动估计与帧内估计	各种网络带宽	网络视频、移动 TV

需要说明的是,H.264 是 ITU-T 的 VCEG(视频编码专家组)和 ISO/IEC 的 MPEG(活动图像编码专家组)的联合视频组(Joint Video Team,JVT)开发的一个新的数字视频编码标准,它既是 ITU-T 的 H.264,又是 ISO/IEC 的 MPEG-4 的第 10 部分,2003 年 3 月正式发布。

11.2.5　中国制定的音频编码标准

1. AVS 音频立体声编码标准

AVS 标准是《信息技术——先进音视频编码》系列标准的简称。

AVS 音频专家组在制定标准时最主要的目标就是在基本解决知识产权问题的前提下,制定具有国际先进水平的中国音频编/解码技术标准,使 AVS 音频编/解码技术的综合技术指标(包括编码效率、复杂度和延迟等)基本达到或超过 MPEG AAC 编码技术。

AVS 音频编码器支持 8～96 kHz 采样的单/双声道 PCM 音频信号作为输入信号,编码器编码后输出数码率为每声道 16～96 kbit/s,在每声道 64 kbit/s 编码时可以实现接近透明音质,编码后文件即可压缩到原来的 1/16～1/10。

AVS 音频立体声编/解码的原理框图分别如图 11-14 和图 11-15 所示。

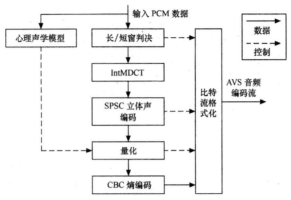

图 11-14　AVS 音频立体声编码原理框图

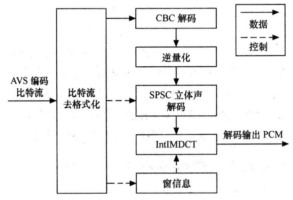

图 11-15　AVS 音频立体声解码原理框图

在编码端,输入的 PCM 数据经过长/短窗判决、整数点改进离散余弦变换(IntMDCT)、SP-SC(Square Polar Stereo Coding)立体声编码、量化、CBC(Context-dependent Bit-planeCoding)熵编码模块后打包成符合 AVS 音频标准的比特流。

在解码端,输入的 AVS 音频编码比特流经过 CBC 解码、逆量化、SPSC 立体声解码、IntlM-DCT 后输出 PCM 数据。

(1)长/短窗判决

AVS 音频标准在编码端推荐一种基于能量与不可预测性的两级窗判决法,其主要原理为:把输入的一帧音频信号划分为若干个子块,首先在时域内进行第一级判决,对子块能量的变换情况进行简单分析,满足特定条件后才进行第二步的不可预测性判决,具有基于能量判决简单和基于不可预测性判决准确的优点,同时该方法克服了基于能量判决不准确和基于不可预测性计算复杂的缺点,从而在迅速确定瞬变信号的同时减少了误判。

(2)整数点改进离散余弦变换

AVS 音频专家组在制定标准时考虑到和 MPEG 音频保持同步以及以后的无损压缩扩展,选定整数 MDCT 作为分析滤波器。整数 MDCT 变换可用来实现无损音频编码或混合感知和无损音频编码,它继承了 MDCT 变换的所有重要特性:临界采样(Critical Sampling)、数据块叠加(Overlapping of Blocks)、优良的频域表示音频信号,对整数点的输入信号经过正向 IntMDCT 和反向 IntIMDCT 后可以没有误差地完全重构。

（3）SPSC 立体声编码

SPSC 是一种比较高效的立体声编码方法，当左、右两个声道的相关性比较强时，采用 SPSC 能够带来比较大的编码增益。其主要原理为：当左、右两个声道有比较强的相关性时，一个声道传送大值信号，而另一个声道传送两个声道的差值信号，编码端的 SPSC 模块和解码端相对应的重建模块构成无损变换对。

（4）量化

AVS 音频标准采用和 MPEG AAC 相同的量化方法。

（5）CBC 熵编码

CBC 是一种高效的熵编码方法，具有精细颗粒可分级（Fine Grain Scalability）特征，可调步长为 1 kbit/s，数码率可以从 16～96 kbit/s 连续可调。音频解码器可以根据解码端解码能力，在低于编码比特率下解 AVS 编码码流。当解码速率从编码速率到较低比特速率时，解码音乐信号的音质从高到低逐级衰减。CBC 编码效率要优于 MPEG AAC 中的霍夫曼编码，在每声道 64 kbit/s 编码时，CBC 平均编码比特数较 MPEG AAC 中的霍夫曼编码节省约 6%。

2. DRA 多声道数字音频编解码标准

2009 年 4 月 19 日，国家质检总局、工业和信息化部与广东省人民政府联合召开了《多声道数字音频编/解码技术规范》国家标准发布会，正式颁布《多声道数字音频编解码技术规范》（简称 DRA 音频标准）为我国数字音频编解码技术国家标准（标准号为 GB/T22726—2008），于 2009 年 6 月 1 日起实施。

《多声道数字音频编解码技术规范》是由广州广晟数码技术有限公司以其自主研发的 DRA 数字音频编/解码技术为基础起草的。DRA 数字音频编解码技术采用自适应时频分块（Adaptive Time Frequency Tiling，ATFT）方法，实现对音频信号的最优分解，进行自适应量化和熵编码，具有解码复杂度低、压缩效率高、音质好等优点，可广泛应用于数字音频广播、数字电视、移动多媒体、激光视盘机、网络多媒体以及在线游戏、数字电影院等领域。早在 2007 年 1 月 4 日，DRA 数字音频编解码技术被信息产业部正式批准为电子行业标准——《多声道数字音频编解码技术规范》（标准号 SJ/T11368—2006）。根据广电行业标准《移动多媒体广播第 7 部分：接收解码终端技术要求》（GY/T220.7—2008）6.5.2.1 条规定，所有 CMMB 终端均应支持 SJ/T11368—2006（DRA）音频标准。这标志着 DRA 数字音频标准在 CMMB 移动多媒体广播中已经确立了作为必选标准的地位。2009 年 3 月 18 日，DRA 数字音频编解码技术又被国际蓝光光盘协会（BDA）正式批准成为蓝光光盘格式的一部分，被写入 BD-ROM 格式的 2.3 版本，成为中国拥有的第一个进入国际领域的音频技术标准。

成为国家标准之后，DRA 音频标准将在我国数字电视、数字音频广播、移动多媒体等领域展开产业化应用。作为目前 DRA 应用最为成功的市场，中国移动多媒体广播（CMMB）绝大部分品牌终端都已经集成了 DRA 解码功能。在开通了 CMMB 信号的 158 个城市或地区也已经播出了 2 套采用 DRA 格式的音频广播节目（中央人民广播电台和中国国际广播电台），部分地区还采用 DRA 格式播出了地方广播节目。根据 CMMB 二阶段规模试验网的规划，未来还会有更多的广播节目播出。

（1）编码器模块及功能

编码器的主要组成部分及功能如图 11-16 和表 11-8 所示。

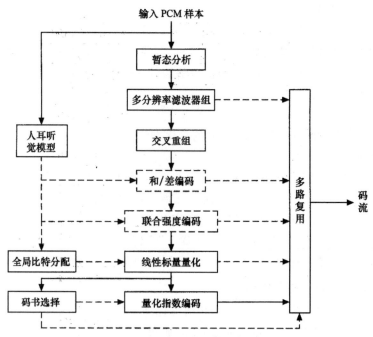

注：实线代表音频数据，虚线代表控制/辅助信息。

图 11-16　编码器原理框图

表 11-8　编码器模块及功能

编码器模块	功能
瞬态检测器	检测输入的 PCM 样本是否含有瞬态响应
多分辨率分析滤波器组	把每个声道的音频信号的 PCM 样本分解成子带信号。该滤波器组的时频分辨率由瞬态检测的结果而定
交叉重组器	当帧中存在瞬态时,用来交叉重组子带样本以便于降低传输它们所需的总比特数
人耳听觉模型	计算人耳的噪声掩蔽阈值
可选的和/差编码器	把左右声道对的子带样本转换成和/差声道对
可选的联合强度编码器	利用人耳在高频的声像定位特性而对联合声道的高频分量进行强度编码
全局比特分配器	把比特资源分配给各个量化单元,以使它们的量化噪声功率要比人耳的掩蔽阈值低一些
线性标量量化器	利用全局比特分配器提供的量化步长来量化各个量化单元内的子带样本
码书选择器	基于量化指数的局部统计特征对量化指数分码书选择器组,并把最佳的码书从码书库中选择出来分配给各组量化指数
量化指数编码器	用码书选择器选定的码书及其应用范围来对所有的量化指数进行 Huffman 编码
多路复用器	把所有量化指数的 Huffman 码和辅助信息打包成一个完整的比特流

（2）解码器模块及功能

解码器的主要组成部分及功能如图 11-17 和表 11-9 所示。

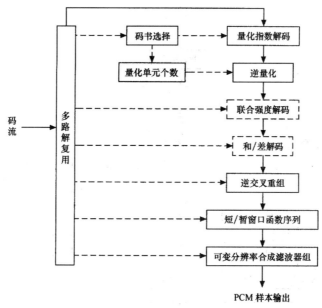

注：实线代表音频数据，虚线代表控制/辅助信息。

图 11-17　解码器原理框图

表 11-9　解码器模块及功能

解码器模块	功能
多路解复用器	从比特流解出各个码字。由于 Huffman 码属前缀码，其解码和多路解复用是在同一个步骤中完成的
码书选择器	从比特流中解码出用于解码量化指数用的各个 Huffman 码书及其应用范围（Application range）
量化指数解码器	用于从比特流中解码出量化指数
量化单元个数重建器	由码书应用范围重建各个瞬态段的量化单元的个数
逆量化器	从码流中解码出所有量化单元的量化步长，并用它由量化指数重建子带样本
可选联合强度解码器	利用联合强度比例因子由源声道的子带样本重建联合声道的子带样本
可选的和/差解码器	由和/差声道的子带样本重建左右声道的子带样本
逆交叉重组器	当帧中存在瞬态时，逆转编码器对量化指数的交叉重组
短/暂窗口函数序列重建器	对瞬态帧，根据瞬态的位置及 MDCT 的完美重建（Perfect Reconstruction）条件来重建该帧须用的短和暂窗口函数序列
可变分辨率合成滤波器组	由子带样本重建 PCM 音频样本

（3）技术特点

DRA 音频标准同时支持立体声和多声道环绕声的数字音频编解码，用很低的解码复杂度实现了国际先进水平的压缩效率是其最大特点。由于 DRA 技术编解码过程的所有信号通道均有 24bit 的量化精度,故在数码率充足时能提供超出人耳听觉能力的音质。

- 采样频率范围:32～192kHz。
- 量化精度:24bit。
- 数码率范围:32～961kbit/s。
- 可支持的最大声道数:64.3,正常声道 64 个,低频效果声道(LFE)3 个。
- 支持编码模式:CBR,VBR,ABR。
- 音频帧长:1024 个采样点。
- 主要参数指标:根据 ITU-R BS.1116 小损伤声音主观测试标准,国家广电总局规划院对 DRA 进行了多次测试,测试表明:DRA 音频在每声道 64 kbit/s 的数码率时即达到了 EBU(欧洲广播联盟)定义的"不能识别损伤"的音频质量;又根据 ITU-R BS.1534-1 标准,在国家广播电视产品质量监督检验中心数字电视产品质量检测实验室对 DRA 音频在每声道 32kbigs 数码率下的立体声的进行了主观评价测试,最终得出:评价对象(DRA)的每个节目评价结果均为优,音质总平均分达到 88.2 分。

除了能提供出色的音质外,对于移动多媒体广播来说,DRA 最大的技术优势还是集中在较低的解码复杂度。DRA 的纯解码复杂度与 WMA 技术相当,低于 MP3,并远低于 AAC+。理论上讲,解码复杂度越低,所占用的运算资源就越少。在同等音质的条件下,选择较低复杂度的音频编码标准一方面可以降低终端的硬件成本,另一方面可以使终端电池的播放时间得以延长。

11.3　视频卡

视频卡是在 MPC 上实现视频处理的基本硬件,用来实现模拟视频信号或数字视频信号的接入以及模拟视频的采集、量化、压缩与解压缩、视频输出等功能。

11.3.1　视频卡的分类

可从性能和功能的角度对视频卡进行分类。

(1)按性能分类

按照性能,视频卡可分为广播级视频采集卡、专业级视频采集卡和普通视频采集卡 3 大类。广播级视频卡的最高采集分辨率一般为 720×576(PAL 制 25fps)或 640×480/720×480 (NTSC 制 30fps),最小压缩比一般在 4∶1 以内。这一类产品的特点是采集的图像分辨率高,视频信噪比高。缺点是视频文件庞大,数据量至少为 200 MB/min。广播级模拟信号采集卡都带分量输入/输出接口,用来连接 BetaCam 摄/录像机。此类设备是视频卡中最高档的,价格也最高,在电视台制作节目中使用得比较多。专业级视频采集卡的性能比广播级视频采集卡的性能稍微低一些,两者分辨率相同,但压缩比稍微大一些,其最小压缩比一般在 6∶1 以内,输入/输出接口为 AV 复合端子与 S 端子。此类产品价格适中,适用于广告公司、多媒体公司制作节目及多媒体软件。普通视频卡的技术指标比专业级的稍差一些,价格较低。由于视频技术的快速发展,视频卡产品的性价比越来越高,产品之间的性能指标与价格区别明显缩小,所以目前的视频卡产品已趋向于广播级和专业级两种。

（2）按功能分类

根据视频卡的功能，市面上的视频卡产品一般分为以下 5 类：

1）视频采集卡。视频采集卡可以从视频输出装置输出的模拟视频信号中实时或非实时地采集静态画面和动态画面，将它们转换为数字图像或数字视频存储到计算机中。这类卡功能简单，价格低廉，可与电视机、摄像机（头）、VCD 机、DVD 机等设备相连接，实现模拟视频信号的数字化。近几年流行的计算机摄像头除了用于采集现场视频外，其他处理与视频采集卡相同。

为了解决笔记本电脑上采集模拟视频的问题，近年来还出现了通过 USB 接口连接的视频采集装置，如图 11-18 所示。

图 11-18　USB 接口的视频采集装置

2）视频输出卡。计算机显示卡输出的视频信号，一般不能直接用作电视机或录像机视频输入信号。而视频输出卡可以将计算机中的数字视频信号进行编码，转换成 NTSC 或 PAL 标准的电视视频信号，再输出到电视机中播放或录制到录像机的磁带中。目前，这种功能已集成于显示卡或计算机主板中。

3）TV 卡。TV 卡是用来接收和采集电视节目的。它有一个高频调谐器和一个射频信号接口，可以将电视高频信号接入多媒体计算机并转换成数字视频信号，使在多媒体计算机的显示器上收看电视节目等功能得以顺利实现。

4）压缩/解压缩卡。视频压缩卡可实现硬件对视频文件的实时或非实时压缩，而解压缩卡可将已经压缩的数字视频格式（如 VCD 或 DVD）中的视频压缩文件进行硬件解压缩，还原成普通的数字视频并进行播放。一个视频卡可同时具有压缩和解压缩功能。目前，由于 MPC 的 CPU 速度很快，处理能力增强，通过软件就可以实现平滑的压缩和解压缩功能，所以解压缩卡已经很少在个人多媒体计算机中使用。但是专业、高效、流畅的视频仍然需要视频压缩/解压缩卡。

5）数字视频卡。数字视频卡实际上是一个数字接口——IEEE 1394，在苹果系列机上称为火线接口 FireWire，在被连接的 DV 摄像机上又称为 i. Link 接口。它可将数字摄像机拍摄的 DV 信息传输到多媒体计算机系统中，再配合其他的视频编缉软件，完成数字视频的编辑处理工作。一般的数字视频卡可提供 3.6Mb/s 传输速率，支持 PAL 和 NTSC 两种标准，最高图像分辨率为 720×576，压缩比为 5∶1，最大视频文件为 4GB。

在目前市面上流行的视频卡产品中，多数视频卡都集成了更多的功能，并提供了基于互联网络播放的流格式压缩。因此，以上不同功能可在一块视频卡充分体现出来。例如，Osprey－2000 视频卡（见图 11-19）提供模拟视频输入（S-Video）、TV 信号、DV 输入及增强的音/视频同步输入等，可实现采集模拟视频、TV 信号、数字视频以及用于现场实时监视的模拟音/视频信号，提供 MPEG 压缩格式。更重要的是，可将这些信号转换为流媒体格式。

图 11-19　Osprey-2000 视频卡

11.3.2　视频采集卡的组成与工作原理

视频采集卡是实现模拟视频数字化的基本硬件装置,它反映了 MPC 中视频处理的基本技术内容,其逻辑组成与工作原理如下:

从逻辑功能看,视频采集卡主要由视频接口、视频采集模块和视频处理模块等部件组成,如图 11-20 所示。视频显示也可借用显示卡来完成。

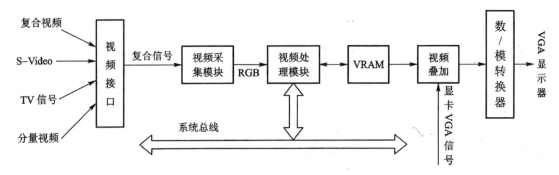

图 11-20　视频压缩卡的逻辑组成

视频接口用来连接各类视频信号,如复合视频、S-Video、分量视频及射频 TV 信号等。这些信号可来自摄像机、录像机、VCD 机、DVD 机、电视机或有线电视信号等不同视频源,具体使用时可通过视频软件选择所需的视频源。

视频采集模块由视频解码器、模/数转换器(ADC)、信号转换器三个部分共同组成。视频解码器可将模拟视频信号解码为分量视频信号,如 YUV 分量。模/数转换器完成对分量视频信号的采集、量化等数字化工作。信号转换器完成将采集到的 YUV 分量信号转换成 RGB 信号。

视频处理模块是用于视频捕获、压缩与解压缩、显示等用途的专用控制芯片,主要功能可分为 PC 总线接口、视频输入剪裁、变化比例、压缩、解压缩、与 VGA 信号同步、色键控制以及对帧存储器的读/写和刷新控制。

如果按照分量采集方法,则视频压缩卡首先分析输入的模拟视频信号类型,如果是复合信号,则首先由视频解码器将输入信号解码为分量视频信号;然后,再由模/数转换器按照一定的采样格式进行视频采样和量化工作。例如,以 4：2：2 格式采样时,每 4 个连续的采样点中取 4 个亮度 Y,2 个色差 U,2 个色差 V 的样本值,共 8 个样本值;第三由信号转换器将 YUV 信号转换为 RGB 信号,并送往视频处理芯片。视频处理芯片首先对采集到的视频数据进行帧内压缩并存储到 MPC 上的视频文件中;同时,视频处理芯片对帧存储器(VRAM)进行读/写操作,实时地把数字化的视频像素存到 VRAM 中,同时把采集到的 RGB 视频信号与 VGA 显卡输出的 RGB 信号叠加,形成一路 RGB 信号,经过 DAC 转换变成模拟信号,并在显示器的活动窗口中显示出来。

当播放视频文件时,压缩的视频信息要经过解压缩过程,使其还原成原始图像信息后才能播放。对于较为简单的视频采集卡来说,一般可以通过软件来实现压缩与解压缩功能。

11.3.3　视频采集卡的技术特性

不同的视频采集卡具有不同的技术特性,主要通过以下几个技术指标来体现:

(1)视频接口类型

视频采集卡的接口类型包括两方面的含义,一是采集卡与 MPC 连接的接口类型,目前通常采用 32 位的 PCI 总线接口,它插到 PC 主板的扩展槽中,以实现采集卡与 PC 的数据传输。为了解决笔记本计算机的视频采集问题,出现了 USB 接口的视频采集装置。二是采集卡所提供的模拟视频源接口类型。简单的视频采集卡提供一个复合视频接口或 S-Video 接口;TV 采集压缩卡则至少要提供一个射频输入接口;高档采集卡除了提供一般的视频接口外,还提供分量视频输入接口。

(2)分辨率与帧频

根据前面的性能分类,不同等级的视频采集卡其分辨率和帧频参数应该不同,但这种差别已经随着技术的发展而逐渐淡化。较高档的视频采集卡在 PAL 标准下以 25fbs 采样时,可支持的最高分辨率为 720×576(CCIR-601 建议值),而在 NTSC 标准下以 30fps 采样时,可支持的最高分辨率为 640×480 或 720×480。较低档的视频采集卡(包括广泛使用的计算机摄像头)所支持的采集分辨率和帧频相对较低,一般为 PAL 标准 352×288 和 NTSC 标准 320×240,帧频分别不超过 25fps 和 30fps。

(3)实时压缩

实时压缩是视频采集/压缩卡的重要技术指标之一,反映的是视频采集卡的处理速度。由于视频采集卡处理的是连续的模拟视频源,且要按标准完成模拟视频序列中每帧图像的实时采集,并在采集下一帧图像之前把当前帧的图像数据传入 MPC。因此,实时采集的关键在于每帧数据的处理时间。如果每帧视频图像的处理时间超过相邻两帧之间的相隔时间,则会出现数据的丢失,即丢帧现象。因此,采集卡要把获取的视频序列先进行压缩处理,然后再存入硬盘,即视频序列的获取和压缩在一起完成,免除了再次进行压缩处理的不便。不同档次的采集卡具有不同质量的采集压缩性能。

大多数视频采集卡都具备硬件压缩的功能,在采集视频信号时首先在卡上对视频信号进行压缩,然后再通过接口把压缩的视频数据传送到主机上。一般的视频采集卡采用帧内压缩的算法把数字化的视频存储成 AVI 格式文件,高性能的视频采集卡还能直接把采集到的数字视频数据实时压缩成 MPEG 格式的文件。

11.4 数字视频的采集与处理

11.4.1 数字视频的采集

视频采集是进行视频编辑的第一步。所谓采集就是将摄像机、VCD及屏幕上的动态信息捕捉下来，并以某种格式存储到电脑硬盘中以便后期编辑，也可以借助于软件或硬件的方法来实现视频文件格式的转换。

1. 用视频采集卡采集视频

现在视频采集卡的种类繁多，不同品牌、不同型号的视频采集卡采集视频的方法的差别比较明显。对于业余爱好者来说，一块普通的 IEEE 1394 接口卡和一款不错的视频编辑软件结合使用，便可完成视频采编操作。在绝大多数场合中，1394 卡只是作为影像采集设备来连接 DV 和电脑，视频的采集和压缩功能它自身是不具备的，它只为用户提供多个 1394 接口以便连接 1394 硬件设备。

下面我们以使用软件实现压缩编码的 1394 卡为例，结合 Premiere 视频编辑软件，介绍一下使用 1394 卡采集 DV 视频的方法。具体操作步骤如下。

1）将摄像机连接到 IEEE 1394 接口，打开摄像机的电源，并将摄像机设置成播放模式（VTR 或 VCR）。

2）单击【开始】|【程序】|【Adobe】|【Premiere 1.5】命令，启动 Adobe Premiere 1.5 应用程序。

3）单击【文件】|【采集】|菜单命令，进入【采集】对话框。

4）在【影片采集】对话框右侧的【设置】选项卡中，单击底部【编辑】按钮，出现【参数选择】对话框，设置采集数字视频文件的存储路径，一般设置时应将视频采集到读取速度最快的硬盘上。

5）单击【影片采集】对话框下方的"采集"按钮，开始进行采集，按下键盘上的 ESC 键就可以停止采集。这样便可以采集一段 AVI 文件。

2. 用屏幕捕捉工具 Snaglt 7 捕捉屏幕动态信息

Snaglt 是强大的屏幕捕捉工具，不仅能捕捉 Windows 下的屏幕，也能捕捉 DOS 屏幕。在最新版本中又扩充了捕捉对象的来源，除了原有的静态画面捕捉、文本捕捉和动态视频捕捉外，在此基础上还增加了网络捕捉和打印捕捉。

下面主要介绍利用 Snaglt 7 捕捉屏幕动态信息的方法，具体操作步骤如下。

1）单击【开始】|【程序】|【Snaglt 7】命令，启动 Snaglt 7 应用程序，其工作界面如图 11-21 所示。

2）选择【录制一个屏幕视频】选项，然后单击【捕获】按钮，此时 Snaglt 会自动最小化。

3）拖动光标确定捕捉的屏幕范围，在弹出的如图 11-22 所示的"Snaglt 视频捕获"对话框中，单击【开始】按钮，开始捕获，信息框自动关闭。此后屏幕中的操作将被捕获成为一个动态视频文件。

4）按下 Ctrl＋Shift＋P 键，停止视频捕获。

图 11-21　SnagIt 7 工作界面

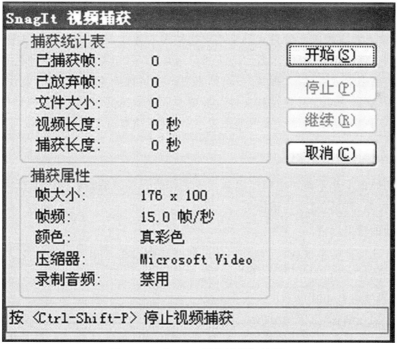

图 11-22　"SnagIt 视频捕获"对话框

5）在【SnagIt 捕获预览】对话框中，可以对捕捉的屏幕动态信息进行预览，如图 11-23 所示。若满意，按下绿色【完成（文件）】按钮，在出现的【另存为…】对话框中，选择路径保存文件；若不满意，可按下红色【取消捕获】按钮，重新捕获，直到满意为止。

图 11-23　【SnagIt 捕获预览】对话框

3. 用豪杰超级视频解霸 V9.1 捕捉视频

豪杰超级视频解霸 V9 是一款集影音娱乐、媒体文件转换制作、BT 资源下载、媒体搜索、IP 通信和电子商务于一体的多功能娱乐服务平台。支持 RM、RMVB、AVI、ASF、WMV、MOV、VCD 和 DVD 等主流格式的亮度、色度和声道调节，图像更加清晰。

4. 网络下载

目前，从网络上获取视频文件是人们采用得比较多的方式，而且具体实现方法也很多。互联网上有许多视频文件提供下载，这里既有业余爱好者的作品，也有专业多媒体公司的产品，在门户网站的搜索引擎中输入关键字“视频”就会列出多个提供视频素材的网站，利用广泛使用的下载工具，如“迅雷”的搜索功能寻找视频文件。需要引起注意的是：网络上的视频资源品种繁杂、数量巨大、良莠不齐，使用者应该有鉴别地去选择，特别要注意有关的知识产权问题。

11.4.2　数字视频的处理

视频信息的处理主要是使用视频编辑软件来进行的。视频编辑软件的主要功能有视频的输入、剪辑、字幕、特效、转场（过渡）、输出等。

1. 视频编辑的常用术语

想要很好地掌握视频编辑软件的使用，需要理解视频编辑常用术语的含义。下面对常用的视频编辑术语作简要介绍。

（1）线性编辑（linear editing）

线性是指连续存储视、音频信号的方式，即信息存储的物理位置与接受信息的顺序是完全一致的。线性编辑一般是指多台录放机之间复制视频的过程（可能还包括特效处理机等进行中间处理的过程）。线性编辑的特点是，一旦转换完成就记录成了磁迹，对其进行修改是有难度的，一旦要在中间插入新的素材或改变某个镜头的长度,后期的内容就需要重新制作。

（2）非线性编辑（non-linear editing）

非线性编辑是相对传统上以时间顺序进行线性编辑而言。非线性是指用硬盘、磁带、光盘等存储数字化视、音频信息的方式。非线性表现出数字化信息存储的特点:信息存储的位置是并列平行的,与接收信息的先后顺序无关。非线性的主要目标是提供对原素材任意部分的随机存取、修改和处理。非线性编辑的实现,要靠软件与硬件的支持,这就构成了非线性编辑系统。一个非线性编辑系统从硬件上看,可由计算机、视频卡或 IEEE 1394 卡、音频卡、高速硬盘、专用板卡（如特技加卡）以及外围设备构成。非线性编辑对素材的调用是瞬间实现,不用反复在磁带上寻找。非线性编辑突破单一的时间顺序编辑限制,可以按各种顺序排列,具有快捷简便、随机的特性。非线性编辑只要上传一次就可以多次地编辑,信号质量会维持不变,所以节省了设备、人力,提高了效率。

（3）场景/镜头（scene）

一个场景也可以称为一个镜头,它是视频作品的基本元素。大多数情况下它是指摄像机一次拍摄的一小段内容。

（4）字幕/标题（title）

广义来说,title 可以泛指在影像中人工加入的所有标识性元素。它可以是文字,也可以是图形、照片、标记等,当然字幕是其最常见的用途。字幕可以像台标一样静止在屏幕一角,也可以做出各种让人眼花缭乱的效果。

（5）转场过渡/切换（transition）

一部完整的影视作品由多个场景组成,两个场景之间如果直接连起来的话,有时会感觉有些突兀。为了使影视作品内容的条理性更强、层次的发展更清晰,在场景与场景之间的转换中,需要一定的手法,这就是转场。使用一个转场效果在两个场景进行过渡就会显得自然很多,转场过渡是视频编辑中相当常用的一个技巧,例如百叶窗和溶解等。

（6）特效/滤镜（effect/filter）

动态视频处理中的特效/滤镜类似于静态图像处理。"特效"与"滤镜"这两个名词在视频编辑软件中基本上是同义词。如果非要区分这两个词的含义,那么一般而言,"滤镜"更特指亮度、色彩、对比度等方面的调整,而"特效"更侧重于对影像进行的各种变形和动作效果。多数视频编辑软件将其统称为"特效"（effect）。

2. 视频信息处理软件简介

视频信息处理软件非常丰富,目前常用的视频处理软件主要有:

（1）Adobe Premiere

Premiere 是 Adobe 公司推出的非常优秀的非线性编辑软件,能对视频、声音、动画、图片、文本进行编辑加工,并最终生成电影文件,是一款集捕获、后期编辑和输出成品 3 大功能于一体的非线性编辑软件。Premiere 作为一款专业非线性视频编辑软件在业内受到了广大视频编辑专业人员和视频爱好者的好评。

（2）Ulead Video Studio

Ulead Video Studio 的中文名称叫做会声会影,它是一款最简单好用的 DV,及 HDV 影片剪辑软件。会声会影操作简单,功能强大,其不仅完全符合家庭或个人所需的影片剪辑功能,甚至也能够与专业级的影片剪辑软件相抗衡。会声会影可以完整支持 HDV 和 HDD 数字摄影机的影片拾取、剪辑与输出,并提供个人化可弹性配置的操作接口,使用户可依照自己的剪辑习惯将预览窗口、选项控制面板、图库区做最符合用户剪辑习惯的配置。在影片覆迭功能部分,会声会影独家提供"七轨影片覆迭"的强大剪辑功能,使用该功能用户可以轻松制作出独树一格的多重子母画面及蒙太奇特效。除此之外更推出"防手震"、"改善光线"、"鱼眼"等智慧滤镜,使不佳的拍摄画面得以补救,再现全心感动。

(3)Windows Movie Maker

由于 Windows Movie Maker 2 属于微软搭售软件,只要选择 Windows 操作系统就可以免费使用此款软件。制作自动电影是 Windows Movie Maker 2 新增的一项重要功能,对于图省事的用户来说,制作自动电影可以帮助他们快速完成视频编辑任务。在自动电影模式情况下,Windows Movie Maker 2 会自动将素材合成影片,并且为影片创建标题、字幕以及转场效果。利用 Windows Movie Maker 2 用户还可以直接将制作好的视频文件刻录到光盘上。不过,由于Windows Movie Maker 2 只支持将 WMV 格式,而不是 VCD 和 DVD 格式的视频文件刻录到光盘上,所以无法直接在 VCD 和 DVD 播放机上播放,兼容性还有一定的欠缺。解决办法是输出文件后再用第三方软件(Nero 刻录软件)转换成 VCD 和 DVD 格式。

(4)Sony Vegas

Sony Vegas 是一个专业影像编辑软件,其功能完全可以媲美 Premiere,挑战 After Effects。利用 Sony Vegas 可以实现剪辑、特效、合成、Streaming 一气呵成。再结合高效率的操作界面与多功能的优异特性,Sony Vegas 可以让用户更简易地创造丰富的影像。

Sony Vegas 是一款整合了影像编辑与声音编辑的软件,其中无限制的视轨与音轨,更是其他影音软件所欠缺的。Sony Vegas 提供了视频合成、进阶编码、转场特效、修剪及动画控制等功能。另外,其简易的操作界面可以使得不论是专业人士还是个人用户都易于上手。

(5)电影魔方

电影魔方是一款品质优秀、功能强大、操作简单的多媒体数字视频编辑工具软件。它为用户打造了一个精彩、动态的数字电影创作空间。无论是初学者还是资深用户,使用电影魔方都可以轻松完成素材剪切、影片编辑、特技处理、字幕创作、效果合成等工作,通过综合运用影像、声音、动画、图片及文字等素材资料,创作出各种不同用途的多媒体影片。

3. 视频编辑软件 Adobe Premiere

下面以 Adobe Premiere Pro 4.0 为例讲解视频编辑软件的使用。

(1)启动 Adobe Premiere Pro 4.0

常用的启动方法有:

①从【开始】|【所有程序】启动 Adobe Premiere Pro 4.0;

②通过双击计算机桌面上 Premiere 的快捷图标,以快捷方式启动 Premiere。

(2)Adobe Premiere Pro 4.0 的界面组成

如图 11-24 所示,Adobe Premiere Pro 4.0 主要由标题栏、菜单栏、工程窗口、素材/效果/声音混合窗口、信息/历史/特效窗口、时间线窗口、工具箱、状态栏等共同组成。

(3)Adobe Premiere Pro 4.0 视频处理的基本流程

1)创建或打开一个项目。

打开 Premiere Pro 后,弹出一个 Initial Workspace(开始工作区)对话框,如图 11-25 所示。在这个对话框中可以单击"新建项目"按钮设置一个新建项目;可以单击"打开项目"按钮打开已经在硬盘中存在的项目文件;还可以通过选取图 11-25 中罗列出来的最近项目文件,来打开最近使用过的存在硬盘上的项目文件。如果是新建项目,将会弹出"新建项目"对话框,如图 11-26 所示。在此对话框中设置新建项目的文件名、路径、影片模式等,设置完之后,点击确定即可弹出如图 11-27 所示的"新建序列"对话框,由于我国电视标准为 PAL 制式,所以通常情况下我们只需设定影片模式为 DV-PAL/Standard 48kHz 即可。

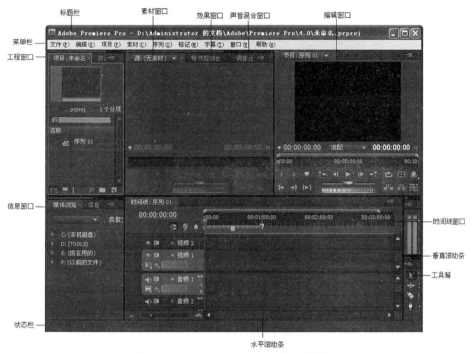

图 11-24　Premiere Pro 4.0 的工作界面

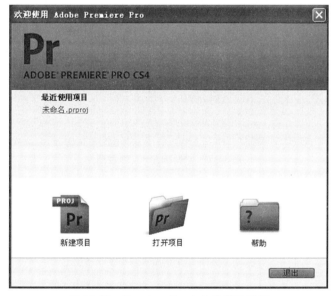

图 11-25　Premiere Pro 4.0 的启动窗口

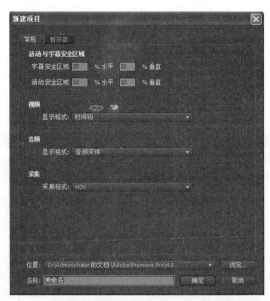

图 11-26 "新建项目"对话框

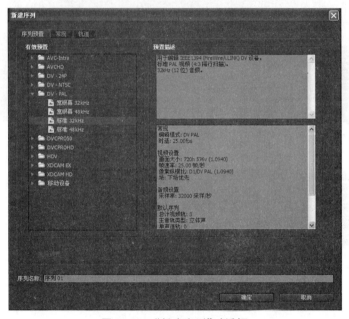

图 11-27 "新建序列"对话框

2)音视频素材的导入。

新建项目以后,就需要将素材导入到项目窗口中。能够导入到 Premiere Pro 4.0 的素材可以是视频文件(如 AVI 和 MPEG 等格式)、音频文件(如 MP3 和 WAV 等格式),也可以是图像文件(JPG,PSD,BMP,TIFF 等格式)。

11.5　流媒体技术

11.5.1　流媒体技术概述

目前,随着计算机网络的迅速发展,多媒体信息的传输正在由"先下载后播放"的传统方式向"边下载边播放"的流媒体方式发展。由于计算机网络带宽的限制,多年来音视频信息在网上传输一直受到影响。传统的"先下载后播放"方式在下载文件的等待时间使人难以忍受。为了克服网络带宽这一瓶颈,基于"边下载边播放"方式的流式技术应运而生。

1.流媒体的基本概念

(1)什么是流媒体

传统的先下载后播放方式虽然使 Internet 上多媒体信息传输成为可能,但它以下三个问题是无法避免的:①由于多媒体信息的数据量很大,普通用户网络接入速率较低,多媒体文件下载时需要很长的时间(一部 2 个小时的影片可能要下载几个小时);②由于需要下载到本地计算机后才能播放,占用了本地计算机的存储资源;③无法保护版权,音视频文件下载到硬盘后可能会进行再传播,制作单位的知识产权有可能受到损害。

1995 年,Progressive Networks 公司(即后来的 Real Networks 公司)推出了第一个流媒体产品,这是 Internet 发展史上的一个里程碑,它彻底改变了 Internet 上媒体的处理方式。它将传统的"先下载后播放"改为"边下载边播放",即在下载的同时进行播放,无需长时间的下载等待,只需要几秒钟的启动延迟,而且播放完后数据不存盘,版权得到了保护,可以进行播放控制(暂停、快进、快退等)。

流媒体技术(或称流式媒体技术)就是把连续的影像和声音信息经过压缩处理后放到网络服务器上,让浏览者一边下载一边收听收看,而不需要等到整个多媒体文件下载完成就可以即时观看的技术。它是解决多媒体播放时网络带宽问题的"软技术"。流媒体技术不是单一的技术,它是融合很多网络技术后所产生的技术,它会涉及流媒体数据的采集、压缩、存储、传输以及网络通信等多项技术。通常讲的流媒体就是指流媒体技术。

(2)流媒体的优点

流媒体具有明显的优点:由于不需要将全部数据下载,因此缩短了等待时间;由于流文件远小于原始文件的数据量,并且用户也不需要将全部流文件下载到硬盘,从而节省了大量的磁盘空间;由于采用了 RSTP 等实时传输协议,动画、音视频在网上的实时传输也可以实现。

2.流媒体的实现原理

流媒体的实现原理就是采用高效的压缩算法,在降低文件大小的同时伴随质量的损失,让原有的庞大的多媒体数据适合流式传输,然后架设流媒体服务器、修改 MIME 标志,通过实时协议传输流数据。

(1)流式传输的基础

流媒体技术不是一项单一的技术,它融合了很多网络技术和音视频技术,涉及流媒体的制作、发布、传输和播放 4 个环节,在这些环节中需要解决多项技术。

1)数据的压缩处理技术。普通的多媒体文件一方面数据量太大,另一方面也不支持流式传输,因而普通多媒体文件做流式传输是不适合的。所以,在流式传输前需要对普通多媒体文件进行预处理,即采用高效的压缩算法减少文件的数据量,同时向文件中加入流式信息。

2)需要浏览器对流媒体的支持。Web 浏览器都是基于 HTTP 协议的,而 HTTP 协议内建有通用因特网邮件扩展(Multipurpose Internet Mail Extensions,MIME)。因此,Web 浏览器能够通过 HTTP 中内建的 MIME 来标记 Web 上繁多的多媒体文件格式,各种流媒体文件格式均包含在内。

3)合适的传输协议。流式传输需要合适的传输协议。由于 Internet 中的文件传输是建立在 TCP 基础之上的,而 TCP 需要较多的开销,故不太适合传输实时数据。在流式传输的实现方案中,一般采用 HTTP/TCP 来传输控制信息,而用 RTP/UDP 来传输实时的音视频数据。

4)流媒体传输的实现需要缓存。为了消除多媒体数据在网上传输的时延和时延抖动,需在接收端设置适当大小的缓存,即可弥补数据的延迟,并重新对数据分组进行排序,从而使音视频数据能够连续输出,不会因网络的阻塞使播放出现停顿。通常高速缓存所需的容量并不大,因为高速缓存使用环形链表结构来存储数据:通过丢弃已经播放的内容,流可以重新利用空出的高速缓存后续尚未播放的内容。

(2)流媒体文件的播放

图 11-28 给出了流媒体文件的播放过程。

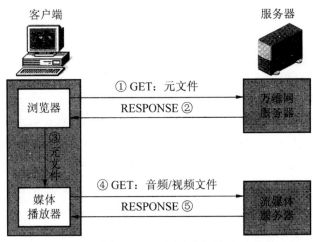

图 11-28　从流媒体服务器上播放音频/视频文件的过程

1)用户从客户机的浏览器上单击所要看的音视频文件的超级链接,使用 HTTP 的 GET 报文接入到万维网服务器。这个超级链接没有直接指向所请求的音视频文件,而是指向一个元文件(是一种非常小的文件,它描述或指明其他文件的一些重要信息),这个元文件有实际的音视频文件的统一资源定位符 URL。

2)万维网服务器把元文件装入 HTTP 响应报文的主体,发回给浏览器。在响应报文中还有指明该音频/视频文件类型的首部。

3)客户机的浏览器收到万维网服务器的响应,对其内容类型首部行进行分析,调用相关的媒体播放器,把提取的元文件传送给媒体播放器。

4)媒体播放器使用元文件中的 UI 也接入到流媒体服务器,请求下载浏览器所请求的音频/视频文件。下载可借助于使用 UDP 的任何协议,如实时传输协议 RTP。

5)流媒体服务器给出响应,把音视频文件发给媒体播放器。媒体播放器在延迟了几秒后,以流的形式边下载边解压缩边播放。

(3)流媒体系统的组成

流媒体系统由流媒体服务器、流媒体编码器和流媒体播放器 3 部分组成,所以基本的流媒体系统包含以下 3 个组件。

1)服务器(Server):用来向用户发送流媒体的软件。

2)编码器(Encode):用来将原始的音频视频转化为流媒体格式。

3)播放器(Player):用来播放流媒体的软件。

例如 RealSystem 是由服务器(RealServer)和服务管理器(RealServer Administrator)、编码器(RealProducer)、播放器(RealPlayer)等部分组成的。

RealServer 响应 Intemet/Intranet 用户请求,传输 RealMedia 数据流并对传输过程进行控制。RealServer Administrator 用于管理 RealServer,如监视服务器的运行状况、限制访问数量、对访问权限进行验证等。RealProducer 将存储的声音、视频文件或在线音频数据流编码并转换成 RealMedia 格式。RealPlayer 在客户端接收这些数据流并即时播放出来。

11.5.2　媒体传输协议

流媒体在 Internet 上的传输牵扯到了许多网络传输协议,其中包括 Internet 本身的多媒体传输协议以及一些实时流式传输协议等。因特网工程任务组 IETF 是 Internet 规划与发展的主要标准化组织,设计了几种支持流媒体传输的协议,主要有用于 Internet 上针对多媒体数据流的实时传输协议 RTP、与 RTP 一起提供流量控制和拥塞控制服务的实时传输控制协议 RTCP、通过 IP 网络传送多媒体数据的实时流协议 RTSP 等。常见的实时流传输协议有:实时传输协议(Real-time Transport Protocol,RTP)、实时传输控制协议(Real-time Transport Control Protocol,RTCP)、实时流协议(Real-time Streaming Protocol,RTSP)、资源预留协议(Resource Reserve Protocol,RSVP)、微软媒体服务器协议(Microsoft Media Server Protocol,MMSP)。

1. 实时传输协议 RTP

(1)RTP 协议的功能

实时传输协议 RTP 被定义为传输音频、视频及模拟数据等实时数据的传输协议。RTP 侧重于数据传输的实时性,协议主要完成对数据包进行编码、加盖时间戳、丢包检查、安全与内容认证等工作,通过这些工作,应用程序会利用 RTP 协议的数据信息保证流数据的同步和实时传输。

RTP 协议为实时应用提供端到端的传输,但不提供任何服务质量的保证。需要发送的音视频数据经过压缩编码后先送给 RTP 封装成 RTP 分组,RTP 分组再装入传输层的 UDP 用户数据报,然后再交给 IP 层。

从应用开发者角度看应当是应用层的一部分。在应用程序的发送端,开发者必须编写用 RTP 分组封装的程序代码,把 RTP 分组交给 UDP 套接字接口;在接收端,RTP 分组通过 UDP 套接字接口进入应用层后,利用开发者编写的程序代码从 RTP 分组中把应用数据块提取出来。也有人将 RTP 看成是在 UDP 之上的一个传输层子层的协议。

(2)RTP 分组的首部格式

RTP 分组的首部格式如图 11-29 所示。在首部中,前 12 个字节是必需的,而 12 字节以后是可有可无的。

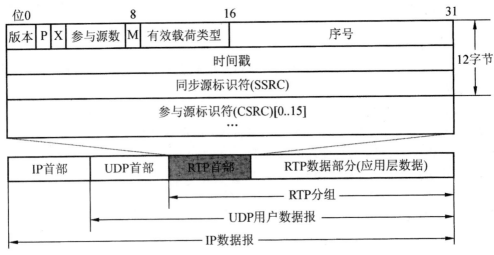

图 11-29 RTP 分组首部格式

1)版本,占 2 位,当前使用的是版本 2。

2)填充 P,占 1 位,当 P 置 1 时,表示这个 RTP 分组的数据有若干填充字节。

3)扩展 X,占 1 位,当 X 置于 1 时,表示这个 RTP 分组后面还有扩展首部。

4)参与源数,占 4 位,给出后面的参与源标识符的数目。

5)标记 M,占 1 位,当 P 置 1 时,表示这个 RTP 分组具有特殊意义。

6)有效载荷类型,占 7 位,指出以后的 RTP 数据属于何种格式的应用。

7)序号,占 16 位,每发送一个 RTP 数据包,序列号加 1,在一次 RTP 会话开始时的初始序号是随机选择的。接收方可以根据序号发现丢失的分组,同时能将失序的 RTP 分组重新排序。

8)时间戳,占 32 位,反映 RTP 分组中数据的第一个字节的采样时刻。

9)同步源标识符,32 位,是一个数,用来标识 RTP 流的来源。

10)参与源标识符,是选项,0 到 15 个项目,也是一个 32 位的数,用来标识来源于不同地点的 RTP 流。

2. 实时传输控制协议 RTCP

(1)RTCP 协议的功能

RTCP 被设计为和 RTP 一起配合使用的协议,它是 RTP 协议不可分割的部分。RTCP 协议的主要功能是服务质量的监视与反馈、媒体间的同步,以及多播组中成员的标志。

当应用程序开始一个 RTP 会话时将使用两个端口:一个给 RTP 进行数据流的传递,另一个给 RTCP 进行控制流的传递。RTP 本身并不能为按顺序传送数据分组提供可靠的传输机制,也不提供流量控制和拥塞控制,它是在 RTCP 的基础上提供这些服务的。RTCP 在 RTP 的会话之间周期性地发送 RTCP 分组以传输监视服务质量和交换会话用户信息等功能,RTCP 分组中带有已发送数据分组数和字节数、分组丢失率、分组到达时间间隔的抖动等信息。服务器可以利用这些信息动态地改变传输速率,甚至改变有效载荷类型。RTP 和 RTCP 配合使用,能以有效的反馈和最小的开销使传输效率最佳化,特别适合在 Internet 上传输实时数据。

（2）RTCP 分组的类型

RTCP 协议定义了 5 种分组类型，见表 11-10。

表 11-10　RTCP 分组类型

类型	缩写表示	英语全称表示	意义
200	SR	Sender Report	发送端报告
201	RR	Receiver Report	接收端报告
202	SDES	Source Description Items	源点描述项
203	BYE	Indicates End of Participation	部分终止指示
204	APP	Application Specific Functions	应用程序特殊函数

发送端报告分组 SR 用来使发送端周期性地向所有接收端用多播方式进行报告。发送端每发送一个 RTP 流，就要发送一个发送端报告分组 SR。

接收端报告分组 RR 用来使接收端周期性地向所有的点用多播方式进行报告。接收端每收到一个 RTP 流，就产生一个接收端报告分组 RR。

源点描述分组 SDES 给出会话中参加者的描述，包含参加者的规范名（参加者的电子邮件地址的字符串）。

结束分组 BYE 表示关闭一个数据流。

特定应用分组 APP 使应用程序能够定义新的分组类型。

3. 实时流协议 RTSP

（1）RTSP 协议的功能

实时流协议 RTSP 是由哥伦比亚大学、网景和 RealNetworks 公司提交的 IETF RFC 标准。RTSP 跟 HTTP 的应用层协议非常接近，在体系结构上位于 RTP 和 RTCP 之上，它使用 TCP 或 RTP 完成数据传输。HTTP 与 RTSP 相比，HTTP 传送 HTML，而 RTP 传送的是多媒体数据。HTTP 请求由客户机发出，服务器做出响应；使用 RTSP 时，客户机和服务器都可以发出请求，即 RTSP 可以是双向的。

RTSP 协议以客户服务器方式工作，它本身并不传送数据，而只是使媒体播放器能够控制多媒体数据流的传送，它是一个应用层的多媒体播放控制协议，用来使用户在播放从因特网下载的实时数据时能够进行控制，如暂停/继续、快进、快退等，因此 RTSP 又称"因特网录像机遥控协议"。

RTSP 是一个文本协议，它的语法和操作类似于 HTTP 协议，但与 HTTP 不同的地方是 RTSP 是有状态的协议（而 HTTP 是无状态的协议）。RTSP 记录客户机所处的状态（初始化状态、播放状态或暂停状态）。

（2）RTSP 协议的特点

1）可扩展性：新方法和参数很容易加入 RTSP。

2）易解析：RTSP 可由标准 HTTP 或 MIME 解析器解析。

3）安全：RTSP 使用网页安全机制。

4）记录设备控制：协议可控制记录和回放设备。

5)独立于传输：RTSP 可使用不可靠数据报协议 UDP 或者可靠数据报协议 RDP。

6)多服务器支持：每个流可放在不同服务器上，用户端自动与不同服务器建立几个并发控制连接，媒体同步在传输层执行。

7)适合专业应用：通过 SMPTE 时间标签，RTSP 支持帧级精度，允许远程数字编辑。

8)代理与防火墙友好：协议可由应用和传输层防火墙处理。

9)HTTP 友好：RTSP 采用 HTTP 观念，使得结构可以重用。

10)传输协调：实际处理连续媒体前，用户可协调传输方法。

11)性能协调：如基本特征无效，必须有一些清理机制让用户决定哪种方法没生效，这允许用户提出适当的用户界面。

4. 资源预留协议 RSVP

(1)RSVP 协议的功能

由于音频和视频数据流比传统数据对网络延时的敏感性更高，要在网络中传输高质量的音频、视频信息，除带宽要求之外，还需其他更多的条件；RSVP 是 IP 网上的资源预留协议，使用 RSVP 预留一部分网络资源(即带宽)，能在一定程度上为流媒体的传输提供服务质量 QoS。

RSVP 协议的两个重要概念是"流"和"预留"。流是从发送者到一个或多个接收者的连接特征，通过 IP 分组中的"流标记"来认证。发送一个流前，发送者传输一个路径信息到目的接收方，这个信息包括源 IP 地址、目的 IP 地址和一个流规格。这个流规格是由流的速率和延迟组成的，这是流的 QoS 所需要的。接收者实现预留后，基于接收者的模式能够实现一种分布式解决方案。

RSVP 协议的工作原理是：发送端首先向接收端发送一个 RSVP 信息，RSVP 信息同其他 IP 数据包一样通过各个路由器到达目的地。接收端在接收到发送端发送的信息之后，由接收端根据自身情况逆向发起资源预留请求，资源预留信息沿着原来信息包相反的方向对沿途的路由器逐个进行资源预留。

RSVP 协议位于传输层，它是一个网络控制协议，其组成元素有发送者、接收者和主机或路由器。发送者负责让接收者知道数据将要发送，以及需要什么样的服务质量；接收者负责发送一个通知到主机或路由器，这样它们就可以准备接收即将到来的数据；主机或路由器负责留出所有合适的资源。

(2)RSVP 数据流

在 RSVP 中，数据流是一系列信息，具备相同的源、目的和服务质量 QoS，QoS 要求通过网络以流说明形式通信，流说明是互联网主机用来请求特殊任务的数据结构，保证互联网处理主机传输。

RSVP 支持 3 种传输类型：最好性能(Best-effort)、速率敏感(Rate-sensitive)与延迟敏感(Delay-sensitive)。

最好性能传输为传统 IP 传输。应用包括文件传输(如电子邮件)、磁盘映像、交互登录和事务传输，支持最好性能传输的服务称为最好性能服务。

速率敏感传输放弃及时性，而确保速率。RSVP 服务支持速率敏感传输，称为位速率保证服务。

延迟敏感传输要求传输及时，并因而改变其速率，RSVP 服务支持延迟敏感传输，被称为控制延迟服务(非实时服务)和预报服务(实时服务)。

RSVP 数据流的基本特征是连接,数据分组在其上流通。RSVP 数据发布是通过组播或单播实现的。

(3)RSVP 资源预留类型

RSVP 支持两种资源预留:独立资源预留和共享资源预留。独立资源预留为每个连接中的相关发送者安装一个流;而共享资源预留由互不相关的发送者使用。

11.5.3　流媒体播送技术

1. 单播

单播(Unicast)就是客户端与服务器之间点对点的连接。在流媒体播放过程中,客户端与服务器之间需要建立一个单独的数据通道,从一台服务器送出的每个数据包只能传送给一个客户机,这种数据的传送方式称为单播。单播的信源一一对应于信宿,仅当客户端发出请求时,服务器才发送单播流,如图 11-30 所示。

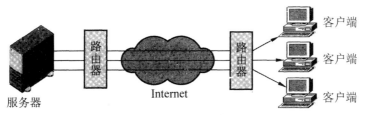

图 11-30　单播示意图

单播方式会对服务器造成很大负担,对网络带宽占用巨大。单播方式播放流媒体,只适用于客户端数量很少的情况,否则很难保证播放质量。

单播很适合于视频点播(Video-On-Demand,VOD)。点播(On-Demond)是客户端主动连接到服务器的单播连接,也就是用户通过主动选取播放内容来初始化连接方式。点播中客户端占有主动权,对媒体流可以做开始、停止、后退、快进等操作。点播实际上是单播的一种形式。

2. 多播

多播(Multicast)也称组播,多播是一种多地址广播,其发送端与接收端是一对多的关系,即服务器只向一组特定的用户发送数据包,组中的各用户可以共享这一数据包,而组外的用户是无法接收到的。多播的好处在于原来由服务器承担的数据重复分发工作转到路由器中完成,而路由器可以将数据包向所连接的子网转发,每个子网只有一个多播流。而客户端在接受多播流时只要向本地路由器发送一个消息,通知路由器要接收组内的多播数据,调整后就可以接收数据了,多播源无从得知哪些客户端在接受多播数据,如图 11-31 所示。

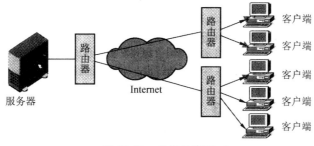

图 11-31　多播示意图

多播技术可以让单台服务器承担数万台客户端的数据播送,同时保证较高的服务质量,减少了网络中传输的数据总量,增加了带宽利用率,减少了服务器所承担的负载。

多播技术要求全网内的路由器支持多播。多播适合现场直播应用,但不适用于 VOD 应用。

3. 广播

广播(Broadcast)是客户端被动接收媒体流,对媒体不具有任何的控制操作。广播的发送源与接收端是一对多的关系,它将数据包发送给网络中的所有用户,而不管用户是否需要,带宽资源的浪费在一定程度上是无法避免的,如图 11-32 所示。

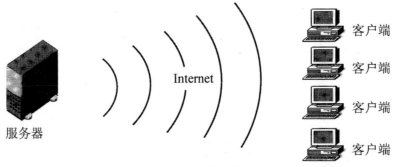

图 11-32　广播示意图

4. 智能流技术

微软和 Real Networks 两大公司均提供智能流技术,微软称自己的智能流技术为 Multiple Bit Rate(多比特率编码),而 Real Networks 公司则称为 Surestream。

智能流技术通过两种途径克服带宽协调和流瘦化:首先,确立一个编码框架,允许不同速率的多个流同时编码,合并到同一个文件中;其次,采用一种复杂客户/服务器机制探测带宽变化。

针对软件、设备和数据传输速度上的差别,用户以不同带宽浏览音视频内容。为满足客户要求,Progressive Networks 公司编码、记录不同速率下媒体数据,并保存在单一文件中,此文件称为智能流文件,即创建可扩展流式文件。当客户端发出请求,它将其带宽容量传给服务器,媒体服务器根据客户带宽将智能流文件相应部分传送给用户。以此方式,用户可看到最可能的优质传输,制作人员只需要压缩一次,管理员也只需要维护单一文件,而媒体服务器根据所得带宽自动切换。智能流通过描述现实世界 Internet 上变化的带宽特点来发送高质量媒体并保证可靠性,并对混合连接环境的内容授权提供了解决方法。

智能流技术具有的特点有以下几个方面。

①多种不同速率的编码保存在一个文件或数据流中。

②关键帧优先,音频数据比部分帧数据更重要。

③播放时,服务器和客户端自动确定当前可用的带宽,服务器提供适当比特率的媒体流。

④在播放过程中,如果客户端连接速率降低,服务器会自动检测带宽降低,并提供更低带宽的媒体流。如果连接速率增大,服务器将提供更高带宽的媒体流。

智能流技术能够保证在很低的带宽下传输音视频流,即使带宽降低,用户只会收到低质量的节目,流不会受到任何影响,也不需要进行缓冲以恢复带宽带来的损失。

11.5.4　流媒体的应用系统

国外有影响的 3 家公司分别推出了它们的技术平台，这些平台分别是 Real Networks 公司的 Real System、Microsoft 公司的 Windows Media、Apple 公司的 QuickTime。

1. Real System

Real Networks 公司在 20 世纪 90 年代中期首先推出了流媒体技术，是世界领先的网上流式音视频解决方案的提供者，从制作端、服务器端到客户端的所有产品均能够提供。作为流媒体领域的主导厂商，Real Networks 公司凭借其优秀的技术，占领了多半网上音视频点播市场。

Real System 中的文件格式有：RealAudio（音频）、RealVideo（视频）、RealFlash（动画）、RealText（文本）和 RealPix（图片）等。

Real System 由服务器端流播放引擎、内容制作和客户端播放 3 个方面的软件组成。

1）制作端产品：RealProducer，主要用于压缩制作多媒体内容文件。RealProducer 既可实时压制现场信号传送给 RealServer 进行现场直播，也可以将普通格式的音频、视频或动画等多媒体文件转换为 RealServer 支持并进行流媒体播放的 Real 格式。它是一个强大的编码工具，它提供 HTTP 和智能流 SureStream 两种编码格式，能最大程度地利用 RealServer 服务器的服务能力。

2）服务器端产品：服务器端软件 RealServer 用于提供流式服务，它是目前国际上强有力的 Internet/Intranet 上的流式传输服务引擎。同时，Real 公司对外开放自己 RealServer 的内部结构，提供二次开发的接口，允许第三方厂商对 RealServer 作进一步的开发来增加客户自己的功能需求。

3）客户端产品：客户端播放器 RealPlayer，向服务器发出请求，接收并回放从 RealServer 传送过来的媒体节目。它可以独立运行，也能作为插件在浏览器中运行。

2. Windows Media

Microsoft 虽然不是涉足流媒体领域最早的公司，但 Microsoft 推出的 Windows Media 技术以其方便性、先进性、集成性、低费用等特点，逐渐被人们所熟知。Windows Media 技术涵盖了一整套关于流媒体处理的组件和特性，它将制作、发布和播放软件与 Windows 操作系统集成在一起，一般无需要额外购买，其编码器与播放器的音视频质量都比较高，且使用起来比较方便。Windows Media 的核心是高级流格式（Advanced Streaming Format，ASF），ASF 是一种数据格式，音频、视频、图像以及控制命令脚本等多媒体信息通过这种格式，以网络数据包的形式传输，实现流媒体发布。

1）制作端产品：编码器 Windows Media Encoder，主要功能是将模拟的音视频信号进行编码产生 ASF 格式的多媒体流。经过编码生成的多媒体流既可以通过 Windows Media Service 实时地发送到 Internet 上，也可以以文件的形式保存在计算机中以备后用。除了对模拟的音视频信息进行编码之外，Windows Media 编码器还可以将 AVI、WAV、MP3 等格式的音视频文件转换成 ASF 文件。

2）服务器端产品：Windows Media Server 对外提供 ASF 流媒体的网络发布服务，它包括两大基本服务模块：单播服务 Unicast Service 和电台服务 Station Service。其中单播服务为客户提供点对点连接方式的服务，电台服务则对外提供广播式服务。Windows Media 服务器可以保证文件的保密性以及文件不能被未授权者下载,并使每个使用者都能够以最佳的影像品质浏览网页,具有多种文件发布形式和监控管理功能。

3)客户端产品:客户端播放器 Windows Media Player,提供强大的流信息播放功能,播放包含视频、音频、图像 URL 的脚本内容的 ASF 流,支持多种常见的数字媒体格式。可以独立使用,也可以方便地以 ActiveX 控件形式嵌入到浏览器或其他应用程序中。

3. QuickTime

Apple 公司的 QuickTime 系列是当前流媒体技术的另一流派,它提供了一整套的媒体制作、发布和播放技术。Apple 系列微型计算机使用 Mac OS 系列操作系统,它面向专业领域的用户。QuickTime 系列的流媒体技术除了它的播放器 QuickTime Player 有基于 Windows 平台的版本外,其他软件大都是基于 Mac OS 平台的。QuickTime 系统流媒体的主要文件格式为 MOV 文件,也支持其他图片文件 JPEG、GIF 和 PNG,数字视频文件 AVI、MPEG,数字音频文件 WAV 和 MIDI,等等。

1)QuickTime 制作端:其制作软件是 QuickTime Pro,通过这个软件可以将其他格式的媒体文件转换成 QuickTime 系统的流媒体文件(MOV 文件),也可以通过音视频捕获设备获取实时信号,并将其直接转换成流媒体文件,用实时广播或存储为 MOV 文件。

2)QuickTime 服务器:QuickTime Streaming Server 是 QuickTime 系列的流媒体服务器,它被包含在 Mac OS 系统的服务器软件中。使用的数据传输协议为 RTP/RTCP,也支持 HTTP,但功能上比 RealServer 要稍差一些,不支持 SureStream 技术。

3)QuickTime 播放器:QuickTime Player 是 QuickTime 系列的媒体播放器,既可以作为独立的应用程序播放媒体文件,也可以作为浏览器插件播放结合在 Web 页面的媒体文件。

11.6　计算机动画处理技术

11.6.1　动画的制作原理

1. 视觉滞留现象

视觉滞留,又称视觉暂留(duration of vision),是人眼具有的一种性质。人眼观看物体时,成像于视网膜上,并由视神经输入人脑,感觉到物体的像。但当物体移去时,视神经对物体的印象不会立即消失,而要延续一段时间,这种残留的视觉称后像,人眼的这种性质被称为视觉滞留现象。

视觉滞留现象最早是被我国人民发现的,走马灯便是历史记载中最早的视觉滞留运用事例。走马灯最早出现在我国宋朝,当时称"马骑灯"。随后法国人保罗·罗盖在 1828 年发明了留影盘,它是一个被绳子在两面穿过的圆盘。盘的一个面画了一只鸟,另一面画了一个空笼子。当圆盘旋转时,鸟在笼子里出现了。这证明了当人的眼睛看到一系列图像时,它一次只保留一个图像。物体在快速运动时,当人眼所看到的事物消失后,人眼仍能继续保留其影像一段时间。

视觉滞留现象是动画和电影等视觉媒体形成和传播的根据。譬如,人在观看电影时,银幕上映出的是一张一张不连续的像。但由于眼睛的视觉滞留作用,一个画面的影像还没有消失,下一张稍微有一点差别的画面又出现了,所以感觉动作是连续的。经研究,视神经的反应速度的时值是$\frac{1}{24}$s。因此,为了得到连续的视觉画面,电影每秒要更换 24 张画面。

2.动画的制作方法

动画是由许多幅单个画面组成的。因此,它产生于图形和图像基础上。计算机动画是计算机图形图像技术与传统动画艺术结合的产物,它是在传统动画基础上使用计算机图形图像技术而迅速发展起来的一门高新技术。传统手工动画在百年历史中形成了自己特有的艺术表现风格,而计算机图形图像技术的加入不仅发扬了传统动画的特点,缩短了动画制作周期,而且给动画加入了更加绚丽的视觉效果。

传统的动向是产生一系列动态相关的画面,每一幅图画与前一幅图画存在一定的差异,将这一系列单独的图画连续地拍摄到胶片上,然后以一定的速度放映这个胶片来产生运动的幻觉。如前所述,根据人的视觉滞留特性,为了要产生连续运动的感觉,每秒需播放至少 24 幅画面。所以一个 1min 长的动画,需要绘制 1440 张不同的画面。为了表现动画中人物的一个动作,如抬手,动向制作人员需根据故事要求设计出动画人物动作前后两个动作极端的关键画面,接着,动画辅助人员在这两个关键画面之间添加中间画面,使画面逐步由第一关键画面过渡到第二关键画面,以期在放映时人物的动作产生流畅、自然和连续的效果。

计算机强大的功能使动画的制作和表现方式发生了巨大变化。计算机动画即是使用计算机来产生运动图像的技术。一般而言,计算机动画分为两类:一类是二维动画系统又称计算机辅助动画制作系统或关键帧系统,计算机可以自动生成两幅关键画面间的中间画;第二类是三维动画系统,属于计算机造型动画系统,该系统是用数学描述来绘制和控制在三维空间中运动的物体。

11.6.2 计算机动画的分类

计算机动画的分类方法有几种:按空间形式来分有二维动画和三维动画;按动画产生的方式来分有矢量动画和帧动画。

(1)二维动画

二维动画又叫平面动画,它可以通过一帧帧画面的连续变化来产生动画的效果。它的制作过程、观赏效果类似于传统动画。

(2)三维动画

三维动画又叫空间动画。它用三维立体模型表现人或物,同时创建三维立体空间。景物的变化和运动都在三维的空间展开。三维动画的最高境界就是通过计算机技术构成一个虚拟的世界。

(3)矢量动画

矢量动画就是通过计算机程序的运算,产生各种图形的变化,达到动画的效果。矢量动画可以在一帧画面上产生出动画的效果。

(4)帧动画

帧动画是将以帧为单位的画面连续播放后,产生动画的效果。它是最基本的动画表现方式。

由于分类标准的不同,上面讲述的几种动画类型中,有相互交叉的成分。如矢量动画和帧动画,都可以用来制作二维动画。

11.6.3　计算机动画制作的软件

1. 二维动画制作软件

制作二维动画的软件有如下几种。

（1）Flash

Flash 是交互动画制作工具，在网页制作中广泛应用。Flash 的多媒体编辑能力非常强大，并可直接生成主页代码。Flash 本身没有三维建模功能，可在其他软件中创建三维动画，将其导入 Flash 中合成。

（2）Swish

Swish 是一种快速简单的动画制作软件。Swish 中含有 230 多种可供选择的预设效果。使用 Swish 制作动画，可输出跟 Flash 相同的 SWF 格式，它可以在网页中加入动画，可以创造出需要上传到网络服务器的文件，可以产生 HTML 代码。

（3）Ulead GIF Ammator

Ulead GIF Animator 是友立公司推出的动画 GIF 制作软件。GIF 即图像交换格式，是 Internet 上最常见的图像格式之一。制作 GIF 文件区别于其他文件，首先要在图像处理软件中做好 GIF 动画中的每一幅单帧画面，然后用制作 GIF 的软件把这些静止的画面连在一起，确定帧与帧之间的时间间隔并保存成 GIF 格式。GIF 只支持 256 色以内的图像，采用无损压缩存储方式。GIF 动画制作软件 Ulead GIF Animator 内建的 Plugin 有许多现成的动画特效可以套用，可将动画 GIF 图片最佳化。

（4）Animation Stand

Animation Stand 是非常流行的二维卡通制作软件。它的功能包括：多方位摄像控制、自动上色、三维阴影、音频编辑、动态控制、日程安排表、特技效果、素描工具、支持无限层和支持不同平台等，它是一套能够大量节约时间和精力的制作工具。

2. 三维动画制作软件

常用的三维动画软件有：AutoDesk、3D Studio MAX、TrueSpace、Lightscape、Maya 等。下面介绍 3D Studio Max 和 Maya。

（1）3D Studio MAX

3D Studio MAX 是在 3D Studio（简称 3DS）基础上发展起来的，3D Studio 是美国 Autodesk 公司在 20 世纪 90 年代开发的基于普通微机的三维动画制作软件，也曾是应用最广泛、影响力最大的三维动画制作软件。由于其功能强，且对硬件要求低，应用范围非常广，许多电视节目中的三维动画都是由 3DS 软件制作的。

3D Studio MAX 是在 Windows 下运行的三维动画软件。3ds max 直接支持中文，将 3DS 原有的 4 个界面合并为一、二维编辑，三维放样，三维造型，使动画编辑的功能切换十分方便。

（2）Maya

Maya 是 Alias/Wavefront 公司在 1998 年推出的三维动画制作软件。虽然相对于其他经典的三维制作软件来说，Maya 的历史并不长，但它凭借其强大的功能、友好的用户界面和丰富的视觉效果，一经推出就引起了动画和影视界的广泛关注。目前 Maya 成为世界上最为优秀的三维动画制作软件之一，在专业影视广告、角色动画、电影特技等领域得到了广泛应用。Maya 功能完善、操作灵活、易学易用、制作效率高且渲染真实感强。Maya 集成了最先进的动画及数字效果技术，能极大地提高制作品质，调节出仿真的角色动画，渲染出电影般的真实效果。

下面着重介绍一下动画制作软件 Flash。

11.6.4　动画制作软件 Flash

1. Flash 的基本功能和特点

Flash 是一个平面动画制作软件，它制作的动画是矢量格式，具有体积小、兼容性好、直观动感、互动性强大、支持 MP3 音乐等诸多优点。

由于体积小，它制作的动画被广泛应用于 Web 网站。同时因为具有强大的互动性，所以也是开发多媒体应用软件和小游戏的一个很好工具。

由于 Flash 具有跨平台的特性，无论在何种平台上，只要安装了 Flash 的播放器，就能观看到 Flash 的动画。随着移动终端技术和 Flash 技术的进步，新版本的 Flash 还增加了对移动终端设备的支持，使用户可以在移动终端上观看 Flash 动画和玩 Flash 游戏。

Flash 是一个基于矢量图形的动画制作软件，可以在 Flash 中绘制和编辑矢量图形。也可以导入矢量图形文件。如果导入的是位图文件，则可以将它转换为矢量图形。

Flash 以时间轴作为对动画创作和控制的主要手段，直观且方便。提供的动画工具也很丰富。由于能将脚本语言加入到 Flash 的动画中，所以 Flash 动画的交互性非常强大。

Flash 的动画可以通过 Flash 的播放器（Flash Player）播放，也可以通过在浏览器中安装插件后直接在浏览器中播放。

为了产生更多的动态效果，Flash 还支持 Alpha 通道和屏蔽层功能。可以利用色彩的透明度变化和层的显示状态变化，产生特殊的动态效果。

2. Flash 的工作环境

Flash 的工作环境如图 11-33 所示。窗口的左侧是工具栏，上方是时间轴。在右侧和下方是可折叠的面板（有些面板还可浮动）。窗口的中间部分是舞台工作区。

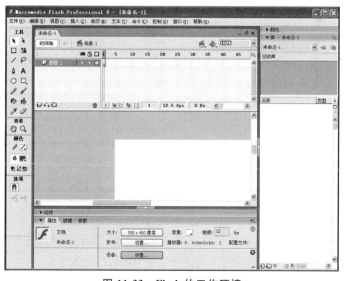

图 11-33　Flash 的工作环境

工具栏上提供了创作矢量图形的工具,包括绘制工具、变形工具、上色工具等。还有文本输入工具等。工具栏的下方是工具栏的选项区。

时间轴的水平方向是随时间展开的一个个帧,Flash 的动画效果就是通过帧的连续播放产生的。时间轴的垂直方向是图层,每个图层有不同的景物或角色的运动。一部动画就是由各个图层的动画叠加而成的。

对一个图层上的景物或角色的绘制和编辑就是在舞台上完成的。

在窗口的下方有一个折叠起来的"动作"面板。它的作用是为帧或其他对象添加脚本语言。另外还有一个打开的"属性"面板,它的作用是显示并设置舞台上被选中对象的属性。由于选择的对象不一样,该面板显示的内容也会有所不同。图 11-33 中可以看到一个 Flash 文档的大小、背景色以及播放时的速度(帧频)。

窗口右侧有一个未打开的"颜色"面板,用来设置对象的颜色、透明度和各种混色效果。另一个打开的是"库"面板,主要存放可重复使用的资源(在 Flash 中称为元件)。

还有一些在图 11-33 中未显示的面板,如"对齐"、"组件"等,可以通过"窗口"菜单打开。不需要的面板也可以通过"窗口"菜单关闭。单击面板左上角的箭头可以打开或折叠面板。

3. Flash 动画制作的基本方法

Flash 制作动画的基本过程是:先创建或导入矢量图形,然后在时间轴上创建动画。最后将制作完成的动画导出为各种格式的影片。

(1)Flash 文档的创建

一个 Flash 的动画,就是一个扩展名为.FLA 的文档。在启动 Flash 程序时,会有一个对话框让用户选择创建或打开一个 Flash 的文档。也可以用菜单【文件】|【新建】命令来创建一个 Flash 的文档(在出现的对话框中选择"Flash 文档")。

(2)创建或导入矢量图形

工具栏上主要的工具按钮见表 11-11。

表 11-11　工具栏上的主要按钮

按钮	说明	按钮	说明
▶	选取	○	圆(椭圆)工具
回	变形工具	□	矩形(正方形工具)
齒	填充变形工具	A	文本工具
╱	线条绘制工具	✏	铅笔工具
🖋	墨水瓶工具	◆■	填充色
🖌	颜料桶工具	✒	滴管工具
╱╱	笔触颜色	⬮	橡皮擦工具

1)绘制直线、椭圆和矩形。

可以使用线条、圆和矩形工具轻松创建基本几何形状。线条工具用于绘制矢量线段,圆和矩形工具可以创建具有笔触(边框)和填充颜色的形状。操作方法如下:

①选择线条、圆或矩形工具。

②使用属性面板设置笔触（边框）和填充颜色、对象位置等属性，如图 11-34 所示。

图 11-34　设置直线工具属性

③对于矩形工具，通过单击工具栏下方选项区域中的"圆角矩形半径"功能键，并输入一个角半径值就可以指定圆角，如图 11-35 所示。在舞台上拖动鼠标即可实现绘制。使用矩形工具，在拖动时按住上下箭头键可以调整圆角半径。

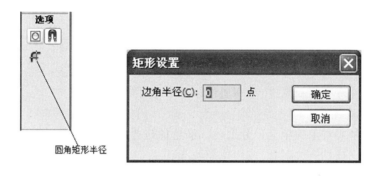

图 11-35　设置圆角矩形半径

④使用线条工具，按住（shift）键，可以绘制垂直、水平直线和与水平成 45°的直线；使用圆和矩形工具，按住（shift）键拖动可以绘制圆形和正方形。

2）铅笔工具的使用。

铅笔工具可以绘制任意形状的矢量图形。按下铅笔工具按钮，在工具栏选项区域可以设置铅笔工具的 3 种模式，如图 11-36 所示。

图 11-36　铅笔工具的 3 种模式

· 伸直（Staighten）：使绘制的图形自动生成最接近的规则形状，如折线、三角形、椭圆、矩形和正方形等。

· 平滑（Smooth）：使绘制的曲线尽可能平滑。

· 墨水（Ink）：绘制的线条比较接近手绘效果。

3）图形图像的导入。

可用菜单【文件】|【导入到舞台】命令，导入图形或图像文件到 Flash 文档的当前帧中。如果

导入的是矢量图形,则可直接对它进行编辑处理或动画制作。如果导入的是位图文件,在进行处理前要用菜单【修改】|【位图】|【转换位图为矢量图】命令,将它转换为矢量图形。

(3)对象的选取

用选取工具可以选择舞台上的对象。可以选择对象的笔触,填充或者选择一组对象。Flash可以用点阵突出显示被选中的对象。

若要选择多个对象,可以按住(shift)键,然后用鼠标依次单击要选择的对象,或者拖动鼠标以框的形式进行选择。用菜单【修改】|【组合】命令,可以将多个对象合成组,作为一个对象来处理。选定的组可通过边框突出显示出来。

(4)图形的颜色

1)线段和边框的颜色。

墨水瓶工具可以给矢量线段设置不同的颜色,也可为填充色块加上边框(在 Flash 中称为笔触),但不能用于设置填充颜色。用墨水瓶工具给线条填充颜色的方法如下:

从工具栏中选择墨水瓶工具,在工具箱的颜色区域中,设置笔触颜色。单击场景中的对象,改变它的颜色。

如要改变笔触样式和笔触宽度,可在属性面板中进行设置。

2)颜料桶工具。

用颜料桶工具来对对象的填充部分上色。颜色的选择可在颜色面板中进行,可以设置为纯色(单一色)、渐变色(线性或放射状)或用位图填充。

可以使用颜料桶工具填充未完全封闭的区域(用铅笔工具绘制的图形有这种情况)。在选择颜料桶工具后,工具栏的选择区域可以设置对图形有间隙时的处理方式,如图 11-37 所示。

图 11-37　空隙大小设置和线性渐变填充色

· 不封闭空隙:表示要填充的区域必须在完全封闭状态下才能进行填充。

· 封闭小空隙:表示要填充的区域在小缺口的状态下可以进行填充。

· 封闭中等空隙:表示要填充的区域在中等大小缺口的状态下可以进行填充。

· 封闭大空隙:表示要填充区域若是有较大的缺口也可以填充。不过在 Flash 中,即使是大缺口其允许值也很小,而且让系统自动封闭缺口会减慢动画速度,因此使用该模式填充的情况较少。

3)填充变形工具。

如果用渐变色和位图对对象进行填充时,可用填充变形工具改变填充的效果。操作步骤如下:

a.选择填充变形工具,单击用渐变或位图填充的区域。区域两边出现两条平行线和 3 个控制句柄。

b. 用鼠标拖动平行线之间的圆形句柄,可以改变重新设置区域的中心点。

c. 用鼠标拖动平行线中点处的方形句柄,可以更改渐变范围的大小。用鼠标拖动平行线端点处的句柄,可以改变填充区域渐变的方向。

4) 滴管工具。

滴管工具的作用是获取现有对象的颜色,为新的区域或线条填色。使用方法为:使用滴管工具单击一个填充色块或笔触时,滴管工具会选择相应的颜色。然后就可以用选好的颜色填充图形和设置笔触颜色。

(5) 图形的移动和变形

1) 用选取工具移动对象或使对象变形。

当用选取工具指向对象时,如鼠标右下方出现四向箭头,可拖动鼠标移动对象。当鼠标右下方出现弧形图标时,拖动鼠标可使对象变形。当鼠标指向矩形的顶点时,鼠标右下方出现折线图标,拖动鼠标可使矩形变形。

2) 变形工具的使用。

用工具栏上的变形工具单击对象后,四条边框和 8 个方形句柄就会出现在对象的四周。当鼠标移向边框时,鼠标指针变为双向箭头,拖动鼠标可使对象产生斜切变形。当鼠标移向边框顶点时,鼠标变成旋转箭头,拖动鼠标使对象转动。移动边框中央的圆形句柄,变形的中点即可发生改变。

(6) 时间轴和动画的制作

时间轴在水平方向的基本单位就是帧,每一帧就是一幅画面。帧的连续播放就产生动画的效果。帧又分为静态帧和关键帧。

静态帧就是一幅静态的图像,一系列不同的静态图像连续播放也会有动画的效果。但绘制这样一系列的图像是很麻烦的。所以一般用静态帧来表现静止不动的景物,如某一个场景中的背景。

关键帧是为了制作动画而创建的帧,在两个关键帧之间会自动产生动画。在 Flash 中关键帧之间的动画有补间形状动画和补间动作动画。主要是利用对象位置、形状和色彩的变化来产生动态的变化。

在复杂的动画中,不同的对象应在各自不同的层上。图层是在时间轴垂直方向的单元。有的图层可以作为静态的背景。层与层之间可以是透明的、也可以是不透明的。这样相互屏蔽或显现,也会产生特殊的动态效果。

第 12 章　多媒体应用系统

12.1　多媒体应用系统概述

12.1.1　多媒体应用系统的设计原理

多媒体应用系统就是为了某个特定目的,使用多媒体技术设计开发的应用系统。它是多媒体技术应用的最终产品,其功能和表现是多媒体技术的直接体现。多媒体应用系统作为一种计算机软件,它的设计与开发过程中处处体现了软件工程的思想。因此,下面将首先介绍软件工程的相关知识。

1. 软件工程概述

软件工程这一概念,主要是针对 20 世纪 60 年代"软件危机"而提出的。它首次出现在 1968 年北大西洋公约组织会议上,其主要思路是把人类长期以来从事各种工程项目所积累起来的行之有效的原理、技术和方法,特别是人类从事计算机硬件研究和开发的经验教训,应用到软件的设计、开发和维护中。

(1)软件工程的概念

软件工程是研究用工程化方法构建和维护有效、实用和高质量软件的学科。它以计算机科学理论及其他相关学科的理论为指导,采用工程化的概念、原理、技术和方法进行软件的开发和维护,把经过时间证明正确的管理措施和当前能够得到的最好技术方法结合起来,以较少的代价获取高质量的软件。

软件工程包括方法、工具和过程这三大要素。软件工程方法是指导研制软件的某种标准规范,为软件开发提供了"如何做"的技术;软件工程工具是指软件开发和维护中使用的程序系统,它为软件工程方法提供软件支撑环境;软件工程过程定义了方法使用的顺序、要求交付的文档资料、保证质量和协调变化所需的管理及软件开发各个阶段完成的任务。它将软件工程的方法和工具结合起来,以达到合理、及时地进行计算机软件开发的目的。

(2)软件的生存周期

人的一生要经历婴儿、幼年、童年、青年、中年、老年的生存周期,同样,软件从提出开发要求开始,经过开发、使用和维护,直到最终报废的全过程称为软件的生存周期。它包括制订计划、需求分析、软件设计、程序编码、软件测试及运行维护 6 个阶段。

1)制订计划。确定所要开发软件系统的总目标,将它的功能、性能、可靠性以及接口等方面的要求一一给出;研制完成该项软件任务的可行性,探讨解决问题的可能方案,并对可利用的资源、成本、可取得的效益、开发的进度做出估计;制定完成开发任务的实施计划和可行性报告,并提交管理部门审查。

2)需求分析。对所要开发的软件提出的需求进行分析并给出详细的定义,然后编写软件需求说明书及初步的系统用户手册,提交管理机构评审。

3）软件设计。设计是软件工程的核心。软件设计一般分为总体设计和详细设计两个阶段，总体设计是根据需求所得到的数据流、数据结构，使用结构设计技术导出软件模块结构；详细设计是使用表格、图形或自然语言等工具，按照模块设计准则进行软件各个模块具体过程的描述。另外，在该阶段还需编写设计说明书，并提交有关部门评审。

4）程序编码。把软件设计的结果转换成计算机可以接受的程序代码，即写成以某种特定程序设计语言表示的源程序。

5）软件测试。软件测试就是在软件投入运行之前，对软件需求分析、设计规格说明和编码的最终复审，是软件质量保证的关键环节。因此，在开发应用软件系统时，必须通过测试与评审以保证其无差错，进而满足用户的要求。在该阶段，需要在测试软件的基础上，对软件的各个组成部分进行检查。首先查找各模块在功能和结构上存在的问题并加以纠正，其次将已测试过的模块按一定顺序组装起来；最后按规定的各项需求，逐项进行确认测试，决定已开发的软件是否合格，能否交付用户使用。

6）运行维护。已交付的软件正式运行，便进入运行阶段。这一阶段可能持续几年甚至几十年。另外，软件在运行过程中可能由于多方面的原因，需要进行修改，并进行适当的维护。

2. 软件开发模型

软件开发模型又称为软件生存周期模型，是指软件项目开发和维护的总体过程的框架。它能将软件开发的全过程直观地表示出来，明确规定要完成的主要活动、任务和开发策略。软件开发模型描述了从软件项目需求定义开始，到开发成功并投入使用，在使用中不断增补修订，直到停止使用这一期间的全部活动。现在人们已经提出并实践了许多种软件开发模型，各种模型有其特点和应用的范围，可以根据实际应用的需要选择使用。下面介绍两种具有代表性的软件开发模型。

（1）瀑布模型

瀑布模型开发过程依照固定顺序进行，其结构如图 12-1 所示。该模型严格规定各阶段的任务，上一阶段的任务输出作为下一阶段工作输入，相邻两个阶段紧密相连且具有因果关系，一个阶段工作的失误将蔓延到以后的各个阶段。因此，为了保障软件开发的正确性，每一阶段任务完成后，必须对它的阶段性产品进行评审，确认之后再转入下一阶段的工作。评审过程发现错误和疏漏后，应该反馈到前面的有关阶段修正错误、弥补疏漏，然后再重复前面的工作，直至通过评审后再进入下一阶段。

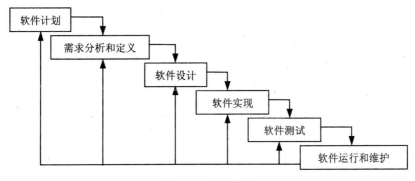

图 12-1　瀑布模型

该模型适合于用户需求明确、开发技术比较成熟、工程管理严格的场合使用。瀑布模型的优点是可以保证整个软件产品较高的质量,保证缺陷能够提前被发现和解决。其缺点是由于任务顺序固定,软件研制周期长,前一阶段工作中造成的差错越到后期影响越大,而且纠正前期错误的代价也越高。

(2)原型模型

原型模型是软件开发人员根据用户提出的软件基本需求快速开发一个原型,以便向用户展示软件系统应有的部分或全部功能和性能,再根据用户意见,通过不断改进、完善样品,最后得到用户所需要的产品。原型模型的最大特点是:利用原型模型能够快速实现系统的初步模型,供开发人员和用户进行交流,以便尽可能准确地获得用户的需求,采用逐步求精的方法使原型逐步完善,它可以大大避免在瀑布模型冗长的开发过程中,看不见产品雏形的现象。原型模型的结构如图 12-2 所示。

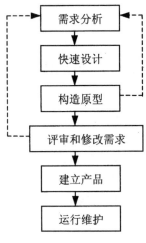

图 12-2　原型模型

12.1.2　多媒体应用系统的创作工具

多媒体应用系统创作工具是支持多媒体应用开发人员进行多媒体应用创作的工具,它能够用来集成各种媒体素材。在该工具的基础上,应用人员将各种零散、非连贯的媒体素材使其彼此之间按照有机的方式交互联系,整合到一起,具备良好的可读性,不用编程也能做出很优秀的多媒体软件作品,使应用开发人员的工作效率在很大程度上得到提高。目前,应用比较广泛的多媒体应用系统创作工具有 PowerPoint,Authorware,Flash,Dreamweaver,Director 等。

从目前多媒体应用系统创作工具创作作品的方式和工作特点来看,一般可以将多媒体应用系统创作工具分为三类:基于卡片或页面类型的创作工具、基于图标事件和流程图类型的集成工具、基于时序类型的创作工具。下边分别针对这三种类型的创作工具作简要介绍。

1.基于卡片或页面类型的创作工具

基于卡片或页面类型的创作工具提供一种可以将对象连接于卡片或页面的工作环境。一页或一张卡片便是数据结构中的一个节点,它接近于教科书中的一页或数据袋内的一张卡片。在基于卡片或页面的创作工具中,可以将这些卡片或页面连接成有序的序列。这类多媒体应用系统创作工具以面向对象的方式来处理多媒体元素,这些元素用属性来定义,用剧本来规范,允许播放声音元素及动画和数字化视频素材。在结构化的导航模型中,可以根据命令跳至所需的任何一页,形成多媒体作品。

这类工具的超文本功能最为突出,特别适合制作各种演讲、汇报、教师的电子教案等多媒体作品。目前,这类工具中常见的软件有 PowerPoint、方正奥思、Tool Book、Dreamweaver 等。下面对其中应用最为广泛的 PowerPoint 和 Dreamweaver 两个软件的基本信息和特点作简要介绍。

(1)PowerPoint

使用简单、应用广泛的 PowerPoint 软件和 Word,Excel 等应用软件一样,都是 Microsoft 公司推出的 Office 系列产品之一。PowerPoint 主要用于演示文稿的创建,即幻灯片的制作。此软件制作的演示文稿可以通过计算机屏幕或投影机播放,广泛地应用于教师教学、学术演讲、产品演示以及会议报告等场所。

PowerPoint 能够制作出集文字、图形、图像、声音以及视频剪辑等多媒体元素于一体的演示文稿,把自己所要表达的信息组织在一组图文并茂的画面中,用于介绍公司的产品、展示自己的学术成果等。用户不仅可以在投影仪或者计算机上进行演示,也可以将演示文稿打印出来,以便在更广泛的领域中得以应用。利用 PowerPoint 不仅可以创建演示文稿,还可以在互联网上共享或展示演示文稿。

PowerPoint 的主要优点有以下几个方面。

1)应用广泛,操作简单,易学易用;

2)作品能够在网络上共享和播放;

3)作品易修改,扩展性强。

PowerPoint 的主要缺点有以下两个方面。

1)引用外部文件比较有限,控制起来有难度;

2)交互方面比较缺乏,无法制作复杂的多媒体课件。

(2)Dreamweaver

Dreamweaver 是集网页制作和网站管理于一身的"所见即所得"的网页编辑器,它是第一套针对专业网页设计师的视觉化网页开发工具,利用它可轻易制作出跨越平台限制和跨越浏览器限制的充满动感的网页。

Dreamweaver 原先是 Macromedia 公司的产品,与 Flash 和 Fireworks 并称为网页三剑客。2005 年,Adobe 公司将 Macromedia 收购,所以 Macromedia Dreamweaver 改名为 Adobe Dreamweaver。

Dreamweaver 软件的主要优点有以下几个方面:

1)网页编辑"所见即所得",不需要通过浏览器就能预览网页,直观性强;

2)制作效率高,Dreamweaver 可以快速、精确地将 Fireworks 和 Photoshop 等文件插入到网页进行编辑与图片优化;

3)能够方便集成交互式内容,将视频以及播放器控件等轻松添加到网页中,易使用,易上手;

4)Dreamweaver 集成了程序开发语言,对 ASP,. NET,PHP,JS 的基本语言和连接操作数据库完全支持,能够进行更专业、复杂的网页制作与开发。

Dreamweaver 软件的主要缺点有:

1)在结构复杂一些的网页中难以精确达到与浏览器完全一致的显示效果;

2)与非所见即所得的网页编辑器相比,难以产生简洁、准确的网页代码;

3)如果要制作专业、复杂的网页,制作人员需要计算机编程专业知识。

2. 基于图标事件和流程图类型的创作工具

在这类工具中,数据是以对象或事件的顺序来组织的,并且以流程图为主干,在流程图中包括起始事件、分支、处理及结束、图形、图像、声音及运算等各种图标。设计者可依照流程图将适当的对象从图标库中拖拉至工作区内进行编辑。这类工具的交互性非常强大,广泛用于多媒体光盘制作、应用软件制作、教学和学习课件制作等领域,其代表软件为 Authorware 及 leonAuthor。

Authorware 是一个基于图标和流程线的多媒体制作工具,使非专业人员快速开发多媒体软件成为现实,它无须传统的计算机语言编程,只通过对图标的调用来编辑一些控制程序走向的活动流程图,图标决定程序的功能,流程则决定程序的走向,将文字、图形、声音、动画、视频等各种多媒体数据汇集在一起,具有丰富的交互方式及大量的系统变量的函数、跨平台的体系结构、高效的多媒体集成环境和标准的应用程序接口等。

Authorware 原先是 Macromedia 公司的产品,2005 年,Adobe 公司将 Macromedia 收购,所以 Macromedia Authorware 改名为 Adobe Authorware。Authorware 自 1987 年问世以来,获得了用户的一致认可。其面向对象、基于图标的设计方式,使多媒体开发容易实现。Authorware 一度成为世界公认领先的多媒体创作工具,被誉为"多媒体大师"。2007 年 8 月 3 日,Adobe 宣布停止在 Authorware 的开发计划,并且没有为 Authorware 提供其他相容产品作替代,当前的最新使用版本为 Authorware 7.0。Adobe 公司认为 Authorware 的市场应让位于 Adobe Flash 和 Adobe Captivate 软件,所以这限制了近年来 Authorware 的发展和应用。

Authorware 的主要优点有:

1)Authorware 编制的软件具有强大的交互功能,可任意控制程序流程,就是不会编程也可以做出一些交互良好的课件;

2)Authorware 编制的软件除了能在其集成环境下运行外,还可以编译成扩展名为. exe 的可执行文件,脱离 Authorware 制作环境也可以独立运行。

Authorware 的主要缺点有:

1)Authorware 编制的软件规模很大时,图标及分支增多,比较复杂;

2)Authorware 制作动画比较困难,如果不借助其他的软件,做一些好的动画一般来说是无法实现的,虽然有很多插件支持动画的调用,但必须打包在程序中;

3)打包后的文件比较大,适合制作成光盘,但不利于网络传播。

3. 基于时序类型的创作工具

在这种创作工具中,数据或事件是以一个时间顺序来组织的。其基本设计思想是用时间线的方式表达各种媒体元素在时间线上的相对关系,把抽象的时间观念予以可视化。这类工具特别适合于制作各种动画,典型的软件有 Action、Director、Flash 等。

Flash 不仅是一个优秀的矢量绘图与制作软件,而且也是一个杰出的多媒体应用系统创作工具,可以通过添加图片、声音、视频、动画和特殊效果,构建包含丰富媒体素材的声色俱佳、互动性高的 Flash 集成作品。Flash 借助经过改进的 ActionScript 编辑器,提供自定义类代码提示和代码完成加快开发流程,使用常见操作、动画、音频和视频插入等预建的便捷代码片段,降低 ActionScript 学习难度,对于非计算机专业人员也可以实现复杂的交互编辑并实现更高创意。

Flash 的主要优点有：

1）使用矢量图形和流式播放技术。矢量图形可以任意缩放尺寸而不会对图形的质量造成任何影响；流式播放技术使得动画可以边播放边下载，从而避免了用户长时间的等待。

2）通过广泛使用矢量图形使得所生成的动画文件非常小，几千字节的动画文件已经可以实现许多令人心动的动画效果，使得 Flash 集成作品可以广泛用于网络传播。

Flash 的主要缺点有：

1）交互功能的实现比较复杂，需要使用 ActionScript 脚本语言，要求 Flash 软件制作人员具有一定的计算机基础。

2）基于时间帧概念的结构复杂，给作品的修改与管理造成不便。

Flash 一般不太用于制作大型的交互型课件，若希望使用时序型创作工具创作大型多媒体课件，建议创作者选用同为 Adobe 公司出品的 Director 软件，其创作原理类似于 Flash，但其功能更为强大，是专业的基于时序型的多媒体创作工具。

12.1.3　多媒体应用系统创作工具的选择

多媒体创作工具有多种类型和多种产品。创作工具的选择关系到多媒体应用系统的开发工作是否能顺利进行。在选择多媒体创作工具时需要根据开发者和最终用户的需求、多媒体作品的制作方式、需要处理的媒体数据种类以及工具的基本特性进行选择。另外，还需考虑以下几方面的问题：

1）是否能独立播放应用程序；

2）可扩充性；

3）对多媒体数据文件的管理能力；

4）中文平台。

总之，在确定了多媒体应用软件应具有的内容、特性和外观，以及用户水平和使用目标后，便可确定用来生成该应用软件的创作工具和方法。必须知道所选工具的局限性。例如大多数专用创作工具提供了生成应用程序所使用的基本数据块和框架，使非程序员也易于使用，但这类开发工具会限制设计的灵活性和设计者的创新。如果要在项目设计上有很高灵活性和创造性，就应采用编程语言作为工具，这需要开发人员对编程语言及开发环境有相当的了解并有较丰富的编程经验。因此，设计者应根据自己的能力和条件选择适宜的创作工具。

12.2　多媒体应用系统的创作

12.2.1　多媒体应用系统的创作流程

多媒体应用系统的创作流程类似于一般计算机软件系统的开发，规范的开发过程都要遵循软件工程的相关要求和标准，其开发流程一般如图 12-3 所示。

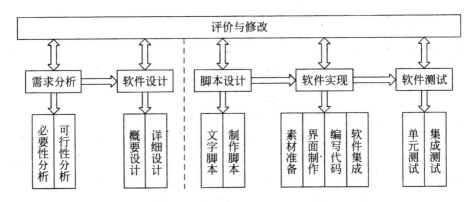

图 12-3　多媒体应用系统的创作流程

1. 需求分析

需求分析就是对所要解决的问题进行总体定义,包括了解用户的要求及现实环境,从技术、经济和社会因素等三个方面研究并论证本多媒体作品的必要性和可行性,编写可行性研究报告。

开发者和用户还要一起确定要解决的问题,对用户的需求进行去粗取精、去伪存真、正确理解,建立本多媒体作品的逻辑模型,然后把它用软件工程开发语言(形式功能规约,即需求规格说明书)表达出来。

探讨解决问题的方案,并对可供使用的资源(如计算机硬件、系统软件和人力等)成本,可取得的效益和开发进度做出估计,制定完成开发任务的实施计划。

需求分析的主要方法有结构化分析方法、数据流程图和数据字典等方法。

2. 软件设计

本阶段的工作是根据需求说明书的要求,设计相应的多媒体作品体系结构,并将整个作品分解成若干个子系统或模块,定义子系统或模块间的接口关系,对各子系统进行具体设计定义,编写软件概要设计和详细设计说明书,作品结构设计说明书以及组装测试计划等。

软件设计可以分为概要设计和详细设计两个阶段。

1)概要设计就是结构设计,其主要目标就是给出多媒体作品的模块结构,用软件结构图将其表示出来。多媒体作品设计的主要任务就是将作品分解成模块(模块是指能实现某个功能的数据和程序说明、可执行程序的程序单元,可以是一个函数、过程、子程序、一段带有程序说明的独立的程序和数据,也可以是可组合、可分解和可更换的功能单元)。另外,多媒体作品的概要设计还要确定作品的整体风格、界面布局以及导航方式等。

2)详细设计的首要任务就是设计模块的程序流程、算法和数据结构,次要任务就是设计界面接口等。

3. 脚本设计

很多多媒体作品开发过程中的软件设计代替了脚本设计。而在多媒体课件设计中,往往是用脚本设计代替软件设计,脚本设计的主要任务就是选择教学内容、教学素材及其表现形式,建立多媒体课件的框架结构,确定程序的运行方式等。

脚本可分为文字脚本(A 类)和制作脚本(B 类)。同样,脚本设计也分为文字脚本设计和制作脚本设计。文字脚本设计是对教学内容、教学结构和组织、教学方法等的设计。制作脚本设计是在文字脚本设计的基础上,研究如何根据计算机硬件和软件的特点与视听媒体的特征,将教学内容、教学方法和教学结构用恰当的方式、方法表现出来。

（1）文字脚本设计

文字脚本是多媒体课件"教什么"、"怎样教"、"学什么"、"怎样学"等内容的文字描述。它包括教学目标的分析、教学对象的分析、教学内容和教学重点难点的确定、教学方法策略的制定、教学媒体的选择以及学习模式的选择等。

编写文字脚本时应做到目标明确,主题鲜明;内容生动,形象直观;结构完整,层次分明。在结构上文字脚本应包括课件名称、课件简介、教学对象、教学目标、教学内容、教学方法等。教学内容及其安排是文字脚本的主要方面和重点内容。从多媒体课件呈现教学内容的形式来说,有画面和声音两种。画面的内容即是文字、数字、图形图像、影像、动画等视觉信息,声音即是音乐、音响和解说等。画面和声音的配合构成了多媒体课件的基本单位。文字脚本可用框图来表示,如图 12-4 所示。

编号：A1	课件名称：Summit Meeting		
使用对象：研究生	设计者：_____		填写日期：2009.10

课件简介

　　本软件作为研究生的新闻内容视听教材,目的是要培养学生的听力,词汇应用能力,阅读能力和理解能力。要求学生在正常的语速下,能够正确理解并回答问题,能够掌握必要的关键词汇等,要求做到正确拼写使用。

　　软件的内容,节选的是关于美国总统罗纳德·里根与前苏联总统米哈依·戈尔巴乔夫进行"星球大战"问题高级会谈的新闻报道,以及对星球大战的讲解、演示。在选题上,既具有较强的时事性,又有空间上的展现,配之生动的视频材料,非常有助于学生的英语学习。

　　脚本卡片中使用媒体的表示符号：

文本 T	图形 G	动画 M	声音 S	视频 V	热键 H	学习者书写区 W
操作信息 D	弹出式窗口 P	正确反馈 TF	错误反馈 FF	上一节点 PN	下一节点 NN	学习者控制区（包括菜单,按钮）C

＋	同时出现	↓＋	新的内容出现后,原来的内容不消失
→	激活新的内容	↓－	新的内容出现后,原来的内容消失

注释：

图 12-4　文字脚本示例

（2）制作脚本设计

制作脚本是在文字脚本的基础上,出于多媒体和多媒体计算机表达教学内容特点的考虑,从程序设计的角度确定具体教学内容的表现方法和实现途径,设计课件的操作界面和交互手段,规定不同内容之间联系和切换的方法和途径,达到对课件的控制。

编写制作脚本时要做到总体构思、合理设置;灵活多样、方便可靠;具体直接、行之有效。制作脚本是对多媒体课件的整体和每一部分内容的表示方法、操作与控制方法的描述,其基本的结构应包括课件进入和退出的设计和控制,操作和控制界面的设计,交互手段的设计,不同内容、不同页面切换的设计,每一部分内容表现方式、方法的设计等。制作脚本的设计目前尚无统一的格式,一般需根据所用的多媒体课件的创作工具来确定,如图 12-5 所示。

《动物王国》脚本卡片				
软件名称	动物王国	知识点序号	1	脚本作者	胡民
知识点名称	单击鼠标出现放大的动画狗的场景	卡片序号	1	使用对象	3～6岁的儿童
屏幕布局： 　背景为变淡的游戏开始界面背景，中间是个可爱的伸着舌头的小狗，小狗旁边是狗的中英文词汇文本，界面下方有三个小喇叭按钮，单击依次可播放英文，中文发音和狗的叫声，右下角设置一个喜洋洋的返回按钮				
画面尺寸	550×400	画面色调	采用绚丽的暖色调，以绿蓝为主，色彩鲜艳，吸引儿童注意力	
屏幕导航：右下角设置一个喜洋洋的返回按钮				
内容呈现策略：生动可爱的动画狗				
交互动作：界面下方有三个小喇叭按钮，单击依次播放英文发音、中文发音和狗的叫声				
			共　页　　　第1页	

图 12-5　制作脚本示例

4. 软件实现

软件制作是指把软件设计或脚本设计结果转换为可执行的计算机程序代码。在这个阶段需要完成素材的收集、用户与计算机进行交互的界面完成、软件编码和最后的软件集成。根据前面的说明书或脚本进行相关的素材收集工作；界面的制作应该满足清晰、准确、符合用户习惯、满足人机工程学；小型的多媒体作品所用的开发工具应该是简单方便，不用或使用较少的代码编写，如 PowerPoint 和 Flash 等，在大型的软件开发中一般使用的是面向对象的开发语言，如 java，C，C++等，在编码中一定要制定统一、符合标准的编写规范，使程序的可读性、易维护性得到保证，提高程序的运行效率；最后把分模块编写的代码或程序集成到一起，形成最后的作品。

5. 软件测试

在软件制作完成之后要进行严密的测试，以确认开发出的作品的功能和性能是否达到预定要求，保证最终产品满足用户的要求。

整个测试阶段分为以下几个阶段。

1）单元测试：查找软件中的错误，包括文字错误、配音错误以及编程错误等，首先对每一个独立的元素进行测试，然后对每个模块进行测试。

2）安装测试：在实际应用环境下测试软件运行的硬件环境、软件环境、数据环境和网络环境等是否满足要求。

3）系统测试：检验系统集成后的各个模块是否都能按照预期的目的实现其功能；是否能够达到预期的视觉、听觉效果。如图片是否清晰、声音是否悦耳、操作是否简单等。

6. 评价与修改

在实际开发过程中，多媒体应用系统的创作并不是从第一步进行到最后一步，而是在任何阶段，在进入下一阶段前一般都有一步或几步的回溯，也就是说，在整个多媒体应用系统的创作过程中要不断地做出评价并对其进行修改。如在测试过程中的问题可能要求修改设计，用户可能会提出一些需要来修改需求说明书等。

12.2.2　创作多媒体应用系统中需要注意的问题

创作多媒体应用系统是一项复杂的、系统性的工作,开发时以下几个问题是需要注意的。

1. 准确定位

多媒体应用软件定位要准确,选题要精彩,内容前后要衔接流畅。这是制作一个好多媒体作品的前提条件。

2. 注重脚本创作

编写脚本是多媒体应用系统创作中的一项重要内容。规范的脚本对保证软件质量,提高软件开发效率将起到积极的作用。脚本的创作一定要由具有丰富开发经验的脚本创作人员进行,同时要和参与软件项目的美术人员、音乐人员、编程人员等一起讨论,依靠集体的力量创作,共同出谋划策。

另外,多媒体产品的制作过程要细致,在制作过程中可能会出现新的构思,但无需过于盲目更改,要坚持按照制作好的计划思路进行,保持多媒体作品的简单、明了和美观。

3. 围绕软件内容选择媒体素材

多媒体应用系统的创作应当尽量发挥多媒体的优势,有效集成声音、视频、动画和图像等直观媒体信息,在软件的设计中应当注意使多种媒体信息实现空间上的并置和时间上的重合,在同一屏幕上同时显示相关的文本、图像或动画,与此同时,用声音来解说或描述,从而使形式丰富多彩、引人入胜。

在媒体选择时应适当,盲目求多是不可取的。各种媒体素材的选择应该围绕表达软件内容、突出软件主题进行,要避免"为媒体表现而设计媒体"的现象,努力做到"为内容表现而设计媒体"。

处理各种素材时还应根据多媒体软件的使用环境、用途等设置素材的格式、质量。盲目追求较高的画面、声音、动画、视频的品质会增加文件的存储空间、降低产品运行速度、影响产品的网络传输速度。

4. 要有良好的人机交互和清晰的导航结构

交互性是多媒体的主要特性之一,在多媒体应用软件中设计图文并茂的、丰富多彩的交互能够有效地激发使用者的兴趣。交互通常采用问答式对话、菜单交互、功能键交互、图符交互等形式,设计时应当遵循简易性、容错性及反馈性等原则。简易性是指操作简单方便;容错性是指其能对可能出现的错误进行检测和处理,对错误的操作能够给以提示,而不至于进入死循环或死机;反馈性是指计算机要对用户的动作做出响应。

由于多媒体应用软件的使用者对计算机的相关知识和技能的掌握程度是有差异的,所以在开发多媒体应用软件时应该尽可能低地估计使用者的计算机操作水平。多媒体应用软件的信息量大、开放性强,用户在使用时容易产生迷航现象,所以在设计多媒体应用软件时应当为用户提供明确、清晰的导航系统,使软件的可操作性尽可能地得到提高。导航系统可以为用户指明其在软件中所处的位置、各部分内容之间的关系以及可以达到的信息领域,引导用户根据自己需要运行软件。设计导航时应采用系统的观点,综合考虑用户类型、水平,软件类型、内容等多方面的因素,遵循导航明确、易于理解、操作方便等原则。

12.3　典型的多媒体应用系统

12.3.1　多媒体视频会议系统

1. 视频会议系统概述

视频会议又称会议电视或视讯会议,实际上是一种多媒体通信系统,是 21 世纪多媒体通信领域中一个非常热门的话题。视频会议技术融计算机技术、通信网络技术、微电子技术等于一体,它要求将各种媒体信息数字化,利用各种网络进行实时传输并能与用户进行友好的信息交流。

随着现代社会生活节奏和工作效率的日益加快,传统的通信手段已经远远不能满足用户的要求。视频会议正是在这种巨大的市场驱动下应运而生的新一代通信系统。视频会议是一种以视觉为主的通信业务,它的基本特征是可以在两个或多个地区的用户之间实现双向全双工音频、视频的实时通信,并可附加静止图像等信号传输。它能够将远距离的多个会议室连接起来,使各方与会人员如同在面对面进行通信,使与会人员具有真实感和亲切感。

要开好视频会议,以下条件是系统需要具备的:

- 高质量的音频信息。
- 高质量的实时视频编/解码图像。
- 友好的人机交互界面。
- 明亮、庄重、优雅的会议室布局和设计。
- 多种网络接口(ISDN、DDN、PSTN、Internet、卫星等接口)。

在视频会议发展初期,网络环境相对简单,基本上是专线 2 Mb/s 速率,各公司单纯追求一流的编/解码技术,各自拥有专利算法(至今,视频会议供应商还是或多或少地保留了一些自己的专用算法),产品间无法互通,技术垄断,设备价格昂贵,视频会议市场受到很大限制。随着各种技术的不断发展和一系列国际标准的出台,打破了视频会议技术及其设备少数大公司一统天下的垄断局面,逐渐发展成为由国外如 Ploycom、VTEL、Picture-Tel、VCON 公司和国内科达、中兴、华为等大企业共同分享视频会议市场的竞争局面。现在,高速 IP 网络及 Internet 的迅猛发展,各种数字数据网、分组交换网、1SDN 以及 ATM 的逐步建设和投入使用,使视频会议的应用与发展进入了一个新的时期。

在我国,视频会议系统具有十分广阔的应用前景,因为它可以减轻交通压力,减少经费开支。我国视频会议系统的应用有两种形式:一种是以预约方式租用电信运营商经营的公用视频会议系统,此系统覆盖主要城市,会议需要在专用的会场中进行;另一种是组建专用系统,目前海关、公安、铁路、银行、石油、教育等部门多采用这种方式。

根据所完成功能的不同,视频会议的方式可以有很多种。按照参与会议的节点数目,视频会议可以分为点对点会议系统和多点会议系统。按照所运行通信网络的不同,视频会议可以分为数字数据网(如 DDN)、局域网(LAN)/广域网(WAN)和公共电话网(PSTN)三种会议系统。在数字数据网(DDN)方式中,信息的传输速率是 384～2048 kb/s,提供帧频为 25～30 f/s 的 CIF 或 QCIF 格式的视频图像。在局域网和广域网环境中,信息的传输速率低于 384 kb/s,帧频为 15～20 f/s。在公共电话网中,信息的传输速率只有 28.8 kb/s 或 33.6 kb/s,帧频也只能达到 5

～10 f/s。按照所使用的主要设备，视频会议分为电视会议和计算机会议系统。按使用的信息流，视频会议可分为音频图形会议、视频会议、数据会议、多媒体会议和虚拟会议。

由于视频会议的会议内容常具有保密特征，因此其安全性就显得至关重要了。现有的很多视频会议系统都属于专用系统，许多行业部门也都使用自己的专用系统。而基于互联网的桌面会议系统具有开放性的特征，但安全性就无法得到保证。在一定时期内，这两种系统会并存。

2. 视频会议系统的关键技术

视频会议技术实际上不是一个完全崭新的技术，也不是一个界限十分明确的技术领域，而是随着现有通信技术、计算机技术、芯片技术、信息处理技术的发展而发展起来的。如果没有这些技术的发展，多媒体通信、视频会议、可视电话等都只能停留在理论研究上，视频会议实用系统就更不用提了。视频会议系统的关键技术可以概括为以下几个方面。

（1）多媒体信息处理技术

多媒体信息处理技术是视频会议十分关键的技术，主要是针对各种媒体信息进行压缩和处理。可以这样说，视频会议的发展过程也反映出信息处理技术特别是视频压缩技术的发展历程。目前，编/解码算法从早期的、经典的熵编码、变换编码、混合编码等发展到新一代的模型基编码、分形编码、神经网络编码等。另外，还不断地将图形图像识别、理解技术、计算机视觉等内容引入到压缩编码算法中。这些新的理论、算法不断推动着多媒体信息处理技术的发展，进而推动着视频会议技术的发展。特别是在网络带宽不富余的条件下，多媒体信息压缩技术已成为视频会议最关键的问题之一。

（2）宽带网络技术

影响视频会议发展的另外一个非常重要的因素就是网络带宽问题。多媒体信息的特点就是数据量大，即使通过上述压缩技术，要想获得高质量的视频图像，较宽的带宽仍是需要具备的。如 384 kb/s 的 ISDN 提供会议中的头肩图像是可以接受的，但不是以提供电视质量的视频。要达到广播级的视频传输质量，带宽至少应该在 1.5 Mb/s 以上作为一种新的通信网络，B-ISDN 网的 ATM 带宽非常适合于多媒体数据的传输，它可以把不同种类的多种业务集中起来，在同一网络上既能传输 VBR 数据，又能传输 CBR 视频。过去，ATM 由于成熟度不足且交换设备价格昂贵而难以推广应用。经过这些年的大量工作，ITU-T 和 ATM 论坛已经完善了许多标准，各大通信公司生产、安装了大量的 ATM 设备，同时，ATM 接入网也逐步扩充，越来越多的应用已经可以在 2 Mb/s 的速率上运行。

另外，目前通信中的接入问题也是需要得到妥善解决的，它一直是多媒体信息到用户端的"瓶颈"。令光网、无源光网络（PON）、光纤到户（FTTH）被公认为理想的接入网。目前的 xDSL 技术、混合光纤同轴（HFC）、交互式数字视频系统（SDV）仍然是当前高速多媒体接入网络的发展方向。

正在迅速发展的 IP 网络，由于它是面向非连接的网络，因而对实时传输的多媒体信息而言是不适合的，但 TCP/IP 对多媒体数据的传输并没有根本性的限制。目前世界各个主要的标准化组织、产业联盟、各大公司都在对 IP 网络上的传输协议（如 RTP/RTCP、RSVP、IPv6 等）进行改进，并已初步取得成效，为在 IP 网上大力发展诸如视频会议之类的多媒体业务打下了良好的基础。据预测，在不远的将来，IP 网上的视频会议业务将会大大超过电路交换网上的视频会议业务。

（3）芯片技术

视频会议系统对终端设备的要求较高。要求接收来自于摄像机的视频输入、麦克风的音频输入、共享白板的数据输入以及来自于网络的信息流数据,同时进行视频编/解码、音频编/解码、数据处理等,并将各种媒体信息复用成信息流之后传输到其他终端。在此过程中要求能与用户进行友好的交流,实行同步控制。目前,视频会议终端有基于 PC 机的软件编/解码解决方案、基于媒体处理器的解决方案和基于专用芯片组(ASIC)的解决方案。不管采用何种方案,高性能的芯片是实现这些视频会议方案所必需的。

(4)分布式处理技术

电视会议不单是点对点通信,更主要的是一点对多点、多点对多点的实时同步通信。视频会议系统要求不同媒体、不同位置的终端的收发同步协调,多点控制设备(MCU)有效地统一控制,使与会终端共享数据、工作对象、工作结果、数据资料,有效协调各种媒体的同步,使系统跟我们人类的信息交流和处理方式更加地接近。实际上通信、合作、协调正是分布式处理的要求,也是交互式多媒体协同工作系统(CSCW)的基本内涵。从这个意义上说,视频会议系统是 CSCW 主要的群件系统之一。

3.视频会议系统的组成

视频会议是两地或多地间的双向通信,它不仅传送语音、数据,而且还传送实时的活动图像。但由于活动图像是连续的数据流,多个信道间不能直接连接(否则来自不同地方的图像将重叠在一起,无法分辨),因此一个完整的视频会议网不仅要有视频会议系统、传输网络,而且应设置多点控制设备(MCU),以进行图像的切换、语音的混合切换及数据的分流。电视会议系统由网络、终端设备、多点控制单元三部分组成。

(1)网络

传输网络是视频会议信息传输的通道,目前视频会议业务可以在多种通信网络中展开,例如 SDH 数字通信网、ISDN、LAN、Internet、ATM、DDN、PSTN 等,其传输介质可以采用光缆、电缆、微波以及卫星等数字信道,或者其他类型的传输通道。在用户接入网范围内,可以使用 HD-SL、ADSL、HFC 网络等设备进行传输。

(2)终端设备

终端设备指用户在召开视频会议时所用终端设施的总称。下面介绍一下终端设备的外围设备。

1)视频、音频的输入输出设备。视频输入设备包括摄像机及录像机。摄像机主要分为主摄像机、辅助摄像机和图文摄像机。它们将视频信号通过视频输入口送入编码器内进行处理,通常视频输入口要多于 4 个。参加会议人员通过控制器来控制主摄像机的上下、左右转动以及焦距的调节,也可以控制对方会场主摄像机的转动。主摄像机主要用来摄取发言人的特写镜头。辅助摄像机主要用来摄取会场全景图像或不同角度的部分场面镜头,或摄取白板上的内容。辅助摄像机由人工操作。图文摄像机一般固定在某一位置,用来摄取文件、图表等,其焦距已事先调好。录像机可播放事先已录制好的活动和静止图像。视频输入设备的信号都经终端设备的视频输入口,将视频信号送入编码器内进行处理。

视频输出设备主要包括监视器、投影机、电视墙、分画面视频处理器。监视器用于显示接收的图像;会场人数较多时,可采用投影机或电视墙。为了在监视器上既显示接收的图像,同时又显示本会场的画面,画中画的方式是采用比较多的,即在监视器屏幕上的某个角落留出一个小窗口,用于显示本会场的画面,而在屏幕上的其余部分显示接收的图像。

音频输入、输出设备主要包括麦克风、扬声器、调音设备和回声抑制器。麦克风和扬声器主要用于参加会议人员的发言和收听对端会场的发言。调音设备为辅助设备,用于调节本会场麦克风的音色及音量。回声抑制器起抑制回声的作用。

2)信息通信设备。信息通信设备包括白板、书写电话、传真机等。白板供本会场与会人员与对方会场人员讨论问题时写字、画图用,其上内容通过辅助摄像机的摄取而输入编码器,传送到对端,在对方会场的监视器上显示。书写电话为书本大小的电子写字板,供与会人员将要说的话写在此板上,变换成电信号输入到视频编/解码器,再传送到对方会场,并显示在监视器上。

(3)多点控制单元

视频会议业务是一种多点之间的双向通信业务,限于目前的网络,多点间视频会议信号的切换必须用专用的设备——多点控制单元(MCU)来完成。MCU 是整个会议电视网的控制中心。MCU 在一个会议电视网中可以有多个,但并不是无限增加的,也不是任意连接的,应根据相应的国际标准和传输控制协议来进行设置。MCU 和终端的连接网结构呈星形,通常 MCU 放置在星形网络的中心处,即参加会议的各个终端都以双向通信的方式和 MCU 相连接。由于 MCU 端口数是有一定限制的,因此,在遇到会议点特别多的情况时,可以级联多个 MCU 来使用,但同一级的级联一般不多于两级。

处在上面一层的 MCU 是上层 MCU,处在下面一层的 MCU 为从 MCU,从 MCU 受控于上层 MCU。MCU 是一个数字处理单元,通常设置在网络节点(汇接局)处,可供多个地点的会议同时进行相互间的通信。MCU 应在数字域中实现音频、视频、数据信令等数字信号的混合和切换,但前提条件是不会对音频、视频等信号的质量造成影响。

MCU 主要由线路单元、音频处理单元、视频处理单元、控制处理单元等模块组成。

线路单元由网络接口单元、呼叫控制单元、多路复用和解复用单元组成,完成输入/输出码流的波形转换、输入码流的时钟同步、复合码流的分解及复接。

控制处理单元完成信息流进出 MCU 的控制,控制信息的提取和处理,控制各模块内部的操作,并协调各模块之间的动作。

音频处理单元提取与会各点的声音并进行混合,然后经编码与其他信息合起来发往各对应点;同时,提取与语音码相连的控制信息码送给控制层,完成相应的处理。该模块也可以与控制层一起根据声音电平的高低实现图像的自动切换。

视频处理单元提取各点传来的图像信息,根据 MCU 图像切换和选择准则的规定,完成视频图像的交换和发送,并进行相应处理后与其他信息合起来发往各对应点。该模块提供用户之间数据信息的交换。

4. 相关协议

(1)系统协议

与视频会议技术有关的协议标准为视频会议、多媒体通信的实现提供了十分灵活的组网方式,使厂商把发展的重点集中在了提高产品质量和服务质量上,规范了多媒体通信产业的发展。

视频会议(Video Conference)业务在中国已经发展多年,主要是应用 H.320 协议的视频会议系统;而近年来伴随着 IP 技术的不断成熟和电信级运营,基于 H.323 协议的视频会议系统也开始逐步得到了应用。

1)H.320 协议。

H.320 是基于 P×64K 数字传输网络的视频会议系统协议,采用 H.221 帧结构,典型应用网络为 N-ISDN 网、数字传输网和数字数据网。H.320 视频会议系统包括视频会议终端、多点控制单元(MCU)和会议网管等设备。

会议网管为可选部分,这里不作讨论。多点控制单元(MCU)将在后面与 H.323 系统的 MCU 对比介绍,这里只介绍终端部分。H.320 终端的功能框图如图 12-6 所示。

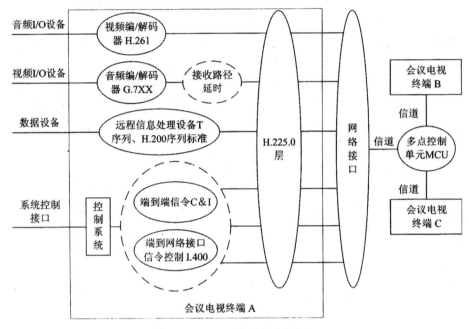

图 12-6 H.320 终端的功能框图

视频编/解码单元完成图像的编/解码、视频切换及前处理过程,用 H.261 或 H.263 建议来规范。不同制式的视频信号通过转化为中间格式,这样的话,互通即可实现。

音频编/解码单元完成音频的编/解码、回声抵消和噪声去除工作,用 G.711,G.722 或 G.728建议来规范。相对视频信号来说,音频信号数据量小,处理时间短。延时单元可保证视/音频信号同时到达对端,实现唇音同步。

数据业务设备主要包括电子白板、书写电话以及传真机等,可以用来召开数据会议,数据会议单元使用 T.120 的协议。

系统控制部分执行两种功能:通过端到网络接口信令访问网络,通过端到端信令实现端到端控制。

多信道复用/解复用单元在发送方向上主要对视频、音频、数据和信令等各种数字信号进行 ITU-T H.221 帧码流的复用处理,使之成为能与用户/网络接口兼容的信号格式,在接收端则进行相反的解复用处理,使从网络接口来的信号解复用到相应的媒体处理单元。

用户/网络接口单元将复用后的数据流转换成可以在各种传输网络上传递的码流,并送到网络中传递。

2)H.323 协议。

H.323 是基于分组网络的视频会议系统协议,目前主要适用于 IP 网络。符合 H.323 建议的多媒体视频会议系统由终端、网守(GK)、网关(GW)、多点控制单元(MCU)四个部分组成。

①H.323 终端。H.323 终端的功能框图如图 12-7 所示。

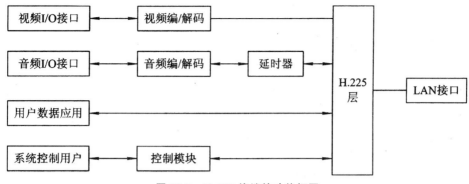

图 12-7　H.323 终端的功能框图

网络接口由 H.225 建议描述,主要用于呼叫控制,并对如何利用 RTP 对视/音频信号和 RAS 进行封装做了相关规定。

视频编/解码采用 H.261 或 H.263 标准,音频编/解码采用 G.711、G.722、G.728 等标准;数据功能通过 H.245 建立一条或数条单向/双向逻辑信道来实现;控制功能通过交换 H.245 消息来实现。

H.323 会议终端除了 H.320 系统的四种信号外,还有两类信息,就是 RSA 信号和呼叫信号。RSA 是终端与看门人之间为了登记(Registration),管理(Admission),改变状态(status)、带宽及关系等过程所需要的信令;呼叫信号用于在 H.323 系统的两个末端设备(Endpoints)之间建立呼叫连接。

②网守(GK)。区别于电路交换网络上的会议系统,H.323 是针对分组交换质量不保证的网络的,所以有时需要用到网守(或称为网闸)。

在 H.323 会议系统中,网守是一个可选的角色,可以有一个或多个网守,没有网守也是可以的。网守之间还可以进行相互通信。网守向 H.323 终端设备提供呼叫控制服务。从逻辑上讲,网守是一个独立的设备(功能模块),但实际上,网守可以与终端、MCU、网关等存在于一个设备上,只在功能上独立。

网守的职责如下:

· 地址翻译。将别名地址翻译成运输层地址。

· 入会场许可的控制与管理。根据一些准则,来确定终端用户是否有权进入会场。如有权则进行入会场处理,如无权则就会拒绝其进入会场。

· 带宽控制与管理。根据网络上带宽资源的使用情况对终端用户的带宽使用进行控制和管理。

· 呼叫管理。网守对终端用户的呼入作处理,并可进行呼出或呼叫转移。

· 域管理。

③网关(GW)。在视频会议系统中,网关是跨接在两个不同网络之间的设备,其作用是把位于两个不同网络上的视频会议终端连接起来。

网关主要有三大功能:一是转换通信格式,如 H.323 系统和 H.320 系统之间通过网关实现 H.225 和 H.221 不同码流之间的互译,以完成链路层的连接;二是视频、音频和数据信息编码格式之间的互译,以完成表示层之间的相互通信;三是通信协议和通信规程(如 H.245 与 H.242)之间的互译,以实现应用层的通信。

在实际的 H.323 视频会议系统中,有两种情况将用到网关:一种情况是一组会议的多个与会者在不同的网络中(如有的与会者在 IP 网络中,有的与会者在 E1 网络中);另一种情况是两组会议的多个与会者在 IP 网的不同的网段上,需要通过网关绕过一些路由器或某些低速传输通道。

④MCU。多点控制单元(MCU)由多点控制器(MC)和多点处理器(MP)组成。H.320 区别于 H.323 视频会议系统的多点控制单元。

H.320 系统的多点会议的控制、管理和处理都是集中的,MC 和 MP 一般不可分,通常在会议网中作为 MCU 设备存在。H.320 会议系统采用电路交换模式,会议网为星形拓扑结构。

H.323 会议系统基于分组交换模式,从会议电路的组织来看,星形拓扑结构是不存在的,而往往以网状或者树状拓扑结构形式存在。因而 H.323 会议的多点会议控制、管理和处理可以进行集中处理,也可以进行分散处理。同样,MC 和 MP 可以合在一起作为一个设备存在,也可以作为一个功能块放在其他设备(如终端、网关等)中。

(2)视频编/解码协议

视频会议系统的视频编/解码主要使用 H.261 和 H.263 两种协议。

1)H.261 建议。

图像压缩方法一般包括预测压缩编码、变换压缩编码、非等步长量化和变长编码等。H.261 建议采用了运动补偿预测和离散余弦变换相结合的混合编码方案,具有很好的图像压缩效果。该建议于 1990 年正式通过,是其他图像压缩标准的核心和基础。它解决了以下三个问题:

①确立了各国图像编码专家所公认的统一算法。

②设定了 CIF 和 QCIF 格式,解决了因电视制式不同而带来的互通问题。

③不涉及 PCM 标准问题,其编码器以 64～1920kb/s 的工作速率覆盖了 N-ISDN 和 PCM 一次群通道,PCM 标准互换的问题得到了很好地解决。

2)H.263 建议。

H.263 建议在 1995 年公布,1996 年正式通过。和 H.261 比起来,H.263 获得了更大的压缩比,最低码流速率可达 20 kb/s,是一个适用于低码率窄带通信信道的视频编/解码建议。

(3)音频编/解码协议

语音的压缩方法主要包括波形编码、参数编码和混合编码。其中,波形编码可以获得较好的语音质量,能够真实地再现说话人的原音,还原话音特征;参数编码压缩率较高,码率通常低于 4.8 kb/s,但是声音质量很差,说话人的声音特征是无法区分的;混合编码结合了波形编码的高质量和参数编码的高压缩率,取得了较好的效果。

视频会议系统的音频编/解码主要使用 G.711、G.722 和 G.728 三种协议。

G.711 和 G.722 采用波形编码方式。G.711 为波形压缩法的对数压扩(A 律或 μ 律)PCM 编码,采样范围为 50～3500 Hz,压缩后的码率为 64 kb/s 或 48 kb/s。G.722 为子带分割的 AD-PCM 语音编码,采样范围为 50～7000 Hz,压缩后的码率为 48 kb/s、56 kb/s 或 64 kb/s。

G.728 采用混合编码方式,为低延时码激励线性预测(LD-CELP)编码,音频信号带宽为 50 Hz～3.5 kHz,编码语音输出信号速率为 16 kb/s。所以,G.728 在低码率视频会议系统中使用的比较多。

(4)其他协议

H.221:视听电信业务中 64～1920 kb/s 信道的帧结构。

T.120：多媒体会议的数据协议。

H.224：利用 H.221 建议的低速数据(LSD)/高速数据(HSD)/多层链路协议(MLP)信道单工应用的实时控制协议。

H.245：多媒体通信的控制协议。

H.242：关于使用 2 Mb/s 以下数字信道在视听终端间建立通信系统的协议，实际上为端到端之间的通信协议。

H.243：利用高于 1920 kb/s 信道在 3 个以上的视听终端建立通信的规程，实际上为多个终端与 MCU 之间的通信协议。

H.230：视听系统的帧同步及控制和指示信号。

H.225.0：基于分组交换的多媒体通信中的呼叫信令协议和媒体数据流分组协议。

T.123：多媒体会议的网络专用协议栈。

G.723.1：音频编/解码协议，是 5.3 kb/s 和 6.3 kb/s 多媒体通信传输速率上的双速语音编码。

Q.922：ISDN 帧模式承载业务使用的数据链路层规范。

G.703：脉冲编码调制通信系统工程网络的数字接口参数。

IEEE 802.3u：10/100Base-T 以太网接口标准。

5. 视频会议的发展趋势

视频会议作为交互式多媒体通信的先驱，其顺应三网合一的发展趋势，势必要进入一个新的发展阶段。主要原因是：第一，交互式多媒体通信所依附的传输网络基础，由电路交换式的 IS-DN 和专线网络向分组交换式的 IP 网络过渡；第二，其针对的市场目标将由大型公司、政府机构的会议室向小型化的工作组会议室、个人化的桌面延伸，最终发展到家庭；第三，功能已由原先单纯的视频会议功能发展成远程教学系统、远程监控系统、远程医疗系统等多方面的综合业务。尽管在此转型期间视频会议发展的势头强劲，但就目前这一阶段而言，视频会议的发展仍不会以一种形式取代另一种形式，而是同时存在着多种解决方案。值得注意的是，现在很多新技术已经深入并逐渐应用于视频会议中，视频会议出现了一些新的发展趋势。

(1)基于软交换思想的媒体与信令分离技术

在传统的交换网络中，数据信息与控制信令一起传送，由交换机集中处理。而在下一代通信网络中的核心构件却是软交换(Softswitch)，其重要思想是采用数据信息与信令分离的架构，信令由软交换集中处理，数据信息则由分布于各地的媒体网关(MG)处理。相应地，传统的 MCU 也被分离成完成信令处理的 MC 和进行信息处理的 MP 两部分，MG 可以采用 H.248 协议远程控制 MP。MC 处于网络中心，MP 则根据各地的带宽、业务流量分布等信息合理地分配信息数据的流向，使"无人值守"的视频会议系统得以实现，还可以减少会议系统的维护成本和维护复杂度。

(2)分布式组网技术

这个技术是与信令媒体分离技术相关的。在典型的多级视频会议系统中，目前最常见的是采用 MCU 进行级联。这种方式的优点是简单易行，缺点是如果某个下层网络的 MCU 出现故障，则整个下层网络均无法参加会议。如果把信令和数据分离，那么对于数据量小但对可靠性要求高的信令可以由最高级中心进行集中处理，而对数据量大但对可靠性要求低的数据信息则可交给各低级中心进行分布处理，这样既可提高可靠性又可减少对带宽的要求，对资源实现了优化使用。

（3）最新的视频压缩技术——H.264/AVC

H.264具有统一VLC符号编码、高精度、多模式的运动估计以及整数变换和分层编码语法等优点。在相同的图像质量下，H.264所需的码率较低，大约为MPEG-2的36%，H.263的51%，MPEG-4的61%，优势很明显。不难推测，H.264必将会在视频会议系统中得到广泛的应用。

（4）交换式组播技术

传统的视频会议设备大多只能单向接收，采用交互式组播技术则可以把本地会场开放或上传给其他会场观看，极具真实感的"双向会场"即可实现。

12.3.2　多媒体远程监控系统

随着通信技术和编码理论的飞速发展，多媒体监控系统在机场、宾馆、银行、仓库、交通、电力等各种重要场所和机构得到了广泛应用。传统监控系统的终端与传输设备大多采用模拟技术，设备庞大、连线复杂、操作维修不便，不利于系统的程序化控制，更难以利用现有的通信网络（LAN、PSTN、ISDN等）进行数据传输，实现远距离监控。随着Internet网络技术和多媒体通信技术的发展，一种以数字化、智能化为特点的多媒体远程监控系统应运而生，它实现了由模拟监控到数字监控质的飞跃，能将监控信息从监控中心释放出来，监控的视频、音频、现场告警与控制信号可传至网络所及的每一个节点，人们可以利用计算机网络在不同地点同时监视、控制远程某一或某些场所，同时控制云台、镜头等设备并获得各种报警信号，进行远程指挥。

远程监控系统主要采用点对点和多址广播两种传输技术，多数情况下以点对点方式为主。它的主要特点是实时性要求高，延迟小，而且往往要求可控制、可切换视频源。另外，因被监控的对象运动幅度不同，所以要求的图像质量也就存在一定的差异。一般像道路监控这样的场合，被监控的对象是高速运动的车辆，而且要求至少能看清车牌，因而要求的图像质量相当高，采用MPEG-1格式还难以满足要求，必须采用高码流的MPEG-2格式才行；而对楼宇监控这样的场合，在多数情况下被监控的对象是静止不动的，因而图像质量可适当降低些，一般采用MPEG-1格式就能满足要求。

1. 系统结构

图12-8是多媒体远程监控系统的结构示意图。系统由监控现场、传输网络和监控中心三部分组成。

（1）监控现场

监控现场的核心是本地处理设备，是监控远端必配的设备，其主要功能是对摄像机采集到的图像信息和声音信息进行A/D变换和压缩编码。

监控现场的工作方式有两种。

第一种方式是由本地的主机对所设置的不同地点进行实时监控，适合于近距离监控。摄像机捕获的视频信号既可以实时存储到本地的硬盘中，也可以只供观察，一旦有报警触发，便自动将高质量的画面记录到硬盘中。本地端的主机可以无需外加画面分割器，同时监视多个流动画面（根据需要设置其数量）。录制在硬盘中的视频画面有较高的清晰度，图像的压缩比可调。硬盘中的数据循环存放，硬盘满后即可将最开始的记录覆盖掉，这样可以保证存储的数据是最新的。

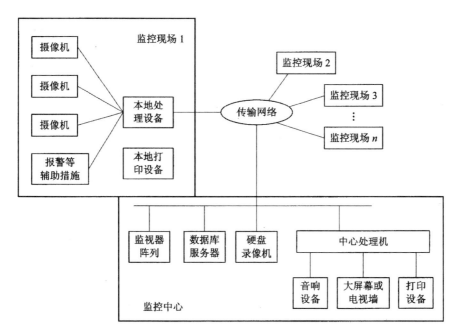

图 12-8　多媒体远程监控系统结构示意图

存储在硬盘中的画面可供工作人员随时回放、搜索、图像调整(局部放大、调光等)等,同时可接打印机打印视频画面,也可以按照数据库方式查询检索。用户在软件中可对捕捉图像的时间和长度进行设置,以及在无人值守时可分不同情况、时段进行不同的系统设置,并采取不同的处理措施。本地主机装有摄像机控制器,其主要作用是调控摄像机参数,如上、下、左、右地摇镜头、拉近、拉远镜头,调整光圈大小,聚焦等。云台的转动及可变焦镜头的控制也可由摄像机控制器通过本地主处理设备接收监控中心的指令来控制。

报警探头可根据现场需要配置不同的类型以满足多种监测需求,如红外、烟雾、门禁等。报警采集器将报警探头传来的报警信号收集起来并上传至本地处理设备,本地处理设备接到报警信号后按照用户设置采取一系列措施,如拨打报警电话、录像、灯光指示、关闭大门、开灯等。

监控现场的第二种工作方式是由本地处理设备将采集的图像通过线路接口送入通信链路并传至监控中心,同时把本地端报警采集器采集到的报警信息打包成一定格式的数据流,通过传输网络传到监控中心;监控现场则把监控中心传来的控制信令抽取出来,进行命令格式分析,并按照命令内容使相应的操作得以执行。

(2)监控中心

监控中心的核心设备是中心主处理机,其任务是将监控远端传来的经过压缩的图像码流解码并输出至监视器,选择接收任意一个远端的声音解码输出到扬声器,并把监控中心下行的声音编码传送给所选择的任意一个远端,也可用广播方式把声音传送给多个远端,同时它还能接收远端上传的报警信息,下达控制指令给远端处理设备,控制远端的各种设备。由于系统需要存储大量的视频信息,因此专门建立了一个硬盘录像机,用来存储现场传输过来的各摄像机拍摄的视频信号。大量的数据库表在系统中都有所涉及,包括摄像头信息表、地图和子地图信息表、报警器信息表、报警器预设信息表、视频通道的设置信息表、硬盘录像机的信息设置表、硬盘录像的定时时段设置表、操作日志记录表、硬盘录像存放位置表等。为了方便用户对这些数据进行操作和管理,专门增加了一台数据库服务器。

通过地理信息系统,监控中心可以将监控地点信息的地图显示出来,在需要时也可以随时将某地点的图像信息传送过来。

监控中心的显示设备包括监视器阵列和大屏幕监视器。监视器阵列用以显示各个监控远端的图像,在条件允许的情况下,可使用与监控远端数目相同的监视器;当监视器数量少于监控远端的数目时,可在后台通过软件设置轮询功能,定时在各个监视器上轮流播放所有远端的图像。如果某个远端传来报警信号,监控中心就把整个带宽都分配给该远端用于图像传输,这样会得到高速率的图像传输,监控人员可以立即采取相应的措施。在事件发生后,监控中心还可以将存储在该远端处理设备硬盘上的视频图像文件上载过来,回放高质量的监控图像。在监控中心,大屏幕监视器用以显示当前最为关心的一路视频。它主要有两种情况:一种是操作人员在当前想观看的视频画面;另一种是当远端发生告警时,大屏幕上的画面自动切换到报警现场,并自动产生一系列动作,如记录报警时间、地点、场所、类型等参量,启动警铃,遥控远端切换图像至报警源,显示闪烁告警标志等。

2. 系统特点

多媒体远程监控系统与传统的模拟监控系统相比,其优势非常明显,主要表现在以下几个方面:

1)音频和视频数字化。能够实现活动多画面视窗,完成任意分割,静态存盘及视频捕捉;能够实现长时间大容量、多通道硬盘录像,完成单路/多路回放及检索;能够实现多路视频报警、动态跟踪、图像识别,并能适应各种条件;能够支持多种视频压缩标准,满足各种不同层次的需要。

2)管理智能化。由于系统模块化强,方便扩展,易于维护,能根据需要生成与之相匹配的多级监控系统,并辅助以强大的软件控制,因此,系统能自动跟踪、记录在监控中发生的一切信息并存储起来,进行统计分类,定时完成输出打印工作,实现全自动化管理。

3)监控网络化。由于多媒体远程监控系统的传输网络是基于 LAN/WAN 的数字通信网络,因此,系统可以实现点对点、一点对多点、多点对多点的任意网络监控组合,并能通过建立网络间不同级别的安全权限,满足大型网络监控的需求。

3. 远程监控基于宽带接入网的实现

(1)基于 ADSL/Cable Modem 的点对点实现方式

基于 ADSL/Cable Modem 点对点方式的远程监控系统结构如图 12-9 所示。住户家庭若有 PC 机,则在 PC 上增加一视频捕获卡,可接入 1~4 路模拟摄像信号。而 ADSL 用户传输单元 ATU-R 可充当视频处理的网络接口,经双绞线与 ISP 机房内的 DSLAM 数字用户线访问多路复用器中的 ATU-C。远端用户采用 ADSL/CM/LAN/Modem 等接入方法接入 Internet,再根据住户 ADSL 下的 IP 地址找到家庭内的 PC 或视频服务器,将经 MPEG 压缩的图像信号一一提取出来,对家中老人、小孩、病人进行图像观察和语言交流。因住户需将数字图像上传至 Internet,故速率将受限于 ADSL 上行速率的影响。通过 Cable Modem 工作时,情况基本相同,只是 ATU-R 换成 Cable Modem,DSLAM 换为 CMTS,而且 HFC 传输图像的上行速率最大可达 1.5 Mb/s,速率将高于 ADSL 的最大上行速率,但 HFC 传输存在带宽共享的问题。

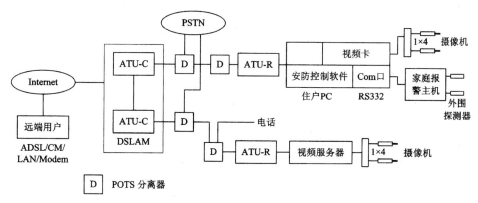

图 12-9 ADSL 方式的家庭远程控制系统的结构图

由于服务提供商不同,ADSL 与 Cable Modem 所提供的 IP 地址可能是动态的,但每次开机后 IP 地址将会维持不变,因此远端用户根据这一 IP 地址可以找到住户家庭内的视频服务器,也可由住户家庭 PC 开机后固定地向远端用户发送告知 IP 地址的方法来实现互联。若住户 PC 内安装有专用安防控制软件,通过串行口接收家庭报警主机的 RS232 上传信号,则家庭安防系统的远程监视和控制(设防/撤防等)即可同时得以实现。

(2)基于宽带智能小区的局域网实现方式

利用 FTTX+LAN 的方式,宽带智能小区向住户提供了多种服务。同样,借助于小区局域网,亦可向住户提供远程监控的新业务。基于宽带智能小区的局域网方式的远程监控系统结构如图 12-10 所示。可在小区局域网上根据用户图像数量设置多台视频服务器,与视频矩阵经 RS232 接口相连。利用 CCTV 控制软件可经视频服务器对视频矩阵的 1000 路摄像机输入进行视频切换,即可由视频服务器 4 个视频输入通路调用 1000 路摄像机输入中的任意一个图像,这样便在很大程度上扩展了可监视的图像数量。而家庭安防系统的监控则可由局域网上的安防系统服务器来完成。当然,同时亦允许通过住户自身 PC 机来完成单独的视频图像输入和家庭安防情况的上传。

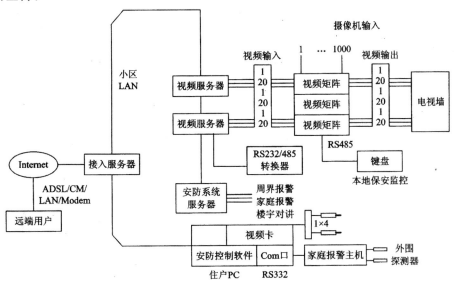

图 12-10 基于宽带智能小区的局域网方式的远程监控系统的结构

远端用户经 Internet 找到小区局域网的外部 IP 地址,经权限验证后由接入服务器的 IP 内部地址绑定,找到相应的视频服务器,经 CCTV 控制软件对视频矩阵的 1000 个视频输入进行调用切换。

鉴于大多数小区视频监控系统仍沿用传统的模拟摄像机加视频矩阵方式,以上远程监控系统结构也基于此系统构架。若小区使用数字视频系统,外围使用 IP Camera 或模拟 Camera 加 IP server,核心使用 NVR(网络视频录像机)或直接使用中心控制软件调用外围图像,则可更方便地实现远程监控功能。

(3)基于企业局域网 VPN 的实现方式——TYCO/VIDEO 工程方案实例

随着视频技术的发展,企业视频监控系统也经历了从传统模拟摄像机加视频矩阵、模拟摄像机加数字视频录像机(DVR)、网络摄像机 IP Camera(或模拟摄像机/视频服务器 IP Encoder)加 NVR 网络视频录像机,到最新中心管理软件/远程客户端软件直接调用控制外围 IP 摄像机的发展过程。具体参数见表 12-1。

表 12-1 企业视频监控系统参数

视频技术发展	中心设备	外围摄像机	远程监控
1	视频矩阵/长时间录像机	模拟摄像机	—
2	视频矩阵/DVR	模拟摄像机	客户端软件
3	NVR/IP Decoder+ TV WALL	IP Camera 或 Camera +IP Encoder	NVR 客户端软件
4	中心管理软件/档案管理软件 (Achiver Manager)	IP Camera 或 Camera +IP Encoder	远程登录视频软件

远程监控基于企业局域网方式的实现为企业的一些实际问题提供了解决方案。下面以某工程方案为例进行分析。

此工程方案中使用了美国 TYCO 公司旗下 TYCO/VIDEO 品牌的产品。TYCO/VIDEO 能够提供从传统系统到最新网络视频/远程监控的全面解决方案。此方案使用了基于 IP 的网络视频/远程监控系统,系统框图如图 12-11 所示。

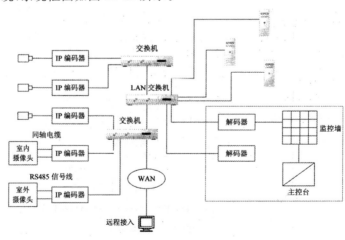

图 12-11 基于 IP 的网络视频/远程监控系统

鉴于 IP 摄像机在镜头选择性、环境适应性、性价比等方面的问题,多数数字系统仍会选择传统模拟摄像机/快球与 IP Encoder(单路、回路、8 路等)相配合使用。该系统使用 TYCO 470 固定摄像机和 ULTLAVII 917 快球作为外围监控设备,包括防水/防爆等不同配置以满足不同环境要求的需要,中心机房使用中心控制软件、客户端软件、存储管理软件对外围 Camera 图像进行切换控制、存储管理,而远端用户则使用客户端软件经 WAN 登录来实现远程监控、调用图像、快球 PTZ 控制。

12.3.3 IPTV 系统

1. IPTV 的定义和需求

IPTV(Internet Protocol TV 或 Interactive Personal TV)也叫交互式网络电视,是一种基于可联网的多媒体技术。IPTV 是一种以家用电视机或 PC 为显示终端,通过互联网络协议(IP)传送电视信号,提供包括电视节目在内的内容丰富的多种交互式多媒体服务。IPTV 有效融合了计算机、通信、多媒体和家电产品等新技术。

IPTV 业务利用 IP 网络(或者同时利用 IP 网络和 DVB 网络),把来源于电视传媒、影视制片公司、新闻媒体机构、远程教育机构等各类内容提供商的内容,通过 IPTV 宽带业务应用平台(该平台往往不仅支持 TV,对其他业务也能够很好地支持)整合,传送到用户的个人电脑、机顶盒+电视机、多媒体手机(用于移动 IPTV)等终端,使用户得以享受 IPTV 所带来的丰富多彩的宽带多媒体业务内容。

目前,IPTV 在全球范围内迅速发展。2006 年 6 月 30 日,全球 IPTV 用户数达到 300 万,是 2005 年同期的两倍,其中欧洲用户数最多并且在 2006 年发展最快,法国电信、意大利电信、英国电信都提供了 IPTV 业务。从相关咨询机构对 IPTV 的预测来看,IPTV 业务的发展前景非常乐观。在中国,IPTV 也在积极的发展,中国电信和中国网通分别在 6 个地市获得了 IPTV 落地许可。

2. IPTV 系统的组成

IPTV 的工作原理是把源端的电视信号数据进行编码处理,转化成适合 IP 网络传输的数据形式,然后通过 IP 网络传送,最后在接收端进行解码,再通过电脑或是电视将其播放出来。由于数据的传输速度要求比较高,因此要采用最新的高效视频压缩技术,例如 H. 264、MPEG-4 等。

IPTV 系统主要包括了节目提供系统、内容管理系统、中心媒体服务系统、运营支撑系统、IP 网络、边缘流媒体服务器、接入系统和 IPTV 终端等,如图 12-12 所示。

(1)节目提供系统

该部分主要完成节目的数字化,使原始节目成为能够在 IP 网络上传输的数字节目。其主要功能是直播节目的编码压缩、转换和传送。

(2)内容管理系统

内容管理系统的主要功能是对 IPTV 的节目和内容进行管理,即主要进行内容管理和用户管理,功能包括内容审核、内容发布、内容下载、用户管理以及用户认证计费等。

(3)流媒体传送系统

流媒体传送系统主要包括的设备是中心/边缘流媒体服务器和存储分发网络。

存储分发网络可以由多个服务器组成,它们之间通过负载均衡来实现大规模组网,如 CDN

(Content Delivery Network,内容分发网络)。

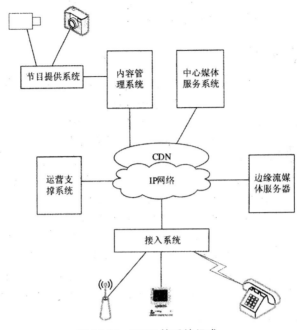

图 12-12　IPTV 的系统组成

流媒体服务器是提供流式传输的核心设备,要求有很高的稳定性,同时能满足支持多个并发流和直播流的应用需求。

(4)接入系统

接入系统主要为 IPTV 终端提供接入功能,使 IPTV 终端能够顺利接入到 IP 网络。目前常见的接入方式为 xDSL 和 LAN 方式;也可采用 FTTC/FTTB 的方式,结合 ADSL、SDSL、Cable Modem 等技术,使用 FTTC＋HFC 的方式向用户提供宽带接入。

(5)IPTV 终端

目前 IPTV 终端主要有三种形式,即 PC、机顶盒＋普通电视机和手机。其中,机顶盒＋普通电视机是 IPTV 用户最常见的消费终端。

3. IPTV 的体系架构

为了适应 IPTV 快速推进、迅速发展的需求,电信领域两大国际标准组织 ITU-FGIPTV 和 ETSI-TISPAN 对 IPTV 的有关标准进行了定义,推进了 IPTV 的标准化。

这两个标准组织给出 IPTV 的定义为:IPTV 是在 IP 网络上传送包含电视、视频、文本、图形和数据等,提供 QoS/QoE、安全、交互性和可靠性的、可管理的多媒体业务。IPTV 需要能够提供一定的服务质量保证,并满足可控、可管和交互性的相关要求。

FGIPTV 在 IPTV 业务需求文档中专门对 IPTV 的业务需求进行了要求和说明;TISPAN 则将对 IPTV 的需求分成两个文档分别进行研究,分别是支持 IPTV 业务的网络传送能力要求及综合 NGN 业务和 IPTV 业务的业务层要求。

对于 IPTV 需要支持的业务,FGIPTV 和 TISPAN 的描述虽然有一定的差异,但是可以看出都需要支持各种广播业务、点播业务、交互业务(如信息类、商务类、通信类、娱乐类、学习类等交互业务),并且对 IPTV 业务提出了包括内容提供商、业务提供商、网络提供商和终端用户等相关需求。目前我国网络提供商业务都是由运营商承担的,内容很多来自于广电的内容源。

对于 IPTV 的架构,两个标准组织从两个方面在进行研究:一方面是非基于 NGN 的 IPTV 架构(Non-NGN-Based IPTV);另一方面是基于 NGN 的 IPTV 架构(NGN- Based IPTV)。对于基于 NGN 的 IPTV 架构,又根据是否重用 IMS 相关功能部件而分成基于 IMS 的 IPTV 架构(IMS-Based IPTV)和非基于 IMS 的 IPTV 架构(Non-IMS-Based IPTV)。

4. IPTV 系统的关键技术

IPTV 技术是一项系统技术,其关键技术主要包括音/视频编/解码技术、流媒体传送技术、宽带接入网络技术、IP 机顶盒技术等。

(1)音/视频编/解码技术

IPTV 音/视频编/解码技术在整个系统中处于重要地位。IPTV 作为 IP 网络上的视频应用,对音/视频编/解码有很高的要求。首先,编码要有高的压缩效率和好的图像质量,压缩效率越高,传输占用带宽越小;图像质量越高,用户体验则越好。其次,IPTV 平台应能兼容不同编码标准的媒体文件,以适应今后业务的发展。最后,要求终端支持多种编码格式或具备解码能力在线升级功能。

IPTV 采用了先进、高效的视频压缩编码技术,使得视频流在 800 kb/s 的有限带宽上接近 DVD(MPEG-2)的视觉效果(DVD 的视频传输带宽通常为 3 Mb/s)。目前主要编/解码技术是 MPEG-4、H.264 与 AVS 三种。如前所述,MPEG 系列是重要的视频编码标准,所有的视频编码技术都参照了 MPEG 技术。MPEG-4 具有高质量、低传输速率等优点,已广泛应用于网络多媒体、视频会议与监控等图像传输系统中。H.264 是新一代视频编码标准,2003 年 3 月公布了标准的最终草案,全称是 H.264/AVC 或 MPEG-4 Visual Part10。AVS 是中国拥有自主知识产权的第二代音/视频编码技术标准,是高清晰度数字电视、宽带网络流媒体、移动多媒体通信、激光视盘等数字音/视频产业群的基础性标准。AVS 2006 年 3 月正式成为国家标准。2007 年 5 月在斯洛文尼亚举办的 ITU-T FG IPTV 工作组第四次会议期间,AVS 获得国际认证,其视频部分成为 IPTV 四个可选视频编码格式之一,这从经济上为我国节约了巨大的专利费开支,否则,如果中国采用 MPEG 或者 H.264 标准,每年将支付大约 200~500 亿元人民币的专利费。而 AVS 的专利政策对发展中国家较为合理,所有专利打包价格是每台解码器 1 元人民币。AVS 和 MPEG 比起来,具有编码效率高、实现复杂度低、专利授权模式简单、收费低等优势。

(2)流媒体传送技术

IPTV 的核心业务是数字音/视频流业务,因此流媒体传送技术也是相当重要的。如果传送技术高效可靠,不仅可以节约系统带宽,还可以减轻系统负担,使系统得到优化。通常,IPTV 系统中流媒体的传送方式随用户接收方式的不同而不同,从终端用户看,主要有点播和广播两种接收方式。

1)点播接收方式下的流媒体传送。点播接收的特点是个性化,接收的内容和时间是由用户喜好所决定的,具有实时交互性能。同时,点播业务对网络带宽的需求也很大,为了避免大量消耗骨干带宽,同时保证服务质量,要求 IP 网络能有效地将视频流推送到用户接入网络,使用户尽可能就近访问。内容分发网络(Content Delivery Network,CDN)就能提供这种支持。CDN 有时也称为 MDN(Media Delivery Network)。CDN 是建立在现有 IP 网络基础结构之上的一种增值网络,是在应用层部署的一层网络架构。在传统 IP 网络中,用户请求直接指向基于网络地址的原始服务器,而 CDN 业务提供了一个服务层,补充和延伸了 Internet,把要频繁访问的内容尽可能向用户推进,提供了基于内容进行流量转发的新能力,把路由导引到最佳服务器上,动态获得需要的内容。它改变了分布到使用者信息的方式,从被动的内容恢复转为主动的内容转发。

其具体工作过程是:CDN把流媒体内容从源服务器复制分发到最靠近终端用户的缓存服务器上,当终端用户请求某个业务时,由最靠近请求来源地的缓存服务器提供服务。如果缓存服务器中没有用户要访问的内容,CDN会根据配置自动到源服务器中搜索,将相应的内容抓取过来,提供给用户。

2)广播接收方式下的流媒体传送。广播接收在用户看来是被动的,用户对内容的选择只限于所提供的频道,是非交互型的。由于用户收看的内容是相同的,为了使网络带宽浪费得以减少,广播接收方式对 IP 网络提出了组播功能要求。

组播是一种允许一个或多个发送者(组播源)一次同时发送单一的数据包到多个接收者的网络技术。组播源把数据包发送到特定组播组,只有属于该组播组的地址才能接收到数据包。在IPTV里,组播源往往仅有一个,即使用户数量成倍增长,主干带宽也不需要随之增加,因为无论有多少个目标地址,在整个网络的任何一条主干链路上都只传送单一视频流,即所谓"一次发送,组内广播"。组播提高了数据传送效率,减少了主干网出现拥塞的可能性。

(3)宽带接入网络技术

IPTV 接入可以充分利用现有宽带接入技术,主要有 xDSL、FTTx+LAN、Cable Modem 等三种。

1)xDSL。目前,xDSL 技术中最常用的技术有 ADSL 和 VDSL。

ADSL 是上下行传输速率不相等的 DSL 技术,它在一对双绞线上提供的下行速率为 $1.5\sim8$ Mb/s,上行速率为 $16\sim640$ kb/s。目前 ADSL 是我国主要的宽带接入方式,普通家庭用户的ADSL 速率通常在下行 1Mb/s 左右,而 IPTV 需要大约 3Mb/s 的下行带宽,因此,普通用户的ADSL 可以通过提速支持 IPTV 业务。

VDSL 在一对双绞线上提供的下行速率为 $3\sim52Mb/s$,上行速率为 $1.5\sim2.3Mb/s$。因此,VDSL 可以更好地支持 IPTV 业务。

2)FTTx+LAN。FTTx 技术是光纤到 x 的简称,它可以是光纤到户(FTTH)、光纤到局(FTTE)、光纤到配线盒/路边(FTTC)、光纤到大楼/办公室(FTTB/O)。

光纤具有很宽的带宽,可以说,光纤到户技术非常有利于开展 IPTV 业务。

3)Cable Modem。Cable Modem 接入方式是利用有线电视的同轴电缆传送数据信息的,它的上下行速率可高达 48 Mb/s。但 Cable Modem 是一种总线型的接入方式,同一条电缆上的用户互相共享带宽,在密集的住宅区,若用户过多,Cable Modem 一般难以达到较为理想的速率。

(4)IP 机顶盒技术

IP 机顶盒主要实现以下三方面的功能:

· 与宽带接入网连接,收发和处理 IP 数据和视频流。

· 对接收的视频流进行解码,包括对 MPE-1、MPEG-2、MPEG-4、WMV、Real 等编码格式的解码,支持视频点播、电视屏幕显示、数字版权管理等功能。

· 支持 HTML 网页浏览、网络游戏等。

IPTV 机顶盒所有功能的实现均基于高性能微处理器,嵌入式操作系统是对芯片实时解码和纯软件实时解码应用的基本支撑平台。目前,IPTV 机顶盒的嵌入式操作系统基本上分为嵌入式 WinCE 和嵌入式 Linux 两类。

1）嵌入式 WinCE 机顶盒。WinCE 的最大特点是其 API 与 Win32 兼容，这对使用 Windows 环境开发 WinCE 应用非常有利。此外，WMV-9 播放器还可直接运行于 WinCE，许多现成的 Windows 组件稍加改造就能应用于终端上的网络管理以及视频流控制等，这些对 DSL 低带宽环境充分分享 Windows Media 优秀成果而言，不能不说是事半功倍的终端开发捷径。

2）嵌入式 Linux 机顶盒。嵌入式 Linux 机顶盒以专用的多媒体微处理器为核心，辅以以太接口和视频接口构成系统。多媒体微处理器带有 MPEG-2 或 MPEG-4 实时解码功能芯片。

5. 我国 IPTV 的现状与发展趋势

（1）我国 IPTV 的发展现状

IPTV 作为电视新展现形态的数字媒体，日益成为不可阻挡的大趋势。与全球 IPTV 快速发展的大趋势一样，随着国内运营商 IPTV 试商用的地区与规模的逐渐扩大以及广大消费者对 IPTV 认知程度的不断提高，在用户规模总量偏小的基础上，我国的 IPTV 保持了稳定、快速增长的态势，IPTV 用户总数已经从 2003 年的 1.8 万、2004 年的 4.6 万增长到 2008 年的 300 万。

IPTV 等互联网视听节目服务的发展使电信业的媒体属性得到了印证。就电视内容本身而言，与传统电视（有线、无线、卫星）比起来，IPTV 可能并无区别，但是由于网络互动性特征的存在，IPTV 可以更方便地提供诸如视频点播、互动游戏等交互式增值服务。

（2）我国 IPTV 的发展趋势

工业化、信息化、城镇化、市场化和国际化深入发展是我国现代化建设面临的新形势和新任务。推进信息化与工业化融合是我国面临的长期任务。我国广播电视、电信和互联网等原本不同的网络设施产业正加快从产业分立走向产业融合的步伐。在此背景下，尤其是随着 2008 年新一轮政治体制改革和相关政策的调整，我国包括 IPTV 在内的三网融合性业务正在进入快速发展阶段。

IPTV 的竞争优势来源于其个性化、人性化的电视节目内容和互动形式。随着应用的不断普及、市场规模的扩大，IPTV 市场将吸引更多的内容提供商、内容集成商和增值服务提供商的进入，他们将为内容的创新、业务模式的探索带来更广阔的发展空间。而随着 TD-SCDMA 的大规模商用和新一轮电信重组的完成，3G 已经遍布大众市场的各个角落。从用户角度来看，3G 终端可以成为 IPTV 用户终端的有效延伸。在 3G 终端的个性化服务的帮助下，IPTV 以人为本的发展目标将会得到极大释放。

产业共赢是 IPTV 和数字电视融合发展的必由之路。IPTV 的媒体属性要求 IPTV 运营商以市场为基础，以网络为导向，以客户为中心，积极与媒体、娱乐、信息内容服务合作。IPTV 业务运营的核心问题并不在接入带宽上，而是在内容上，这是电信网的弱项。因此，要满足市场需要就必须发挥 IPTV 与数字电视的功能互补性。除功能互补之外，IPTV 与数字电视在覆盖区域上也应互补。在那些有线电视不能覆盖的地区，IPTV 的发展空间是相当大的。

IPTV 是下一代网络（NGN）中最重要的业务之一，也是未来数字家庭中非常重要的一种业务形态。电信网、互联网、有线电视网三网融合已成必然趋势。三网融合发展要求电视机终端和 PC 终端都可以同时连接互联网和有线电视网，在接入互联网的同时能够接收数字电视广播。多种接入方式并存保证了能够以最优的方式提供单播、组播、广播和双向交互业务，使数字新媒体的需求得到满足。在这样的趋势下，电信与广电产业价值链的融合也必然随之实现。IPTV 和数字电视运营主体应该摒弃成见，相互借鉴对方的发展战略和运营经验，共同推进三网融合，实现产业共赢的和谐发展新格局。

12.3.4 虚拟现实系统

1.虚拟现实的概念

虚拟现实(Virtual Reality,VR)或称虚拟环境(Virtual Environment,VE)是由计算机生成的、具有临场感觉的环境,它是一种全新的人机交互系统。虚拟现实能对介入者——人产生各种感官刺激,如视觉、听觉、触觉、嗅觉等,给人一种身临其境的感觉,同时人能以自然方式与虚拟环境进行交互操作,它强调作为介入者——人的亲身体验,要求虚拟环境是可信的,即虚拟环境与人对其理解是保持一致的。

虚拟现实技术是多媒体技术发展的更高境界,它使计算机从使用常规键盘、鼠标、显示器等输入、输出设备对其操作的系统,变成了人处于计算机创造的虚拟环境中,通过多种感官渠道与虚拟环境进行比较"自然"的实时交互的系统,从而体验真实的环境,为人们探索宏观世界和微观世界,研究各种复杂、危险的环境下事物的运动变化规律,提供了一种全新技术手段。近年来,虚拟现实技术引起了各国学者的关注,得到了飞速地发展,成为十分活跃的研究领域。

虚拟现实的概念最早源于1965年Ivan Sutherland发表的论文"The Ultimate,Display",限于当时的软硬件技术水平,长期没有实用化系统。1968年,Ivan Sutherland研制出头盔式显示器(HMD)、头部及手跟踪器,是用于虚拟现实技术的最早产品。飞行模拟器是VR技术的先驱者,鉴于VR在军事和航天等方面有着重大的应用价值,美国一些公司和国家高技术部门从20世纪50年代末就开始对VR进行研究。NASA在20世纪80年代中期研制成功第一套基于HMD及数据手套的VR系统,并应用于空间技术、科学数据可视化和远程操作等领域。

1989年,美国VPL研究公司的创始人加隆·雷尼尔(Jaron Lanier)提出了Virtual Reality一词,用于统一表述当时涌现的各种借助计算机及传感装置而创造的一种新的人机交互手段概念。钱学森先生把Virtual Reality译为"灵境"。

虚拟现实系统具有多感知性、沉浸感、交互性、自主性4个特征。交互性和沉浸感是虚拟现实系统的两个实质性特性。

(1)多感知性(Multi-sensation)

多感知性是指虚拟现实环境除了具有一般计算机所具有的视觉感知和听觉感知之外,还应包括触觉感知、运动感知、味觉感知、嗅觉感知等。理想的虚拟现实应该具有一切人所具有的感知功能。

(2)沉浸感(Immersion)

沉浸感又称存在感,是指参与者存在于虚拟环境中的真实程度。理想的虚拟现实应该达到使操作者感觉和真实环境是没有差别的。沉浸感可分为视觉浸入、听觉浸入、触觉浸入、嗅觉浸入和味觉侵入。

(3)交互性(Interaction)

交互性是指用户对虚拟环境中物体的可操作程度和用户从虚拟环境中得到实时反馈的自然程度。

(4)自主性(Autonomy)

自主性是指虚拟环境中的物体依据现实世界物理运动定律的程度。要求用户能以客观世界的实际动作或以人类熟悉的方式来操作虚拟系统,让用户感觉到面对的是一个真实世界。

根据虚拟现实技术的特征,特别是交互性以及沉浸程度的不同,虚拟现实可以分为桌面虚拟现实、沉浸虚拟现实、增强虚拟现实以及分布式虚拟现实 4 类。

2. 虚拟现实的系统结构及关键技术

（1）虚拟现实的系统结构

虚拟现实系统主要由以下 5 个模块构成。

- 检测模块：检测用户的操作命令，并作用于虚拟环境。
- 反馈模块：接受来自传感器模块的信息，为用户提供实时反馈。
- 传感器模块：一方面接受来自用户的操作命令，并将其作用于虚拟环境；另一方面将操作后产生的结果以各种反馈的形式提供给用户。
- 控制模块：对传感器进行控制，使其对用户、虚拟环境和现实世界产生作用。
- 建模模块：获取现实世界组成部分的三维表示，并由此构成对应的虚拟环境。

（2）虚拟现实关键技术

1）动态环境建模技术。动态环境建模技术是虚拟现实技术的核心内容，它根据应用的需要，利用获取的三维数据建立相应的虚拟环境模型。

2）立体显示和传感器技术。虚拟现实的交互能力依赖于立体显示和传感器技术的发展，虚拟现实设备的跟踪精度和跟踪范围也有待提高。

3）实时三维图形生成技术。该技术的研究内容主要是如何在不降低图形质量和复杂度的前提下使刷新频率得以有效提高。

4）应用系统开发工具。为实现虚拟现实的应用，必须研究虚拟现实的开发工具，如虚拟现实系统开发平台、分布式虚拟现实技术等。

5）系统集成技术。系统集成技术包括信息的同步技术、模型的标定技术、数据转换技术、数据管理模型、识别和合成技术等。

3. 虚拟现实技术的应用

虚拟现实技术的应用领域十分广泛。它开始于军事领域，在军事和航空航天的模拟及训练中起到了非常重要的作用。此外，虚拟现实技术在医疗、制造业、娱乐和教育等方面的应用前景也非常可观。虚拟现实的应用范围如表 12-2 所示。

表 12-2　虚拟现实的应用范围

应用领域	主要用途
医学	外科手术、远程遥控手术、医学影像、药物研制
教育	虚拟天文馆、远程教学
艺术	虚拟博物馆、音乐
商业	虚拟会议、空中交通管制、产品展示、建筑设计、室内设计、城市仿真
科学计算视觉化	数学、物理、化学、生物、考古、天体物理、虚拟风洞、分子结构分析
国防及军事	飞行模拟、军事演习、武器操控、武器对抗、太空训练
工业	工业设计、虚拟制造、机器人设计、远程操控、虚拟装配
娱乐	电脑游戏

（1）军事应用及视景仿真

虚拟现实的视景仿真技术由于其在应用上的安全性，在航空航天、航海、核电等方面一直备受重用。特别是在军事领域，视景仿真技术已成为武器系统研制与试验的先导技术、校验技术和分析技术。美国宇航局利用虚拟现实技术对空间站、哈勃太空望远镜等进行了仿真，已经建立了航空、卫星维护、空间站虚拟现实训练系统。美军采用虚拟现实技术进行了包括军事教育、军事训练、飞行训练、战场场景虚拟等研究，并不断开发其在武器试验方面的功能，扩大其应用范围，将其用于导弹的飞行环境仿真、虚拟电磁环境仿真等。美国的响尾蛇空对空导弹，爱国者、罗兰特及尾刺地对空导弹，先进中程空对空导弹等都进行了虚拟现实试验。采用虚拟现实仿真技术，可使实弹减少 15%～30%，研制费用节省 10%～40%，研制周期缩短 30%～40%。美军认为："在涉及武器及国防系统的野外试验中，计算机建模与仿真起着很重要的作用，尤其是那些复杂的系统，或者是效果难以重复或根本不可能重复的系统，如战略核武器和电子技术系统更是如此。"

（2）科学计算可视化

科学计算可视化是指用计算机图形产生视觉图像，对科学概念或结果的复杂数值表示可通过它来实现。通过视觉信息掌握系统中变量之间、变量与参数之间、变量与外部作用之间的变化关系，可直接了解系统的静态和动态特性，深化对系统模型概念化和形象化的理解。这是由于在三维环境中信息的显示要比信息的二维显示更有价值，更容易被理解与应用。

物体受力、红外光、微波、雷达、电磁场、在通道中流动的各种物质影响的数据都不是可见的，利用虚拟现实技术，将这些东西可视化和形象化可非常容易地实现，并进行交互式分析。

（3）教育培训及娱乐

在虚拟环境中培训不仅可以减少费用，而且也允许进行高度冒险和高难度培训。通过虚拟现实技术，领航员和医学人员能再现紧急过程，警察可以用其来恢复人质被劫现场。娱乐应用是虚拟现实系统的一个重要应用领域，它能够提供更为逼真的虚拟环境，从而使人们享受其中的乐趣，带来更好的娱乐感。如高尔夫球虚拟现实系统，可以模拟多个著名球场的实况。另外，利用虚拟现实技术，可以对文物古迹进行复原，并进行漫游，使人们领略古老的文化，同时也对文物起到了保护作用。

（4）医学应用

虚拟现实在医学方面的应用大致上有两类。

一类是虚拟人体，也就是将人体进行数字化。虚拟人体在医学方面的应用具有十分重要的现实意义，使医生更容易了解人体的构造和功能。在虚拟解剖教学中，学生和教师可以直接与三维模型交互。借助于跟踪球、HMD、感觉手套等虚拟探索工具，可以达到采用模型或真实标本等常规方法不可能达到的效果。

另一类是虚拟手术系统，其意义表现为两个方面：一方面通过虚拟现实将整个手术过程进行再现，对手术过程进行分析和指导；另一方面可以进行远程手术，医生对病人模型进行手术，他的动作通过通信系统传送给远处的手术机器人，使其对实际的病人进行手术。手术的实际图像也可以传回到远处的医生处，以实现交互。

（5）虚拟制造

虚拟制造技术采用计算机仿真和虚拟现实技术，在分布技术环境中开展群组协同工作，实现产品的异地设计、制造和装配，是 CAD/CAM 等技术的高级阶段。

虚拟现实技术的应用前景十分广阔,它还可以在遥控机器人学、多媒体远程教育、艺术创作等方面得到应用。从某种意义上说,它将改变人们的思维方式,改变人们对世界、自己、空间和时间的看法。随着 Internet 技术的发展,Internet 技术与 VR 技术的结合为虚拟现实的未来提供了更广阔的应用前景。

12.3.5　数字水印技术

随着数字时代的到来,多媒体数字世界丰富多彩,数字产品几乎对每个人的工作生活娱乐都造成了一定的影响。保护这些数字产品的各种方法,如版权保护、信息安全、数据认证以及访问控制等等,就被日益重视及变得迫切需要了。借鉴普通水印的含义和功能,人们采用类似的概念保护诸如数字图像、数字音乐这样的多媒体数据,因此就产生了"数字水印"的概念。所谓数字水印技术就是将数字、序列号、文字、图像标志等版权信息嵌入到多媒体数据中,以起到版权跟踪及版权保护的作用。比如将在数码相片中添加摄制者的信息,在数字影碟中添加电影公司的信息等。和普通水印的特性保持一致,数字水印在多媒体数据中(如数码相片)也几乎是不可见的,不易遭到破坏。日常生活中为了鉴别纸币的真伪,人们通常将纸币对着光源,会发现真的纸币中有清晰的图像信息显示出来,这就是"水印"。之所以采用水印技术是因为水印有其独特的性质:第一水印是一种几乎不可见的印记,必须放置于特定环境下才能被看到,物品的使用也不会受到任何影响;第二水印的制作和复制比较复杂,需要特殊的工艺和材料,而且印刷品上的水印很难被去掉。因此水印常也被应用于诸如支票、证书、护照、发票等重要印刷品中,长期以来判定印刷品真伪的一个重要手段就是检验它是否包含水印。

1. 数字水印的功能

数字水印最主要的功能就是进行多媒体数据的版权保护。随着计算机和互联网的发展,越来越多的艺术作品、发明或创意都开始以多媒体数据的形式表达,比如用数码相机摄影,用数字影院看电影,用 MP3 播放器听音乐,用计算机画画等。这些活动所涉及的多媒体数据都蕴含了大量价值不菲的信息。与作者创作这些多媒体数据所花费的艰辛相比,篡改、伪造、复制和非法发布原创作品在信息时代变成了一件轻而易举的事情。任何人都可以轻而易举地创建多媒体数据的副本,和原始数据比起来,复制出的多媒体数据不会有任何质量上的损失,即可以完整地"克隆"多媒体数据。因此如何保护这些数据上附加的"知识产权"是一个当前亟需解决的问题。那么数字水印则正好是解决这类"版权问题"的有效手段。比如以前的画家用印章或签名标识作品的作者,那么今天他可以通过数字水印将自己的名字添加到作品中来完成著作权的标识。同样,音像公司也可以把公司的名字、标志等信息添加到出版的磁带、CD 碟片中。这样通过跟踪多媒体数据中的数字水印信息来对多媒体数据的版权进行保护。

除了在版权保护方面的应用,数字水印技术在文档(印刷品、电子文档等)的真伪认证上面也有很大的用途,例如对政府部门签发的红头文件进行认证。文件认证的传统方法是鉴别文件的纸张、印章或钢印是否符合规范和标准,缺点是无论纸张、印章或钢印都容易被伪造。特别是印章,虽然政府部门对印章的管理和制作有严格规定,但社会上还是有所谓"一个萝卜刻一个章"的说法。这说明传统方法还存在待完善的地方。使用数字水印技术则可以有效解决这个问题。以数字水印作为信息载体,将某些信息添加到红头文件中,使得文件不仅有印章或钢印,而且有难以察觉的数字水印信息,从而大大增加了文件被伪造的难度。将数字水印信息添加到文档中,也意味着某些信息可以在文档中被写入两次。例如护照持有人的名字在护照中被明显印刷出来,也可以在头像中作为数字水印被隐藏起来,如果某人想通过更换头像来伪造一份护照,那么通过扫描护照就有可能检测出隐藏在头像中的水印信息与打印在护照上的姓名不符合,护照的真伪也就一看便知。

此外,数字水印还用作多媒体数据的访问控制和复制控制。比如 CD 数据盘中秘密的数字水印信息可以有条件的控制什么样的人可以访问该 CD 盘中的内容。目前 DVD 已经普及,有很多大公司开始研究如何应用数字水印系统改进 DVD 的访问与复制控制。比如希望消费者手中的 DVD 播放器允许无限制地复制家庭录像或过期的电视节目,家庭录像中所添加的数字水印不含任何控制标识。而电视节目里的数字水印标识为"复制一次"、"复制多次",而商业的视频节目则标识为"不允许复制",相关的播放设备将对这些数字水印标识进行判别并起相应作用。这样就既保证了消费者私下复制、交换节目的自由,又有效控制了商业上的侵权行为。

数字水印技术还可以应用于信息的安全通信。由于人们很难觉察到数字水印信息在多媒体数据中的存在,某些重要信息在传输的过程中就可以隐藏在普通的多媒体数据,从而避开第三方的窃听和监控。国外报纸报道恐怖分子头目本·拉登就利用公开发布的数字水印技术,将给基地组织的指令通过数字水印隐藏在普通数码相片中,然后发布到一些网站的 BBS 上,基地组织成员根据约定好的规则将数码相片中的数字水印信息提取出来。这种做法与普通的电话通信、电子邮件通信以及加密通信相比,隐蔽性高,不容易监控,且不易被察觉。

2. 数字水印的基本原理

数字水印(Digital Watermark)技术是通过一定的算法将一些标志性信息直接嵌入到多媒体内容当中,但原内容的价值和使用不会受到任何影响,并且不能被人的知觉系统觉察或注意到,只有通过专用的检测器或阅读器才能提取。其中的水印信息可以是作者的序列号、公司标志、有特殊意义的文本等,可用来识别文件、图像或音乐制品的来源、版本、原作者、拥有者、发行人、合法使用人对数字产品的拥有权。与加密技术不同,数字水印技术并不能阻止盗版活动的发生,但它可以判别对象是否受到保护,监视被保护数据的传播、真伪鉴别和非法拷贝、解决版权纠纷并为法庭提供证据。

下面介绍在一个数字图像上加上数字水印的过程。假设有一幅数字摄影图像,为了标识作者对该作品创作的所有权,可以采用在原图上加入可见标记的方法,但这样图像的完整性就无法得到保证,因此可以利用数字水印嵌入技术,将作者标识作为一种不可见数据(数字水印)隐藏于原始图像中,达到既注明了所有权又不伤害图像的主观质量和完整性的目的。含水印图像能保持原图的图像格式等信息,并不影响正常信息的复制和处理,从主观质量而言,两幅图像差别微乎其微,无法用肉眼察觉。只有通过特定的解码器才能从中提取隐藏信息。该技术是数字隐藏技术的一个重要应用分支。

为了更好地实现对数字产品知识产权的保护,一个数字产品的内嵌数字水印应具有以下基本特性:

(1)不易察觉性

数字产品引入数字水印后,应不易被接收者察觉,同时又要保证原作的质量。在早期研究中,往往采用"不可感知性"来描述这一特性,但这仅是一个完美设想。如果一个内嵌信号真的做到了不可感知,那么在理论上,基于感知特性的有损压缩算法想要消除水印的话也是非常容易的,无法达到标识的目的,而现在用于 Internet 网上的大量图像信息传递格式采用 JPEG 格式,这就是一种典型的有损压缩编码方式。

（2）安全可靠性

数字水印应能对抗非法的探测和解码，面对非法攻击也能以极低差错率识别作品的所有权。同时数字水印应很难为他人复制和伪造。

（3）隐藏信息的鲁棒性

数字水印必须对各种信号处理过程具有很强的鲁棒性。即能在多种无意或有意的信号处理过程后产生一定的失真的情况下，仍能保持水印完整性和鉴别的准确性。如对图像进行的通常处理操作带来的信号失真，这包括数/模与模/数转换、再取样、再量化、低通滤波；对图像和视频信号的几何失真，包括剪切、位移、尺度变化等；对图像进行有损压缩编号，如变换编码，矢量量化等，对音频信号的低频放大等等。虽然从理论上，水印是可以消除的，但必须具备相应的解除信息，成功的数字水印技术在解除信息不完备的情况下，任何试图去除水印的方法均应直接导致原始数据的严重损失。对于数字水印而言，其隐藏信息的鲁棒性在实际应用中是由两部分组成：

1）在整体数据出现失真后，其内嵌水印仍能存在。

2）在数据失真后，水印探测算法仍能精确地探测出水印的存在。例如，许多算法插入的水印在几何失真（如尺度变化）后仍能保存，但其相应探测器只有在首先去除失真后才探测水印，如果失真无法确定或无法消除，探测器就无法正常识别。

（4）水印调整和多重水印

在许多具体应用中，希望在插入水印后仍能调整它。例如，对于数字视盘，一个盘片被嵌入水印仅允许一次复制。一旦复制完成，有必要调整原盘上的水印禁止再次复制。最优的技术是允许多个水印共存，而且便于跟踪作品从制作到发行到购买，可以在发行的每个环节上插入特制的水印。

（5）抗攻击性

在水印能够承受合法信号失真的同时，水印还应能抗击试图去除所含水印的破坏处理过程。除此之外，如果许多同样作品的复件存在不同的水印，当水印用作购买者的鉴定（数字指纹技术），就可能遭受许多购买者的合谋攻击。即多个使用者利用各自具有的含水印的合法副本，通过平均相同数据等手段，销毁所含水印或形成不同的合法水印诬陷第三方。水印技术必须考虑这些攻击模式，使水印探测的准确性得到保证。

除了以上的基本特性，数字水印的设计还应考虑信息量的约束，编解码器的运算量（该点对于商业应用十分重要），以及水印算法的通用性，包括音频、图像和视频。

在数字水印技术中，水印的数据量和鲁棒性构成了一对基本矛盾。理想的水印算法应该既能隐藏大量数据，又能对各种信道噪声和信号变形进行抵抗。然而在实际应用中，这两个指标往往不能同时实现，因此实际应用一般只偏重其中的一个方面。如果是为了隐蔽通信，数据量显然是最重要的，由于通信方式极为隐蔽，遭遇敌方篡改攻击的可能性很小，因而对鲁棒性要求不高。但对保证数据安全来说，情况恰恰相反，各种保密的数据随时面临着被盗取和篡改的危险，所以鲁棒性是十分重要的，此时，隐藏数据量的要求居于次要地位。

加入水印的算法是数字水印技术的关键环节，更是没有一定成规，当然是越难破译、其坚固程度也就越高。目前已有的数字水印技术大都是利用空间域、频率域、时间域制作的，它们各有特点，抗攻击能力也各不相同。

早期的数字水印算法利用的是空间域。以图像为例，有几种不同的方法，可以嵌入到一幅图像的亮度、色彩、轮廓或结构中。普通水印制作方法利用的是亮度，因为它包含了一幅彩色图像的最重要的信息。制作空间域水印还可以用色彩分离的办法,水印只存在于色谱的一个颜色中,这样水印看起来很淡,正常情况下也不易察觉。一种比较坚固的水印技术可以与在纸张上制作水印的方法类比,这种技术可以将水印符号叠加到图像上,而后调节图像上因叠加了水印而发生了变化的那些像素的亮度,根据亮度值的大小,水印可以做成可见的或不可见的。

图像空间域水印的一个缺点是经不住修剪(图像编辑中的一种普通处理方法),但如果将水印信息制作得很小,利用"草堆里找针"的方法,该问题即可得到解决。一个数字产品好比是一个草堆,它里面不是只有一根针,而是很多针,每一根针都是水印的一个副本,这样就能经得住图像修剪处理,除非修剪到图像失去任何欣赏价值。盗贼如不想被抓住,就必须从草堆中把所有的针都找出来并除去,这样他们就将面临这样的选择:要么耗其余生寻找所有的针,要么干脆烧掉草堆以确保毁掉所有的针。

文本的水印通常也是在空间域制作的,文本行编码、字间距编码及字符编码这些都是比较常用的办法。

频率域制作水印的算法是比较坚固的方法,它是利用一个信号可以掩盖另一个较弱的信号这一频率掩盖现象,在频域变换中嵌入水印,包括快速傅里叶变换(FFT)、离散余弦变换(DCT)、Hadamard变换和小波变换。频域水印制作中一个比较重要的问题是频率的选择,任何一段频率应该都是可以利用的,但在各频段调制出的水印的特性却有一定的差异。高频会在有损压缩和尺寸调整中丢失,故调制在高频中的水印在低通滤波和几何处理方面显得不够坚固,但对于 γ 校正、对比度/亮度调节等则具有很好的坚固性。水印调制在低频不会提高噪声水平,所以水印适于调制在较低的频率中,低频水印所表现出来的特性与高频正好相反,它对低通滤波、有损压缩等具有很强的坚固性,而对 γ 校正、对比度/亮度调节等处理则比较敏感。如果将高、低频率水印的互补优点结合起来,就可以得到坚固性非常高的水印技术。因为频域中的水印在逆变换时会散布在整个图像空间中,故不像空间域水印技术那样易受到修剪处理的影响。最好是用原作品中含有重要信息的那些频率(即感觉最敏感的频率),这样水印就最不易被去除。

一般数字水印的通用模型包括嵌入和检测、提取两个阶段。数字水印的生成阶段,嵌入算法的目标是使数字水印在不可见性和鲁棒性之间寻找一个平衡点。检测阶段主要是设计一个相应于嵌入过程的检测算法。检测的结果或是原水印(如字符串或图标等),或是基于统计原理的检验结果以判断水印存在与否。检测方案的目标是使错判与漏判的概率尽量小。为了给攻击者增加去除水印的不可预测的难度,目前大多数水印制作方案都在加入、提取时采用了密钥,只有掌握密钥的人才能读出水印。

3. 数字水印的分类

数字水印技术可以从不同的角度进行划分,分类出发点的不同导致了分类的差异,它们之间既有联系又有区别。最常见的分类方法有下列几种。

(1)按特性划划分

按水印的特性可以将数字水印分为鲁棒数字水印和脆弱数字水印。鲁棒数字水印主要用于在数字作品中标识著作权信息,它要求嵌入的水印能够经受各种常用的编辑处理;脆弱数字水印主要用于完整性保护,脆弱水印必须对信号的改动很敏感,人们根据脆弱水印的状态就可以判断数据是否被篡改过。

(2)按水印所附载的媒体划分

按水印所附载的媒体,可以将数字水印划分为图像水印、音频水印、视频水印、文本水印以及用于三维网格模型的网格水印等。随着数字技术的发展,会有更多种类的数字媒体出现,同时相应的水印技术也可以顺利产生。

(3)按检测过程划分

按水印的检测过程将数字水印分为明文水印和盲水印。明文水印在检测过程中需要原始数据,而盲水印的检测只需要密钥,不需要原始数据。一般明文水印的鲁棒性比较强,但其应用受到存储成本的限制。目前数字水印大多数是盲水印。

(4)按内容划分

按数字水印的内容可以将水印划分为有意义水印和无意义水印。有意义水印是指水印本身也是某个数字图像(如商标)或数字音频片段的编码;无意义水印则只和一个序列号保持对应关系。有意义水印如果受到攻击或其他原因致使解码后的水印破损,人们仍然可以通过视觉观察确认是否有水印。但对于无意义水印来说,如果解码后的水印序列有若干码元错误,则只能通过统计决策来确定信号中是否含有水印。

(5)按水印隐藏的位置划分

按数字水印的隐藏位置划分为时域数字水印、频域数字水印、时/频域数字水印和时间/尺度域数字水印。时域数字水印是直接在信号空间上叠加水印信息,而频域数字水印、时/频域数字水印和时间/尺度域数字水印则分别是在 DCT 变换域、时/频变换域和小波变换域上隐藏水印。随着数字水印技术的发展,各种水印算法不断涌现出来,水印的隐藏位置也不再局限于上述四种。实际上只要构成一种信号变换,就有可能在其变换空间上隐藏水印。

(6)按用途划分

不同的应用需求造就了不同的水印技术。按水印的用途,可以将数字水印划分为票据防伪水印、版权保护水印、篡改提示水印和隐蔽标识水印。

票据防伪水印是一类比较特殊的水印,在打印票据和电子票据的防伪方面使用的比较多。一般来说,伪币的制造者不可能对票据图像进行过多的修改,所以,诸如尺度变换等信号编辑操作是无需考虑在内的。但另一方面,人们必须考虑票据破损、图案模糊等情形,而且考虑到快速检测的要求,用于票据防伪的数字水印算法不能太复杂。

版权标识水印是目前研究最多的一类数字水印。数字作品既是商品又是知识作品,这种双重性决定了版权标识水印主要强调隐蔽性和鲁棒性,而对数据量的要求相对较小。

篡改提示水印是一种脆弱水印,其目的是标识宿主信号的完整性和真实性。

隐蔽标识水印的目的是将保密数据的重要标注隐藏起来,限制非法用户对保密数据的使用。

4. 数字水印的应用领域

以下几个引起普遍关注的问题构成了数字水印的研究背景和应用领域。

(1)数字作品的知识产权保护

版权标识水印是目前研究最多的一类数字水印。由于数字作品的复制、修改实现起来没有难度,而且可以做到与原作完全相同,所以原创者不得不采用一些严重损害作品质量的办法来加上版权标志,而这种明显可见的标志很容易被篡改。数字作品的所有者可用密钥产生一个水印,并将其嵌入原始数据,然后公开发布其水印版本作品。当该作品被盗版或出现版权纠纷时,所有者即可从盗版作品或水印版作品中获取水印信号作为依据,从而保护所有者的权益。

目前用于版权保护的数字水印技术已经进入了初步实用化阶段,IBM 公司在其"数字图书馆"软件中就提供了数字水印功能,Adobe 公司也在其著名的 Photoshop 软件中集成了 Digimarc

公司的数字水印插件。

（2）商务交易中的票据防伪

随着高质量图像输入输出设备的发展，特别是高精度彩色喷墨、激光打印机和高精度彩色复印机的出现，使得货币、支票以及其他票据的伪造难度更低。

据报道，美国、日本以及荷兰都已开始研究用于票据防伪的数字水印技术。麻省理工学院媒体实验室受美国财政部委托，已经开始研究在彩色打印机、复印机输出的每幅图像中加入唯一的、不可见的数字水印，在需要时可以实时地从扫描票据中判断水印的有无，快速辨识真伪。

此外在电子商务中会出现大量过渡性的电子文件，如各种纸质票据的扫描图像等。即使在网络安全技术成熟以后，各种电子票据也还需要一些非密码的认证方式。数字水印技术可以为各种票据提供不可见的认证标志，提高伪造的难度。

（3）标题与注释

即将作品的标题、注释等内容（如照片的拍摄时间和地点等）以水印形式嵌入到作品中，这种隐式注释不需要额外的带宽，且易于保存。

（4）使用控制

这种应用的一个典型例子是 DVD 防复制系统，即将水印信息加入 DVD 数据中，这样 DVD 播放机即可通过检测 DVD 数据中的水印信息而判断其合法性和可复制性。使制造商的商业利益得到保证。

（5）篡改提示

由于现有的信号拼接和镶嵌技术可以做到移花接木而不被人们所察觉，基于数字水印的篡改提示是解决这一问题的理想途径，通过隐藏水印的状态可以判断图像信号是否被篡改。为实现该目的，通常可将原始图像分成多个独立块，再将每个块加入不同的水印。

同时可通过检测每个数据块中的水印信号，来确定作品的完整性。区别于其他水印的是，这类水印必须是脆弱的，并且检测水印信号时，不需要原始数据。

（6）隐蔽通信及其对抗

数字水印所依赖的信息隐藏技术不仅提供了非密码的安全途径，可以实现网络情报战的革命。网络情报战是信息战的重要组成部分，其核心内容是利用公用网络进行保密数据传送。由于经过加密的文件往往是混乱无序的，故容易引起攻击者的注意。网络多媒体技术的广泛应用使得利用公用网络进行保密通信有了新的思路，利用数字化声像信号相对于人的视觉、听觉冗余，可以进行各种信息隐藏，从而实现隐蔽通信。

参考文献

[1]王新良.计算机网络[M].北京:机械工业出版社,2014.

[2]张振宇.多媒体技术与应用[M].第 3 版.北京:科学出版社,2013.

[3]刘克成,郑珂.计算机网络[M].北京:人民邮电出版社,2012.

[4]韩利凯.计算机网络[M].北京:清华大学出版社,2012.

[5]王庆荣.多媒体技术[M].北京:北京交通大学出版社,2012.

[6]程莉.计算机网络[M].北京:科学出版社,2012.

[7]朱从旭,田琪.多媒体技术与应用[M].北京:清华大学出版社,2011.

[8]许宏丽等.多媒体技术及应用[M].北京:清华大学出版社,2011.

[9]刘立新等.多媒体技术基础及应用[M].第 2 版.北京:电子工业出版社,2011.

[10]范铁生.多媒体技术基础与应用[M].北京:电子工业出版社,2011.

[11]杨晓晖,蔡红云,张明.计算机网络[M].北京:中国铁道出版社,2011.

[12]徐雅斌等.计算机网络[M].西安:西安交通大学出版社,2011.

[13]雷震甲.计算机网络[M].第 3 版.西安:西安电子科技大学出版社,2011.

[14]李建芳.多媒体技术应用[M].北京:北京交通大学出版社,2011.

[15]许勇等.计算机网络[M].北京:科学出版社,2011.

[16]徐东平等.多媒体技术基础及应用[M].杭州:浙江大学出版社,2010.

[17]王凤英.计算机网络[M].北京:清华大学出版社,2010.

[18]王晓.多媒体技术与应用[M].上海:华东理工大学出版社,2010.

[19]李环.计算机网络[M].北京:中国铁道出版社,2010.

[20]宋凯,刘念.计算机网络[M].北京:清华大学出版社,2010.

[21]赵英良,冯博琴,崔舒宁.多媒体技术及应用[M].北京:清华大学出版社,2009.

[22]邓亚萍,尚凤军,苏畅.计算机网络[M].北京:科学出版社,2009.

[23]丁贵广,尹亚光.多媒体技术[M].北京:机械工业出版社,2009.